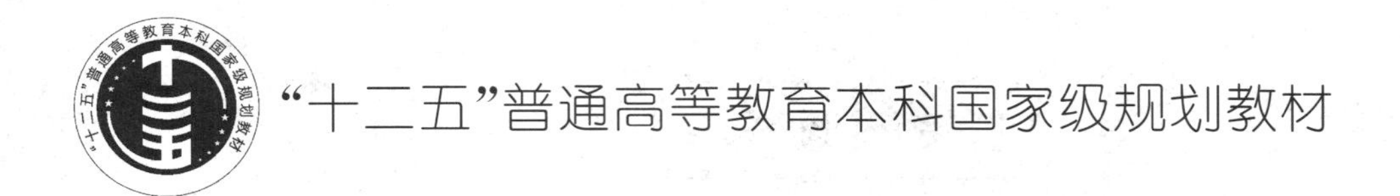

现代通信原理与技术

（第四版）

张辉　曹丽娜　主编

西安电子科技大学出版社

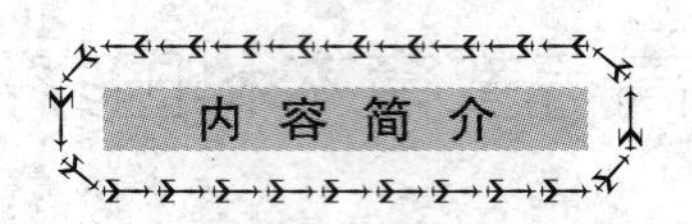

本书为普通高等教育"十二五"国家级规划教材，是在第三版的基础上修订而成的。本书系统、深入地阐述了现代通信系统的基本概念、基本原理和基本分析方法。在重点论述传统通信技术基本理论的基础上，力求充分反映国内外通信技术的最新发展。

全书共13章，内容包括绪论、随机过程、信道与噪声、模拟调制系统、数字基带传输系统、模拟信号的数字传输、数字频带传输系统、数字信号的最佳接收、现代数字调制解调技术、复用和数字复接技术、同步原理、差错控制编码、典型通信系统介绍等。

本书内容丰富，概念清晰，理论分析严谨，逻辑性强，由浅入深，注重理论联系实际。另外，每章还列举了一定数量的例题，并附有大量的思考题和习题。

本书可作为通信与信息系统专业本科生和研究生的教科书，也可作为通信工程技术人员的参考书。

图书在版编目(CIP)数据

现代通信原理与技术/张辉，曹丽娜主编. —4版. —西安：
西安电子科技大学出版社，2018.2(2021.6重印)
ISBN 978-7-5606-4842-2

Ⅰ. ①现… Ⅱ. ①张… ②曹… Ⅲ. ①模拟通信 ②数字通信
Ⅳ. ①TN914.1 ②TN914.3

中国版本图书馆CIP数据核字(2018)第025350号

责任编辑 马乐惠
出版发行 西安电子科技大学出版社(西安市太白南路2号)
电　　话 (029)88202421 88201467　　邮　　编 710071
网　　址 www.xduph.com　　电子邮箱 xdupfxb001@163.com
经　　销 新华书店
印　　刷 陕西天意印务有限责任公司
版　　次 2018年2月第4版 2021年6月第23次印刷
开　　本 787毫米×1092毫米 1/16 印张 26.5
字　　数 633千字
印　　数 126 001～129 000册
定　　价 54.00元
ISBN 978-7-5606-4842-2/TN

XDUP 5144004-23

前　言

在当今飞速发展的信息时代，随着数字通信技术和计算机技术的快速发展以及通信网与计算机网络的相互融合，信息科学技术已成为21世纪国际社会和世界经济发展的新的强大推动力。信息作为一种资源，只有通过广泛的传播与交流，才能产生利用价值，促进社会成员之间的合作，推动社会生产力的发展，创造出巨大的经济效益。而信息的传播与交流，是依靠各种通信方式和技术来实现的。学习和掌握现代通信理论和技术是信息社会每一位成员，尤其是未来的通信工作者的迫切需求。

本书作为现代通信的导论，将讨论信息的处理、传输及通信系统的基本原理，侧重信息传输原理。本书是作者多年教学和科研实践的总结，它以现代通信技术和现代通信系统为背景，全面、系统地论述了通信的基本理论，包括信道模型、模拟调制解调技术、信源编码、数字信号基本特征、数字调制解调技术、自适应均衡技术、部分响应技术、同步技术、扩频技术、最佳接收理论等。本书在内容安排上，既全面论述了数字通信的基本理论，又深入分析了现代数字通信新技术，并介绍了现代广泛采用的通信系统及其发展趋势。

本书内容丰富，概念清晰，理论分析严谨，逻辑性强，由浅入深，注重理论联系实际。为了帮助读者掌握基本理论和分析方法，每章都列举了一定数量的例题，并附有大量的思考题和习题。

全书共13章，第1、2、3章是基础部分，第4章是模拟通信的内容，第6章是模拟信号数字传输，第5、7、8、9、10、11、12、13章是数字通信的内容。

第1章为绪论，介绍通信系统的概念、组成和主要性能指标，概述了通信现状和未来发展趋势。

第2章为随机过程，主要介绍随机信号分析所必需的一些基础理论，包括随机信号的统计描述和分析、高斯过程、窄带高斯过程、正弦波加窄带高斯噪声等。

第3章为信道与噪声，概述了调制信道和编码信道，分析了恒参信道、随参信道特性及对信号传输的影响，介绍了几种分集技术，最后介绍了香农信道容量的概念。

第4章为模拟调制系统，介绍了线性调制和非线性调制原理，给出了一般模型，分析了线性调制系统和非线性调制系统抗噪声性能，最后对常用的线性调制系统和非线性调制系统性能进行了综合比较。

第5章为数字基带传输系统，概述了数字基带信号、数字基带传输系统、无码间干扰传输条件，分析了数字基带传输系统抗噪声性能，介绍了眼图、时域均衡和部分响应技术。

第 6 章为模拟信号的数字传输，阐述了低通型信号、带通型信号抽样定理和均匀量化、非均匀量化基本原理。以基本的脉冲振幅调制(PAM)、脉冲编码调制(PCM)和简单增量调制(ΔM)为重点讨论了工作原理，分析了系统抗噪声性能。最后介绍了自适应差分脉冲编码调制(ADPCM)。

第 7 章为数字频带传输系统，概述了数字调制解调的基本原理。以二进制调制系统为主，论述了二进制数字调制解调原理和方法，分析了系统抗噪声性能，介绍了多进制数字调制解调原理。

第 8 章为数字信号的最佳接收，讨论了数字信号接收的统计模型和最佳接收准则。重点论述匹配滤波器最佳接收和相关器最佳接收原理，阐述了确知信号和随相信号最佳接收机结构和性能。最后介绍了最佳基带传输系统原理。

第 9 章为现代数字调制解调技术，论述了最小移频键控(MSK)、高斯最小移频键控(GMSK)、$\frac{\pi}{4}$DQPSK 调制、OFDM 调制，最后介绍了数字化接收技术。

第 10 章为复用和数字复接技术，讨论了频分复用、时分复用、码分复用原理，介绍了正码速调整数字复接原理和同步数字系列(SDH)帧结构及复用原理。

第 11 章为同步原理，讨论了载波同步、位同步、群同步的原理和技术。

第 12 章介绍了差错控制编码的基本原理、常用的差错控制方法和常用的简单编码；讨论了线性分组码编码原理、监督矩阵、生成矩阵、伴随式与错误图样；重点论述了循环码编码原理、循环码的生成多项式、生成矩阵、编码和译码方法；讨论了卷积码的结构特性和编码原理，重点论述了卷积码的 Viterbi 译码方法；介绍了 BCH 码和 Reed-Solomon 码。

第 13 章介绍了 GSM 蜂窝移动通信系统、码分多址(CDMA)蜂窝移动系统、卫星通信系统等几种典型的通信系统。

本书由张辉主持编写，并编写其中第 3、7、8、9、10、12、13 章，曹丽娜编写第 1、2、4、5、6、11 章，任光亮参与了第 3 章的部分编写工作。全书由张辉修改定稿。倪浩、景滨、李乐亭、李永峰、张爱兵等对本书的初稿进行了阅读，对其中的习题进行了校对和解答，并提出了参考意见。本书在编写过程中还得到了作者单位的支持和其他同事的帮助，同时也得到了西安电子科技大学出版社的大力支持，特别是参与本书编辑的马乐惠等为本书的出版付出了辛勤的劳动，在此一并表示感谢。

鉴于作者水平有限，书中难免存在不妥之处，恳请读者批评指正。

编　者

2017 年 12 月

目 录

第1章 绪 论

随着数字通信技术和计算机技术的快速发展以及通信网与计算机网络的相互融合，信息科学技术已成为21世纪国际社会和世界经济发展的新的强大推动力。信息是一种资源，只有通过广泛的传播与交流，才能产生利用价值，而信息的传播与交流，是依靠各种通信方式与技术来实现的。学习和掌握现代通信原理与技术是信息社会每一位成员，尤其是未来的通信工作者的迫切需求。

本书讨论信息传输原理。为了使读者在学习各章内容之前，对通信和通信系统有一个初步的了解与认识，本章将简要介绍通信系统的组成、通信方式、信息度量以及评价通信系统性能的指标。

1.1 通信系统的组成

通信就是从一地向另一地传递消息。通信的目的是传递消息中所包含的信息。人们可以用语言、文字、音乐、数据、图片或活动图像等不同形式的消息来表达信息。信息是消息的内涵，即消息中所包含的人们原来不知而待知的内容。因此，通信的根本目的在于传输含有信息的消息，否则，就失去了通信的意义。基于这种认识，“通信”也就是“信息传输”或“消息传输”。

实现通信的方式很多，如手势、语言、旌旗、消息树、烽火台、金鼓和驿马传令，以及现代社会的电报、电话、广播、电视、遥控、遥测、因特网、数据和计算机通信等，这些都是消息传递的方式和信息交流的手段。随着社会的进步和科学技术的发展，目前使用最广泛的通信方式是电通信。由于电通信迅速、准确、可靠且不受时间、地点、距离的限制，因而一百多年来得到了迅速的发展和广泛的应用。如今，在自然科学领域凡是涉及“通信”这一术语时，一般均指“电通信”。广义来讲，光通信也属于电通信，因为光也是一种电磁波。本书中讨论的通信均指电通信。

1.1.1 通信系统的一般模型

通信系统的作用就是将信息从信源传送到一个或多个目的地。实现信息传递所需的一切技术设备(包括信道)的总和称为通信系统。通信系统的一般模型如图 1－1 所示。

图中各部分的功能简述如下：

信息源(简称**信源**)是消息的发源地，其作用是把各种消息转换成**原始电信号**(称为消息信号或**基带信号**)。根据消息种类的不同，信源可分为模拟信源和数字信源。模拟信源送出的是模拟信号，如麦克风(声音→音频信号)、摄像机(图像→视频信号)；数字信源输出离散的数字信号，如电传机(键盘字符→数字信号)、计算机等各种数字终端。

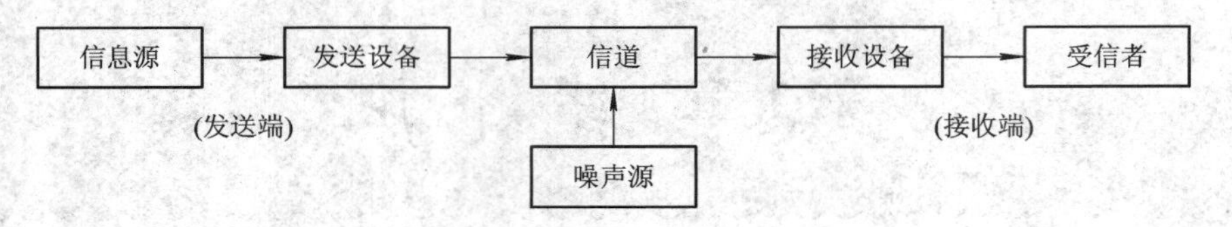

图 1-1　通信系统的一般模型

发送设备的功能是将信源和信道匹配起来，即将信源产生的消息信号变换成适合在信道中传输的信号。因此，发送设备涵盖的内容很多，可以是不同的变换器，如放大、滤波、编码、复用等。在需要频谱搬移的场合，调制是最常见的变换方式。

信道是指传输信号的物理媒质。在无线信道中，信道可以是大气(自由空间)；在有线信道中，信道可以是明线、电缆、光纤。有线和无线信道均有多种物理媒质。信道在给信号提供通路的同时，也会对信号产生各种干扰和噪声。信道的固有特性及引入的干扰与噪声直接关系到通信的质量。

噪声源不是人为加入的设备，而是信道中的噪声以及通信系统其他各处噪声的集中表示。噪声通常是随机的，其形式是多种多样的，它的存在干扰了正常信号的传输。关于信道与噪声的内容将在第 3 章中讨论。

接收设备的功能是放大和反变换(如滤波、译码、解调、分路等)，其目的是从受到干扰和减损的接收信号中正确恢复出原始电信号。

受信者(**信宿**)是传送消息的目的地，其功能与信源相反，即将复原的原始电信号还原成相应的消息，如扬声器等。

图 1-1 概括地描述了一个通信系统的组成，它反映了通信系统的共性，因此称之为通信系统的一般模型。根据研究的对象以及所关注的问题不同，图 1-1 模型中的各小方框的内容和作用将有所不同，因而相应有不同形式的更具体的通信模型。今后的讨论就是围绕着通信系统的模型展开的。

1.1.2　模拟通信模型和数字通信模型

图 1-1 中，信源发出的消息虽然有多种形式，但可分为两大类：一类称为连续消息；另一类称为离散消息。

连续消息是指消息的状态是连续变化或不可数的，如语音、活动图片等。离散消息则是指消息的状态是可数的或离散的，如符号、数据等。

消息的传递是通过它的物质载体——**电信号**来实现的，即把消息寄托在电信号的某一参量上(如连续波的幅度、频率或相位，脉冲波的幅度、宽度或位置)。按信号参量的取值方式不同可把信号分为两类，即模拟信号和数字信号。

凡信号参量的取值连续(不可数，无穷多)的，称为**模拟信号**。如电话机送出的语音信号、电视摄像机输出的图像信号等。模拟信号有时也称连续信号，这个连续是指信号的某一参量可以连续变化，或者说在某一取值范围内可以取无穷多个值，如图 1-2(a)所示；但模拟信号不一定在时间上也连续，如图 1-2(b)所示的抽样信号。

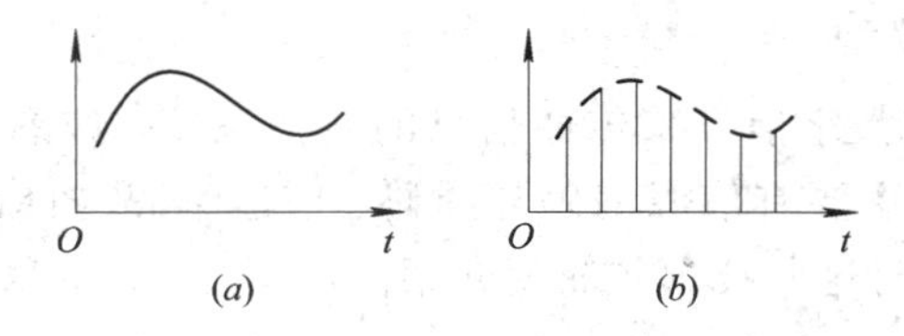

图 1－2　模拟信号波形
(a) 连续信号；(b) 抽样信号

凡信号参量只可能取有限个值的，称为**数字信号**。如电报信号、计算机输入输出信号等。数字信号有时也称离散信号，这个离散是指信号的某一参量是离散变化的，如图 1－3(a)所示；但数字信号不一定在时间上也离散，如图 1－3(b)所示的 2PSK 信号。

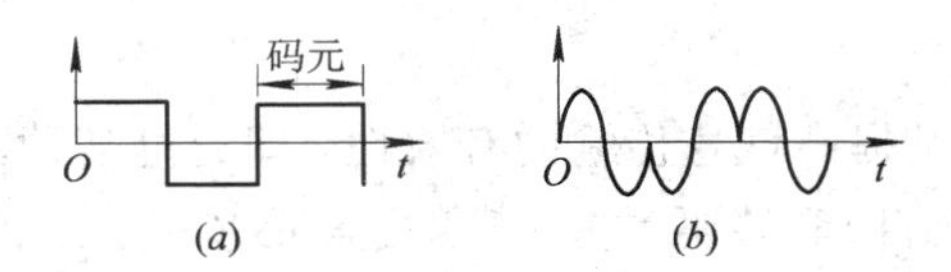

图 1－3　数字信号波形
(a) 二进制波形；(b) 2PSK 波形

通常，按照信道中传输的是模拟信号还是数字信号，可相应地把通信系统分为模拟通信系统和数字通信系统。

1. 模拟通信系统模型

模拟通信系统是利用模拟信号来传递信息的通信系统，如图 1－4 所示。我们知道，信源发出的原始电信号是基带信号，基带的含义是指信号的频谱从零频附近开始，如语音信号为 300～3400 Hz，图像信号为 0～6 MHz。由于这种信号具有频率很低的频谱分量，一般不宜直接传输，这就需要把基带信号变换成适合在信道中传输的信号，并在接收端进行反变换。完成这种变换和反变换的通常是调制器和解调器。经过调制以后的信号称为**已调信号**。已调信号有三个基本特征：一是携带有信息，二是适合在信道中传输，三是信号的频谱通常具有带通形式，因而已调信号又称**带通信号**或**频带信号**。

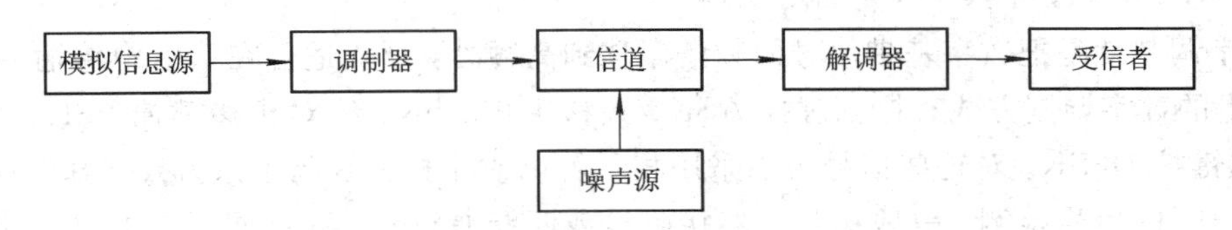

图 1－4　模拟通信系统模型

需要指出，消息从发送端到接收端的传递过程中，不仅仅只有连续消息与基带信号、基带信号与频带信号之间的两种变换，实际通信系统中可能还有滤波、放大、天线辐射、控制等过程。由于以上两种变换对信号的变化起决定性作用，而其他过程对信号不会发生质的变化，因此，本书中关于模拟通信系统的研究重点是：调制与解调原理以及噪声对信号传输的影响(详见第 4 章)。

2. 数字通信系统的模型

数字通信系统是利用数字信号来传递信息的通信系统，如图 1 - 5 所示。数字通信涉及的技术问题很多，其中主要有信源编码与译码、信道编码与译码、加密与解密、数字调制与解调、同步等。下面对这些技术作简要介绍。

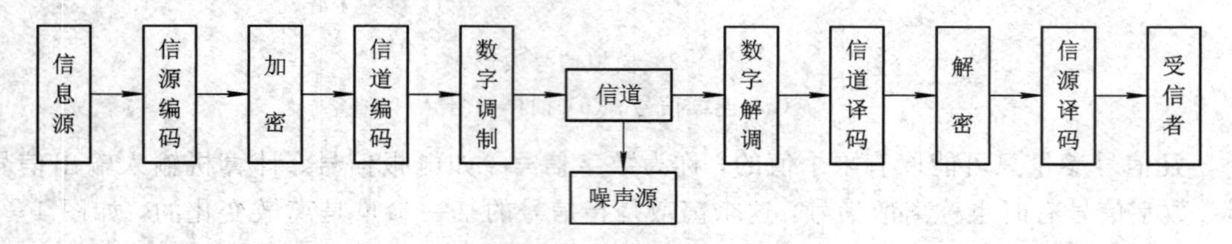

图 1 - 5　数字通信系统模型

1）信源编码与译码

信源编码的作用之一是提高信息传输的有效性，即通过某种数据压缩技术来减少信息的冗余度(减少信息码元数目)和降低数字信号的码元速率。因为码元速率将决定传输带宽，而传输带宽反映了通信的有效性。作用之二是完成模/数(A/D)转换，即把来自模拟信源的模拟信号转换成数字信号，以实现模拟信号的数字化传输(详见第 6 章)。信源译码是信源编码的逆过程。

2）信道编码与译码

数字信号在信道传输时，由于噪声、衰落以及人为干扰等，将会引起差错。为了减小差错，信道编码器对传输的信息码元按一定的规则加入保护成分(监督元)，组成所谓的"抗干扰编码"。接收端的信道译码器按一定规则进行解码，从解码过程中发现错误或纠正错误，从而提高通信系统抗干扰能力，实现可靠通信。

3）加密与解密

在需要实现保密通信的场合，为了保证所传信息的安全，人为将被传输的数字序列扰乱，即加上密码，这种处理过程叫加密。在接收端利用与发送端相同的密码复制品对收到的数字序列进行解密，恢复原来信息。

4）数字调制与解调

数字调制就是把数字基带信号的频谱搬移到高频处，形成适合在信道中传输的频带信号。基本的数字调制方式有振幅键控 ASK、频移键控 FSK、绝对相移键控 PSK、相对(差分)相移键控 DPSK。对这些信号可以采用相干解调或非相干解调还原为数字基带信号。对高斯噪声下的信号检测，一般用相关器接收机或匹配滤波器。数字调制是本教材的重点内容之一，将分别在第 7 章和第 9 章中讨论。

5）同步

同步是保证数字通信系统有序、准确、可靠工作的前提条件。按照同步的功用不同，可分为载波同步、位同步、群同步和网同步，这些问题将集中在第 11 章中讨论。

需要说明的是，图 1 - 5 是数字通信系统的一般化模型，实际的数字通信系统不一定包括图 1 - 5 中的所有环节，如在某些有线信道中，数字基带信号无需调制就可以直接传送，称之为数字信号的基带传输，其模型中就不包括调制与解调环节，详见第 5 章。

应该指出的是，模拟信号经过数字编码后可以在数字通信系统中传输，数字电话系统就是以数字方式传输模拟话音信号的例子。当然，数字信号也可以在模拟通信系统中传输，如计算机数据可以通过传统的电话网来传输，但这时必须使用调制解调器（Modem），以适应模拟信道的传输特性。

3. 数字通信的主要特点

目前，无论是模拟通信还是数字通信，在不同的通信业务中都得到了广泛的应用。但是，数字通信的发展速度已明显超过模拟通信，成为当代通信技术的主流。与模拟通信相比，数字通信更能适应现代社会对通信技术越来越高的要求，其特点是：

(1) 抗干扰能力强，且噪声不积累。以二进制为例，数字信号的取值只有两个，这样接收端只需判别两种状态。信号在传输过程中受到噪声的干扰，必然会发生波形畸变，接收端对其进行抽样判决，以辨别是两个状态中的哪一个。只要噪声的大小不足以影响判决的正确，就能正确接收。而模拟通信系统中传输的是连续变化的模拟信号，它要求接收机能够高度保真地重现信号波形，如果模拟信号叠加上噪声后，即使噪声很小，也很难消除它。此外，在远距离传输，如微波中继通信时，各中继站可利用数字通信特有的判决再生接收方式，对数字信号波形进行整形再生而消除噪声积累。

(2) 差错可控。可以采用信道编码技术使误码率降低，提高传输的可靠性。

(3) 易于与各种数字终端接口，用现代计算技术对信号进行处理、加工、变换、存储，从而形成智能网。

(4) 易于集成化，从而使通信设备微型化。

(5) 易于加密处理，且保密强度高。

数字通信的缺点是，可能需要较大的带宽。另外，由于数字通信对同步要求高，因而系统设备比较复杂。不过，随着新的宽带传输信道（如光导纤维）的采用、窄带调制技术和超大规模集成电路的发展，数字通信的这些缺点已经弱化。因此，数字通信的应用会越来越广泛。

1.2 通信系统分类与通信方式

1.2.1 通信系统的分类

1. 按通信业务分类

按通信业务分，通信系统可分为话务通信系统和非话务通信系统。电话业务在电信领域中一直占主导地位，它属于人与人之间的通信。近年来，非话务通信发展迅速，非话务通信主要有分组数据业务、计算机通信、数据库检索、电子信箱、电子数据交换、传真存储转发、可视图文及会议电视、图像通信等。由于电话通信最为发达，因而其他通信常常借助于公共的电话通信系统进行。未来的综合业务数字通信网中各种用途的消息都能在一个统一的通信网中传输。此外，还有遥测、遥控、遥信和遥调等控制通信业务。

2. 按调制方式分类

根据是否采用调制，可将通信系统分为基带传输系统和频带(调制)传输系统。基带传输是指将未经调制的信号直接传送，如音频市内电话。频带传输是对各种信号调制后传输的总称。调制方式很多，表 1－1 列出了一些常见的调制方式。

表 1－1　常见的调制方式

调制方式			用途
连续波调制	线性调制	常规双边带调制 AM	广播
		抑制载波双边带调制 DSB	立体声广播
		单边带调制 SSB	载波通信、无线电台、数传
		残留边带调制 VSB	电视广播、数传、传真
	非线性调制	频率调制 FM	微波中继、卫星通信、广播
		相位调制 PM	中间调制方式
	数字调制	幅度键控 ASK	数据传输
		频率键控 FSK	数据传输
		相位键控 PSK、DPSK、QPSK 等	数据传输、数字微波、空间通信
		其他高效数字调制 QAM、MSK 等	数字微波、空间通信
脉冲调制	脉冲模拟调制	脉幅调制 PAM	中间调制方式、遥测
		脉宽调制 PDM(PWM)	中间调制方式
		脉位调制 PPM	遥测、光纤传输
	脉冲数字调制	脉码调制 PCM	市话、卫星、空间通信
		增量调制 DM	军用、民用电话
		差分脉码调制 DPCM	电视电话、图像编码
		其他语言编码方式 ADPCM、APC、LPC	中低速数字电话

3. 按信号特征分类

按照信道中所传输的是模拟信号还是数字信号，相应地把通信系统分成模拟通信系统和数字通信系统。

4. 按传输媒质分类

按传输媒质分，通信系统可分为有线通信系统和无线通信系统两大类。有线通信是用导线(如架空明线、同轴电缆、光导纤维、波导等)作为传输媒质完成通信的，如市内电话、有线电视、海底电缆通信等。无线通信是依靠电磁波在空间传播达到传递消息的目的的，如短波电离层传播、微波视距传播、卫星中继等。

5. 按工作波段分类

按通信设备的工作频率不同，通信系统可分为长波通信系统、中波通信系统、短波通信系统、远红外线通信系统等。表 1－2 列出了通信使用的频段、常用的传输媒质及主要用途。

表 1-2 通信波段与常用传输媒质

频率范围	波 长	符 号	传输媒质	用 途
3 Hz～30 kHz	10^4～10^8 m	甚低频 VLF	有线线对 长波无线电	音频、电话、数据终端长距离导航、时标
30～300 kHz	10^3～10^4 m	低频 LF	有线线对 长波无线电	导航、信标、电力线通信
300 kHz～3 MHz	10^2～10^3 m	中频 MF	同轴电缆 短波无线电	调幅广播、移动陆地通信、业余无线电
3～30 MHz	10～10^2 m	高频 HF	同轴电缆 短波无线电	移动无线电话、短波广播定点军用通信、业余无线电
30～300 MHz	1～10 m	甚高频 VHF	同轴电缆 米波无线电	电视、调频广播、空中管制、车辆、通信、导航
300 MHz～3 GHz	10～100 cm	特高频 UHF	波导 分米波无线电	微波接力、卫星和空间通信、雷达
3～30 GHz	1～10 cm	超高频 SHF	波导 厘米波无线电	微波接力、卫星和空间通信、雷达
30～300 GHz	1～10 mm	极高频 EHF	波导 毫米波无线电	雷达、微波接力、射电天文学
10^7～10^8 GHz	3×10^{-5}～3×10^{-4} cm	紫外，可见光，红外	光纤 激光空间传播	光通信

工作波长和频率的换算公式为

$$\lambda = \frac{c}{f} = \frac{3\times10^8\,(\mathrm{m/s})}{f(\mathrm{Hz})} \tag{1.2-1}$$

式中，λ 为工作波长，f 为工作频率，c 为光速。

6. 按信号复用方式分类

传输多路信号有三种复用方式，即频分复用、时分复用和码分复用。频分复用是用频谱搬移的方法使不同信号占据不同的频率范围；时分复用是用脉冲调制的方法使不同信号占据不同的时间区间；码分复用是用正交的脉冲序列分别携带不同信号。传统的模拟通信中都采用频分复用；随着数字通信的发展，时分复用通信系统的应用愈来愈广泛；码分复用主要用于空间通信的扩频通信中。

1.2.2 通信方式

前述通信系统是单向通信系统，但在多数场合下，信源兼为信宿，需要双向通信，电话就是一个最好的例子，这时通信双方都要有发送和接收设备，并需要各自的传输媒质，如果通信双方共用一个信道，就必须用频率或时间分割的方法来共享信道。因此，通信过程中涉及通信方式与信道共享问题。下面只对通信方式作简单介绍。

1. 按消息传递的方向与时间关系分

对于点与点之间的通信，按消息传递的方向与时间关系，通信方式可分为单工、半双工及全双工通信三种。

单工通信，是指消息只能单方向传输的工作方式，因此只占用一个信道，如图 1－6(*a*)所示。广播、遥测、遥控、无线寻呼等就是单工通信方式的例子。

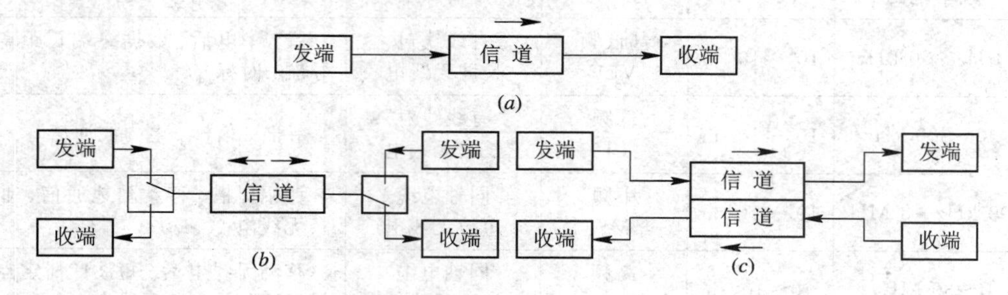

图 1－6　单工、半双工和全双工通信方式示意图
(*a*) 单工；(*b*) 半双工；(*c*) 全双工

半双工通信，是指通信双方都能收发消息，但不能同时进行收和发的工作方式，如图 1－6(*b*)所示。例如，使用同一载频的对讲机，收发报机以及问询、检索、科学计算等数据通信都是半双工通信方式。

全双工通信，是指通信双方可同时进行收发消息的工作方式。一般情况下全双工通信的信道必须是双向信道，如图 1－6(*c*)所示。普通电话、手机都是最常见的全双工通信方式，计算机之间的高速数据通信也是这种方式。

2. 按数字信号排列顺序分

在数字通信中，按数字信号代码排列的顺序可分为并行传输和串行传输。

并行传输是将代表信息的数字序列以成组的方式在两条或两条以上的并行信道上同时传输，如图 1－7(*a*)所示。并行传输的优点是节省传输时间，但需要传输信道多，设备复杂，成本高，故较少采用，一般适用于计算机和其他高速数字系统，特别适用于设备之间的近距离通信。

串行传输是数字序列以串行方式一个接一个地在一条信道上传输，如图 1－7(*b*)所示。通常，一般的远距离数字通信都采用这种传输方式。

此外，还可以按通信的网络形式划分。由于通信网的基础是点与点之间的通信，所以本课程的重点放在点与点之间的通信上。

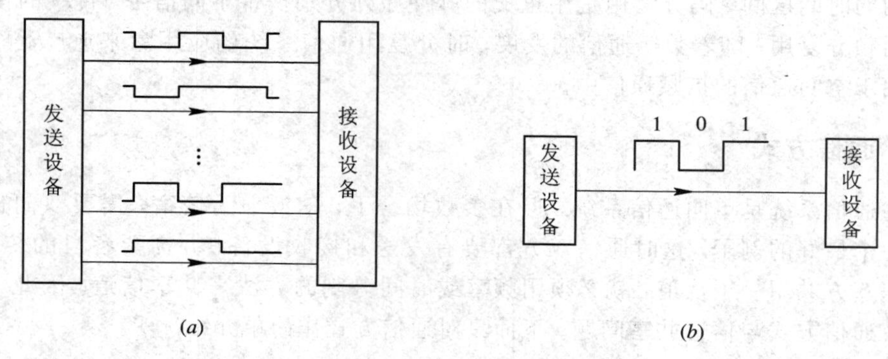

图 1－7　并行和串行通信方式示意图
(*a*) 并行传输；(*b*) 串行传输

1.3 信息及其度量

前已指出，信号是消息的载体，而信息是其内涵。任何信源产生的输出信号都是随机的，也就是说，信源输出是用统计方法来定性的。对接收者来说，只有消息中不确定的内容才构成信息；否则，信源输出已确切知晓，就没有必要再传输它了。因此，信息含量就是对消息中这种不确定性的度量。

首先，让我们从常识的角度来感觉三条消息：① 太阳从东方升起；② 太阳比往日大两倍；③ 太阳将从西方升起。第一条几乎没有带来任何信息，第二条带来了大量信息，第三条带来的信息多于第二条。究其原因，第一事件是一个必然事件，人们不足为奇；第三事件几乎不可能发生，它使人感到惊奇和意外，也就是说，它带来更多的信息。因此，信息含量是与惊奇这一因素相关联的，这是不确定性或不可预测性的结果。越是不可预测的事件，越会使人感到惊奇，带来的信息越多。

根据概率论知识，事件的不确定性可用事件出现的概率来描述。可能性越小，概率越小；反之，概率越大。因此，消息中包含的信息量与消息发生的概率密切相关。消息出现的概率越小，消息中包含的信息量就越大。假设 $P(x)$是一个消息发生的概率，I 是从该消息获悉的信息，根据上面的认知，显然 I 与 $P(x)$之间的关系反映为如下规律：

(1) 信息量是概率的函数，即

$$I = f[P(x)]$$

(2) $P(x)$越小，I 越大；反之，I 越小，即

$$P(x) \to 1 \text{ 时}, I \to 0$$

$$P(x) \to 0 \text{ 时}, I \to \infty$$

(3) 若干个互相独立事件构成的消息，所含信息量等于各独立事件信息量之和，也就是说，信息具有相加性，即

$$I[P(x_1)P(x_2)\cdots] = I[P(x_1)] + I[P(x_2)] + \cdots$$

综上所述，信息量 I 与消息出现的概率 $P(x)$之间的关系应为

$$I = \log_a \frac{1}{P(x)} = -\log_a P(x) \tag{1.3-1}$$

信息量的单位与对数底数 a 有关。$a=2$ 时，信息量的单位为比特(bit)；$a=\mathrm{e}$ 时，信息量的单位为奈特(nit)；$a=10$ 时，信息量的单位为十进制单位，叫哈特莱。目前广泛使用的单位为比特。

下面举例说明信息量的对数度量是一种合理的度量方法。

【例 1-1】 设二进制离散信源，以相等的概率发送数字 0 或 1，则信源每个输出的信息含量为

$$I(0) = I(1) = \mathrm{lb}\,\frac{1}{1/2} = \mathrm{lb}\,2 = 1\ (\mathrm{bit}) \tag{1.3-2}$$

可见，传送等概率的二进制波形之一($P=1/2$)的信息量为 1 比特。同理，传送等概率的四进制波形之一($P=1/4$)的信息量为 2 比特，这时每一个四进制波形需要用 2 个二进制脉冲表示；传送等概率的八进制波形之一($P=1/8$)的信息量为 3 比特，这时至少需要 3 个

二进制脉冲。

综上所述，对于离散信源，M 个波形等概率($P=1/M$)发送，且每一个波形的出现是独立的，即信源是无记忆的，则传送 M 进制波形之一的信息量为

$$I = \text{lb}\,\frac{1}{P} = \text{lb}\,\frac{1}{1/M} = \text{lb}\,M\ (\text{bit}) \tag{1.3-3}$$

式中，P 为每一个波形出现的概率，M 为传送的波形数。若 M 是 2 的整幂次，比如 $M=2^K$ ($K=1, 2, 3, \cdots$)，则式(1.3-3)可改写为

$$I = \text{lb}\,2^K = K\ (\text{bit}) \tag{1.3-4}$$

式中，K 是二进制脉冲数目。也就是说，传送每一个 $M(M=2^K)$进制波形的信息量就等于用二进制脉冲表示该波形所需的脉冲数目 K。

如果是非等概情况，设离散信源是一个由 n 个符号组成的符号集，其中每个符号 x_i ($i=1, 2, 3, \cdots, n$)出现的概率为 $P(x_i)$，且有 $\sum_{i=1}^{n} P(x_i)=1$，则 $x_1, x_2, \cdots, x_n$所包含的信息量分别为$-\text{lb}\,P(x_1)$，$-\text{lb}\,P(x_2)$，…，$-\text{lb}\,P(x_n)$。于是，每个符号所含信息量的统计平均值，即平均信息量为

$$\begin{aligned} H(x) &= P(x_1)[-\text{lb}\,P(x_1)] + P(x_2)[-\text{lb}\,P(x_2)] + \cdots + P(x_n)[-\text{lb}\,P(x_n)] \\ &= -\sum_{i=1}^{n} P(x_i)\,\text{lb}\,P(x_i)\ (\text{bit/符号}) \end{aligned} \tag{1.3-5}$$

由于 H 同热力学中的熵形式一样，故通常又称它为信息源的熵，其单位为 bit/符号。显然，当信源中每个符号等概独立出现时，式(1.3-5)即成为式(1.3-3)，此时信源的熵有最大值。

【例 1-2】 一离散信源由 0，1，2，3 四个符号组成，它们出现的概率分别为 3/8，1/4，1/4，1/8，且每个符号的出现都是独立的。试求某消息 201020130213001203210100321010023102002010312032100120210 的信息量。

解 此消息中，0 出现 23 次，1 出现 14 次，2 出现 13 次，3 出现 7 次，共有 57 个符号，故该消息的信息量为

$$I = 23\,\text{lb}\,\frac{8}{3} + 14\,\text{lb}\,4 + 13\,\text{lb}\,4 + 7\,\text{lb}\,8 = 108\ (\text{bit})$$

每个符号的算术平均信息量为

$$\bar{I} = \frac{I}{\text{符号数}} = \frac{108}{57} = 1.89\ (\text{bit/符号})$$

若用熵的概念来计算，由式(1.3-5)得

$$\begin{aligned} H &= -\frac{3}{8}\,\text{lb}\,\frac{3}{8} - \frac{1}{4}\,\text{lb}\,\frac{1}{4} - \frac{1}{4}\,\text{lb}\,\frac{1}{4} - \frac{1}{8}\,\text{lb}\,\frac{1}{8} \\ &= 1.906\ (\text{bit/符号}) \end{aligned}$$

则该消息的信息量为

$$I = 57 \times 1.906 = 108.64\ (\text{bit})$$

可见，两种算法的结果有一定误差，但当消息很长时，用熵的概念来计算比较方便。而且随着消息序列长度的增加，两种计算误差将趋于零。

以上我们介绍了离散消息所含信息量的度量方法。对于连续消息，信息论中有一个重

要结论，就是任何形式的待传信息都可以用二进制形式表示而不失主要内容。抽样定理告诉我们：一个频带受限的连续信号，可以用每秒一定数目的抽样值代替，而每个抽样值可以用若干个二进制脉冲序列来表示。因此，以上信息量的定义和计算同样适用于连续信号。

1.4 主要性能指标

通信的任务是快速、准确地传递信息。因此，评价一个通信系统优劣的主要性能指标是系统的有效性和可靠性。有效性是指在给定信道内所传输的信息内容的多少，或者说是传输的“速度”问题，而可靠性是指接收信息的准确程度，也就是传输的“质量”问题。这两个问题相互矛盾而又相对统一，通常还可以进行互换。

模拟通信系统的有效性可用有效传输频带来度量，同样的消息用不同的调制方式，则需要不同的频带宽度。可靠性用接收端最终输出信噪比来度量。不同调制方式在同样信道信噪比下所得到的最终解调后的信噪比是不同的。如调频信号抗干扰能力比调幅好，但调频信号所需传输频带却宽于调幅。

数字通信系统的有效性可用传输速率来衡量。可靠性可用差错率来衡量。

1. 传输速率

码元传输速率 R_{Bd} 简称传码率，又称符号速率等。它表示单位时间内传输码元的数目，单位是波特(Baud)，记为 Bd。例如，若 1 秒内传 2400 个码元，则传码率为 2400 Bd。

数字信号有多进制和二进制之分，但码元速率与进制数无关，只与传输的码元长度 T_s 有关：

$$R_{Bd} = \frac{1}{T_s}\ (\text{Bd}) \tag{1.4-1}$$

信息传输速率 R_b 简称传信率，又称比特率等。它表示单位时间内传递的平均信息量或比特数，单位是比特/秒，可记为 bit/s，或 b/s，或 bps。

每个码元或符号通常都含有一定比特数的信息量，因此码元速率和信息速率有确定的关系，即

$$R_b = R_{Bd} \cdot H\ (\text{b/s}) \tag{1.4-2}$$

式中，H 为信源中每个符号所含的平均信息量(熵)。等概传输时，熵有最大值 lb M，信息速率也达到最大，即

$$R_b = R_{Bd}\ \text{lb}\ M\ (\text{b/s}) \tag{1.4-3}$$

或

$$R_{Bd} = \frac{R_b}{\text{lb}\ M}\ (\text{Bd}) \tag{1.4-4}$$

式中，M 为符号的进制数。例如码元速率为 1200 Bd，采用八进制($M=8$)时，信息速率为 3600 b/s；采用二进制($M=2$)时，信息速率为 1200 b/s。可见，二进制的码元速率和信息速率在数量上相等，有时简称它们为数码率。

频带利用率 η 比较不同通信系统的有效性时，单看它们的传输速率是不够的，还应看在这样的传输速率下所占的信道的频带宽度。所以，真正衡量数字通信系统传输效率的应当是单位频带内的码元传输速率，即

$$\eta = \frac{R_{Bd}}{B}\ (\mathrm{Bd/Hz}) \tag{1.4-5}$$

数字信号的传输带宽 B 取决于码元速率 R_{Bd}，而码元速率和信息速率 R_b 有着确定的关系。为了比较不同系统的传输效率，又可定义频带利用率为

$$\eta = \frac{R_b}{B}\ (\mathrm{b/(s \cdot Hz)}) \tag{1.4-6}$$

2. 差错率

衡量数字通信系统可靠性的指标是差错率，常用误码率和误信率表示。

误码率(码元差错率)P_e　是指发生差错的码元数在传输总码元数中所占的比例，更确切地说，误码率是码元在传输系统中被传错的概率，即

$$P_e = \frac{\text{错误码元数}}{\text{传输总码元数}} \tag{1.4-7}$$

误信率(信息差错率)P_b　是指发生差错的比特数在传输总比特数中所占的比例，即

$$P_b = \frac{\text{错误比特数}}{\text{传输总比特数}} \tag{1.4-8}$$

显然，在二进制中有

$$P_b = P_e$$

思　考　题

1-1　什么是数字信号和模拟信号？两者的区别是什么？

1-2　何谓数字通信？简述数字通信系统的主要优缺点。

1-3　画出数字通信系统的一般模型，并简述各小方框的主要功能。

1-4　在数字通信系统中，其可靠性和有效性指的是什么？各有哪些重要指标？

1-5　按信号的流向和时间分类，通信方式有哪些？

1-6　何谓码元速率和信息速率？它们之间的关系如何？

习　题

1-1　已知英文字母 e 和 v 出现的概率分别为 0.105 和 0.008，试求 e 和 v 的信息量各为多少。

1-2　已知二进制信源(0，1)，若 0 符号的出现概率为 1/3，求出现 1 符号的信息量。

1-3　某信源符号集由 A、B、C、D、E、F 组成，设每个符号独立出现，其概率分别为 1/4，1/4，1/16，1/8，1/16，1/4，试求该信息源输出符号的平均信息量。

1-4　一个由字母 A、B、C、D 组成的字，对于传输的每一个字母用二进制脉冲编码，00 代替 A，01 代替 B，10 代替 C，11 代替 D，每个脉冲宽度为 5 ms。

(1) 不同的字母是等可能出现时，试计算传输的平均信息速率；

(2) 若每个字母出现的可能性分别为

$$P_A = \frac{1}{5},\ P_B = \frac{1}{4},\ P_C = \frac{1}{4},\ P_D = \frac{3}{10}$$

试计算传输的平均信息速率。

1-5　设一数字传输系统传送二进制码元的速率为2400 Bd，试求该系统的信息速率；若该系统改为传送十六进制信号码元，码元速率不变，则这时的系统信息速率为多少？(设各码元独立等概出现)

1-6　某信息源的符号集由A、B、C、D和E组成，设每一符号均独立出现，其出现概率分别为1/4，1/8，1/8，3/16和5/16，信息源以1000 Bd速率传送信息。

(1) 求传送1小时的信息量；

(2) 求传送1小时可能达到的最大信息量。

1-7　设有四个消息符号，其前三个符号的出现概率分别是1/4，1/8，1/8，因各消息符号出现是相对独立的。求该符号集的平均信息量。

1-8　已知二进制数字信号的传输速率为2400 b/s，试问变换成四进制数字信号时，传输速率为多少波特。

1-9　已知某四进制数字传输系统的传信率为2400 b/s，接收端在半小时内共收到216个错误码元，试计算该系统的误码率 P_e。

1-10　某系统经长期测定，它的误码率 $P_e=10^{-5}$，系统码元速率为1200 Bd，问在多长时间内可能收到360个误码元。

第2章 随机过程

从第 1 章获知，信息与不确定性有关。如果一个待接收的信号事先已经确知，它就不可能载有任何信息。因此载有信息的信号必须是不可预测的，或者说带有某种随机性。干扰信息信号的噪声更是不可预测的。这些不可预测的信号和噪声都是随机过程的例子。但是随机信号和噪声的不可预测性的意义完全不同，随机信号的不可预测性是它携带信息的能力，而噪声的不可预测性则是有害的，它将干扰有用信号的正确接收。

在通信系统中，随机过程是重要的数学工具。在建立信源的统计模型、描述信道和噪声的统计特性以及分析通信系统抗噪声性能等方面都将用到它。

本章扼要介绍通信系统所必需的内容，即随机过程的基本概念、统计特性及其通过线性系统的分析方法，并主要介绍用于全书的几个重要结论，这些对于设计通信系统及其性能的评估都是十分有用的。

2.1 随机过程的基本概念和统计特性

2.1.1 随机过程

自然界中事物的变化过程可以大致分成两类。一类是其变化过程具有确定的形式，或者说具有必然的变化规律，用数学语言来说，其变化过程可以用一个或几个时间 t 的确定函数来描述，这类过程称为确定性过程。例如，电容器通过电阻放电时，电容两端的电位差随时间的变化就是一个确定性函数。而另一类过程没有确定的变化形式，也就是说，每次对它的测量结果没有一个确定的变化规律，用数学语言来说，这类事物变化的过程不可能用一个或几个时间 t 的确定函数来描述，这类过程称为随机过程。下面我们给出一个例子：

设有 n 台性能完全相同的接收机。我们在相同的工作环境和测试条件下记录各台接收机的输出噪声波形(这也可以理解为对一台接收机在一段时间内持续地进行 n 次观测)。测试结果将表明，尽管设备和测试条件相同，记录的 n 条曲线中找不到两个完全相同的波形。这就是说，接收机输出的噪声电压随时间的变化是不可预知的，因而它是一个随机过程。

由此我们给随机过程下一个更为严格的定义：设 $S_k(k=1, 2, \cdots)$是随机试验，每一次试验都有一条时间波形(称为**样本函数**或**实现**)，记作 $x_i(t)$，所有可能出现的结果的总体$\{x_1(t), x_2(t), \cdots, x_n(t), \cdots\}$就构成一随机过程，记作 $\xi(t)$。简言之，无穷多个样本函数的总体叫做随机过程，如图 2 - 1 所示。

显然，上例中接收机的输出噪声波形也可用图 2 - 1 表示。对接收机输出噪声波形的

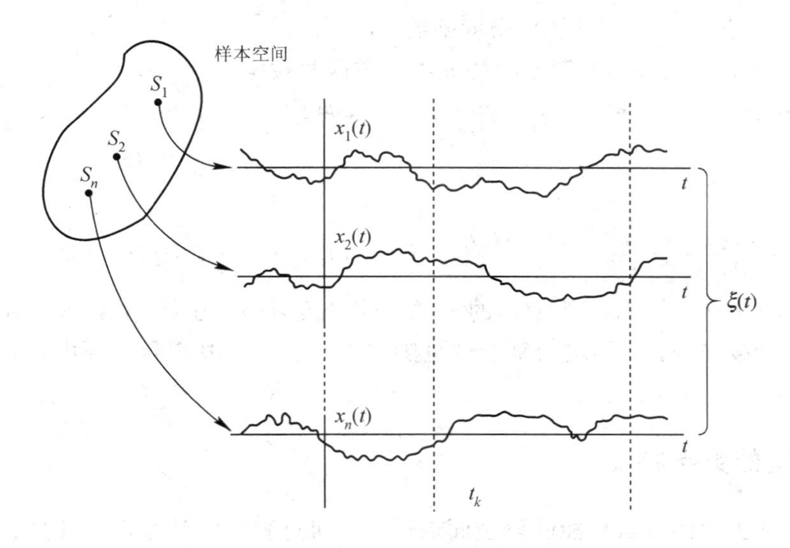

图 2-1 样本函数的总体

观测可看做是进行一次随机试验，每次试验之后，$\xi(t)$取图 2-1 所示的样本空间中的某一样本函数，至于是空间中哪一个样本，在进行观测前是无法预知的，这正是随机过程随机性的表现。随机过程的基本特征体现在两个方面：其一，它是一个时间函数；其二，在固定的某一观察时刻 t_1，全体样本在 t_1 时刻的取值 $\xi(t_1)$是一个不含 t 变化的随机变量。因此，又可以把随机过程看成依赖时间参数的一族随机变量。可见，随机过程具有随机变量和时间函数的特点。下面将会看到，在研究随机过程时正是利用了这两个特点。

2.1.2 随机过程的统计特性

随机过程的两重性使我们可以用与描述随机变量相似的方法，来描述它的统计特性。

设 $\xi(t)$表示一个随机过程，在任意给定的时刻 $t_1\in T$，其取值 $\xi(t_1)$是一个一维随机变量。随机变量的统计特性可以用分布函数或概率密度函数来描述。我们把随机变量 $\xi(t_1)$小于或等于某一数值 x_1 的概率 $P[\xi(t_1)\leqslant x_1]$，简记为 $F_1(x_1, t_1)$，即

$$F_1(x_1, t_1) = P[\xi(t_1) \leqslant x_1] \tag{2.1-1}$$

式(2.1-1)称为随机过程 $\xi(t)$的一维分布函数。如果 $F_1(x_1, t_1)$对 x_1 的偏导数存在，即有

$$\frac{\partial F_1(x_1, t_1)}{\partial x_1} = f_1(x_1, t_1) \tag{2.1-2}$$

则称 $f_1(x_1, t_1)$为 $\xi(t)$的一维概率密度函数。显然，随机过程的一维分布函数或一维概率密度函数仅仅描述了随机过程在各个孤立时刻的统计特性，而没有说明随机过程在不同时刻取值之间的内在联系，为此需要进一步引入二维分布函数。

任给两个时刻 $t_1, t_2\in T$，则随机变量 $\xi(t_1)$和 $\xi(t_2)$构成一个二元随机变量 $\{\xi(t_1), \xi(t_2)\}$，称

$$F_2(x_1,x_2; t_1,t_2) = P\{\xi(t_1) \leqslant x_1, \xi(t_2) \leqslant x_2\} \tag{2.1-3}$$

为随机过程 $\xi(t)$的二维分布函数。如果存在

$$\frac{\partial^2 F_2(x_1,x_2; t_1,t_2)}{\partial x_1 \cdot \partial x_2} = f_2(x_1,x_2; t_1,t_2) \tag{2.1-4}$$

则称 $f_2(x_1, x_2; t_1, t_2)$ 为 $\xi(t)$ 的二维概率密度函数。

同理，任给 $t_1, t_2, \cdots, t_n \in T$，则 $\xi(t)$ 的 n 维分布函数被定义为

$$F_n(x_1, x_2, \cdots, x_n; t_1, t_2, \cdots, t_n) = P\{\xi(t_1) \leqslant x_1, \xi(t_2) \leqslant x_2, \cdots, \xi(t_n) \leqslant x_n\} \tag{2.1-5}$$

如果存在

$$\frac{\partial^n F_n(x_1, x_2, \cdots, x_n; t_1, t_2, \cdots, t_n)}{\partial x_1 \partial x_2 \cdots \partial x_n} = f_n(x_1, x_2, \cdots, x_n; t_1, t_2, \cdots, t_n)$$

则称 $f_n(x_1, x_2, \cdots, x_n; t_1, t_2, \cdots, t_n)$ 为 $\xi(t)$ 的 n 维概率密度函数。显然，n 越大，对随机过程统计特性的描述就越充分，但问题的复杂性也随之增加。在一般实际问题中，掌握二维分布函数就已经足够了。

2.1.3　随机过程的数字特征

分布函数或概率密度函数虽然能够较全面地描述随机过程的统计特性，但在实际工作中，有时不易或不需求出分布函数和概率密度函数，而用随机过程的数字特征来描述随机过程的统计特性，更简单直观。

1. 数学期望

设随机过程 $\xi(t)$ 在任意给定时刻 t_1 的取值 $\xi(t_1)$ 是一个随机变量，其概率密度函数为 $f_1(x_1, t_1)$，则 $\xi(t_1)$ 的数学期望为

$$E[\xi(t_1)] = \int_{-\infty}^{\infty} x_1 f_1(x_1, t_1)\,\mathrm{d}x_1$$

注意，这里 t_1 是任取的，所以可以把 t_1 直接写为 t，x_1 改为 x，这时上式就变为随机过程在任意时刻的数学期望，记作 $a(t)$，于是

$$a(t) = E[\xi(t)] = \int_{-\infty}^{\infty} x f_1(x, t)\,\mathrm{d}x \tag{2.1-6}$$

$a(t)$ 是时间 t 的函数，它表示随机过程的 n 个样本函数曲线的摆动中心。

2. 方差

$$\begin{aligned} D[\xi(t)] &= E\{[\xi(t) - a(t)]^2\} \\ &= E[\xi^2(t)] - [a(t)]^2 \\ &= \int_{-\infty}^{\infty} x^2 f_1(x, t)\,\mathrm{d}x - [a(t)]^2 \end{aligned} \tag{2.1-7}$$

$D[\xi(t)]$ 常记为 $\sigma^2(t)$。可见方差等于均方值与数学期望平方之差。它表示随机过程在时刻 t 对于均值 $a(t)$ 的偏离程度。

均值和方差都只与随机过程的一维概率密度函数有关，因而它们描述了随机过程在各个孤立时刻的特征。为了描述随机过程在两个不同时刻状态之间的联系，还需利用二维概率密度引入新的数字特征。

3. 相关函数

衡量随机过程在任意两个时刻获得的随机变量之间的关联程度时，常用协方差函数 $B(t_1, t_2)$ 和相关函数 $R(t_1, t_2)$ 来表示。协方差函数定义为

$$B(t_1, t_2) = E\{[\xi(t_1) - a(t_1)][\xi(t_2) - a(t_2)]\}$$
$$= \int_{-\infty}^{\infty}\int_{-\infty}^{\infty} [x_1 - a(t_1)][x_2 - a(t_2)] f_2(x_1, x_2; t_1, t_2)\, \mathrm{d}x_1\, \mathrm{d}x_2 \tag{2.1-8}$$

式中，t_1 与 t_2 是任取的两个时刻；$a(t_1)$ 与 $a(t_2)$ 为在 t_1 及 t_2 时刻得到的数学期望；$f_2(x_1, x_2; t_1, t_2)$ 为二维概率密度函数。相关函数定义为

$$R(t_1, t_2) = E[\xi(t_1)\xi(t_2)]$$
$$= \int_{-\infty}^{\infty}\int_{-\infty}^{\infty} x_1 x_2 f_2(x_1, x_2; t_1, t_2)\, \mathrm{d}x_1\, \mathrm{d}x_2 \tag{2.1-9}$$

二者关系为

$$B(t_1, t_2) = R(t_1, t_2) - a(t_1)a(t_2) \tag{2.1-10}$$

若 $a(t_1)=0$ 或 $a(t_2)=0$，则 $B(t_1, t_2)=R(t_1, t_2)$。若 $t_2>t_1$，并令 $t_2=t_1+\tau$，则 $R(t_1, t_2)$ 可表示为 $R(t_1, t_1+\tau)$。这说明，相关函数依赖于起始时刻 t_1 及 t_2 与 t_1 之间的时间间隔 τ，即相关函数是 t_1 和 τ 的函数。

由于 $B(t_1, t_2)$ 和 $R(t_1, t_2)$ 是衡量同一过程的相关程度的，因此，分别称为自协方差函数和自相关函数。对于两个或更多个随机过程，可引入互协方差及互相关函数。设 $\xi(t)$ 和 $\eta(t)$ 分别表示两个随机过程，则互协方差函数定义为

$$B_{\xi\eta}(t_1, t_2) = E\{[\xi(t_1) - a_\xi(t_1)][\eta(t_2) - a_\eta(t_2)]\} \tag{2.1-11}$$

互相关函数定义为

$$R_{\xi\eta}(t_1, t_2) = E[\xi(t_1)\eta(t_2)] \tag{2.1-12}$$

2.2 平稳随机过程

平稳随机过程是一种特殊而又广泛应用的随机过程，在通信领域中占有重要地位。

2.2.1 定义

所谓平稳随机过程，是指它的统计特性不随时间的推移而变化。设随机过程 $\{\xi(t), t\in T\}$，若对于任意 n 和任意选定 $t_1<t_2<\cdots<t_n$，$t_k\in T$，$k=1, 2, \cdots, n$，以及 h 为任意值，且 $x_1, x_2, \cdots, x_n\in \mathbf{R}$，有

$$f_n(x_1, x_2, \cdots, x_n; t_1, t_2, \cdots, t_n) = f_n(x_1, x_2, \cdots, x_n; t_1+h, t_2+h, \cdots, t_n+h) \tag{2.2-1}$$

则称 $\xi(t)$ 是平稳随机过程。该定义说明，当取样点在时间轴上作任意平移时，随机过程的所有有限维分布函数是不变的，具体到它的一维分布，则与时间 t 无关，而二维分布只与时间间隔 τ 有关，即有

$$f_1(x_1, t_1) = f_1(x_1) \tag{2.2-2}$$

和

$$f_2(x_1, x_2; t_1, t_2) = f_2(x_1, x_2; \tau) \tag{2.2-3}$$

以上两式可由式(2.2-1)分别令 $n=1$ 和 $n=2$，并取 $h=-t_1$ 得证。

于是，平稳随机过程 $\xi(t)$ 的均值

$$E[\xi(t)] = \int_{-\infty}^{\infty} x_1 f_1(x_1)\, \mathrm{d}x_1 = a \tag{2.2-4}$$

为一常数，这表示平稳随机过程的各样本函数围绕着一水平线起伏。同样，可以证明平稳随机过程的方差 $\sigma^2(t)=\sigma^2=$常数，表示它的起伏偏离数学期望的程度也是常数。

平稳随机过程 $\xi(t)$ 的自相关函数

$$R(t_1,\ t_2) = E[\xi(t_1)\xi(t_1+\tau)] = \int_{-\infty}^{\infty}\int_{-\infty}^{\infty} x_1 x_2 f_2(x_1,\ x_2;\ \tau)\ \mathrm{d}x_1\ \mathrm{d}x_2 = R(\tau) \tag{2.2-5}$$

仅是时间间隔 $\tau=t_2-t_1$ 的函数，而不再是 t_1 和 t_2 的二维函数。

以上表明，平稳随机过程 $\xi(t)$ 具有“平稳”的数字特征：它的均值与时间无关；它的自相关函数只与时间间隔 τ 有关，即

$$R(t_1,\ t_1+\tau) = R(\tau)$$

注意到式(2.2 - 1)定义的平稳随机过程对于一切 n 都成立，这在实际应用上很复杂。但仅仅由一个随机过程的均值是常数，自相关函数是 τ 的函数还不能充分说明它符合平稳条件，为此引入另一种平稳随机过程的定义：

设有一个二阶矩随机过程 $\xi(t)$，它的均值为常数，自相关函数仅是 τ 的函数，则称它为**宽平稳随机过程**或**广义平稳随机过程**。相应地，称按式(2.2 - 1)定义的过程为**严平稳随机过程**或**狭义平稳随机过程**。因为广义平稳随机过程的定义只涉及与一维、二维概率密度有关的数字特征，所以一个严平稳随机过程只要它的均方值 $E[\xi^2(t)]$ 有界，则它必定是广义平稳随机过程，但反过来一般不成立。

通信系统中所遇到的信号及噪声，大多数可视为平稳的随机过程。以后讨论的随机过程除特殊说明外，均假定是平稳的，且均指广义平稳随机过程，简称平稳过程。

2.2.2 各态历经性

平稳随机过程在满足一定条件下有一个有趣而又非常有用的特性，称为“各态历经性”。这种平稳随机过程，它的数字特征(均为统计平均)完全可由随机过程中的任一实现的数字特征(均为时间平均)来替代。也就是说，假设 $x(t)$ 是平稳随机过程 $\xi(t)$ 的任意一个实现，它的时间均值和时间相关函数分别为

$$\begin{aligned}\overline{a} &= \overline{x(t)} = \lim_{T\to\infty}\frac{1}{T}\int_{-T/2}^{T/2} x(t)\ \mathrm{d}t \\ \overline{R(\tau)} &= \overline{x(t)x(t+\tau)} = \lim_{T\to\infty}\frac{1}{T}\int_{-T/2}^{T/2} x(t)x(t+\tau)\ \mathrm{d}t\end{aligned} \tag{2.2-6}$$

如果平稳随机过程依概率 1 使下式成立：

$$\begin{cases} a = \overline{a} \\ R(\tau) = \overline{R(\tau)} \end{cases} \tag{2.2-7}$$

则称该平稳随机过程具有各态历经性。

“各态历经”的含义：随机过程中的任一实现都经历了随机过程的所有可能状态。因此，我们无需(实际中也不可能)获得大量用来计算统计平均的样本函数，而只需从任意一个随机过程的样本函数中就可获得它的所有的数字特征，从而使“统计平均”化为“时间平均”，使实际测量和计算的问题大为简化。

注意　具有各态历经性的随机过程必定是平稳随机过程，但平稳随机过程不一定是各

态历经的。在通信系统中所遇到的随机信号和噪声，一般均能满足各态历经条件。

2.2.3 平稳随机过程自相关函数的性质

对于平稳随机过程而言，它的自相关函数是特别重要的一个函数。其一，平稳随机过程的统计特性，如数字特征等，可通过自相关函数来描述；其二，自相关函数与平稳随机过程的谱特性有着内在的联系。因此，有必要了解平稳随机过程自相关函数的性质。

设 $\xi(t)$为实平稳随机过程，则它的自相关函数

$$R(\tau)=E[\xi(t)\xi(t+\tau)] \tag{2.2-8}$$

具有下列主要性质：

(1) $R(0)=E[\xi^2(t)]=S$ ［$\xi(t)$的平均功率］ (2.2-9)

(2) $R(\infty)=E^2[\xi(t)]$ ［$\xi(t)$的直流功率］ (2.2-10)

这是因为

$$\begin{aligned}\lim_{\tau\to\infty}R(\tau)&=\lim_{\tau\to\infty}E[\xi(t)\xi(t+\tau)]\\&=E[\xi(t)]\cdot E[\xi(t+\tau)]\\&=E^2[\xi(t)]\end{aligned}$$

这里利用了当 $\tau\to\infty$时，$\xi(t)$与 $\xi(t+\tau)$没有依赖关系(即独立)，且认为 $\xi(t)$中不含周期分量。

(3) $R(\tau)=R(-\tau)$ ［τ 的偶函数］ (2.2-11)

(4) $|R(\tau)|\leqslant R(0)$ ［$R(\tau)$的上界］ (2.2-12)

考虑一个非负式即可得证。

(5) $R(0)-R(\infty)=\sigma^2$ ［方差，$\xi(t)$的交流功率］ (2.2-13)

当均值为 0 时，有 $R(0)=\sigma^2$。

2.2.4 平稳随机过程的功率谱密度

随机过程的频谱特性是用它的功率谱密度来表述的。我们知道，随机过程中的任一实现是一个确定的功率型信号。对于任意的确定功率信号 $f(t)$，它的功率谱密度为

$$P_f(\omega)=\lim_{T\to\infty}\frac{|F_T(\omega)|^2}{T} \tag{2.2-14}$$

式中，$F_T(\omega)$是 $f(t)$的截短函数 $f_T(t)$(见图 2-2)所对应的频谱函数。我们可以把 $f(t)$看

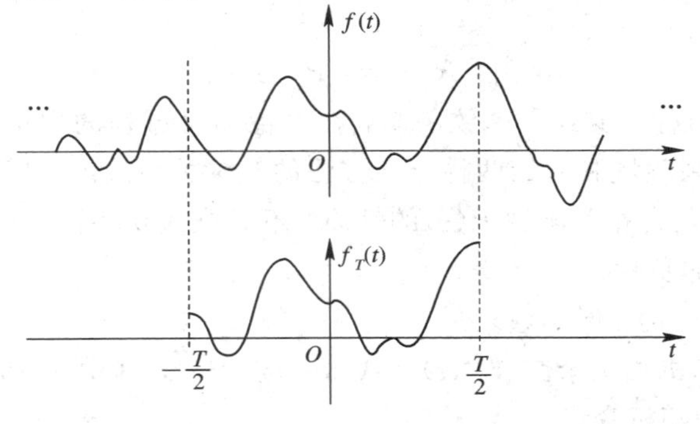

图 2-2 功率信号 $f(t)$及其截短函数

成是平稳随机过程 $\xi(t)$ 中的任一实现，因而每一实现的功率谱密度也可用式(2.2－14)来表示。由于 $\xi(t)$ 是无穷多个实现的集合，哪一个实现出现是不能预知的，因此，某一实现的功率谱密度不能作为过程的功率谱密度。过程的功率谱密度应看做是任一实现的功率谱的统计平均，即

$$P_\xi(\omega) = E[P_f(\omega)] = \lim_{T\to\infty}\frac{E\mid F_T(\omega)\mid^2}{T} \tag{2.2-15}$$

$\xi(t)$ 的平均功率 S 则可表示成

$$S = \frac{1}{2\pi}\int_{-\infty}^{\infty} P_\xi(\omega)\ \mathrm{d}\omega = \frac{1}{2\pi}\int_{-\infty}^{\infty}\lim_{T\to\infty}\frac{E\mid F_T(\omega)\mid^2}{T}\ \mathrm{d}\omega \tag{2.2-16}$$

虽然式(2.2－15)给出了平稳随机过程 $\xi(t)$ 的功率谱密度 $P_\xi(\omega)$，但很难直接用它来计算功率谱。那么，如何方便地求功率谱 $P_\xi(\omega)$ 呢？我们知道，确知的非周期功率信号的自相关函数与其谱密度是一对傅里叶变换关系。对于平稳随机过程，也有类似的关系，即

$$P_\xi(\omega) = \int_{-\infty}^{\infty} R(\tau)\mathrm{e}^{-\mathrm{j}\omega\tau}\ \mathrm{d}\tau$$

其傅里叶反变换为

$$R(\tau) = \frac{1}{2\pi}\int_{-\infty}^{\infty} P_\xi(\omega)\mathrm{e}^{\mathrm{j}\omega\tau}\ \mathrm{d}\omega$$

于是

$$R(0) = \frac{1}{2\pi}\int_{-\infty}^{\infty} P_\xi(\omega)\ \mathrm{d}\omega = E[\xi^2(t)] \tag{2.2-17}$$

因为 $R(0)$ 表示随机过程的平均功率，它应等于功率谱密度曲线下的面积。因此，$P_\xi(\omega)$ 必然是平稳随机过程的功率谱密度函数。所以，平稳随机过程的功率谱密度 $P_\xi(\omega)$ 与其自相关函数 $R(\tau)$ 是一对傅里叶变换关系，即

$$\left.\begin{aligned} P_\xi(\omega) &= \int_{-\infty}^{\infty} R(\tau)\mathrm{e}^{-\mathrm{j}\omega\tau}\ \mathrm{d}\tau \\ R(\tau) &= \frac{1}{2\pi}\int_{-\infty}^{\infty} P_\xi(\omega)\mathrm{e}^{\mathrm{j}\omega\tau}\ \mathrm{d}\omega \end{aligned}\right\} \tag{2.2-18}$$

或

$$\left.\begin{aligned} P_\xi(f) &= \int_{-\infty}^{\infty} R(\tau)\mathrm{e}^{-\mathrm{j}2\pi f\tau}\ \mathrm{d}\tau \\ R(\tau) &= \int_{-\infty}^{\infty} P_\xi(f)\mathrm{e}^{\mathrm{j}2\pi f\tau}\ \mathrm{d}f \end{aligned}\right\} \tag{2.2-19}$$

简记为

$$R(\tau) \Leftrightarrow P_\xi(\omega)$$

关系式(2.2－18)称为**维纳－辛钦**关系，在平稳随机过程的理论和应用中是一个非常重要的工具。它是联系频域和时域两种分析方法的基本关系式。

根据上述关系式及自相关函数 $R(\tau)$ 的性质，不难推演功率谱密度 $P_\xi(\omega)$ 有如下性质：

(1) $P_\xi(\omega)\geqslant 0$，非负性； (2.2－20)

(2) $P_\xi(-\omega)=P_\xi(\omega)$，偶函数。 (2.2－21)

【例 2－1】 某随机相位余弦波 $\xi(t)=A\cos(\omega_c t+\theta)$，其中 A 和 ω_c 均为常数，θ 是在 $(0, 2\pi)$ 内均匀分布的随机变量。

(1) 求 $\xi(t)$ 的自相关函数与功率谱密度；

(2) 讨论 $\xi(t)$是否具有各态历经性。

解 (1) 先考察 $\xi(t)$是否广义平稳。

$\xi(t)$的数学期望为

$$a(t)=E[\xi(t)]=\int_0^{2\pi} A\cos(\omega_c t+\theta)\frac{1}{2\pi}\,d\theta$$
$$=\frac{A}{2\pi}\int_0^{2\pi}(\cos\omega_c t\cos\theta-\sin\omega_c t\sin\theta)\,d\theta$$
$$=\frac{A}{2\pi}\left[\cos\omega_c t\int_0^{2\pi}\cos\theta\,d\theta-\sin\omega_c t\int_0^{2\pi}\sin\theta\,d\theta\right]=0\ (\text{常数})$$

$\xi(t)$的自相关函数为

$$R(t_1,t_2)=E[\xi(t_1)\xi(t_2)]$$
$$=E[A\cos(\omega_c t_1+\theta)\cdot A\cos(\omega_c t_2+\theta)]$$
$$=\frac{A^2}{2}E\{\cos\omega_c(t_2-t_1)+\cos[\omega_c(t_2+t_1)+2\theta]\}$$
$$=\frac{A^2}{2}\cos\omega_c(t_2-t_1)+\frac{A^2}{2}\int_0^{2\pi}\cos[\omega_c(t_2+t_1)+2\theta]\frac{1}{2\theta}\,d\theta$$
$$=\frac{A^2}{2}\cos\omega_c(t_2-t_1)+0$$

令 $t_2-t_1=\tau$，得 $R(t_1,t_2)=\frac{A^2}{2}\cos\omega_c\tau=R(\tau)$。可见 $\xi(t)$的数学期望为常数，而自相关函数只与时间间隔 τ 有关，所以 $\xi(t)$为广义平稳随机过程。

根据平稳随机过程的相关函数与功率谱密度是一对傅里叶变换，即 $R(\tau)\Leftrightarrow P_\xi(\omega)$，则因为

$$\cos\omega_c\tau\Leftrightarrow\pi[\delta(\omega-\omega_c)+\delta(\omega+\omega_c)]$$

所以，功率谱密度为

$$P_\xi(\omega)=\frac{\pi A^2}{2}[\delta(\omega-\omega_c)+\delta(\omega+\omega_c)]$$

平均功率为

$$S=R(0)=\frac{1}{2\pi}\int_{-\infty}^{\infty}P_\xi(\omega)\,d\omega=\frac{A^2}{2}$$

(2) 现在来求 $\xi(t)$的时间平均。根据式(2.2-6)可得

$$\overline{a}=\lim_{T\to\infty}\frac{1}{T}\int_{-T/2}^{T/2}A\cos(\omega_c t+\theta)\,dt=0$$
$$\overline{R(\tau)}=\lim_{T\to\infty}\frac{1}{T}\int_{-T/2}^{T/2}A\cos(\omega_c t+\theta)\cdot A\cos[\omega_c(t+\tau)+\theta]\,dt$$
$$=\lim_{T\to\infty}\frac{A^2}{2T}\left\{\int_{-T/2}^{T/2}\cos\omega_c\tau\,dt+\int_{-T/2}^{T/2}\cos(2\omega_c t+\omega_c\tau+2\theta)\,dt\right\}$$
$$=\frac{A^2}{2}\cos\omega_c\tau$$

比较统计平均与时间平均，得 $a=\overline{a}$，$R(\tau)=\overline{R(\tau)}$，因此，随机相位余弦波是各态历经的。

2.3　高斯随机过程

高斯过程，也称正态随机过程，是通信领域中最重要的一种过程。在实践中观察到的大多数噪声都是高斯过程，例如通信信道中的噪声通常是一种高斯过程。因此，在信道的建模中常用到高斯模型。

所谓高斯随机过程是指随机过程 $\xi(t)$ 的任意 n 维（$n=1, 2, \cdots$）分布都是正态分布。

2.3.1　重要性质

(1) 高斯过程的 n 维分布完全由其 n 个随机变量的数学期望、方差和协方差函数所决定。因此，对于高斯过程，只要研究它的数字特征就可以了。

(2) 如果高斯过程是广义平稳的，则它的均值与时间无关，协方差函数只与时间间隔有关，而与时间起点无关，由性质(1)知，它的 n 维分布与时间起点无关。所以，广义平稳的高斯过程也是狭义平稳的。

(3) 如果高斯过程在不同时刻的取值是不相关的，那么它们也是统计独立的。

(4) 高斯过程经过线性变换（或线性系统）后的过程仍是高斯过程。这个特点将在后面讨论。

2.3.2　高斯随机变量

在以后分析问题时，会经常用到高斯过程中的一维分布。例如，高斯过程在任一时刻上的样值是一个一维高斯随机变量，其一维概率密度函数可表示为

$$f(x)=\frac{1}{\sqrt{2\pi}\sigma}\exp\left(-\frac{(x-a)^2}{2\sigma^2}\right) \tag{2.3-1}$$

式中，a 为高斯随机变量的数学期望，σ^2 为方差。$f(x)$ 曲线如图 2-3 所示。

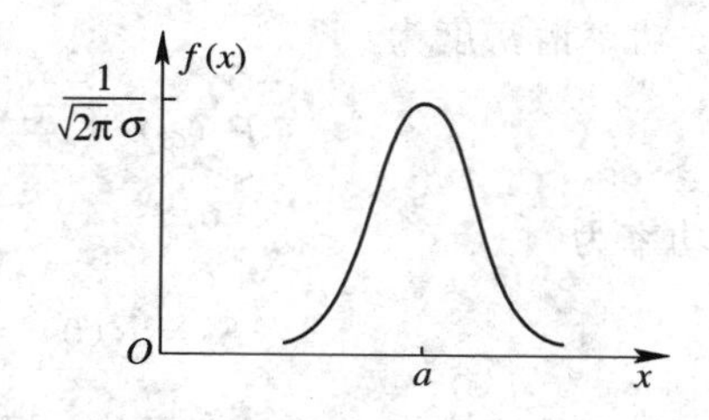

图 2-3　正态分布的概率密度

由式(2.3-1)和图 2-3 可知 $f(x)$ 具有如下特性：

(1) $f(x)$ 对称于 $x=a$ 这条直线。

(2) $$\int_{-\infty}^{\infty} f(x)\,\mathrm{d}x=1 \tag{2.3-2}$$

且有

$$\int_{-\infty}^{a} f(x)\,\mathrm{d}x=\int_{a}^{\infty} f(x)\,\mathrm{d}x=\frac{1}{2} \tag{2.3-3}$$

(3) a 表示分布中心，σ 表示集中程度，$f(x)$ 图形将随着 σ 的减小而变高和变窄。当 $a=0$，$\sigma=1$ 时，称 $f(x)$ 为标准正态分布的密度函数。

当需要求高斯随机变量 ξ 小于或等于任意取值 x 的概率 $P(\xi\leqslant x)$ 时，还要用到正态分布函数。分布函数是概率密度函数的积分，即

$$F(x)=P(\xi\leqslant x)=\int_{-\infty}^{x}\frac{1}{\sqrt{2\pi}\sigma}\exp\left[-\frac{(z-a)^2}{2\sigma^2}\right]\mathrm{d}z \tag{2.3-4}$$

这个积分无法用闭合形式计算，我们要设法把这个积分式和可以在数学手册上查出积分值的特殊函数联系起来，一般常用以下几种特殊函数：

(1) 误差函数和互补误差函数。误差函数的定义式为

$$\mathrm{erf}(x)=\frac{2}{\sqrt{\pi}}\int_0^x \mathrm{e}^{-t^2}\,\mathrm{d}t \tag{2.3-5}$$

它是自变量的递增函数，$\mathrm{erf}(0)=0$，$\mathrm{erf}(\infty)=1$，且 $\mathrm{erf}(-x)=-\mathrm{erf}(x)$。我们称 $1-\mathrm{erf}(x)$ 为互补误差函数，记为 $\mathrm{erfc}(x)$，即

$$\mathrm{erfc}(x)=1-\mathrm{erf}(x)=\frac{2}{\sqrt{\pi}}\int_x^\infty \mathrm{e}^{-t^2}\,\mathrm{d}t \tag{2.3-6}$$

它是自变量的递减函数，$\mathrm{erfc}(0)=1$，$\mathrm{erfc}(\infty)=0$，且 $\mathrm{erfc}(-x)=2-\mathrm{erfc}(x)$。当 $x\gg1$ 时(实际应用中只要 $x>2$)即可近似有

$$\mathrm{erfc}(x)\approx\frac{1}{\sqrt{\pi}x}\mathrm{e}^{-x^2} \tag{2.3-7}$$

(2) 概率积分函数和 Q 函数。概率积分函数定义为

$$\Phi(x)=\frac{1}{\sqrt{2\pi}}\int_{-\infty}^x \mathrm{e}^{-t^2/2}\,\mathrm{d}t \tag{2.3-8}$$

这是另一个在数学手册上有数值和曲线的特殊函数，有 $\Phi(\infty)=1$。

Q 函数是一种经常用于表示高斯尾部曲线下的面积的函数，其定义为

$$Q(x)=1-\Phi(x)=\frac{1}{\sqrt{2\pi}}\int_x^\infty \mathrm{e}^{-t^2/2}\,\mathrm{d}t,\quad x\geqslant0 \tag{2.3-9}$$

比较式(2.3-6)与式(2.3-8)和式(2.3-9)，可得

$$Q(x)=\frac{1}{2}\,\mathrm{erfc}\left(\frac{x}{\sqrt{2}}\right) \tag{2.3-10}$$

$$\Phi(x)=1-\frac{1}{2}\,\mathrm{erfc}\left(\frac{x}{\sqrt{2}}\right) \tag{2.3-11}$$

$$\mathrm{erfc}(x)=2Q(\sqrt{2}x)=2[1-\Phi(\sqrt{2}x)] \tag{2.3-12}$$

现在让我们把以上特殊函数与式(2.3-4)进行联系，以表示正态分布函数 $F(x)$。

若对式(2.3-4)进行变量代换，令新积分变量 $t=(z-a)/\sigma$，就有 $\mathrm{d}z=\sigma\,\mathrm{d}t$，再与式(2.3-8)联系，则有

$$F(x)=\Phi\left(\frac{x-a}{\sigma}\right) \tag{2.3-13}$$

若对式(2.3-4)进行变量代换，令新积分变量 $t=(z-a)/(\sqrt{2}\sigma)$，就有 $\mathrm{d}z=\sqrt{2}\sigma\,\mathrm{d}t$，再利用式(2.3-3)，则不难得到

$$F(x)=\begin{cases}\dfrac{1}{2}+\dfrac{1}{2}\,\mathrm{erf}\left(\dfrac{x-a}{\sqrt{2}\sigma}\right), & \text{当 } x\geqslant a \text{ 时}\\[2ex] 1-\dfrac{1}{2}\,\mathrm{erfc}\left(\dfrac{x-a}{\sqrt{2}\sigma}\right), & \text{当 } x\leqslant a \text{ 时}\end{cases} \tag{2.3-14}$$

用误差函数或互补误差函数表示 $F(x)$ 的好处是，它简明的特性有助于今后分析通信系统的抗噪声性能。

2.3.3 高斯白噪声

信号在信道中传输时，常会遇到这样一类噪声，它的功率谱密度均匀分布在整个频率范围内，即

$$P_{\xi}(\omega) = \frac{n_0}{2} \qquad (2.3-15)$$

这种噪声被称为白噪声，它是一个理想的宽带随机过程。式中 n_0 为一常数，单位是瓦/赫。显然，白噪声的自相关函数可借助于下式求得，即

$$R(\tau) = \frac{n_0}{2}\delta(\tau) \qquad (2.3-16)$$

这表明，白噪声只有在 $\tau=0$ 时才相关，而它在任意两个时刻上的随机变量都是互不相关的。图 2-4 画出了白噪声的功率谱和自相关函数的图形。

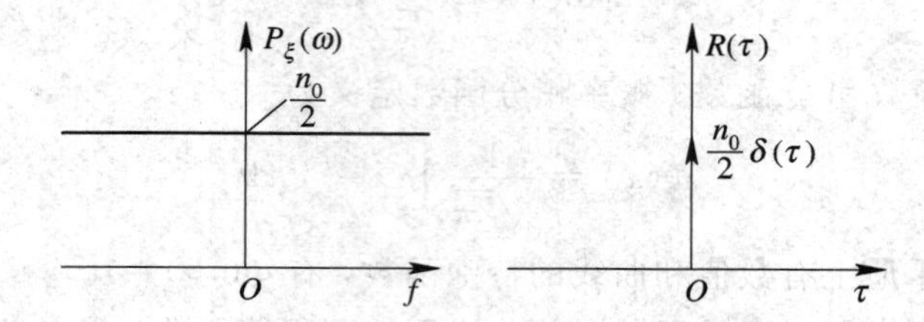

图 2-4 白噪声的谱密度和自相关函数

如果白噪声又是高斯分布的，则称之为高斯白噪声。由式(2.3-16)可以看出，高斯白噪声在任意两个不同时刻上的取值之间，不仅是互不相关的，而且还是统计独立的。

应当指出，这种理想化的白噪声在实际中是不存在的。但是，如果噪声的功率谱均匀分布的频率范围远远大于通信系统的工作频带，则可以把它视为白噪声。第 3 章中讨论的热噪声和散弹噪声就是近似白噪声的例子。

2.4 随机过程通过线性系统

通信的目的在于传输信号，信号和系统总是联系在一起的。通信系统中的信号或噪声一般都是随机的，因此在以后的讨论中我们必然会遇到这样的问题：随机过程通过系统后，输出过程将是什么样的过程？

这里，我们只考虑平稳过程通过线性时不变系统的情况。随机过程通过线性系统的分析，完全是建立在确知信号通过线性系统的原理上的。我们知道，线性系统的响应 $v_o(t)$ 等于输入信号 $v_i(t)$ 与系统的单位冲激响应 $h(t)$ 的卷积，即

$$v_o(t) = v_i(t) * h(t) = \int_{-\infty}^{\infty} v_i(\tau)h(t-\tau)\,d\tau \qquad (2.4-1)$$

若 $v_o(t) \Leftrightarrow V_o(\omega)$，$v_i(t) \Leftrightarrow V_i(\omega)$，$h(t) \Leftrightarrow H(\omega)$，则有

$$V_o(\omega) = H(\omega)V_i(\omega) \qquad (2.4-2)$$

若线性系统是物理可实现的，则

$$v_o(t) = \int_{-\infty}^{t} v_i(\tau)h(t-\tau)\,d\tau \qquad (2.4-3)$$

或
$$v_o(t)=\int_0^{\infty}h(\tau)v_i(t-\tau)\,d\tau \tag{2.4-4}$$

如果把 $v_i(t)$看做是输入随机过程的一个样本，则 $v_o(t)$可看做是输出随机过程的一个样本。显然，输入过程 $\xi_i(t)$的每个样本与输出过程 $\xi_o(t)$的相应样本之间都满足式(2.4－4)的关系。这样，就整个过程而言，便有

$$\xi_o(t)=\int_0^{\infty}h(\tau)\xi_i(t-\tau)\,d\tau \tag{2.4-5}$$

假定输入 $\xi_i(t)$是平稳随机过程，现在来分析系统的输出过程 $\xi_o(t)$的统计特性。

1. 输出过程 $\xi_o(t)$的数学期望

对式(2.4－5)两边取统计平均，有

$$E[\xi_o(t)]=E\left[\int_0^{\infty}h(\tau)\xi_i(t-\tau)d\tau\right]=\int_0^{\infty}h(\tau)E[\xi_i(t-\tau)]\,d\tau=a\cdot\int_0^{\infty}h(\tau)\,d\tau$$

式中利用了平稳性假设 $E[\xi_i(t-\tau)]=E[\xi_i(t)]=a$(常数)。又因为

$$H(\omega)=\int_0^{\infty}h(t)e^{j\omega t}\,dt$$

求得

$$H(0)=\int_0^{\infty}h(t)\,dt$$

所以

$$E[\xi_o(t)]=a\cdot H(0) \tag{2.4-6}$$

由此可见，输出过程的数学期望等于输入过程的数学期望与直流传递函数 $H(0)$的乘积，且 $E[\xi_o(t)]$与 t 无关。

2. 输出过程 $\xi_o(t)$的自相关函数

$$\begin{aligned}R_o(t_1,t_1+\tau)&=E[\xi_o(t_1)\xi_o(t_1+\tau)]\\&=E\left[\int_0^{\infty}h(\alpha)\xi_i(t_1-\alpha)\,d\alpha\int_0^{\infty}h(\beta)\xi_i(t_1+\tau-\beta)\,d\beta\right]\\&=\int_0^{\infty}\int_0^{\infty}h(\alpha)h(\beta)E[\xi_i(t_1-\alpha)\xi_i(t_1+\tau-\beta)]\,d\alpha\,d\beta\end{aligned}$$

根据平稳性

$$E[\xi_i(t_1-\alpha)\xi_i(t_1+\tau-\beta)]=R_i(\tau+\alpha-\beta)$$

有

$$R_o(t_1,t_1+\tau)=\int_0^{\infty}\int_0^{\infty}h(\alpha)h(\beta)R_i(\tau+\alpha-\beta)\,d\alpha\,d\beta=R_o(\tau) \tag{2.4-7}$$

可见，$\xi_o(t)$的自相关函数只依赖时间间隔 τ 而与时间起点 t_1 无关。由以上输出过程的数学期望和自相关函数证明，若线性系统的输入过程是平稳的，那么输出过程也是平稳的。

3. 输出过程 $\xi_o(t)$的功率谱密度

对式(2.4－7)进行傅里叶变换，有

$$\begin{aligned}P_o(\omega)&=\int_{-\infty}^{\infty}R_o(\tau)e^{-j\omega\tau}\,d\tau\\&=\int_{-\infty}^{\infty}\int_0^{\infty}\int_0^{\infty}[h(\alpha)h(\beta)R_i(\tau+\alpha-\beta)\,d\alpha\,d\beta]e^{-j\omega\tau}\,d\tau\end{aligned}$$

令 $\tau'=\tau+\alpha-\beta$，则有

$$P_o(\omega)=\int_0^{\infty}h(\alpha)e^{j\omega\alpha}\,d\alpha\int_0^{\infty}h(\beta)e^{-j\omega\beta}\,d\beta\int_{-\infty}^{\infty}R_i(\tau')e^{-j\omega\tau'}\,d\tau'$$

即

$$P_o(\omega)=H^*(\omega)\cdot H(\omega)\cdot P_i(\omega)=|H(\omega)|^2P_i(\omega) \tag{2.4-8}$$

可见，系统输出功率谱密度是输入功率谱密度 $P_i(\omega)$与系统功率传输函数$|H(\omega)|^2$ 的乘积。这是十分有用的一个重要公式。

【例 2-2】 带限白噪声。试求功率谱密度为 $n_0/2$ 的白噪声通过理想矩形的低通滤波器后的功率谱密度、自相关函数和噪声平均功率。理想低通的传输特性为

$$H(\omega)=\begin{cases}K_0e^{-j\omega t}, & |\omega|\leqslant\omega_H\\ 0, & 其他\end{cases}$$

解 由上式得$|H(\omega)|^2=K_0^2$，$|\omega|\leqslant\omega_H$。输出功率谱密度为

$$P_o(\omega)=|H(\omega)|^2P_i(\omega)=K_0^2\cdot\frac{n_0}{2},\qquad |\omega|\leqslant\omega_H$$

可见，输出噪声的功率谱密度在$|\omega|\leqslant\omega_H$ 内是均匀的，在此范围外则为零，如图 2-5(*a*)所示，通常把这样的噪声称为带限白噪声。其自相关函数为

$$\begin{aligned}R_o(\tau)&=\frac{1}{2\pi}\int_{-\infty}^{\infty}P_o(\omega)e^{j\omega\tau}\,d\omega\\&=\int_{-f_H}^{f_H}K_0^2\frac{n_0}{2}e^{j2\pi f\tau}\,df\\&=K_0^2n_0f_H\frac{\sin\omega_H\tau}{\omega_H\tau}\end{aligned}$$

式中，$\omega_H=2\pi f_H$。由此可见，带限白噪声只有在 $\tau=k/(2f_H)(k=1, 2, 3, \cdots)$上得到的随机变量才不相关。它告诉我们，如果对带限白噪声按抽样定理抽样的话，则各抽样值是互不相关的随机变量。这是一个很重要的概念。

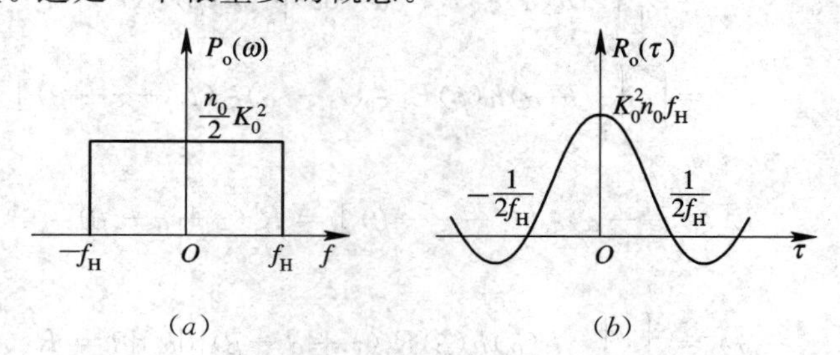

图 2-5　带限白噪声的功率谱和自相关函数

如图 2-5(*b*)所示，带限白噪声的自相关函数 $R_o(\tau)$在 $\tau=0$ 处有最大值，这就是带限白噪声的平均功率：

$$R_o(0)=K_0^2n_0f_H$$

4. 输出过程 $\xi_o(t)$的概率分布

从原理上看，在已知输入过程分布的情况下，通过式(2.4-5)，即

$$\xi_o(t)=\int_0^{\infty}h(\tau)\xi_i(t-\tau)\,d\tau$$

总可以确定输出过程的分布。其中一个十分有用的情形是：如果线性系统的输入过程是高斯型的，则系统的输出过程也是高斯型的。

因为从积分原理来看，上式可表示为一个和式的极限，即

$$\xi_o(t) = \lim_{\Delta\tau_k \to 0} \sum_{k=0}^{\infty} \xi_i(t-\tau_k)h(\tau_k)\Delta\tau_k$$

由于 $\xi_i(t)$ 已假设是高斯型的，所以，在任一时刻的每项 $\xi_i(t-\tau_k)h(\tau_k)\Delta\tau_k$ 都是一个高斯随机变量。因此，输出过程在任一时刻得到的每一随机变量，都是无限多个高斯随机变量之和。由概率论得知，这个"和"的随机变量也是高斯随机变量。这就证明，高斯过程经过线性系统后其输出过程仍为高斯过程。更一般地说，高斯过程经线性变换后的过程仍为高斯过程。但要注意，由于线性系统的介入，与输入高斯过程相比，输出过程的数字特征已经改变了。

2.5　窄带随机过程

随机过程通过以 f_c 为中心频率的窄带系统的输出，即为窄带过程。所谓窄带系统，是指其通带宽度 $\Delta f \ll f_c$，且 f_c 远离零频率的系统。实际中，大多数通信系统都是窄带型的，通过窄带系统的信号或噪声必是窄带的，如果这时的信号或噪声又是随机的，则称它们为窄带随机过程。如用示波器观察一个实现的波形，则如图 2-6(*b*)所示，它是一个频率近似为 f_c，包络和相位随机缓变的正弦波。

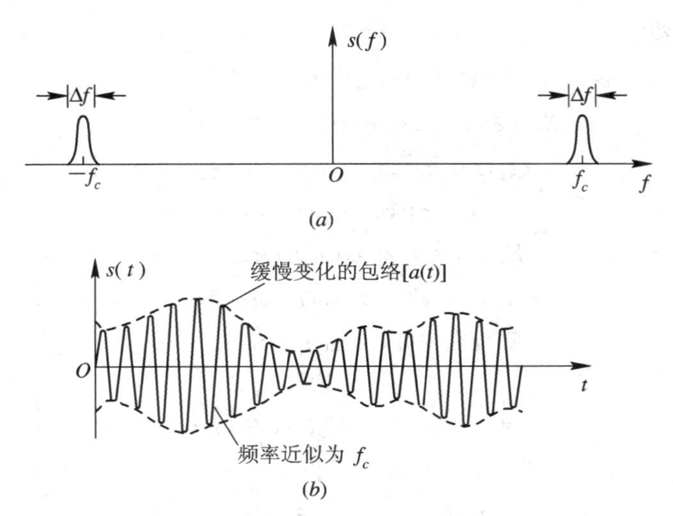

图 2-6　窄带过程的频谱和波形示意

因此，窄带随机过程 $\xi(t)$ 可用下式表示：

$$\xi(t) = a_\xi(t)\cos[\omega_c t + \varphi_\xi(t)], \quad a_\xi(t) \geqslant 0 \tag{2.5-1}$$

等价式为

$$\xi(t) = \xi_c(t)\cos\omega_c t - \xi_s(t)\sin\omega_c t \tag{2.5-2}$$

其中

$$\xi_c(t) = a_\xi(t)\cos\varphi_\xi(t) \tag{2.5-3}$$

$$\xi_s(t) = a_\xi(t)\ \sin\varphi_\xi(t) \tag{2.5-4}$$

式中，$a_\xi(t)$及$\varphi_\xi(t)$分别是$\xi(t)$的随机包络和随机相位，$\xi_c(t)$及$\xi_s(t)$分别称为$\xi(t)$的同相分量和正交分量，它们也是随机过程，显然它们的变化相对于载波$\cos\omega_c t$的变化要缓慢得多。

由式(2.5-1)至式(2.5-4)可看出，$\xi(t)$的统计特性可由$a_\xi(t)$、$\varphi_\xi(t)$或$\xi_c(t)$、$\xi_s(t)$的统计特性确定。反之，如果已知$\xi(t)$的统计特性则可确定$a_\xi(t)$、$\varphi_\xi(t)$以及$\xi_c(t)$、$\xi_s(t)$的统计特性。

2.5.1 同相和正交分量的统计特性

设窄带过程$\xi(t)$是平稳高斯窄带过程，且均值为零，方差为σ_ξ^2。下面将证明它的同相分量$\xi_c(t)$和正交分量$\xi_s(t)$也是零均值的平稳高斯过程，而且与$\xi(t)$具有相同的方差。

1. 数学期望

对式(2.5-2)求数学期望：

$$E[\xi(t)] = E[\xi_c(t)]\ \cos\omega_c t - E[\xi_s(t)]\ \sin\omega_c t \tag{2.5-5}$$

因为已设$\xi(t)$平稳且均值为零，那么对于任意的时间t，都有$E[\xi(t)]=0$，所以由式(2.5-5)可得

$$\begin{cases} E[\xi_c(t)] = 0 \\ E[\xi_s(t)] = 0 \end{cases} \tag{2.5-6}$$

2. 自相关函数

$$\begin{aligned} R_\xi(t,\ t+\tau) &= E[\xi(t)\xi(t+\tau)] \\ &= E\{[\xi_c(t)\ \cos\omega_c t - \xi_s(t)\ \sin\omega_c t] \\ &\quad \cdot [\xi_c(t+\tau)\ \cos\omega_c(t+\tau) - \xi_s(t+\tau)\ \sin\omega_c(t+\tau)]\} \\ &= R_c(t,\ t+\tau)\ \cos\omega_c t\ \cos\omega_c(t+\tau) \\ &\quad - R_{cs}(t,\ t+\tau)\ \cos\omega_c t\ \sin\omega_c(t+\tau) \\ &\quad - R_{sc}(t,\ t+\tau)\ \sin\omega_c t\ \cos\omega_c(t+\tau) \\ &\quad + R_s(t,\ t+\tau)\ \sin\omega_c t\ \sin\omega_c(t+\tau) \end{aligned} \tag{2.5-7}$$

式中

$$\begin{aligned} R_c(t,\ t+\tau) &= E[\xi_c(t)\xi_c(t+\tau)] \\ R_{cs}(t,\ t+\tau) &= E[\xi_c(t)\xi_s(t+\tau)] \\ R_{sc}(t,\ t+\tau) &= E[\xi_s(t)\xi_c(t+\tau)] \\ R_s(t,\ t+\tau) &= E[\xi_s(t)\xi_s(t+\tau)] \end{aligned}$$

因为$\xi(t)$是平稳的，故有

$$R_\xi(t,\ t+\tau) = R(\tau)$$

这就要求式(2.5-7)的右边也应该与t无关，而仅与时间间隔τ有关。若取使$\sin\omega_c t=0$的所有t值，则式(2.5-7)应变为

$$R_\xi(\tau) = R_c(t,\ t+\tau)\ \cos\omega_c\tau - R_{cs}(t,\ t+\tau)\ \sin\omega_c\tau \tag{2.5-8}$$

这时，显然应有

$$R_c(t, t+\tau) = R_c(\tau)$$
$$R_{cs}(t, t+\tau) = R_{cs}(\tau)$$

所以，式(2.5-8)变为

$$R_\xi(\tau) = R_c(\tau)\cos\omega_c\tau - R_{cs}(\tau)\sin\omega_c\tau \tag{2.5-9}$$

再取使 $\cos\omega_c t=0$ 的所有 t 值，同理有

$$R_\xi(\tau) = R_s(\tau)\cos\omega_c\tau + R_{sc}(\tau)\sin\omega_c\tau \tag{2.5-10}$$

其中应有

$$R_s(t, t+\tau) = R_s(\tau)$$
$$R_{sc}(t, t+\tau) = R_{sc}(\tau)$$

由以上的数学期望和自相关函数分析可知，如果窄带过程 $\xi(t)$ 是平稳的，则 $\xi_c(t)$ 与 $\xi_s(t)$ 也必将是平稳的。

进一步分析，式(2.5-9)和式(2.5-10)应同时成立，故有

$$R_c(\tau) = R_s(\tau) \tag{2.5-11}$$
$$R_{cs}(\tau) = -R_{sc}(\tau) \tag{2.5-12}$$

可见，同相分量 $\xi_c(t)$ 和正交分量 $\xi_s(t)$ 具有相同的自相关函数，而且根据互相关函数的性质，应有

$$R_{cs}(\tau) = R_{sc}(-\tau)$$

将上式代入式(2.5-12)，可得

$$R_{sc}(\tau) = -R_{sc}(-\tau) \tag{2.5-13}$$

同理可推得

$$R_{cs}(\tau) = -R_{cs}(-\tau) \tag{2.5-14}$$

式(2.5-13)、(2.5-14)说明，$\xi_c(t)$、$\xi_s(t)$ 的互相关函数 $R_{sc}(\tau)$、$R_{cs}(\tau)$ 都是 τ 的奇函数，在 $\tau=0$ 时

$$R_{sc}(0) = R_{cs}(0) = 0 \tag{2.5-15}$$

于是，由式(2.5-9)及式(2.5-10)得到

$$R_\xi(0) = R_c(0) = R_s(0) \tag{2.5-16}$$

即

$$\sigma_\xi^2 = \sigma_c^2 = \sigma_s^2 \tag{2.5-17}$$

这表明 $\xi(t)$、$\xi_c(t)$ 和 $\xi_s(t)$ 具有相同的平均功率或方差(因为均值为0)。

另外，因为 $\xi(t)$ 是平稳的，所以 $\xi(t)$ 在任意时刻的取值都是服从高斯分布的随机变量，故在式(2.5-2)中有

取 $t = t_1 = 0$ 时，　　$\xi(t_1) = \xi_c(t_1)$

取 $t = t_2 = \dfrac{\pi}{2\omega_c}$ 时，　　$\xi(t_2) = \xi_s(t_2)$

所以 $\xi_c(t_1)$，$\xi_s(t_2)$ 也是高斯随机变量，从而 $\xi_c(t)$、$\xi_s(t)$ 也是高斯随机过程。又根据式(2.5-15)可知，$\xi_c(t)$、$\xi_s(t)$ 在同一时刻的取值是互不相关的随机变量，因而它们还是统计独立的。

综上所述，我们得到一个重要结论：**一个均值为零的窄带平稳高斯过程 $\xi(t)$，它的同相分量 $\xi_c(t)$ 和正交分量 $\xi_s(t)$ 也是平稳高斯过程，其均值都为零，方差也相同。并且，在同**

一时刻上得到的 ξ_c 和 ξ_s 是互不相关的或统计独立的。

2.5.2　包络和相位的统计特性

由上面的分析可知，ξ_c 和 ξ_s 的联合概率密度函数为

$$f(\xi_c, \xi_s) = f(\xi_c)\cdot f(\xi_s) = \frac{1}{2\pi\sigma_\xi^2}\exp\left[-\frac{\xi_c^2+\xi_s^2}{2\sigma_\xi^2}\right] \tag{2.5-18}$$

设 a_ξ，φ_ξ 的联合概率密度函数为 $f(a_\xi, \varphi_\xi)$，则利用概率论知识，有

$$f(a_\xi, \varphi_\xi) = f(\xi_c, \xi_s)\left|\frac{\partial(\xi_c, \xi_s)}{\partial(a_\xi, \varphi_\xi)}\right| \tag{2.5-19}$$

根据式(2.5－3)和式(2.5－4)在 t 时刻随机变量之间的关系

$$\begin{cases}\xi_c = a_\xi\cos\varphi_\xi \\ \xi_s = a_\xi\sin\varphi_\xi\end{cases}$$

得到

$$\left|\frac{\partial(\xi_c, \xi_s)}{\partial(a_\xi, \varphi_\xi)}\right| = \begin{vmatrix}\dfrac{\partial\xi_c}{\partial a_\xi} & \dfrac{\partial\xi_s}{\partial a_\xi} \\ \dfrac{\partial\xi_c}{\partial\varphi_\xi} & \dfrac{\partial\xi_s}{\partial\varphi_\xi}\end{vmatrix} = \begin{vmatrix}\cos\varphi_\xi & \sin\varphi_\xi \\ -a_\xi\sin\varphi_\xi & a_\xi\cos\varphi_\xi\end{vmatrix} = a_\xi$$

于是

$$\begin{aligned}f(a_\xi, \varphi_\xi) &= a_\xi f(\xi_c, \xi_s) = \frac{a_\xi}{2\pi\sigma_\xi^2}\exp\left[-\frac{(a_\xi\cos\varphi_\xi)^2+(a_\xi\sin\varphi_\xi)^2}{2\sigma_\xi}\right] \\ &= \frac{a_\xi}{2\pi\sigma_\xi^2}\exp\left[-\frac{a_\xi^2}{2\sigma_\xi^2}\right]\end{aligned} \tag{2.5-20}$$

注意，这里 $a_\xi \geqslant 0$，而 φ_ξ 在$(0, 2\pi)$内取值。

再利用概率论中边际分布知识将 $f(a_\xi, \varphi_\xi)$对 φ_ξ 积分，可求得包络 a_ξ 的一维概率密度函数

$$\begin{aligned}f(a_\xi) &= \int_{-\infty}^{\infty} f(a_\xi, \varphi_\xi)\,\mathrm{d}\varphi_\xi = \int_0^{2\pi}\frac{a_\xi}{2\pi\sigma_\xi^2}\exp\left[-\frac{a_\xi^2}{2\sigma_\xi^2}\right]\mathrm{d}\varphi_\xi \\ &= \frac{a_\xi}{\sigma_\xi^2}\exp\left[-\frac{a_\xi^2}{2\sigma_\xi^2}\right],\quad a_\xi \geqslant 0\end{aligned} \tag{2.5-21}$$

可见，a_ξ 服从瑞利分布。

同理，将 $f(a_\xi, \varphi_\xi)$对 a_ξ 积分，可求得相位 φ_ξ 的一维概率密度函数

$$f(\varphi_\xi) = \int_0^{\infty} f(a_\xi, \varphi_\xi)\,\mathrm{d}a_\xi = \frac{1}{2\pi}\left[\int_0^{\infty}\frac{a_\xi}{\sigma_\xi^2}\exp\left(-\frac{a_\xi^2}{2\sigma_\xi^2}\right)\mathrm{d}a_\xi\right] = \frac{1}{2\pi},\quad 0 \leqslant \varphi_\xi \leqslant 2\pi \tag{2.5-22}$$

可见，φ_ξ 服从均匀分布。

综上所述，我们又得到一个重要结论：**一个均值为零，方差为 σ_ξ^2 的窄带平稳高斯过程 $\xi(t)$，其包络 $a_\xi(t)$ 的一维分布是瑞利分布，相位 $\varphi_\xi(t)$ 的一维分布是均匀分布，并且就一维分布而言，$a_\xi(t)$ 与 $\varphi_\xi(t)$ 是统计独立的**，即有下式成立：

$$f(a_\xi, \varphi_\xi) = f(a_\xi)\cdot f(\varphi_\xi) \tag{2.5-23}$$

2.6 正弦波加窄带高斯噪声

信号经过信道传输后总会受到噪声的干扰，为了减少噪声的影响，通常在接收机前端设置一个带通滤波器，以滤除信号频带以外的噪声。因此，带通滤波器的输出是信号与窄带噪声的混合波形。最常见的是正弦波加窄带高斯噪声的合成波，这是通信系统中常会遇到的一种情况，所以有必要了解合成信号的包络和相位的统计特性。

设合成信号为

$$r(t) = A\cos(\omega_c t + \theta) + n(t) \tag{2.6-1}$$

式中，$n(t)=n_c(t)\cos\omega_c t - n_s(t)\sin\omega_c t$ 为窄带高斯噪声，其均值为零，方差为 σ_n^2；正弦信号的 A，ω_c 均为常数，θ 是在 $(0, 2\pi)$ 上均匀分布的随机变量。于是

$$\begin{aligned} r(t) &= [A\cos\theta + n_c(t)]\cos\omega_c t - [A\sin\theta + n_s(t)]\sin\omega_c t \\ &= z_c(t)\cos\omega_c t - z_s(t)\sin\omega_c t \\ &= z(t)\cos[\omega_c t + \varphi(t)] \end{aligned} \tag{2.6-2}$$

式中

$$z_c(t) = A\cos\theta + n_c(t) \tag{2.6-3}$$

$$z_s(t) = A\sin\theta + n_s(t) \tag{2.6-4}$$

合成信号 $r(t)$ 的包络和相位为

$$z(t) = \sqrt{z_c^2(t) + z_s^2(t)}, \quad z \geqslant 0 \tag{2.6-5}$$

$$\varphi(t) = \arctan\frac{z_s(t)}{z_c(t)}, \quad 0 \leqslant \varphi \leqslant 2\pi \tag{2.6-6}$$

利用上一节的结果，如果 θ 值已给定，则 z_c、z_s 是相互独立的高斯随机变量，且有

$$E[z_c] = A\cos\theta,\ E[z_s] = A\sin\theta,\ \sigma_c^2 = \sigma_s^2 = \sigma_n^2$$

所以，在给定相位 θ 条件下的 z_c 和 z_s 的联合概率密度函数为

$$f(z_c, z_s/\theta) = \frac{1}{2\pi\sigma_n^2}\exp\left\{-\frac{1}{2\sigma_n^2}[(z_c - A\cos\theta)^2 + (z_s - A\sin\theta)^2]\right\}$$

利用上一节相似的方法，根据式(2.6－3)、(2.6－4)可以求得在给定相位 θ 的条件下的 z 和 φ 的联合概率密度函数为

$$\begin{aligned} f(z, \varphi/\theta) &= f(z_c, z_s/\theta)\left|\frac{\partial(z_c, z_s)}{\partial(z, \varphi)}\right| = z \cdot f(z_c, z_s/\theta) \\ &= \frac{z}{2\pi\sigma_n^2}\exp\left\{-\frac{1}{2\sigma_n^2}[z^2 + A^2 - 2Az\cos(\theta - \varphi)]\right\} \end{aligned}$$

求条件边际分布，有

$$\begin{aligned} f(z/\theta) &= \int_0^{2\pi} f(z, \varphi/\theta)\,d\varphi \\ &= \frac{z}{2\pi\sigma_n^2}\int_0^{2\pi}\exp\left\{-\frac{1}{2\sigma_n^2}[z^2 + A^2 - 2Az\cos(\theta - \varphi)]\right\}d\varphi \\ &= \frac{z}{2\pi\sigma_n^2}\exp\left(-\frac{z^2 + A^2}{2\sigma_n^2}\right)\int_0^{2\pi}\exp\left[\frac{Az}{\sigma_n^2}\cos(\theta - \varphi)\right]d\varphi \end{aligned}$$

由于

$$\frac{1}{2\pi}\int_0^{2\pi}\exp[x\cos\theta]\,\mathrm{d}\theta=\mathrm{I}_0(x) \tag{2.6-7}$$

故有

$$\frac{1}{2\pi}\int_0^{2\pi}\exp\left[\frac{Az}{\sigma_n^2}\cos(\theta-\varphi)\right]\mathrm{d}\varphi=\mathrm{I}_0\left(\frac{Az}{\sigma_n^2}\right)$$

式中，$\mathrm{I}_0(x)$为零阶修正贝塞尔函数。当 $x\geqslant0$ 时，$\mathrm{I}_0(x)$是单调上升函数，且有 $\mathrm{I}_0(0)=1$。因此

$$f(z/\theta)=\frac{z}{\sigma_n^2}\cdot\exp\left[-\frac{1}{2\sigma_n^2}(z^2+A^2)\right]\mathrm{I}_0\left(\frac{Az}{\sigma_n^2}\right)$$

由上式可见，$f(z/\theta)$与 θ 无关，故正弦波加窄带高斯过程包络的概率密度函数为

$$f(z)=\frac{z}{\sigma_n^2}\exp\left[-\frac{1}{2\sigma_n^2}(z^2+A^2)\right]\mathrm{I}_0\left(\frac{Az}{\sigma_n^2}\right),\quad z\geqslant0 \tag{2.6-8}$$

称之为**广义瑞利分布**，也称莱斯(Rice)密度函数。

上式存在两种极限情况：

(1) 当信号很小，$A\to0$，即信号功率与噪声功率之比$\frac{A^2}{2\sigma_n^2}=r\to0$ 时，x 值很小，有 $\mathrm{I}_0(x)=1$，这时合成波 $r(t)$中只存在窄带高斯噪声，式(2.6-8)近似为式(2.5-21)，即由莱斯分布退化为瑞利分布。

(2) 当信噪比 r 很大时，有 $\mathrm{I}_0(x)\approx\frac{\mathrm{e}^x}{\sqrt{2\pi x}}$，这时在 $z\approx A$ 附近，$f(z)$近似于高斯分布，即

$$f(z)\approx\frac{1}{\sqrt{2\pi}\sigma_n}\cdot\exp\left(-\frac{(z-A)^2}{2\sigma_n^2}\right)$$

由此可见，信号加噪声的合成波包络分布与信噪比有关。小信噪比时，它接近于瑞利分布；大信噪比时，它接近于高斯分布；在一般情况下它是莱斯分布。图 2-7(a)给出了不同 r 值时的 $f(z)$曲线。

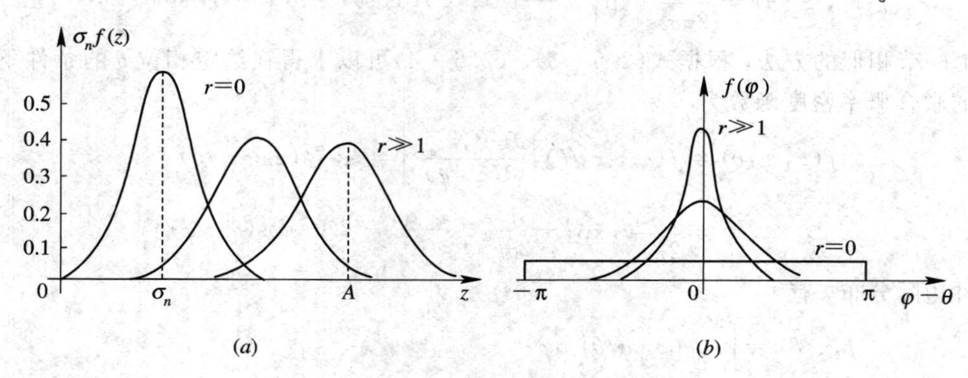

图 2-7 正弦波加窄带高斯过程的包络与相位分布

关于信号加噪声的合成波相位分布 $f(\varphi)$，由于比较复杂，这里就不再演算了。不难推想，$f(\varphi)$也与信噪比有关。小信噪比时，$f(\varphi)$接近于均匀分布，它反映这时窄带高斯噪声

为主的情况；大信噪比时，$f(\varphi)$主要集中在有用信号相位附近。图 2-7(b)给出了不同的 r 值时的 $f(\varphi)$曲线。

思 考 题

2-1 什么是随机过程？它具有哪些基本特征？

2-2 随机过程的期望、方差和自相关函数描述了随机过程的什么性质？

2-3 什么是宽平稳随机过程？什么是严平稳随机过程？

2-4 平稳随机过程的自相关函数有哪些性质？它与功率谱密度关系如何？

2-5 高斯过程有哪些性质？

2-6 何谓高斯白噪声？它的概率密度函数、功率谱密度如何表示？

2-7 白噪声的自相关函数在 $\tau=0$ 处的值是什么？白噪声通过理想低通或理想带通滤波器后的情况如何？

2-8 高斯窄带噪声的包络和相位分别服从什么概率分布？

2-9 高斯窄带噪声的同相分量和正交分量的统计特性如何？

2-10 正弦波加窄带高斯噪声的合成包络服从什么分布？

2-11 线性系统的输出过程的均值、自相关函数及功率谱与输入平稳过程的关系如何？

习 题

2-1 均值为零的高斯随机变量，其方差 $\sigma_x^2=4$，求 $x>2$ 的概率。

2-2 设 ξ 的分布为正态分布，$E[\xi]=2$，$D[\xi]=1$，求 ξ 在区间(0，4)上取值的概率。

2-3 设随机过程 $\xi(t)$可表示成

$$\xi(t) = 2\cos(2\pi t+\theta)$$

式中 θ 是一个离散随机变量，且 $P(\theta=0)=\frac{1}{2}$，$P\left(\theta=\frac{\pi}{2}\right)=\frac{1}{2}$，试求 $E_\xi(1)$及$R_\xi(0, 1)$。

2-4 随机过程 $X(t)$的均值为 a，自相关函数为 $R_x(\tau)$，随机过程 $Y(t)=X(t)-X(t-T)$，T 为常数，求证 $Y(t)$是否为平稳随机过程。

2-5 随机过程 $z(t)=x_1\cos\omega_0 t-x_2\sin\omega_0 t$，若 x_1 和 x_2 是彼此独立且均值为 0，方差为 σ^2 的正态随机变量，试求：

(1) $E[z(t)]$、$E[z^2(t)]$；

(2) $z(t)$的一维分布密度函数 $f(z)$；

(3) $B(t_1, t_2)$与 $R(t_1, t_2)$。

2-6 已知 $x(t)$和 $y(t)$是统计独立的平稳随机过程，且它们的自相关函数分别为 $R_x(\tau)$、$R_y(\tau)$。

(1) 试求 $z(t)=x(t)y(t)$的自相关函数。

(2) 试求 $z(t)=x(t)+y(t)$的自相关函数。

2-7 已知一随机过程 $z(t)=m(t)\cos(\omega_0 t+\theta)$，它是广义平稳随机过程 $m(t)$对一载

频进行振幅调制的结果。此载频的相位θ在$(0, 2\pi)$上为均匀分布，设$m(t)$与θ是统计独立的，且$m(t)$的自相关函数$R_m(\tau)$为

$$R_m(\tau)=\begin{cases}1+\tau, & -1<\tau<0\\ 1-\tau, & 0\leqslant\tau<1\\ 0, & \text{其他}\end{cases}$$

(1) 证明$z(t)$是广义平稳的；

(2) 绘出自相关函数$R_z(\tau)$的波形；

(3) 求功率谱密度$P_z(\omega)$及功率S。

2-8　已知噪声$n(t)$的自相关函数$R_n(\tau)=\dfrac{a}{2}\mathrm{e}^{-a|\tau|}$，$a$为常数：

(1) 求$P_n(\omega)$及S；

(2) 绘出$R_n(\tau)$及$P_n(\omega)$的图形。

2-9　将均值为0，自相关函数为$\dfrac{n_0}{2}\delta(\tau)$的高斯白噪声加到一个中心角频率为$\omega_c$、带宽为$B$的理想带通滤波器上，如图P2-1所示。

(1) 求滤波器输出噪声的自相关函数；

(2) 写出输出噪声的一维概率密度函数。

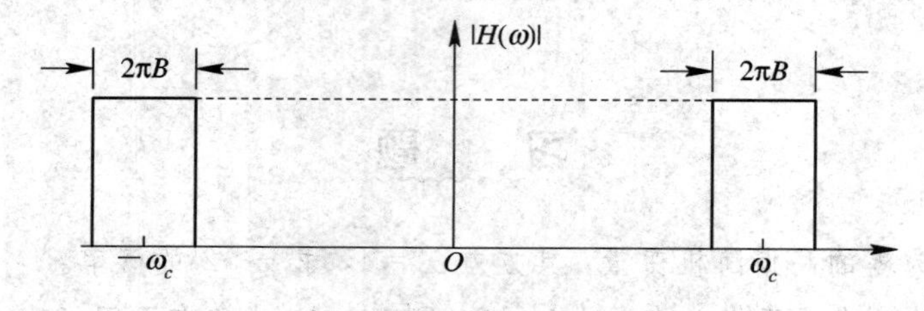

图 P2-1

2-10　设RC低通滤波器如图P2-2所示，求当输入均值为0、功率谱密度为$n_0/2$白噪声时，输出过程的功率谱密度和自相关函数。

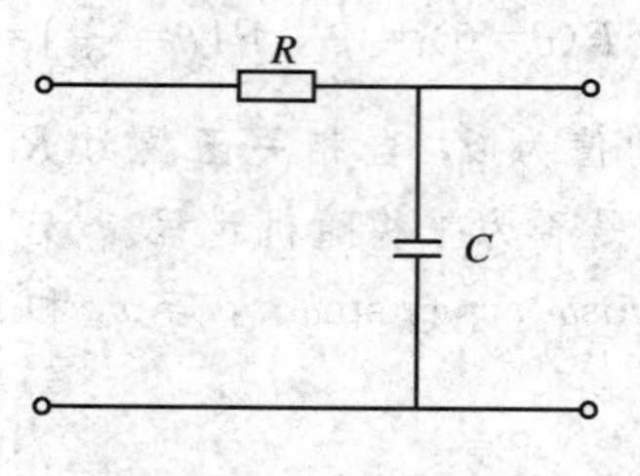

图 P2-2

2-11　随机过程$X(t)=A\cos(\omega t+\theta)$，式中，$A$、$\omega$、$\theta$是相互独立的随机变量，其中$A$的均值为2，方差为4，$\theta$在区间$(-\pi, \pi)$上均匀分布，$\omega$在区间$(-5, 5)$上均匀分布。

(1) 随机过程$X(t)$是否平稳？是否各态历经？

(2) 求出自相关函数。

2-12　设有一个随机二进制矩形脉冲波形，它的每个脉冲的持续时间为T_b，脉冲幅度取±1的概率相等。现假设任一间隔T_b内波形取值与任何别的间隔内取值统计无关，且具有宽平稳性，试证：

(1) 自相关函数为

$$R_\xi(\tau)=\begin{cases}1-|\tau|/T_b, & |\tau|\leqslant T_b\\ 0, & |\tau|>T_b\end{cases}$$

(2) 功率谱密度为 $P_\xi(\omega)=T_b[\mathrm{Sa}(\pi f T_b)]^2$

2-13 图P2-3为单个输入、两个输出的线性过滤器，若输入过程$\eta(t)$是平稳的，求$\xi_1(t)$与$\xi_2(t)$的互功率谱密度的表达式。

2-14 若$\xi(t)$是平稳随机过程，自相关函数为$R_\xi(\tau)$，试求它通过如图P2-4系统后的自相关函数及功率谱密度。

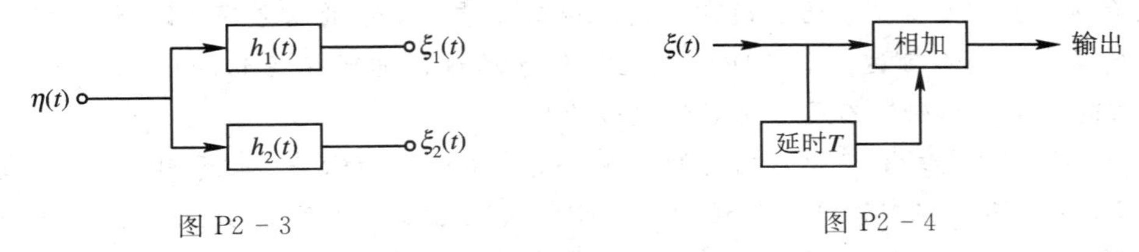

图 P2-3　　　　图 P2-4

2-15 若通过图P2-2的随机过程是均值为0、功率谱密度为$n_0/2$的高斯白噪声，试求输出过程的一维概率密度函数。

2-16 一噪声的功率谱密度如图P2-5所示，试求证其自相关函数为

$$R_n(\tau)=K\ \mathrm{Sa}\left(\frac{\Omega\tau}{2}\right)\cdot\cos\omega_0\tau$$

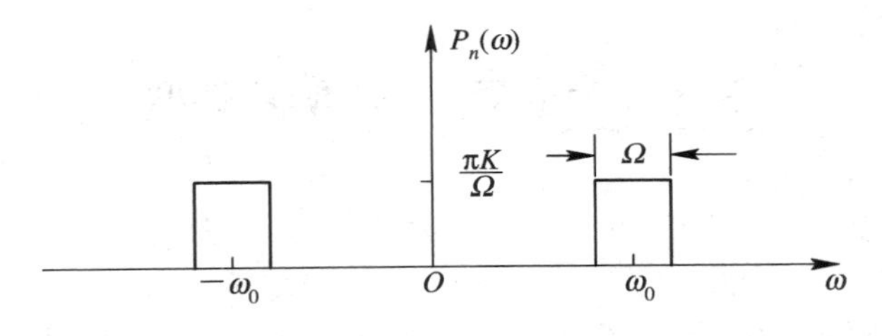

图 P2-5

2-17 设平稳过程$x(t)$的功率谱密度为$P_x(\omega)$，其自相关函数为$R_x(\tau)$。试求功率谱密度为

$$\frac{1}{2}[P_x(\omega+\omega_0)+P_x(\omega-\omega_0)]$$

的过程的相关函数(其中，ω_0为正常数)。

2-18 设$x(t)$是平稳随机过程，其自相关函数在(−1, 1)上为$R_x(\tau)=(1-|\tau|)$，是周期为2的周期性函数。试求$x(t)$的功率谱密度$P_x(\omega)$，并用图形表示。

2-19 设$x_1(t)$与$x_2(t)$为零均值且互不相关的平稳过程，经过线性时不变系统，其输出分别为$z_1(t)$与$z_2(t)$，试证明$z_1(t)$与$z_2(t)$也是互不相关的。

2-20 一正弦波加窄带高斯过程为

$$r(t)=A\cos(\omega_c t+\theta)+n(t)$$

(1) 求$r(t)$通过能够理想地提取包络的平方律检波器后的一维分布密度函数；

(2) 若$A=0$，重做(1)。

第3章　信道与噪声

信道是通信系统必不可少的组成部分，任何一个通信系统均可视为由发送设备、信道与接收设备三大部分组成。信道通常是指以传输媒质为基础的信号通道，而信号在信道中传输遇到噪声又是不可避免的，即信道允许信号通过的同时又给信号以限制和损害。因而，对信道和噪声的研究乃是研究通信问题的基础。

信号在信道中传输，可能遇到的影响主要有：信道加性噪声、信号衰减、幅度和相位失真、多径失真等。在实际通信系统中，通过调整通信系统的参数，可以减小信道对信号失真的影响。但是由于传输媒质的物理特性和实际通信系统中所用电子元器件的限制，使系统参数调整范围受限，从而导致在任一通信系统中可靠的信息传输速率的大小是受限的。

在通信中，能够作为实际通信信道的种类是很多的，而信道噪声更是多种多样的。本章我们只研究信道和噪声的一般特性，而不去详细讨论每一种具体信道。

3.1　信道定义与数学模型

3.1.1　信道定义

信道是指以传输媒质为基础的信号通道。根据信道的定义，如果信道仅是指信号的传输媒质，这种信道称为狭义信道；如果信道不仅是传输媒质，而且包括通信系统中的一些转换装置，这种信道称为广义信道。

狭义信道按照传输媒质的特性可分为有线信道和无线信道两类。有线信道包括明线、对称电缆、同轴电缆及光纤等。无线信道包括地波传播、短波电离层反射、超短波或微波视距中继、人造卫星中继、散射及移动无线电信道等。狭义信道是广义信道十分重要的组成部分，通信效果的好坏，在很大程度上将依赖于狭义信道的特性。因此，在研究信道的一般特性时，“传输媒质”仍是讨论的重点。今后，为了叙述方便，常把广义信道简称为信道。

广义信道除了包括传输媒质外，还包括通信系统有关的变换装置，这些装置可以是发送设备、接收设备、馈线与天线、调制器、解调器等。这相当于在狭义信道的基础上，扩大了信道的范围。它的引入主要是从研究信息传输的角度出发，使通信系统的一些基本问题研究比较方便。广义信道按照它包括的功能，可以分为调制信道、编码信道等。

信道的一般组成如图 3－1 所示。所谓调制信道，指图 3－1 中从调制器的输出端到解调器的输入端所包含的发转换装置、媒质和收转换装置三部分。当研究调制与解调问题时，我们所关心的是调制器输出的信号形式、解调器输入端信号与噪声的最终特性，而并不关心信号的中间变换过程。因此，定义调制信道对于研究调制与解调问题是方便和恰当的。

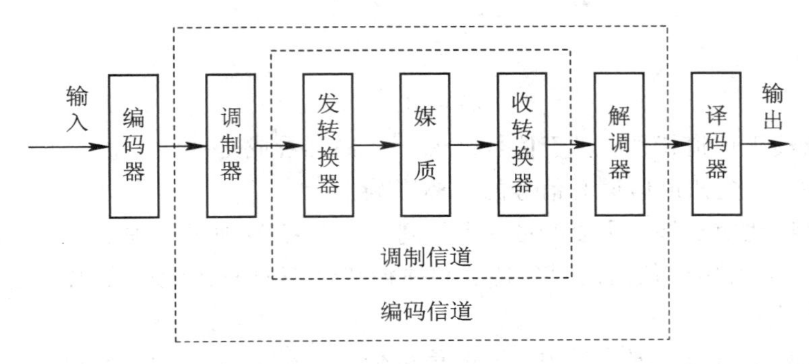

图 3－1　调制信道和编码信道

在数字通信系统中，如果研究编码与译码问题时采用编码信道，会使问题的分析更容易。所谓编码信道是指图 3－1 中编码器输出端到译码器输入端的部分，即编码信道包括调制器、调制信道和解调器。

调制信道和编码信道是通信系统中常用的两种广义信道，如果研究的对象和关心的问题不同，还可以定义其他形式的广义信道。

3.1.2　信道的数学模型

信道的数学模型用来表征实际物理信道的特性，它对通信系统的分析和设计是十分方便的。下面我们简要描述调制信道和编码信道这两种广义信道的数学模型。

1. 调制信道模型

调制信道是为研究调制与解调问题所建立的一种广义信道，它所关心的是调制信道输入信号形式和已调信号通过调制信道后的最终结果，对于调制信道内部的变换过程并不关心。因此，调制信道可以用具有一定输入、输出关系的方框来表示。通过对调制信道进行大量的分析研究，发现它具有如下共性：

(1) 有一对(或多对)输入端和一对(或多对)输出端；

(2) 绝大多数的信道都是线性的，即满足线性叠加原理；

(3) 信号通过信道具有固定的或时变的延迟时间；

(4) 信号通过信道会受到固定的或时变的损耗；

(5) 即使没有信号输入，在信道的输出端仍可能有一定的输出(噪声)。

根据以上几条性质，调制信道可以用一个二端口(或多端口)线性时变网络来表示，这个网络便称为调制信道模型，如图 3－2 所示。

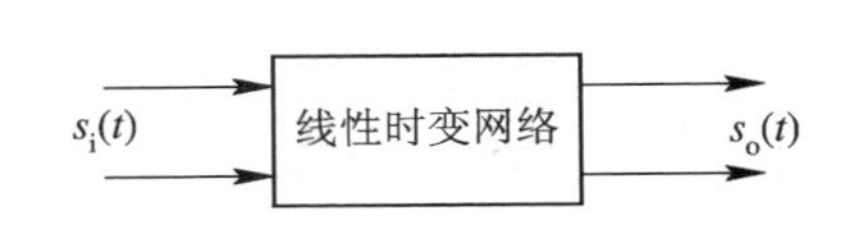

图 3－2　调制信道模型

二端口的调制信道模型，其输出与输入的关系有

$$r(t) = s_o(t) + n(t) = f[s_i(t)] + n(t) \tag{3.1-1}$$

式中，$s_i(t)$为输入的已调信号；$s_o(t)$为调制信道对输入信号的响应输出波形；$n(t)$为加性噪声，与$s_i(t)$相互独立。$f[s_i(t)]$反映了信道特性，不同的物理信道具有不同的特性。有的

物理信道 $f[s_i(t)]$ 很简单，有的物理信道 $f[s_i(t)]$ 很复杂。一般情况下，$f[s_i(t)]$ 可以表示为信道单位冲激响应 $c(t)$ 与输入信号的卷积，即

$$s_o(t) = c(t) * s_i(t) \tag{3.1-2}$$

或

$$S_o(\omega) = C(\omega)S_i(\omega) \tag{3.1-3}$$

其中，$C(\omega)$ 依赖于信道特性。对于信号来说，$C(\omega)$ 可看成是乘性干扰。如果我们了解 $c(t)$ 与 $n(t)$ 的特性，就能知道信道对信号的具体影响。

通常信道特性 $c(t)$ 是一个复杂的函数，它可能包括各种线性失真、非线性失真、交调失真、衰落等。同时由于信道的迟延特性和损耗特性随时间作随机变化，故 $c(t)$ 往往只能用随机过程来描述。

在我们实际使用的物理信道中，根据信道传输函数 $C(\omega)$ 的时变特性的不同可以分为两大类：一类是 $C(\omega)$ 基本不随时间变化，即信道对信号的影响是固定的或变化极为缓慢的，这类信道称为恒定参量信道，简称恒参信道；另一类信道是传输函数 $C(\omega)$ 随时间随机快变化，这类信道称为随机参量信道，简称随参信道。

在常用物理信道中，$C(\omega)$ 的特性有三种典型形式。第一种形式 $C(\omega)$ 是常数，或在信号频带范围之内是常数。这种信道可以用加性噪声信道数学模型来表示，如图 3-3 所示。信号通过信道的输出为

$$r(t) = s_o(t) + n(t) = cs_i(t) + n(t) \tag{3.1-4}$$

式中，c 是信道衰减因子，通常可取 $c=1$；$n(t)$ 是加性噪声。由后几节分析我们将看到，加性噪声 $n(t)$ 通常是一种高斯噪声，该信道模型通常称为加性高斯噪声信道。

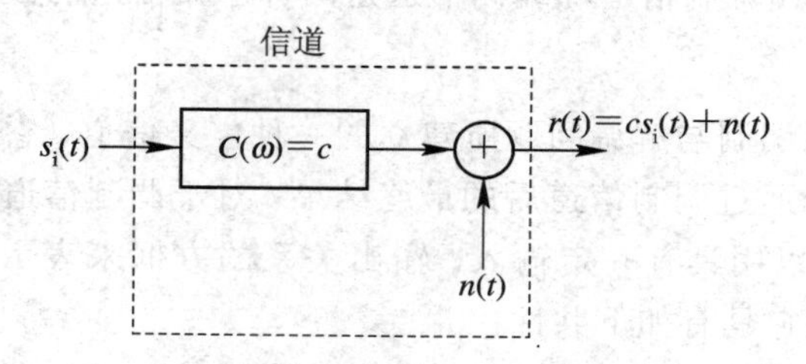

图 3-3　加性噪声信道模型

第二种形式 $C(\omega)$ 在信号频带范围之内不是常数，也不随时间变化，其模型如图 3-4 所示。这种信道在数学上可表示为带有加性噪声的线性滤波器，若信道输入信号为 $s_i(t)$，则信道输出为

$$r(t) = s_o(t) + n(t) = c(t) * s_i(t) + n(t) \tag{3.1-5}$$

式中，* 为卷积运算。

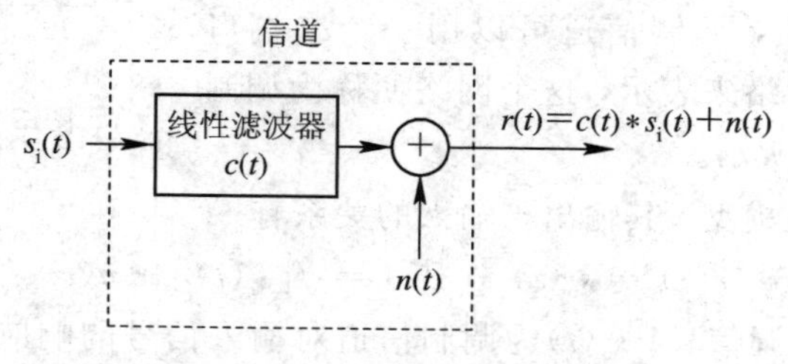

图 3-4　带有加性噪声的线性滤波器信道

第三种形式 $C(\omega)$ 在信号频带范围之内不是常数，且随时间变化，其模型如图 3-5 所示。如电离层反射信道、移动通信信道都具有这种特性。这种信道在数学上可表示为带有加性噪声的线性时变滤波器。信道特性可以表征为时变单位冲激响应 $c(t, \tau)$，此时信道传输函数为 $C(\omega, \tau)$。若信道输入信号为 $s_i(t)$，则信道输出为

$$r(t) = s_o(t) + n(t) = c(t, \tau) * s_i(t) + n(t) \tag{3.1-6}$$

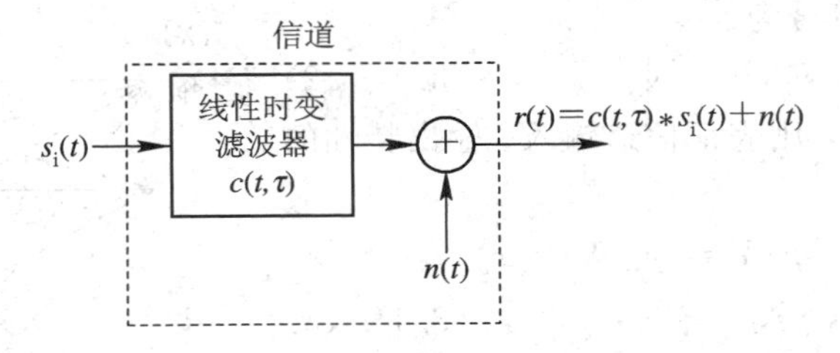

图 3-5 带有加性噪声的线性时变滤波器信道

对于多径信道，其时变单位冲激响应可表示为

$$c(t, \tau) = \sum_{j=1}^{n} c_j(t)\delta(\tau - \tau_j) \tag{3.1-7}$$

此时信道输出为

$$r(t) = s_o(t) + n(t) = c(t, \tau) * s_i(t) + n(t) \tag{3.1-8}$$

代入式(3.1-7)可得

$$r(t) = \sum_{j=1}^{n} c_j(t) s_i(t - \tau_j) + n(t) \tag{3.1-9}$$

在通信系统中，绝大部分实际信道可以用以上三种信道模型来表征，本书各章节的分析也是采用这三种信道模型。

2. 编码信道模型

编码信道包括调制信道、调制器和解调器，它与调制信道模型有明显的不同，是一种数字信道或离散信道。编码信道输入是离散的时间信号，输出也是离散的时间信号，对信号的影响则是将输入数字序列变成另一种输出数字序列。由于信道噪声或其他因素的影响，将导致输出数字序列发生错误，因此输入、输出数字序列之间的关系可以用一组转移概率来表征。二进制数字传输系统的一种简单的编码信道模型如图 3-6 所示。图中 $P(0)$ 和 $P(1)$ 分别是发送“0”符号和“1”符号的先验概率，$P(0/0)$ 与 $P(1/1)$ 是正确转移的概率，而 $P(1/0)$ 与 $P(0/1)$ 是错误转移概率。信道噪声越大将导致输出数字序列发生错误越多，错误转移概率 $P(1/0)$ 与 $P(0/1)$ 也就越大；反之，错误转移概率 $P(1/0)$ 与 $P(0/1)$ 就越小。输出的总的错误概率为

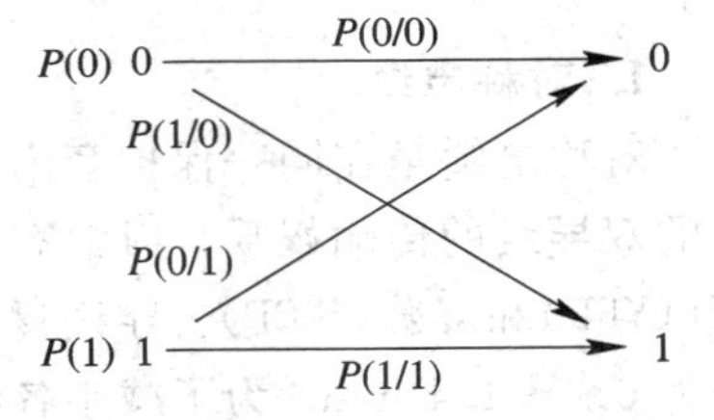

图 3-6 二进制编码信道模型

$$P_e = P(0)P(1/0) + P(1)P(0/1) \tag{3.1-10}$$

在图 3-6 所示的编码信道模型中，由于信道噪声或其他因素影响导致输出数字序列发生错误是统计独立的，因此这种信道是无记忆编码信道。根据无记忆编码信道的性质可以得到

$$P(0/0)+P(1/0)=1$$
$$P(1/1)+P(0/1)=1$$

由二进制无记忆编码信道模型，可以容易地推广到多进制无记忆编码信道模型。设编码信道输入 M 元符号，即

$$X=\{x_0, x_1, \cdots, x_{M-1}\} \tag{3.1-11}$$

编码信道输出 N 元符号为

$$Y=\{y_0, y_1, \cdots, y_{N-1}\} \tag{3.1-12}$$

如果信道是无记忆的，则表征信道输入、输出特性的转移概率为

$$P(y_j/x_i)=P(Y=y_j/X=x_i) \tag{3.1-13}$$

上式表示发送 x_i 条件下接收出现 y_j 的概率，也即将 x_i 转移为 y_j 的概率。图 3-7 给出了一个多进制无记忆编码信道模型。

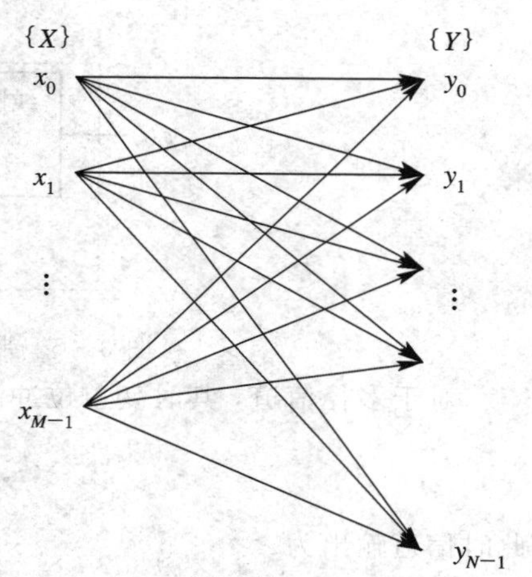

图 3-7　多进制无记忆编码信道模型

如果编码信道是有记忆的，即信道噪声或其他因素影响导致输出数字序列发生错误是不独立的，则编码信道模型要比图 3-6 或图 3-7 所示的模型复杂得多，信道转移概率表示式也将变得很复杂。

3.2　恒参信道及其传输特性

恒参信道的信道特性不随时间变化或变化很缓慢。信道特性主要由传输媒质所决定，如果传输媒质是基本不随时间变化的，所构成的广义信道通常属于恒参信道；如果传输媒质随时间随机快变化，则构成的广义信道通常属于随参信道。如由架空明线、电缆、中长波地波传播、超短波及微波视距传播、人造卫星中继、光导纤维以及光波视距传播等传输媒质构成的广义信道都属于恒参信道。下面简要介绍几种有代表性的恒参信道的例子。

3.2.1　有线电信道

1. 对称电缆

对称电缆是在同一保护套内有许多对相互绝缘的双导线的传输媒质。通常有两种类型：非屏蔽(UTP)和屏蔽(STP)。导线材料是铝或铜，直径为 0.4～1.4 mm。为了减小各线对之间的相互干扰，每一对线都拧成扭绞状，如图 3-8 所示。由于这些结构上的特点，故电缆的传输损耗比较大，但其传输特性比较稳定，并且价格便宜、安装容易。对称电缆主要用于市话中继线路和用户线路，在许多局域网如以太网、令牌环网中也采用高等级的 UTP 电缆进行连接。STP 电缆的特性同 UTP 的特性相同，由于加入了屏蔽措施，对噪声有更好的屏蔽作用，但是其价格要昂贵一些。

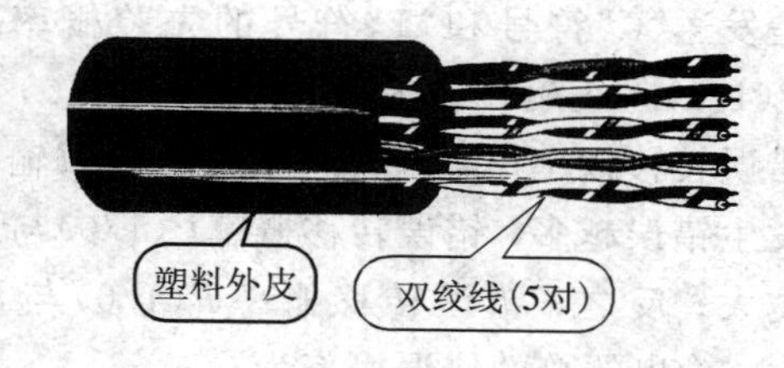

图 3-8　对称电缆结构图

2. 同轴电缆

同轴电缆与对称电缆结构不同，单根同轴电缆的结构图如图 3-9(*a*)所示。同轴电缆由同轴的两个导体构成，外导体是一个圆柱形的导体，内导体是金属线，它们之间填充着介质。实际应用中同轴电缆的外导体是接地的，对外界干扰具有较好的屏蔽作用，所以同轴电缆抗电磁干扰性能较好。在有线电视网络中大量采用这种结构的同轴电缆。

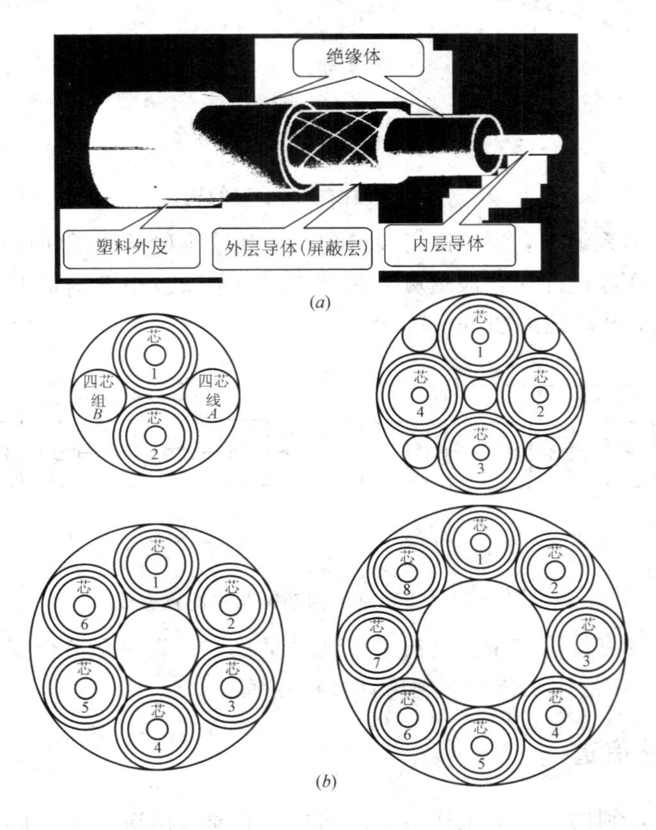

图 3-9 同轴电缆结构图

为了增大容量，也可以将几根同轴电缆封装在一个大的保护套内，构成多芯同轴电缆，另外还可以装入一些二芯绞线对或四芯线组，作为传输控制信号用。表 3-1 列出了几种电缆的特性。

表 3-1 几种有线电缆的特性

线路类型	频率范围/MHz	信号衰减	电磁干扰
UTP 电缆	1～100	高	一般
STP 电缆	1～150	高	小
同轴电缆	1～1000	低	小

3.2.2 微波中继信道

微波频段的频率范围一般在几百兆赫兹至几十吉赫兹，其传输特点是在自由空间沿视距传输。由于受地形和天线高度的限制，两点间的传输距离一般为 30～50 km，当进行长距离通信时，需要在中间建立多个中继站，如图 3-10 所示。

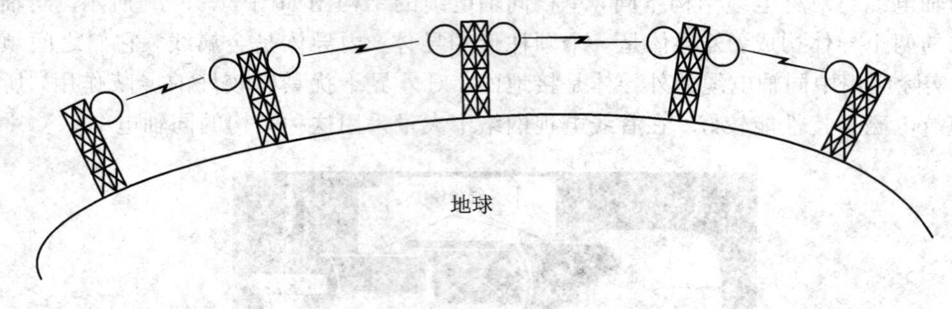

图 3-10　微波中继信道的构成

在微波中继通信系统中，为了提高频谱利用率和减小射频波道间或邻近路由的传输信道间的干扰，需要合理设计射频波道频率配置。在一条微波中继信道上可采用二频制或四频制频率配置方式，其原理如图 3-11 所示。

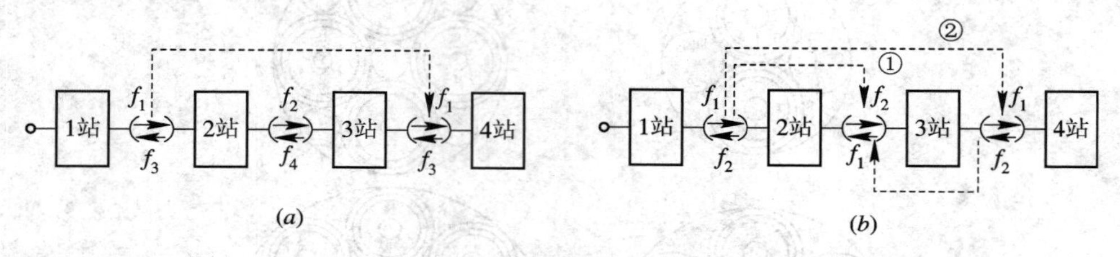

图 3-11　二频制或四频制频率配置方式

微波中继信道具有传输容量大、长途传输质量稳定、节约有色金属、投资少、维护方便等优点。因此，被广泛用来传输多路电话及电视等。

3.2.3　卫星中继信道

卫星中继信道是利用人造卫星作为中继站构成的通信信道，卫星中继信道与微波中继信道都是利用微波信号在自由空间直线传播的特点。微波中继信道由地面建立的端站和中继站组成。而卫星中继信道则以卫星转发器作为中继站，与接收、发送地球站构成。若卫星运行轨道在赤道平面，距地面高度为 35 780 km 时，绕地球运行一周的时间恰为 24 小时，与地球自转同步，这种卫星称为静止卫星。不在静止轨道运行的卫星称为移动卫星。

若以静止卫星作为中继站，采用三个相差 120°的静止通信卫星就可以覆盖地球的绝大部分地域(两极盲区除外)，如图 3-12 所示。若采用中、低轨道移动卫星，则需要多颗卫星覆盖地球。所需卫星的个数与卫星轨道高度有关，轨道越低所需卫星数越多。

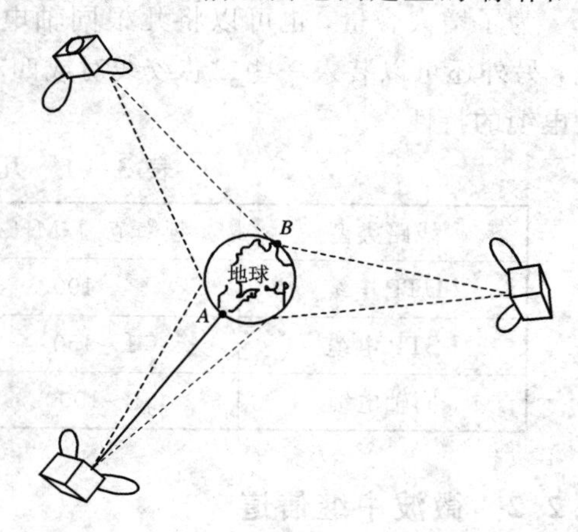

图 3-12　卫星中继信道示意图

目前卫星中继信道主要工作频段有：L 频段(1.5/1.6 GHz)、C 频段(4/6 GHz)、Ku 频段(12/14 GHz)、Ka 频段(20/30 GHz)。卫星中继信道的主要特点是通信容量大、传输质量稳定、传输距离远、覆盖区域广等。另外，由于卫星轨道距地面较远，故信号衰减大，电波往返所需要的时间较长。对于静止卫星，由地球站至通信卫星，再回到地球站的一次往返约 0.26 s 的时间，传输话音信号时会感觉明显的延迟效应。目前卫星中继信道主要用来传输多路电话、电视和数据。

3.2.4 恒参信道特性

恒参信道对信号传输的影响是确定的或者是变化极其缓慢的。因此，其传输特性可以等效为一个线性时不变网络。只要知道网络的传输特性，就可以采用信号分析方法，分析信号及其网络特性。

线性网络的传输特性可以用幅度频率特性和相位频率特性来表征。现在我们首先讨论理想情况下的恒参信道特性。

1. 理想恒参信道特性

理想恒参信道就是理想的无失真传输信道，其等效的线性网络传输特性为

$$H(\omega) = K_0 e^{-j\omega t_d} \tag{3.2-1}$$

其中，K_0 为传输系数，t_d 为时间延迟，它们都是与频率无关的常数。根据信道的等效传输函数，可以得到幅频特性为

$$|H(\omega)| = K_0 \tag{3.2-2}$$

相频特性为

$$\varphi(\omega) = \omega t_d \tag{3.2-3}$$

信道的相频特性通常还采用群迟延-频率特性来衡量，所谓的群迟延-频率特性就是相位-频率特性的导数，则群迟延-频率特性可以表示为

$$\tau(\omega) = \frac{d\varphi(\omega)}{d\omega} = t_d \tag{3.2-4}$$

理想信道的幅频特性、相频特性和群迟延-频率特性曲线如图 3-13 所示。

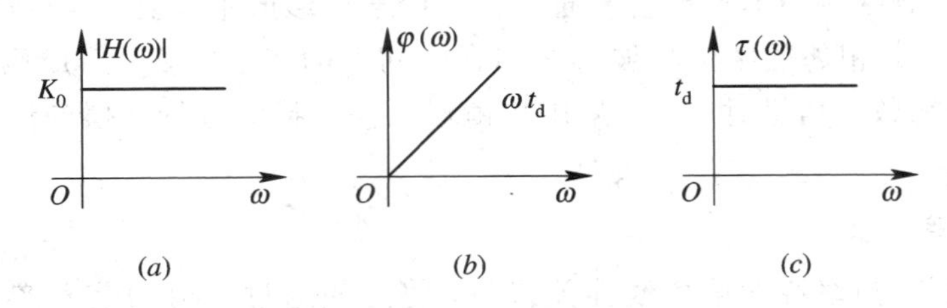

图 3-13 理想信道的幅频特性、相频特性和群迟延-频率特性

理想恒参信道的冲激响应为

$$h(t) = K_0 \delta(t - t_d) \tag{3.2-5}$$

若输入信号为 $s(t)$，则理想恒参信道的输出为

$$r(t) = K_0 s(t - t_d) \tag{3.2-6}$$

由此可见，理想恒参信道对信号传输的影响是：

(1) 对信号在幅度上产生固定的衰减；

(2) 对信号在时间上产生固定的迟延。
这种情况也称信号是无失真传输。

由理想的恒参信道特性可知，在整个频率范围，其幅频特性为常数(或在信号频带范围之内为常数)，其相频特性为 ω 的线性函数(或在信号频带范围之内为 ω 的线性函数)。在实际中，如果信道传输特性偏离了理想信道特性，就会产生失真(或称为畸变)。如果信道的幅度-频率特性在信号频带范围之内不是常数，则会使信号产生幅度-频率失真；如果信道的相位-频率特性在信号频带范围之内不是 ω 的线性函数，则会使信号产生相位-频率失真。

2. 幅度-频率失真

幅度-频率失真是由实际信道的幅度频率特性的不理想所引起的，这种失真又称为频率失真，属于线性失真。图 3-14(a)所示是典型音频电话信道的幅度衰减特性。由图可见，衰减特性在 300～3000 Hz 频率范围内比较平坦；300 Hz 以下和 3000 Hz 以上衰耗增加很快，这种衰减特性正好适应人类话音信号传输。CCITT M.1020 建议规定的衰减特性如图 3-14(b)所示。

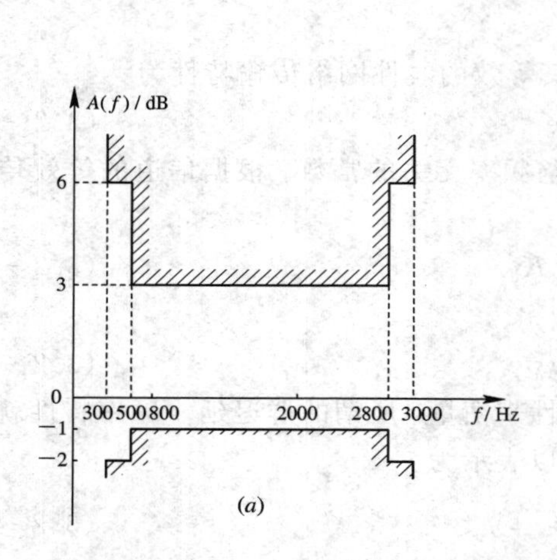

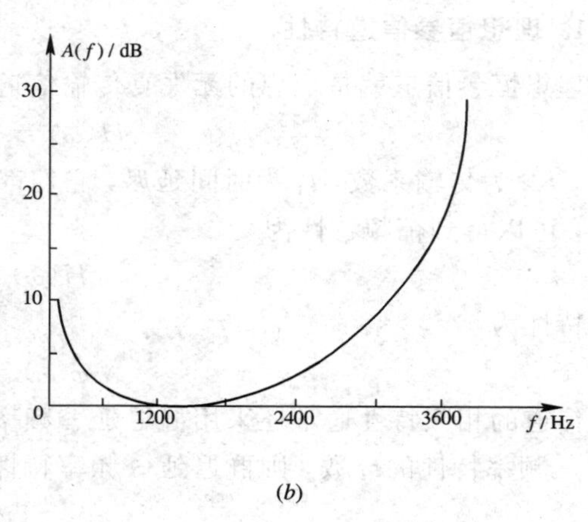

图 3-14　典型音频电话信道的幅度衰减特性

信道的幅度-频率特性不理想会使通过它的信号波形产生失真，若在这种信道中传输数字信号，则会引起相邻数字信号波形之间在时间上的相互重叠，造成码间干扰。因此，在电话信道中传输数字信号时，需要采用均衡器对信道特性进行补偿(有关均衡原理将在第 5 章介绍)。

3. 相位-频率失真

当信道的相位-频率特性偏离线性关系时，将会使通过信道的信号产生相位-频率失真，相位-频率失真也属于线性失真。图 3-15 给出了一个典型的电话信道的相频特性和群迟延-频率特性。可以看出，相频特性和群迟延-频率特性都偏离了理想特性的要求，因此会使信号产生严重的相频失真或群迟延失真。在话音传输中，由于人耳对相频失真不太敏感，因此相频失真对模拟话音传输影响不明显。如果传输数字信号，相频失真同样会引起码间干扰，特别当传输速率较高时，相频失真会引起严重的码间干扰，使误码率性能降低。由于相频失真也是线性失真，因此同样可以采用均衡器对相频特性进行补偿，改善信道传输条件。

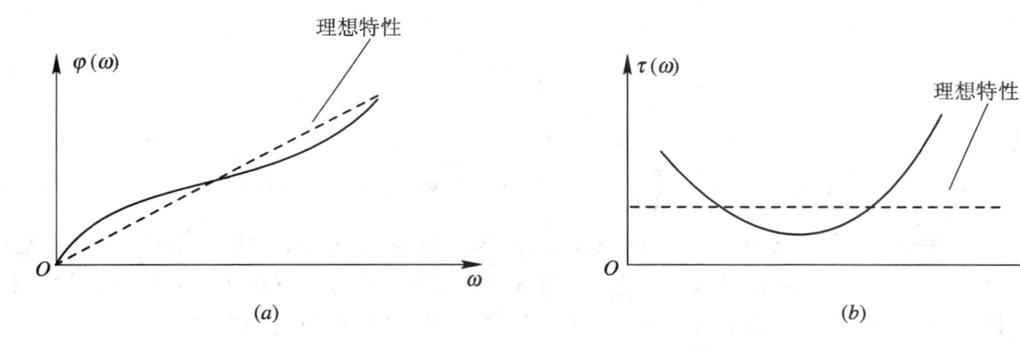

图 3-15 典型电话信道相频特性和群迟延-频率特性
(a) 相频特性；(b) 群迟延-频率特性

3.3 随参信道及其传输特性

随参信道是指信道传输特性随时间随机快速变化的信道。常见的随参信道有陆地移动信道、短波电离层反射信道、超短波流星余迹散射信道、超短波及微波对流层散射信道、超短波电离层散射以及超短波超视距绕射等信道。我们首先介绍两种典型的随参信道。

3.3.1 陆地移动信道

陆地移动通信工作频段主要在VHF和UHF频段，电波传播特点是以直射波为主。但是，由于城市建筑群和其他地形地物的影响，电波在传播过程中会产生反射波、散射波以及它们的合成波，电波传输环境较为复杂，因此移动信道是典型的随参信道。

1. 自由空间传播

在VHF、UHF移动信道中，电波传播方式主要有自由空间直射波、地面反射波、大气折射波、建筑物等的散射波等。

当移动台和基站天线在视距范围之内时，电波传播的主要方式是直射波。直射波传播可以按自由空间传播来分析。由于传播路径中没有阻挡，所以电波能量不会被障碍物吸收，也不会产生反射和折射。设发射机输入给天线的功率为 P_T(瓦特)，则接收天线上获得的功率为

$$P_R = P_T G_T G_R \left(\frac{\lambda}{4\pi d}\right)^2 \tag{3.3-1}$$

式中，G_T 为发射天线增益，G_R 为接收天线增益，d 为接收天线与发射天线之间的直线距离，$\frac{\lambda^2}{4\pi}$为各向同性天线的有效面积。当发射天线增益和接收天线增益都等于1时，式(3.3-1)简化为

$$P_R = P_T \left(\frac{\lambda}{4\pi d}\right)^2 \tag{3.3-2}$$

自由空间传播损耗定义为

$$L_{fs} = \frac{P_T}{P_R} \tag{3.3-3}$$

代入式(3.3-2)可得

$$L_{fs}=\left(\frac{4\pi d}{\lambda}\right)^2 \tag{3.3-4}$$

用 dB 可表示为

$$[L_{fs}]=20\ \lg\frac{4\pi d}{\lambda}=32.44+20\ \lg d+20\ \lg f\ (\text{dB}) \tag{3.3-5}$$

式中，d 为接收天线与发射天线之间的直线距离，单位为 km；f 为工作频率，单位为 MHz。由式(3.3-4)可以看出，自由空间传播损耗与距离 d 的平方成正比，距离越远损耗越大。图 3-16 给出了移动信道中自由空间传播损耗与频率和距离的关系。

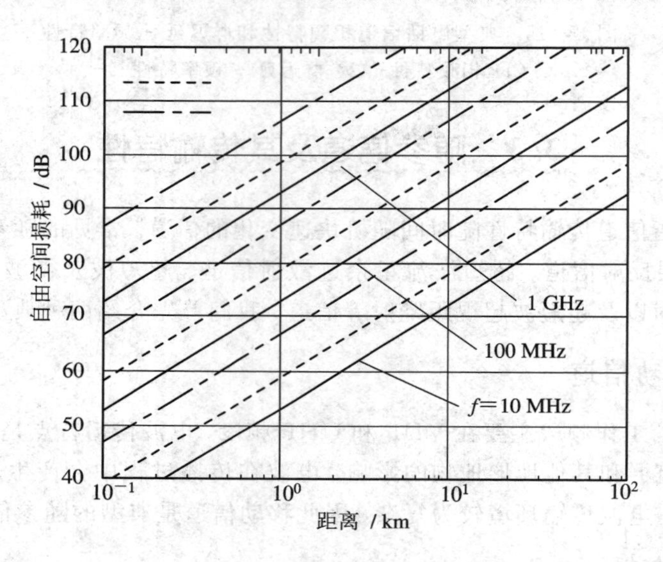

图 3-16　移动信道中自由空间传播损耗

2. 反射波与散射波

当电波辐射到地面或建筑物表面时，会发生反射或散射，从而产生多径传播现象，如图 3-17 所示。这些反射面通常是不规则和粗糙的。为了分析方便，可以认为反射面是平滑表面，此时电波的反射角等于入射角，分析模型如图 3-18 所示。

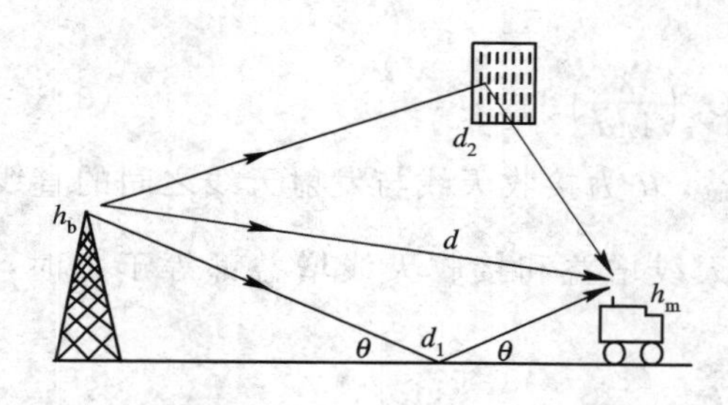

图 3-17　移动信道的传播路径

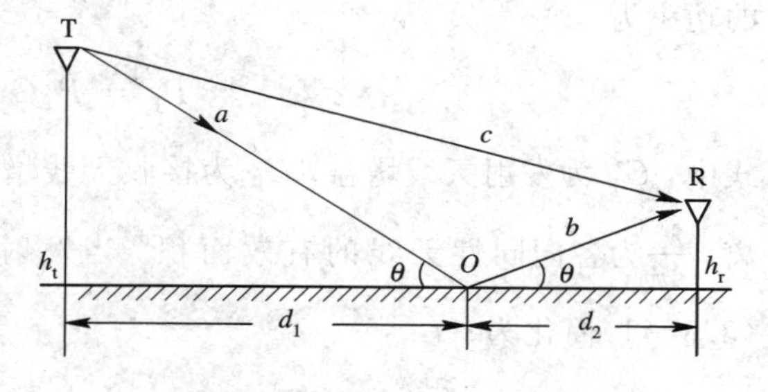

图 3-18　平滑表面反射

不同界面的反射系数为

$$R=\frac{\sin\theta-z}{\sin\theta+z} \tag{3.3-6}$$

其中

$$z = \frac{\sqrt{\varepsilon_0 - \cos^2\theta}}{\varepsilon_0} \quad （垂直极化） \tag{3.3-7}$$

$$z = \sqrt{\varepsilon_0 - \cos^2\theta} \quad （水平极化） \tag{3.3-8}$$

$$\varepsilon_0 = \varepsilon - \mathrm{j}60\sigma\lambda \tag{3.3-9}$$

式中，ε 为介电常数，σ 为电导率，λ 为波长。

3. 折射波

电波在空间传播中，由于大气中介质密度随高度增加而减小，导致电波在空间传播时会产生折射、散射等，如图 3-19 所示。大气折射对电波传输的影响通常可用地球等效半径来表征。地球的实际半径和地球等效半径之间的关系为

$$k = \frac{r_e}{r_0} \tag{3.3-10}$$

式中，k 称为地球等效半径系数，r_0=6370 km 为地球实际半径，r_e 为地球等效半径。在标准大气折射情况下，地球等效半径系数 $k=\frac{4}{3}$，此时地球等效半径为

$$r_e = kr_0 = \frac{4}{3} \times 6370 = 8493\ \text{km}$$

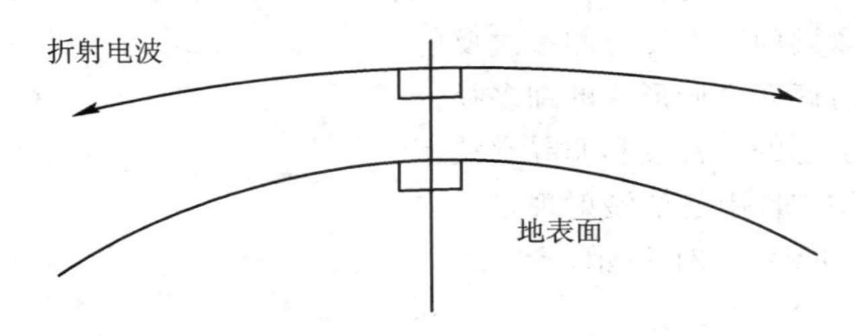

图 3-19　电波折射示意图

3.3.2　短波电离层反射信道

短波电离层反射信道是利用地面发射的无线电波在电离层，或电离层与地面之间的一次反射或多次反射所形成的信道。由于太阳辐射的紫外线和 X 射线，使离地面 60～600 km的大气层成为电离层。电离层是由分子、原子、离子及自由电子组成的。当频率范围为 3～30 MHz(波长为 10～100 m)的短波(或称为高频)无线电波射入电离层时，由于折射现象，故会使电波发生反射，返回地面，从而形成短波电离层反射信道。

电离层厚度有数百千米，可分为 D、E、F_1 和 F_2 四层，如图 3-20 所示。由于太阳辐射的变化，电离层的密度和厚度也随时间随机变化，因此短波电离层反射信道也是随参信道。在白天，由于太阳辐射强，所以 D、E、F_1 和 F_2 四层都存在。在夜晚，由于太阳辐射减弱，D 层和 F_1 层几乎完全消失，因此只有 E 层和 F_2 层存在。由于 D、E 层电子密度小，不能形成反射条件，所以短波电波不会被反射。D、E 层对电波传输的影响主要是吸收电波，使电波能量损耗。F_2 层是反射层，其高度为 250～300 km，所以一次反射的最大距离约为 4000 km。

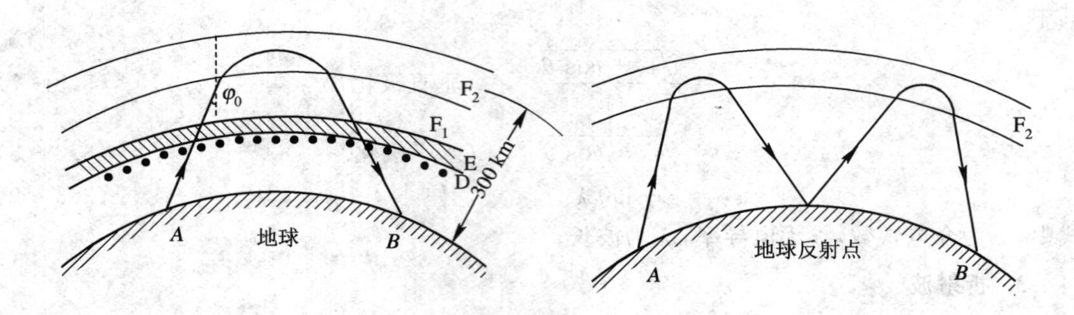

图 3-20 电离层结构示意图

由于电离层密度和厚度随时间随机变化，因此短波电波满足反射条件的频率范围也随时间变化。通常用最高可用频率给出工作频率上限。最高可用频率是指当电波以 φ_0 角入射时，能从电离层反射的最高频率，可表示为

$$f_{\mathrm{MUF}} = f_0 \sec\varphi_0 \tag{3.3-11}$$

式中，f_0 为 $\varphi_0=0$ 时能从电离层反射的最高频率(称为临界频率)。

在白天，电离层较厚，F_2 层的电子密度较大，最高可用频率较高。在夜晚，电离层较薄，F_2 层的电子密度较小，最高可用频率要比白天低。

短波电离层反射信道最主要的特征是多径传播，多径传播有以下几种形式：

(1) 电波从电离层的一次反射和多次反射；

(2) 电离层反射区高度所形成的细多径；

(3) 地球磁场引起的寻常波和非寻常波；

(4) 电离层不均匀性引起的漫射现象。

以上四种形式如图 3-21 所示。

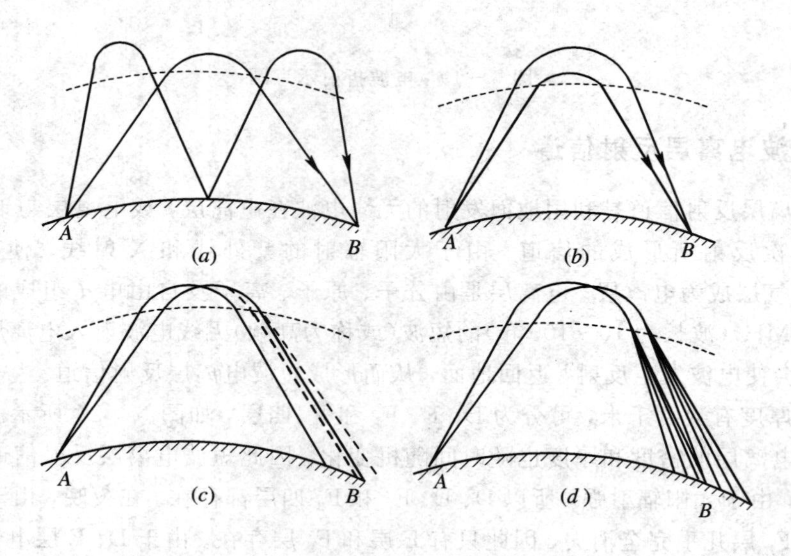

图 3-21 多径形式示意图

(a) 一次反射和两次反射；(b) 反射区高度不同；(c) 寻常波与非寻常波；(d) 漫射现象

3.3.3 随参信道特性

由上面分析的陆地移动信道和短波电离层反射信道这两种典型随参信道特性知道，随参信道的传输媒质具有以下三个特点：

(1) 对信号的衰耗随时间随机变化；

(2) 信号传输的时延随时间随机变化；

(3) 多径传播。

由于随参信道比恒参信道复杂得多，它对信号传输的影响也比恒参信道严重得多。下面我们将从两个方面进行讨论。

1. 多径衰落与频率弥散

陆地移动多径传播示意图如图 3-17 所示。基站天线发射的信号经过多条不同的路径到达移动台。我们假设发送信号为单一频率正弦波，即

$$s(t) = A\cos\omega_c t \tag{3.3-12}$$

多径信道共有 n 条路径，各条路径具有时变衰耗和时变传输时延，且从各条路径到达接收端的信号相互独立，则接收端接收到的合成波为

$$\begin{aligned} r(t) &= a_1(t)\cos\omega_c[t-\tau_1(t)] + a_2(t)\cos\omega_c[t-\tau_2(t)] + \cdots + a_n(t)\cos\omega_c[t-\tau_n(t)] \\ &= \sum_{i=1}^{n} a_i(t)\cos\omega_c[t-\tau_i(t)] \end{aligned} \tag{3.3-13}$$

式中，$a_i(t)$为从第 i 条路径到达接收端的信号振幅，$\tau_i(t)$为第 i 条路径的传输时延。传输时延可以转换为相位的形式，即

$$r(t) = \sum_{i=1}^{n} a_i(t)\cos[\omega_c t + \varphi_i(t)] \tag{3.3-14}$$

式中

$$\varphi_i(t) = -\omega_c\tau_i(t) \tag{3.3-15}$$

为从第 i 条路径到达接收端的信号的随机相位。

式(3.3-14)可变换为

$$\begin{aligned} r(t) &= \sum_{i=1}^{n} a_i(t)\cos\varphi_i(t)\cos\omega_c t - \sum_{i=1}^{n} a_i(t)\sin\varphi_i(t)\sin\omega_c t \\ &= X(t)\cos\omega_c t - Y(t)\sin\omega_c t \end{aligned} \tag{3.3-16}$$

式中

$$X(t) = \sum_{i=1}^{n} a_i(t)\cos\varphi_i(t) \tag{3.3-17}$$

$$Y(t) = \sum_{i=1}^{n} a_i(t)\sin\varphi_i(t) \tag{3.3-18}$$

由于 $X(t)$和 $Y(t)$都是相互独立的随机变量之和，根据概率论中心极限定理，大量独立随机变量之和的分布趋于正态分布。因此，当 n 足够大时，$X(t)$和 $Y(t)$都趋于正态分布。通常情况下 $X(t)$和 $Y(t)$的均值为零，方差相等。

式(3.3-16)也可以表示为包络和相位的形式，即

$$r(t) = V(t)\cos[\omega_c t + \varphi(t)] \tag{3.3-19}$$

式中

$$V(t)=\sqrt{X^2(t)+Y^2(t)} \tag{3.3-20}$$

$$\varphi(t)=\arctan\frac{Y(t)}{X(t)} \tag{3.3-21}$$

由 2.5 节可知，包络 $V(t)$ 的一维分布服从瑞利分布，相位 $\varphi(t)$ 的一维分布服从均匀分布，可表示为

$$f(v)=\frac{v}{\sigma_v}\exp\left(-\frac{v^2}{2\sigma_v^2}\right) \tag{3.3-22}$$

$$f(\varphi)=\begin{cases}\dfrac{1}{2\pi}, & 0\leqslant\varphi<2\pi\\ 0, & \text{其他}\end{cases} \tag{3.3-23}$$

对于陆地移动信道、短波电离层反射信道等随参信道，其路径幅度 $a_i(t)$ 和相位函数 $\varphi_i(t)$ 随时间变化与发射信号载波频率相比要缓慢得多。因此，相对于载波来说 $V(t)$ 和 $\varphi(t)$ 是慢变化随机过程，于是 $r(t)$ 可以看成是一个窄带随机过程。由 2.5 节窄带随机过程分析我们知道，$r(t)$ 的包络服从瑞利分布，$r(t)$ 是一种衰落信号，$r(t)$ 的频谱是中心在 f_c 的窄带谱，如图 2-7 所示。由此我们可以得到以下两个结论：

(1) 多径传播使单一频率的正弦信号变成了包络和相位受调制的窄带信号，这种信号称为衰落信号，即多径传播使信号产生瑞利型衰落；

(2) 从频谱上看，多径传播使单一谱线变成了窄带频谱，即多径传播引起了频率弥散。

2. 频率选择性衰落与相关带宽

当发送信号是具有一定频带宽度的信号时，多径传播除了会使信号产生瑞利型衰落之外，还会产生频率选择性衰落。频率选择性衰落是多径传播的又一重要特征。为了分析方便，我们假设多径传播的路径只有两条，信道模型如图 3-22 所示。其中，k 为两条路径的衰减系数，$\Delta\tau(t)$ 为两条路径信号传输的相对时延差。

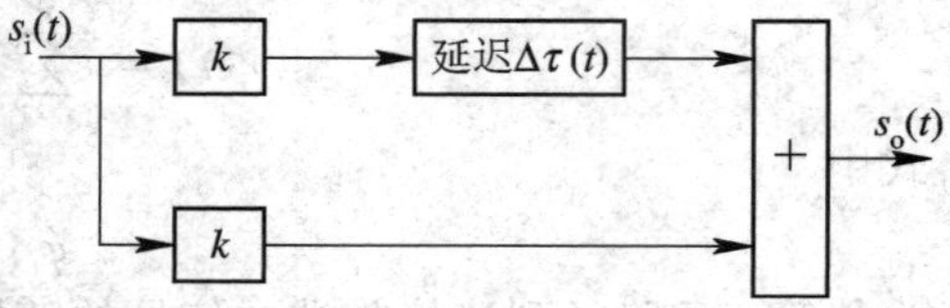

图 3-22　两条路径信道模型

当信道输入信号为 $s_i(t)$ 时，输出信号为

$$s_o(t)=ks_i(t)+ks_i[t-\Delta\tau(t)] \tag{3.3-24}$$

其频域表示式为

$$\begin{aligned}S_o(\omega)&=kS_i(\omega)+kS_i(\omega)e^{-j\omega\Delta\tau(t)}\\&=kS_i(\omega)[1+e^{-j\omega\Delta\tau(t)}]\end{aligned} \tag{3.3-25}$$

信道传输函数为

$$H(\omega)=\frac{S_o(\omega)}{S_i(\omega)}=k[1+e^{-j\omega\Delta\tau(t)}] \tag{3.3-26}$$

可以看出，信道传输特性主要由 $[1+e^{-j\omega\Delta\tau(t)}]$ 项决定。信道幅频特性为

$$\begin{aligned}|H(\omega)|&=|k[1+e^{-j\omega\Delta\tau(t)}]|=k\,|1+\cos\omega\Delta\tau(t)-j\sin\omega\Delta\tau(t)|\\&=k\left|2\cos^2\frac{\omega\Delta\tau(t)}{2}-j2\sin\frac{\omega\Delta\tau(t)}{2}\cos\frac{\omega\Delta\tau(t)}{2}\right|\\&=2k\left|\cos\frac{\omega\Delta\tau(t)}{2}\right|\left|\cos\frac{\omega\Delta\tau(t)}{2}-j\sin\frac{\omega\Delta\tau(t)}{2}\right|=2k\left|\cos\frac{\omega\Delta\tau(t)}{2}\right|\end{aligned} \tag{3.3-27}$$

对于固定的 $\Delta\tau_i$，信道幅频特性如图 3－23(a)所示。式(3.3－27)表示，对于信号不同的频率成分，信道将有不同的衰减。显然，信号通过这种传输特性的信道时，信号的频谱将产生失真。当失真随时间随机变化时就形成频率选择性衰落。特别是当信号的频谱宽于 $\frac{1}{\Delta\tau(t)}$时，有些频率分量会被信道衰减到零，造成严重的频率选择性衰落。

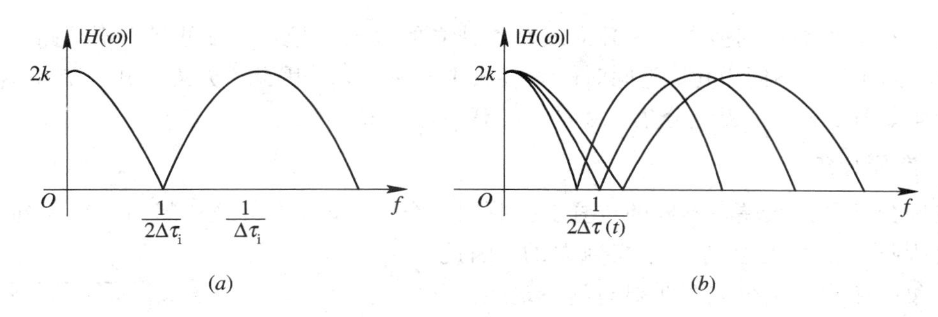

图 3－23 信道幅频特性

另外，相对时延差 $\Delta\tau(t)$通常是时变参量，故传输特性中零点、极点在频率轴上的位置也随时间随机变化，这使传输特性变得更复杂，其特性如图 3－23(b)所示。

对于一般的多径传播，信道的传输特性将比两条路径信道传输特性复杂得多，但同样存在频率选择性衰落现象。多径传播时的相对时延差通常用最大多径时延差来表征。设信道最大多径时延差为 $\Delta\tau_m$，则定义多径传播信道的相关带宽为

$$B_c = \frac{1}{\Delta\tau_m} \qquad (3.3-28)$$

它表示信道传输特性相邻两个零点之间的频率间隔。如果信号的频谱比相关带宽宽，则将产生严重的频率选择性衰落。为了减小频率选择性衰落，就应使信号的频谱小于相关带宽。在工程设计中，为了保证接收信号的质量，通常选择信号带宽为相关带宽的1/5～1/3。

当在多径信道中传输数字信号，特别是传输高速数字信号时，频率选择性衰落将会引起严重的码间干扰。为了减小码间干扰的影响，就必须限制数字信号传输速率。

3.4 分集接收技术

陆地移动信道、短波电离层反射信道等随参信道引起的多径时散、多径衰落、频率选择性衰落、频率弥散等，会严重影响接收信号质量，使通信系统性能大大降低。为了提高随参信道中信号传输质量，必须采用抗衰落的有效措施。常采用的技术措施有抗衰落性能好的调制解调技术、扩频技术、功率控制技术、与交织结合的差错控制技术、分集接收技术等。其中分集接收技术是一种有效的抗衰落技术，已在短波通信、移动通信系统中得到广泛应用。

所谓分集接收，是指接收端按照某种方式使它收到的携带同一信息的多个信号衰落特性相互独立，并对多个信号进行特定的处理，以降低合成信号电平起伏，减小各种衰落对接收信号的影响。从广义信道的角度来看，分集接收可看做是随参信道中的一个组成部分，通过分集接收使包括分集接收在内的随参信道衰落特性得到改善。

分集接收包含有两重含义：一是分散接收，使接收端能得到多个携带同一信息的、统计独立的衰落信号；二是集中处理，即接收端把收到的多个统计独立的衰落信号进行适当的合并，从而降低衰落的影响，改善系统性能。

3.4.1　分集方式

为了在接收端得到多个互相独立或基本独立的接收信号，一般可利用不同路径、不同频率、不同角度、不同极化、不同时间等接收手段来获取。因此，分集方式也有空间分集、频率分集、角度分集、极化分集、时间分集等多种方式。

1. 空间分集

空间分集是接收端在不同的位置上接收同一个信号，只要各位置间的距离大到一定程度，则所收到信号的衰落是相互独立的。因此，空间分集的接收机至少需要两副间隔一定距离的天线，其基本结构如图 3-24 所示。图中，发送端用一副天线发射，接收端用 N 副天线接收。

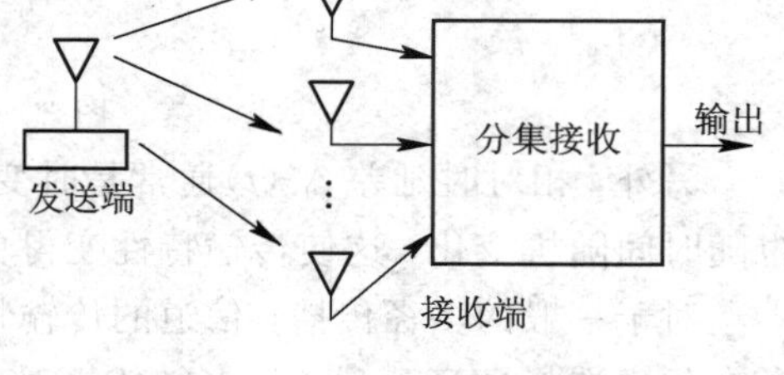

图 3-24　空间分集示意图

为了使接收到的多个信号满足相互独立的条件，接收端各接收天线之间的间距应满足

$$d \geqslant 3\lambda \tag{3.4-1}$$

式中，d 为接收端各接收天线之间的间距，λ 为工作频率的波长。通常，分集天线数(分集重数)越多，性能改善越好。但当分集重数多到一定数时，分集重数继续增多，性能改善量将逐步减小。因此，分集重数在 2～4 重比较合适。

2. 频率分集

频率分集是将待发送的信息分别调制到不同的载波频率上发送，只要载波频率之间的间隔大到一定程度，则接收端所接收到信号的衰落是相互独立的。在实际中，当载波频率间隔大于相关带宽时，则可认为接收到信号的衰落是相互独立的。因此，载波频率的间隔应满足

$$\Delta f \geqslant B_c = \frac{1}{\Delta \tau_m} \tag{3.4-2}$$

式中，Δf 为载波频率间隔，B_c 为相关带宽，$\Delta \tau_m$ 为最大多径时延差。

在移动通信中，当工作频率在 900 MHz 频段，典型的最大多径时延差为 5 μs 时，有

$$\Delta f \geqslant B_c = \frac{1}{\Delta \tau_m} = \frac{1}{5 \times 10^{-6}} = 200\ \text{kHz}$$

3. 时间分集

时间分集是将同一信号在不同的时间区间多次重发，只要各次发送的时间间隔足够大，则各次发送信号所出现的衰落将是相互独立的。时间分集主要用于在衰落信道中传输数字信号。

在移动通信中，多谱勒频移的扩散区间与移动台的运动速度及工作频率有关。因此，为了保证重复发送的数字信号具有独立的衰落特性，重复发送的时间间隔应满足

$$\Delta t \geqslant \frac{1}{2f_m} = \frac{1}{2(v/\lambda)} \tag{3.4-3}$$

式中，f_m 为衰落频率，v 为移动台运动速度，λ 为工作波长。

若移动台是静止的，则移动速度 $v=0$，此时要求重复发送的时间间隔 Δt 为无穷大。这表明时间分集对于静止状态的移动台是无效果的。

以上介绍的是几种显分集方式，在 CDMA 系统中还采用 Rake 接收机形式的隐分集方式。另外，在实际应用中还可以将多种分集结合使用。例如在 CDMA 移动通信系统中，通常将空间分集与 Rake 接收相结合，改善传输条件，提高系统性能。

3.4.2 合并方式

在接收端采用分集方式可以得到 N 个衰落特性相互独立的信号，所谓合并就是根据某种方式把得到的各个独立衰落信号相加后合并输出，从而获得分集增益。合并可以在中频进行，也可以在基带进行，通常是采用加权相加方式合并。

假设 N 个独立衰落信号分别为 $r_1(t)$，$r_2(t)$，…，$r_N(t)$，则合并器输出为

$$r(t) = a_1 r_1(t) + a_2 r_2(t) + \cdots + a_N r_N(t) = \sum_{i=1}^{N} a_i r_i(t) \tag{3.4-4}$$

式中，a_i 为第 i 个信号的加权系数。

选择不同的加权系数，就可构成不同的合并方式。常用的三种合并方式是：选择式合并、等增益合并和最大比值合并。表征合并性能的参数有平均输出信噪比、合并增益等。

1. 选择式合并

选择式合并是所有合并方式中最简单的一种，其原理是检测所有接收机输出信号的信噪比，选择其中信噪比最大的那一路信号作为合并器的输出，其原理图如图 3-25 所示。

选择式合并的平均输出信噪比为

$$\bar{r}_{\mathrm{M}} = \bar{r}_0 \sum_{k=1}^{N} \frac{1}{k} \tag{3.4-5}$$

合并增益为

$$G_{\mathrm{M}} = \frac{\bar{r}_{\mathrm{M}}}{\bar{r}_0} = \sum_{k=1}^{N} \frac{1}{k} \tag{3.4-6}$$

式中，$\bar{r}_{\mathrm{M}}$ 为合并器平均输出信噪比，$\bar{r}_0$ 为支路信号最大平均信噪比。可见，对选择式分集，每增加一条分集路径，对合并增益的贡献仅为总分集支路数的倒数倍。

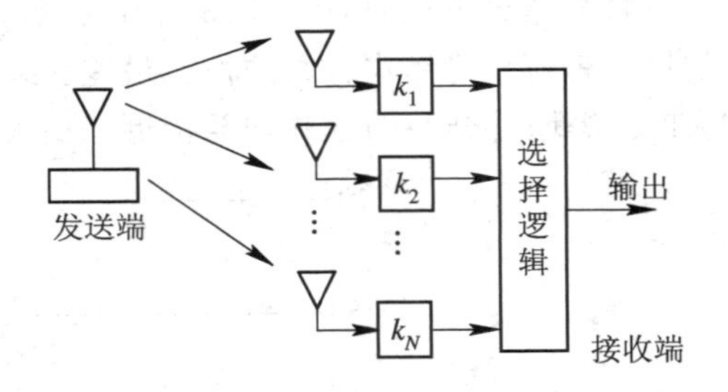

图 3-25　选择式合并原理图

2. 等增益合并

等增益合并原理图如图 3-26 所示。当加权系数 $k_1=k_2=\cdots=k_N$ 时，即为等增益合并。假设每条支路的平均噪声功率是相等的，则等增益合并的平均输出信噪比为

$$\bar{r}_{\mathrm{M}} = \bar{r}\left[1 + (N-1)\frac{\pi}{4}\right] \tag{3.4-7}$$

合并增益为

$$G_{\mathrm{M}} = \frac{\bar{r}_{\mathrm{M}}}{\bar{r}} = 1 + (N-1)\frac{\pi}{4} \tag{3.4-8}$$

式中，$\bar{r}$ 为合并前每条支路的平均信噪比。

3. 最大比值合并

最大比值合并方法最早是由 Kahn 提出的，其原理可参见图 3 - 26。最大比值合并原理是，各条支路加权系数与该支路信噪比成正比。信噪比越大，加权系数越大，对合并后信号贡献也越大。若每条支路的平均噪声功率是相等的，可以证明，当各支路加权系数为

$$a_k = \frac{A_k}{\sigma^2} \tag{3.4-9}$$

时，分集合并后的平均输出信噪比最大。式中，A_k 为第 k 条支路信号幅度，σ^2 为每条支路噪声平均功率。

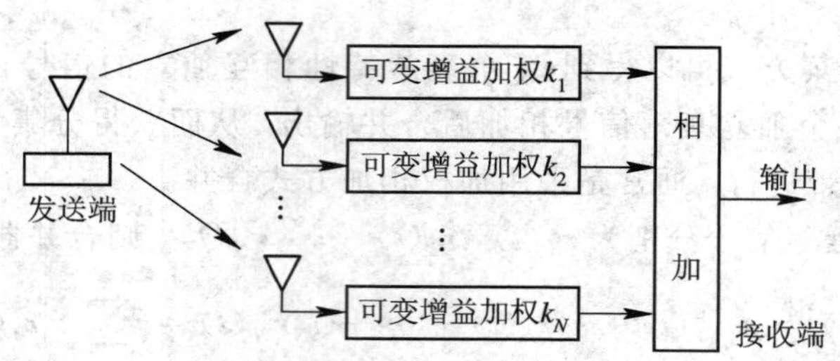

图 3 - 26　等增益合并、最大比值合并原理图

最大比值合并后的平均输出信噪比为

$$\bar{r}_{\mathrm{M}} = N\bar{r} \tag{3.4-10}$$

合并增益为

$$G_{\mathrm{M}} = \frac{\bar{r}_{\mathrm{M}}}{\bar{r}} = N \tag{3.4-11}$$

可见，合并增益与分集支路数 N 成正比。

三种分集合并的性能如图 3 - 27 所示。可以看出，在这三种合并方式中，最大比值合并的性能最好，选择式合并的性能最差。比较式(3.4 - 8)和式(3.4 - 11)可以看出，当 N 较大时，等增益合并的合并增益接近于最大比值合并的合并增益。

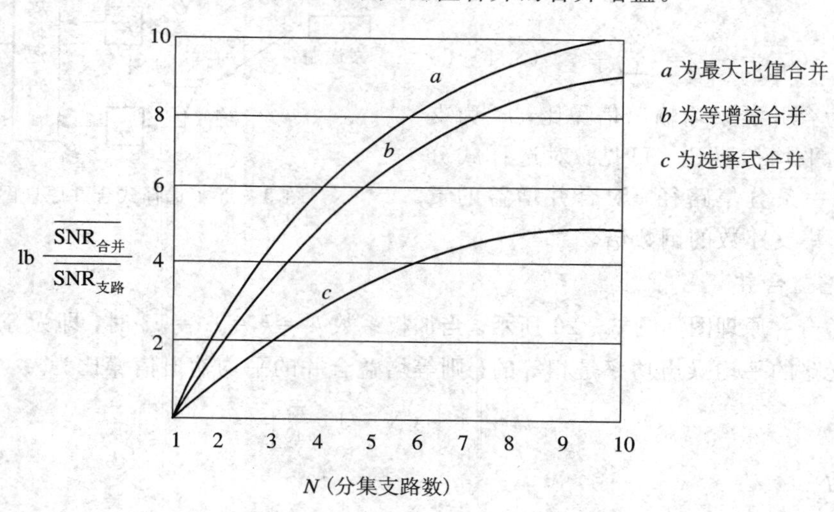

图 3 - 27　三种分集合并的性能比较

3.5 加性噪声

前面我们讨论了恒参信道和随参信道传输特性以及其对信号传输的影响。除此之外，信道的加性噪声同样会对信号传输产生影响。加性噪声与信号相互独立，并且始终存在，实际中只能采取措施减小加性噪声的影响，而不能彻底消除加性噪声。因此，加性噪声不可避免地会对通信造成危害。

3.5.1 噪声的分类

噪声的种类很多，也有多种分类方式，若根据噪声的来源进行分类，一般可以分为三类。

(1) 人为噪声。人为噪声是指人类活动所产生的对通信造成干扰的各种噪声。其中包括工业噪声和无线电噪声。工业噪声来源于各种电气设备，如开关接触噪声、工业的点火辐射及荧光灯干扰等。无线电噪声来源于各种无线电发射机，如外台干扰、宽带干扰等。

(2) 自然噪声。自然噪声是指自然界存在的各种电磁波源所产生的噪声。如雷电、磁暴、太阳黑子、银河系噪声、宇宙射线等。可以说整个宇宙空间都是产生自然噪声的来源。

(3) 内部噪声。内部噪声是指通信设备本身产生的各种噪声。它来源于通信设备的各种电子器件、传输线、天线等。如电阻一类的导体中自由电子的热运动产生的热噪声、电子管中电子的起伏发射或晶体管中载流子的起伏变化产生的散弹噪声等。

如果根据噪声的性质分类，噪声可以分为单频噪声、脉冲噪声和起伏噪声。这三种噪声都是随机噪声。

(1) 单频噪声。单频噪声主要是无线电干扰，频谱特性可能是单一频率，也可能是窄带谱。单频噪声的特点是一种连续波干扰。可以通过合理设计系统来避免单频噪声的干扰。

(2) 脉冲噪声。脉冲噪声是在时间上无规则的突发脉冲波形。包括工业干扰中的电火花、汽车点火噪声、雷电等。脉冲噪声的特点是以突发脉冲形式出现、干扰持续时间短、脉冲幅度大、周期是随机的且相邻突发脉冲之间有较长的安静时间。由于脉冲很窄，所以其频谱很宽。但是随着频率的提高，频谱强度逐渐减弱。可以通过选择合适的工作频率、远离脉冲源等措施减小和避免脉冲噪声的干扰。

(3) 起伏噪声。起伏噪声是一种连续波随机噪声，包括热噪声、散弹噪声和宇宙噪声。对其特性的表征可以采用随机过程的分析方法。起伏噪声的特点是具有很宽的频带，并且始终存在，它是影响通信系统性能的主要因素。在以后各章分析通信系统抗噪声性能时，都将以起伏噪声为重点。

3.5.2 起伏噪声及特性

在起伏噪声中，我们主要讨论热噪声、散弹噪声和宇宙噪声的产生原因，分析其统计特性。

热噪声是由传导媒质中电子的随机运动而产生的，这种在原子能量级上的随机运动是物质的普遍特性。在通信系统中，电阻器件噪声、天线噪声、馈线噪声以及接收机产生的噪声均可以等效成热噪声。

实验结果和理论分析证明，在阻值为 R 的电阻器两端所呈现的热噪声，其单边功率谱密度为

$$P_n(f)=\frac{4Rhf}{\exp\left(\frac{hf}{KT}\right)-1}\ (\mathrm{V^2/Hz}) \tag{3.5-1}$$

式中，T 为所测电阻的绝对温度，$K=1.38054\times10^{-23}$ (J/K)为玻耳兹曼常数，$h=6.6254\times10^{-34}$ (J/s)为普朗克常数。功率谱密度曲线如图 3-28 所示。可以看出，在频率 $f<0.2(KT/h)$范围内，功率谱密度 $P_n(f)$基本上是平坦的。在室温($T=290$ K)条件下，$f<1000$ GHz 时，功率谱密度 $P_n(f)$基本上是平坦的。这个频率范围是很宽的，包含了毫米波在内的所有频段，通常我们把这种噪声按白噪声处理。因此，通信系统中热噪声的功率谱密度可表示为

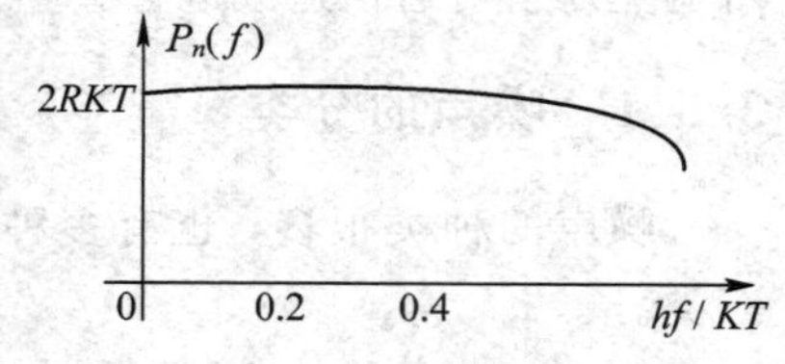

图 3-28 热噪声的功率谱密度

$$P_n(f)=2RKT\ (\mathrm{V^2/Hz}) \tag{3.5-2}$$

电阻的热噪声还可以表示为噪声电流源或噪声电压源的形式，如图 3-29 所示。其中，图 3-29(b)是噪声电流源与纯电导相并联；图 3-29(c)是噪声电压源与纯电阻相串联。噪声电流源与噪声电压源的均方根值分别为

$$I_n=\sqrt{4KTGB} \tag{3.5-3}$$

$$U_n=\sqrt{4KTRB} \tag{3.5-4}$$

根据中心极限定理可知，热噪声电压服从高斯分布，且均值为零。其一维概率密度函数为

$$f_n(u)=\frac{1}{\sqrt{2\pi}\sigma_n}\exp\left(-\frac{u^2}{2\sigma_n^2}\right)$$

因此，通常都将热噪声看成高斯白噪声。

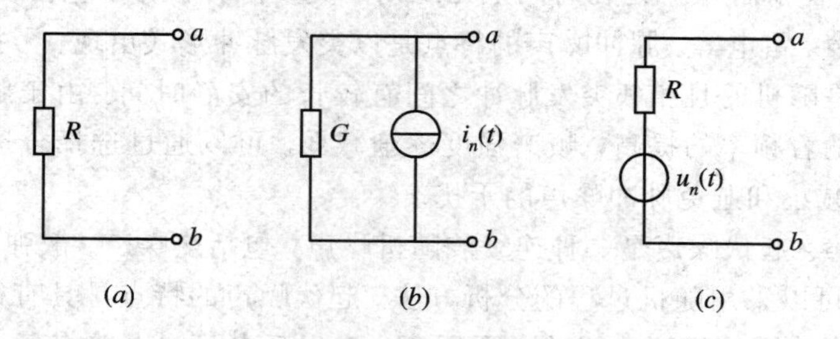

图 3-29 电阻热噪声的等效表示

除了热噪声之外，电子管和晶体管器件电子发射不均匀所产生的散弹噪声，来自太阳、银河系及银河系外的宇宙噪声的功率谱密度在很宽的频率范围内也是平坦的，其分布也是零均值高斯的。因此散弹噪声和宇宙噪声通常也被看成是高斯白噪声。

由以上分析我们可得，热噪声、散弹噪声和宇宙噪声这些起伏噪声都可以认为是一种高斯噪声，且功率谱密度在很宽的频带范围都是常数。因此，起伏噪声通常被认为是近似高斯白噪声。高斯白噪声的双边功率谱密度为

$$P_n(f) = \frac{n_0}{2}\ (\mathrm{W/Hz}) \tag{3.5-5}$$

其自相关函数为

$$R_n(\tau) = \frac{n_0}{2}\delta(\tau) \tag{3.5-6}$$

式(3.5-6)说明，零均值高斯白噪声在任意两个不同时刻的取值是不相关的，因而也是统计独立的。

起伏噪声本身是一种频谱很宽的噪声，当它通过通信系统时，会受到通信系统中各种变换的影响，使其频谱特性发生变化。一个通信系统的线性部分可以用线性网络来描述，通常具有带通特性。当宽带起伏噪声通过带通特性网络时，输出噪声就变为带通型噪声。如果线性网络具有窄带特性，则输出噪声为窄带噪声。如果输入噪声是高斯噪声，则输出噪声就是带通型(或窄带)高斯噪声。在我们研究调制解调问题时，解调器输入端噪声通常都可以表示为窄带高斯噪声。

带通型噪声的频谱具有一定的宽度，噪声的带宽可以用不同的定义来描述。为了使得分析噪声功率相对容易，通常用噪声等效带宽来描述。设带通型噪声的功率谱密度为$P_n(f)$，如图3-30所示，则噪声等效带宽定义为

$$B_n = \frac{\int_{-\infty}^{\infty} P_n(f)\,\mathrm{d}f}{2P_n(f_c)} = \frac{\int_{0}^{\infty} P_n(f)\,\mathrm{d}f}{P_n(f_c)} \tag{3.5-7}$$

式中，f_c为带通型噪声功率谱密度的中心频率。噪声等效带宽的物理意义是：高度为$P_n(f_c)$，宽度为B_n的噪声功率与功率谱密度为$P_n(f)$的带通型噪声功率相等。

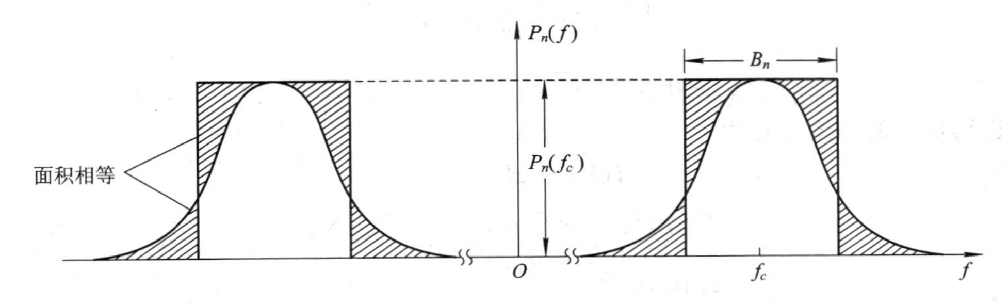

图3-30 带通型噪声的功率谱密度

3.6 信道容量的概念

信道容量是指信道中信息无差错传输的最大速率。在信道模型中，我们定义了两种广义信道：调制信道和编码信道。调制信道是一种连续信道，可用连续信道的信道容量来表征；编码信道是一种离散信道，可用离散信道的信道容量来表征。在此，仅讨论连续信道的信道容量。

1. 香农公式

带宽为B(Hz)的连续信道，其输入信号为$x(t)$，信道加性高斯白噪声为$n(t)$，则信道

输出为

$$y(t) = x(t) + n(t) \tag{3.6-1}$$

式中，输入信号 $x(t)$的功率为 S；信道噪声 $n(t)$的功率为 N，$n(t)$的均值为零，方差为 σ_n^2，其一维概率密度函数为

$$p(n) = \frac{1}{\sqrt{2\pi}\sigma_n}\exp\left(-\frac{n^2}{2\sigma_n^2}\right) \tag{3.6-2}$$

对于频带限制在 B(Hz)的输入信号，按照理想情况的抽样速率 $2B$ 对信号和噪声进行抽样，将连续信号变为离散信号。此时连续信道的信道容量为

$$\begin{aligned} C &= \max I(X, Y)R_B = \max[H(X) - H(X/Y)] \cdot 2B \\ &= \max[H(Y) - H(Y/X)] \cdot 2B \end{aligned} \tag{3.6-3}$$

当 x 服从高斯分布，其均值为零，方差为 σ^2 时，$H(X)$和 $H(Y)$可获得最大熵：

$$H(X) = -\int_{-\infty}^{\infty} p(x)\ \mathrm{lg}p(x)\ \mathrm{d}x = \mathrm{lb}\ \sqrt{2\pi e S} \tag{3.6-4}$$

$$H(Y) = -\int_{-\infty}^{\infty} p(y)\ \mathrm{lg}p(y)\ \mathrm{d}y = \mathrm{lb}\ \sqrt{2\pi e(S+N)} \tag{3.6-5}$$

连续信源的相对条件熵为

$$\begin{aligned} H(Y/X) &= -\int_{-\infty}^{\infty} p(x)\ \mathrm{d}x \int_{-\infty}^{\infty} p(y/x)\ \mathrm{lg}p(y/x)\ \mathrm{d}y \\ &= -\int_{-\infty}^{\infty} p(x)\ \mathrm{d}x \int_{-\infty}^{\infty} p(n)\ \mathrm{lg}p(n)\ \mathrm{d}n \\ &= -\int_{-\infty}^{\infty} p(n)\ \mathrm{lg}p(n)\ \mathrm{d}n \\ &= \mathrm{lb}\ \sqrt{2\pi e N} = H(n) \end{aligned} \tag{3.6-6}$$

因此连续信道的信道容量为

$$\begin{aligned} C &= \max[H(Y) - H(Y/X)] \cdot 2B \\ &= [\mathrm{lb}\ \sqrt{2\pi e(S+N)} - \mathrm{lb}\ \sqrt{2\pi e N}] \cdot 2B \\ &= 2B\left(\mathrm{lb}\sqrt{\frac{S+N}{N}}\right) \\ &= B\ \mathrm{lb}\left(1 + \frac{S}{N}\right) \quad (\mathrm{b/s}) \end{aligned} \tag{3.6-7}$$

上式就是著名的香农(Shannon)信道容量公式，简称香农公式。

香农公式表明的是当信号与信道加性高斯白噪声的平均功率给定时，在具有一定频带宽度的信道上，理论上单位时间内可能传输的信息量的极限数值。只要传输速率小于等于信道容量，则总可以找到一种信道编码方式，实现无差错传输；若传输速率大于信道容量，则不可能实现无差错传输。

若噪声 $n(t)$的单边功率谱密度为 n_0，则在信道带宽 B 内的噪声功率 $N = n_0 B$。因此，香农公式的另一形式为

$$C = B\ \mathrm{lb}\left(1 + \frac{S}{n_0 B}\right) \quad (\mathrm{b/s}) \tag{3.6-8}$$

由香农公式可得以下结论：

(1) 增大信号功率 S 可以增加信道容量，若信号功率趋于无穷大，则信道容量也趋于无穷大，即

$$\lim_{S\to\infty} C = \lim_{S\to\infty} B\ \mathrm{lb}\left(1+\frac{S}{n_0 B}\right)\to\infty$$

(2) 减小噪声功率 N（或减小噪声功率谱密度 n_0）可以增加信道容量，若噪声功率趋于零(或噪声功率谱密度趋于零)，则信道容量趋于无穷大，即

$$\lim_{N\to 0} C = \lim_{N\to 0} B\ \mathrm{lb}\left(1+\frac{S}{N}\right)\to\infty$$

(3) 增大信道带宽 B 可以增加信道容量，但不能使信道容量无限制增大。信道带宽 B 趋于无穷大时，信道容量的极限值为

$$\lim_{B\to\infty} C = \lim_{B\to\infty} B\ \mathrm{lb}\left(1+\frac{S}{n_0 B}\right) = \frac{S}{n_0}\lim_{B\to\infty}\frac{n_0 B}{S}\ \mathrm{lb}\left(1+\frac{S}{n_0 B}\right)$$
$$=\frac{S}{n_0}\ \mathrm{lbe}\approx 1.44\,\frac{S}{n_0} \tag{3.6-9}$$

香农公式给出了通信系统所能达到的极限信息传输速率，达到极限信息速率的通信系统称为理想通信系统。但是，香农公式只证明了理想通信系统的“存在性”，却没有指出这种通信系统的实现方法。因此，理想通信系统的实现还需要我们不断努力。

2. 香农公式的应用

由香农公式(3.6－7)可以看出：对于一定的信道容量 C 来说，信道带宽 B、信号噪声功率比 S/N 及传输时间三者之间可以互相转换。若增加信道带宽，可以换来信号噪声功率比的降低，反之亦然。如果信号噪声功率比不变，那么增加信道带宽可以换取传输时间的减少，等等。如果信道容量 C 给定，互换前的带宽和信号噪声功率比分别为 B_1 和 S_1/N_1，互换后的带宽和信号噪声功率比分别为 B_2 和 S_2/N_2，则有

$$B_1\ \mathrm{lb}\left(1+\frac{S_1}{N_1}\right) = B_2\ \mathrm{lb}\left(1+\frac{S_2}{N_2}\right)$$

由于信道的噪声单边功率谱密度 n_0 往往是给定的，所以上式也可写成

$$B_1\ \mathrm{lb}\left(1+\frac{S_1}{n_0 B_1}\right) = B_2\ \mathrm{lb}\left(1+\frac{S_2}{n_0 B_2}\right)$$

例如：设互换前信道带宽 $B_1=3$ kHz，希望传输的信息速率为 10^4 b/s。为了保证这些信息能够无误地通过信道，则要求信道容量至少要 10^4 b/s 才行。

互换前，在 3 kHz 带宽情况下，使得信息传输速率达到 10^4 b/s，要求信噪比 $S_1/N_1\approx$ 9 倍。如果将带宽进行互换，设互换后的信道带宽 $B_2=10$ kHz。这时，信息传输速率仍为 10^4 b/s，则所需要的信噪比 $S_2/N_2=1$ 倍。

可见，信道带宽 B 的变化可使输出信噪功率比也变化，而保持信息传输速率不变。这种信噪比和带宽的互换性在通信工程中有很大的用处。例如，在宇宙飞船与地面的通信中，飞船上的发射功率不可能做得很大，因此可用增大带宽的方法来换取对信噪比要求的降低。相反，如果信道频带比较紧张，如有线载波电话信道，这时主要考虑频带利用率，可

用提高信号功率来增加信噪比，或采用多进制的方法来换取较窄的频带。

前面我们讨论的是带宽和信噪比的互换。此外，带宽或信噪比与传输时间也存在着互换关系。

思 考 题

3－1 什么是狭义信道？什么是广义信道？

3－2 在广义信道中，什么是调制信道？什么是编码信道？

3－3 如何区分一个信道是恒参信道还是随参信道？通信中的常用信道哪些属于恒参信道，哪些属于随参信道？

3－4 什么是理想信道？理想信道的传输函数具有什么特点？

3－5 什么是线性失真？什么是非线性失真？信号在恒参信道中传输时主要有哪些失真？属于哪一类失真？

3－6 群迟延－频率特性是如何定义的？它与相位-频率特性有何关系？

3－7 随参信道的主要特点是什么？信号在随参信道中传输时会产生哪些衰落现象？

3－8 产生幅度衰落和频率弥散的原因是什么？

3－9 什么是相关带宽？相关带宽对于随参信道信号传输具有什么意义？

3－10 根据噪声的性质来分类，噪声可以分为哪几类？各有什么特性？

3－11 信道中常见的起伏噪声有哪些？起伏噪声的功率谱密度和概率分布有什么特性？

3－12 信道容量是如何定义的？

3－13 香农公式有何意义？信道带宽和信噪比是如何实现互换的？

习 题

3－1 设理想信道的传输函数为

$$H(\omega) = K_0 e^{-j\omega t_d}$$

式中，K_0 和 t_d 都是常数。试分析信号 $s(t)$ 通过该理想信道后的输出信号的时域和频域表示式，并对结果进行讨论。

3－2 设某恒参信道的传输函数具有升余弦特性：

$$H(\omega) = \begin{cases} \dfrac{T_s}{2}\left(1+\cos\dfrac{\omega T_s}{2}\right)e^{-j\frac{\omega T_s}{2}}, & |\omega| \leqslant \dfrac{2\pi}{T_s} \\ 0, & |\omega| > \dfrac{2\pi}{T_s} \end{cases}$$

式中，T_s 为常数。试讨论该信道对信号传输的影响。

3－3 设某调制信道的模型为如图 P3－1 所示的二端口网络。试求该网络的传输函数及信号 $s(t)$ 通过该信道后的输出信号表示式，并分析输出信号产生了哪些类型的失真。

3－4 两个恒参信道的等效模型如图 P3－2(a)、(b)所示。试求这两个信道的幅频特性和群迟延特性并画出它们的幅频特性曲线和群迟延特性曲线。试分析信号 $s(t)$ 通过这两个信道时有无群迟延失真。

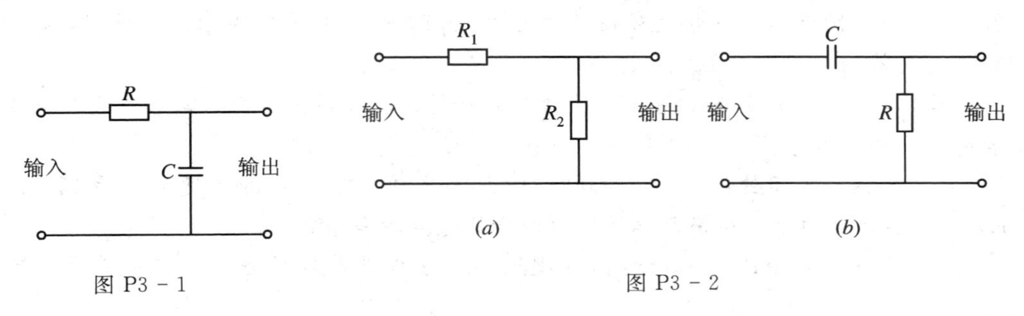

图 P3-1　　图 P3-2

3-5　某发射机发射功率为 50 W，载波频率为 900 MHz，发射天线和接收天线都是单位增益。试求在自由空间中距离发射机 10 km 处接收机天线的接收功率和路径损耗。

3-6　某发射机发射功率为 10 W，载波频率为 900 MHz，发射天线增益 $G_T=2$，接收天线增益 $G_R=3$，试求在自由空间中距离发射机 10 km 处的接收机的输入功率和路径损耗。

3-7　在移动通信中，发射机载频为 900 MHz，一辆汽车以每小时 80 km 的速度运动，试计算在下列情况下车载接收机的载波频率：

(1) 汽车沿直线朝向发射机运动；

(2) 汽车沿直线背向发射机运动；

(3) 汽车运动方向与入射波方向成 90°。

3-8　瑞利衰落包络值 V 为何值时，其一维概率密度函数 $f(v)$ 有最大值？

3-9　试求瑞利衰落包络值的数学期望和方差。

3-10　用 MATLAB 仿真产生一个瑞利衰落仿真器，它有 3 个独立的瑞利衰落多径分量，且每个分量有可变的多径时延及平均功率。将一随机二进制数据序列通过仿真器，试观测输出数据序列的时间波形。改变数据传输速率和信道时延，试观测多径扩展产生的影响。

3-11　假设某随参信道具有两条路径，路径时延差为 τ，试求该信道在哪些频率上传输损耗最大？哪些频率范围传输信号最有利？

3-12　在移动信道中，市区的最大时延差为 5 μs，室内的最大时延差为 0.04 μs。试计算这两种情况下的相关带宽。

3-13　图 P3-3 所示的二进制数字信号 $s(t)$ 通过图 3-22 所示的两条路径信道模型。设两径的传输衰减相等、时延差为 $\frac{T_s}{3}$，试画出接收信号波形的示意图。

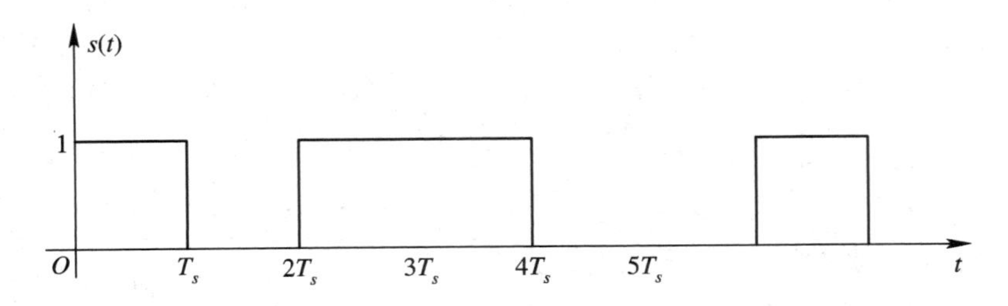

图 P3-3

3－14　设某随参信道的最大多径时延差为 2 μs，为了避免发生选择性衰落，试估算在该信道上传输的数字信号的码元脉冲宽度。

3－15　某空间分集系统采用 4 重分集，试分别计算选择式合并、等增益合并及最大比值合并方法的合并增益。

3－16　若两个电阻的阻值 $R_1=1000\ \Omega$，$R_2=2000\ \Omega$，它们的温度分别为 270 K 和 290 K，试分别计算两个电阻串联和并联后两端的噪声功率谱密度。

3－17　用 MATLAB 仿真产生高斯型噪声，分析其数字特征、分布特性和功率谱密度。

3－18　某计算机网络通过同轴电缆相互连接，已知同轴电缆每个信道带宽为 8 MHz，信道输出信噪比为 30 dB，试求计算机无误码传输的最高信息速率为多少。

3－19　已知有线电话信道的带宽为 3.4 kHz：

(1) 试求信道输出信噪比为 30 dB 时的信道容量；

(2) 若要在该信道中传输 33.6 kb/s 的数据，试求接收端要求的最小信噪比为多少。

3－20　已知每张静止图片含有 6×10^5 个像素，每个像素具有 16 个亮度电平，且所有这些亮度电平等概率出现。若要求每秒钟传输 24 幅静止图片，试计算所要求信道的最小带宽(设信道输出信噪比为 30 dB)。

第 4 章　模拟调制系统

如第 1 章所述，基带信号具有较低的频率分量，不宜通过无线信道传输。因此，在通信系统的发送端需要由一个载波来运载基带信号，也就是使载波的某个参量随基带信号的规律而变化，这一过程称为(载波)调制。载波受调制后称为已调信号，它含有基带信号的全部特征。在通信系统的接收端则需要有解调过程，其作用是将已调信号中的原始基带信号恢复出来。

调制的作用和目的：

(1) 将基带信号转换成适合于信道传输的已调信号；

(2) 实现信道的多路复用，提高信道利用率；

(3) 减小干扰，提高系统抗干扰能力；

(4) 实现传输带宽与信噪比之间的互换，等等。

因此，调制对通信系统的有效性和可靠性有着很大的影响和作用。采用什么样的调制方式将直接影响着通信系统的性能。

调制方式有很多，根据调制信号的形式可分为模拟调制和数字调制；根据载波的选择可分为以正弦波作为载波的连续波调制和以脉冲串作为载波的脉冲调制等，详见表 1 - 1。

本章讨论的重点是用取值连续的调制信号(即基带信号)去控制正弦载波参量(振幅、频率和相位)的模拟调制，它可分为幅度调制和角度调制，其原理甚至电路完全可以推广到第 7 章的数字调制中去。本章讨论的主要内容有：各种已调信号的时域波形和频谱结构，调制与解调原理及系统的抗噪声性能。

4.1　幅度调制(线性调制)的原理

幅度调制是用调制信号去控制高频载波的振幅，使其按照调制信号的规律而变化的过程。幅度调制器的一般模型如图 4 - 1 所示。该模型由相乘器和单位冲激响应为 $h(t)$ 的滤波器组成。

设调制信号 $m(t)$ 的频谱为 $M(\omega)$，则该模型输出已调信号的时域和频域一般表示式为

$$s_m(t) = [m(t)\cos\omega_c t] * h(t) \qquad (4.1-1)$$

$$S_m(\omega) = \frac{1}{2}[M(\omega+\omega_c) + M(\omega-\omega_c)]H(\omega) \qquad (4.1-2)$$

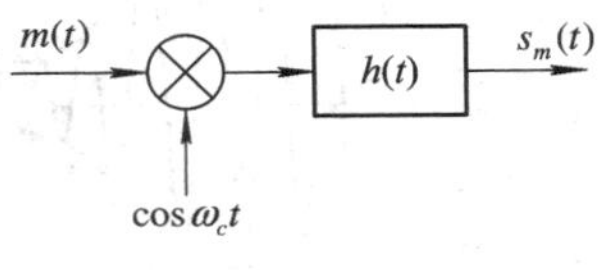

$m(t)$　$h(t)$　$s_m(t)$　$\cos\omega_c t$

图 4 - 1　幅度调制器的一般模型

式中，ω_c 为载波角频率，$H(\omega) \Leftrightarrow h(t)$。

由以上两式可见，幅度已调信号，在波形上，它的幅度随调制信号规律而变化；在频谱结构上，它的频谱完全是调制信号频谱结构在频域内的简单搬移。由于这种搬移是线性的，因此，幅度调制通常又称为线性调制。

图 4－1 之所以称为调制器的一般模型，是因为在该模型中，只要适当选择滤波器的特性 $H(\omega)$，便可以得到各种幅度已调信号，如调幅（AM）、双边带（DSB）、单边带（SSB）和残留边带（VSB）信号等。

4.1.1 调幅（AM）

在图 4－1 中，若滤波器 $H(\omega)$为全通网络，即 $h(t)=\delta(t)$，并假设调制信号 $m(t)$的平均值为 0。将 $m(t)$叠加一个直流偏量 A_0 后与载波相乘（见图 4－2），即可形成调幅（AM）信号，其时域和频域表示式分别为

$$s_{AM}(t)=[A_0+m(t)]\cos\omega_c t=A_0\cos\omega_c t+m(t)\cos\omega_c t \tag{4.1-3}$$

$$S_{AM}(\omega)=\pi A_0[\delta(\omega+\omega_c)+\delta(\omega-\omega_c)]+\frac{1}{2}[M(\omega+\omega_c)+M(\omega-\omega_c)] \tag{4.1-4}$$

式中，$m(t)$可以是确知信号，也可以是随机信号（此时，已调信号的频域表示必须用功率谱描述）。AM 信号的典型波形和频谱如图 4－3 所示。

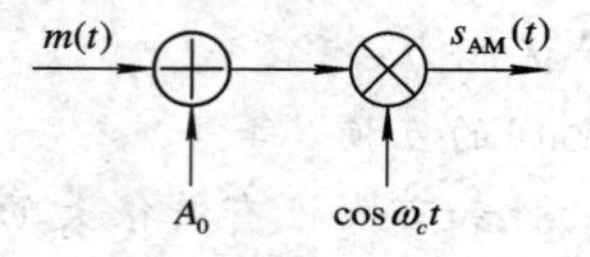

图 4－2 AM 调制器模型

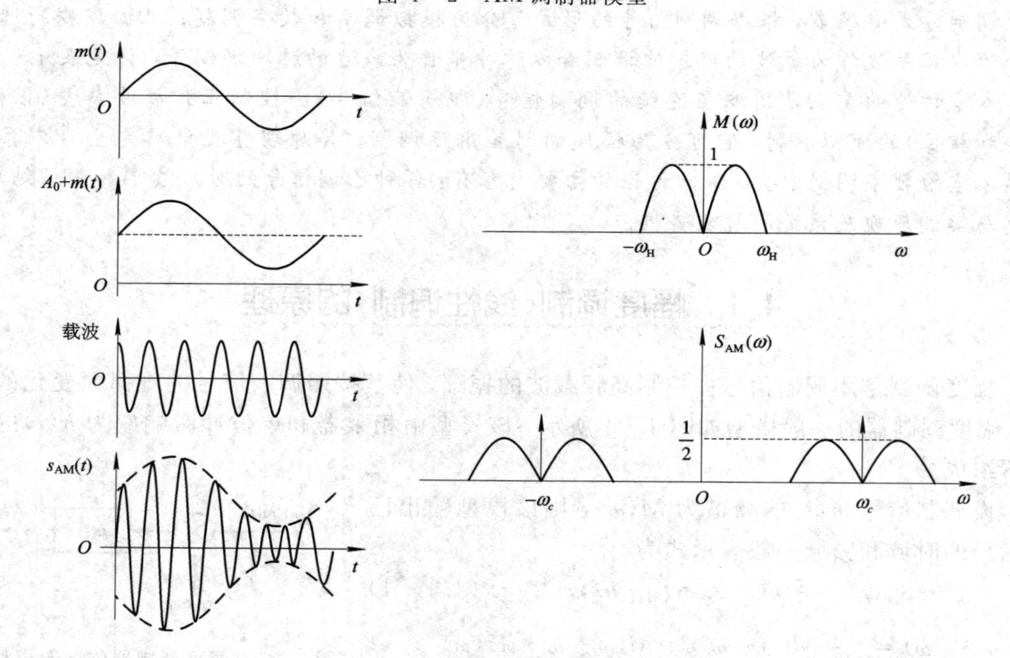

图 4－3 AM 信号的波形和频谱

由图 4－3 的时间波形可知，当满足条件$|m(t)|_{max}\leqslant A_0$ 时，AM 信号的包络与调制信号成正比，所以用包络检波（见 4.1.5 节）的方法很容易恢复出原始的调制信号。若不满足

$|m(t)|_{\max} \leqslant A_0$，将会出现过调幅现象而产生包络失真，这时不能用包络检波器进行解调，为保证无失真解调，可以采用相干解调(见 4.1.5 节)。

由图 4-3 的频谱图可知，AM 信号的频谱 $S_{AM}(\omega)$ 由载频分量和上、下两个边带组成，上边带的频谱结构与原调制信号的频谱结构相同，下边带是上边带的镜像。因此，AM 信号是含有载波的双边带信号，它的带宽是基带信号带宽 f_H 的两倍，即

$$B_{AM} = 2f_H \tag{4.1-5}$$

AM 信号在 1 Ω 电阻上的平均功率等于 $s_{AM}(t)$ 的均方值。当 $m(t)$ 为确知信号时，$s_{AM}(t)$ 的均方值即为其平方的时间平均，即

$$\begin{aligned} P_{AM} &= \overline{s_{AM}^2(t)} = \overline{[A_0 + m(t)]^2 \cos^2\omega_c t} \\ &= \overline{A_0^2 \cos^2\omega_c t} + \overline{m^2(t)\cos^2\omega_c t} + \overline{2A_0 m(t)\cos^2\omega_c t} \end{aligned}$$

通常假设调制信号没有直流分量，即 $\overline{m(t)}=0$。因此

$$P_{AM} = \frac{A_0^2}{2} + \frac{\overline{m^2(t)}}{2} = P_C + P_S \tag{4.1-6}$$

式中，$P_C = \frac{A_0^2}{2}$，为载波功率；$P_S = \frac{\overline{m^2(t)}}{2}$，为边带功率。

由此可见，AM 信号的总功率包括载波功率和边带功率两部分。只有边带功率才与调制信号有关。也就是说，载波分量不携带信息。即使在“满调幅”($|m(t)|_{\max} = A_0$ 时，也称 100% 调制)条件下，载波分量仍占据大部分功率，而含有用信息的两个边带占有的功率较小。因此，AM 信号的功率利用率比较低。

4.1.2　抑制载波双边带调制(DSB - SC)

将图 4-2 中直流 A_0 去掉，则可产生抑制载波的双边带信号，简称双边带信号(DSB)。其时域和频域表示式分别为

$$s_{DSB}(t) = m(t)\cos\omega_c t \tag{4.1-7}$$

$$S_{DSB}(\omega) = \frac{1}{2}[M(\omega+\omega_c) + M(\omega-\omega_c)] \tag{4.1-8}$$

其典型波形和频谱如图 4-4 所示。

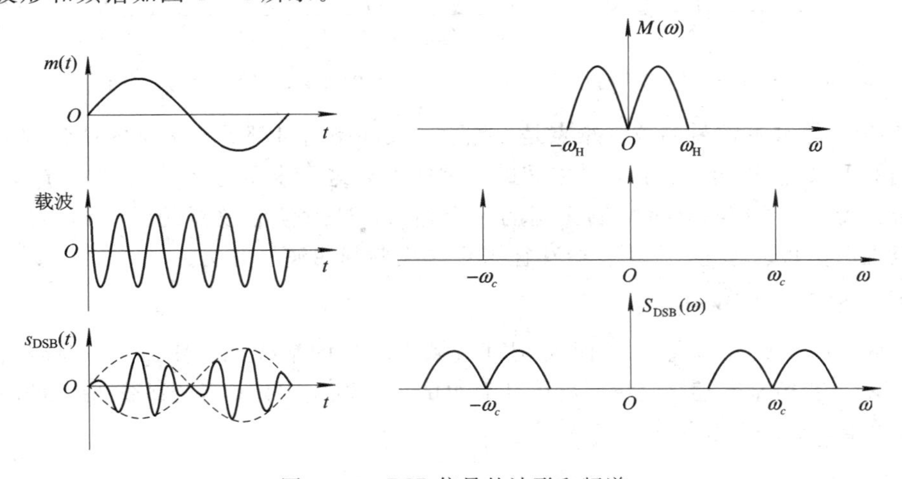

图 4-4　DSB 信号的波形和频谱

由图 4 - 4 的时间波形可知，DSB 信号的包络不再与调制信号的变化规律一致，因而不能采用简单的包络检波来恢复调制信号，需采用相干解调(同步检波)。另外，在调制信号 $m(t)$的过零点处，高频载波相位有 180°的突变。

由图 4 - 4 的频谱图可知，DSB 信号虽然节省了载波功率，功率利用率提高了，但是它的频带宽度仍是调制信号带宽的两倍，与 AM 信号带宽相同。由于 DSB 信号的上、下两个边带是完全对称的，它们都携带了调制信号的全部信息，因此传输其中的一个边带即可。

4.1.3 单边带调制(SSB)

只传输 DSB 信号中一个边带的通信方式称为单边带通信。SSB 信号的产生方法通常有滤波法和相移法。

1. 滤波法形成 SSB 信号

产生 SSB 信号最直观的方法是让双边带信号通过一个边带滤波器，保留所需要的一个边带，滤除另一个边带。这只需将图 4 - 1 中的形成滤波器 $H(\omega)$设计成如图 4 - 5 所示的理想低通特性 $H_{LSB}(\omega)$或理想高通特性 $H_{USB}(\omega)$，即可分别取出下边带信号频谱 $S_{LSB}(\omega)$或上边带信号频谱 $S_{USB}(\omega)$，如图 4 - 6 所示。

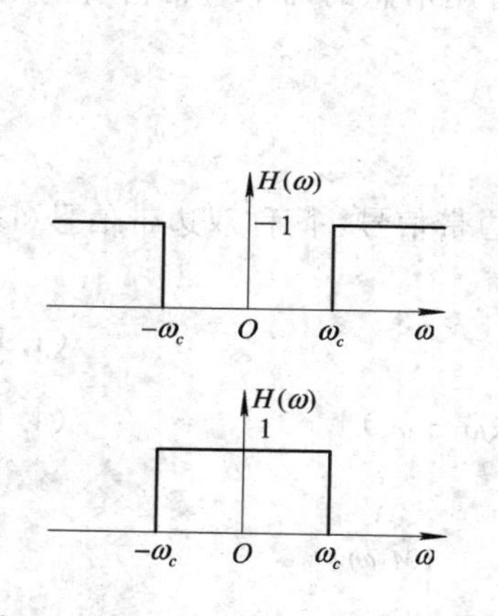

图 4 - 5 形成 SSB 信号的滤波特性

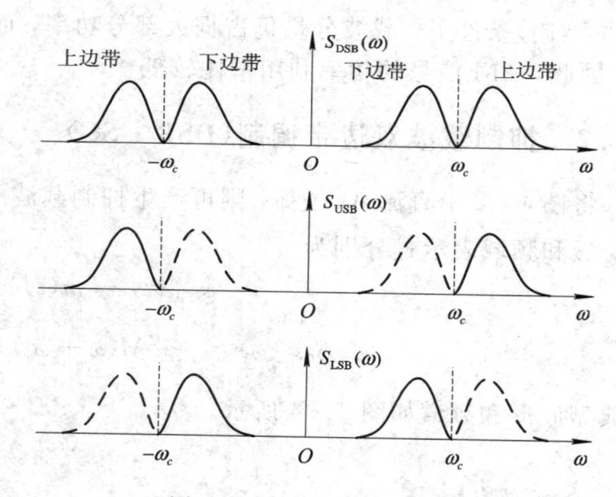

图 4 - 6 SSB 信号的频谱

滤波法形成 SSB 信号的技术难点是，由于一般调制信号都具有丰富的低频成分，经调制后得到的 DSB 信号的上、下边带之间的间隔很窄，这要求单边带滤波器在 f_c 附近具有陡峭的截止特性，才能有效地抑制无用的一个边带。这就使滤波器的设计和制作很困难，有时甚至难以实现。为此，在工程中往往采用多级调制滤波的方法。

2. 相移法形成 SSB 信号

SSB 信号的频域表示直观、简明，但其时域表示式的推导比较困难，一般需借助希尔伯特(Hilbert)变换来表述。但我们可以从简单的单频调制出发，得到 SSB 信号的时域表示式，然后再推广到一般表示式。

设单频调制信号为 $m(t)=A_m\cos\omega_m t$，载波为 $c(t)=\cos\omega_c t$，两者相乘得DSB信号的时域表示式为

$$
\begin{aligned}
s_{\mathrm{DSB}}(t) &= A_m\cos\omega_m t\cos\omega_c t \\
&= \frac{1}{2}A_m\cos(\omega_c+\omega_m)t+\frac{1}{2}A_m\cos(\omega_c-\omega_m)t
\end{aligned}
$$

保留上边带，则有

$$
\begin{aligned}
s_{\mathrm{USB}}(t) &= \frac{1}{2}A_m\cos(\omega_c+\omega_m)t \\
&= \frac{1}{2}A_m\cos\omega_m t\cos\omega_c t-\frac{1}{2}A_m\sin\omega_m t\sin\omega_c t
\end{aligned}
$$

保留下边带，则有

$$
\begin{aligned}
s_{\mathrm{LSB}}(t) &= \frac{1}{2}A_m\cos(\omega_c-\omega_m)t \\
&= \frac{1}{2}A_m\cos\omega_m t\cos\omega_c t+\frac{1}{2}A_m\sin\omega_m t\sin\omega_c t
\end{aligned}
$$

把上、下边带合并起来可以写成

$$
s_{\mathrm{SSB}}(t)=\frac{1}{2}A_m\cos\omega_m t\cos\omega_c t\mp\frac{1}{2}A_m\sin\omega_m t\sin\omega_c t \tag{4.1-9}
$$

式中，“－”表示上边带信号，“＋”表示下边带信号。式中的 $A_m\sin\omega_m t$ 可以看成是 $A_m\cos\omega_m t$ 相移 $\pi/2$，而幅度大小保持不变。我们把这一过程称为希尔伯特变换，记为“ˆ”，即

$$
A_m\widehat{\cos\omega_m t}=A_m\sin\omega_m t
$$

上述关系虽然是在单频调制下得到的，但是它不失一般性，因为任意一个基带波形总可以表示成许多正弦信号之和。因此，把上述表述方法运用到式(4.1-9)，就可以得到调制信号为任意信号的SSB信号的时域表示式

$$
s_{\mathrm{SSB}}(t)=\frac{1}{2}m(t)\cos\omega_c t\mp\frac{1}{2}\hat{m}(t)\sin\omega_c t \tag{4.1-10}
$$

式中，$\hat{m}(t)$是 $m(t)$的希尔伯特变换。设 $M(\omega)$是 $m(t)$的傅里叶变换，则 $\hat{m}(t)$的傅里叶变换 $\hat{M}(\omega)$为

$$
\hat{M}(\omega)=M(\omega)\cdot[-\mathrm{j}\,\mathrm{sgn}\omega] \tag{4.1-11}
$$

式中，符号函数为

$$
\mathrm{sgn}\omega=\begin{cases}1, & \omega>0\\ -1, & \omega<0\end{cases}
$$

式(4.1-11)有明显的物理意义：让 $m(t)$通过传递函数为 $-\mathrm{j}\,\mathrm{sgn}\omega$ 的滤波器即可得到 $\hat{m}(t)$。由此可知，$-\mathrm{j}\,\mathrm{sgn}\omega$ 即是希尔伯特滤波器的传递函数，记为

$$
H_{\mathrm{h}}(\omega)=\frac{\hat{M}(\omega)}{M(\omega)}=-\mathrm{j}\,\mathrm{sgn}\omega \tag{4.1-12}
$$

上式表明，希尔伯特滤波器 $H_{\mathrm{h}}(\omega)$实质上是一个宽带相移网络，它表示把 $m(t)$幅度不变，所有的频率分量均相移 $\pi/2$，即可得到 $\hat{m}(t)$。

由式(4.1-10)可画出单边带调制相移法的模型，如图 4-7 所示。

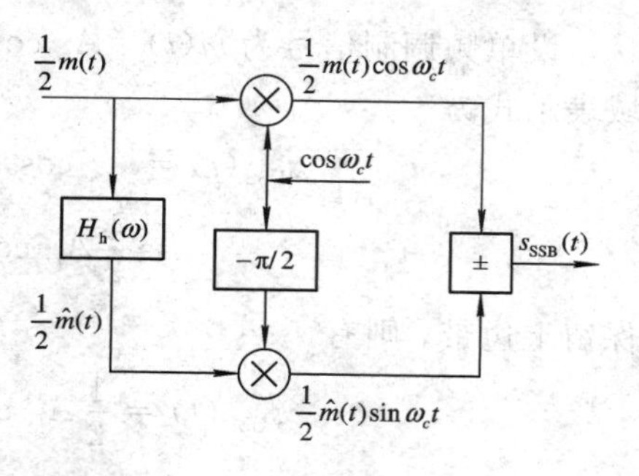

图 4-7 相移法形成单边带信号

相移法形成 SSB 信号的困难在于宽带相移网络的制作，该网络要对调制信号 $m(t)$的所有频率分量都必须严格相移 $\pi/2$，这一点即使近似达到也是困难的。为解决这个难题，可以采用混合法(也叫维弗法)。限于篇幅，这里不作介绍。

综上所述：SSB 信号的实现比 AM、DSB 要复杂，但 SSB 调制方式在传输信息时，不仅可节省发射功率，而且它所占用的频带宽度为 $B_{SSB}=f_H$，只有 AM、DSB 的一半，因此它目前已成为短波通信中一种重要的调制方式。

SSB 信号的解调和 DSB 一样不能采用简单的包络检波，因为 SSB 信号也是抑制载波的已调信号，它的包络不能直接反映调制信号的变化，所以仍需采用相干解调。

4.1.4 残留边带调制(VSB)

残留边带调制是介于 SSB 与 DSB 之间的一种调制方式，它既克服了 DSB 信号占用频带宽的缺点，又解决了 SSB 信号实现上的难题。在 VSB 中，不是完全抑制一个边带(如同 SSB 中那样)，而是逐渐切割，使其残留一小部分，如图 4-8 所示。

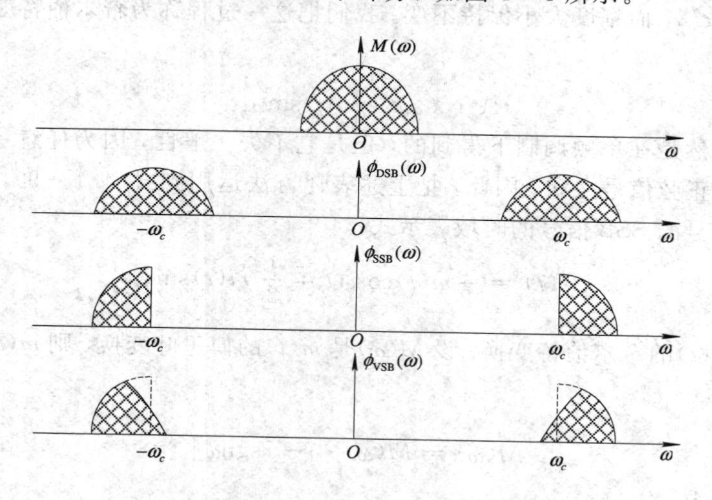

图 4-8 DSB、SSB 和 VSB 信号的频谱

用滤波法实现残留边带调制的原理框图如图 4-9(a)所示。图中，滤波器的特性应按残留边带调制的要求来进行设计。

现在我们来确定残留边带滤波器的特性。假设 $H_{VSB}(\omega)$是所需的残留边带滤波器的传输特性。由图 4-9(a)可知，残留边带信号的频谱为

$$S_{VSB}(\omega)=\frac{1}{2}[M(\omega+\omega_c)+M(\omega-\omega_c)]H_{VSB}(\omega) \tag{4.1-13}$$

为了确定上式中残留边带滤波器传输特性 $H_{VSB}(\omega)$应满足的条件，我们不妨分析一下接收端是如何从该信号中恢复原基带信号的。

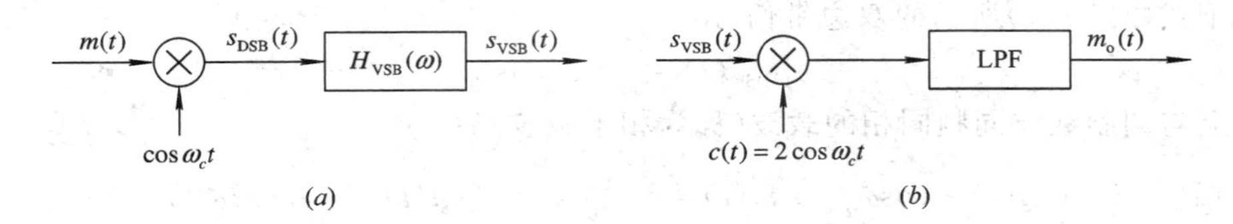

图 4－9　VSB 调制和解调器模型

(a)VSB 调制器模型；(b)VSB 解调器模型

VSB 信号显然也不能简单地采用包络检波，而必须采用如图 4－9(b)所示的相干解调。图中，残留边带信号 $s_{\mathrm{VSB}}(t)$与相干载波 $2\cos\omega_c t$ 的乘积为 $2s_{\mathrm{VSB}}(t)\cos\omega_c t$；它所对应的频谱为$[S_{\mathrm{VSB}}(\omega+\omega_c)+S_{\mathrm{VSB}}(\omega-\omega_c)]$。将式(4.1－13)代入该频谱公式，并选择合适的低通滤波器的截止频率，消掉$\pm 2\omega_c$ 处的频谱，则低通滤波器的输出频谱 $M_{\mathrm{o}}(\omega)$为

$$M_{\mathrm{o}}(\omega)=\frac{1}{2}M(\omega)[H_{\mathrm{VSB}}(\omega+\omega_c)+H_{\mathrm{VSB}}(\omega-\omega_c)]$$

上式告诉我们，为了保证相干解调的输出无失真地重现调制信号 $m(t)\Leftrightarrow M(\omega)$，必须要求

$$H_{\mathrm{VSB}}(\omega+\omega_c)+H_{\mathrm{VSB}}(\omega-\omega_c)=\text{常数}，\quad |\omega|\leqslant\omega_{\mathrm{H}} \tag{4.1－14}$$

式中，ω_{H} 是调制信号的最高角频率。

式(4.1－14)表明：残留边带滤波器传输特性 $H_{\mathrm{VSB}}(\omega)$在载频处具有互补对称(奇对称)的特性。满足上式的 $H_{\mathrm{VSB}}(\omega)$的可能形式有两种：图 4－10(a)所示的低通滤波器形式和图 4－10(b)所示的带通(或高通)滤波器形式。

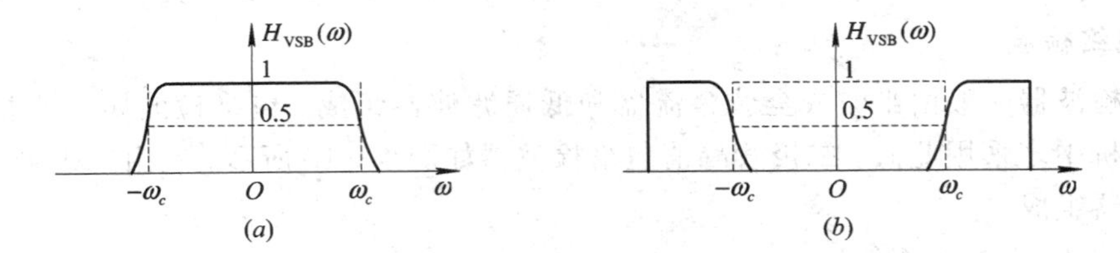

图 4－10　残留边带的滤波器特性

(a) 残留部分上边带的滤波器特性；(b) 残留部分下边带的滤波器特性

4.1.5　相干解调与包络检波

解调是调制的逆过程，其作用是从接收的已调信号中恢复出原基带信号(即调制信号)。

解调的方法可分为两类：相干解调和非相干解调(如包络检波)。

1. 相干解调

相干解调也叫同步检波。相干解调器的一般模型如图 4－11 所示，它由相乘器和低通滤波器组成。相干解调适用于所有线性调制信号的解调。

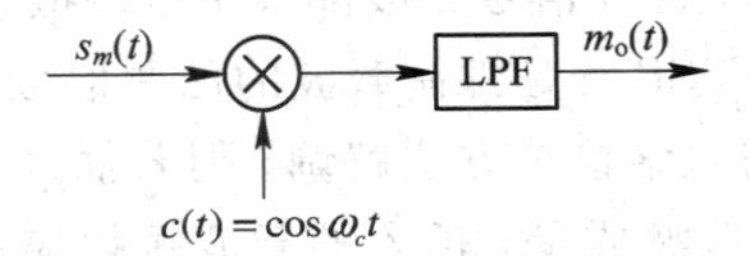

图 4－11　相干解调器的一般模型

对于式(4.1－7)所示的双边带信号：

$$s_{DSB}(t)=m(t)\cos\omega_c t$$

将其乘上与调制载波同频同相的载波(称为相干载波)后，得

$$s_{DSB}(t)\cdot\cos\omega_c t=m(t)\cdot\cos^2\omega_c t=\frac{1}{2}m(t)(1+\cos2\omega_c t)$$

经低通滤波器滤掉 $2\omega_c$ 分量后，得到解调输出为

$$m_o(t)=\frac{1}{2}m(t) \tag{4.1-15}$$

将式(4.1－10)所示的单边带信号

$$s_{SSB}(t)=\frac{1}{2}m(t)\cos\omega_c t\mp\frac{1}{2}\hat{m}(t)\sin\omega_c t$$

与相干载波相乘后，得

$$s_{SSB}(t)\cos\omega_c t=\frac{1}{4}m(t)+\frac{1}{4}m(t)\cos2\omega_c t\mp\frac{1}{4}\hat{m}(t)\sin2\omega_c t$$

经低通滤波后的解调输出为

$$m_o(t)=\frac{1}{4}m(t) \tag{4.1-16}$$

应当指出，相干解调的关键是接收端必须提供一个与已调信号载波同频同相的本地载波。否则相干解调后将会使原始基带信号减弱，甚至带来严重失真，这在传输数字信号时尤为严重。

相干载波的获取方法及载波相位差对解调性能带来的影响将在第 11 章中详细讨论。

2. 包络检波

包络检波器一般由半波或全波整流器和低通滤波器组成。包络检波属于非相干解调，广播接收机中多采用此法。二极管峰值包络检波器如图 4－12 所示，它由二极管 V_D 和 RC 低通滤波器组成。

设输入信号是 AM 信号：

$$s_{AM}(t)=[A_0+m(t)]\cos\omega_c t$$

在大信号检波时(一般大于 0.5 V)，二极管处于受控的开关状态。选择 RC 满足如下关系：

$$f_H\ll\frac{1}{RC}\ll f_c \tag{4.1-17}$$

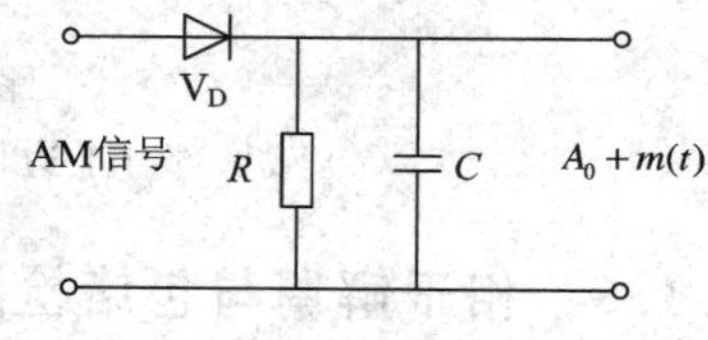

图 4－12　包络检波器

式中，f_H 是调制信号的最高频率；f_c 是载波的频率。在满足式(4.1－17)的条件下，检波器的输出近似为

$$m_o(t)=A_0+m(t) \tag{4.1-18}$$

可见，包络检波器就是从已调波的幅度中提取原基带调制信号，其结构简单，且解调输出是相干解调输出的两倍。因此，AM 信号一般都采用包络检波。

顺便指出，DSB、SSB 和 VSB 均是抑制载波的已调信号，其包络不完全载有调制信号的信息，因而不能采用简单的包络检波方法解调。但若插入很强的载波则仍可用包络检波的方法解调。注意，为了保证检波质量，插入的载波振幅应远大于信号的振幅，同时也要求插入的载波与调制载波同频同相。

4.2　线性调制系统的抗噪声性能

4.2.1　分析模型

4.1 节中的分析都是在没有噪声条件下进行的。实际上，任何通信系统都避免不了噪声的影响。从第 3 章的有关信道和噪声的内容可知，通信系统把信道加性噪声中的起伏噪声作为研究对象。起伏噪声又可视为高斯白噪声。因此，本节将要研究的问题是信道中存在加性高斯白噪声时，各种线性调制系统的抗噪声性能。

若仅考虑加性噪声对已调信号的接收产生影响，则调制系统的抗噪声性能可以用解调器的抗噪声性能来衡量。分析解调器的抗噪声性能的模型如图 4 - 13 所示。

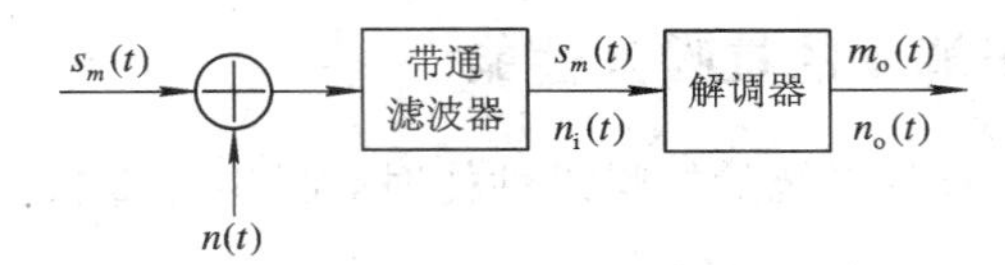

图 4 - 13　解调器抗噪声性能分析模型

图中，$s_m(t)$为已调信号，$n(t)$为信道加性高斯白噪声。带通滤波器的作用是滤除已调信号频带以外的噪声，因此，解调器输入端的信号形式上仍可认为是 $s_m(t)$（注意，实际中有一定的功率损耗），而噪声为 $n_i(t)$。解调器输出的有用信号为 $m_o(t)$，噪声为 $n_o(t)$。

对于不同的调制系统，将有不同形式的信号 $s_m(t)$，但解调器输入端的噪声 $n_i(t)$形式是相同的，它是由零均值平稳高斯白噪声经过带通滤波器而得到的。当带通滤波器带宽远小于其中心频率而为 ω_c 时，$n_i(t)$即为平稳高斯窄带噪声，它可表示为

$$n_i(t) = n_c(t)\cos\omega_c t - n_s(t)\sin\omega_c t \tag{4.2-1}$$

或者

$$n_i(t) = U(t)\cos[\omega_c t + \theta(t)] \tag{4.2-2}$$

由随机过程知识可知，窄带噪声 $n_i(t)$及其同相分量 $n_c(t)$和正交分量 $n_s(t)$的均值都为 0，且具有相同的方差和平均功率，即

$$\overline{n_i^2(t)} = \overline{n_c^2(t)} = \overline{n_s^2(t)} = N_i \tag{4.2-3}$$

式中，N_i 为解调器输入噪声 $n_i(t)$的平均功率。若白噪声的单边功率谱密度为 n_0，带通滤波器传输特性是高度为 1，带宽为 B 的理想矩形函数（如图 4 - 14 所示），则

$$N_i = n_0 B \tag{4.2-4}$$

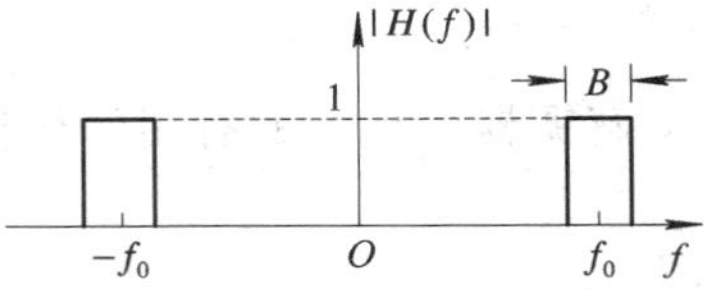

图 4 - 14　带通滤波器传输特性

为了使已调信号无失真地进入解调器，同时又最大限度地抑制噪声，带宽 B 应等于已调信号的频带宽度，当然也是窄带噪声 $n_i(t)$的带宽。

评价一个模拟通信系统质量的好坏，最终要看解调器的输出信噪比。输出信噪比定义为

$$\frac{S_o}{N_o} = \frac{\text{解调器输出有用信号的平均功率}}{\text{解调器输出噪声的平均功率}} = \frac{\overline{m_o^2(t)}}{\overline{n_o^2(t)}} \tag{4.2-5}$$

输出信噪比与调制方式有关，也与解调方式有关。因此在已调信号平均功率相同，而且信道噪声功率谱密度也相同的情况下，输出信噪比反映了系统的抗噪声性能。

为了便于比较同类调制系统采用不同解调器时的性能，还可用输出信噪比和输入信噪比的比值来表示，即

$$G=\frac{S_o/N_o}{S_i/N_i} \tag{4.2-6}$$

这个比值 G 称为调制制度增益，或信噪比增益。式中，S_i/N_i 为输入信噪比，定义为

$$\frac{S_i}{N_i}=\frac{\text{解调器输入已调信号的平均功率}}{\text{解调器输入噪声的平均功率}}=\frac{\overline{s_m^2(t)}}{\overline{n_i^2(t)}} \tag{4.2-7}$$

下面我们在给出已调信号 $s_m(t)$和单边噪声功率谱密度 n_0 的情况下，推导各种解调器的输入及输出信噪比，并在此基础上对各种调制系统的抗噪声性能进行评述。

4.2.2　线性调制相干解调的抗噪声性能

在分析 DSB、SSB、VSB 系统的抗噪声性能时，图 4－13 模型中的解调器为相干解调器，如图 4－15 所示。

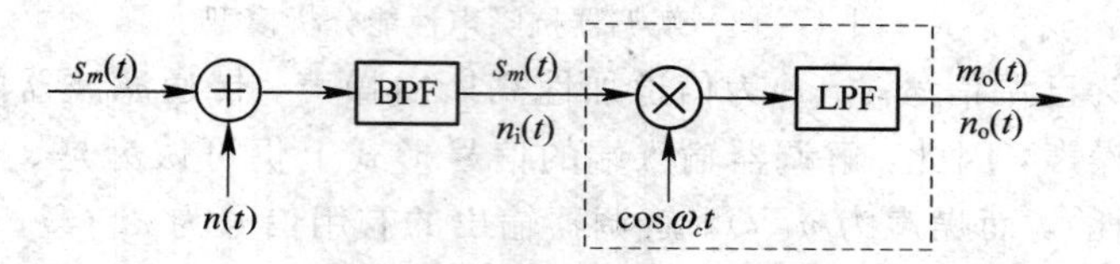

图 4－15　线性调制相干解调的抗噪声性能分析模型

1. DSB 调制系统的性能

设解调器输入信号为

$$s_m(t)=m(t)\cos\omega_c t \tag{4.2-8}$$

与相干载波 $\cos\omega_c t$ 相乘后，得

$$m(t)\cos^2\omega_c t=\frac{1}{2}m(t)+\frac{1}{2}m(t)\cos 2\omega_c t$$

经低通滤波器后，输出信号为

$$m_o(t)=\frac{1}{2}m(t) \tag{4.2-9}$$

因此，解调器输出端的有用信号功率为

$$S_o=\overline{m_o^2(t)}=\frac{1}{4}\overline{m^2(t)} \tag{4.2-10}$$

解调 DSB 时，接收机中的带通滤波器的中心频率 ω_0 与载频 ω_c 相同，因此解调器输入端的噪声 $n_i(t)$可表示为

$$n_i(t)=n_c(t)\cos\omega_c t-n_s(t)\sin\omega_c t \tag{4.2-11}$$

它与相干载波 $\cos\omega_c t$ 相乘后，得

$$\begin{aligned}n_i(t)\cos\omega_c t&=[n_c(t)\cos\omega_c t-n_s(t)\sin\omega_c t]\cos\omega_c t\\&=\frac{1}{2}n_c(t)+\frac{1}{2}[n_c(t)\cos 2\omega_c t-n_s(t)\sin 2\omega_c t]\end{aligned}$$

经低通滤波器后，解调器最终的输出噪声为

$$n_o(t)=\frac{1}{2}n_c(t) \tag{4.2-12}$$

故输出噪声功率为

$$N_o=\overline{n_o^2(t)}=\frac{1}{4}\overline{n_c^2(t)} \tag{4.2-13}$$

根据式(4.2－3)和式(4.2－4)，则有

$$N_o=\frac{1}{4}\overline{n_i^2(t)}=\frac{1}{4}N_i=\frac{1}{4}n_0B \tag{4.2-14}$$

这里，BPF 的带宽 $B=2f_H$，为双边带信号的带宽。

解调器输入信号平均功率为

$$S_i=\overline{s_m^2(t)}=\overline{[m(t)\cos\omega_c t]^2}=\frac{1}{2}\overline{m^2(t)} \tag{4.2-15}$$

由式(4.2－15)及式(4.2－4)可得解调器的输入信噪比为

$$\frac{S_i}{N_i}=\frac{\frac{1}{2}\overline{m^2(t)}}{n_0B} \tag{4.2-16}$$

又根据式(4.2－10)及式(4.2－14)可得解调器的输出信噪比为

$$\frac{S_o}{N_o}=\frac{\frac{1}{4}\overline{m^2(t)}}{\frac{1}{4}N_i}=\frac{\overline{m^2(t)}}{n_0B} \tag{4.2-17}$$

因而制度增益为

$$G_{DSB}=\frac{S_o/N_o}{S_i/N_i}=2 \tag{4.2-18}$$

由此可见，DSB 调制系统的制度增益为 2。这就是说，DSB 信号的解调器使信噪比改善 1 倍。这是因为采用同步解调，使输入噪声中的一个正交分量 $n_s(t)$被消除的缘故。

2. SSB 调制系统的性能

SSB 信号的解调方法与 DSB 信号相同，其区别仅在于解调器之前的带通滤波器的带宽和中心频率不同。因此，SSB 信号解调器的输出噪声与输入噪声的功率可由式(4.2－14)给出，即

$$N_o=\frac{1}{4}N_i=\frac{1}{4}n_0B \tag{4.2-19}$$

这里，$B=f_H$ 为单边带的带通滤波器的带宽。对于单边带解调器的输入及输出信号功率，不能简单地照搬双边带时的结果。这是因为 SSB 信号的表示式与双边带的不同。SSB 信号的表示式由式(4.1－10)给出，即

$$s_m(t)=\frac{1}{2}m(t)\cos\omega_c t\mp\frac{1}{2}\hat{m}(t)\sin\omega_c t \tag{4.2-20}$$

与相干载波相乘后，再经低通滤波可得解调器输出信号为

$$m_o(t)=\frac{1}{4}m(t) \tag{4.2-21}$$

因此，输出信号平均功率为

$$S_o = \overline{m_o^2(t)} = \frac{1}{16}\overline{m^2(t)} \tag{4.2-22}$$

输入信号平均功率为

$$S_i = \overline{s_m^2(t)} = \frac{1}{4}\overline{[m(t)\cos\omega_c t \mp \hat{m}(t)\sin\omega_c t]^2}$$

$$= \frac{1}{4}\left[\frac{1}{2}\overline{m^2(t)} + \frac{1}{2}\overline{\hat{m}^2(t)}\right]$$

因为 $\hat{m}(t)$ 与 $m(t)$ 幅度相同，所以两者具有相同的平均功率，故上式变为

$$S_i = \frac{1}{4}\overline{m^2(t)} \tag{4.2-23}$$

于是，单边带解调器的输入信噪比为

$$\frac{S_i}{N_i} = \frac{\frac{1}{4}\overline{m^2(t)}}{n_0 B} = \frac{\overline{m^2(t)}}{4n_0 B} \tag{4.2-24}$$

输出信噪比为

$$\frac{S_o}{N_o} = \frac{\frac{1}{16}\overline{m^2(t)}}{\frac{1}{4}n_0 B} = \frac{\overline{m^2(t)}}{4n_0 B} \tag{4.2-25}$$

因而制度增益为

$$G_{SSB} = \frac{S_o/N_o}{S_i/N_i} = 1 \tag{4.2-26}$$

这是因为在 SSB 系统中，信号和噪声有相同的表示形式，所以，相干解调过程中，信号和噪声的正交分量均被抑制掉，故信噪比没有改善。

比较式(4.2-18)与式(4.2-26)可知，$G_{DSB}=2G_{SSB}$。这是否说明双边带系统的抗噪声性能比单边带系统好呢？回答是否定的。对比式(4.2-15)和式(4.2-23)可知，在上述讨论中，双边带已调信号的平均功率是单边带信号的 2 倍，所以两者的输出信噪比是在不同的输入信号功率情况下得到的。如果我们在相同的输入信号功率 S_i，相同输入噪声功率谱密度 n_0，相同基带信号带宽 f_H 条件下，对这两种调制方式进行比较，可以发现它们的输出信噪比是相等的。因此两者的抗噪声性能是相同的，但 DSB 信号所需的传输带宽是 SSB 的两倍。

VSB 调制系统的抗噪声性能的分析方法与上面的相似，可以近似认为 VSB 调制系统的抗噪声性能与 SSB 的相同。

4.2.3 AM 信号包络检波的抗噪声性能

AM 信号可采用相干解调和包络检波。相干解调时 AM 系统的性能分析方法与前面双边带(或单边带)的相同。实际中，AM 信号常用简单的包络检波法解调，此时，图 4-14 模型中的解调器为包络检波器，如图 4-16 所示。

设解调器的输入信号为

$$s_m(t) = [A_0 + m(t)]\cos\omega_c t \tag{4.2-27}$$

这里仍假设调制信号 $m(t)$ 的均值为 0，且满足条件 $|m(t)|_{max} \leqslant A_0$。

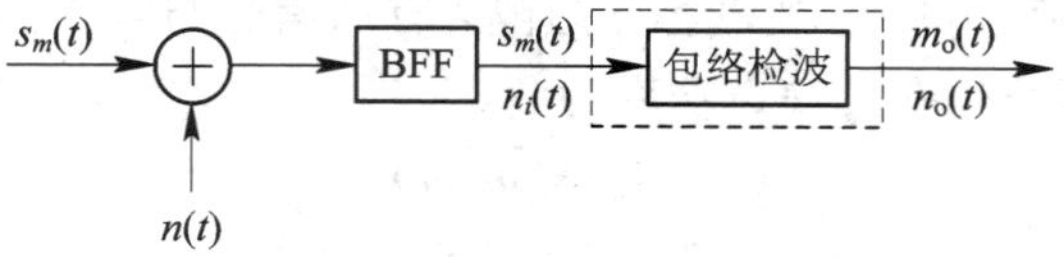

图 4-16　AM 包络检波的抗噪声性能分析模型

输入噪声为

$$n_i(t) = n_c(t)\cos\omega_c t - n_s(t)\sin\omega_c t \tag{4.2-28}$$

则解调器输入的信号功率 S_i 和噪声功率 N_i 分别为

$$S_i = \overline{s_m^2(t)} = \frac{A_0^2}{2} + \frac{\overline{m^2(t)}}{2} \tag{4.2-29}$$

$$N_i = \overline{n_i^2(t)} = n_0 B \tag{4.2-30}$$

输入信噪比为

$$\frac{S_i}{N_i} = \frac{A_0^2 + \overline{m^2(t)}}{2n_0 B} \tag{4.2-31}$$

由于解调器输入是信号加噪声的混合波形，即

$$\begin{aligned} s_m(t) + n_i(t) &= [A_0 + m(t) + n_c(t)]\cos\omega_c t - n_s(t)\sin\omega_c t \\ &= E(t)\cos[\omega_c t + \psi(t)] \end{aligned}$$

其中，合成包络为

$$E(t) = \sqrt{[A_0 + m(t) + n_c(t)]^2 + n_s^2(t)} \tag{4.2-32}$$

合成相位为

$$\psi(t) = \arctan\left[\frac{n_s(t)}{A + m(t) + n_c(t)}\right] \tag{4.2-33}$$

则理想包络检波器的输出就是 $E(t)$。由式(4.2-32)可知，检波输出 $E(t)$ 中的信号和噪声存在非线性关系。因此，计算输出信噪比是件困难的事。我们来考虑两种特殊情况。

1) 大信噪比情况

此时，输入信号幅度远大于噪声幅度，即

$$[A_0 + m(t)] \gg \sqrt{n_c^2(t) + n_s^2(t)}$$

因而式(4.2-32)可简化为

$$\begin{aligned} E(t) &= \sqrt{[A_0 + m(t)]^2 + 2[A_0 + m(t)]n_c(t) + n_c^2(t) + n_s^2(t)} \\ &\approx \sqrt{[A_0 + m(t)]^2 + 2[A_0 + m(t)]n_c(t)} \\ &\approx [A_0 + m(t)]\left[1 + \frac{2n_c(t)}{A_0 + m(t)}\right]^{1/2} \\ &\approx [A_0 + m(t)]\left[1 + \frac{n_c(t)}{A_0 + m(t)}\right] \\ &= A_0 + m(t) + n_c(t) \end{aligned} \tag{4.2-34}$$

这里利用了近似公式：

$$(1+x)^{\frac{1}{2}} \approx 1 + \frac{x}{2},\quad |x| \ll 1 \text{ 时}$$

式(4.2-34)中直流分量 A_0 被电容器阻隔，有用信号与噪声独立地分成两项，因而可分别计算出输出有用信号功率及噪声功率为

$$S_o = \overline{m^2(t)} \tag{4.2-35}$$

$$N_o = \overline{n_c^2(t)} = \overline{n_i^2(t)} = n_0 B \tag{4.2-36}$$

输出信噪比为

$$\frac{S_o}{N_o} = \frac{\overline{m^2(t)}}{n_0 B} \tag{4.2-37}$$

由式(4.2-31)和式(4.2-37)可得制度增益为

$$G_{AM} = \frac{S_o/N_o}{S_i/N_i} = \frac{2\overline{m^2(t)}}{A_0^2 + \overline{m^2(t)}} \tag{4.2-38}$$

显然，AM 信号的调制制度增益 G_{AM} 随 A_0 的减小而增加。但对于采用包络检波来说，为了不发生过调制现象，应有 $A_0 \geqslant |m(t)|_{max}$，所以 G_{AM} 总是小于 1。例如：100%的调制(即 $A_0 = |m(t)|_{max}$)且 $m(t)$ 是正弦型信号时，有 $\overline{m^2(t)} = A_0^2/2$，代入式(4.2-38)，可得

$$G_{AM} = \frac{2}{3} \tag{4.2-39}$$

这是 AM 系统的最大信噪比增益。这说明解调器对输入信噪比没有改善，而是恶化了。

可以证明，若采用同步检测法解调 AM 信号，则得到的调制制度增益 G_{AM} 与式(4.2-38)给出的结果相同。由此可见，对于 AM 调制系统，在大信噪比时，采用包络检波器解调时的性能与同步检测器时的性能几乎一样。但应该注意，后者的调制制度增益不受信号与噪声相对幅度假设条件的限制。

2) 小信噪比情况

小信噪比指的是噪声幅度远大于信号幅度，即

$$[A_0 + m(t)] \ll \sqrt{n_c^2(t) + n_s^2(t)}$$

这时式(4.2-32)变成

$$\begin{aligned}
E(t) &= \sqrt{[A_0 + m(t)]^2 + n_c^2(t) + n_s^2(t) + 2n_c(t)[A_0 + m(t)]} \\
&\approx \sqrt{n_c^2(t) + n_s^2(t) + 2n_c(t)[A_0 + m(t)]} \\
&= \sqrt{[n_c^2(t) + n_s^2(t)]\left\{1 + \frac{2n_c(t)[A_0 + m(t)]}{n_c^2(t) + n_s^2(t)}\right\}} \\
&= R(t)\sqrt{1 + \frac{2[A_0 + m(t)]}{R(t)}\cos\theta(t)}
\end{aligned} \tag{4.2-40}$$

其中，$R(t)$ 及 $\theta(t)$ 表示噪声 $n_i(t)$ 的包络及相位：

$$R(t) = \sqrt{n_c^2(t) + n_s^2(t)}$$

$$\theta(t) = \arctan\left[\frac{n_s(t)}{n_c(t)}\right]$$

$$\cos\theta(t) = \frac{n_c(t)}{R(t)}$$

因为 $R(t) \gg [A_0 + m(t)]$，所以可以利用数学近似式 $(1+x)^{\frac{1}{2}} \approx 1 + \frac{x}{2}$ ($|x| \ll 1$ 时)近一步把

$E(t)$近似表示为

$$E(t) \approx R(t)\left[1+\frac{A_0+m(t)}{R(t)}\cos\theta(t)\right]=R(t)+[A_0+m(t)]\cos\theta(t) \qquad (4.2-41)$$

这时，$E(t)$中没有单独的信号项，只有受到 $\cos\theta(t)$调制的 $m(t)\cos\theta(t)$项。由于 $\cos\theta(t)$是一个随机噪声，因而，有用信号 $m(t)$被噪声扰乱，致使 $m(t)\cos\theta(t)$也只能看做是噪声。因此，输出信噪比急剧下降，这种现象称为解调器的**门限效应**。开始出现门限效应的输入信噪比称为门限值。这种门限效应是由包络检波器的非线性解调作用所引起的。

有必要指出，用相干解调的方法解调各种线性调制信号时不存在门限效应。原因是信号与噪声可分别进行解调，解调器输出端总是单独存在有用信号项。

由以上分析可得如下结论：**在大信噪比情况下，AM 信号包络检波器的性能几乎与相干解调法相同。但随着信噪比的减小，包络检波器将在一个特定输入信噪比值上出现门限效应。一旦出现门限效应，解调器的输出信噪比将急剧恶化。**

4.3 非线性调制(角度调制)原理

正弦载波有幅度、频率和相位三个参量，我们不仅可以把调制信号的信息寄托在载波的幅度变化中，还可以寄托在载波的频率或相位变化中。这种使高频载波的频率或相位按调制信号的规律变化而振幅保持恒定的调制方式，称为频率调制(FM)和相位调制(PM)，分别简称为**调频**和**调相**。因为频率或相位的变化都可以看成是载波角度的变化，故调频和调相又统称为**角度调制**。

角度调制与幅度调制不同的是，已调信号频谱不再是原调制信号频谱的线性搬移，而是频谱的非线性变换，会产生与频谱搬移不同的新的频率成分，故又称为**非线性调制**。

4.3.1 角度调制的基本概念

角度调制信号的一般表达式为

$$s_m(t) = A\cos[\omega_c t + \varphi(t)] \qquad (4.3-1)$$

式中，A 是载波的恒定振幅；$[\omega_c t+\varphi(t)]$是信号的瞬时相位 $\theta(t)$，而 $\varphi(t)$称为相对于载波相位 $\omega_c t$ 的瞬时相位偏移；$\mathrm{d}[\omega_c t+\varphi(t)]/\mathrm{d}t$ 是信号的瞬时频率，而 $\mathrm{d}\varphi(t)/\mathrm{d}t$ 称为相对于载频 ω_c 的瞬时频偏。

所谓**相位调制(PM)**，是指瞬时相位偏移随调制信号 $m(t)$作线性变化，即

$$\varphi(t) = K_{\mathrm{p}} m(t) \qquad (4.3-2)$$

其中，K_{p} 是调相灵敏度，单位是 rad/V。将式(4.3-2)代入式(4.3-1)中，则可得调相信号为

$$s_{\mathrm{PM}}(t) = A\cos[\omega_c t + K_{\mathrm{p}} m(t)] \qquad (4.3-3)$$

所谓**频率调制(FM)**，是指瞬时频率偏移随调制信号 $m(t)$作线性变化，即

$$\frac{\mathrm{d}\varphi(t)}{\mathrm{d}t} = K_{\mathrm{f}} m(t) \qquad (4.3-4)$$

其中，K_{f} 是调频灵敏度，单位是 rad/(s·V)。这时相位偏移为

$$\varphi(t) = K_{\mathrm{f}}\int m(\tau)\mathrm{d}\tau \qquad (4.3-5)$$

代入式(4.3－1)，则可得调频信号为

$$s_{\mathrm{FM}}(t)=A\cos\left[\omega_c t+K_{\mathrm{f}}\int m(\tau)\mathrm{d}\tau\right] \tag{4.3-6}$$

由式(4.3－3)和式(4.3－6)可见，PM与FM的区别仅在于，PM是相位偏移随调制信号$m(t)$呈线性变化，FM是相位偏移随$m(t)$的积分呈线性变化。如果预先不知道调制信号$m(t)$的具体形式，则无法判断已调信号是调相信号还是调频信号。

由式(4.3－3)和式(4.3－6)还可看出，由于频率和相位之间存在微分与积分的关系，所以调频与调相之间可以相互转换。如果将调制信号先微分，而后进行调频，则得到的是调相波，这种方式叫间接调相；同样，如果将调制信号先积分，而后进行调相，则得到的是调频波，这种方式叫间接调频。直接和间接调相如图4－17所示。直接和间接调频如图4－18所示。

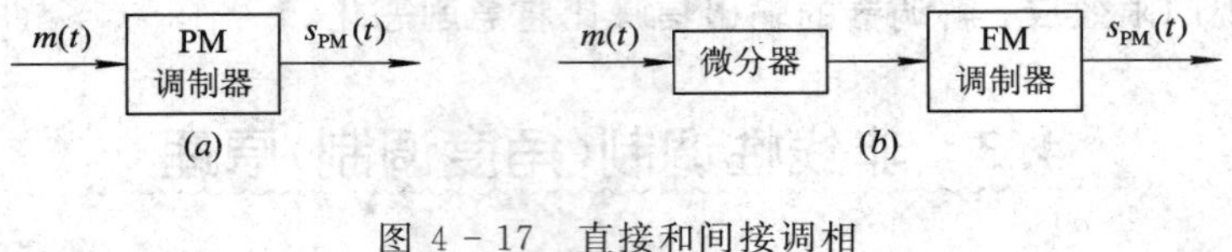

图4－17　直接和间接调相

(a) 直接调相；(b) 间接调相

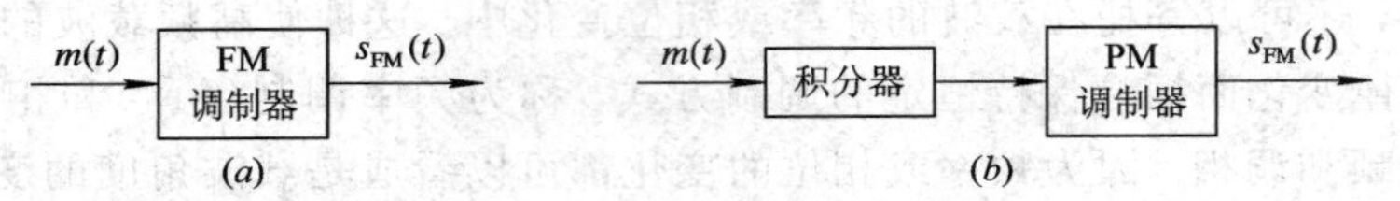

图4－18　直接和间接调频

(a) 直接调频；(b) 间接调频

从以上分析可见，调频与调相并无本质区别，两者之间可相互转换。鉴于在实际应用中多采用FM波，下面将主要讨论频率调制。

4.3.2　窄带调频与宽带调频

前面已经指出，频率调制属于非线性调制，其频谱结构非常复杂，难于表述。但是，当最大相位偏移及相应的最大频率偏移较小时，即满足

$$\left|K_{\mathrm{f}}\int m(\tau)\mathrm{d}\tau\right|\ll\frac{\pi}{6}\quad(\text{或}\ 0.5) \tag{4.3-7}$$

时，式(4.3－6)可以得到简化，因此可求出它的任意调制信号的频谱表示式。这时，信号占据带宽窄，属于窄带调频(NBFM)。反之，是宽带调频(WBFM)。

1. 窄带调频(NBFM)

调频波的一般表示式为

$$s_{\mathrm{FM}}(t)=A\cos\left[\omega_c t+K_{\mathrm{f}}\int m(\tau)\mathrm{d}\tau\right]$$

为方便起见，假设$A=1$，有

$$\begin{aligned}s_{\mathrm{FM}}(t)&=\cos\left[\omega_c t+K_{\mathrm{f}}\int m(\tau)\mathrm{d}\tau\right]\\&=\cos\omega_c t\ \cos\left[K_{\mathrm{f}}\int m(\tau)\mathrm{d}\tau\right]-\sin\omega_c t\ \sin\left[K_{\mathrm{f}}\int m(\tau)\mathrm{d}\tau\right]\end{aligned} \tag{4.3-8}$$

当式(4.3－7)满足时，有近似式：

$$\cos\left[K_f\int m(\tau)\mathrm{d}\tau\right]\approx 1$$

$$\sin\left[K_f\int m(\tau)\mathrm{d}\tau\right]\approx K_f\int m(\tau)\mathrm{d}\tau$$

式(4.3－8)可简化为

$$s_{\mathrm{NBFM}}(t)\approx\cos\omega_c t-\left[K_f\int m(\tau)\mathrm{d}\tau\right]\sin\omega_c t \tag{4.3-9}$$

利用以下傅里叶变换对：

$$m(t)\Leftrightarrow M(\omega)$$

$$\cos\omega_c t\Leftrightarrow\pi[\delta(\omega+\omega_c)+\delta(\omega-\omega_c)]$$

$$\sin\omega_c t\Leftrightarrow \mathrm{j}\pi[\delta(\omega+\omega_c)-\delta(\omega-\omega_c)]$$

$$\int m(t)\mathrm{d}t\Leftrightarrow\frac{M(\omega)}{\mathrm{j}\omega}\qquad(\text{设 } m(t) \text{ 的均值为 } 0)$$

$$\left[\int m(t)\mathrm{d}t\right]\sin\omega_c t\Leftrightarrow\frac{1}{2}\left[\frac{M(\omega+\omega_c)}{\omega+\omega_c}-\frac{M(\omega-\omega_c)}{\omega-\omega_c}\right]$$

可得窄带调频信号的频域表达式：

$$S_{\mathrm{NBFM}}(\omega)=\pi[\delta(\omega+\omega_c)+\delta(\omega-\omega_c)]+\frac{K_f}{2}\left[\frac{M(\omega-\omega_c)}{\omega-\omega_c}-\frac{M(\omega+\omega_c)}{\omega+\omega_c}\right] \tag{4.3-10}$$

式(4.3－9)和式(4.3－10)是 NBFM 信号的时域和频域的一般表达式。将式(4.3－10)与式(4.1－2)表述的 AM 信号的频谱，即

$$S_{\mathrm{AM}}(\omega)=\pi[\delta(\omega+\omega_c)+\delta(\omega-\omega_c)]+\frac{1}{2}[M(\omega+\omega_c)+M(\omega-\omega_c)]$$

进行比较，可以清楚地看出两种调制的相似性和不同处。两者都含有一个载波和位于 $\pm\omega_c$ 处的两个边带，所以它们的带宽相同，都是调制信号最高频率的两倍。不同的是，NBFM 信号的两个边频分别乘了因式 $\frac{1}{\omega-\omega_c}$ 和 $\frac{1}{\omega+\omega_c}$，由于因式是频率的函数，因而这种加权是频率加权，加权的结果引起调制信号频谱的失真。另外，NBFM 有一边带和 AM 反相。

下面以单音调制为例。设调制信号为

$$m(t)=A_m\cos\omega_m t$$

则 NBFM 信号为

$$\begin{aligned}s_{\mathrm{NBFM}}(t)&\approx\cos\omega_c t-\left[K_f\int m(\tau)\mathrm{d}\tau\right]\sin\omega_c t\\&=\cos\omega_c t-A_mK_f\frac{1}{\omega_m}\sin\omega_m t\ \sin\omega_c t\\&=\cos\omega_c t+\frac{A_mK_f}{2\omega_m}[\cos(\omega_c+\omega_m)t-\cos(\omega_c-\omega_m)t]\end{aligned} \tag{4.3-11}$$

AM 信号为

$$\begin{aligned}s_{\mathrm{AM}}(t)&=(1+A_m\cos\omega_m t)\cos\omega_c t=\cos\omega_c t-A_m\cos\omega_m\cos\omega_c t\\&=\cos\omega_c t+\frac{A_m}{2}[\cos(\omega_c+\omega_m)t+\cos(\omega_c-\omega_m)t]\end{aligned} \tag{4.3-12}$$

它们的频谱如图 4－19 所示。由此而画出的矢量图如图 4－20 所示。在 AM 中，两个边频的合成矢量与载波同相，所以只有幅度的变化，没有相位的变化，而在 NBFM 中，由于下边频为负，两个边频的合成矢量与载波则是正交相加，所以 NBFM 不仅有相位的变化 $\Delta\varphi$，幅度也有很小的变化，但当最大相位偏移满足式(4.3－7)，幅度基本不变。这正是两者的本质区别。

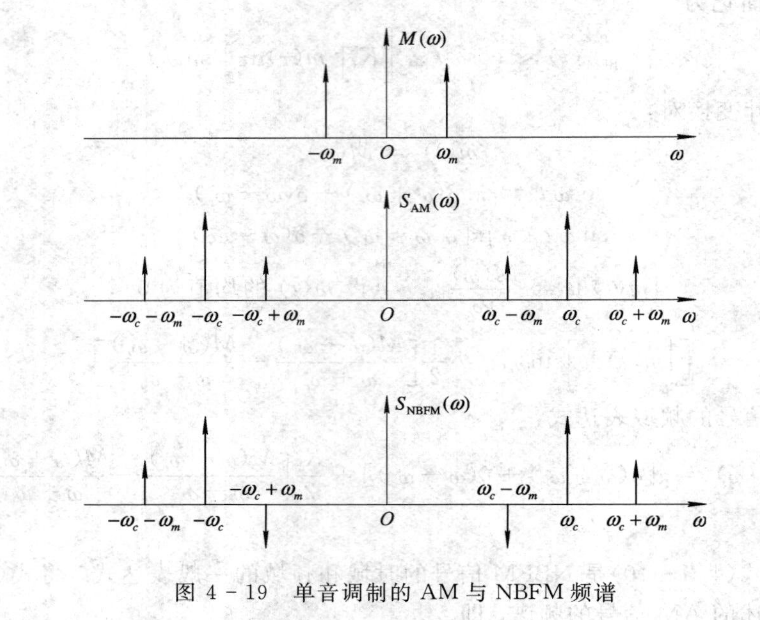

图 4－19　单音调制的 AM 与 NBFM 频谱

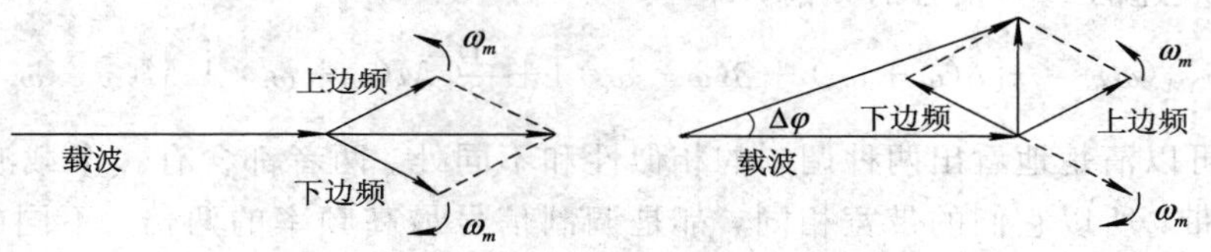

图 4－20　AM 与 NBFM 的矢量表示

由于 NBFM 信号最大相位偏移较小，占据的带宽较窄，使得调频制度的抗干扰性能强的优点不能充分发挥(当然其抗干扰性能比 AM 系统要好得多)，因此对于高质量通信，如微波或卫星通信、调频立体声广播、电视伴音等需要采用宽带调频。

2. 宽带调频(WBFM)

当不满足式(4.3－7)的窄带条件时，调频信号的时域表达式不能简化，因而给宽带调频的频谱分析带来了困难。为使问题简化，我们只研究单音调制的情况，然后把分析的结论推广到多音情况。

设单音调制信号为

$$m(t)=A_m\cos\omega_m t=A_m\cos 2\pi f_m t$$

由式(4.3－5)可得调频信号的瞬时相偏为

$$\varphi(t)=A_mK_f\int\cos\omega_m\tau\ \mathrm{d}\tau=\frac{A_mK_f}{\omega_m}\sin\omega_m t=m_f\sin\omega_m t \qquad (4.3-13)$$

式中，A_mK_f 为最大角频偏，记为 $\Delta\omega$；m_f 为调频指数，它表示为

$$m_f = \frac{A_m K_f}{\omega_m} = \frac{\Delta\omega}{\omega_m} = \frac{\Delta f}{f_m} \tag{4.3-14}$$

将式(4.3－13)代入式(4.3－6)，则得单音宽带调频的时域表达式为

$$s_{FM}(t) = A\cos[\omega_c t + m_f \sin\omega_m t] \tag{4.3-15}$$

令 $A=1$，并利用三角公式展开上式，则有

$$s_{FM}(t) = \cos\omega_c t \cdot \cos(m_f \sin\omega_m t) - \sin\omega_c t \cdot \sin(m_f \sin\omega_m t) \tag{4.3-16}$$

将上式中的两个因子分别展成傅里叶级数形式，有

$$\cos(m_f \sin\omega_m t) = J_0(m_f) + \sum_{n=1}^{\infty} 2J_{2n}(m_f)\cos 2n\omega_m t \tag{4.3-17}$$

$$\sin(m_f \sin\omega_m t) = 2\sum_{n=1}^{\infty} J_{2n-1}(m_f)\sin(2n-1)\omega_m t \tag{4.3-18}$$

式中，$J_n(m_f)$为第一类 n 阶贝塞尔(Bessel)函数，它是调频指数 m_f 的函数。图 4－21 给出了 $J_n(m_f)$随 m_f 变化的关系曲线，详细数据可参看有关 Bessel 函数表。

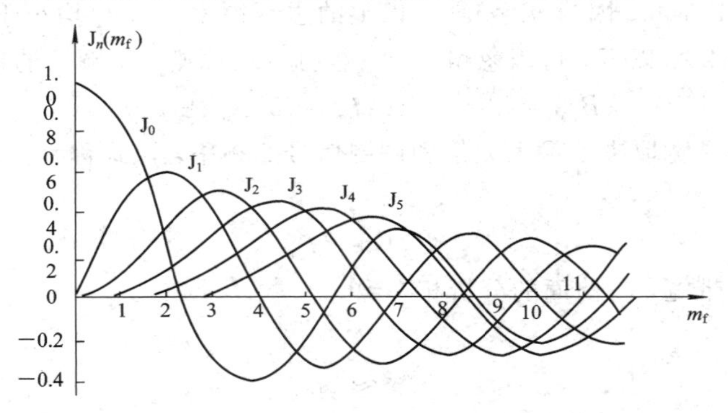

图 4－21　$J_n(m_f)-m_f$ 关系曲线

将式(4.3－17)和式(4.3－18)代入式(4.3－16)，并利用三角公式：

$$\cos A\cos B = \frac{1}{2}\cos(A-B) + \frac{1}{2}\cos(A+B)$$

$$\sin A\sin B = \frac{1}{2}\cos(A-B) - \frac{1}{2}\cos(A+B)$$

及 Bessel 函数性质：

$$J_{-n}(m_f) = -J_n(m_f),\quad n\ \text{为奇数时}$$

$$J_{-n}(m_f) = J_n(m_f),\quad n\ \text{为偶数时}$$

得到调频信号的级数展开式为

$$\begin{aligned} s_{FM}(t) =& J_0(m_f)\cos\omega_c t - J_1(m_f)[\cos(\omega_c-\omega_m)t - \cos(\omega_c+\omega_m)t] \\ &+ J_2(m_f)[\cos(\omega_c-2\omega_m)t + \cos(\omega_c+2\omega_m)t] \\ &- J_2(m_f)[\cos(\omega_c-3\omega_m)t - \cos(\omega_c+3\omega_m)t] + \cdots \\ =& \sum_{n=-\infty}^{\infty} J_n(m_f)\cos(\omega_c+n\omega_m)t \end{aligned} \tag{4.3-19}$$

对上式进行傅里叶变换，即得 FM 信号的频域表达式：

$$S_{FM}(\omega) = \pi\sum_{-\infty}^{\infty} J_n(m_f)[\delta(\omega-\omega_c-n\omega_m) + \delta(\omega+\omega_c+n\omega_m)] \tag{4.3-20}$$

由式(4.3-19)和式(4.3-20)可见，调频波的频谱包含无穷多个分量。当 $n=0$ 时，就是载波分量 ω_c，其幅度为 $J_0(m_f)$；当 $n\neq 0$ 时，在载频两侧对称地分布上下边频分量 $\omega_c\pm n\omega_m$，谱线之间的间隔为 ω_m，幅度为 $J_n(m_f)$，且当 n 为奇数时，上下边频极性相反；当 n 为偶数时极性相同。图 4-22 示出了某单音宽带调频波的频谱。

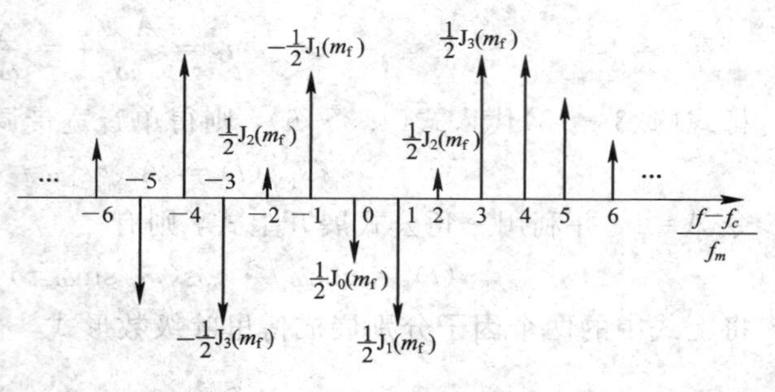

图 4-22 调频信号的频谱($m_f=5$)

由于调频波的频谱包含无穷多个频率分量，因此理论上调频波的频带宽度为无限宽。然而实际上边频幅度 $J_n(m_f)$ 随着 n 的增大而逐渐减小，因此只要取适当的 n 值使边频分量小到可以忽略的程度，调频信号可近似认为具有有限频谱。根据经验认为：当 $m_f\geqslant 1$ 以后，取边频数 $n=m_f+1$ 即可。因为 $n>m_f+1$ 以上的边频幅度 $J_n(m_f)$ 均小于 0.1，相应产生的功率均在总功率的 2% 以下，可以忽略不计。根据这个原则，调频波的带宽为

$$B_{FM}=2(m_f+1)f_m=2(\Delta f+f_m) \tag{4.3-21}$$

它说明调频信号的带宽取决于最大频偏和调制信号的频率，该式称为**卡森公式**。

若 $m_f\ll 1$，则

$$B_{FM}\approx 2f_m$$

这就是窄带调频的带宽，与前面的分析相一致。

若 $m_f\geqslant 10$，则

$$B_{FM}\approx 2\Delta f$$

这是大指数宽带调频情况，说明带宽由最大频偏决定。

以上讨论的是单音调频情况。对于多音或其他任意信号调制的调频波的频谱分析是很复杂的。根据经验把卡森公式推广，即可得到任意限带信号调制时的调频信号带宽的估算公式：

$$B_{FM}=2(D+1)f_m \tag{4.3-22}$$

这里，f_m 是调制信号的最高频率；D 是最大频偏 Δf 与 f_m 的比值。实际应用中，当 $D>2$ 时，用式

$$B_{FM}=2(D+2)f_m \tag{4.3-23}$$

计算调频带宽更符合实际情况。

4.3.3 调频信号的产生与解调

1. 调频信号的产生

产生调频波的方法通常有两种：直接法和间接法。

1) 直接法

调频就是用调制信号控制载波的频率变化。直接调频就是用调制信号直接去控制载波振荡器的频率，使其按调制信号的规律线性地变化。

振荡频率受外部电压控制的振荡器叫做压控振荡器(VCO)。每个压控振荡器自身就是

一个 FM 调制器，因为它的振荡频率正比于输入控制电压，即

$$\omega_i(t) = \omega_0 + K_f m(t)$$

若用调制信号 $m(t)$作控制信号，就能产生 FM 波。

控制 VCO 振荡频率的常用方法是改变振荡器谐振回路的电抗元件 L 或 C。L 或 C 可控的元件有电抗管、变容管。变容管由于电路简单，性能良好，目前在调频器中广泛使用。

直接法的主要优点是在实现线性调频的要求下，可以获得较大的频偏。缺点是频率稳定度不高。因此往往需要采用自动频率控制系统来稳定中心频率。

应用如图 4 - 23 所示的锁相环(PLL)调制器，可以获得高质量的 FM 或 PM 信号。图中，PD 为相位检测器，LF 为环路滤波器，VCO 为压控振荡器。这种方案的载频稳定度很高，可以达到晶体振荡器的频率稳定度。但是，它的一个显著缺点是低频调制特性较差，通常可用锁相环路构成一种所谓两点调制的宽带 FM 调制器来进行改善。限于篇幅，其具体实现方法可参考有关《锁相技术》教材或文献。

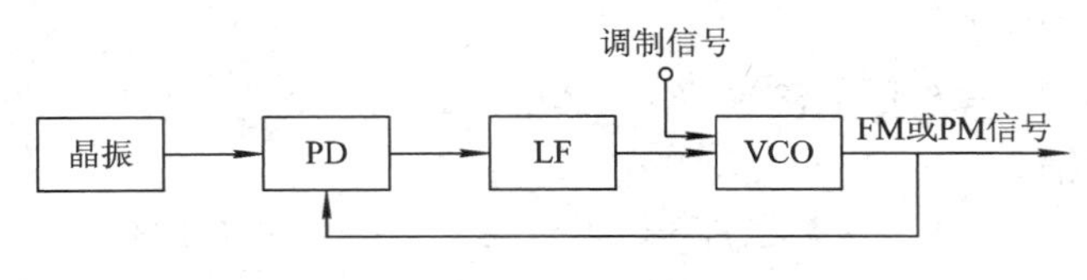

图 4 - 23　PLL 调制器

2) 间接法

间接法是先对调制信号积分后对载波进行相位调制，从而产生窄带调频信号(NBFM)。然后，利用倍频器把 NBFM 变换成宽带调频信号(WBFM)。其原理框图如图 4 - 24 所示。

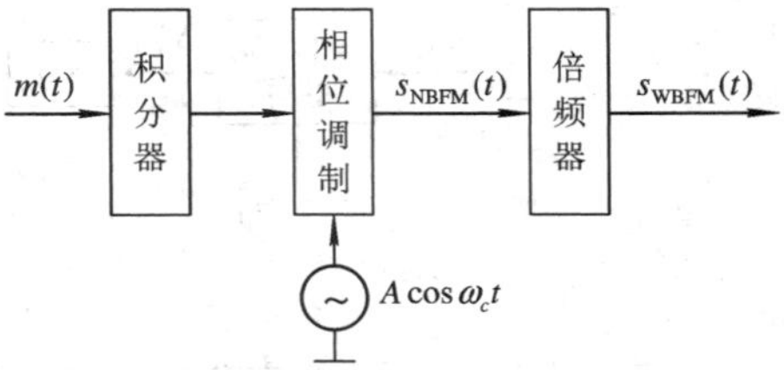

由式(4.3 - 9)可知，窄带调频信号可看成由正交分量与同相分量合成，即

$$s_{NBFM}(t) = \cos\omega_c t - \left[K_f\int m(\tau)\mathrm{d}\tau\right]\sin\omega_c t$$

因此，可采用图 4 - 25 所示的方框图来实现窄带调频。

图 4 - 24　间接调频框图

倍频器的作用是提高调频指数 m_f，从而获得宽带调频。倍频器可以用非线性器件实现，然后用带通滤波器滤去不需要的频率分量。以理想平方律器件为例，其输出 - 输入特性为

$$s_o(t) = as_i^2(t) \tag{4.3 - 24}$$

当输入信号 $s_i(t)$为调频信号时，有

$$s_i(t) = A\cos[\omega_c t + \varphi(t)]$$

$$s_o(t) = \frac{1}{2}aA^2\{1 + \cos[2\omega_c t + 2\varphi(t)]\} \tag{4.3 - 25}$$

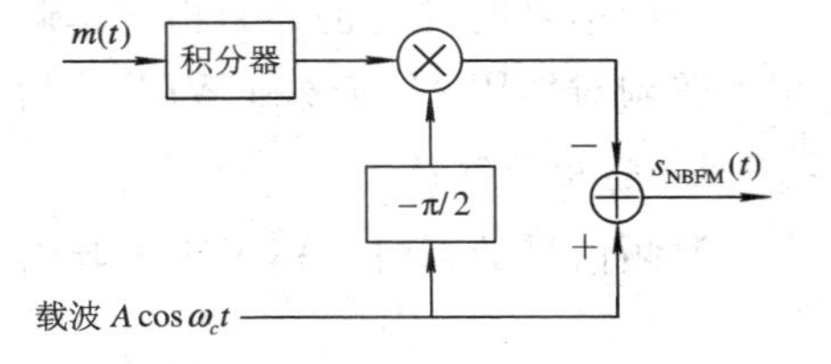

图 4 - 25　NBFM 信号的产生

由上式可知，滤除直流成分后可得到一个新的调频信号，其载频和相位偏移均增为 2 倍，由于相位偏移增为 2 倍，因而调频指数也必然增为 2 倍。同理，经 n 次倍频后可以使调频

信号的载频和调频指数增为 n 倍。

以典型的调频广播的调频发射机为例。在这种发射机中首先以 $f_1=200\ \text{kHz}$ 为载频，用最高频率 $f_m=15\ \text{kHz}$ 的调制信号产生频偏 $\Delta f_1=25\ \text{Hz}$ 的窄带调频信号。调频广播的最终频偏 $\Delta f=75\ \text{kHz}$，载频 f_c 在 88～108 MHz 频段内，因此需要经过 $n=\Delta f/\Delta f_1=75\times10^3/25=3000$ 的倍频，但倍频后新的载波频率(nf_1)高达 600 MHz，不符合载频 f_c 的要求。因此需要混频器进行下边频来解决这个问题。

解决上述问题的典型方案如图 4-26 所示。其中混频器将倍频器分成两个部分，由于混频器只改变载频而不影响频偏，因此可以根据宽带调频信号的载频和最大频偏的要求适当选择 f_1，f_2 和 n_1，n_2，使

$$\left.\begin{aligned} f_c &= n_2(n_1 f_1 - f_2) \\ \Delta f &= n_1 n_2 \Delta f_1 \end{aligned}\right\} \tag{4.3-26}$$

例如，在上述方案中选择倍频次数 $n_1=64$，$n_2=48$，混频器参考频率 $f_2=10.9\ \text{MHz}$，则调频发射信号的载频为

$$f_c = n_2(n_1 f_1 - f_2) = 48\times(64\times200\times10^3 - 10.9\times10^6) = 91.2\ \text{MHz}$$

调频信号的最大频偏为

$$\Delta f = n_1 n_2 \Delta f_1 = 64\times48\times25 = 76.8\ \text{kHz}$$

调频指数为

$$m_f = \frac{\Delta f}{f_m} = \frac{76.8\times10^3}{15\times10^3} = 5.12$$

图 4-26 所示的宽带调频信号产生方案是由阿姆斯特朗(Armstrong)于 1930 年提出的，因此称为 Armstrong 间接法。这个方法提出后，使调频技术得到很大发展。

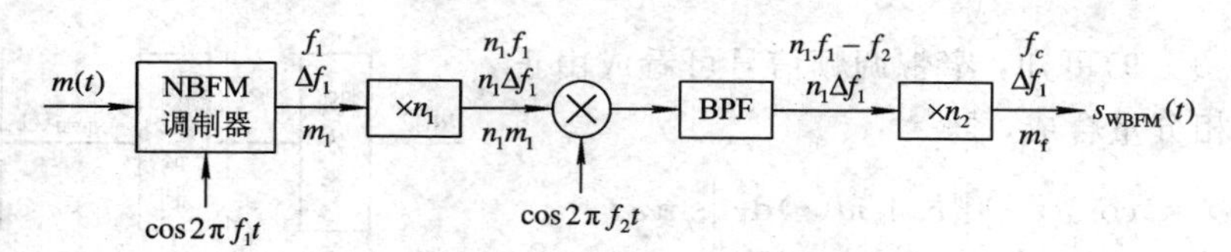

图 4-26 Armstrong 间接法

间接法的优点是频率稳定度好；缺点是需要多次倍频和混频，电路较复杂。

2. 调频信号的解调

调频信号的解调也分为相干解调和非相干解调。相干解调仅适用于 NBFM 信号，而非相干解调对 NBFM 信号和 WBFM 信号均适用。

1) 非相干解调

调频信号的瞬时频率正比于调制信号的幅度，它的一般表达式为

$$s_{\text{FM}}(t) = A\cos\left[\omega_c t + K_f\int m(\tau)\,\mathrm{d}\tau\right] \tag{4.3-27}$$

则解调器的输出应为

$$m_o(t) \propto K_f m(t) \tag{4.3-28}$$

也就是说，调频信号的解调是要产生一个与输入调频信号的频率呈线性关系的输出电压。完成这种频率-电压转换关系的器件是频率检波器，简称鉴频器。

图 4-27 给出了一种用振幅鉴频器进行非相干解调的原理框图。图中，微分器和包络检波器构成了具有近似理想鉴频特性的鉴频器。微分器的作用是把幅度恒定的调频波 $s_{FM}(t)$ 变成幅度和频率都随调制信号 $m(t)$ 变化的调幅调频波 $s_d(t)$，即

$$s_d(t) = -A[\omega_c + K_f m(t)]\sin\left[\omega_c t + K_f\int m(\tau)d\tau\right] \tag{4.3-29}$$

包络检波器则将其幅度变化检出，滤去直流，再经低通滤波后即得解调输出为

$$m_o(t) = K_d K_f m(t) \tag{4.3-30}$$

这里，K_d 称为检频器灵敏度。

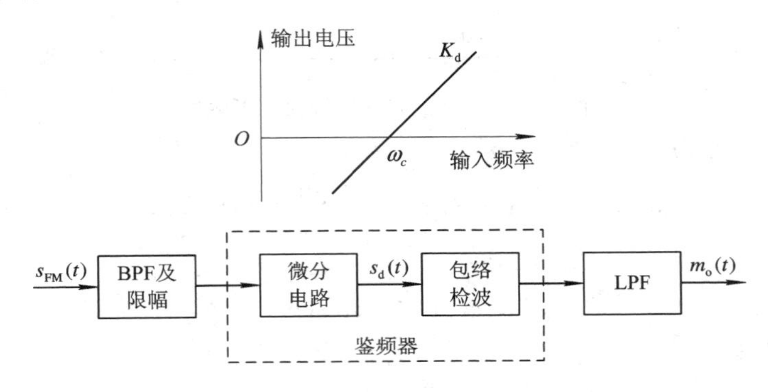

图 4-27　鉴频器特性与原理框图

图中，限幅器的作用是消除信道中噪声和其他原因引起的调频波的幅度起伏，带通滤波器(BPF)是让调频信号顺利通过，同时滤除带外噪声及高次谐波分量。

鉴频器的种类很多，除了上述的振幅鉴频器之外，还有相位鉴频器、比例鉴频器、正交鉴频器、斜率鉴频器、频率负反馈解调器、锁相环(PLL)鉴频器等。这些电路和原理在高频电子线路课程中都有详细的讨论，这里不再赘述。

PLL 是一个能够跟踪输入信号相位的闭环自动控制系统。由于 PLL 具有引人注目的特性：载波跟踪特性、调制跟踪特性和低门限特性，使得它在无线电通信的各个领域得到了广泛的应用。PLL 最基本的原理图如图 4-28 所示。它由鉴相器(PD)、环路滤波器(LF)和压控振荡器(VCO)组成。

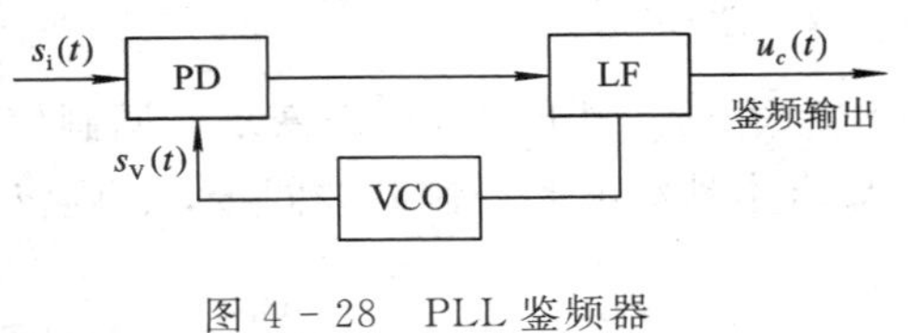

图 4-28　PLL 鉴频器

假设 VCO 输入控制电压为 0 时振荡频率调整在输入 FM 信号 $s_i(t)$ 的载频上，并且与调频信号的未调载波相差 $\pi/2$，即有

$$\begin{aligned}s_i(t) &= A\cos\left[\omega_c t + K_f\int m(\tau)d\tau\right]\\ &= A\cos[\omega_c t + \theta_1(t)]\end{aligned} \tag{4.3-31}$$

$$\begin{aligned}s_V(t) &= A_V\sin\left[\omega_c t + K_{VCO}\int u_c(\tau)d\tau\right]\\ &= A_V\sin[\omega_c t + \theta_2(t)]\end{aligned} \tag{4.3-32}$$

式中，K_{VCO} 为压控灵敏度。

设计 PLL 使其工作在调制跟踪状态下，这时 VCO 输出信号的相位 $\theta_2(t)$ 能够跟踪输入信号的相位 $\theta_1(t)$ 的变化。也就是说，VCO 输出信号 $s_V(t)$ 也是 FM 信号。我们知道，

VCO 本身就是一个调频器，其输入端的控制信号 $u_c(t)$ 必是调制信号 $m(t)$，因此 $u_c(t)$ 即为鉴频输出。

2）相干解调

由于窄带调频信号可分解成同相分量与正交分量之和，因而可以采用线性调制中的相干解调法来进行解调，如图 4－29 所示。

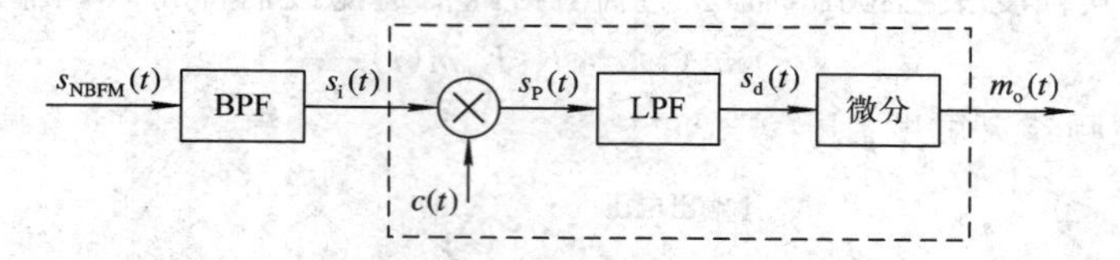

图 4－29　窄带调频信号的相干解调

设窄带调频信号为

$$s_{NBFM}(t) = A\cos\omega_c t - A\left[K_f\int m(\tau)d\tau\right]\sin\omega_c t \tag{4.3-33}$$

相干载波为

$$c(t) = -\sin\omega_c t \tag{4.3-34}$$

则相乘器的输出为

$$s_P(t) = -\frac{A}{2}\sin 2\omega_c t + \left[\frac{A}{2}K_f\int m(\tau)d\tau\right](1-\cos 2\omega_c t)$$

经低通滤波器取出其低频分量：

$$s_d(t) = \frac{A}{2}K_f\int m(\tau)d\tau$$

再经微分器，得输出信号为

$$m_o(t) = \frac{AK_f}{2}m(t) \tag{4.3-35}$$

可见，相干解调可以恢复原调制信号，这种解调方法与线性调制中的相干解调一样，要求本地载波与调制载波同步，否则将使解调信号失真。

4.4 调频系统的抗噪声性能

调频系统抗噪声性能的分析方法和分析模型与线性调制系统相似，我们仍可用图 4－13 所示的模型，但其中的解调器应是调频解调器。

从前面的分析可知，调频信号的解调有相干解调和非相干解调两种。相干解调仅适用于 NBFM 信号，且需同步信号；而非相干解调适用于 NBFM 和 WBFM 信号，而且不需同步信号，因而是 FM 系统的主要解调方式，其分析模型如图 4－30 所示。

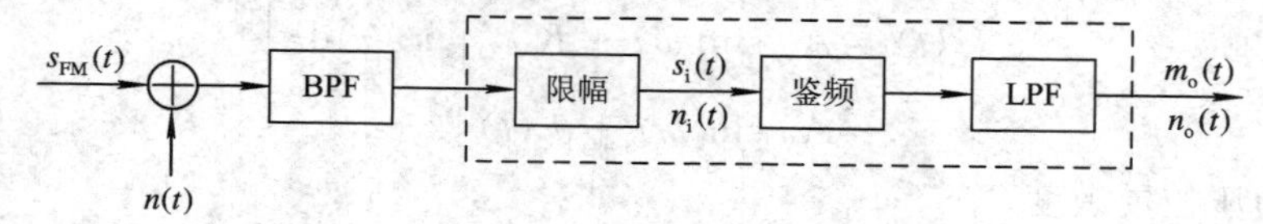

图 4－30　调频系统抗噪声性能分析模型

图中限幅器是为了消除接收信号在幅度上可能出现的畸变。带通滤波器的作用是抑制信号带宽以外的噪声。$n(t)$是均值为零、单边功率谱密度为 n_0 的高斯白噪声，经过带通滤波器变为窄带高斯噪声。

我们先来计算解调器的输入信噪比。设输入调频信号为

$$s_{FM}(t) = A\cos[\omega_c t + K_f\int m(\tau)d\tau]$$

因而输入信号功率为

$$S_i = \frac{A^2}{2} \tag{4.4-1}$$

理想带通滤波器的带宽与调频信号的带宽 B_{FM} 相同，所以输入噪声功率为

$$N_i = n_0 B_{FM} \tag{4.4-2}$$

因此，输入信噪比为

$$\frac{S_i}{N_i} = \frac{A^2}{2n_0 B_{FM}} \tag{4.4-3}$$

计算输出信噪比时，由于非相干解调不满足叠加性，无法分别计算信号与噪声功率。因此，也和 AM 信号的非相干解调一样，考虑两种极端情况，即大信噪比情况和小信噪比情况，使计算简化，以便得到一些有用的结论。

1. 大信噪比情况

在大信噪比条件下，信号和噪声的相互作用可以忽略，这时可以把信号和噪声分开来算，经过分析，我们直接给出解调器的输出信噪比：

$$\frac{S_o}{N_o} = \frac{3A^2K_f^2\overline{m^2(t)}}{8\pi^2 n_0 f_m^3} \tag{4.4-4}$$

为使上式具有简明的结果，我们考虑 $m(t)$为单一频率余弦波时的情况，即

$$m(t) = \cos\omega_m t$$

这时的调频信号为

$$s_{FM}(t) = A\cos[\omega_c t + m_f\sin\omega_m t] \tag{4.4-5}$$

式中

$$m_f = \frac{K_f}{\omega_m} = \frac{\Delta\omega}{\omega_m} = \frac{\Delta f}{f_m} \tag{4.4-6}$$

将这些关系式代入式(4.4 - 4)，可得

$$\frac{S_o}{N_o} = \frac{3}{2}m_f^2\frac{A^2/2}{n_0 f_m} \tag{4.4-7}$$

因此，由式(4.4 - 3)和式(4.4 - 7)可得解调器的制度增益为

$$G_{FM} = \frac{S_o/N_o}{S_i/N_i} = \frac{3}{2}m_f^2\frac{B_{FM}}{f_m} \tag{4.4-8}$$

又因在宽带调频时，信号带宽为

$$B_{FM} = 2(m_f + 1)f_m = 2(\Delta f + f_m)$$

所以，式(4.4 - 8)还可以写成

$$G_{FM} = 3m_f^2(m_f + 1) \approx 3m_f^3 \tag{4.4-9}$$

上式表明，大信噪比时宽带调频系统的制度增益是很高的，它与调制指数的立方成正比。例如调频广播中常取 $m_f=5$，则制度增益 $G_{FM}=450$。也就是说，加大调制指数 m_f，可

使调频系统的抗噪声性能迅速改善。

【例 4-1】 设调频与调幅信号均为单音调制，调制信号频率为 f_m，调幅信号为100%调制。当两者的接收功率 S_i 相等，信道噪声功率谱密度 n_0 相同时，比较调频系统与调幅系统的抗噪声性能。

解 调频波的输出信噪比为

$$\left(\frac{S_o}{N_o}\right)_{FM}=G_{FM}\left(\frac{S_i}{N_i}\right)_{FM}=G_{FM}\frac{S_i}{n_0 B_{FM}}$$

调幅波的输出信噪比为

$$\left(\frac{S_o}{N_o}\right)_{AM}=G_{AM}\left(\frac{S_i}{N_i}\right)_{AM}=G_{AM}\frac{S_i}{n_0 B_{AM}}$$

则两者输出信噪比的比值为

$$\frac{(S_o/N_o)_{FM}}{(S_o/N_o)_{AM}}=\frac{G_{FM}}{G_{AM}}\cdot\frac{B_{AM}}{B_{FM}}$$

根据本题假设条件，有

$$G_{FM}=3m_f^2(m_f+1)$$

$$G_{AM}=\frac{2}{3}$$

$$B_{FM}=2(m_f+1)f_m$$

$$B_{AM}=2f_m$$

将这些关系式带入输出信噪比的比值公式，得

$$\frac{(S_o/N_o)_{FM}}{(S_o/N_o)_{AM}}=4.5m_f^2 \tag{4.4-10}$$

由此可见，在高调频指数时，调频系统的输出信噪比远大于调幅系统。例如，$m_f=5$ 时，宽带调频的 S_o/N_o 是调幅时的112.5倍。这也可理解成当两者输出信噪比相等时，调频信号的发射功率可减小到调幅信号的1/112.5。

应当指出，调频系统的这一优越性是以增加传输带宽来换取的，即

$$B_{FM}=2(m_f+1)f_m=(m_f+1)B_{AM} \tag{4.4-11}$$

当 $m_f\gg 1$ 时，

$$B_{FM}\approx m_f B_{AM}$$

代入式(4.4-10)，有

$$\frac{(S_o/N_o)_{FM}}{(S_o/N_o)_{AM}}=4.5\left(\frac{B_{FM}}{B_{AM}}\right)^2 \tag{4.4-12}$$

上式表明，宽带调频输出信噪比相对于调幅的改善与它们带宽比的平方成正比。这就意味着，对于调频系统来说，增加传输带宽就可以改善抗噪声性能。调频方式的这种以带宽换取信噪比的特性是十分有益的。在调幅制中，由于信号带宽是固定的，无法进行带宽与信噪比的互换，这也正是在抗噪声性能方面调频系统优于调幅系统的重要原因。

2. 小信噪比情况与门限效应

应该指出，以上分析都是在 $(S_i/N_i)_{FM}$ 足够大的条件下进行的。当 $(S_i/N_i)_{FM}$ 减小到一定程度时，解调器的输出中不存在单独的有用信号项，信号被噪声扰乱，因而 $(S_o/N_o)_{FM}$ 急剧下降。这种情况与AM包检时相似，我们称之为**门限效应**。出现门限效应时所对应的

$(S_i/N_i)_{FM}$值被称为**门限值**(点)，记为$(S_i/N_i)_b$。

图 4－31 示出了单音调制时不同调制指数 m_f 时，调频解调器的输出信噪比与输入信噪比近似关系曲线。由图可见：

(1) m_f 不同，门限值不同。m_f 越大，门限点$(S_i/N_i)_b$ 越高。当$(S_i/N_i)_{FM}>(S_i/N_i)_b$ 时，$(S_o/N_o)_{FM}$与$(S_i/N_i)_{FM}$呈线性关系，且 m_f 越大，输出信噪比的改善越明显。

(2) 当$(S_i/N_i)_{FM}<(S_i/N_i)_b$ 时，$(S_o/N_o)_{FM}$将随$(S_i/N_i)_{FM}$的下降而急剧下降，且 m_f 越大，$(S_o/N_o)_{FM}$下降得越快，甚至比 DSB 或 SSB 的更差。

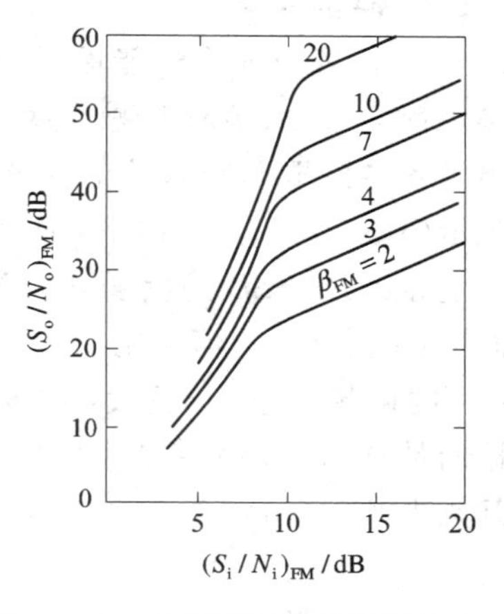

图 4－31　非相干解调的门限效应

这表明，FM 系统以带宽换取输出信噪比改善并不是无止境的。随着传输带宽的增加(相当 m_f 加大)，输入噪声功率增大，在输入信号功率不变的条件下，输入信噪比下降，当输入信噪比降到一定程度时就会出现门限效应，输出信噪比将急剧恶化。

在空间通信等领域中，对调频接收机的门限效应十分关注，希望在接收到最小信号功率时仍能满意地工作，这就要求门限点向低输入信噪比方向扩展。

降低门限值(也称门限扩展)的方法有很多，目前用得较多的有锁相环鉴频法和负反馈解调器，它们的门限比一般鉴频器的门限电平低 6～10 dB。

另外，还可以采用“预加重”和“去加重”技术来进一步改善调频解调器的输出信噪比。实际上，这也相当于改善了门限。

4.5　各种模拟调制系统的性能比较

综合前面的分析，各种模拟调制方式的性能如表 4－1 所示。表中的 S_o/N_o 是在相同的解调器输入信号功率 S_i、相同噪声功率谱密度 n_0、相同基带信号带宽 f_m 的条件下，由式(4.2－18)、式(4.2－26)、式(4.2－39)和式(4.4－8)计算的结果。其中，AM 为 100% 调制，调制信号为单音正弦。

表 4－1　各种模拟调制方式的性能

调制方式	信号带宽	制度增益	S_o/N_o	设备复杂度	主 要 应 用
DSB	$2f_m$	2	$\frac{S_i}{n_0 f_m}$	中等	较少应用
SSB	f_m	1	$\frac{S_i}{n_0 f_m}$	复杂	短波无线电广播话音频分复用等
VSB	略大于 f_m	近似 SSB	近似 SSB	复杂	电视广播
AM	$2f_m$	2/3	$\frac{1}{3}\cdot\frac{S_i}{n_0 f_m}$	简单	中短波无线电广播
FM	$2(m_f+1)f_m$	$3m_f^2(m_f+1)$	$\frac{3}{2}m_f^2\frac{S_i}{n_0 f_m}$	中等	超短波小功率电台(窄带 FM)微波中继，调频立体声广播(宽带 FM)

1. 性能比较

WBFM抗噪声性能最好，DSB、SSB、VSB抗噪声性能次之，AM抗噪声性能最差。图4-32示出了各种模拟调制系统的性能曲线，图中的圆点表示门限点。门限点以下，曲线迅速下跌；门限点以上，DSB、SSB的信噪比AM高4.7 dB以上，而FM($m_f=6$)的信噪比AM高22 dB。由此可见：FM的调频指数m_f越大，抗噪声性能越好，但占据的带宽越宽，频带利用率低。SSB的带宽最窄，其频带利用率高。

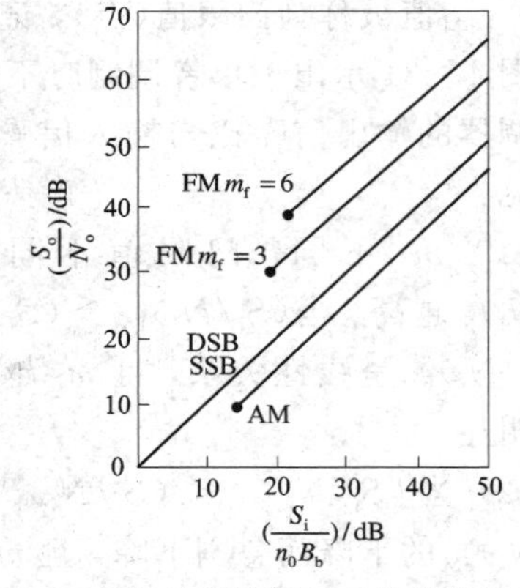

图4-32　各种模拟调制系统的性能曲线

2. 特点与应用

AM调制的优点是接收设备简单；缺点是功率利用率低，抗干扰能力差，目前主要用在中波和短波的调幅广播中。

DSB调制的优点是功率利用率高，但带宽与AM相同，接收要求同步解调，设备较复杂。应用较少，一般只用于点对点的专用通信。

SSB调制的优点是功率利用率和频带利用率都较高，抗干扰能力和抗选择性衰落能力均优于AM，而带宽只有AM的一半；缺点是发送和接收设备都复杂。鉴于这些特点，SSB制式普遍用在频带比较拥挤的场合，如短波波段的无线电广播和频分多路复用系统中。

VSB的诀窍在于部分抑制了发送边带，同时又利用平缓滚降滤波器补偿了被抑制部分。VSB的性能与SSB相当。VSB解调原则上也需同步解调，但在某些VSB系统中，附加一个足够大的载波，就可用包络检波法解调合成信号(VSB+C)，这种(VSB+C)方式综合了AM、SSB和DSB三者的优点。所有这些特点，使VSB在电视广播等系统中得到了广泛应用。

FM波的幅度恒定不变，这使它对非线性器件不甚敏感，给FM带来了抗快衰落能力。利用自动增益控制和带通限幅还可以消除快衰落造成的幅度变化效应。宽带FM的抗干扰能力强，可以实现带宽与信噪比的互换，因而宽带FM广泛应用于长距离高质量的通信系统中，如空间和卫星通信、调频立体声广播、超短波电台等。宽带FM的缺点是频带利用率低，存在门限效应，因此在接收信号弱、干扰大的情况下宜采用窄带FM，这就是小型通信机常采用窄带调频的原因。

思　考　题

4-1　调制在通信系统中的主要作用有哪些？

4-2　什么是线性调制？线性调制方式有哪些？已调信号的时域和频域表示式怎么表示？波形和频谱有哪些特点？

4-3　SSB信号的产生方法有哪些？

4-4　VSB滤波器的传输特性应满足什么条件？为什么？

4-5　如何比较两个模拟通信系统的抗噪声性能？

4-6　DSB和SSB调制系统的抗噪声性能是否相同？为什么？

4－7　什么是频率调制？什么是相位调制？两者关系如何？

4－8　简述窄带调频和宽带调频的区分、特点和应用。

4－9　比较调幅系统和调频系统的抗噪声性能。

4－10　为什么调频系统可进行带宽与信噪比的互换，而调幅不能？

4－11　什么叫门限效应？为什么相干解调不存在门限效应，而非相干解调有门限效应？

习　题

4－1　已知调制信号 $m(t)=\cos(2000\pi t)$，载波为 $2\cos10^4\pi t$，分别写出 AM、DSB、USB、LSB 信号的表达式，并画出频谱图。

4－2　根据图 P4－1 所示的调制信号波形，试画出 DSB 及 AM 信号的波形图，并比较它们分别通过包络检波器后的波形差别。

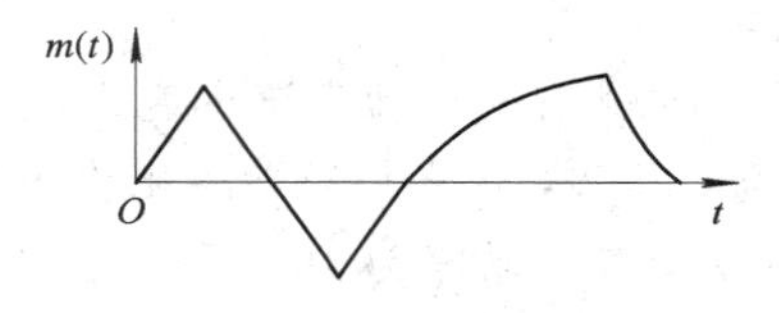

图 P4－1

4－3　将调幅波通过残留边带滤波器产生残留边带信号。若此信号的传输函数 $H(\omega)$ 如图 P4－2 所示（斜线段为直线）。当调制信号为 $m(t)=A[\sin100\pi t+\sin6000\pi t]$ 时，试确定所得残留边带信号的表达式。

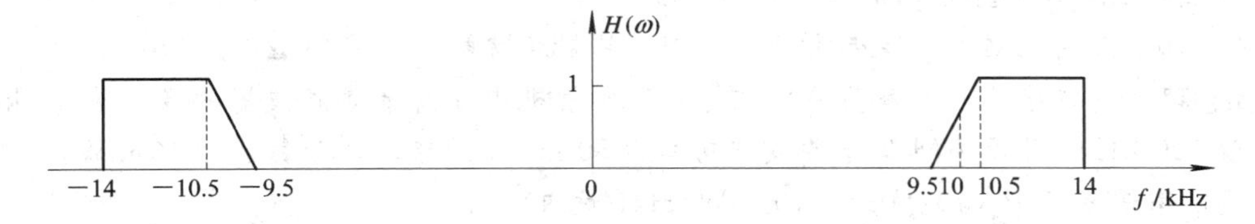

图 P4－2

4－4　已知 $m(t)$ 的频谱如图 P4－3，试画出单边带调制相移法中各点频谱变换关系。

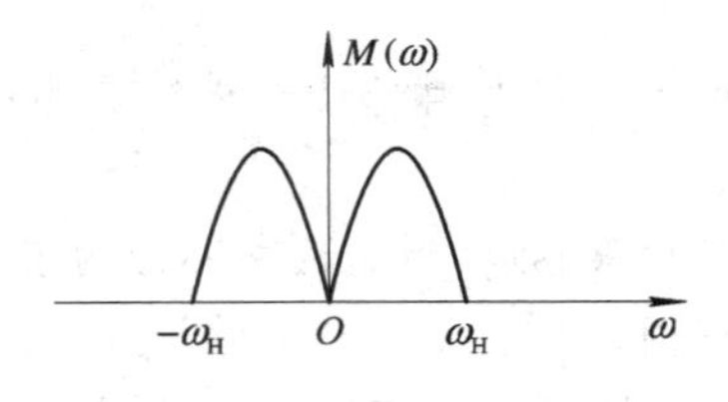

图 P4－3

4－5　对抑制载波的双边带信号进行相干解调，设接收信号功率为 2 mW，载波为 100 kHz，并设调制信号 $m(t)$ 的频带限制在 4 kHz，信道噪声双边功率谱密度 $P_n(f)=2\times10^{-9}$ W/Hz。

(1) 画出该理想带通滤波器的传输特性 $H(\omega)$；

(2) 求解调器输入端的信噪功率比；

(3) 求解调器输出端的信噪功率比；

(4) 求解调器输出端的噪声功率谱密度，并用图形表示出来。

4-6　对抑制载波的单边带(下边带)信号进行相干解调，假设条件与上题相同。

(1) 画出该理想带通滤波器的传输特性 $H(\omega)$；

(2) 求解调器输入端的信噪功率比，并与上题进行比较；

(3) 求解调器输出端的信噪功率比，并与上题进行比较；

4-7　若对某一信号用 DSB 进行传输，设加至接收机的调制信号 $m(t)$ 的功率谱密度为

$$P_m(f)=\begin{cases}\dfrac{n_m}{2}\cdot\dfrac{|f|}{f_m}, & |f|\leqslant f_m\\ 0, & |f|>f_m\end{cases}$$

(1) 求接收机的输入信号功率；

(2) 求接收机的输出信号功率；

(3) 叠加于 DSB 信号的白噪声具有双边功率谱密度为 $n_0/2$，设解调器的输出端接有截止频率为 f_m 的理想低通滤波器，那么，输出信噪功率比为多少？

4-8　某线性调制系统的输出噪声功率为 10^{-9} W，输出信噪比为 20 dB，由发射机输出端到解调器输入端之间总的传输损耗为 100 dB，试求：

(1) 双边带发射机输出功率；

(2) 单边带发射机输出功率。

4-9　设调制信号为 $m(t)=\cos\Omega_1 t+\cos\Omega_2 t$，载波为 $A\cos\omega_c t$，试写出当 $\Omega_2=2\Omega_1$，载波频率 $\omega_c=5\Omega_1$ 时相应的 SSB 信号的表达式。

4-10　证明 AM 信号采用相干解调时，其制度增益 G 与式(4.2-38)相同。

4-11　用包络检波器解调 AM 信号，设接收机中理想带通滤波器的带宽为 10 kHz，载频为 100 kHz，并设 AM 信号的载波功率为 80 mW，边带功率为每边带 10 mW，信道噪声双边功率谱密度 $P_n(f)=0.5\times10^{-8}$ W/Hz，试求：

(1) 解调器输入端的信噪功率比；

(2) 解调器输出端的信噪功率比；

(3) 制度增益 G。

4-12　图 P4-4 是同一载波被两个消息信号进行调制的系统，LPF、HPF 分别为低、高通滤波器，截止频率均为 ω_c。

(1) 当 $f_1(t)=\cos\omega_1 t$，$f_2(t)=\cos\omega_2 t$ 时，试求 $s(t)$ 的表达式；

(2) 画出适应 $s(t)$ 解调的框图。

4-13　已知某单频调频波的振幅是 10 V，瞬时频率为

$$f(t)=10^6+10^4\cos2\pi\times10^3 t(\text{Hz})$$

(1) 求此调频波的表达式；

(2) 求此调频波的频率偏移、调频指数和频带宽度；

(3) 若调制信号频率提高到 2×10^3 Hz，则调频波的频偏、调频指数和频带宽度如何变化？

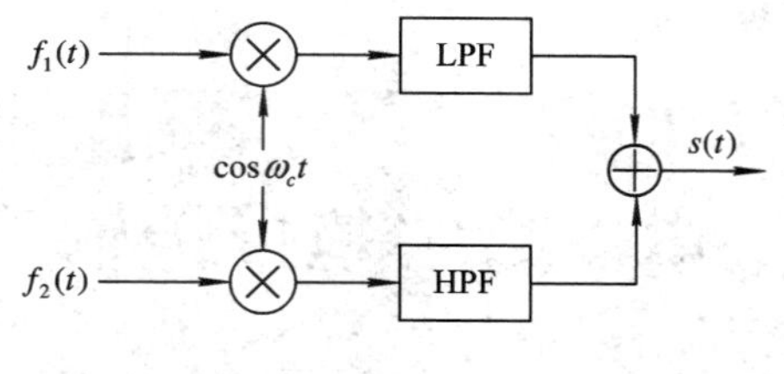

图 P4 - 4

4 - 14　某角度调制波为

$$S_m(t) = 10\cos(2\times10^6\pi t + 10\cos2000\pi t)$$

试确定：

(1) 最大频偏、最大相移和带宽；

(2) 该信号是 FM 信号还是 PM 信号。

4 - 15　设调制信号 $m(t)=\cos4000\pi t$，对载波 $c(t)=2\cos2\times10^6\pi t$ 分别进行调幅和窄带调频。

(1) 写出已调信号的时域和频域表达式；

(2) 画出频谱图；

(3) 讨论两种方式的主要异同点。

4 - 16　已知调制信号是 8 MHz 的单频余弦信号，并设信道噪声单边功率谱密度 $n_0=5\times10^{-15}$ W/Hz，信道损耗 α 为 60 dB。若要求输出信噪比为 40 dB，试比较制度增益为 2/3 的 AM 系统和调频指数为 5 的 FM 系统的带宽和发射功率。

4 - 17　已知调频信号

$$S_m(t) = 10\cos[(10^6\pi t) + 8\cos(10^3\pi t)]$$

调制器的频偏常数 $K_f=200$ Hz/V，试求：

(1) 载频 f_c、调频指数和最大频偏；

(2) 调制信号 $m(t)$。

第5章　数字基带传输系统

本章在了解数字基带信号的特性，包括波形、码型和频谱特性的基础上，重点研究如何设计基带传输总特性，以消除码间干扰；如何有效地减小信道加性噪声的影响，以提高系统抗噪声性能。然后介绍一种利用实验手段方便地估计系统性能的方法——眼图，并提出改善数字基带传输性能的两个措施——部分响应和时域均衡。

5.1　数字基带传输概述

来自数据终端的原始数据信号，如计算机输出的二进制序列，电传机输出的代码，或者是来自模拟信号经数字化处理后的PCM码组，ΔM序列等等都是数字信号。这些信号往往包含丰富的低频分量，甚至直流分量，因而称之为数字基带信号。在某些具有低通特性的有线信道中，特别是传输距离不太远的情况下，数字基带信号可以直接传输，我们称之为数字基带传输。而大多数信道，如各种无线信道和光信道，则是带通型的，数字基带信号必须经过载波调制，把频谱搬移到高载处才能在信道中传输，我们把这种传输称为数字频带(调制或载波)传输。

在实际应用场合，数字基带传输虽然不如频带传输那样广泛，但对于基带传输系统的研究仍是十分有意义的。一是因为近程数据通信系统广泛采用了这种传输方式；二是因为基带传输系统的许多问题也是频带传输系统必须考虑的；三是因为任何一个采用线性调制的频带传输系统可等效为基带传输系统来研究。

基带传输系统的基本结构如图5-1所示。它主要由信道信号形成器、信道、接收滤波器和抽样判决器组成。为了保证系统可靠有序地工作，还应有同步系统。图5-1中各部分的作用简述如下。

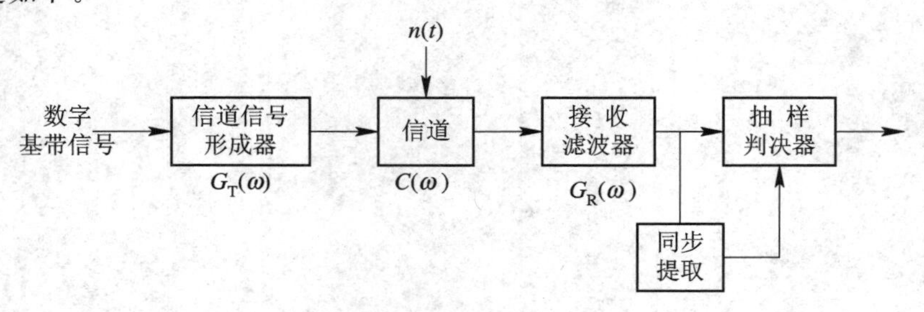

图5-1　数字基带传输系统

信道信号形成器　基带传输系统的输入是由终端设备或编码器产生的脉冲序列，它往往不适合直接送到信道中传输。信道信号形成器的作用就是把原始基带信号变换成适合于信道传输的基带信号，这种变换主要是通过码型变换和波形变换来实现的，其目的是与信道匹配，便于传输，减小码间串扰，利于同步提取和抽样判决。

信道　它是允许基带信号通过的媒质，通常为有线信道，如各种电缆信道的传输特性通常不满足无失真传输条件，甚至是随机变化的。另外信道还会进入噪声。

接收滤波器　它的主要作用是滤除带外噪声，对信道特性均衡，使输出的基带波形有利于抽样判决。

抽样判决器　它是在传输特性不理想及噪声背景下，在规定时刻(由位定时脉冲控制)对接收滤波器的输出波形进行抽样判决，以恢复或再生基带信号。用来抽样的位定时脉冲则依靠同步提取电路从接收信号中提取，位定时的准确与否将直接影响判决效果，这一点将在第 11 章中详细讨论。

图 5－1 所示基带系统的各点波形如图 5－2 所示。其中，(a)是输入的基带信号，这是最常见的单极性非归零信号；(b)是进行码型变换后的波形；(c)对(a)而言进行了码型及波形的变换，是一种适合在信道中传输的波形；(d)是信道输出信号，显然由于信道频率特性不理想，波形发生失真并叠加了噪声；(e)为接收滤波器输出波形，与(d)相比，失真和噪声减弱；(f)是位定时同步脉冲；(g)为恢复的信息，其中第 6 个码元发生误码，误码的原因之一是信道加性噪声，之二是传输总特性(包括收、发滤波器和信道的特性)不理想引起的波形延迟、展宽、拖尾等畸变，使码元之间相互串扰。此时，实际抽样判决值不仅有本码元的值，还有其他码元在该码元抽样时刻的串扰值及噪声。显然，接收端能否正确恢复信息在于能否有效地抑制噪声和减小码间串扰，这两点也正是本章讨论的重点。

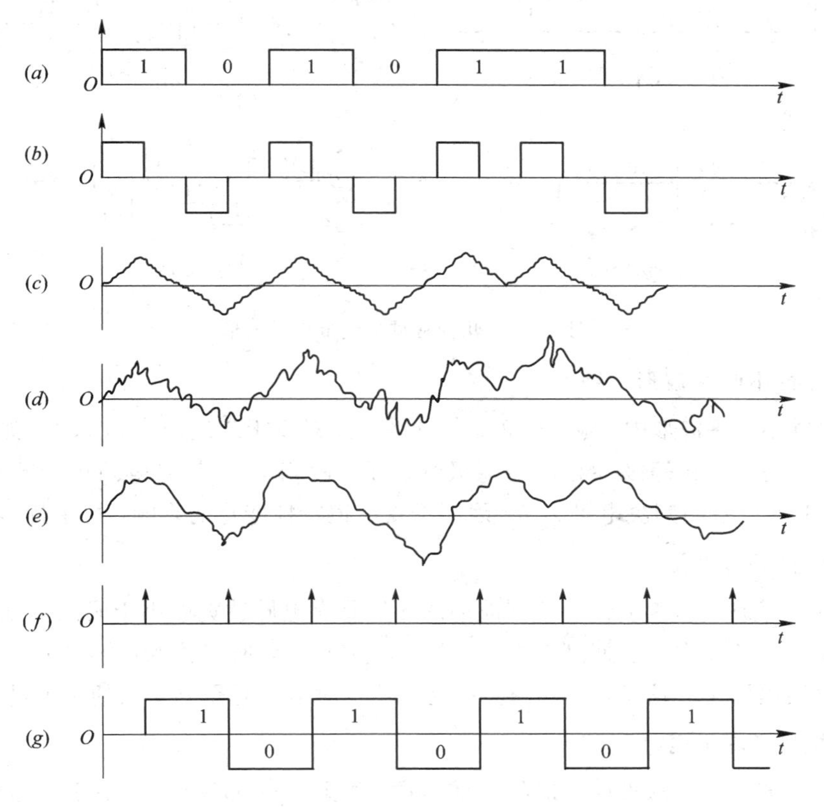

图 5－2　基带系统各点波形示意图

5.2 数字基带信号及其频谱特性

5.2.1 数字基带信号

数字基带信号是消息代码的电波形(或电脉冲)表示。数字基带信号的类型有很多，常见的有矩形脉冲、三角波、高斯脉冲和升余弦脉冲等。下面以矩形脉冲为例介绍几种最常见的基带信号波形。

1. 单极性不归零波形

单极性不归零波形如图 5－3(*a*)所示，这是一种最简单、最常用的基带信号形式。这种信号脉冲的零电平和正电平分别对应着二进制代码 0 和 1，或者说，它在一个码元时间内用脉冲的有或无来对应表示 0 或 1 码。其特点是极性单一，有直流分量，脉冲之间无间隔。

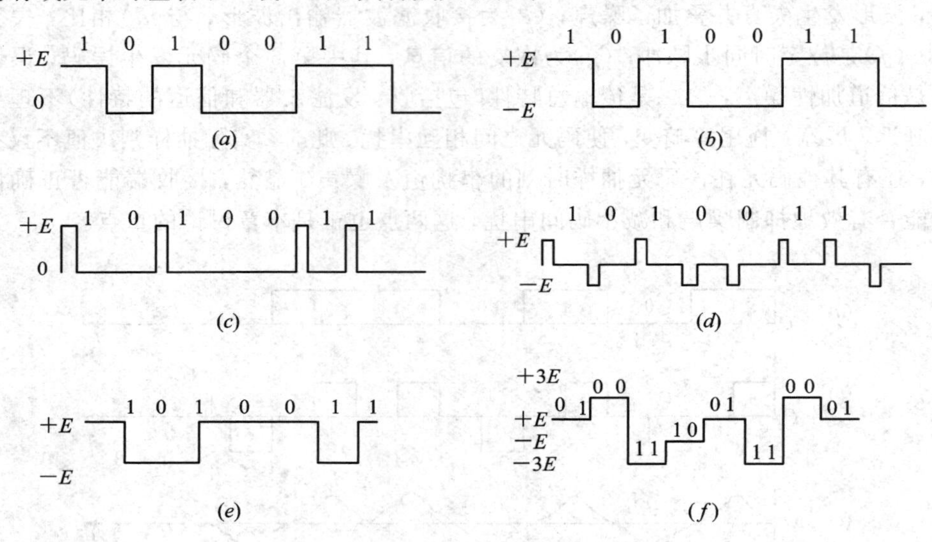

图 5－3　几种常见的基带信号波形

2. 双极性不归零波形

在双极性不归零波形中。脉冲的正、负电平分别对应于二进制代码 1、0，如图 5－3(*b*)所示，由于它是幅度相等极性相反的双极性波形，故当 0、1 符号等可能出现时无直流分量。这样，恢复信号的判决电平为 0，因而不受信道特性变化的影响，抗干扰能力也较强。

3. 单极性归零波形

单极性归零波形与单极性不归零波形的区别是有电脉冲宽度小于码元宽度，每个有电脉冲在小于码元长度内总要回到零电平(见图 5－3(*c*))，所以称为归零波形。单极性归零波形可以直接提取定时信息，是其他波形提取位定时信号时需要采用的一种过渡波形。

4. 双极性归零波形

双极性归零波形是双极性波形的归零形式，如图 5－3(*d*)所示。它兼有双极性和不归零波形的特点。

5. 差分波形

这种波形不是用码元本身的电平表示消息代码，而是用相邻码元的电平的跳变和不变来表示消息代码，如图 5-3(e)所示。图中，以电平跳变表示1，以电平不变表示0，当然上述规定也可以反过来。由于差分波形是以相邻脉冲电平的相对变化来表示代码的，因此称它为相对码波形，相应地称前面的单极性或双极性波形为绝对码波形。用差分波形传送代码可以消除设备初始状态的影响，特别是在相位调制系统中用于解决载波相位模糊问题。

6. 多电平波形

上述各种信号都是一个脉冲对应一个二进制符号。实际上还存在一个脉冲对应多个二进制符号的情形。这种波形统称为多电平波形或多值波形。例如，若令两个二进制符号00对应$+3E$，01对应$+E$，10对应$-E$，11对应$-3E$，则所得波形为4电平波形，如图5-3(f)所示。由于这种波形的一个脉冲可以代表多个二进制符号，故适用在高数据速率传输系统中。

前面已经指出，消息代码的电波形并非一定是矩形的，还可是其他形式。但无论采用什么形式的波形，数字基带信号都可用数学式表示出来。若数字基带信号中各码元波形相同而取值不同，则可表示为

$$s(t)=\sum_{n=-\infty}^{\infty}a_n g(t-nT_s) \qquad (5.2-1)$$

式中，a_n 是第 n 个信息符号所对应的电平值，由信码和编码规律决定；T_s 为码元间隔；$g(t)$为某种标准脉冲波形，对于二进制代码序列，若令 $g_1(t)$代表“0”，$g_2(t)$代表“1”，则

$$a_n g(t-nT_s)=\begin{cases}g_1(t-nT_s)，表示符号“0”\\ g_2(t-nT_s)，表示符号“1”\end{cases}$$

由于 a_n 是一个随机量。因此，通常在实际中遇到的基带信号 $s(t)$都是一个随机的脉冲序列。

一般情况下，数字基带信号可表示为

$$s(t)=\sum_{n=-\infty}^{\infty}s_n(t) \qquad (5.2-2)$$

5.2.2 基带信号的频谱特性

研究基带信号的频谱结构是十分必要的，通过谱分析，我们可以了解信号需要占据的频带宽度，有无直流分量，有无定时分量等。这样，我们才能针对信号谱的特点来选择相匹配的信道，以及确定是否可从信号中提取定时信号。

数字基带信号是随机的脉冲序列，没有确定的频谱函数，所以只能用功率谱来描述它的频谱特性。第2章中介绍的由随机过程的相关函数去求随机过程的功率(或能量)谱密度就是一种典型的分析广义平稳随机过程的方法。但这种计算方法比较复杂。一种比较简单的方法是利用随机过程功率谱的定义来求。

设二进制的随机脉冲序列如图 5-4(a)所示，其中，假设 $g_1(t)$表示“0”码，$g_2(t)$表示“1”码。$g_1(t)$和 $g_2(t)$在实际中可以是任意的脉冲，但为了便于在图上区分，这里把$g_1(t)$画成宽度为 T_s 的方波，把 $g_2(t)$画成宽度为 T_s 的三角波。

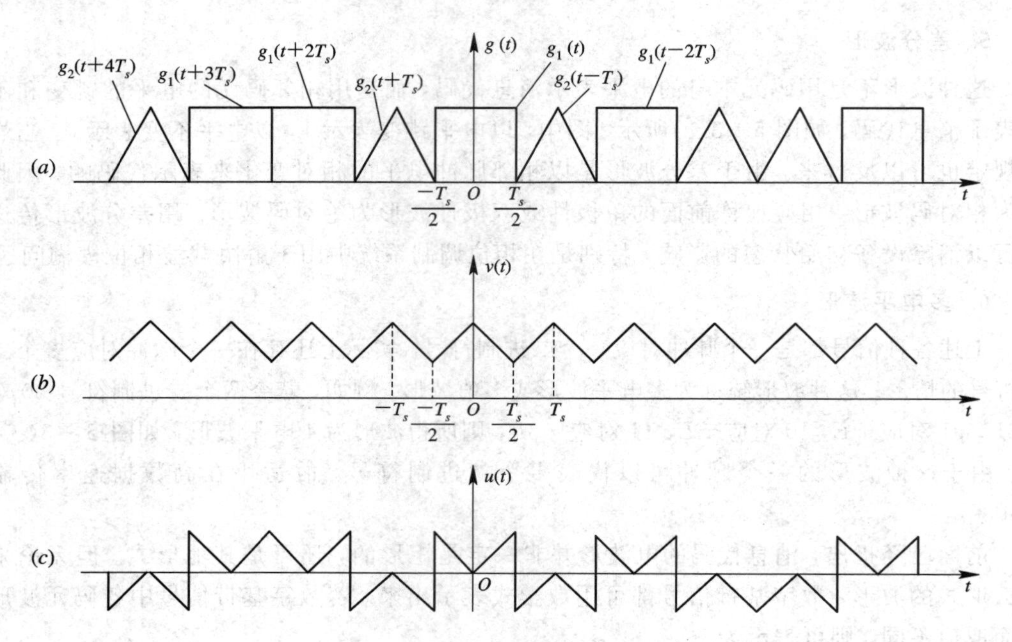

图 5-4 随机脉冲序列示意波形

现在假设序列中任一码元时间 T_s 内 $g_1(t)$ 和 $g_2(t)$ 出现的概率分别为 P 和 $1-P$，且认为它们的出现是统计独立的，则 $s(t)$ 可用式(5.2-2)表征，即

$$s(t)=\sum_{n=-\infty}^{\infty}s_n(t) \tag{5.2-3}$$

其中

$$s_n(t)=\begin{cases}g_1(t-nT_s)，以概率 P 出现\\ g_2(t-nT_s)，以概率(1-P) 出现\end{cases} \tag{5.2-4}$$

为了使频谱分析的物理概念清楚，推导过程简化，可以把 $s(t)$ 分解成稳态波 $v(t)$ 和交变波 $u(t)$。所谓稳态波，即是随机序列 $s(t)$ 的统计平均分量，它取决于每个码元内出现 $g_1(t)$、$g_2(t)$ 的概率加权平均，且每个码元统计平均波形相同，因此可表示成

$$v(t)=\sum_{n=-\infty}^{\infty}[Pg_1(t-nT_s)+(1-P)g_2(t-nT_s)]=\sum_{n=-\infty}^{\infty}v_n(t) \tag{5.2-5}$$

其波形如图 5-4(b)所示，显然 $v(t)$ 是一个以 T_s 为周期的周期函数。

交变波 $u(t)$ 是 $s(t)$ 与 $v(t)$ 之差，即

$$u(t)=s(t)-v(t) \tag{5.2-6}$$

其中第 n 个码元为

$$u_n(t)=s_n(t)-v_n(t) \tag{5.2-7}$$

于是

$$u(t)=\sum_{n=-\infty}^{\infty}u_n(t) \tag{5.2-8}$$

其中，$u_n(t)$ 可根据式(5.2-4)和式(5.2-5)表示为

$$u_n(t)=\begin{cases}g_1(t-nT_s)-Pg_1(t-nT_s)-(1-P)g_2(t-nT_s)\\ =(1-P)[g_1(t-nT_s)-g_2(t-nT_s)]，以概率 P\\ g_2(t-nT_s)-Pg_1(t-nT_s)-(1-P)g_2(t-nT_s)\\ =-P[g_1(t-nT_s)-g_2(t-nT_s)]，以概率(1-P)\end{cases}$$

或者写成

$$u_n(t) = a_n[g_1(t-nT_s) - g_2(t-nT_s)] \tag{5.2-9}$$

其中

$$a_n = \begin{cases} 1-P, & \text{以概率 } P \\ -P, & \text{以概率}(1-P) \end{cases} \tag{5.2-10}$$

显然，$u(t)$是随机脉冲序列，图 5－4(c)画出了 $u(t)$的一个实现。

下面我们根据式(5.2－5)和式(5.2－8)，分别求出稳态波 $v(t)$和交变波 $u(t)$的功率谱，然后根据式(5.2－6)的关系，将两者的功率谱合并起来就可得到随机基带脉冲序列 $s(t)$的功率谱。

1. $v(t)$的功率谱密度 $P_v(f)$

由于 $v(t)$是以 T_s 为周期的周期信号，故

$$v(t) = \sum_{n=-\infty}^{\infty}[Pg_1(t-nT_s) + (1-P)g_2(t-nT_s)]$$

可以展成傅里叶级数

$$v(t) = \sum_{m=-\infty}^{\infty} C_m \mathrm{e}^{\mathrm{j}2\pi m f_s t} \tag{5.2-11}$$

式中

$$C_m = \frac{1}{T_s}\int_{-T_s/2}^{T_s/2} v(t)\mathrm{e}^{-\mathrm{j}2\pi m f_s t}\,\mathrm{d}t \tag{5.2-12}$$

由于在$(-T_s/2,\ T_s/2)$范围内(相当于 $n=0$)，$v(t)=Pg_1(t)+(1-P)g_2(t)$，所以

$$C_m = \frac{1}{T_s}\int_{-T_s/2}^{T_s/2}[Pg_1(t) + (1-P)g_2(t)]\mathrm{e}^{-\mathrm{j}2\pi m f_s t}\,\mathrm{d}t$$

又由于 $Pg_1(t)+(1-P)g_2(t)$只存在$(-T_s/2,\ T_s/2)$范围内，所以上式的积分限可以改为从$-\infty$到∞，因此

$$\begin{aligned} C_m &= \frac{1}{T_s}\int_{-\infty}^{\infty}[Pg_1(t) + (1-P)g_2(t)]\mathrm{e}^{-\mathrm{j}2\pi m f_s t}\,\mathrm{d}t \\ &= f_s[PG_1(mf_s) + (1-P)G_2(mf_s)] \end{aligned} \tag{5.2-13}$$

式中

$$G_1(mf_s) = \int_{-\infty}^{\infty} g_1(t)\mathrm{e}^{-\mathrm{j}2\pi m f_s t}\,\mathrm{d}t$$

$$G_2(mf_s) = \int_{-\infty}^{\infty} g_2(t)\mathrm{e}^{-\mathrm{j}2\pi m f_s t}\,\mathrm{d}t$$

$$f_s = \frac{1}{T_s}$$

再根据周期信号功率谱密度与傅里叶系数 C_m 的关系式，有

$$\begin{aligned} P_v(f) &= \sum_{m=-\infty}^{\infty} |C_m|^2\delta(f-mf_s) \\ &= \sum_{m=-\infty}^{\infty} |f_s[PG_1(mf_s) + (1-P)G_2(mf_s)]|^2\delta(f-mf_s) \end{aligned} \tag{5.2-14}$$

可见稳态波的功率谱 $P_v(f)$是冲击强度取决$|C_m|^2$ 的离散线谱，根据离散谱可以确定随机序列是否包含直流分量($m=0$)和定时分量($m=1$)。

2. $u(t)$的功率谱密度 $P_u(f)$

$u(t)$是功率型的随机脉冲序列，它的功率谱密度可采用截短函数和求统计平均的方法来求，参照第 2 章中的功率谱密度的原始定义式(2.2 - 15)，有

$$P_u(f) = \lim_{N\to\infty}\frac{E[|U_T(f)|^2]}{(2N+1)T_s} \tag{5.2 - 15}$$

其中，$U_T(f)$是 $u(t)$的截短函数 $u_T(t)$的频谱函数；E 表示统计平均；截取时间 T 是$(2N+1)$个码元的长度，即

$$T = (2N+1)T_s \tag{5.2 - 16}$$

式中，N 为一个足够大的数值，且当 $T\to\infty$时，意味着 $N\to\infty$。

现在先求出频谱函数 $U_T(f)$。由式(5.2 - 8)，显然有

$$u_T(t) = \sum_{n=-N}^{N} u_n(t) = \sum_{n=-N}^{N} a_n[g_1(t-nT_s) - g_2(t-nT_s)] \tag{5.2 - 17}$$

则

$$\begin{aligned} U_T(f) &= \int_{-\infty}^{\infty} u_T(t)\mathrm{e}^{-\mathrm{j}2\pi ft}\,\mathrm{d}t \\ &= \sum_{n=-N}^{N} a_n\int_{-\infty}^{\infty}[g_1(t-nT_s) - g_2(t-nT_s)]\mathrm{e}^{-\mathrm{j}2\pi ft}\,\mathrm{d}t \\ &= \sum_{n=-N}^{N} a_n\mathrm{e}^{-\mathrm{j}2\pi fnT_s}[G_1(f) - G_2(f)] \end{aligned} \tag{5.2 - 18}$$

式中

$$G_1(f) = \int_{-\infty}^{\infty} g_1(t)\mathrm{e}^{-\mathrm{j}2\pi ft}\,\mathrm{d}t$$

$$G_2(f) = \int_{-\infty}^{\infty} g_2(t)\mathrm{e}^{-\mathrm{j}2\pi ft}\,\mathrm{d}t$$

于是

$$\begin{aligned} |U_T(f)|^2 &= U_T(f)U_T^*(f) \\ &= \sum_{m=-N}^{N}\sum_{n=-N}^{N} a_m a_n\,\mathrm{e}^{\mathrm{j}2\pi f(n-m)T_s}[G_1(f) - G_2(f)][G_1(f) - G_2(f)]^* \end{aligned} \tag{5.2 - 19}$$

其统计平均为

$$E[|U_T(f)|^2] = \sum_{m=-N}^{N}\sum_{n=-N}^{N} E(a_m a_n)\mathrm{e}^{\mathrm{j}2\pi f(n-m)T_s}[G_1(f) - G_2(f)][G_1^*(f) - G_2^*(f)] \tag{5.2 - 20}$$

当 $m = n$ 时

$$a_m a_n = a_n^2 = \begin{cases} (1-P)^2, & \text{以概率 } P \\ P^2, & \text{以概率}(1-P) \end{cases}$$

所以

$$E[a_n^2] = P(1-P)^2 + (1-P)P^2 = P(1-P) \tag{5.2 - 21}$$

当 $m \neq n$ 时

$$a_m a_n = \begin{cases} (1-P)^2, & \text{以概率 } P^2 \\ P^2, & \text{以概率}(1-P)^2 \\ -P(1-P), & \text{以概率 } 2P(1-P) \end{cases}$$

所以

$$E[a_m a_n] = P^2(1-P)^2 + (1-P)^2 P^2 + 2P(1-P)(P-1)P = 0 \tag{5.2-22}$$

由以上计算可知式(5.2-20)的统计平均值仅在 $m=n$ 时存在，即

$$\begin{aligned} E[|U_T(f)|^2] &= \sum_{n=-N}^{N} E[a_n^2] |G_1(f)-G_2(f)|^2 \\ &= (2N+1)P(1-P)|G_1(f)-G_2(f)|^2 \end{aligned} \tag{5.2-23}$$

根据式(5.2-15)，可求得交变波的功率谱为

$$\begin{aligned} P_u(f) &= \lim_{N\to\infty} \frac{(2N+1)P(1-P)|G_1(f)-G_2(f)|^2}{(2N+1)T_s} \\ &= f_s P(1-P)|G_1(f)-G_2(f)|^2 \end{aligned} \tag{5.2-24}$$

可见，交变波的的功率谱 $P_u(f)$是连续谱，它与 $g_1(t)$和 $g_2(t)$的频谱以及出现概率 P 有关。根据连续谱可以确定随机序列的带宽。

3. $s(t)=u(t)+v(t)$的功率谱密度 $P_s(f)$

将式(5.2-14)与式(5.2-24)相加，可得到随机序列 $s(t)$的功率谱密度为

$$\begin{aligned} P_s(f) &= P_u(f) + P_v(f) \\ &= f_s P(1-P)|G_1(f)-G_2(f)|^2 \\ &\quad + \sum_{m=-\infty}^{\infty} |f_s[PG_1(mf_s)+(1-P)G_2(mf_s)]|^2 \delta(f-mf_s) \end{aligned} \tag{5.2-25}$$

上式是双边的功率谱密度表示式。如果写成单边的，则有

$$\begin{aligned} P_s(f) &= 2f_s P(1-P)|G_1(f)-G_2(f)|^2 + f_s^2 |PG_1(0)+(1-P)G_2(0)|^2 \delta(f) \\ &\quad + 2f_s^2 \sum_{m=1}^{\infty} |PG_1(mf_s)+(1-P)G_2(mf_s)|^2 \delta(f-mf_s),\ f \geqslant 0 \end{aligned} \tag{5.2-26}$$

由式(5.2-25)可知，随机脉冲序列的功率谱密度可能包含连续谱 $P_u(f)$和离散谱 $P_v(f)$。对于连续谱而言，由于代表数字信息的 $g_1(t)$及 $g_2(t)$不能完全相同，故 $G_1(f) \neq G_2(f)$，因而 $P_u(\omega)$总是存在的；而离散谱是否存在，取决 $g_1(t)$和 $g_2(t)$的波形及其出现的概率 P，下面举例说明。

【例 5-1】 对于单极性波形：若设 $g_1(t)=0$，$g_2(t)=g(t)$，则随机脉冲序列的双边功率谱密度为

$$P_s(f) = f_s P(1-P)|G(f)|^2 + \sum_{m=-\infty}^{\infty} |f_s(1-P)G(mf_s)|^2 \delta(f-mf_s) \tag{5.2-27}$$

等概率($P=1/2$)时，上式简化为

$$P_s(f) = \frac{1}{4} f_s |G(f)|^2 + \frac{1}{4} f_s^2 \sum_{m=-\infty}^{\infty} |G(mf_s)|^2 \delta(f-mf_s) \tag{5.2-28}$$

(1) 若表示"1"码的波形 $g_2(t)=g(t)$ 为不归零矩形脉冲，即

$$g(t)=\begin{cases}1, & |t|\leqslant \dfrac{T_s}{2}\\ 0, & 其他\end{cases}$$

其频谱函数为

$$G(f)=T_s\left[\frac{\sin\pi fT_s}{\pi fT_s}\right]=T_s\,\mathrm{Sa}(\pi fT_s)$$

$f=mf_s$，$G(mf_s)$ 的取值情况：$m=0$ 时，$G(mf_s)=T_s\,\mathrm{Sa}(0)\neq 0$，因此离散谱中有直流分量；$m$ 为不等于零的整数时，$G(mf_s)=T_s\,\mathrm{Sa}(n\pi)=0$，离散谱均为零，因而无定时信号。

这时，式(5.2-28)变成

$$P_s(f)=\frac{1}{4}f_sT_s^2\left[\frac{\sin\pi fT_s}{\pi fT_s}\right]^2+\frac{1}{4}\delta(f)=\frac{T_s}{4}\,\mathrm{Sa}^2(\pi fT_s)+\frac{1}{4}\delta(f) \qquad (5.2-29)$$

随机序列的带宽取决于连续谱，实际由单个码元的频谱函数 $G(f)$ 决定，该频谱的第一个零点在 $f=f_s$，因此单极性不归零信号的带宽为 $B_s=f_s$，如图 5-5 所示。

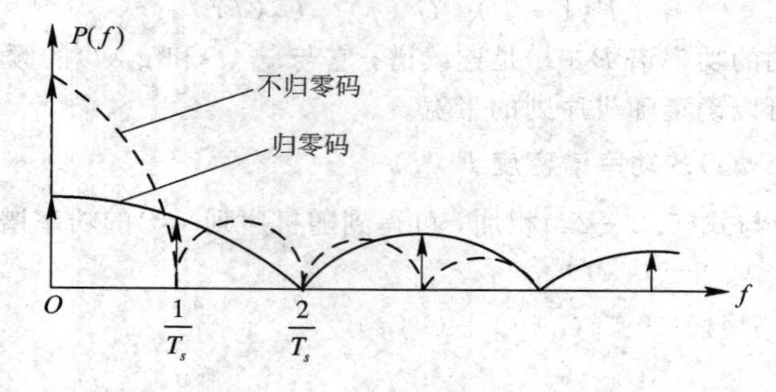

图 5-5 二进制基带信号的功率谱密度

(2) 若表示"1"码的波形 $g_2(t)=g(t)$ 为半占空归零矩形脉冲，即脉冲宽度 $\tau=T_s/2$ 时，其频谱函数为

$$G(f)=\frac{T_s}{2}\,\mathrm{Sa}\left(\frac{\pi fT_s}{2}\right)$$

$f=mf_s$，$G(mf_s)$ 的取值情况：$m=0$ 时，$G(mf_s)=T_s\,\mathrm{Sa}(0)\neq 0$，因此离散谱中有直流分量；$m$ 为奇数时，$G(mf_s)=\dfrac{T_s}{2}\,\mathrm{Sa}\left(\dfrac{m\pi}{2}\right)\neq 0$，此时有离散谱，其中 $m=1$ 时，$G(mf_s)=\dfrac{T_s}{2}\,\mathrm{Sa}\left(\dfrac{\pi}{2}\right)\neq 0$，因而有定时信号；$m$ 为偶数时，$G(mf_s)=\dfrac{T_s}{2}\,\mathrm{Sa}\left(\dfrac{m\pi}{2}\right)=0$，此时无离散谱。

这时，式(5.2-28)变成

$$P_s(f)=\frac{T_s}{16}\,\mathrm{Sa}^2\left(\frac{\pi fT_s}{2}\right)+\frac{1}{16}\sum_{m=-\infty}^{\infty}\mathrm{Sa}^2\left(\frac{m\pi}{2}\right)\delta(f-mf_s) \qquad (5.2-30)$$

不难求出，单极性半占空归零信号的带宽为 $B_s=2f_s$。

【例 5-2】 对于双极性波形：若设 $g_1(t)=-g_2(t)=g(t)$，则

$$P_s(f)=4f_sP(1-P)\,|G(f)|^2+\sum_{m=-\infty}^{\infty}|f_s(2P-1)G(mf_s)|^2\delta(f-mf_s)$$

(5.2-31)

等概率($P=1/2$)时，上式变为

$$P_s(f) = f_s \mid G(f) \mid^2 \tag{5.2-32}$$

若 $g(t)$ 为高为 1、脉宽等于码元周期的矩形脉冲，那么上式可写成

$$P_s(f) = T_s \, \mathrm{Sa}^2(\pi f T_s) \tag{5.2-33}$$

从以上两例可以看出：

(1) 随机序列的带宽主要依赖单个码元波形的频谱函数 $G_1(f)$ 或 $G_2(f)$，两者之中应取较大带宽的一个作为序列带宽。时间波形的占空比越小，频带越宽。通常以谱的第一个零点作为矩形脉冲的近似带宽，它等于脉宽 τ 的倒数，即 $B_s=1/\tau$。由图 5-5 可知，不归零脉冲的 $\tau=T_s$，则 $B_s=f_s$；半占空归零脉冲的 $\tau=T_s/2$，则 $B_s=1/\tau=2f_s$。其中 $f_s=1/T_s$，是位定时信号的频率，在数值上与码速率 R_B 相等。

(2) 单极性基带信号是否存在离散线谱取决于矩形脉冲的占空比，单极性归零信号中有定时分量，可直接提取。单极性不归零信号中无定时分量，若想获取定时分量，要进行波形变换。0、1 等概率的双极性信号没有离散谱，也就是说无直流分量和定时分量。

综上分析，研究随机脉冲序列的功率谱是十分有意义的，一方面我们可以根据它的连续谱来确定序列的带宽，另一方面根据它的离散谱是否存在这一特点，使我们明确能否从脉冲序列中直接提取定时分量，以及采用怎样的方法可以从基带脉冲序列中获得所需的离散分量。

应当指出的是，在以上的分析方法中，没有限定 $g_1(t)$ 和 $g_2(t)$ 的波形，因此式(5.2-25)不仅适用于计算数字基带信号的功率谱，也可以用来计算数字调制信号的功率谱。事实上由式(5.2-25)很容易得到二进制幅度键控(ASK)、相位键控(PSK)和移频键控(FSK)的功率谱。

5.3 基带传输的常用码型

在实际的基带传输系统中，并不是所有代码的电波形都能在信道中传输。例如，前面介绍的含有直流分量和较丰富低频分量的单极性基带波形就不适宜在低频传输特性差的信道中传输，因为它有可能造成信号严重畸变。又如，当消息代码中包含长串的连续“1”或“0”符号时，非归零波形呈现出连续的固定电平，因而无法获取定时信息。单极性归零码在传送连“0”符号时，存在同样的问题。因此，对传输用的基带信号主要有两个方面的要求：

(1) 对码型的要求：原始消息代码必须编成适合于传输用的码型；

(2) 对所选码型的电波形要求：电波形应适合于基带系统的传输。

前者属于传输码型的选择，后者是基带脉冲的选择。这是两个既独立又有联系的问题。本节先讨论码型的选择问题，后一问题将在以后讨论。

传输码(或称线路码)的结构将取决于实际信道特性和系统工作的条件。通常，传输码的结构应具有下列主要特性：

(1) 相应的基带信号无直流分量，且低频分量少；

(2) 便于从信号中提取定时信息；

(3) 信号中高频分量尽量少，以节省传输频带并减少码间串扰；

(4) 不受信息源统计特性的影响，即能适应于信息源的变化；

(5) 具有内在的检错能力，传输码型应具有一定的规律性，以便利用这一规律进行宏观监测；

(6) 编译码设备要尽可能简单，等等。

满足或部分满足以上特性的传输码型种类繁多，这里准备介绍目前常见的几种。

1. AMI 码

AMI 码是传号交替反转码。其编码规则是将二进制消息代码“1”(传号)交替地变换为传输码的“+1”和“−1”，而“0”(空号)保持不变。例如：

消息代码：　1 0 0　1　1 0 0 0 0 0 0 0　1　1 0 0　1　1 …

AMI 码：+1 0 0 −1 +1 0 0 0 0 0 0 0 −1 +1 0 0 −1 +1 …

AMI 码对应的基带信号是正负极性交替的脉冲序列，而 0 电位保持不变的规律。AMI 码的优点是，由于+1 与−1 交替，AMI 码的功率谱(见图 5-6)中不含直流成分，高、低频分量少，能量集中在频率为 1/2 码速处。位定时频率分量虽然为 0，但只要将基带信号经全波整流变为单极性归零波形，便可提取位定时信号。此外，AMI 码的编译码电路简单，便于利用传号极性交替规律观察误码情况。鉴于这些优点，AMI 码是 ITU 建议采用的传输码性之一。

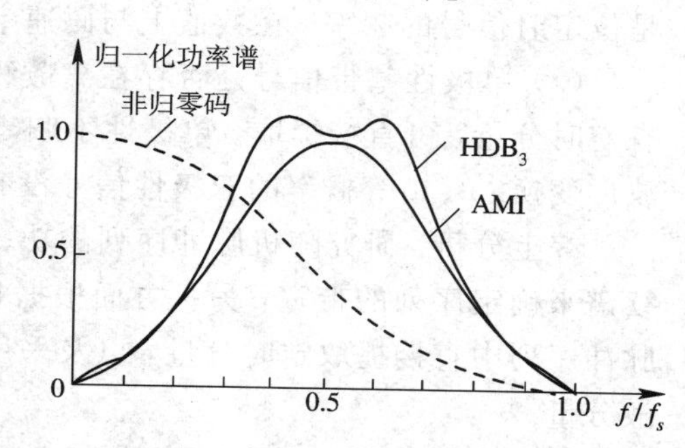

图 5-6　AMI 码和 HDB$_3$ 码的功率谱

AMI 码的不足是，当原信码出现连“0”串时，信号的电平长时间不跳变，造成提取定时信号的困难。解决连“0”码问题的有效方法之一是采用 HDB$_3$ 码。

2. HDB$_3$ 码

HDB$_3$ 码的全称是三阶高密度双极性码，它是 AMI 码的一种改进型，其目的是为了保持 AMI 码的优点而克服其缺点，使连“0”个数不超过 3 个。其编码规则如下：

(1) 当信码的连“0”个数不超过 3 时，仍按 AMI 码的规则进行编制，即传号极性交替；

(2) 当连“0”个数超过 3 时，则将第 4 个“0”改为非“0”脉冲，记为$+V$或$-V$，称之为破坏脉冲。相邻 V 码的极性必须交替出现，以确保编好的码中无直流；

(3) 为了便于识别，V 码的极性应与其前一个非“0”脉冲的极性相同，否则，将四连“0”的第一个“0”更改为与该破坏脉冲相同极性的脉冲，并记为$+B$或$-B$；

(4) 破坏脉冲之后的传号码极性也要交替。例如：

代码：	1000	0	1000	0	1	1	000	0	1	1
AMI 码：	−1000	0	+1000	0	−1	+1	000	0	−1	+1
HDB$_3$ 码：	−1000	$-V$	+1000	$+V$	−1	+1	$-B$00	$-V$	+1	−1

其中的$\pm V$脉冲和$\pm B$脉冲与±1 脉冲波形相同，用 V 或 B 符号的目的是为了示意是将原信码的“0”变换成“1”码。

虽然 HDB$_3$ 码的编码规则比较复杂，但译码却比较简单。从上述原理可看出，每一个破坏符号 V 总是与前一非 0 符号同极性(包括 B 在内)。这就是说，从收到的符号序列中可以容易地找到破坏点 V，于是也断定 V 符号及其前面的 3 个符号必是连“0”符号，从而恢复 4 个连“0”码，再将所有−1 变成+1 后便得到原消息代码。

HDB_3 码除保持了 AMI 码的优点外，同时还将连“0”码限制在 3 个以内，故有利于位定时信号的提取。HDB_3 码是应用最为广泛的码型，A 律 PCM 四次群以下的接口码型均为 HDB_3 码。

PST 码能提供足够的定时分量，且无直流成分，编码过程也较简单。但这种码在识别时需要提供“分组”信息，即需要建立帧同步。

在上述两种码型(AMI 码、HDB_3 码)中，每位二进制信码都被变换成 1 位三电平取值(+1、0、−1)的码，因而有时把这类码称为 1B/1T 码。

3. 数字双相码

数字双相码又称曼彻斯特(Manchester)码。它用一个周期的正负对称方波表示“0”，而用其反相波形表示“1”。编码规则之一是：“0”码用“01”两位码表示，“1”码用“10”两位码表示，例如：

代码：	1	1	0	0	1	0	1
双相码：	10	10	01	01	10	01	10

双相码只有极性相反的两个电平，而不像前面的三种码具有三个电平。因为双相码在每个码元周期的中心点都存在电平跳变，所以富含位定时信息。又因为这种码的正、负电平各半，所以无直流分量，编码过程也简单。但带宽比原信码大 1 倍。

双相码适用于数据终端设备在近距离上传输，本地数据网常采用该码作为传输码型，信息速率可高达 10 Mb/s。

4. 密勒码

密勒(Miller)码又称延迟调制码，它是双相码的一种变形。编码规则如下：“1”码用码元间隔中心点出现跃变来表示，即用“10”或“01”表示。“0”码有两种情况：单个“0”时，在码元间隔内不出现电平跃变，且与相邻码元的边界处也不跃变，连“0”时，在两个“0”码的边界处出现电平跃变，即“00”与“11”交替。

为了便于理解，图 5 - 7(*a*)和(*b*)示出了代码序列为 11010010 时，双相码和密勒码的波形。由图 5 - 7(*b*)可见，若两个“1”码中间有一个“0”码，则密勒码流中出现最大宽度为 $2T_s$ 的波形，即两个码元周期。这一性质可用来进行宏观检错。

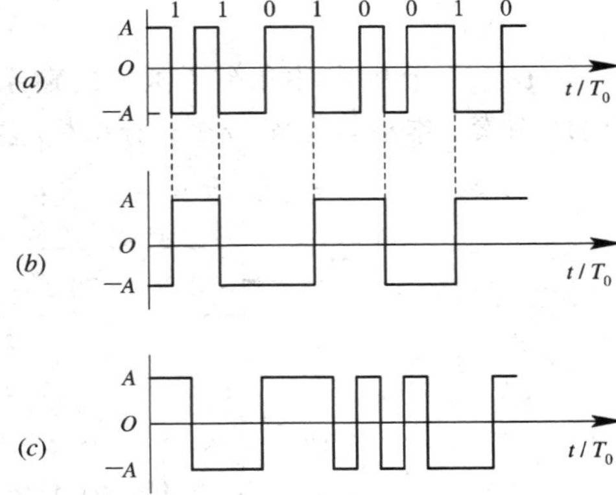

图 5 - 7　双相码、密勒码、CMI 码的波形
(*a*) 双相码；(*b*) 密勒码；(*c*) CMI 码

比较图 5 - 7 中的(*a*)和(*b*)两个波形可以看出，双相码的下降沿正好对应于密勒码的跃变沿。因此，用双相码的下降沿去触发双稳电路，即可输出密勒码。密勒码最初用于气象卫星和磁记录，现在也用于低速基带数传机中。

5. CMI 码

CMI 码是传号反转码的简称，与数字双相码类似，它也是一种双极性二电平码。编码规则是：“1”码交替用“11”和“00”两位码表示；“0”码固定地用“01”表示，其波形图如图

5－7(c)所示。

CMI码有较多的电平跃变，因此含有丰富的定时信息。此外，由于10为禁用码组，不会出现3个以上的连码，这个规律可用来宏观检错。

由于CMI码易于实现，且具有上述特点，因此是CCITT推荐的PCM高次群采用的接口码型，在速率低于8.448 Mb/s的光纤传输系统中有时也用作线路传输码型。

在数字双相码、密勒码和CMI码中，每个原二进制信码都用一组2位的二进制码表示，因此这类码又称为1B2B码。

6. *n*B*m*B码

nBmB码是把原信息码流的n位二进制码作为一组，编成m位二进制码的新码组。由于$m>n$，新码组可能有2^m种组合，故多出(2^m-2^n)种组合。从中选择一部分有利码组作为可用码组，其余为禁用码组，以获得好的特性。在光纤数字传输系统中，通常选择$m=n+1$，有1B2B码、2B3B、3B4B码以及5B6B码等，其中，5B6B码型已实用化，用作三次群和四次群以上的线路传输码型。

7. 4B/3T码型

在某些高速远程传输系统中，1B/1T码的传输效率偏低。为此可以将输入二进制信码分成若干位一组，然后用较少位数的三元码来表示，以降低编码后的码速率，从而提高频带利用率。4B/3T码型是1B/1T码型的改进型，它把4个二进制码变换成3个三元码。显然，在相同的码速率下，4B/3T码的信息容量大于1B/1T，因而可提高频带利用率。4B/3T码适用于较高速率的数据传输系统，如高次群同轴电缆传输系统。

5.4 基带脉冲传输与码间串扰

在5.1节中定性介绍了基带传输系统的工作原理，初步了解码间串扰和噪声是引起误码的因素。本节将定量分析，分析模型如图5－8所示。

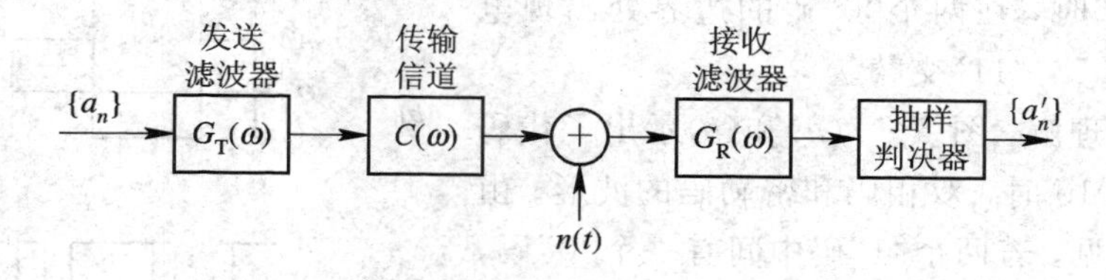

图5－8 基带传输系统模型

图中，$\{a_n\}$为发送滤波器的输入符号序列，在二进制的情况下，a_n取值为0、+1或−1、+1。为了分析方便，假设$\{a_n\}$对应的基带信号$d(t)$是间隔为T_s，强度由a_n决定的单位冲激序列，即

$$d(t)=\sum_{n=-\infty}^{\infty}a_n\delta(t-nT_s) \tag{5.4-1}$$

此信号激励发送滤波器时，发送滤波器的输出信号为

$$s(t)=d(t)*g_T(t)=\sum_{n=-\infty}^{\infty}a_n g_T(t-nT_s) \tag{5.4-2}$$

式中，“ * ”是卷积符号；$g_T(t)$是单个 δ 作用下形成的发送基本波形，即发送滤波器的冲激响应。若发送滤波器的传输特性为 $G_T(\omega)$，则 $g_T(t)$由下式确定

$$g_T(t) = \frac{1}{2\pi}\int_{-\infty}^{\infty} G_T(\omega)e^{j\omega t}\,d\omega \tag{5.4 - 3}$$

若再设信道的传输特性为 $C(\omega)$，接收滤波器的传输特性为 $G_R(\omega)$，则图 5 - 8 所示的基带传输系统的总传输特性为

$$H(\omega) = G_T(\omega)C(\omega)G_R(\omega) \tag{5.4 - 4}$$

其单位冲激响应为

$$h(t) = \frac{1}{2\pi}\int_{-\infty}^{\infty} H(\omega)e^{j\omega t}\,d\omega \tag{5.4 - 5}$$

$h(t)$是在单个 δ 作用下，$H(\omega)$形成的输出波形。因此在 δ 序列 $d(t)$作用下，接收滤波器输出信号 $y(t)$可表示为

$$y(t) = d(t) * h(t) + n_R(t) = \sum_{n=-\infty}^{\infty} a_n h(t - nT_s) + n_R(t) \tag{5.4 - 6}$$

式中，$n_R(t)$是加性噪声 $n(t)$经过接收滤波器后输出的噪声。

抽样判决器对 $y(t)$进行抽样判决，以确定所传输的数字信息序列$\{a_n\}$。例如我们要对第 k 个码元 a_k 进行判决，应在 $t=kT_s+t_0$ 时刻上(t_0 是信道和接收滤波器所造成的延时)对 $y(t)$抽样，由式(5.4 - 6)得

$$y(kT_s + t_0) = a_k h(t_0) + \sum_{n\neq k} a_n h[(k-n)T_s + t_0] + n_R(kT_s + t_0) \tag{5.4 - 7}$$

式中，第一项 $a_k h(t_0)$是第 k 个码元波形的抽样值，它是确定 a_k 的依据。第二项 $\sum_{n\neq k} a_n h[(k-n)T_s + t_0]$是除第 k 个码元以外的其他码元波形在第 k 个抽样时刻上的总和，它对当前码元 a_k 的判决起着干扰的作用，所以称为码间串扰值。由于 a_n 是以概率出现的，故码间串扰值通常是一个随机变量。第三项 $n_R(kT_s+t_0)$是输出噪声在抽样瞬间的值，它是一种随机干扰，也要影响对第 k 个码元的正确判决。

由于码间串扰和随机噪声的存在，当 $y(kT_s+t_0)$加到判决电路时，对 a_k 取值的判决可能判对也可能判错。例如，在二进制数字通信时，a_k 的可能取值为“0”或“1”，判决电路的判决门限为 V_0，且判决规则为

当 $y(kT_s+t_0)>V_0$ 时，判 a_k 为“1”

当 $y(kT_s+t_0)<V_0$ 时，判 a_k 为“0”

显然，当码间串扰值和噪声足够小时，才能保证正确的判决，否则，有可能发生错判，造成误码。因此，为了使误码率尽可能地小，必须最大限度地减小码间串扰和随机噪声的影响。这也正是研究基带脉冲传输的基本出发点。

5.5　无码间串扰的基带传输特性

由式(5.4 - 7)可知，若想消除码间串扰，应有

$$\sum_{n\neq k} a_n h[(k-n)T_s + t_0] = 0$$

由于 a_n 是随机的，要想通过各项相互抵消使码间串扰为 0 是不行的，这就需要对 $h(t)$的波

形提出要求，如果相邻码元的前一个码元的波形到达后一个码元抽样判决时刻时已经衰减到0，如图5-9(*a*)所示的波形，就能满足要求。但这样的波形不易实现，因为实际中的$h(t)$波形有很长的“拖尾”，也正是由于每个码元“拖尾”造成对相邻码元的串扰，但只要让它在t_0+T_s，t_0+2T_s等后面码元抽样判决时刻上正好为0，就能消除码间串扰，如图5-9(*b*)所示。这也是消除码间串扰的基本思想。

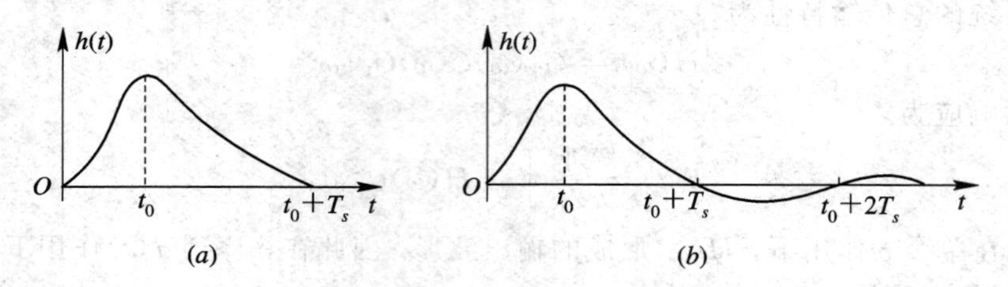

图5-9　消除码间串扰原理

由$h(t)$与$H(\omega)$的关系可知，如何形成合适的$h(t)$波形，实际是如何设计$H(\omega)$特性的问题。下面，我们在不考虑噪声时，研究如何设计基带传输特性$H(\omega)$，以形成在抽样时刻上无码间串扰的冲激响应波形$h(t)$。

根据上面的分析，在假设信道和接收滤波器所造成的延时$t_0=0$时，无码间串扰的基带系统冲激响应应满足下式：

$$h(kT_s)=\begin{cases}1, & k=0\\ 0, & k\text{为其他整数}\end{cases} \tag{5.5-1}$$

式(5.5-1)说明，无码间串扰的基带系统冲激响应除$t=0$时取值不为零外，其他抽样时刻$t=kT_s$上的抽样值均为零。下面我们来推导符合以上条件的$H(\omega)$。

因为

$$h(t)=\frac{1}{2\pi}\int_{-\infty}^{\infty}H(\omega)\mathrm{e}^{\mathrm{j}\omega t}\,\mathrm{d}\omega$$

所以在$t=kT_s$时，有

$$h(kT_s)=\frac{1}{2\pi}\int_{-\infty}^{\infty}H(\omega)\mathrm{e}^{\mathrm{j}\omega kT_s}\,\mathrm{d}\omega \tag{5.5-2}$$

把上式的积分区间用分段积分代替，每段长为$2\pi/T_s$，则上式可写成

$$h(kT_s)=\frac{1}{2\pi}\sum_i\int_{(2i-1)\pi/T_s}^{(2i+1)\pi/T_s}H(\omega)\mathrm{e}^{\mathrm{j}\omega kT_s}\,\mathrm{d}\omega \tag{5.5-3}$$

作变量代换：令$\omega'=\omega-\frac{2i\pi}{T_s}$，则有$\mathrm{d}\omega'=\mathrm{d}\omega$，$\omega=\omega'+\frac{2\pi i}{T_s}$。且当$\omega=\frac{(2i\pm1)\pi}{T_s}$时，$\omega'=\pm\frac{\pi}{T_s}$，于是

$$\begin{aligned}h(kT_s)&=\frac{1}{2\pi}\sum_i\int_{-\pi/T_s}^{\pi/T_s}H\left(\omega'+\frac{2i\pi}{T_s}\right)\mathrm{e}^{\mathrm{j}\omega' kT_s}\mathrm{e}^{\mathrm{j}2\pi ik}\,\mathrm{d}\omega'\\&=\frac{1}{2\pi}\sum_i\int_{-\pi/T_s}^{\pi/T_s}H\left(\omega'+\frac{2i\pi}{T_s}\right)\mathrm{e}^{\mathrm{j}\omega' kT_s}\,\mathrm{d}\omega'\end{aligned} \tag{5.5-4}$$

当上式之和一致收敛时，求和与积分的次序可以互换，于是有

$$h(kT_s)=\frac{1}{2\pi}\int_{-\pi/T_s}^{\pi/T_s}\sum_i H\left(\omega+\frac{2i\pi}{T_s}\right)\mathrm{e}^{\mathrm{j}\omega kT_s}\,\mathrm{d}\omega \tag{5.5-5}$$

这里，我们已把ω'重新记为ω。

将无码间串扰时域条件(5.5－1)带入上式，便可得到无码间串扰时，基带传输特性应满足的频域条件

$$\sum_i H\left(\omega+\frac{2\pi i}{T_s}\right)=T_s,\qquad |\omega|\leqslant\frac{\pi}{T_s}\tag{5.5-6}$$

该条件称为奈奎斯特第一准则。它为我们提供了检验或设计$H(\omega)$能否实现无码间串扰传输的理论依据。

式(5.5－6)的物理意义是，将$H(\omega)$在ω轴上以$2\pi/T_s$间隔切开，然后分段沿ω轴平移到$(-\pi/T_s,\ \pi/T_s)$区间内进行叠加，其结果应当为一常数(不必一定是T_s)，如图5－10所示。

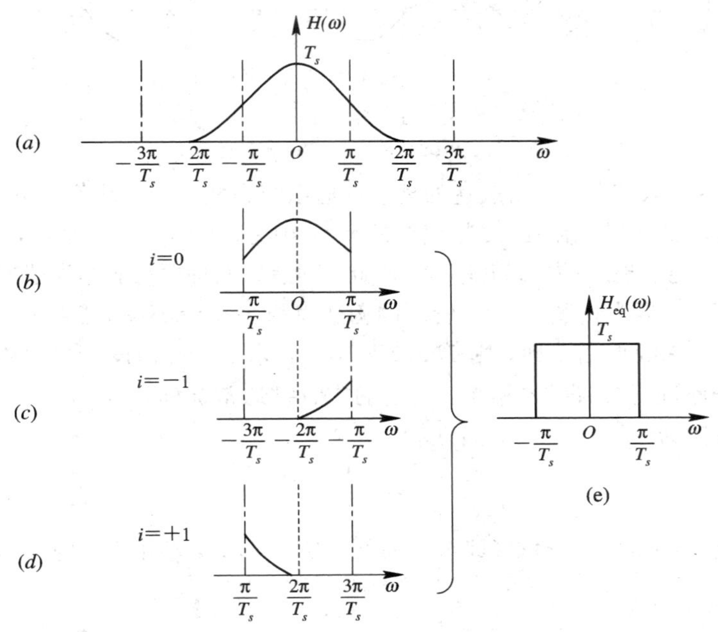

图5－10　满足无码间串扰的传输特性

显然，满足式(5.5－6)的$H(\omega)$并不是惟一的。如何设计或选择满足式(5.5－6)的$H(\omega)$是接下来需要讨论的问题。

容易想到的一种，就是式(5.5－6)中只有$i=0$项，即

$$H(\omega)=\begin{cases}T_s, & |\omega|\leqslant\dfrac{\pi}{T_s}\\[2ex] 0, & |\omega|>\dfrac{\pi}{T_s}\end{cases}\tag{5.5-7}$$

这时，$H(\omega)$为一理想低通滤波器。如图5－7(a)所示，它的冲激响应为

$$h(t)=\frac{\sin\dfrac{\pi}{T_s}t}{\dfrac{\pi}{T_s}t}=\mathrm{Sa}\left(\frac{\pi t}{T_s}\right)\tag{5.5-8}$$

如图5－7(b)所示，$h(t)$在$t=\pm kT_s(k\neq0)$时有周期性零点，当发送序列的间隔为T_s时正好巧妙地利用了这些零点(见图5－7(b)中虚线)，实现了无码间串扰传输。

由图 5-11 和式(5.5-7)可以看出，输入序列若以 $1/T_s$ 波特的速率进行传输，则所需的最小传输带宽为$(1/2T_s)$Hz。这是在抽样时刻上无码间串扰条件下，基带系统所能达到的极限情况。此时基带系统所能提供的最高频带利用率为 $\eta=2$ 波特/赫兹。通常，我们把 $1/2T_s$ 称为奈奎斯特带宽，记为 W_1，则该系统无码间串扰的最高传输速率为 $2W_1$ 波特，称为奈奎斯特速率。显然，如果该系统用高于 $1/T_s$ 波特的码元速率传送时，将存在码间串扰。

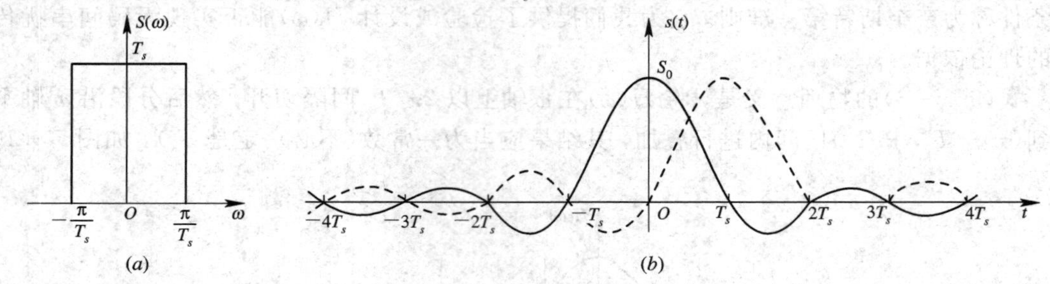

图 5-11　理想低通系统

(a) 传输特性；(b) 冲激响应

令人遗憾的是，式(5.5-7)所表达的理想低通系统在实际应用中存在两个问题：一是理想矩形特性的物理实现极为困难；二是理想的冲激响应 $h(t)$的“尾巴”很长，衰减很慢，当定时存在偏差时，可能出现严重的码间串扰。因此，理想低通特性只能作为理想的“标准”。

在实际应用中，通常按图 5-12 所示的构造思想去设计 $H(\omega)$特性，只要图中的 $Y(\omega)$具有对 W_1 呈奇对称的振幅特性，则 $H(\omega)$即为所要求的。这种设计也可看成是理想低通特性按奇对称条件进行“圆滑”的结果，上述的“圆滑”通常被称为“滚降”。

定义滚降系数为

$$\alpha=\frac{W_2}{W_1} \tag{5.5-9}$$

其中，W_1 是无滚降时的截止频率(即奈奎斯特带宽)，W_2 为超出 W_1 的超出量。

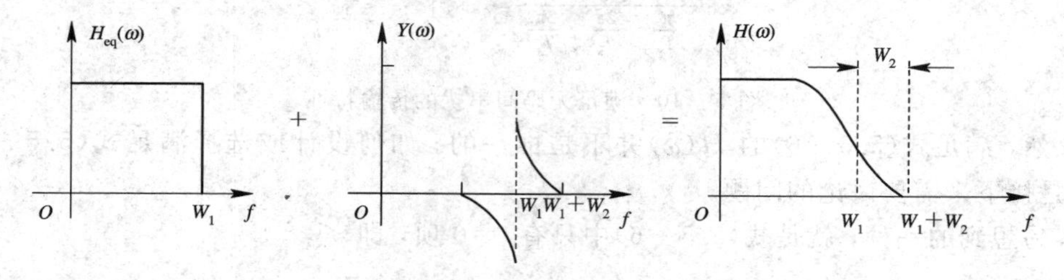

图 5-12　滚降特性构成

显然，$0\leqslant\alpha\leqslant1$。不同的 α 有不同的滚降特性。图 5-13 画出了按余弦滚降的三种滚降特性和冲激响应。具有滚降系数 α 的余弦滚降特性 $H(\omega)$可表示成

$$H(\omega)=\begin{cases}T_s, & 0\leqslant|\omega|<\dfrac{(1-\alpha)\pi}{T_s}\\[2ex] \dfrac{T_s}{2}\left[1+\sin\dfrac{T_s}{2\alpha}\left(\dfrac{\pi}{T_s}-\omega\right)\right], & \dfrac{(1-\alpha)\pi}{T_s}\leqslant|\omega|<\dfrac{(1+\alpha)\pi}{T_s}\\[2ex] 0, & |\omega|\geqslant\dfrac{(1+\alpha)\pi}{T_s}\end{cases} \tag{5.5-10}$$

相应的 $h(t)$ 为

$$h(t)=\frac{\sin\pi t/T_s}{\pi t/T_s}\cdot\frac{\cos\alpha\pi t/T_s}{1-4\alpha^2t^2/T_s^2}$$

实际的 $H(\omega)$ 可按不同的 α 来选取。

由图 5-13 可以看出：$\alpha=0$ 时，就是理想低通特性，具有最高利用率；$\alpha=1$ 时，是实际中常采用的升余弦频谱特性，这时，$H(\omega)$ 可表示为

$$H(\omega)=\begin{cases}\dfrac{T_s}{2}\left(1+\cos\dfrac{\omega T_s}{2}\right), & |\omega|\leqslant\dfrac{2\pi}{T_s}\\ 0, & |\omega|>\dfrac{2\pi}{T_s}\end{cases}\tag{5.5-11}$$

其单位冲激响应为

$$h(t)=\frac{\sin\pi t/T_s}{\pi t/T_s}\cdot\frac{\cos\pi t/T_s}{1-4t^2/T_s^2}\tag{5.5-12}$$

由图 5-13 和式(5.5-12)可知，升余弦滚降系统的 $h(t)$ 满足抽样值上无串扰的传输条件，且各抽样值之间又增加了一个零点，因而尾部衰减较快(与 t^2 成反比)，这有利于减小码间串扰和位定时误差的影响。但这种系统的频谱宽度是 $\alpha=0$ 的 2 倍，因此，频带利用率为 1 波特/赫兹，是最高利用率的一半。若 $0<\alpha<1$ 时，带宽 $B=(1+\alpha)/2T_s$ 赫兹，频带利用率 $\eta=2/(1+\alpha)$ 波特/赫兹。

应当指出，在以上讨论中并没有涉及 $H(\omega)$ 的相移特性。但实际上它的相移特性一般不为零，故需要加以考虑。然而，在推导式(5.5-6)的过程中，我们并没有指定 $H(\omega)$ 是实函数，所以，式(5.5-6)对于一般特性的 $H(\omega)$ 均适用。

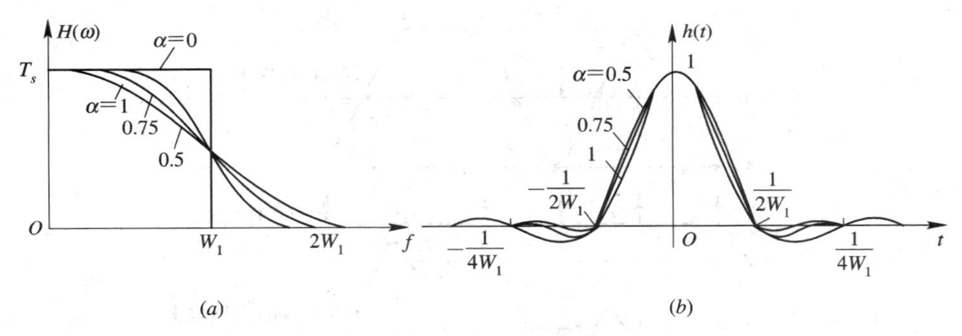

图 5-13　余弦滚降系统

(a) 传输特性；(b) 冲激响应

5.6　无码间串扰基带系统的抗噪声性能

码间串扰和信道噪声是影响接收端正确判决而造成误码的两个因素。上节讨论了不考虑噪声影响时，能够消除码间串扰的基带传输特性。本节来讨论在无码间串扰的条件下，噪声对基带信号传输的影响，即计算噪声引起的误码率。

若认为信道噪声只对接收端产生影响，则分析模型如图 5-14 所示。设二进制接收波形为 $s(t)$，信道噪声 $n(t)$ 通过接收滤波器后的输出噪声为 $n_R(t)$，则接收滤波器的输出是信

号加噪声的混合波形，即

$$x(t)=s(t)+n_{\mathrm{R}}(t)$$

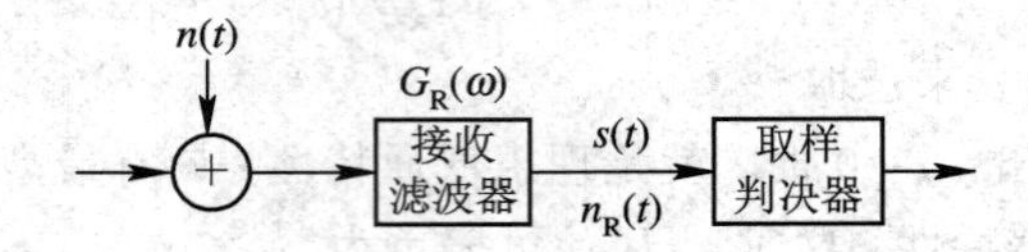

图 5-14　抗噪声性能分析模型

若二进制基带信号为双极性，设它在抽样时刻的电平取值为 $+A$ 或 $-A$（分别对应于信码“1”或“0”），则 $x(t)$ 在抽样时刻的取值为

$$x(kT_s)=\begin{cases}A+n_{\mathrm{R}}(kT_s), & \text{发送“1”时}\\ -A+n_{\mathrm{R}}(kT_s), & \text{发送“0”时}\end{cases} \tag{5.6-1}$$

设判决电路的判决门限为 V_{d}，判决规则为

$$x(kT_s)>V_{\mathrm{d}}，判为“1”码$$

$$x(kT_s)\leqslant V_{\mathrm{d}}，判为“0”码$$

上述判决过程的典型波形如图 5-15 所示。其中，图(a)是无噪声影响时的信号波形，而图(b)则是图(a)波形叠加上噪声后的混合波形。显然，这时的判决门限应选择在 0 电平，不难看出，对图(a)波形能够毫无差错地恢复基带信号，但对图(b)的波形就可能出现两种判决错误：原“1”错判成“0”或原“0”错判成“1”，图中带“×”的码元就是错码。下面定量分析信道加性噪声引起的误码概率 P_{e}，简称误码率。

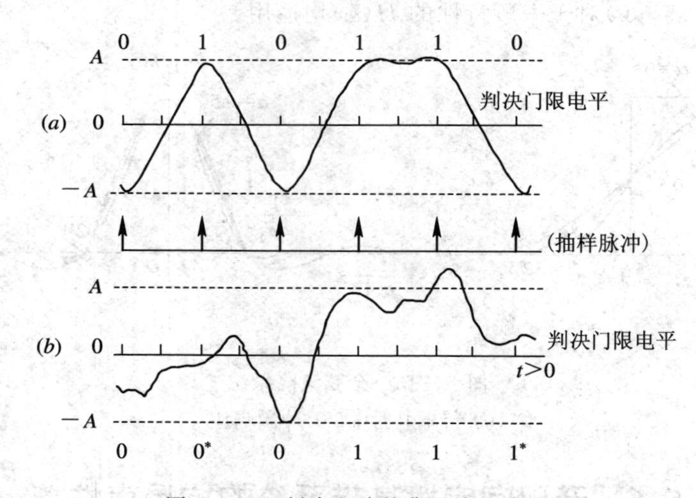

图 5-15　判决电路的典型输入波形

设信道加性噪声 $n(t)$ 是均值为 0、双边功率谱密度为 $n_0/2$ 的平稳高斯白噪声，则接收滤波器（线性网络）的输出噪声 $n_{\mathrm{R}}(t)$ 也是均值为 0 的平稳高斯噪声，且它的功率谱密度 $P_n(\omega)$ 为

$$P_n(\omega)=\frac{n_0}{2}\,|\,G_{\mathrm{R}}(\omega)\,|^2$$

方差（噪声平均功率）为

$$\sigma_n^2 = \frac{1}{2\pi}\int_{-\infty}^{\infty}\frac{n_0}{2}\mid G_R(\omega)\mid^2 \mathrm{d}\omega \tag{5.6-2}$$

可见，$n_R(t)$是均值为 0、方差为 σ_n^2 的高斯噪声，因此它的瞬时值的统计特性可用下述一维概率密度函数描述

$$f(V) = \frac{1}{\sqrt{2\pi}\sigma_n}e^{-V^2/2\sigma_n^2} \tag{5.6-3}$$

式中，V 就是噪声的瞬时取值 $n_R(kT_s)$。

根据式(5.6-1)，当发送“1”时，$A+n_R(kT_s)$的一维概率密度函数为

$$f_1(x) = \frac{1}{\sqrt{2\pi}\sigma_n}\exp\left[-\frac{(x-A)^2}{2\sigma_n^2}\right] \tag{5.6-4}$$

当发送“0”时，$-A+n_R(kT_s)$的一维概率密度函数为

$$f_0(x) = \frac{1}{\sqrt{2\pi}\sigma_n}\exp\left[-\frac{(x+A)^2}{2\sigma_n^2}\right] \tag{5.6-5}$$

与它们相应的曲线分别示于图 5-16 中。

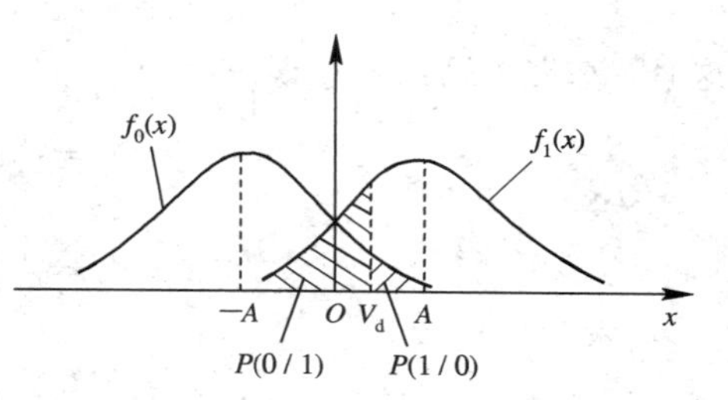

图 5-16 $x(t)$的概率密度曲线

在$-A$到$+A$之间选择一个适当的电平 V_d 作为判决门限，根据判决规则将会出现以下几种情况：

对“1”码 $\begin{cases}\text{当 } x>V_d \text{ 时，判为“1”码(判决正确)}\\ \text{当 } x\leqslant V_d \text{ 时，判为“0”码(判决错误)}\end{cases}$

对“0”码 $\begin{cases}\text{当 } x\leqslant V_d \text{ 时，判为“0”码(判决正确)}\\ \text{当 } x>V_d \text{ 时，判为“1”码(判决错误)}\end{cases}$

可见，在二进制基带信号传输过程中，噪声会引起两种误码概率：

(1) 发“1”错判为“0”的概率 $P(0/1)$：

$$\begin{aligned}P(0/1) &= P(x\leqslant V_d) = \int_{-\infty}^{V_d} f_1(x)\,\mathrm{d}x\\ &=\int_{-\infty}^{V_d}\frac{1}{\sqrt{2\pi}\sigma_n}\exp\left[-\frac{(x-A)^2}{2\sigma_n^2}\right]\mathrm{d}x\\ &=\frac{1}{2}+\frac{1}{2}\operatorname{erf}\left(\frac{V_d-A}{\sqrt{2}\sigma_n}\right)\end{aligned} \tag{5.6-6}$$

(2) 发“0”错判为“1”的概率 $P(1/0)$：

$$\begin{aligned}P(1/0) &= P(x>V_d) = \int_{V_d}^{\infty} f_0(x)\,\mathrm{d}x\\ &=\int_{V_d}^{\infty}\frac{1}{\sqrt{2\pi}\sigma_n}\exp\left[-\frac{(x+A)^2}{2\sigma_n^2}\right]\mathrm{d}x\\ &=\frac{1}{2}-\frac{1}{2}\operatorname{erf}\left(\frac{V_d+A}{\sqrt{2}\sigma_n}\right)\end{aligned} \tag{5.6-7}$$

$P(0/1)$和 $P(1/0)$分别如图 5-16 中的阴影部分所示。若发送“1”码的概率为 $P(1)$，发送“0”码的概率为 $P(0)$，则基带传输系统总的误码率可表示为

$$
\begin{aligned}
P_e &= P(1)P(0/1) + P(0)P(1/0) \\
&= P(1)\int_{-\infty}^{V_d} f_1(x)\,dx + P(0)\int_{V_d}^{\infty} f_0(x)\,dx
\end{aligned}
\tag{5.6-8}
$$

从式(5.6－8)可以看出，误码率 P_e 与 $P(1)$，$P(0)$，$f_0(x)$，$f_1(x)$和 V_d 有关，而 $f_0(x)$和 $f_1(x)$又与信号的峰值 A 和噪声功率 σ_n^2 有关。通常 $P(1)$和 $P(0)$是给定的，因此误码率最终由 A、σ_n^2 和门限 V_d 决定。在 A 和 σ_n^2 一定的条件下，可以找到一个使误码率最小的判决门限电平，这个门限电平称为最佳门限电平。若令

$$
\frac{dP_e}{dV_d} = 0
$$

则可求得最佳门限电平

$$
V_d^* = \frac{\sigma_n^2}{2A}\ln\frac{P(0)}{P(1)}
\tag{5.6-9}
$$

当 $P(1)=P(0)=1/2$ 时

$$
V_d^* = 0
$$

这时，基带传输系统总误码率为

$$
\begin{aligned}
P_e &= \frac{1}{2}P(0/1) + \frac{1}{2}P(1/0) \\
&= \frac{1}{2}\left[1 - \operatorname{erf}\left(\frac{A}{\sqrt{2}\sigma_n}\right)\right] \\
&= \frac{1}{2}\operatorname{erfc}\left(\frac{A}{\sqrt{2}\sigma_n}\right)
\end{aligned}
\tag{5.6-10}
$$

从该式可见，在发送概率相等，且在最佳门限电平下，系统的总误码率仅依赖于信号峰值 A 与噪声均方根值 σ_n 的比值，而与采用什么样的信号形式无关(当然，这里的信号形式必须是能够消除码间干扰的)。若比值 A/σ_n 越大，则 P_e 就越小。

以上分析的是双极性信号的情况。对于单极性信号，电平取值为＋A(对应“1”码)或 0(对应“0”码)。因此，在发“0”码时，只需将图 5－16 中 $f_0(x)$曲线的分布中心由－A 移到 0 即可。这时式(5.6－9)和式(5.6－10)将分别变成

$$
V_d^* = \frac{A}{2} + \frac{\sigma_n^2}{A}\ln\frac{P(0)}{P(1)}
\tag{5.6-11}
$$

当 $P(1)=P(0)=1/2$ 时

$$
V_d^* = \frac{A}{2}
$$

这时

$$
P_e = \frac{1}{2}\left[1 - \operatorname{erf}\left(\frac{A}{2\sqrt{2}\sigma_n}\right)\right] = \frac{1}{2}\operatorname{erfc}\left(\frac{A}{2\sqrt{2}\sigma_n}\right)
\tag{5.6-12}
$$

式中，A 是单极性基带波形的峰值。以上两式读者可自行证明。

比较式(5.6－10)与式(5.6－12)可见，在单极性与双极性基带信号的峰值 A 相等、噪声均方根值 σ_n 也相同时，单极性基带系统的抗噪声性能不如双极性基带系统。此外，在等概率条件下，单极性的最佳判决门限电平为 $A/2$，当信道特性发生变化时，信号幅度 A 将随着变化，故判决门限电平也随之改变，而不能保持最佳状态，从而导致误码率增大。而

双极性的最佳判决门限电平为 0，与信号幅度无关，因而不随信道特性变化而变，故能保持最佳状态。因此，基带系统多采用双极性信号进行传输。

5.7 眼　　图

从理论上讲，只要基带传输总特性 $H(\omega)$满足奈奎斯特第一准则，就可实现无码间串扰传输。但在实际中，由于滤波器部件调试不理想或信道特性的变化等因素，都可能使 $H(\omega)$特性改变，从而使系统性能恶化。计算由于这些因素所引起的误码率非常困难，尤其在码间串扰和噪声同时存在的情况下，系统性能的定量分析更是难以进行，因此在实际应用中需要用简便的实验方法来定性测量系统的性能，其中一个有效的实验方法是用示波器观察接收信号的波形。在传输二进制信号波形时，示波器显示的图形很像人的眼睛，故名“眼图”。

观察眼图的方法是：用一个示波器跨接在接收滤波器的输出端，然后调整示波器水平扫描周期，使其与接收码元的周期同步。此时可以从示波器显示的图形上，观察出码间干扰和噪声的影响，从而估计系统性能的优劣程度。

借助图 5－17，我们来了解眼图的形成原理。为了便于理解，暂不考虑噪声的影响。图 5－17(a)是接收滤波器输出的无码间串扰的双极性基带波形，用示波器观察它，并将示波器扫描周期调整到码元周期 T_s，由于示波器的余辉作用，扫描所得的每一个码元波形将重叠在一起，形成如图 5－17(c)所示的迹线细而清晰的大“眼睛”；图 5－17(b)是有码间串扰的双极性基带波形，由于存在码间串扰，此波形已经失真，示波器的扫描迹线就不完全重合，于是形成的眼图线迹杂乱，“眼睛”张开得较小，且眼图不端正，如图 5－17(d)所示。对比图(c)和图(d)可知，眼图的“眼睛”张开得越大，且眼图越端正，表示码间串扰越小；反之，表示码间串扰越大。

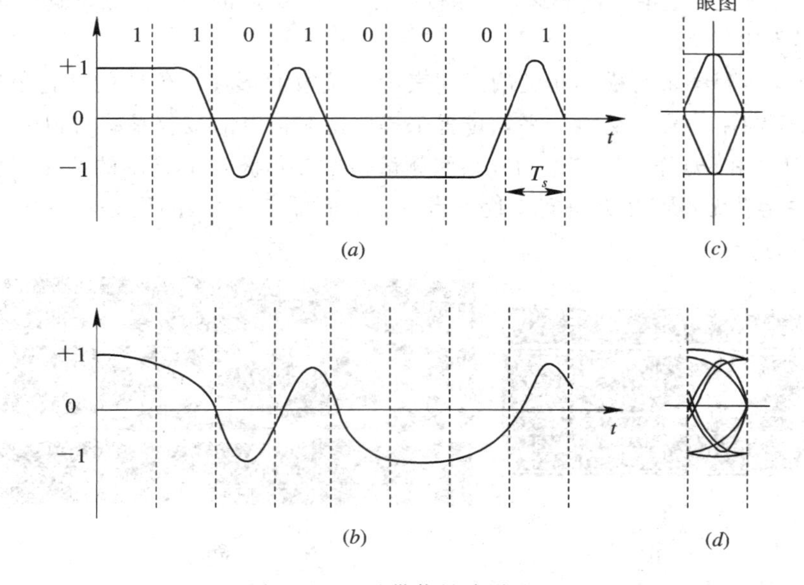

图 5－17　基带信号波形及眼图

当存在噪声时，眼图的线迹变成了比较模糊的带状的线，噪声越大，线条越宽，越模糊，“眼睛”张开得越小。不过，应该注意，从图形上并不能观察到随机噪声的全部形态，例如出现机会少的大幅度噪声，由于它在示波器上一晃而过，因而用人眼是观察不到的。所以，在示波器上只能大致估计噪声的强弱。

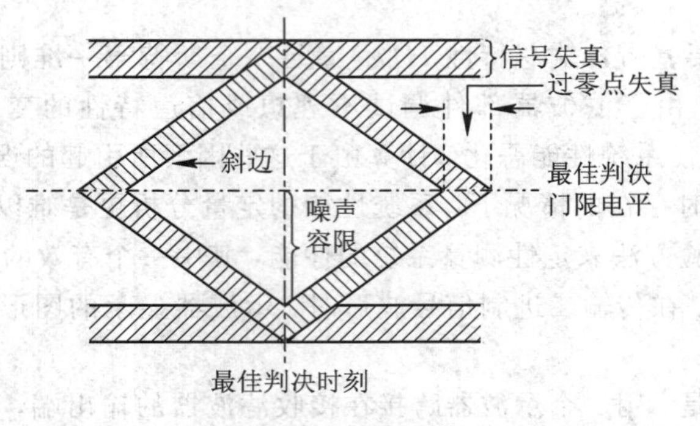

图 5-18　眼图的模型

从以上分析可知，眼图可以定性反映码间串扰和噪声的大小。眼图还可以用来指示接收滤波器的调整，以减小码间串扰，改善系统性能。为了说明眼图和系统性能之间的关系，我们把眼图简化为一个模型，如图 5-18 所示。

由图 5-18 可以获得以下信息：

(1) 最佳抽样时刻应是“眼睛”张开最大的时刻；

(2) 眼图斜边的斜率决定了系统对抽样定时误差的灵敏程度：斜率越大，对定时误差越灵敏；

(3) 图的阴影区的垂直高度表示信号的畸变范围；

(4) 图中央的横轴位置对应于判决门限电平；

(5) 抽样时刻上，上下两阴影区的间隔距离之半为噪声的容限，噪声瞬时值超过它就可能发生错误判决；

(6) 图中倾斜阴影带与横轴相交的区间表示了接收波形零点位置的变化范围，即过零点畸变，它对于利用信号零交点的平均位置来提取定时信息的接收系统有很大影响。

图 5-19(a)和(b)分别是二进制升余弦频谱信号在示波器上显示的两张眼图照片。图 5-19(a)是在几乎无噪声和无码间串扰下得到的，而图 5-19(b)则是在一定噪声和码间干扰串下得到的。

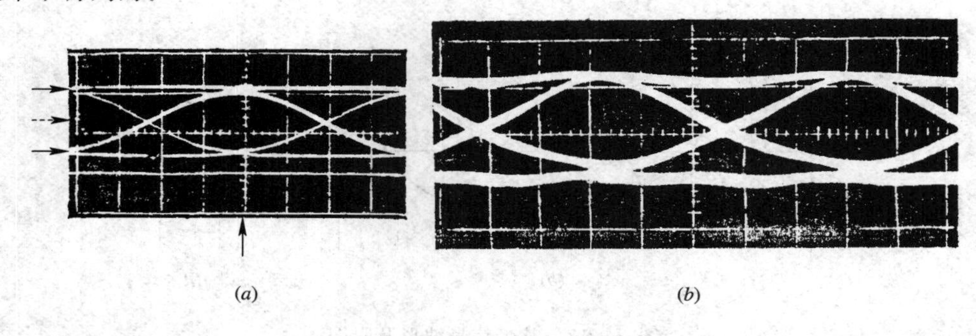

图 5-19　眼图照片

顺便指出，接收二进制波形时，在一个码元周期 T_s 内只能看到一只眼睛；若接收的是 M 进制波形，则在一个码元周期内可以看到纵向显示的 $(M-1)$ 只眼睛；另外，若扫描周期为 nT_s 时，可以看到并排的 n 只眼睛。

5.8　均衡技术

在信道特性 $C(\omega)$ 确知条件下，人们可以精心设计接收和发送滤波器以达到消除码间串扰和尽量减小噪声影响的目的。但在实际实现时，由于难免存在滤波器的设计误差和信道特性的变化，所以无法实现理想的传输特性，因而引起波形的失真从而产生码间串扰，系统的性能也必然下降。理论和实践均证明，在基带系统中插入一种可调(或不可调)滤波器可以校正或补偿系统特性，减小码间串扰的影响，这种起补偿作用的滤波器称为均衡器。

均衡可分为频域均衡和时域均衡。所谓频域均衡，是从校正系统的频率特性出发，使包括均衡器在内的基带系统的总特性满足无失真传输条件；所谓时域均衡，是利用均衡器产生的时间波形去直接校正已畸变的波形，使包括均衡器在内的整个系统的冲激响应满足无码间串扰条件。

频域均衡在信道特性不变，且在传输低速数据时是适用的。而时域均衡可以根据信道特性的变化进行调整，能够有效地减小码间串扰，故在高速数据传输中得以广泛应用。

5.8.1　时域均衡原理

如图 5－8 所示的数字基带传输模型，其总特性如式(5.4－4)表述，当 $H(\omega)$ 不满足式(5.5－9)无码间串扰条件时，就会形成有码间串扰的响应波形。现在我们来证明：如果在接收滤波器和抽样判决器之间插入一个称之为横向滤波器的可调滤波器，其冲激响应为

$$h_T(t) = \sum_{n=-\infty}^{\infty} C_n \delta(t - nT_s) \qquad (5.8-1)$$

式中，C_n 完全依赖于 $H(\omega)$，那么，理论上就可消除抽样时刻上的码间串扰。

设插入滤波器的频率特性为 $T(\omega)$，则当

$$T(\omega)H(\omega) = H'(\omega) \qquad (5.8-2)$$

满足式(5.5－9)，即满足

$$\sum_i H'\left(\omega + \frac{2\pi i}{T_s}\right) = T_s, \quad |\omega| \leqslant \frac{\pi}{T_s} \qquad (5.8-3)$$

时，则包括 $T(\omega)$ 在内的总特性 $H'(\omega)$ 将能消除码间串扰。

将式(5.8－2)代入式(5.8－3)，有

$$\sum_i H\left(\omega + \frac{2\pi i}{T_s}\right) T\left(\omega + \frac{2\pi i}{T_s}\right) = T_s, \quad |\omega| \leqslant \frac{\pi}{T_s} \qquad (5.8-4)$$

如果 $T(\omega)$ 是以 $2\pi/T_s$ 为周期的周期函数，即 $T\left(\omega+\frac{2\pi i}{T_s}\right)=T(\omega)$，则 $T(\omega)$ 与 i 无关，可拿到 $\sum_i$ 外边，于是有

$$T(\omega) = \frac{T_s}{\sum_i H\left(\omega + \frac{2\pi i}{T_s}\right)}, \quad |\omega| \leqslant \frac{\pi}{T_s} \qquad (5.8-5)$$

使得式(5.8－3)成立。

既然 $T(\omega)$是按式(5.8－5)开拓的周期为 $2\pi/T_s$ 的周期函数，则 $T(\omega)$可用傅里叶级数来表示，即

$$T(\omega)=\sum_{n=-\infty}^{\infty}C_n \mathrm{e}^{-\mathrm{j}nT_s\omega} \tag{5.8-6}$$

式中

$$C_n=\frac{T_s}{2\pi}\int_{-\pi/T_s}^{\pi/T_s}T(\omega)\mathrm{e}^{\mathrm{j}n\omega T_s}\,\mathrm{d}\omega \tag{5.8-7}$$

或

$$C_n=\frac{T_s}{2\pi}\int_{-\pi/T_s}^{\pi/T_s}\frac{T_s}{\sum\limits_i H\left(\omega+\frac{2\pi i}{T_s}\right)}\mathrm{e}^{\mathrm{j}n\omega T_s}\,\mathrm{d}\omega \tag{5.8-8}$$

由上式看出，傅里叶系数 C_n 由 $H(\omega)$决定。

对式(5.8－6)求傅里叶反变换，则可求得其单位冲激响应 $h_{\mathrm{T}}(t)$为

$$h_{\mathrm{T}}(t)=\mathscr{L}^{-1}[T(\omega)]=\sum_{n=-\infty}^{\infty}C_n\delta(t-nT_s) \tag{5.8-9}$$

这就是我们需要证明的式(5.8－1)。

由式(5.8－9)看出，$h_{\mathrm{T}}(t)$是图 5－20 所示网络的单位冲激响应，该网络是由无限多的按横向排列的迟延单元和抽头系数组成的，因此称为横向滤波器。

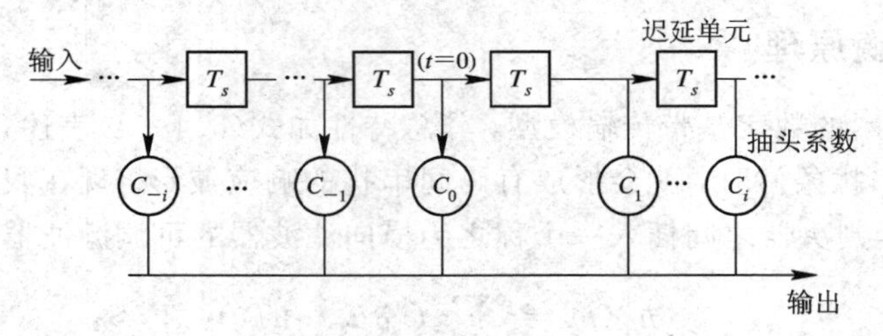

图 5－20 横向滤波器

横向滤波器的功能是将输入端(即接收滤波器输出端)抽样时刻上有码间串扰的响应波形变换成(利用它产生的无限多响应波形之和)抽样时刻上无码间串扰的响应波形。由于横向滤波器的均衡原理是建立在响应波形上的，故把这种均衡称为时域均衡。

从以上分析可知，横向滤波器可以实现时域均衡。无限长的横向滤波器可以(至少在理论上)完全消除抽样时刻上的码间串扰，但其实际上是不可实现的。因为，均衡器的长度不仅受经济条件的限制，并且还受每一系数 C_i 调整准确度的限制。如果 C_i 的调整准确度得不到保证，则增加长度所获得的效果也不会显示出来。因此，有必要进一步讨论有限长横向滤波器的抽头增益调整问题。

设在基带系统接收滤波器与判决电路之间插入一个具有 $2N+1$ 个抽头的横向滤波器，如图 5－21(*a*)所示。它的输入(即接收滤波器的输出)为 $x(t)$，$x(t)$是被均衡的对象，并设它不附加噪声，如图 5－21(*b*)所示。

若设有限长横向滤波器的单位冲激响应为 $e(t)$，相应的频率特性为 $E(\omega)$，则

$$e(t)=\sum_{i=-N}^{N}C_i\delta(t-iT_s) \tag{5.8-10}$$

其相应的频率特性为

$$E(\omega) = \sum_{i=-N}^{N} C_i \mathrm{e}^{-\mathrm{j}\omega T_s} \tag{5.8-11}$$

由此看出，$E(\omega)$被 $2N+1$ 个 C_i 所确定。显然，不同的 C_i 将对应不同的$E(\omega)$。因此，如果各抽头系数是可调整的，则图 5-21 所示的滤波器是通用的。另外，如果抽头系数设计成可调的，也为随时校正系统的时间响应提供了可能条件。

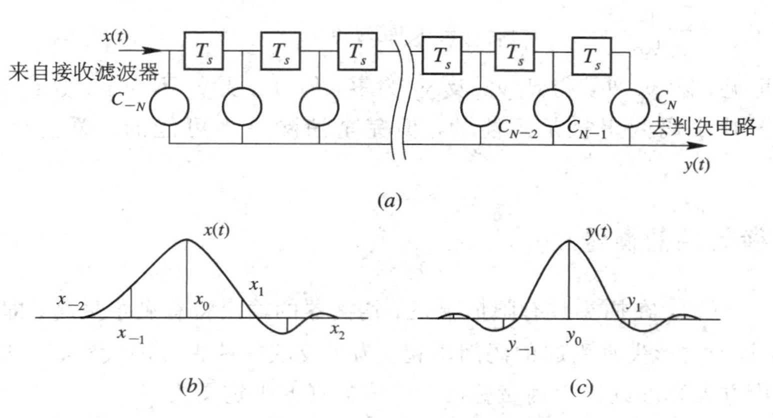

图 5-21　有限长横向滤波器及其输入、输出单脉冲响应波形

现在让我们来考察均衡器的输出波形。因为横向滤波器的输出 $y(t)$是 $x(t)$和 $e(t)$的卷积，所以利用式(5.8-10)可得

$$y(t) = x(t) * e(t) = \sum_{i=-N}^{N} C_i x(t - iT_s) \tag{5.8-12}$$

于是，在抽样时刻 kT_s+t_0 有

$$y(kT_s + t_0) = \sum_{i=-N}^{N} C_i x(kT_s + t_0 - iT_s) = \sum_{i=-N}^{N} C_i x[(k-i)T_s + t_0]$$

或者简写为

$$y_k = \sum_{i=-N}^{N} C_i x_{k-i} \tag{5.8-13}$$

上式说明，均衡器在第 K 个抽样时刻上得到的样值 y_k 将由 $2N+1$ 个 C_i 与 x_{k-i}乘积之和来确定。显然，其中除 y_0 以外的所有 y_k 都属于波形失真引起的码间串扰。当输入波形 $x(t)$给定，即各种可能的 x_{k-i}确定时，通过调整 C_i 使指定的y_k 等于零是容易办到的，但同时要求所有的 y_k(除 $k=0$ 外)都等于零却是一件很难的事。下面我们通过一个例子来说明。

【例 5-3】 设有一个三抽头的横向滤波器，其 $C_{-1}=-1/4$，$C_0=1$，$C_{+1}=-1/2$；均衡器输入 $x(t)$在各抽样点上的取值分别为：$x_{-1}=1/4$，$x_0=1$，$x_{+1}=1/2$，其余都为零。试求均衡器输出 $y(t)$在各抽样点上的值。

解　根据式(5.9-13)有

$$y_k = \sum_{i=-1}^{1} C_i x_{k-i}$$

当 $k=0$ 时，可得

$$y_0 = \sum_{i=-1}^{1} C_i x_{-i} = C_{-1}x_1 + C_0 x_0 + C_1 x_{-1} = \frac{3}{4}$$

当 $k=1$ 时，可得

$$y_{+1}=\sum_{i=-1}^{1}C_i x_{1-i}=C_{-1}x_2+C_0x_1+C_1x_0=0$$

当 $k=-1$ 时，可得

$$y_{-1}=\sum_{i=-1}^{1}C_i x_{-1-i}=C_{-1}x_0+C_0x_{-1}+C_1x_{-2}=0$$

同理可求得 $y_{-2}=-\dfrac{1}{16}$，$y_{+2}=-\dfrac{1}{4}$，其余均为零。

由此例可见，除 y_0 外，得到 y_{-1} 及 y_1 为零，但 y_{-2} 及 y_2 不为零。这说明，利用有限长的横向滤波器减小码间串扰是可能的，但完全消除是不可能的，总会存在一定的码间串扰。

5.8.2 均衡效果的衡量

由例 5－3 可知，在抽头数有限情况下，均衡器的输出将有剩余失真，即除了 y_0 外，其余所有 y_k 都属于波形失真引起的码间串扰。为了反映这些失真的大小，一般采用所谓峰值失真准则和均方失真准则作为衡量标准。峰值失真准则定义为

$$D=\frac{1}{y_0}\sum_{k=-\infty}^{\infty}{}'\,|y_k| \tag{5.8-14}$$

式中，符号 $\sum\limits_{k=-\infty}^{\infty}{}'$ 表示 $\sum\limits_{\substack{k=-\infty\\k\neq0}}^{\infty}$，其中除 $k=0$ 以外的各样值绝对值之和反映了码间串扰的最大值，y_0 是有用信号样值，所以峰值失真 D 就是码间串扰最大值与有用信号样值之比。显然，对于完全消除码间干扰的均衡器而言，应有 $D=0$；对于码间干扰不为零的场合，希望 D 有最小值。

均方失真准则定义为

$$e^2=\frac{1}{y_0^2}\sum_{k=-\infty}^{\infty}{}'\,y_k^2 \tag{5.8-15}$$

其物理意义与峰值失真准则相似。

按这两个准则来确定均衡器的抽头系数均可使失真最小，获得最佳的均衡效果。

注意：这两种准则都是根据均衡器输出的单脉冲响应来规定的。图 5－21(*c*)画出了一个单脉冲响应波形。另外，还有必要指出，在分析横向滤波器时，我们均把时间原点($t=0$)假设在滤波器中心点处(即 C_0 处)。如果时间参考点选择在别处，则滤波器输出的波形形状是相同的，所不同的仅仅是整个波形的提前或推迟。

下面我们以最小峰值失真准则为例，描述在该准则意义下时域均衡器的工作原理。

与式(5.8－14)相应，可将未均衡前的输入峰值失真(称为初始失真)表示为

$$D_0=\frac{1}{x_0}\sum_{k=-\infty}^{\infty}{}'\,|x_k| \tag{5.8-16}$$

若 x_k 是归一化的，且令 $x_0=1$，则上式变为

$$D_0=\sum_{k=-\infty}^{\infty}{}'\,|x_k| \tag{5.8-17}$$

为方便计，将样值 y_k 也归一化，且令 $y_0=1$，则根据式(5.8－13)可得

$$y_0 = \sum_{i=-N}^{N} C_i x_{-i} = 1 \tag{5.8-18}$$

或有

$$C_0 x_0 + \sum_{i=-N}^{N}{}' C_i x_{-i} = 1$$

于是

$$C_0 = 1 - \sum_{i=-N}^{N}{}' C_i x_{-i} \tag{5.8-19}$$

将上式代入式(5.8－13)，可得

$$y_k = \sum_{i=-N}^{N}{}' C_i (x_{k-i} - x_k x_{-i}) + x_k \tag{5.8-20}$$

再将上式代入式(5.8－14)，有

$$D = \sum_{k=-\infty}^{\infty}{}' \left| \sum_{i=-N}^{N}{}' C_i (x_{k-i} - x_k x_{-i}) + x_k \right| \tag{5.8-21}$$

可见，在输入序列$\{x_k\}$给定的情况下，峰值畸变D是各抽头增益C_i(除C_0外)的函数。显然，求解使D最小的C_i是我们所关心的。Lucky曾证明：如果初始失真$D_0<1$，则D的最小值必然发生在y_0前后的y_k'($|k|\leqslant N$，$k\neq 0$)都等于零的情况下。这一定理的数学意义是，所求的各抽头系数$\{C_i\}$应该是

$$y_k = \begin{cases} 0, & 1 \leqslant |k| \leqslant N \\ 1, & k = 0 \end{cases} \tag{5.8-22}$$

时的$2N+1$个联立方程的解。由条件(5.8－22)和式(5.8－13)可列出抽头系数必须满足的这$2N+1$个线性方程，即

$$\begin{cases} \sum_{i=-N}^{N} C_i x_{k-i} = 0, & k = \pm 1, \pm 2, \cdots, \pm N \\ \sum_{i=-N}^{N} C_i x_{-i} = 1, & k = 0 \end{cases} \tag{5.8-23}$$

写成矩阵形式，有

$$\begin{bmatrix} x_0 & x_{-1} & \cdots & x_{-2N} \\ \vdots & \vdots & \cdots & \vdots \\ x_N & x_{N-1} & \cdots & x_{-N} \\ \vdots & \vdots & \cdots & \vdots \\ x_{2N} & x_{2N-1} & \cdots & x_0 \end{bmatrix} \begin{bmatrix} C_{-N} \\ C_{-N+1} \\ \vdots \\ C_0 \\ \vdots \\ C_{N-1} \\ C_N \end{bmatrix} = \begin{bmatrix} 0 \\ \vdots \\ 0 \\ 1 \\ 0 \\ \vdots \\ 0 \end{bmatrix} \tag{5.8-24}$$

这就是说，在输入序列$\{x_k\}$给定时，如果按上式方程组调整或设计各抽头系数C_i，可迫使y_0前后各有N个取样点上的零值。这种调整叫做“迫零”调整，所设计的均衡器称为“迫零”均衡器。它能保证在$D_0<1$(这个条件等效于在均衡之前有一个睁开的眼图，即码间串扰不足以严重到闭合眼图)时，调整出C_0外的$2N$个抽头增益，并迫使y_0前后各有N个取样点上无码间串扰，此时D取最小值，均衡效果达到最佳。

【例 5-4】 设计3个抽头的迫零均衡器，以减小码间串扰。已知，$x_{-2}=0$，$x_{-1}=0.1$，$x_0=1$，$x_1=-0.2$，$x_2=0.1$，求3个抽头的系数，并计算均衡前后的峰值失真。

解 根据式(5.8-24)和$2N+1=3$，列出矩阵方程为

$$\begin{bmatrix} x_0 & x_{-1} & x_{-2} \\ x_1 & x_0 & x_{-1} \\ x_2 & x_1 & x_0 \end{bmatrix} \begin{bmatrix} C_{-1} \\ C_0 \\ C_1 \end{bmatrix} = \begin{bmatrix} 0 \\ 1 \\ 0 \end{bmatrix}$$

将样值代入上式，可列出方程组

$$\begin{cases} C_{-1} + 0.1C_0 = 0 \\ -0.2C_{-1} + C_0 + 0.1C_1 = 1 \\ 0.1C_{-1} - 0.2C_0 + C_1 = 0 \end{cases}$$

解联立方程可得

$$C_{-1} = -0.096\,06, \quad C_0 = 0.9606, \quad C_1 = 0.2017$$

然后通过式(5.8-13)可算出

$$y_{-1} = 0, \quad y_0 = 1, \quad y_1 = 0$$

$$y_{-3} = 0, \quad y_{-2} = 0.0096, \quad y_2 = 0.0557, \quad y_3 = 0.020\,16$$

输入峰值失真为

$$D_0 = 0.4$$

输出峰值失真为

$$D = 0.0869$$

均衡后的峰值失真减小4.6倍。

可见，3抽头均衡器可以使y_0两侧各有一个零点，但在远离y_0的一些抽样点上仍会有码间串扰。这就是说抽头有限时，总不能完全消除码间串扰，但适当增加抽头数可以将码间串扰减小到相当小的程度。

用最小均方失真准则也可导出抽头系数必须满足的$2N+1$个方程，从中也可解得使均方失真最小的$2N+1$个抽头系数，不过，这时不需对初始失真D_0提出限制。

5.8.3 均衡器的实现与调整

均衡器按照调整方式，可分为手动均衡器和自动均衡器。自动均衡器又可分为预置式均衡器和自适应均衡器。预置式均衡，是在实际数据传输之前，发送一种预先规定的测试脉冲序列，如频率很低的周期脉冲序列，然后按照"迫零"调整原理，根据测试脉冲得到的样值序列$\{x_k\}$自动或手动调整各抽头系数，直至误差小于某一允许范围。调整好后，再传送数据，在数据传输过程中不再调整。自适应均衡可在数据传输过程根据某种算法不断调整抽头系数，因而能适应信道的随机变化。

1. 预置式均衡器

图5-22给出一个预置式自动均衡器的原理方框图。它的输入端每隔一段时间送入一个来自发端的测试单脉冲波形(此单脉冲波形是指基带系统在单一单位脉冲作用下，其接收滤波器的输出波形)。当该波形每隔T_s秒依次输入时，在输出端就将获得各样值为y_k($k=-N, -N+1, \cdots, N-1, N$)的波形，根据"迫零"调整原理，若得到的某一$y_k$为正

极性时，则相应的抽头增益 C_k 应下降一个适当的增量 Δ；若 y_k 为负极性，则相应的 C_k 应增加一个增量 Δ。为了实现这个调整，在输出端将每个 y_k 依次进行抽样并进行极性判决，判决的两种可能结果以“极性脉冲”表示，并加到控制电路。控制电路将在某一规定时刻(例如测试信号的终了时刻)将所有“极性脉冲”分别作用到相应的抽头上，让它们作增加 Δ 或下降 Δ 的改变。这样，经过多次调整，就能达到均衡的目的。可以看到，这种自动均衡器的精度与增量 Δ 的选择和允许调整时间有关。Δ 愈小，精度就愈高，但需要的调整时间就愈长。

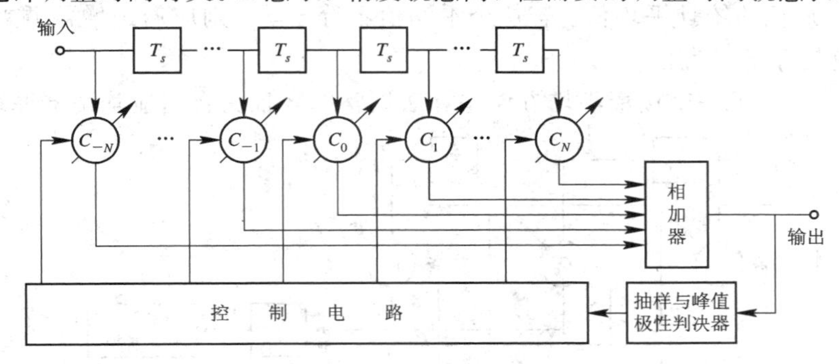

图 5-22 预置式自动均衡器的原理方框图

2. 自适应均衡器

自适应均衡与预置式均衡一样，都是通过调整横向滤波器的抽头增益来实现均衡的。但自适应均衡器不再利用专门的测试单脉冲进行误差的调整，而是在传输数据期间借助信号本身来调整增益，从而实现自动均衡的目的。由于数字信号通常是一种随机信号，所以，自适应均衡器的输出波形不再是单脉冲响应，而是实际的数据信号。以前按单脉冲响应定义的峰值失真和均方失真不再适合目前情况，而且按最小峰值失真准则设计的“迫零”均衡器存在一个缺点，那就是必须限制初始失真 $D_0<1$。因此，自适应均衡器一般按最小均方误差准则来构成。

设发送序列为$\{a_k\}$，均衡器输入为 $x(t)$，均衡后输出的样值序列为$\{y_k\}$，此时误差信号为

$$e_k = y_k - a_k \tag{5.8-25}$$

均方误差定义为

$$\overline{e^2} = E(y_k - a_k)^2 \tag{5.8-26}$$

当$\{a_k\}$是随机数据序列时，上式最小化与均方失真最小化是一致的。根据式(5.8-13)可知

$$y_k = \sum_{i=-N}^{N} C_i x_{k-i}$$

将其代入式(5.8-26)，有

$$\overline{e^2} = E\left(\sum_{i=-N}^{N} C_i x_{k-i} - a_k\right)^2 \tag{5.8-27}$$

可见，均方误差 $\overline{e^2}$ 是各抽头增益的函数。我们期望对于任意的 k，都应使均方误差最小，故将上式对 C_i 求偏导数，有

$$\frac{\partial \overline{e^2}}{\partial C_i} = 2E[e_k x_{k-i}] \tag{5.8-28}$$

式中

$$e_k = y_k - a_k = \sum_{i=-N}^{N} C_i x_{k-i} - a_k \tag{5.8-29}$$

表示误差值。这里误差的起因包括码间串扰和噪声，而不仅仅是波形失真。

从式(5.8-28)可见，要使 $\overline{e^2}$ 最小，应有 $\dfrac{\partial \overline{e^2}}{\partial C_i}=0$，也即 $E[e_k x_{k-i}]=0$，这就要求误差 e_k 与均衡器输入样值 x_{k-i}($|i|\leqslant N$)应互不相关。这就说明，抽头增益的调整可以借助对误差 e_k 和样值 x_{k-i} 乘积的统计平均值。若这个平均值不等于零，则应通过增益调整使其向零值变化，直到使其等于零为止。

图 5-23 给出了一个按最小均方误差算法调整的 3 抽头自适应均衡器原理框图。

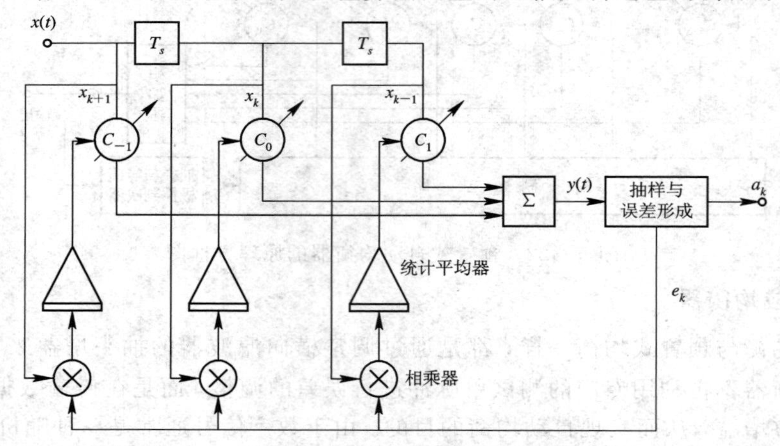

图 5-23　自适应均衡器示例

由于自适应均衡器的各抽头系数可随信道特性的时变而自适应调节，故调整精度高，不需预调时间。在高速数传系统中，普遍采用自适应均衡器来克服码间串扰。

自适应均衡器还有多种实现方案，经典的自适应均衡器算法有：迫零算法(ZF)、随机梯度算法(LMS)、递推最小二乘算法(RLS)、卡尔曼算法等，读者可参阅有关资料。

理论分析和实践表明，最小均方算法比迫零算法的收敛性好，调整时间短。但按这两种算法实现的均衡器，为克服初始均衡的困难，在数据传输开始前要发一段接收机已知的随机序列，用以对均衡器进行“训练”。有一些场合，如多点通信网络，希望接收机在没有确知训练序列可用的情况下能与接收信号同步，并能调整均衡器。基于不利用训练序列初始调整系数的均衡技术称为自恢复或盲均衡。

另外，上述均衡器属于线性均衡器(因为横向滤波器是一种线性滤波器)，它对于像电话线这样的信道来说性能良好。在无线信道传输中，若信道严重失真造成的码间干扰以致线性均衡器不易处理时，可采用非线性均衡器。目前已经开发出三个非常有效的非线性均衡算法：判决反馈均衡(DFE)、最大似然符号检测、最大似然序列估值。其中，判决反馈均衡器被证明是解决该问题的一个有效途径，关于它的详细介绍可参考有关文献。

5.9　部分响应系统

5.6 节中，我们分析了两种无码间串扰系统：理想低通和升余弦滚降。理想低通滤波特性的频带利用率虽达到基带系统的理论极限值2波特/赫兹，但难以实现，且它的$h(t)$的尾巴振荡幅度大、收敛慢，从而对定时要求十分严格；升余弦滤波特性虽然克服了上述缺点，但所需频带加宽，频带利用率下降，因此不能适应高速传输的发展。

那么，能否寻求一种传输系统，它允许存在一定的，受控制的码间串扰，而在接收端可加以消除。这样的系统能使频带利用率提高到理论上的最大值，又可形成"尾巴"衰减大、收敛快的传输波形，从而降低对定时取样精度的要求，这类系统称为部分响应系统。它的传输波形称为部分响应波形。

5.9.1　第Ⅰ类部分响应波形

我们已经熟知，波形$\sin x/x$"拖尾"严重，但通过观察图5－11所示的$\sin x/x$波形，我们发现相距一个码元间隔的两个$\sin x/x$波形的"拖尾"刚好正负相反，利用这样的波形组合肯定可以构成"拖尾"衰减很快的脉冲波形。根据这一思路，我们可用两个间隔为一个码元长度T_s的$\sin x/x$的合成波形来代替$\sin x/x$，如图5－24(a)所示。合成波形可表示为

$$g(t)=\frac{\sin\left[\frac{\pi}{T_s}\left(t+\frac{T_s}{2}\right)\right]}{\frac{\pi}{T_s}\left(t+\frac{T_s}{2}\right)}+\frac{\sin\left[\frac{\pi}{T_s}\left(t-\frac{T_s}{2}\right)\right]}{\frac{\pi}{T_s}\left(t-\frac{T_s}{2}\right)} \tag{5.9-1}$$

经简化后得

$$g(t)=\frac{4}{\pi}\left[\frac{\cos\frac{\pi t}{T_s}}{1-\frac{4t^2}{T_s^2}}\right] \tag{5.9-2}$$

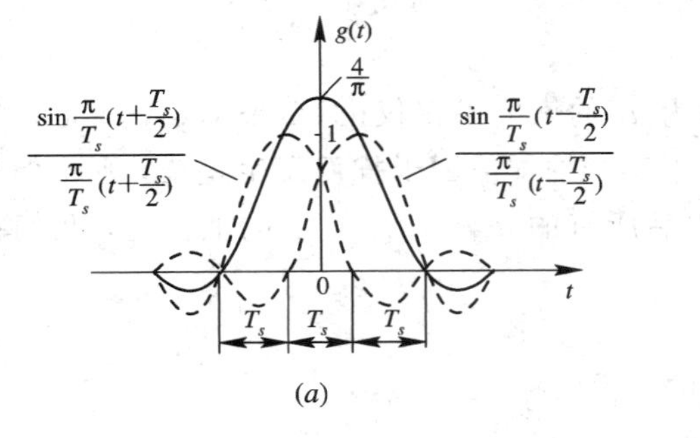

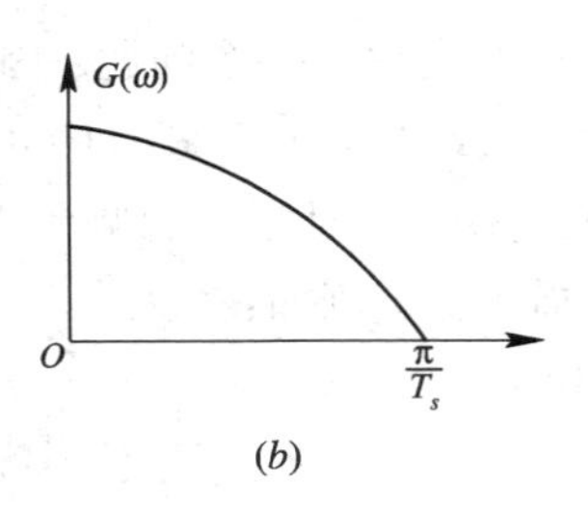

图5－24　$g(t)$及其频谱

由图5－24(a)可见，除了在相邻的取样时刻$t=\pm T_s/2$处$g(t)=1$外，其余的取样时刻上，$g(t)$具有等间隔零点。

对式(5.9－1)进行傅里叶变换，可得$g(t)$的频谱函数为

$$G(\omega)=\begin{cases}2T_s\cos\frac{\omega T_s}{2}, & |\omega|\leqslant\frac{\pi}{T_s}\\ 0, & |\omega|>\frac{\pi}{T_s}\end{cases} \tag{5.9-3}$$

显见，$g(t)$的频谱限制在$(-\pi/T_s,\ \pi/T_s)$内，且呈缓变的半余弦滤波特性，如图5－24(b)所示。其传输带宽为$B=1/2T_s$，频带利用率为$\eta=R_B/B=\frac{1}{T_s}/\frac{1}{2T_s}=2$波特/赫兹，达到基

带系统的理论极限值。

下面我们来讨论 $g(t)$ 的波形特点：

(1) 由式(5.9－2)可见，$g(t)$ 波形的拖尾幅度与 t^2 成反比，而 $\sin x/x$ 波形幅度与 t 成反比，这说明 $g(t)$ 波形拖尾的衰减速度加快了。从图 5－24(a)也可看到，相距一个码元间隔的两个 $\sin x/x$ 波形的"拖尾"正负相反而相互抵消，使合成波形"拖尾"迅速衰减。

(2) 若用 $g(t)$ 作为传送波形，且码元间隔为 T_s，则在抽样时刻上仅发生发送码元的样值将受到前一码元的相同幅度样值的串扰，而与其他码元不会发生串扰(见图 5－25)。表面上看，由于前后码元的串扰很大，似乎无法按 $1/T_s$ 的速率进行传送。但由于这种"串扰"是确定的，可控的，在收端可以消除掉，故仍可按 $1/T_s$ 传输速率传送码元。

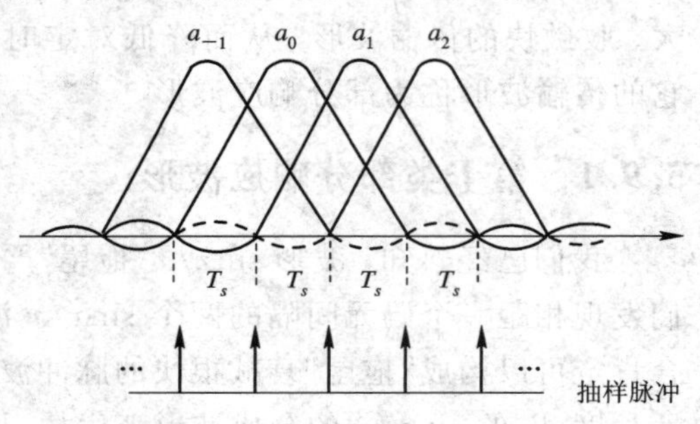

图 5－25 码元发生串扰的示意图

(3) 由于存在前一码元留下的有规律的串扰，可能会造成误码的传播(或扩散)。

设输入的二进制码元序列为 $\{a_k\}$，并设 a_k 的取值为＋1 及－1。当发送码元 a_k 时，接收波形 $g(t)$ 在第 k 个时刻上获得的样值 C_k 应是 a_k 与前一码元在第 k 个时刻上留下的串扰值之和，即

$$C_k = a_k + a_{k-1} \tag{5.9-4}$$

由于串扰值和信码抽样值幅度相等，因此 C_k 将可能有－2、0、＋2 三种取值。如果 a_{k-1} 已经判定，则接收端可根据收到的 C_k 减去 a_{k-1} 便可得到 a_k 的取值，即

$$a_k = C_k - a_{k-1} \tag{5.9-5}$$

但这样的接收方式存在一个问题：因为 a_k 的恢复不仅仅由 C_k 来确定，而是必须参考前一码元 a_{k-1} 的判决结果，如果 $\{C_k\}$ 序列中某个抽样值因干扰而发生差错，则不但会造成当前恢复的 a_k 值错误，而且还会影响到以后所有的 a_{k+1}，a_{k+2}，…的抽样值，我们把这种现象称为错误传播现象。例如：

输入信码	1	0	1	1	0	0	0	1	0	1	1
发送端 $\{a_k\}$	＋1	－1	＋1	＋1	－1	－1	－1	＋1	－1	＋1	＋1
发送端 $\{C_k\}$		0	0	＋2	0	－2	－2	0	0	0	＋2
接收的 $\{C_i'\}$		0	0	＋2	0	－2	$0_\times$	0	0	0	＋2
恢复的 $\{a_k'\}$	$\underline{\underline{\pm 1}}$	－1	＋1	＋1	－1	－1	$+1_\times$	$-1_\times$	$+1_\times$	$-1_\times$	$+3_\times$

由上例可见，自 $\{C_k'\}$ 出现错误之后，接收端恢复出来的 $\{a_k'\}$ 全部是错误的。此外，在接收端恢复 $\{a_k'\}$ 时还必须有正确的起始值($\underline{\underline{\pm 1}}$)，否则也不可能得到正确的 $\{a_k'\}$ 序列。

为了克服错误传播，先将输入信码 a_k 变成 b_k，其规则是

$$b_k = a_k \oplus b_{k-1} \tag{5.9-6}$$

也即

$$a_k = b_k \oplus b_{k-1} \tag{5.9-7}$$

式中，$\oplus$ 表示模 2 和。

然后，把$\{b_k\}$作为发送序列，形成由式(5.9－1)决定的$g(t)$波形序列，则此时对应的式(5.9－4)改写为

$$C_k = b_k + b_{k-1} \tag{5.9-8}$$

显然，对式(5.9－8)进行模2(mod2)处理，则有

$$[C_k]_{\text{mod2}} = [b_k + b_{k-1}]_{\text{mod2}} = b_k \oplus b_{k-1} = a_k$$

或

$$a_k = [C_k]_{\text{mod2}} \tag{5.9-9}$$

上式说明，对接收到的C_k作模2处理后便直接得到发送端的a_k，此时不需要预先知道a_{k-1}，因而不存在错误传播现象。通常，把a_k按式(5.9－6)变成b_k的过程，称为预编码，而把式(5.9－4)或式(5.9－8)的关系称为相关编码。因此，整个上述处理过程可概括为"预编码—相关编码—模2判决"过程。

重新引用上面的例子，由输入a_k到接收端恢复a'_k的过程如下：

a_k	1	0	1	1	0	0	0	1	0	1	1
b_{k-1}	0	1	1	0	1	1	1	1	0	0	1
b_k	1	1	0	1	1	1	1	0	0	1	0
C_k	0	+2	0	0	+2	+2	+2	0	−2	0	0
									↓		
C'_k	0	+2	0	0	+2	+2	+2	0	$0_\times$	0	0
a'_k	1	0	1	1	0	0	0	1	$1_\times$	1	1

判决的规则是

$$C_k = \begin{cases} \pm 2, & \text{判 } 0 \\ 0, & \text{判 } 1 \end{cases}$$

此例说明，由当前C_k值可直接得到当前的a_k，所以错误不会传播下去，而是局限在受干扰码元本身位置，这是因为预编码解除了码间的相关性。

上面讨论的属于第Ⅰ类部分响应波形，其系统组成方框图如图5－26所示。其中图(a)为原理方框图，图(b)为实际系统组成框图。

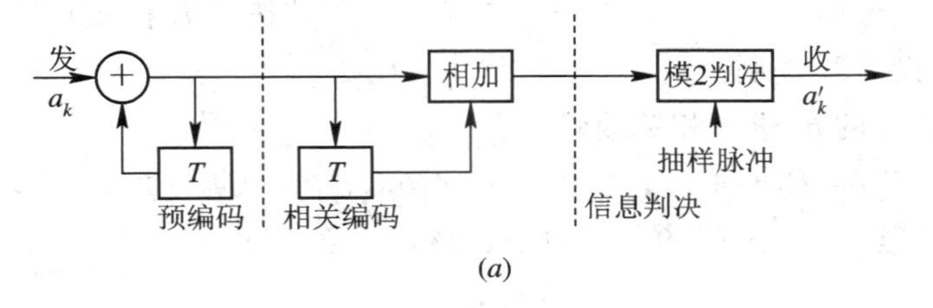

(a)

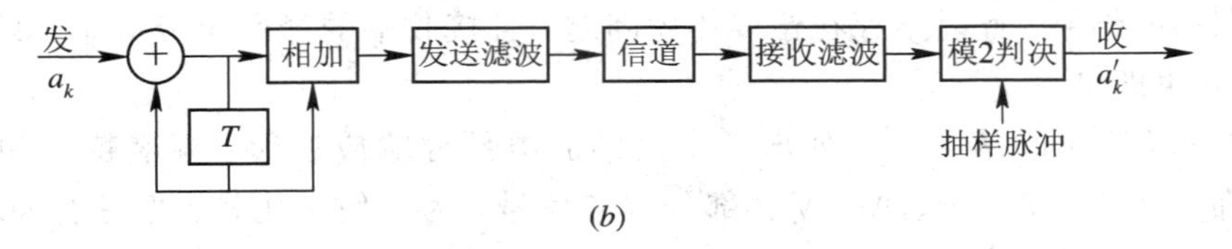

(b)

图5－26　第Ⅰ类部分响应系统组成框图

应当指出，部分响应信号是由预编码器、相关编码器、发送滤波器、信道和接收滤波器共同产生的。这意味着：如果相关编码器输出为δ脉冲序列，发送滤波器、信道和接收滤波器的传输函数应为理想低通特性。但由于部分响应信号的频谱是滚降衰减的，因此对理想低通特性的要求可以略有放松。

5.9.2 部分响应的一般形式

部分响应波形的一般形式可以是N个$\sin x/x$波形之和，其表达式为

$$g(t)=R_1\frac{\sin\frac{\pi}{T_s}t}{\frac{\pi}{T_s}t}+R_2\frac{\sin\frac{\pi}{T_s}(t-T_s)}{\frac{\pi}{T_s}(t-T_s)}+\cdots+R_N\frac{\sin\frac{\pi}{T_s}[t-(N-1)T_s]}{\frac{\pi}{T_s}[t-(N-1)T_s]} \tag{5.9-10}$$

式中，R_1，R_2，…，R_N为加权系数，其取值为正、负整数及零。例如，当取$R_1=1$，$R_2=1$，其余系数$R_i=0$时，就是前面所述的第Ⅰ类部分响应波形。

对应式(5.9-10)所示部分响应波形的频谱函数为

$$G(\omega)=\begin{cases}T_s\sum\limits_{m=1}^{N}R_m\mathrm{e}^{-\mathrm{j}\omega(m-1)T_s}, & |\omega|\leqslant\frac{\pi}{T_s}\\ 0, & |\omega|>\frac{\pi}{T_s}\end{cases} \tag{5.9-11}$$

可见，$G(\omega)$仅在$(-\pi/T_s,\ \pi/T_s)$范围内存在。

显然，$R_i(i=1,2,\cdots,N)$不同，将有不同类别的部分响应信号，相应有不同的相关编码方式。若设输入数据序列为$\{a_k\}$，相应的相关编码电平为$\{C_k\}$，仿照(5.9-4)式，则

$$C_k=R_1a_k+R_2a_{k-1}+\cdots+R_Na_{k-(N-1)} \tag{5.9-12}$$

由此看出，C_k的电平数将依赖于a_k的进制数L及R_i的取值，无疑，一般C_k的电平数将要超过a_k的进制数。

为了避免因相关编码而引起的“差错传播”现象，一般要经过类似于前面介绍的“预编码一相关编码一模2判决”过程。先仿照式(5.9-7)将a_k进行预编码

$$a_k=R_1b_k+R_2b_{k-1}+\cdots+R_Nb_{k-(N-1)}\quad[\text{按模}\ L\ \text{相加}] \tag{5.9-13}$$

式中，a_k和b_k已假设为L进制。

然后，将预编码后的b_k进行相关编码

$$C_k=R_1b_k+R_2b_{k-1}+\cdots+R_Nb_{k-(N-1)}\quad(\text{算术加}) \tag{5.9-14}$$

最后对C_k作模L处理，并与式(5.9-13)比较可得

$$a_k=[C_k]_{\mathrm{mod}L} \tag{5.9-15}$$

这正是所期望的结果。此时不存在错误传播问题，且接收端的译码十分简单，只需直接对C_k按模L判决即可得a_k。

根据R取值不同，表5-2列出了常见的五类部分响应波形、频谱特性和加权系数R_N，分别命名为Ⅰ、Ⅱ、Ⅲ、Ⅳ、Ⅴ类部分响应信号，为了便于比较，把具有$\sin x/x$波形的理想低通也列在表内并称为第0类。从表中看出，各类部分响应波形的频谱均不超过理想低通的频带宽度，但它们的频谱结构和对临近码元抽样时刻的串扰不同。目前应用较多

的是第Ⅰ类和第Ⅳ类。第Ⅰ类频谱主要集中在低频段，适于信道频带高频严重受限的场合。第Ⅳ类无直流分量，且低频分量小，便于通过载波线路，便于边带滤波，实现单边带调制，因而在实际应用中，第Ⅳ类部分响应用得最为广泛，其系统组成方框图可参照图5－26得到，这里不再画出。此外，以上两类的抽样值电平数比其他类别的少，这也是它们得以广泛应用的原因之一，当输入为 L 进制信号时，经部分响应传输系统得到的第Ⅰ、Ⅳ类部分响应信号的电平数为 $(2L-1)$。

表 5－2　部分响应信号

类别	R_1	R_2	R_3	R_4	R_5	$g(t)$	$\lvert G(\omega)\rvert,\ \lvert\omega\rvert\leqslant\frac{\pi}{T_s}$	二进制输入时 C_R 的电平数
0	1					T_s	O, $\frac{1}{2T_s}$, f	2
Ⅰ	1	1				t	$2T_s\cos\frac{\omega T_s}{2}$; O, $\frac{1}{2T_s}$, f	3
Ⅱ	1	2	1			t	$4T_s\cos^2\frac{\omega T_s}{2}$; O, $\frac{1}{2T_s}$, f	5
Ⅲ	2	1	−1			t	$2T_s\cos\frac{\omega T_s}{2}\sqrt{5-4\cos\omega T_s}$; O, $\frac{1}{2T_s}$, f	5
Ⅳ	1	0	−1			t	$2T_s\sin^2\omega T_s$; O, $\frac{1}{2T_s}$, f	3
Ⅴ	−1	0	2	0	−1	t	$4T_s\sin^2\omega T_s$; O, $\frac{1}{2T_s}$, f	5

综上分析，采用部分响应系统的好处是，它的传输波形的“尾巴”衰减大且收敛快，而且使低通滤波器成为可实现的，频带利用率可以提高到2波特/赫兹的极限值，还可实现基带频谱结构的变化，也就是说，通过相关编码得到预期的部分响应信号频谱结构。

部分响应系统的缺点是，当输入数据为L进制时，部分响应波形的相关编码电平数要超过L个。因此，在同样输入信噪比条件下，部分响应系统的抗噪声性能要比零类响应系统差。

思 考 题

5－1　数字基带传输系统的基本组成以及各部分的功能如何？

5－2　什么是基带信号？数字基带信号有哪些常用的形式？它们各有什么特点？

5－3　研究数字基带信号功率谱的目的是什么？信号带宽怎么确定？

5－4　构成AMI码和HDB_3码的规则是什么？它们各有什么优缺点？

5－5　什么是码间串扰？它是怎样产生的？会带来什么不好影响？应该怎样消除或减小？

5－6　为了消除码间串扰，基带传输系统的传输函数应满足什么条件？其相应的冲激响应具有什么特点？

5－7　基带传输系统中传输特性的带宽是怎么定义的？与信号带宽的定义有什么不同？

5－8　什么叫奈奎斯特速率和奈奎斯特带宽？此时的频带利用率有多大？

5－9　什么是最佳判决门限电平？

5－10　当$P(1)=P(0)=1/2$时，传送单极性基带波形和双极性基带波形的最佳判决门限电平各为多少？为什么？

5－11　无码间串扰时，基带系统的误码率与哪些因素有关？如何降低系统的误码率？

5－12　什么是眼图？它有什么用处？由眼图模型可以说明基带传输系统的哪些性能？具有升余弦脉冲波形的HDB_3码的眼图应是什么图形？

5－13　时域均衡器的均衡效果是如何衡量的？什么是峰值失真准则？什么是均方失真准则？

5－14　频域均衡和时域均衡的基本思想是什么？横向滤波器为什么能实现时域均衡？

5－15　部分响应技术解决了什么问题？第Ⅳ类部分响应的特点是什么？

习　题

5－1　设二进制符号序列为101110010001110，画出与它相应的单极性、双极性、单极性归零、双极性归零、二进制差分及八电平的波形。

5－2　设随机二进制序列中的“0”和“1”分别由$g(t)$和$-g(t)$组成，它们的出现概率分别为P及$(1-P)$：

(1) 求其功率谱密度及功率；

(2) 若 $g(t)$ 为图 P5 - 1(a) 所示波形，T_s 为码元宽度，问：该序列是否存在离散分量 $f_s=1/T_s$？

(3) 若 $g(t)$ 改为图 P5 - 1(b)，回答题(2)所问。

5 - 3 设某二进制数字基带信号的基本脉冲为三角形脉冲，如图 P5 - 2 所示。图中 T_s 为码元间隔，数字信息"1"和"0"分别用 $g(t)$ 的有无表示，且"1"和"0"出现的概率相等：

(1) 求该数字基带信号的功率谱密度；

(2) 能否从该数字基带信号中提取频率 $f_s=1/T_s$ 的位定时分量？若能，试计算该分量的功率。

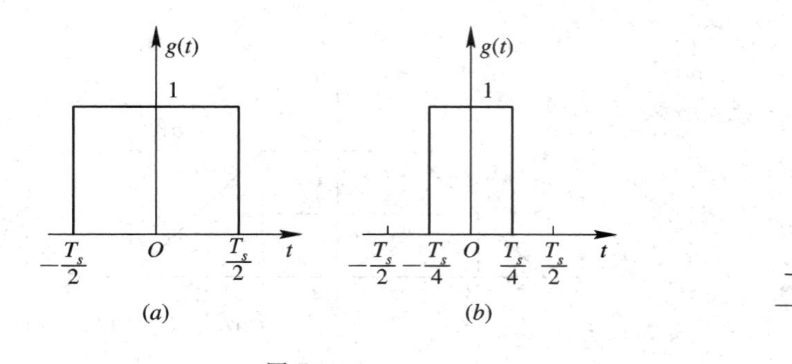

图 P5 - 1

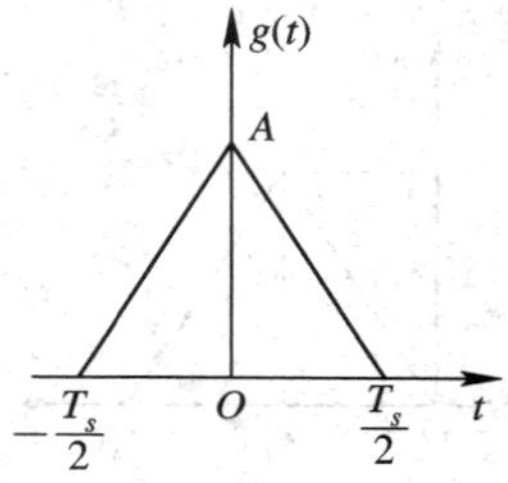

图 P5 - 2

5 - 4 已知某单极性不归零随机脉冲序列，其码元速率为 $f_B=1200$ B，"1"码为幅度为 A 的矩形脉冲，"0"码为 0，且"1"码出现的概率为 $P=0.6$，

(1) 确定该随机序列的带宽及直流功率；

(2) 确定该序列有无定时信号。

5 - 5 设某二进制数字基带信号中，数字信息"1"和"0"分别用 $g(t)$ 和 $-g(t)$ 表示，且"1"和"0"出现的概率相等，$g(t)$ 是升余弦频谱脉冲，即

$$g(t)=\frac{1}{2}\frac{\cos\left(\frac{\pi t}{T_s}\right)}{1-\frac{4t^2}{T_s^2}}\mathrm{Sa}\left(\frac{\pi t}{T_s}\right)$$

(1) 求该数字基带信号的功率谱密度，并画出示意图。

(2) 该数字基带信号中是否存在定时分量？

(3) 若码元间隔 $T_s=10^{-3}$ 秒，求该数字基带信号的传码率及频带宽度。

5 - 6 已知信息代码为 1011000000000101，试确定相应的 AMI 码及 HDB_3 码，并分别画出它们的波形图。

5 - 7 已知信息代码为 0010110001100011，试确定相应的 PST 码及双相码，并分别画出它们的波形图。

5 - 8 已知 HDB_3 码为 +10−1000−1+1000+1−1+1−100−1+10−1，试译出原信息代码。

5 - 9 某基带传输系统接收滤波器输出信号的基本脉冲为图 P5 - 3 所示的三角形脉冲。

(1) 求该基带传输系统的传输函数 $H(\omega)$；

(2) 假设信道的传输函数 $C(\omega)=1$，发送滤波器和接收滤波器具有相同的传输函数，即 $G_T(\omega)=G_R(\omega)$，试求这时$G_T(\omega)$或 $G_R(\omega)$的表达式。

5-10　已知基带传输系统总特性为图 P5-4 所示的直线滚降特性。其中 α 为某个常数($0\leqslant\alpha\leqslant1$)：

(1) 求冲激响应 $h(t)$；

(2) 当传输速率为 $2W_1$ 时，在抽样点有无码间串扰？

(3) 该系统的频带利用率为多大？

(4) 与带宽为 W_1 的理想低通特性比较，由于码元定时误差所引起的码间串扰是增大还是减小？

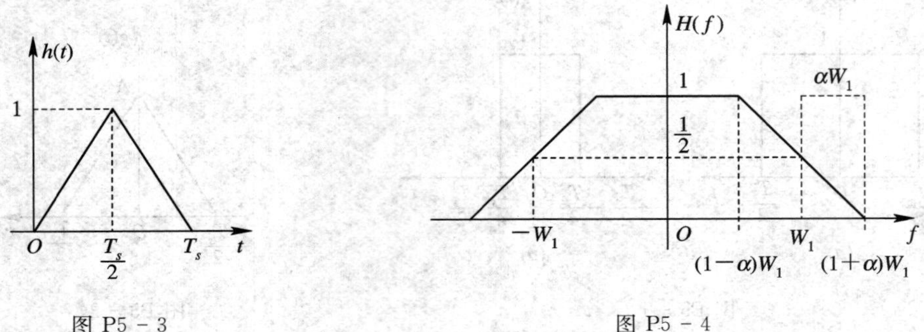

图 P5-3　　图 P5-4

5-11　设基带传输系统的发送滤波器、信道及接收滤波器组成总特性为 $H(\omega)$，若要求以 $2/T_s$ 波特的速率进行数据传输，试验证图 P5-5 所示的各种 $H(\omega)$能否满足抽样点上无码间串扰的条件。

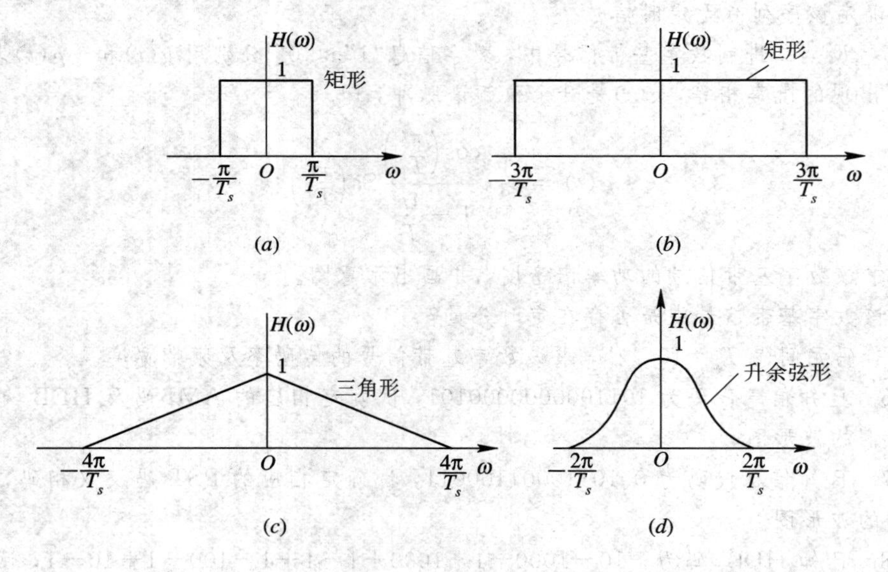

图 P5-5

5-12　为了传送码元速率 $R_B=10^3$ B 的数字基带信号，试问：系统采用图 P5-6 中所画的哪一种传输特性较好？并简要说明其理由。

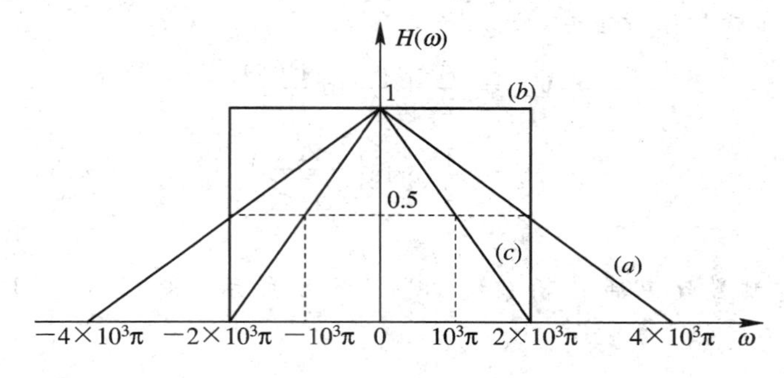

图 P5 - 6

5 - 13　设二进制基带系统的分析模型如图 5 - 8 所示，现已知

$$H(\omega)=\begin{cases}\tau_0(1+\cos\omega\tau_0), & |\omega|\leqslant\dfrac{\pi}{\tau_0}\\ 0, & \text{其他}\end{cases}$$

试确定该系统最高的码元传输速率 R_B 及相应码元间隔 T_s。

5 - 14　若上题中

$$H(\omega)=\begin{cases}\dfrac{T_s}{2}\left(1+\cos\dfrac{\omega T_s}{2}\right), & |\omega|\leqslant\dfrac{2\pi}{T_s}\\ 0, & \text{其他}\end{cases}$$

试证明其单位冲激响应为

$$h(t)=\frac{\sin\pi t/T_s}{\pi t/T_s}\cdot\frac{\cos\pi t/T_s}{1-4t^2/T_s^2}$$

并画出 $h(t)$ 的示意波形，同时说明用 $1/T_s$ 波特速率传送数据时，抽样时刻上是否存在码间串扰。

5 - 15　图 P5 - 7 是用数字电路方法产生具有升余弦频谱特性的形成滤波器的原理电路。图中的运算放大器作相加器用。使 $R_1=2R$，以保证相加器的输出中对 a、b、c 点三个分量的加权值分别为 0.5，1，0.5。图中低通滤波器的截止频率为 $2f_s$，试证明该电路的传输函数为

$$|H(f)|=\begin{cases}1+\cos\dfrac{\pi f}{2f_s}, & |f|\leqslant 2f_s\\ 0, & |f|\geqslant 2f_s\end{cases}$$

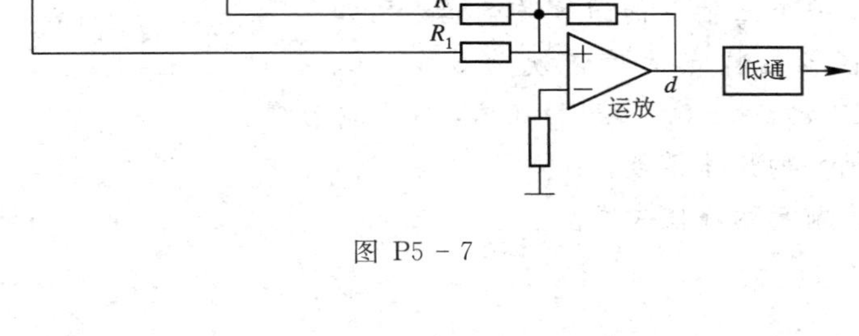

图 P5 - 7

5-16　对于单极性基带信号，试证明式

$$V_d^* = \frac{A}{2} + \frac{\sigma_n^2}{A}\ln\frac{P(0)}{P(1)}$$

$$P_e = \frac{1}{2}\operatorname{erfc}\left(\frac{A}{2\sqrt{2}\sigma_n}\right)$$

成立。

5-17　二进制数字基带传输系统如图 5-8 所示，设 $C(\omega)=1$，$G_T=G_R(\omega)=\sqrt{H(\omega)}$。现已知

$$H(\omega)=\begin{cases}\tau_0(1+\cos\omega\tau_0), & |\omega|\leqslant\dfrac{\pi}{\tau_0}\\ 0, & \text{其他}\end{cases}$$

(1) 若 $n(t)$ 的双边功率谱密度为 $n_0/2$(W/Hz)，试确定 $G_R(\omega)$ 的输出噪声功率；

(2) 若在抽样时刻 kT(k 为任意正整数)上，接收滤波器的输出信号以相同概率取 0、A 电平，而输出噪声取值 V 服从下述概率密度分布的随机变量

$$f(V)=\frac{1}{2\lambda}e^{-\frac{|V|}{\lambda}},\quad \lambda>0(\text{常数})$$

试求系统最小误码率 P_e。

5-18　某二进制数字基带系统所传送的是单极性基带信号，且数字信息“1”和“0”的出现概率相等。

(1) 若数字信息为“1”时，接收滤波器输出信号在抽样判决时刻的值 $A=1$(V)，且接收滤波器输出噪声是均值为 0、均方根值为 0.2(V)的高斯噪声，试求这时的误码率 P_e；

(2) 若要求误码率 P_e 不大于 10^{-5}，试确定 A 至少应该是多少？

(3) 若将传送的单极性信号改为双极性信号，重做(1)和(2)，并进行比较。

5-19　一随机二进制序列 101100100，“1”码用升余弦脉冲 $g(t)$ 表示，“0”码用 $-g(t)$ 表示，码元持续时间为 T_s。

(1) 当示波器扫描周期 $T_0=T_s$ 时，试画出眼图；

(2) 当 $T_0=2T_s$ 时，试画出眼图；

(3) 比较以上两种眼图的最佳抽样判决时刻、判决门限电平及噪声容限值。

5-20　设有一个三抽头的时域均衡器，如图 P5-8 所示，输入信号 $x(t)$ 在各抽样点的值依次为 $x_{-2}=1/8$、$x_{-1}=1/3$、$x_0=1$、$x_{+1}=1/4$、$x_{+2}=1/16$，在其他抽样点均为零，试求均衡器输入波形 $x(t)$ 的峰值失真及输出波形 $y(t)$ 的峰值失真。

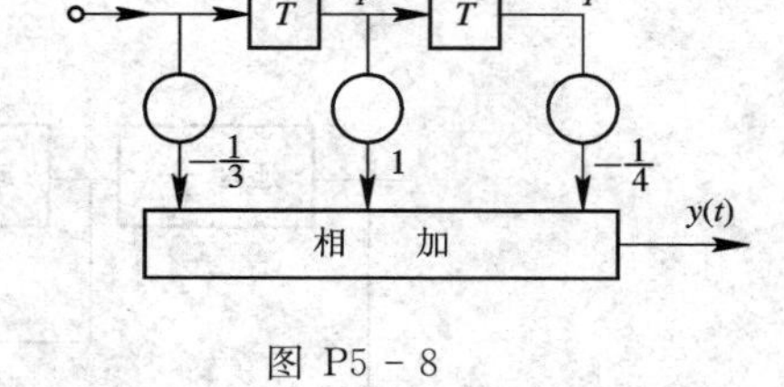

图 P5-8

5-21　设计一个三抽头的迫零均衡器。已知输入信号 $x(t)$ 在各抽样点的值依次为 $x_{-2}=0$、$x_{-1}=0.2$、$x_0=1$、$x_{+1}=-0.3$、$x_{+2}=0.1$，其余均为零。

(1) 求三个抽头的最佳系数；

(2) 比较均衡前后的峰值失真。

5-22 一相关编码系统如图P5-9所示。图中，理想低通滤波器的截止频率为$\frac{1}{2T_s}$，通带增益为T_s。试求该系统的单位冲激响应和频率特性。

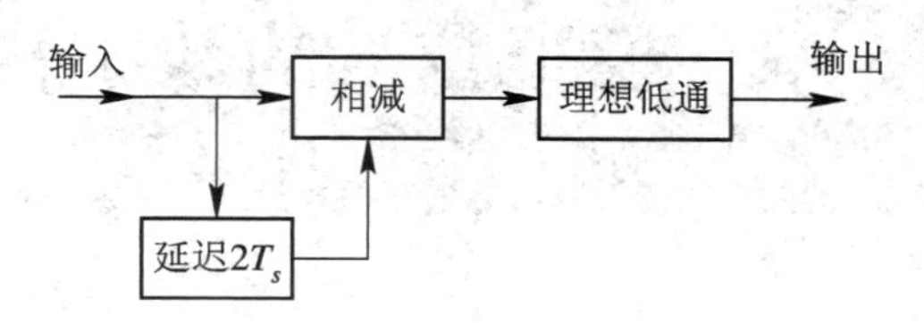

图 P5-9

5-23 设部分响应系统的输入信号为四进制(0，1，2，3)，相关编码采用第Ⅳ类部分响应。当输入序列$\{a_k\}$为21303001032021时：

(1) 试求相对应的预编码序列$\{b_k\}$、相关编码序列$\{c_k\}$和接收端恢复序列$\{a_k'\}$；

(2) 求相关电平数，若输入信号改为二进制，相关电平数又为何值?

(3) 试画出包括预编码在内的第Ⅳ类部分响应系统的方框图。

第6章 模拟信号的数字传输

正如第1章所述，数字通信系统具有许多优点而成为当今通信的发展方向。然而自然界的许多信息经各种传感器感知后都是模拟量，例如电话、电视等通信业务，其信源送出的都是模拟信号。若要利用数字通信系统传输模拟信号，一般需三个步骤：

(1) 把模拟信号数字化，即模数转换(A/D)；

(2) 进行数字方式传输；

(3) 把数字信号还原为模拟信号，即数模转换(D/A)。

第(2)步已在第5章和将在第7章中讨论，因此本章只讨论(1)、(3)两步。由于A/D或D/A变换的过程通常由信源编(译)码器实现，所以我们把发端的A/D变换称为信源编码，把收端的D/A变换称为信源译码。例如，语音信号的数字化叫做语音编码。由于电话业务在通信中占有最大的业务量，所以本章以语音编码为例，介绍模拟信号数字化的有关理论和技术。

模拟信号数字化的方法大致可划分为波形编码和参量编码两类。波形编码是直接把时域波形变换为数字代码序列，比特率通常在16～64 kbit/s范围内，接收端重建(恢复)信号的质量好。参量编码是利用信号处理技术，提取语音信号的特征参量，再变换成数字代码，其比特率在16 kbit/s以下，但接收端重建信号的质量不够好。这里只介绍波形编码。

目前使用最普遍的波形编码方法有脉冲编码调制(PCM)和增量调制(ΔM)。图6-1给出了模拟信号数字传输的原理框图。图中，首先对模拟信息源发出的模拟信号进行抽样，使其成为一系列离散的抽样值，然后将这些抽样值进行量化并编码，变换成数字信号。这时信号便可用数字通信方式传输。在接收端，则将接收到的数字信号进行译码和低通滤波，恢复原模拟信号。

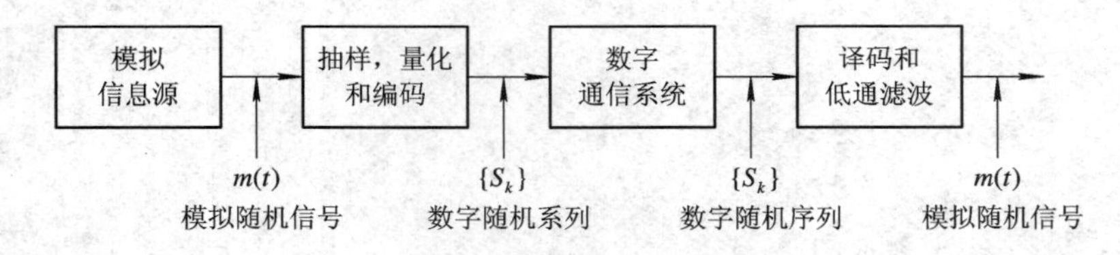

图6-1 模拟信号的数字传输

本章在介绍抽样定理和脉冲幅度调制的基础上，重点讨论模拟信号数字化的两种方式，即PCM和ΔM的原理及性能，并简要介绍PCM的改进型：差分脉冲编码调制(DPCM)和自适应差分脉冲编码调制(ADPCM)。

6.1 抽样定理

抽样是把时间上连续的模拟信号变成一系列时间上离散的抽样值的过程。能否由此样值序列重建原信号，是抽样定理要回答的问题。

抽样定理的大意是，如果对一个频带有限的时间连续的模拟信号抽样，当抽样速率达到一定数值时，那么根据它的抽样值就能重建原信号。也就是说，若要传输模拟信号，不一定要传输模拟信号本身，只需传输按抽样定理得到的抽样值即可。因此，抽样定理是模拟信号数字化的理论依据。

根据模拟信号是低通型的还是带通型的，抽样定理分为低通抽样定理和带通抽样定理；根据用来抽样的脉冲序列是等间隔的还是非等间隔的，可分均匀抽样定理和非均匀抽样；根据抽样的脉冲序列是冲击序列还是非冲击序列，又可分理想抽样和实际抽样。

6.1.1　低通抽样定理

一个频带限制在(0，f_H)赫内的时间连续信号 $m(t)$，如果以 $T_s \leqslant 1/(2f_H)$秒的间隔对它进行等间隔(均匀)抽样，则 $m(t)$将被所得到的抽样值完全确定。

此定理告诉我们：若 $m(t)$的频谱在 f_H 以上为零，则 $m(t)$中的信息完全包含在其间隔不大于 $1/(2f_H)$秒的均匀抽样序列里。换句话说，在信号最高频率分量的每一个周期内起码应抽样两次。或者说，抽样速率 f_s(每秒内的抽样点数)应不小于 $2f_H$。否则，若抽样速率 $f_s<2f_H$，则会产生失真，这种失真叫混叠失真。

下面我们从频域角度来证明这个定理。设抽样脉冲序列是一个周期性冲激序列 $\delta_T(t)$，则它的频谱 $\delta_T(t)$是离散谱，表示为

$$\delta_T(t) = \sum_{n=-\infty}^{\infty} \delta(t - nT_s) \Leftrightarrow \delta_T(\omega) = \frac{2\pi}{T_s} \sum_{n=-\infty}^{\infty} \delta(\omega - n\omega_s) \tag{6.1-1}$$

式中，$\omega_s = 2\pi f_s = \dfrac{2\pi}{T_s}$。

抽样过程可看成是 $m(t)$与 $\delta_T(t)$相乘，即抽样后的信号可表示为

$$m_s(t) = m(t)\delta_T(t) \tag{6.1-2}$$

根据冲激函数性质，$m(t)$与 $\delta_T(t)$相乘的结果也是一个冲激序列，其冲激的强度等于 $m(t)$在相应时刻的取值，即样值 $m(nT_s)$。因此抽样后信号 $m_s(t)$又可表示为

$$m_s(t) = \sum_{n=-\infty}^{\infty} m(nT_s)\delta(t - nT_s) \tag{6.1-3}$$

上述关系的时间波形如图 6-2(a)、(c)、(e)所示。

根据频率卷积定理，式(6.1-2)所表述的抽样后信号的频谱为

$$M_s(\omega) = \frac{1}{2\pi}[M(\omega) * \delta_T(\omega)] \tag{6.1-4}$$

式中，$M(\omega)$是低通信号 $m(t)$的频谱，其最高角频率为 ω_H，如图 6-2(b)所示。将式(6.1-1)代入式(6.1-4)有

$$M_s(\omega) = \frac{1}{T_s}\left[M(\omega) * \sum_{n=-\infty}^{\infty} \delta(\omega - n\omega_s)\right] = \frac{1}{T_s} \sum_{n=-\infty}^{\infty} M(\omega - n\omega_s) \tag{6.1-5}$$

如图 6-2(f)所示，抽样后信号的频谱 $M_s(\omega)$由无限多个间隔为 ω_s 的 $M(\omega)$相叠加而成。如果 $\omega_s \geqslant 2\omega_H$，即抽样速率 $f_s \geqslant 2f_H$，也即抽样间隔

$$T_s \leqslant \frac{1}{2f_H} \tag{6.1-6}$$

则在相邻的$M(\omega)$之间没有重叠，而位于$n=0$的频谱就是信号频谱$M(\omega)$本身。这时，只需在接收端用一个低通滤波器，就能从$M_s(\omega)$中取出$M(\omega)$，无失真地恢复原信号。此低通滤波器的特性如图 6-2(f)中的虚线所示。

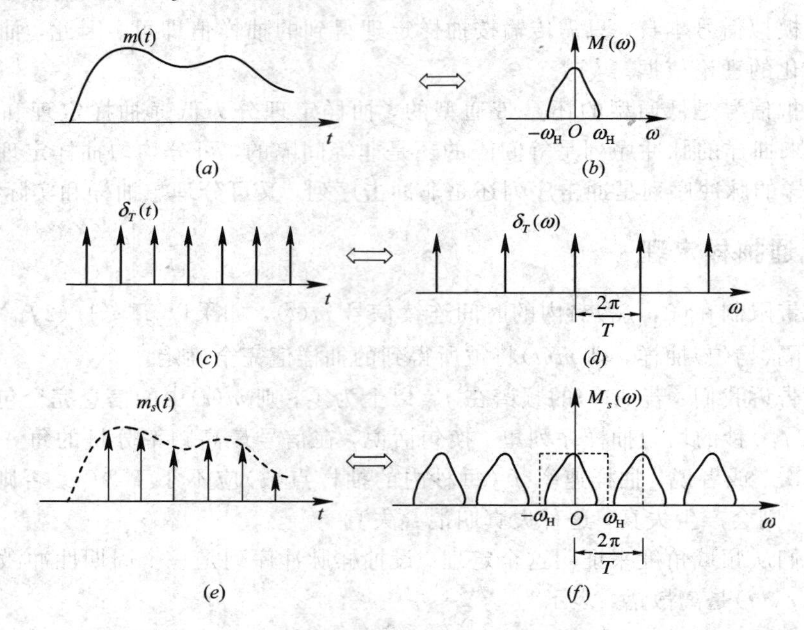

图 6-2 抽样过程的时间函数及频谱图

如果$\omega_s<2\omega_H$，则抽样后信号的频谱在相邻的周期内发生混叠，如图 6-3 所示，此时不可能无失真重建原信号。因此，必须要求满足式(6.1-6)，$m(t)$才能被$m_s(t)$完全确定，这就证明了抽样定理。显然，$T_s=1/(2f_H)$是最大允许抽样间隔，它被称为**奈奎斯特间隔**，相对应的最低抽样速率$f_s=2f_H$称为**奈奎斯特速率**。

为了加深对抽样定理的理解，我们再从时域角度来证明抽样定理。目的是要找出$m(t)$与各抽样值的关系，若$m(t)$能表示成仅仅是抽样值的函数，那么这也就意味着$m(t)$由抽样值唯一地确定。

根据前面的分析，理想抽样与信号恢复的原理框图如图 6-4 所示。

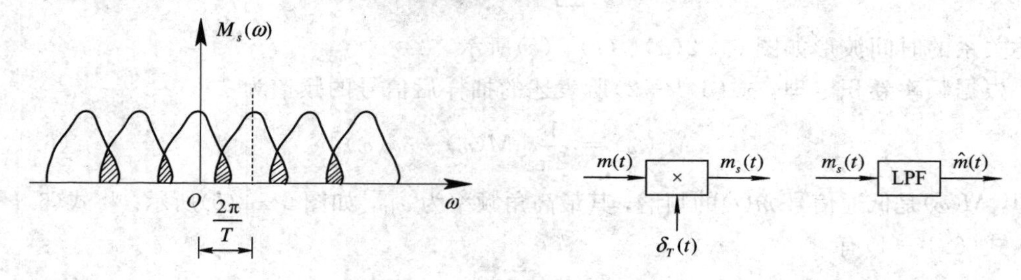

图 6-3 混叠现象　　　　图 6-4 理想抽样与信号恢复

频域中已证明，将$M_s(\omega)$通过截止频率为ω_H的低通滤波器便可得到$M(\omega)$。显然，低通滤波器的这种作用等效于用一门函数$D_{\omega_H}(\omega)$去乘$M_s(\omega)$。因此，由式(6.1-6)得到

$$M_s(\omega)D_{\omega_H}(\omega)=\frac{1}{T_s}\sum_{n=-\infty}^{\infty}M(\omega-n\omega_s)\cdot D_{\omega_H}(\omega)=\frac{1}{T_s}M(\omega)$$

所以

$$M(\omega) = T_s[M_s(\omega) \cdot D_{\omega_H}(\omega)] \tag{6.1-7}$$

将时域卷积定理用于式(6.1 - 7)，有

$$m(t) = T_s\left[m_s(t) * \frac{\omega_H}{\pi}\,\mathrm{Sa}(\omega_H t)\right] = m_s(t) * \mathrm{Sa}(\omega_H t) \tag{6.1-8}$$

由式(6.1 - 3)可知抽样信号为

$$m_s(t) = \sum_{n=-\infty}^{\infty} m(nT_s)\delta(t-nT_s)$$

所以

$$\begin{aligned} m(t) &= \sum_{n=-\infty}^{\infty} m(nT_s)\delta(t-nT_s) * \mathrm{Sa}(\omega_H t) \\ &= \sum_{n=-\infty}^{\infty} m(nT_s)\mathrm{Sa}[\omega_H(t-nT_s)] \\ &= \sum_{n=-\infty}^{\infty} m(nT_s)\frac{\sin\omega_H(t-nT_s)}{\omega_H(t-nT_s)} \end{aligned} \tag{6.1-9}$$

式中，$m(nT_s)$是$m(t)$在$t=nT_s(n=0, \pm1, \pm2, \cdots)$时刻的样值。

式(6.1 - 9)是重建信号的时域表达式，称为**内插公式**。它说明以奈奎斯特速率抽样的带限信号$m(t)$可以由其样值利用内插公式重建。这等效为将抽样后信号通过一个冲激响应为$\mathrm{Sa}(\omega_H t)$的理想低通滤波器来重建$m(t)$。图 6 - 5 描述了由式(6.1 - 9)重建信号的过程。

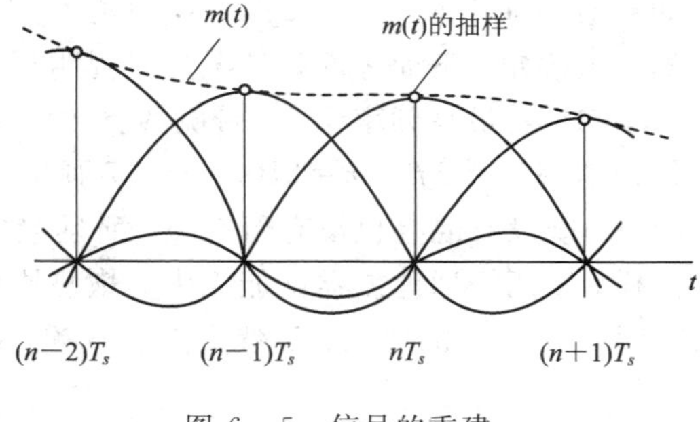

图 6 - 5　信号的重建

由图可见，以每个样值为峰值画一个 Sa 函数的波形，则合成的波形就是$m(t)$。由于 Sa 函数和抽样后信号的恢复有密切的联系，所以 Sa 函数又称为抽样函数。

6.1.2　带通抽样定理

上一节讨论了低通型信号的均匀抽样定理。实际中遇到的许多信号是带通型信号。低通信号和带通信号的界限是这样的：当$f_L<B$时称低通信号(其中f_L为信号的最低频率，B为信号的频谱宽度)，如语音信号，其频率为 300～3400 Hz，带宽$B=f_H-f_L=3400-300=3100$ Hz。当$f_L>B$时称带通信号，如某频分复用群信号，其频率为 312～552 kHz，带宽$B=f_H-f_L=552-312=240$ kHz。对带通信号的抽样，为了无失真恢复原信号，抽样后的信号频谱也不能有混叠。

如果采用低通抽样定理的抽样速率$f_s\geqslant 2f_H$，对频率限制在f_L与f_H之间的带通型信号抽样，肯定能满足频谱不混叠的要求，如图 6 - 6 所示。但这样选择f_s太高了，它会使$0\sim f_L$一大段频谱空隙得不到利用，降低了信道的利用率。为了提高信道利用率，同时又使抽样后的信号频谱不混叠，那么f_s到底怎样选择呢？带通信号的抽样定理将回答这个问题。

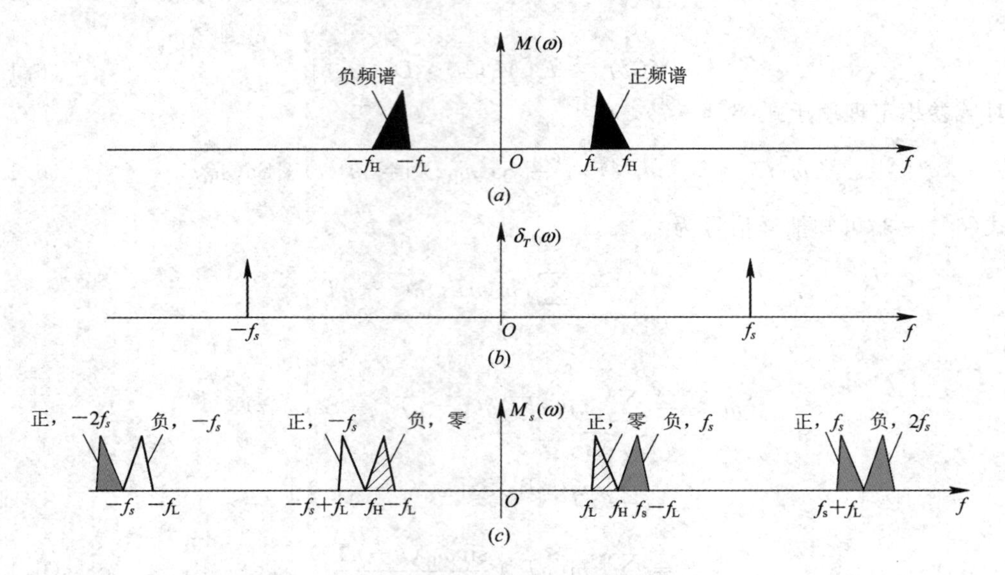

图 6-6　带通信号的抽样频谱($f_s=2f_H$)

带通抽样定理：设带通信号 $m(t)$，其频率限制在 f_L 与 f_H 之间，带宽为 $B=f_H-f_L$，如果最小抽样速率 $f_s=2f_H/m$，m 是一个不超过 f_H/B 的最大整数，那么 $m(t)$可完全由其抽样值确定。下面分两种情况加以说明。

(1) 若最高频率 f_H 为带宽的整数倍，即 $f_H=nB$。此时 $f_H/B=n$ 是整数，$m=n$，所以抽样速率 $f_s=2f_H/m=2B$。图 6-7 画出了 $f_H=5B$ 时的频谱图，图中，抽样后信号的频谱 $M_s(\omega)$既没有混叠也没有留空隙，而且包含有 $m(t)$的频谱 $M(\omega)$，如图中虚线所框的部分，这样，采用带通滤波器就能无失真恢复原信号，且此时抽样速率(2B)远低于按低通抽样定理时 $f_s=10B$ 的要求。显然，若 f_s 再减小，即 $f_s<2B$ 时必然会出现混叠失真。

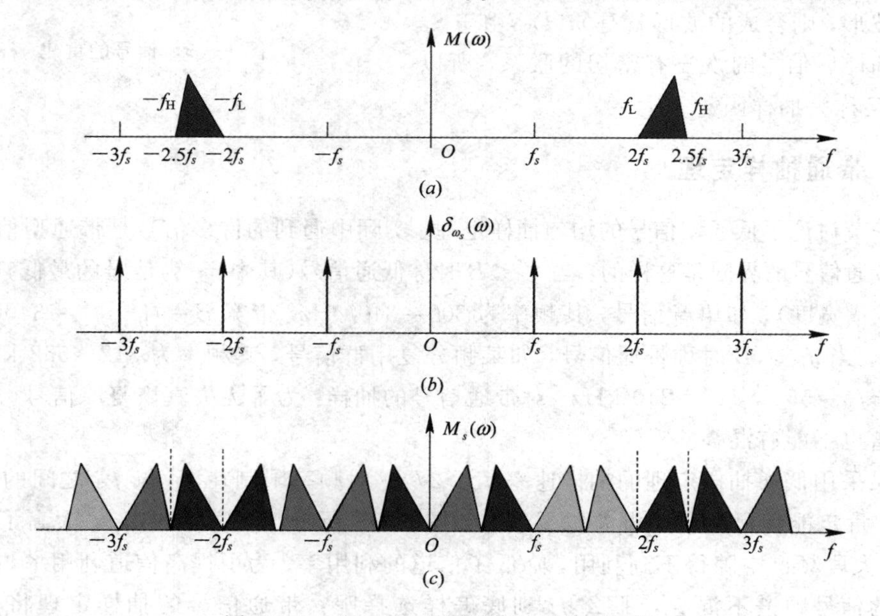

图 6-7　$f_H=nB$ 时带通信号的抽样频谱

由此可知：当 $f_H = nB$ 时，能重建原信号 $m(t)$ 的最小抽样频率为

$$f_s = 2B \tag{6.1-10}$$

（2）若最高频率不为带宽的整数倍，即

$$f_H = nB + kB,\quad 0 < k < 1 \tag{6.1-11}$$

此时，$f_H/B=n+k$，由定理知，m 是一个不超过 $n+k$ 的最大整数，显然，$m=n$，所以能恢复出原信号 $m(t)$ 的最小抽样速率为

$$f_s = \frac{2f_H}{m} = \frac{2(nB + kB)}{n} = 2B\left(1 + \frac{k}{n}\right) \tag{6.1-12}$$

式中，n 是一个不超过 f_H/B 的最大整数，$0<k<1$。

根据式(6.1-12)和关系 $f_H=B+f_L$ 画出的曲线如图 6-8 所示。由图可见，f_s 在 $2B\sim4B$ 范围内取值，当 $f_L \gg B$ 时，f_s 趋近于 $2B$。这一点由式(6.1-12)也可以加以说明，当 $f_L \gg B$ 时，n 很大，所以不论 f_H 是否为带宽的整数倍，式(6.1-12)可简化为

$$f_s \approx 2B \tag{6.1-13}$$

实际中的高频窄带信号就符合这种情况，这是因为 f_H 大而 B 小，f_L 当然也大，很容易满足 $f_L \gg B$。由于带通信号一般为窄带信号，容易满足 $f_L \gg B$，因此带通信号通常可按 $2B$ 速率抽样。

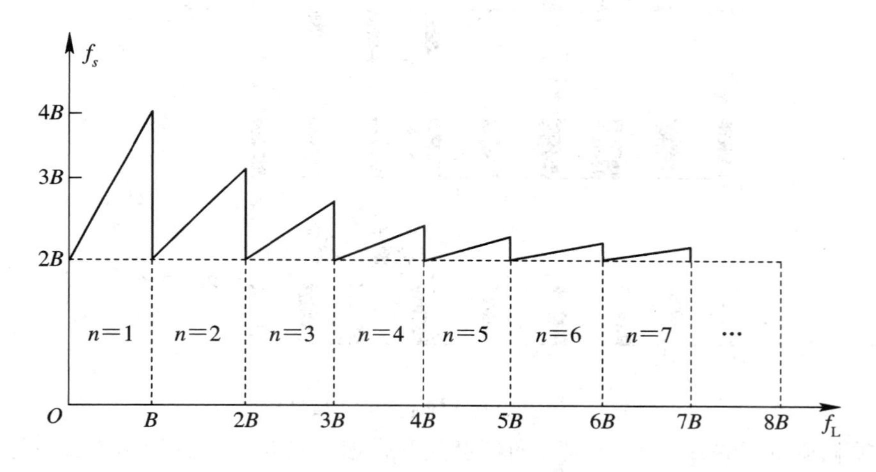

图 6-8　f_s 与 f_L 关系

顺便指出，对于一个携带信息的基带信号，可以视为随机基带信号。若该随机基带信号是宽平稳的随机过程，则可以证明：一个宽平稳的随机信号，当其功率谱密度函数限于 f_H 以内时，若以不大于 $1/(2f_H)$ 秒的间隔对它进行均匀抽样，则可得一随机样值序列。如果让该随机样值序列通过一截止频率为 f_H 的低通滤波器，那么其输出信号与原来的宽平稳随机信号的均方差在统计平均意义下为零。也就是说，从统计观点来看，对频带受限的宽平稳随机信号进行抽样，也服从抽样定理。

抽样定理不仅为模拟信号的数字化奠定了理论基础，它还是时分多路复用的理论依据，这将在以后有关章节中介绍。

6.2 脉冲幅度调制(PAM)

第 4 章中讨论的连续波调制是以连续振荡的正弦信号作为载波。然而，正弦信号并非是唯一的载波形式，时间上离散的脉冲串，同样可以作为载波。脉冲模拟调制就是以时间上离散的脉冲串作为载波，用模拟基带信号 $m(t)$去控制脉冲串的某参数，使其按 $m(t)$的规律变化的调制方式。按照脉冲串的受调参量(幅度、宽度和位置)的不同，脉冲调制可分为脉幅调制(PAM)、脉宽调制(PDM)和脉位调制(PPM)，波形如图 6-9 所示。虽然这三种信号在时间上都是离散的，但受调参量变化是连续的，因此它们都属于模拟信号。限于篇幅，这里仅介绍脉冲振幅调制，因为它是脉冲编码调制(PCM)的基础。

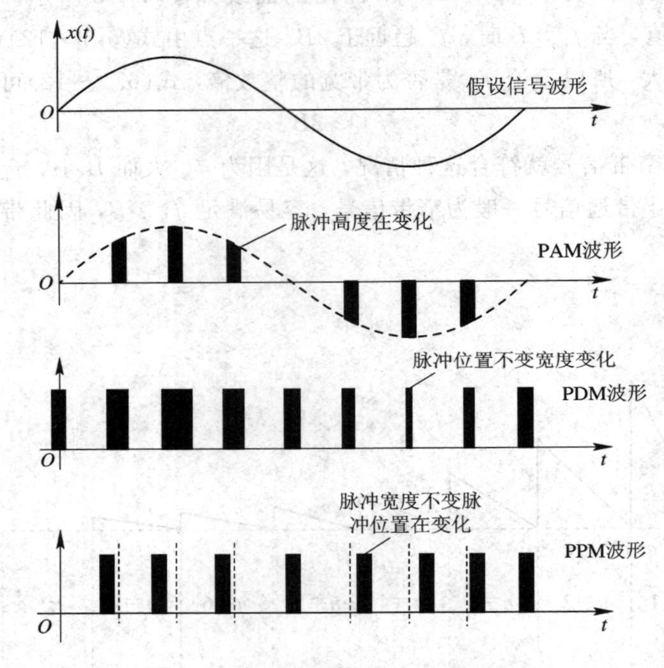

图 6-9 PAM、PDM、PPM 信号波形

脉冲振幅调制(PAM)是脉冲载波的幅度随基带信号变化的一种调制方式。若脉冲载波是冲激脉冲序列，则前面讨论的抽样定理就是脉冲振幅调制的原理。也就是说，按抽样定理进行抽样得到的信号 $m_s(t)$就是一个 PAM 信号。

但是，用冲激脉冲序列进行抽样是一种理想抽样的情况，实际中无法实现。因为冲激序列在实际中是不能获得的，即使能获得，由其抽样后信号的频谱为无穷大，对有限带宽的信道而言无法传递。因此，在实际中通常采用脉冲宽度相对于抽样周期很窄的窄脉冲序列近似代替冲激脉冲序列，从而实现脉冲振幅调制。这里我们介绍用窄脉冲序列进行实际抽样的两种脉冲振幅调制方式：自然抽样的 PAM 和平顶抽样的 PAM。

1. 自然抽样的 PAM

自然抽样又称曲顶抽样，它是指抽样后的脉冲幅度(顶部)随被抽样信号 $m(t)$变化，或者说保持了 $m(t)$的变化规律。自然抽样的原理框图如图 6-10 所示。

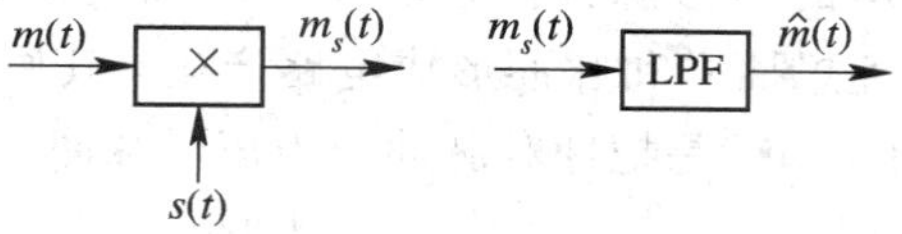

图 6 - 10　自然抽样的 PAM 原理框图

设模拟基带信号 $m(t)$的波形及频谱如图 6 - 11(a)所示，脉冲载波以 $s(t)$表示，它是宽度为 τ，周期为 T_s 的矩形窄脉冲序列，其中，T_s 是按抽样定理确定的，这里取 $T_s=1/(2f_{\rm H})$，$s(t)$的波形及频谱如图 6 - 11(b)所示，则自然抽样 PAM 信号 $m_s(t)$(波形见图 6 - 11(c))为 $m(t)$与 $s(t)$的乘积，即

$$m_s(t)=m(t)s(t) \tag{6.2-1}$$

其中，$s(t)$的频谱表达式为

$$S(\omega)=\frac{2\pi\tau}{T_s}\sum_{n=-\infty}^{\infty}\mathrm{Sa}(n\tau\omega_{\rm H})\delta(\omega-2n\omega_{\rm H}) \tag{6.2-2}$$

由频域卷积定理知 $m_s(t)$的频谱为

$$M_s(\omega)=\frac{1}{2\pi}[M(\omega)*S(\omega)]=\frac{A\tau}{T_s}\sum_{n=-\infty}^{\infty}\mathrm{Sa}(n\tau\omega_{\rm H})M(\omega-2n\omega_{\rm H}) \tag{6.2-3}$$

其频谱如图 6 - 11(d)所示，它与理想抽样(采用冲激序列抽样)的频谱非常相似，也是由无限多个间隔为 $\omega_s=2\omega_{\rm H}$ 的 $M(\omega)$频谱之和组成，其中，$n=0$ 的成分是$(\tau/T_s)M(\omega)$，与原信号谱 $M(\omega)$只差一个比例常数(τ/T_s)，因而也可用低通滤波器从 $M_s(\omega)$中滤出 $M(\omega)$，从而恢复出基带信号 $m(t)$。

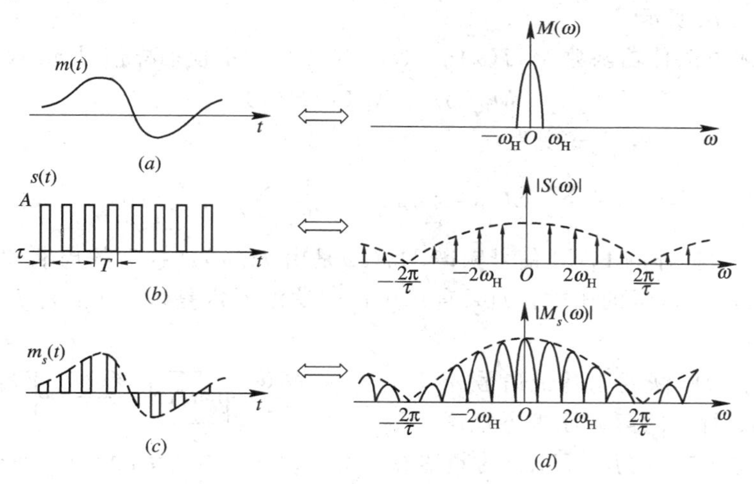

图 6 - 11　自然抽样的 PAM 波形及频谱

比较式(6.2 - 3)和式(6.1 - 6)，发现它们的不同之处是：理想抽样的频谱被常数 $1/T_s$ 加权，因而信号带宽为无穷大；而自然抽样频谱的包络按 Sa 函数随频率增高而下降，因而带宽是有限的，且带宽与脉宽 τ 有关。τ 越大，带宽越小，这有利于信号的传输，但 τ 大会导致时分复用的路数减小，显然 τ 的大小要兼顾带宽和复用路数这两个互相矛盾的要求。

2. 平顶抽样的 PAM

平顶抽样又叫瞬时抽样，它与自然抽样的不同之处在于它的抽样后信号中的脉冲均具有相同的形状——顶部平坦的矩形脉冲，矩形脉冲的幅度即为瞬时抽样值。平顶抽样 PAM 信号在原理上可以由理想抽样和脉冲形成电路产生，其原理框图及波形如图 6－12 所示，其中脉冲形成电路的作用就是把冲激脉冲变为矩形脉冲。

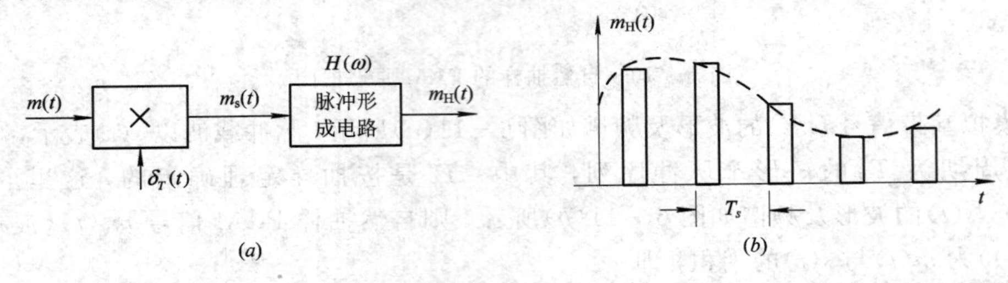

图 6－12　平顶抽样信号及其产生原理框图

设基带信号为 $m(t)$，矩形脉冲形成电路的冲激响应为 $h(t)$，$m(t)$经过理想抽样后得到的信号 $m_s(t)$可用式(6.1－4)表示，即

$$m_s(t) = \sum_{n=-\infty}^{\infty} m(nT_s)\delta(t-nT_s)$$

这就是说，$m_s(t)$是由一系列被 $m(nT_s)$加权的冲激序列组成，而 $m(nT_s)$就是第 n 个抽样值幅度，经过矩形脉冲形成电路时，每当输入一个冲激信号，则在其输出端产生一个幅度为 $m(nT_s)$的矩形脉冲 $h(t)$，因此在 $m_s(t)$作用下，输出便产生一系列被 $m(nT_s)$加权的矩形脉冲序列，这就是平顶抽样 PAM 信号 $m_H(t)$，它表示为

$$m_H(t) = \sum_{n=-\infty}^{\infty} m(nT)h(t-nT_s) \tag{6.2-4}$$

波形如图 6－12(b)所示。

设脉冲形成电路传输函数为 $H(\omega)\leftrightarrow h(t)$，则输出的平顶抽样信号 $m_H(t)$的频谱为

$$M_H(\omega) = M_s(\omega)H(\omega) \tag{6.2-5}$$

利用式(6.1－6)的结果，上式变为

$$M_H(\omega) = \frac{1}{T_s}H(\omega)\sum_{n=-\infty}^{\infty} M(\omega-2n\omega_H) = \frac{1}{T_s}\sum_{n=-\infty}^{\infty} H(\omega)M(\omega-2n\omega_H) \tag{6.2-6}$$

由上式可见，平顶抽样的 PAM 信号频谱 $M_H(\omega)$是由 $H(\omega)$加权后的周期性重复的 $M(\omega)$所组成，由于 $H(\omega)$是 ω 的函数，如果直接用低通滤波器恢复，得到的是 $H(\omega)M(\omega)/T$，必然存在失真。

为了从 $m_H(t)$中恢复原基带信号 $m(t)$，可采用图 6－13 所示的解调原理方框图。在低通滤波之前先用特性为 $1/H(\omega)$的频谱校正网络加以修正，然后经过低通滤波器即可无失真地恢复原基带信号 $m(t)$。

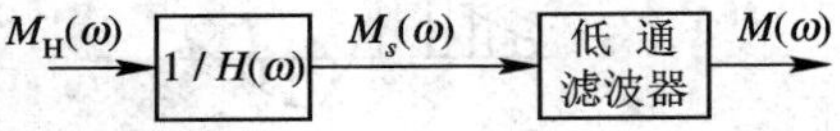

$M_H(\omega)$ → [$1/H(\omega)$] → $M_s(\omega)$ → [低通滤波器] → $M(\omega)$

图 6－13　平顶抽样 PAM 信号的解调原理框图

在实际应用中，平顶抽样信号采用抽样保持电路来实现，得到的脉冲为矩形脉冲。在后面讲到的 PCM 系统的编码时，编码器的输入就是经抽样保持电路得到的平顶抽样脉冲。

在实际应用中，恢复信号的低通滤波器也不可能是理想的，因此考虑到实际滤波器可能实现的特性，抽样速率 f_s 要比 $2f_H$ 选的大一些，一般 $f_s=(2.5\sim3)f_H$。例如语音信号频率一般为 300～3400 Hz，抽样速率 f_s 一般取 8000 Hz。

以上按自然抽样和平顶抽样均能构成 PAM 通信系统，也就是说可以在信道中直接传输抽样后信号，但由于它们抗干扰能力差，目前很少实用。它已被性能良好的脉冲编码调制(PCM)所取代。

6.3　脉冲编码调制(PCM)

脉冲编码调制(PCM)简称脉码调制，它是一种用一组二进制数字代码来代替连续信号的抽样值，从而实现数字通信的方式。由于这种通信方式抗干扰能力强，它在数字程控电话交换机系统、光纤通信、数字微波通信、卫星通信中均获得了极为广泛的应用。

PCM是一种最典型的波形编码方式，其系统原理框图如图6-14所示。首先，在发送端进行波形编码，主要包括抽样、量化和编码三个过程，把模拟信号变换为二进制码组。编码后的PCM码组的数字传输方式，可以是直接的基带传输，也可以是对微波、光波等载波调制后的频带传输。在接收端，二进制码组经译码后还原为量化后的样值脉冲序列，然后经低通滤波器滤除高频分量，便可得到重建信号 $\hat{m}(t)$。

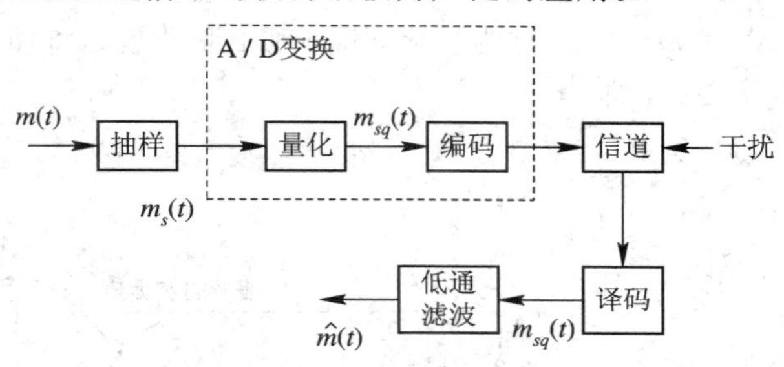

图6-14　PCM系统原理框图

抽样是按抽样定理把时间上连续的模拟信号转换成时间上离散的抽样信号；量化是把幅度上仍连续(无穷多个取值)的抽样信号进行幅度离散化，即指定有限个(M个)电平，把抽样值用最接近的电平表示；编码则是用二进制码组表示的M个量化脉冲。图6-15给出了PCM信号形成的示意图。

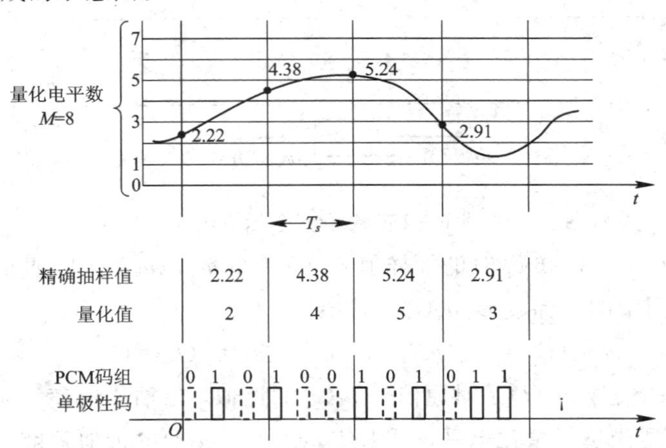

图6-15　PCM信号形成示意图

综上所述，PCM信号的形成是模拟信号经过“抽样、量化、编码”三个步骤实现的。其中，抽样的原理已经介绍，下面主要讨论量化和编码。

6.3.1　量化

利用预先规定的有限个电平来表示模拟信号抽样值的过程称为量化。时间连续的模拟信号经抽样后的样值序列，虽然在时间上离散，但在幅度上仍然是连续的，即抽样值 $m(kT_s)$ 可以取无穷多个可能值，因此仍属模拟信号。如果用 N 位二进制码组来表示该样值的大小，以便利用数字传输系统来传输的话，那么 N 位二进制码组只能与 $M=2^N$ 个电平样值相对应，而不能同无穷多个可能取值相对应。这就需要把取值无限的抽样值划分成有限的 M 个离散电平，此电平被称为量化电平。

量化的物理过程如图 6-16 所示。其中，$m(t)$ 为模拟信号；T_s 为抽样间隔；$m(kT_s)$ 是第 k 个抽样值，在图中用"·"表示；$m_q(t)$ 表示量化信号，$q_1 \sim q_M$ 是预先规定好的 M 个量化电平(这里 $M=7$)；m_i 为第 i 个量化区间的终点电平(分层电平)，电平之间的间隔 $\Delta V_i = m_i - m_{i-1}$ 称为量化间隔，那么量化就是将抽样值 $m(kT_s)$ 转换为 M 个规定电平 $q_1 \sim q_M$ 之一，即

$$m_q(kT_s) = q_i, \quad m_{i-1} \leqslant m(kT_s) \leqslant m_i \tag{6.3-1}$$

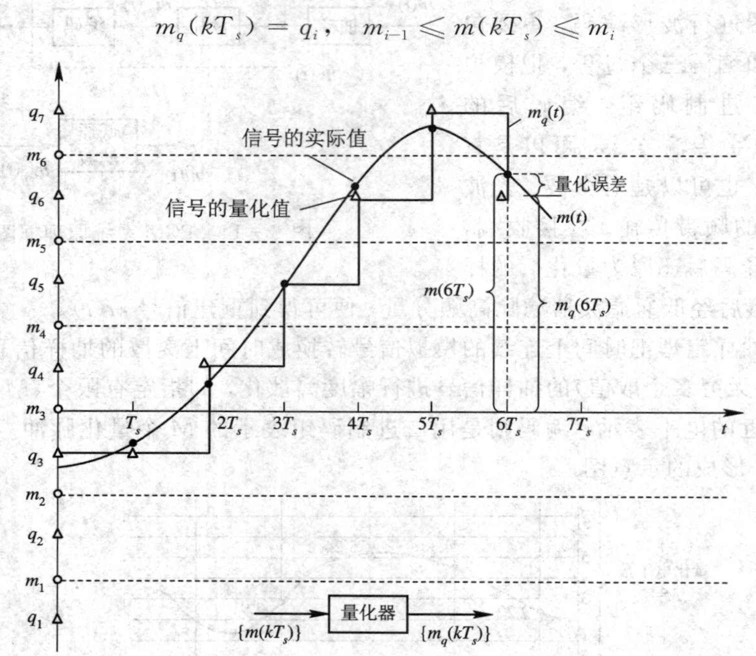

图 6-16 量化过程示意图

例如，图 6-16 中，$t=6T_s$ 时的抽样值 $m(6T_s)$ 在 m_5，m_6 之间，此时按规定量化值为 q_6。量化器输出是图中的阶梯波形 $m_q(t)$，其中

$$m_q(t) = m_q(kT_s)_i, \quad kT_s \leqslant t \leqslant (k+1)T_s \tag{6.3-2}$$

可以看出，量化后的信号 $m_q(t)$ 是对原信号 $m(t)$ 的近似，当抽样速率一定，增加量化级数目(量化电平数)和适当选择量化电平，可以使 $m_q(t)$ 与 $m(t)$ 的近似程度提高。

$m_q(kT_s)$ 与 $m(kT_s)$ 之间的误差称为**量化误差**。对于语音、图像等随机信号，量化误差也是随机的，它像噪声一样影响通信质量，因此又称为量化噪声，通常用均方误差 $E[(m-m_q)^2]$ 来度量。为方便起见，假设 $m(t)$ 是均值为零，概率密度为 $f(x)$ 的平稳随机过程，并用简化符号 m 表示 $m(kT_s)$，m_q 表示 $m_q(kT_s)$，则量化噪声的均方误差(即平均功率)为

$$N_q = E[(m-m_q)^2] = \int_{-\infty}^{\infty} (x-m_q)^2 f(x)\mathrm{d}x \tag{6.3-3}$$

在给定信息源的情况下，$f(x)$是已知的。因此，N_q 与量化间隔的分割有关，如何使 N_q 最小，是量化理论所要研究的问题。

图 6-16 中，量化间隔是均匀的，这种量化称为均匀量化。还有一种是量化间隔不均匀的非均匀量化，非均匀量化克服了均匀量化的缺点，是语音信号实际应用的量化方式，下面分别加以讨论。

1. 均匀量化

把输入信号的取值域按等距离分割的量化称为均匀量化。在均匀量化中，每个量化区间的量化电平均取在各区间的中点，如图 6-16 所示。其量化间隔 ΔV 取决于输入信号的变化范围和量化电平数。例如，设输入信号的最小值和最大值分别用 a 和 b 表示，量化电平数为 M，则均匀量化时的量化间隔为

$$\Delta V = \frac{b-a}{M} \tag{6.3-4}$$

量化器输出为

$$m_q = q_i, \quad m_{i-1} \leqslant m \leqslant m_i \tag{6.3-5a}$$

式中：m_i 是第 i 个量化区间的终点(也称分层电平)，可写成

$$m_i = a + i\Delta V \tag{6.3-5b}$$

q_i 是第 i 个量化区间的量化电平，可表示为

$$q_i = \frac{m_i + m_{i-1}}{2}, \quad i = 1, 2, \cdots, M \tag{6.3-5c}$$

量化器的输入与输出关系可用量化特性来表示，如图 6-17(a)所示。当输入 m 在量化区间 $m_{i-1} \leqslant m \leqslant m_i$ 变化时，量化电平 $m_q = q_i$ 是该区间的中点值。相应的量化误差

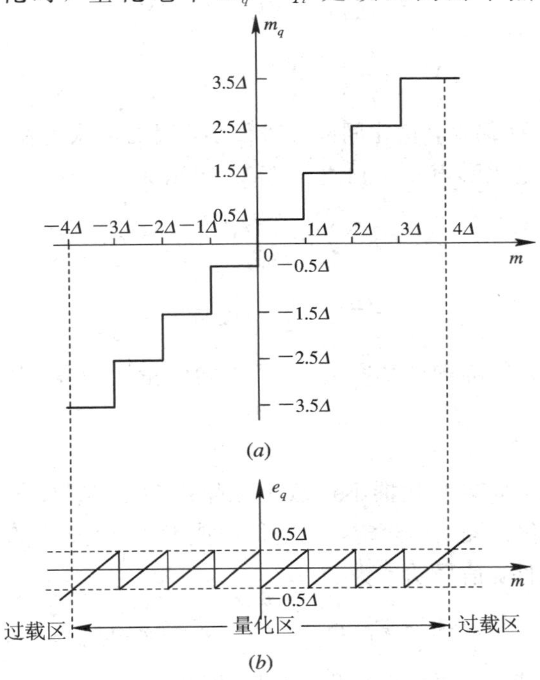

图 6-17　均匀量化特性及量化误差曲线

$e_q=m-m_q$与输入信号幅度m之间的关系曲线如图6-17(b)。对于不同的输入范围，误差显示出两种不同的特性：量化范围(量化区)内，量化误差的绝对值$|e_q|\leqslant\Delta V/2$，当信号幅度超出量化范围，量化值m_q保持不变，$|e_q|>\Delta V/2$，此时称为过载或饱和，过载区的误差特性是线性增长的，因而过载误差比量化误差大，对重建信号有很坏的影响。在设计量化器时，应考虑输入信号的幅度范围，使信号幅度不进入过载区，或者进入的概率极小。

上述的量化误差$e_q=m-m_q$通常称为绝对量化误差，它在每一量化间隔内的最大值均为$\Delta V/2$。在衡量量化器性能时，单看绝对误差的大小是不够的，因为信号有大有小，同样大的噪声对大信号的影响可能不算什么，但对小信号而言有可能造成严重的后果，因此在衡量系统性能时应看噪声与信号的相对大小，我们把绝对量化误差与信号之比称为相对量化误差，相对量化误差的大小反映了量化器的性能，通常用量化信噪比(S/N_q)来衡量，它被定义为信号功率与量化噪声功率之比，即

$$\frac{S}{N_q}=\frac{E[m^2]}{E[(m-m_q)^2]} \tag{6.3-6}$$

式中，E表示求统计平均，S为信号功率，N_q为量化噪声功率。显然，(S/N_q)越大，量化性能越好。下面我们来分析均匀量化时的量化信噪比。

设输入模拟信号$m(t)$是均值为零，概率密度为$f(x)$的平稳随机过程，其取值范围为(a,b)，且假设不会出现过载量化，则由式(6.3-3)可得量化噪声功率N_q为

$$N_q=E[(m-m_q)^2]=\int_a^b(x-m_q)^2f(x)\mathrm{d}x \tag{6.3-7}$$

若把积分区间分割成M个量化间隔，则上式可表示成

$$N_q=\sum_{i=1}^{M}\int_{m_{i-1}}^{m_i}(x-q_i)^2f(x)\mathrm{d}x \tag{6.3-8}$$

式中，$m_i=a+i\Delta V$，$q_i=a+i\Delta V-\dfrac{\Delta V}{2}$。

通常，量化电平数M很大，量化间隔ΔV很小，因而可认为在ΔV内$f(x)$不变，以p_i表示，且假设各层之间量化噪声相互独立，则N_q表示为

$$\begin{aligned}N_q&=\sum_{i=1}^{M}p_i\int_{m_{i-1}}^{m_i}(x-q_i)^2\mathrm{d}x\\&=\frac{\Delta V^2}{12}\sum_{i=1}^{M}p_i\Delta V=\frac{\Delta V^2}{12}\end{aligned} \tag{6.3-9}$$

式中，p_i代表第i个量化间隔的概率密度，ΔV为均匀量化间隔，因假设不出现过载现象，故上式中$\sum\limits_{i=1}^{M}p_i\Delta V=1$。

由式(6.3-9)可知，均匀量化器不过载量化噪声功率N_q仅与ΔV有关，而与信号的统计特性无关，一旦量化间隔ΔV给定，无论抽样值大小，均匀量化N_q都是相同的。

按照上面给定的条件，信号功率为

$$S=E[(m)^2]=\int_a^b x^2f(x)\mathrm{d}x \tag{6.3-10}$$

若给出信号特性和量化特性，便可求出量化信噪比(S/N_q)。

【例6-1】　设一M个量化电平的均匀量化器，其输入信号在区间$[-a,a]$具有均匀

概率密度函数，试求该量化器的平均量化信噪比。

解　由式(6.3-8)得

$$N_q=\sum_{i=1}^{M}\int_{m_{i-1}}^{m_i}(x-q_i)^2\frac{1}{2a}\,dx$$

$$=\sum_{i=1}^{M}\int_{-a+(i-1)\Delta V}^{-a+i\Delta V}\left(x+a-i\Delta V+\frac{\Delta V}{2}\right)^2\frac{1}{2a}\,dx$$

$$=\sum_{i=1}^{M}\left(\frac{1}{2a}\right)\left(\frac{\Delta V^3}{12}\right)=\frac{M\cdot\Delta V^3}{24a}$$

因为

$$M\cdot\Delta V=2a$$

所以

$$N_q=\frac{\Delta V^2}{12}$$

可见，结果同式(6.3-9)。

又由式(6.3-10)得信号功率

$$S=\int_{-a}^{a}x^2\cdot\frac{1}{2a}\,dx=\frac{\Delta V^2}{12}\cdot M^2$$

因而，量化信噪比为

$$\frac{S}{N_q}=M^2 \tag{6.3-11}$$

或

$$\left(\frac{S}{N_q}\right)_{dB}=20\ \lg M \tag{6.3-12}$$

由上式可知，量化信噪比随量化电平数 M 的增加而提高。通常，量化电平数应根据对量化信噪比的要求来确定。

均匀量化器广泛应用于线性 A/D 变换接口，例如在计算机的 A/D 变换中，N 为 A/D 变换器的位数，常用的有 8 位、12 位、16 位等不同精度。另外，在遥测遥控系统、仪表、图像信号的数字化接口等，也都使用均匀量化器。

但在语音信号数字化通信(或叫数字电话通信)中，均匀量化则有一个明显的不足：量化信噪比随信号电平的减小而下降。产生这一现象的原因是均匀量化的量化间隔 ΔV 为固定值，量化电平分布均匀，因而无论信号大小如何，量化噪声功率固定不变，这样，小信号时的量化信噪比就难以达到给定的要求。通常，把满足信噪比要求的输入信号的取值范围定义为**动态范围**。因此，均匀量化时输入信号的动态范围将受到较大的限制。为了克服均匀量化的缺点，实际中往往采用非均匀量化。

2. 非均匀量化

非均匀量化是一种在输入信号的动态范围内量化间隔不相等的量化。换言之，非均匀量化是根据输入信号的概率密度函数来分布量化电平，以改善量化性能。由均方误差式(6.3-3)，即

$$N_q=E[(m-m_q)^2]=\int_{-\infty}^{\infty}(x-m_q)^2f(x)\,dx \tag{6.3-13}$$

可见，在 $f(x)$ 大的地方，设法降低量化噪声 $(m-m_q)^2$，从而降低均方误差，提高信噪比。这意味着量化电平必须集中在幅度密度高的区域。

在商业电话中，一种简单而又稳定的非均匀量化器为对数量化器，该量化器在出现频率高的低幅度语音信号处，运用小的量化间隔，而在不经常出现的高幅度语音信号处，运用大的量化间隔。

实现非均匀量化的方法之一是把送入量化器的信号 x 先进行压缩处理，然后再把压缩的信号 y 进行均匀量化。所谓压缩器就是一个非线性变换电路，微弱的信号被放大，强的信号被压缩。压缩器的入出关系表示为

$$y = f(x) \qquad (6.3-14)$$

接收端采用一个与压缩特性相反的扩张器来恢复 x 。图 6－18 画出了压缩与扩张的示意图。通常使用的压缩器中，大多采用对数式压缩，即 $y=\ln x$。广泛采用的两种对数压扩特性是 μ 律压扩和 A 律压扩。北美、日、韩等少数国家采用 μ 律压扩，我国和欧洲各国均采用 A 律压扩，下面分别讨论这两种压扩的原理。

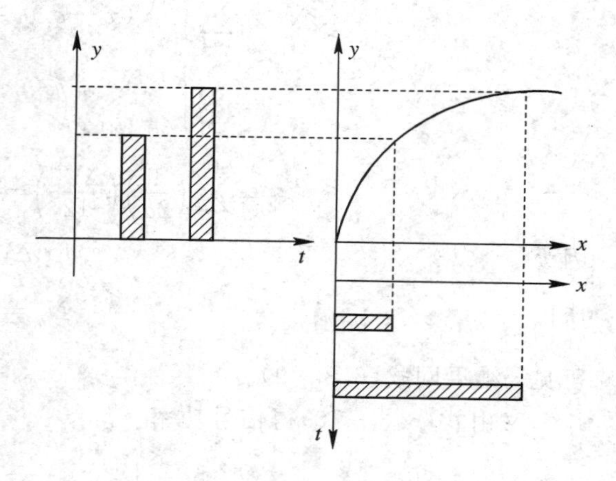

图 6－18　压缩与扩张的示意图

1）μ 律压扩特性

$$y=\frac{\ln(1+\mu x)}{\ln(1+\mu)},\quad 0\leqslant x\leqslant 1 \qquad (6.3-15)$$

式中，x 为归一化输入，y 为归一化输出。这里归一化是指信号电压与信号最大电压之比，所以归一化的最大值为 1。μ 为压扩参数，表示压扩程度。不同 μ 值的压缩特性如图 6－19(*a*)所示。由图可见，$\mu=0$ 时，压缩特性是一条通过原点的直线，故没有压缩效果，小信号性能得不到改善；μ 值越大压缩效果越明显，一般当 $\mu=100$ 时，压缩效果就比较理想了，在国际标准中取 $\mu=255$。另外，需要指出的是 μ 律压缩特性曲线是以原点奇对称的，图中只画出了正向部分。

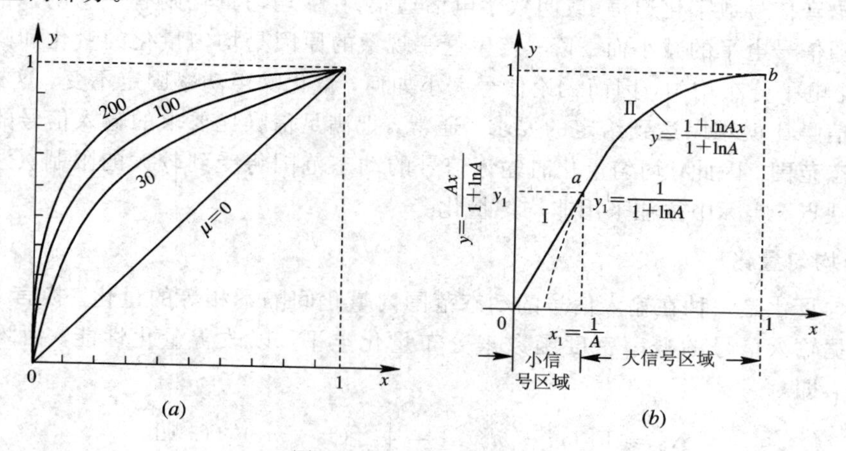

图 6－19　对数压缩特性

(*a*) μ 律；(*b*) A 律

2）A 律压扩特性

$$y=\begin{cases}\dfrac{Ax}{1+\ln A}, & 0\leqslant x\leqslant \dfrac{1}{A} \qquad (6.3-16a)\\[2ex] \dfrac{1+\ln Ax}{1+\ln A}, & \dfrac{1}{A}\leqslant x\leqslant 1 \qquad (6.3-16b)\end{cases}$$

其中，式(6.3－16b)是 A 律的主要表达式，但它当 $x=0$ 时，$y\to-\infty$，这样不满足对压缩特性的要求，所以当 x 很小时应对它加以修正，过零点作切线，这就是式(6.3－16a)，它是一个线性方程，其斜率 $\dfrac{\mathrm{d}y}{\mathrm{d}x}=\dfrac{A}{1+\ln A}=16$，对应国际标准取值 $A=87.6$。A 为压扩参数，$A=1$ 时无压缩，A 值越大压缩效果越明显。A 律压缩特性如图 6－19(b)所示。

现在我们以 μ 律压缩特性来说明对小信号量化信噪比的改善程度，图 6－20 画出了参数 μ 为某一取值的压缩特性，虽然它的纵坐标是均匀分级的，但由于压缩的结果，反映到输入信号 x 就成为非均匀量化了，即信号小时量化间隔 Δx 小，信号大时量化间隔 Δx 也大，而在均匀量化中，量化间隔却是固定不变的。下面举例来计算压缩对量化信噪比的改善量。

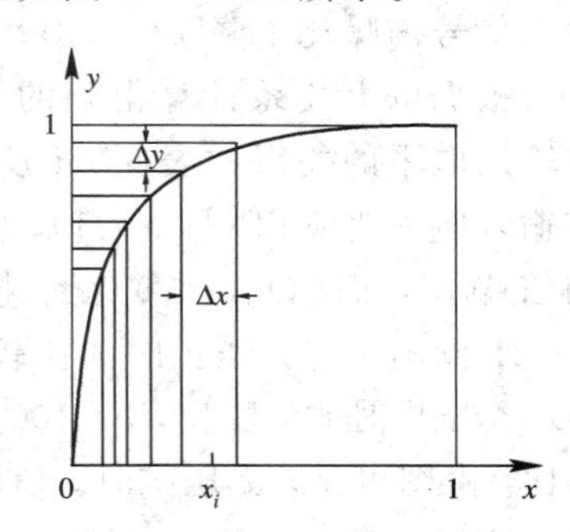

图 6－20　压缩特性

【例 6－2】 求 $\mu=100$ 时，压缩对大、小信号的量化信噪比的改善量，并与无压缩时($\mu=0$)的情况进行对比。

解　因为压缩特性 $y=f(x)$ 为对数曲线，当量化级划分较多时，在每一量化级中压缩特性曲线均可看做直线，所以

$$\frac{\Delta y}{\Delta x}=\frac{\mathrm{d}y}{\mathrm{d}x}=y' \qquad (6.3-17)$$

对式(6.3－15)求导，可得

$$\frac{\mathrm{d}y}{\mathrm{d}x}=\frac{\mu}{(1+\mu x)\ln(1+\mu)}$$

又由式(6.3－17)有

$$\Delta x=\frac{1}{y'}\Delta y$$

因此，量化误差为

$$\frac{\Delta x}{2}=\frac{1}{y'}\cdot\frac{\Delta y}{2}=\frac{\Delta y}{2}\cdot\frac{(1+\mu x)\ln(1+\mu)}{\mu}$$

当 $\mu>1$ 时，$\Delta y/\Delta x$ 的比值大小反映了非均匀量化(有压缩)对均匀量化(无压缩)的信噪比的改善程度。当用分贝表示时，并用符号 Q 表示信噪比的改善量，那么

$$[Q]_{\mathrm{dB}}=20\lg\left(\frac{\Delta y}{\Delta x}\right)=20\lg\left(\frac{\mathrm{d}y}{\mathrm{d}x}\right) \qquad (6.3-18)$$

对于小信号($x\to0$)，有

$$\left(\frac{\mathrm{d}y}{\mathrm{d}x}\right)_{x\to0}=\left.\frac{\mu}{(1+\mu x)\ln(1+\mu)}\right|_{x\to0}=\frac{\mu}{\ln(1+\mu)}=\frac{100}{4.62}$$

该比值大于 1，表示非均匀量化的量化间隔 Δx 比均匀量化间隔 Δy 小。这时，信噪比的改

善量为

$$[Q]_{\mathrm{dB}}=20\lg\left(\frac{\mathrm{d}y}{\mathrm{d}x}\right)=26.7$$

对于大信号($x=1$)，有

$$\left(\frac{\mathrm{d}y}{\mathrm{d}x}\right)_{x=1}=\left.\frac{\mu}{(1+\mu x)\ln(1+\mu)}\right|_{x=1}=\frac{100}{(1+100)\ln(1+100)}=\frac{1}{4.67}$$

该比值小于1，表示非均匀量化的量化间隔 Δx 比均匀量化间隔 Δy 大，故信噪比下降。以分贝表示为

$$[Q]_{\mathrm{dB}}=20\lg\left(\frac{\mathrm{d}y}{\mathrm{d}x}\right)=20\lg\left(\frac{1}{4.67}\right)=-13.3$$

即大信号信噪比下降 13.3 dB。

根据以上关系计算得到的信噪比的改善程度与输入电平的关系如表 6 - 1 所列。这里，最大允许输入电平为 0 dB(即 $x=1$)；$[Q]_{\mathrm{dB}}>0$ 表示提高的信噪比，而$[Q]_{\mathrm{dB}}<0$ 表示损失的信噪比。图 6 - 21 画出了有无压扩时的比较曲线，其中，$\mu=0$ 表示无压扩时的信噪比，$\mu=100$ 表示有压扩时的信噪比。由图可见，无压扩时，信噪比随输入信号的减小而迅速下降；而有压扩时，信噪比随输入信号的下降却比较缓慢。若要求量化信噪比大于20 dB，则对于 $\mu=0$ 时的输入信号必须大于 -18 dB；而对于 $\mu=100$ 时的输入信号只要大于 -36 dB 即可。可见，采用压扩提高了小信号的量化信噪比，从而相应扩大了输入信号的动态范围。

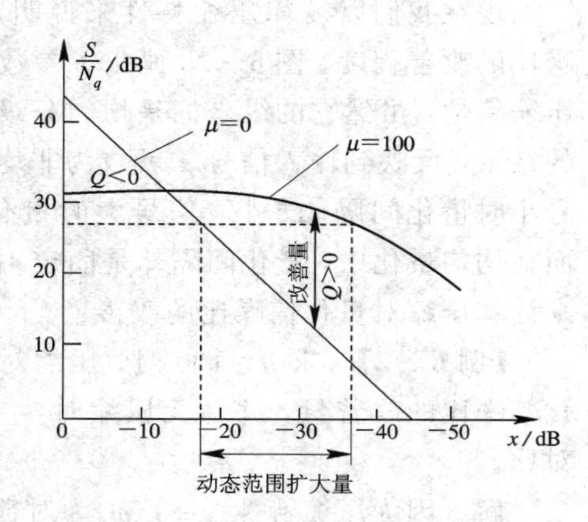

图 6 - 21 有无压扩的比较曲线

表 6 - 1 信噪比的改善程度与输入电平的关系

x	1	0.316	0.1	0.0312	0.01	0.003
输入信号电平/dB	0	−10	−20	−30	−40	−50
$[Q]_{\mathrm{dB}}$	−13.3	−3.5	5.8	14.4	20.6	24.4

早期的 A 律和 μ 律压扩特性是用非线性模拟电路获得的。由于对数压扩特性是连续曲线，且随压扩参数而不同，在电路上实现这样的函数规律是相当复杂的，因而精度和稳定度都受到限制。随着数字电路特别是大规模集成电路的发展，另一种压扩技术——数字压扩，日益获得广泛的应用。它是利用数字电路形成许多折线来逼近对数压扩特性。在实际中常采用的有两种：一种是采用 13 折线近似 A 律压缩特性，另一种是采用 15 折线近似 μ 律压缩特性。A 律 13 折线主要用于我国和欧洲各国的 PCM 30/32 路基群中，μ 律 15 折线主要用于北美、日、韩等国的 PCM 24 路基群中。ITU - T 建议上述两种折线压缩律为国际标准，且在国际间数字系统相互连接时，要以 A 律为标准。因此这里重点介绍 A 律 13 折线。

3) A 律 13 折线

A 律 13 折线的产生是从不均匀量化的基本点出发，设法用 13 段折线逼近 $A=87.6$ 的 A 律压缩特性。具体方法是：把输入 x 轴和输出 y 轴用两种不同的方法划分。对 x 轴在

0～1(归一化)范围内不均匀分成 8 段，分段的规律是每次以 1/2 对分，第一次在 0 到 1 之间的 1/2 处对分，第二次在 0 到 1/2 之间的 1/4 处对分，第三次在 0 到 1/4 之间在 1/8 处对分，其余类推。对 y 轴在 0～1(归一化)范围内采用等分法，均匀分成 8 段，每段间隔均为 1/8。然后把 x，y 各对应段的交点连接起来构成 8 段直线，得到如图 6 - 22 所示的折线压扩特性，其中第 1、2 段斜率相同(均为 16)，因此可视为一条直线段，故实际上只有 7 根斜率不同的折线。

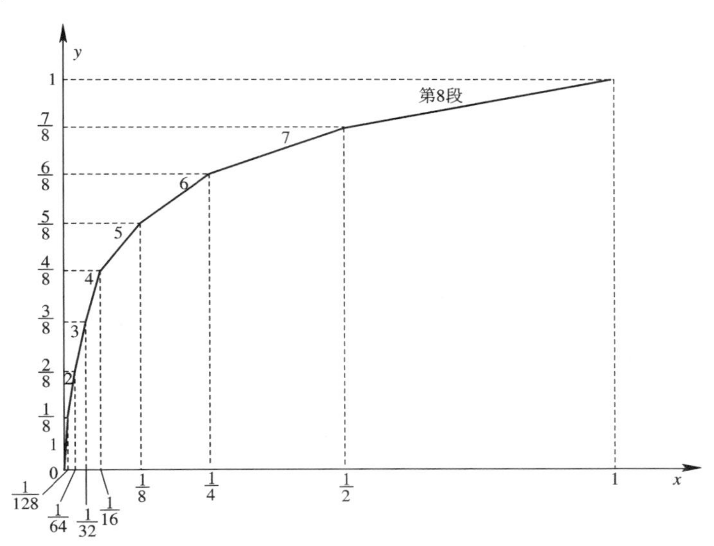

图 6 - 22　A 律 13 折线

以上分析的是正方向，由于语音信号是双极性信号，因此在负方向也有与正方向对称的一组折线，也是 7 根，但其中靠近零点的 1、2 段斜率也都等于 16，与正方向的第 1、2 段斜率相同，又可以合并一根，因此，正、负双向共有 2×(8－1)－1=13 折，故称其为 13 折线。但在定量计算时，仍以正、负各有 8 段为准。

下面考察 13 折线与 A 律(A=87.6)压缩特性的近似程度。在 A 律对数特性的小信号区分界点 $x=1/A=1/87.6$，相应的 y 根据式(6.3 - 16a)表示的直线方程可得

$$y=\frac{Ax}{1+\ln A}=\frac{A\cdot\frac{1}{A}}{1+\ln A}=\frac{1}{1+\ln 87.6}\approx 0.183$$

因此，当 $y<0.183$ 时，x、y 满足式(6.3 - 16a)，因此由该式可得

$$y=\frac{Ax}{1+\ln A}=\frac{87.6}{1+\ln 87.6}x\approx 16x \tag{6.3 - 19}$$

由于 13 折线中 y 是均匀划分的，y 的取值在第 1、2 段起始点小于 0.183，故这两段起始点 x、y 的关系可分别由式(6.3 - 19)求得：$y=0$ 时，$x=0$；$y=1/8$ 时，$x=1/128$。

在 $y>0.183$ 时，由式(6.3 - 16b)得

$$y-1=\frac{\ln x}{1+\ln A}=\frac{\ln x}{\ln eA}$$

$$\ln x=(y-1)\ln eA$$

$$x=\frac{1}{(eA)^{1-y}} \tag{6.3 - 20}$$

其余六段用$A=87.6$代入式(6.3-20)计算的x值列入表6-2中的第二行，并与按折线分段时的x值(第三行)进行比较。由表可见，13折线各段落的分界点与$A=87.6$曲线十分逼近，并且两特性起始段的斜率均为16，这就是说，13折线非常逼近$A=87.6$的对数压缩特性。

表6-2　A=87.6与13折线压缩特性的比较

y	0	$\frac{1}{8}$	$\frac{2}{8}$	$\frac{3}{8}$	$\frac{4}{8}$	$\frac{5}{8}$	$\frac{6}{8}$	$\frac{7}{8}$	1
x	0	$\frac{1}{128}$	$\frac{1}{60.6}$	$\frac{1}{30.6}$	$\frac{1}{15.4}$	$\frac{1}{7.79}$	$\frac{1}{3.93}$	$\frac{1}{1.98}$	1
按折线分段时的x	0	$\frac{1}{128}$	$\frac{1}{64}$	$\frac{1}{32}$	$\frac{1}{16}$	$\frac{1}{8}$	$\frac{1}{4}$	$\frac{1}{2}$	1
段　落	1	2	3	4	5	6	7	8	
斜　率	16	16	8	4	2	1	1/2	1/4	

在A律特性分析中可以看出，取$A=87.6$有两个目的：一是使特性曲线原点附近的斜率凑成16，二是使13折线逼近时，x的八个段落量化分界点近似于按2的幂次递减分割，有利于数字化。

4) μ律15折线

采用15折线逼近μ律压缩特性($\mu=255$)的原理与A律13折线类似，也是把y轴均分8段，对应于y轴分界点$i/8$处的x轴分界点的值根据式(6.3-15)来计算，即

$$x=\frac{256^{y}-1}{255}=\frac{256^{i/8}-1}{255}=\frac{2^{i}-1}{255} \tag{6.3-21}$$

其结果列入表6-3中，相应的特性如图6-23所示。由此折线可见，正、负方向各有8段线段，正、负的第1段因斜率相同而合成一段，所以16段线段从形式上变为15段折线，故

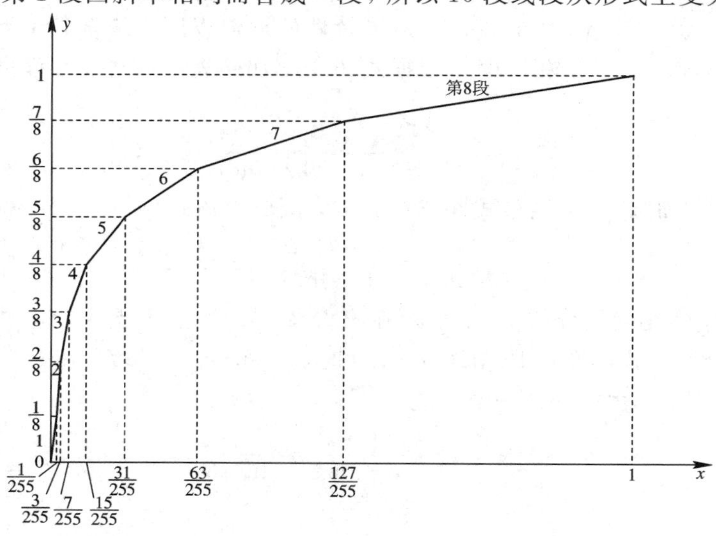

图6-23　μ律15折线

称其 μ 律 15 折线。原点两侧的一段斜率为

$$\frac{1}{8} \div \frac{1}{255} = \frac{255}{8} = 32$$

它比 A 律 13 折线的相应段的斜率大 2 倍。因此，小信号的量化信噪比也将比 A 律大一倍多；不过，对于大信号来说，μ 律要比 A 律差。

表 6 - 3　μ 律 15 折线参数表

i	0	1	2	3	4	5	6	7	8	
$y=\frac{i}{8}$	0	$\frac{1}{8}$	$\frac{2}{8}$	$\frac{3}{8}$	$\frac{4}{8}$	$\frac{5}{8}$	$\frac{6}{8}$	$\frac{7}{8}$	1	
$x=\frac{2^i-1}{255}$	0	$\frac{1}{255}$	$\frac{3}{255}$	$\frac{7}{255}$	$\frac{15}{255}$	$\frac{31}{255}$	$\frac{63}{255}$	$\frac{127}{255}$	1	
斜率 $\frac{8}{255}\left(\frac{\Delta y}{\Delta x}\right)$		1	1/2	1/4	1/8	1/16	1/32	1/64	1/128	
段　落		1	2	3	4	5	6	7	8	

以上详细讨论了 A 律和 μ 律的压缩原理。信号经过压缩后会产生失真，要补偿这种失真，则要在接收端相应位置采用扩张器。在理想情况下，扩张特性与压缩特性是对应互逆的，除量化误差外，信号通过压缩再扩张不应引入另外的失真。

我们注意到，在前面讨论量化的基本原理时，并未涉及量化的电路，这是因为量化过程不是以独立的量化电路来实现的，而是在编码过程中实现的，故原理电路框图将在编码中讨论。

6.3.2　编码和译码

把量化后的信号电平值变换成二进制码组的过程称为**编码**，其逆过程称为解码或**译码**。

模拟信源输出的模拟信号 $m(t)$ 经抽样和量化后得到的输出脉冲序列是一个 M 进制（一般常用 128 或 256）的多电平数字信号，如果直接传输的话，抗噪声性能很差，因此还要经过编码器转换成二进制数字信号（PCM 信号）后，再经数字信道传输。在接收端，二进制码组经过译码器还原为 M 进制的量化信号，再经低通滤波器恢复原模拟基带信号 $\hat{m}(t)$，完成这一系列过程的系统就是图 6 - 14 所示的脉冲编码调制（PCM）系统。其中，量化与编码的组合称为模/数变换器（A/D 变换器）；译码与低通滤波的组合称为数/模变换器（D/A 变换器）。下面主要介绍二进制码及编、译码器的工作原理。

1. 码字和码型

二进制码具有抗干扰能力强，易于产生等优点，因此 PCM 中一般采用二进制码。对于 M 个量化电平，可以用 N 位二进制码来表示，其中的每一个码组称为一个码字。为保证通信质量，目前国际上多采用 8 位编码的 PCM 系统。

码型指的是代码的编码规律，其含义是把量化后的所有量化级，按其量化电平的大小次序排列起来，并列出各对应的码字，这种对应关系的整体就称为码型。在 PCM 中常用的二进制码型有三种：自然二进码、折叠二进码和格雷二进码（反射二进码）。表 6 - 4 列出了用 4 位码表示 16 个量化级时的这三种码型。

表 6-4　常用二进码型

样值脉冲极性	格雷二进码	自然二进码	折叠二进码	量化级序号
正极性部分	1 0 0 0	1 1 1 1	1 1 1 1	15
	1 0 0 1	1 1 1 0	1 1 1 0	14
	1 0 1 1	1 1 0 1	1 1 0 1	13
	1 0 1 0	1 1 0 0	1 1 0 0	12
	1 1 1 0	1 0 1 1	1 0 1 1	11
	1 1 1 1	1 0 1 0	1 0 1 0	10
	1 1 0 1	1 0 0 1	1 0 0 1	9
	1 1 0 0	1 0 0 0	1 0 0 0	8
负极性部分	0 1 0 0	0 1 1 1	0 0 0 0	7
	0 1 0 1	0 1 1 0	0 0 0 1	6
	0 1 1 1	0 1 0 1	0 0 1 0	5
	0 1 1 0	0 1 0 0	0 0 1 1	4
	0 0 1 0	0 0 1 1	0 1 0 0	3
	0 0 1 1	0 0 1 0	0 1 0 1	2
	0 0 0 1	0 0 0 1	0 1 1 0	1
	0 0 0 0	0 0 0 0	0 1 1 1	0

自然二进码就是一般的十进制正整数的二进制表示，编码简单、易记，而且译码可以逐比特独立进行。若把自然二进码从低位到高位依次给以 2 倍的加权，就可变换为十进数。如设二进码为

$$(a_{n-1}, a_{n-2}, \cdots, a_1, a_0)$$

则

$$D = a_{n-1}2^{n-1} + a_{n-2}2^{n-2} + \cdots + a_1 2^1 + a_0 2^0$$

便是其对应的十进数(表示量化电平值)。这种“可加性”可简化译码器的结构。

折叠二进码是一种符号幅度码。左边第一位表示信号的极性，信号为正用“1”表示，信号为负用“0”表示；第二位至最后一位表示信号的幅度，由于正、负绝对值相同时，折叠码的上半部分与下半部分相对零电平对称折叠，故名折叠码，且其幅度码从小到大按自然二进码规则编码。

与自然二进码相比，折叠二进码的优点是，对于语音这样的双极性信号，只要绝对值相同，则可简化为单极性编码。另一个优点是，误码对小信号影响较小。例如由大信号的 1111 误为 0111，从表 6-4 可见，自然二进码由 15 错到 7，误差为 8 个量化级，而对于折叠二进码，误差为 15 个量化级。显见，大信号时误码对折叠二进码影响很大。如果误码发生在由小信号的 1000 误为 0000，这时对于自然二进码误差还是 8 个量化级，而对于折叠二进码误差却只有 1 个量化级。这一特性是十分可贵的，因为语音信号小幅度出现的概率比大幅度的大，所以，着眼点在于小信号的传输效果。

格雷码的特点是任何相邻电平的码组，只有一位码位发生变化，即相邻码字的距离恒为 1。译码时，若传输或判决有误，量化电平的误差小。另外，这种码除极性码外，当正、负极性信号的绝对值相等时，其幅度码相同，故又称反射二进码。但这种码不是“可加的”，

不能逐比特独立进行，需先转换为自然二进码后再译码。因此，这种码在采用编码管进行编码时才用，在采用电路进行编码时，一般均用折叠二进码和自然二进码。

通过以上三种码型的比较，在PCM通信编码中，折叠二进码比自然二进码和格雷码优越，它是A律13折线PCM 30/32路基群设备中所采用的码型。

2. 码位的选择与安排

至于码位数的选择，它不仅关系到通信质量的好坏，而且还涉及到设备的复杂程度。码位数的多少，决定了量化分层的多少。反之，若信号量化分层数一定，则编码位数也被确定。在信号变化范围一定时，用的码位数越多，量化分层越细，量化误差就越小，通信质量当然就更好。但码位数越多，设备越复杂，同时还会使总的传码率增加，传输带宽加大。一般从话音信号的可懂度来说，采用3～4位非线性编码即可，若增至7～8位时，通信质量就比较理想了。

在13折线编码中，普遍采用8位二进制码，对应$M=2^8=256$个量化级，即正、负输入幅度范围内各有128个量化级，这需要将13折线中的每个折线段再均匀划分16个量化级，由于每个段落长度不均匀，因此正或负输入的8个段落被划分成8×16=128个不均匀的量化级。按折叠二进码的码型，这8位码的安排如下：

极性码	段落码	段内码
C_1	$C_2C_3C_4$	$C_5C_6C_7C_8$

其中第1位码C_1的数值“1”或“0”分别表示信号的正、负极性，称为极性码。对于正、负对称的双极性信号，在极性判决后被整流(相当取绝对值)，则可按信号的绝对值进行编码，因此只要考虑13折线中的正方向的8段折线就行了。这8段折线共包含128个量化级，正好用剩下的7位幅度码$C_2C_3C_4C_5C_6C_7C_8$表示。

$C_2C_3C_4$为段落码，表示信号绝对值处在哪个段落，3位码的8种可能状态分别代表8个段落的起点电平。但应注意，段落码和8个段落之间的关系如表6-5和图6-24所示。

表6-5　段　落　码

段落序号	段落码		
	C_2	C_3	C_4
8	1	1	1
7	1	1	0
6	1	0	1
5	1	0	0
4	0	1	1
3	0	1	0
2	0	0	1
1	0	0	0

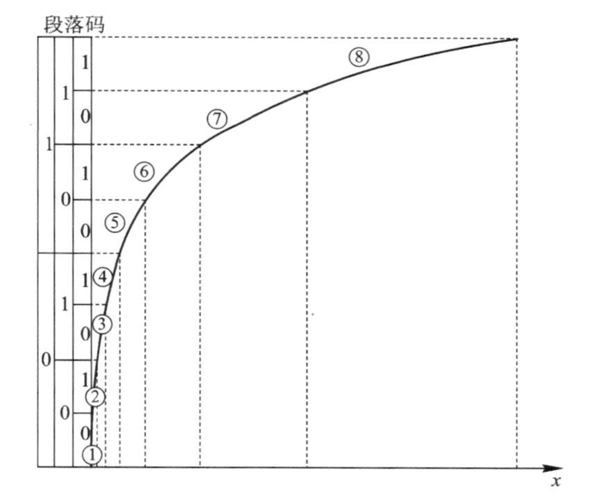

图6-24　段落码与各段的关系

$C_5C_6C_7C_8$为段内码，这4位码的16种可能状态用来分别代表每一段落内的16个均匀划分的量化级。段内码与16个量化级之间的关系如表6-6所示。

表 6-6 段内码

电平序号	段内码 C_5 C_6 C_7 C_8	电平序号	段内码 C_5 C_6 C_7 C_8
15	1 1 1 1	7	0 1 1 1
14	1 1 1 0	6	0 1 1 0
13	1 1 0 1	5	0 1 0 1
12	1 1 0 0	4	0 1 0 0
11	1 0 1 1	3	0 0 1 1
10	1 0 1 0	2	0 0 1 0
9	1 0 0 1	1	0 0 0 1
8	1 0 0 0	0	0 0 0 0

注意 在13折线编码方法中，虽然各段内的16个量化级是均匀的，但因段落长度不等，故不同段落间的量化级是非均匀的。小信号时，段落短，量化间隔小；反之，量化间隔大。13折线中的第一、二段最短，只有归一化的1/128，再将它等分16小段，每一小段长度为$\frac{1}{128}\times\frac{1}{16}=\frac{1}{2048}$。**这是最小的量化级间隔，它仅有输入信号归一化值的**1/2048，**记为**Δ，**代表一个量化单位**；第八段最长，它是归一化值的1/2，将它等分16小段后，每一小段归一化长度为1/32，包含64个最小量化间隔，记为64Δ。如果以非均匀量化时的最小量化间隔$\Delta=1/2048$作为输入x轴的单位，那么各段的起点电平分别是0，16，32，64，128，256，512，1024个量化单位。表6-7列出了A律13折线每一量化段的起始电平I_i、量化间隔ΔV_i。

表 6-7 13折线幅度码及其对应电平

量化段序号 $i=1\sim8$	电平范围 (Δ)	段落码 C_2 C_3 C_4	段落起始电平 I_i(Δ)	量化间隔 ΔV_i(Δ)
8	1024～2048	1 1 1	1024	64
7	512～1024	1 1 0	512	32
6	256～512	1 0 1	256	16
5	128～256	1 0 0	128	8
4	64～128	0 1 1	64	4
3	32～64	0 1 0	32	2
2	16～32	0 0 1	16	1
1	0～16	0 0 0	0	1

以上讨论的是非均匀量化的情况，现在与均匀量化作一比较。假设以非均匀量化时的最小量化间隔$\Delta=1/2048$作为均匀量化的量化间隔，那么从13折线的第一段到第八段的各段所包含的均匀量化级数分别为8，16，32，64，128，256，512，1024，总共有2048个均匀量化级，而非均匀量化只有128个量化级。按照二进制编码位数N与量化级数M的关

系：$M=2^N$，均匀量化需要编 11 位码，而非均匀量化只要编 7 位码。通常把按非均匀量化特性的编码称为非线性编码；按均匀量化特性的编码称为线性编码。

可见，在保证小信号时的量化间隔相同的条件下，7 位非线性编码与 11 位线性编码等效。由于非线性编码的码位数减少，因此设备简化，所需传输系统带宽减小。

3. 编码器原理

实现编码的具体方法和电路很多。在图 6－25 中给出了实现 A 律 13 折线压扩特性的逐次比较型编码器的原理方框图。此编码器根据输入的样值脉冲编出相应的 8 位折叠二进码 $C_1 \sim C_8$。C_1 为极性码，其他 7 位码表示样值的绝对大小。

逐次比较型编码的原理与天平称重物的方法相类似，样值脉冲信号相当被测物，标准电平相当天平的砝码。预先规定好一些作为比较标准的电流（或电压）——称为权值电流，用符号 I_W 表示。I_W 的个数与编码位数有关。当样值脉冲 I_s 到来后，用逐步逼近的方法有规律地用各标准电流 I_W 去和样值脉冲比较，每比较一次出一位码，当 $I_s > I_W$ 时，出“1”码；反之出“0”码，直到 I_W 和抽样值 I_s 逼近为止，完成对输入样值的非线性量化和编码。下面具体说明各组成部分的功能。

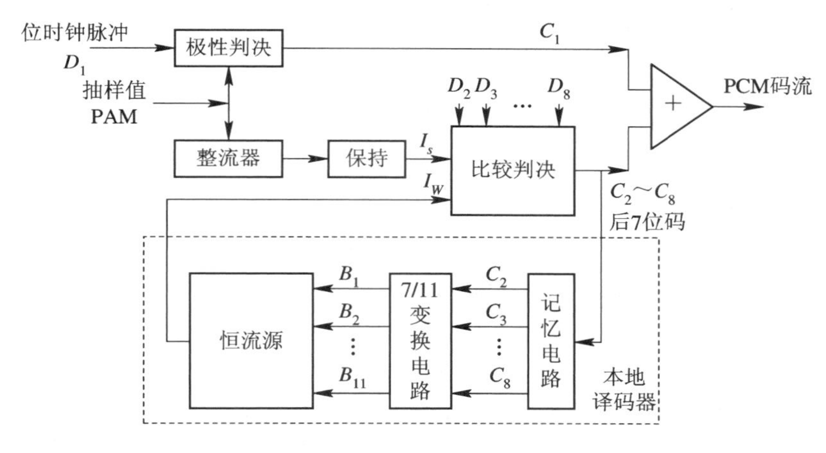

图 6－25　逐次比较型编码器原理图

极性判决电路用来确定输入信号样值的极性。样值为正时，出“1”码；样值为负时，出“0”码；同时，整流器将该双极性脉冲变为单极性脉冲。

比较器是编码器的核心。它通过比较样值电流 I_s 和标准电流 I_W 的大小，从而对输入信号抽样值实现非线性量化和编码。每比较一次输出一位二进码，且当 $I_s > I_W$ 时，出“1”码；反之出“0”码。由于在 13 折线法中用 7 位二进代码来代表段落和段内码，所以对一个输入信号的抽样值需要进行 7 次比较。每次所需的标准电流 I_W 均由本地译码电路提供。

本地译码电路包括记忆电路、7/11 变换电路和恒流源。记忆电路用来寄存二进代码，因除第一次比较外，其余各次比较都要依据前几次比较的结果来确定标准电流 I_W 值。因此，7 位码组中的前 6 位状态均应由记忆电路寄存下来。

7/11 变换电路的功能是将 7 位的非线性码转换成 11 位的线性码。以便于控制恒流源产生所需的标准电流 I_W。

恒流源用来产生各种标准电流 I_W。在恒流源中有数个基本的权值电流支路，其个数与量化级数有关。对应按 A 律 13 折线编出的 7 位码，恒流源中需要有 11 个基本的权值电流支路，每个支路均有一个控制开关。每次该哪几个开关接通组成所需的标准电流 I_W，由前面的比较结果经 7/11 变换后得到的控制信号来控制。

保持电路的作用是保持输入信号的样值幅度在整个比较过程中不变。这是因为逐次比较型编码器需要在一个抽样周期 T_s 内完成 I_s 与 I_W 的 7 次比较，所以在整个比较过程中都应保持输入信号的幅度不变，故需要将样值脉冲展宽并保持。这在实际中要用平顶抽样，通常由抽样保持电路实现。

顺便指出，原理上讲模拟信号数字化的过程是抽样、量化以后才进行编码。但实际上量化是在编码过程中完成的，也就是说，此编码器本身包含了量化和编码的两个功能。下面我们通过一个例子来说明编码过程。

【例 6-3】 设输入信号抽样值 $I_s=+1260\Delta$(其中 Δ 为一个量化单位，表示输入信号归一化值的 1/2048)，采用逐次比较型编码器，按 A 律 13 折线编成 8 位码 $C_1C_2C_3C_4C_5C_6C_7C_8$。

解 编码过程如下：

(1) 确定极性码 C_1：由于输入信号抽样值 I_s 为正，故极性码 $C_1=1$。

(2) 确定段落码 $C_2C_3C_4$：

参看表 6-7 可知，段落码 C_2 是用来表示输入信号抽样值 I_s 处于 13 折线 8 个段落中的前四段还是后四段，故确定 C_2 的标准电流应选为

$$I_W = 128\Delta$$

第一次比较结果为 $I_s>I_W$，则 $C_2=1$，说明 I_s 处于后四段(5～8 段)；

C_3 是用来进一步确定 I_s 处于 5～6 段还是 7～8 段，故确定 C_3 的标准电流应为

$$I_W = 512\Delta$$

第二次比较结果为 $I_s>I_W$，则 $C_3=1$，说明 I_s 处于 7～8 段；

同理，确定 C_4 的标准电流应选为

$$I_W = 1024\Delta$$

第三次比较结果为 $I_s>I_W$，所以 $C_4=1$，说明 I_s 处于第 8 段。

经过以上三次比较得段落码 $C_2C_3C_4$ 为“111”，I_s 处于第 8 段，起始电平为 1024Δ。

(3) 确定段内码 $C_5C_6C_7C_8$：

段内码是在已知信号输入信号抽样值 I_s 所处段落的基础上，进一步表示 I_s 在该段落的哪一个量化级(量化间隔)。参看表 6-7 可知，第 8 段的 16 个量化间隔均为 $\Delta_8=64\Delta$，故确定 C_5 的标准电流应选为

$$\begin{aligned} I_W &= \text{段落起始电平} + 8 \times (\text{量化间隔}) \\ &= 1024 + 8 \times 64 = 1536\Delta \end{aligned}$$

第四次比较结果为 $I_s<I_W$，所以 $C_5=0$，由表 6-6 可知 I_s 处于前 8 级(0～7 量化间隔)；

同理，确定 C_6 的标准电流为

$$I_W = 1024 + 4 \times 64 = 1280\Delta$$

第五次比较结果为 $I_s<I_W$，所以 $C_6=0$，表示 I_s 处于前 4 级(0～4 量化间隔)；

确定 C_7 的标准电流为

$$I_W = 1024 + 2 \times 64 = 1152\Delta$$

第六次比较结果为 $I_s>I_W$，所以 $C_7=1$，表示 I_s 处于 2～3 量化间隔；

最后，确定 C_8 的标准电流为

$$I_W = 1024 + 3 \times 64 = 1216\Delta$$

第七次比较结果为 $I_s > I_W$，故 $C_8 = 1$，表示 I_s 处于序号为 3 的量化间隔。

由以上过程可知，非均匀量化(压缩及均匀量化)和编码实际上是通过非线性编码一次实现的。经过以上七次比较，对于模拟抽样值 $+1260\Delta$，编出的 PCM 码组为 1 111 0011。它表示输入信号抽样值 I_s 处于第 8 段序号为 3 的量化级，其量化电平为 1216Δ，故量化误差等于 44Δ。

顺便指出，若使非线性码与线性码的码字电平相等，即可得出非线性码与线性码间的关系，如表 6 - 8 所示。编码时，非线性码与线性码间的关系是 7/11 变换关系，如上例中除极性码外的 7 位非线性码 1110011，相对应的 11 位线性码为 10011000000。

表 6 - 8　A 律 13 折线非线性码与线性码间的关系

段落序号	非线性码(幅度码)						线性码(幅度码)											
	起始电平(Δ)	段落码	段内码的权值				B_1	B_2	B_3	B_4	B_5	B_6	B_7	B_8	B_9	B_{10}	B_{11}	B_{12}^*
		$C_2\ C_3\ C_4$	C_5	C_6	C_7	C_8	1024	512	256	128	64	32	16	8	4	2	1	$\Delta V/2$
8	1024	1 1 1	512	256	128	64	1	C_5	C_6	C_7	C_8	1*	0	0	0	0	0	0
7	512	1 1 0	256	128	64	32	0	1	C_5	C_6	C_7	C_8	1*	0	0	0	0	0
6	256	1 0 1	128	64	32	16	0	0	1	C_5	C_6	C_7	C_8	1*	0	0	0	0
5	128	1 0 0	64	32	16	8	0	0	0	1	C_5	C_6	C_7	C_8	1*	0	0	0
4	64	0 1 1	32	16	8	4	0	0	0	0	1	C_5	C_6	C_7	C_8	1*	0	0
3	32	0 1 0	16	8	4	2	0	0	0	0	0	1	C_5	C_6	C_7	C_8	1*	0
2	16	0 0 1	8	4	2	1	0	0	0	0	0	0	1	C_5	C_6	C_7	C_8	1*
1	0	0 0 0	8	4	2	1	0	0	0	0	0	0	0	C_5	C_6	C_7	C_8	1*

注：① $C_5 \sim C_8$ 码以及 $B_1 \sim B_{12}$ 码下面的数值为该码的权值。

② B_{12}^* 和 1^* 项为收端解码时 $\Delta V/2$ 补差项，此表用于编码时，没有 B_{12}^* 项，且 1^* 项为零。

还应指出，上述编码得到的码组所对应的是输入信号的分层电平 m_i，对于处在同一(如第 i 个)量化间隔内 $m_k \leqslant m < m_{k+1}$ 的信号电平值，编码的结果是唯一的。为使落在该量化间隔内的任一信号电平的量化误差均小于 $\Delta V_i/2$，在译码器中附加了一个 $\Delta V_i/2$ 电路。这等效于将量化电平移到量化间隔的中间，使最大量化误差不超过 $\Delta V_i/2$。因此，译码时的非线性码与线性码间的关系是 7/12 变换关系，这时要考虑表 6 - 8 中带“ * ”号的项。如上例中，I_s 位于第 8 段的序号为 3 的量化级，7 位幅度码 1110011 对应的分层电平为 1216Δ，则译码输出为

$$1216 + \frac{\Delta V_i}{2} = 1216 + \frac{64}{2} = 1248\Delta$$

译码后的量化误差为

$$1260 - 1248 = 12\Delta$$

这样，量化误差小于量化间隔的一半，即 $12\Delta < \Delta V_8/2(32\Delta)$。

这时，7 位非线性幅度码 1110011 所对应的 12 位线性幅度码为 100111000000。

4. PCM 信号的码元速率和带宽

由于 PCM 要用 N 位二进制代码表示一个抽样值，即一个抽样周期 T_s 内要编 N 位码，因此每个码元宽度为 T_s/N，码位越多，码元宽度越小，占用带宽越大。显然，传输 PCM 信号所需要的带宽要比模拟基带信号 $m(t)$ 的带宽大得多。

1) 码元速率

设 $m(t)$ 为低通信号，最高频率为 f_H，按照抽样定理的抽样速率 $f_s \geqslant 2f_H$，如果量化电平数为 M，则采用二进制代码的码元速率为

$$f_b = f_s \cdot \mathrm{lb}M = f_s \cdot N \tag{6.3 - 22}$$

式中，N 为二进制编码位数。

2) 传输带宽

抽样速率的最小值为 $f_s = 2f_H$，这时码元传输速率为 $f_b = 2f_H \cdot N$，按照第 5 章数字基带传输系统中分析的结论，在无码间串扰和采用理想低通传输特性的情况下，传输 PCM 信号所需的最小传输带宽(Nyquist 带宽)为

$$B = \frac{f_b}{2} = \frac{N \cdot f_s}{2} = N \cdot f_H \tag{6.3 - 23}$$

实际中用升余弦的传输特性，此时所需传输带宽为

$$B = f_b = N \cdot f_s \tag{6.3 - 24}$$

以电话传输系统为例。一路模拟语音信号 $m(t)$ 的带宽为 4 kHz，则抽样速率为 $f_s =$ 8 kHz，若按 A 律 13 折线进行编码，则需 $N=8$ 位码，故所需的传输带宽为 $B = N \cdot f_s =$ 64 kHz。这显然比直接传输语音信号的带宽要大得多。

5. 译码原理

译码的作用是把收到的 PCM 信号还原成相应的 PAM 样值信号，即进行 D/A 变换。

A 律 13 折线译码器原理框图如图 6 - 26 所示，它与逐次比较型编码器中的本地译码器基本相同，所不同的是增加了极性控制部分和带有寄存读出的 7/12 位码变换电路，下面简单介绍各部分电路的作用。

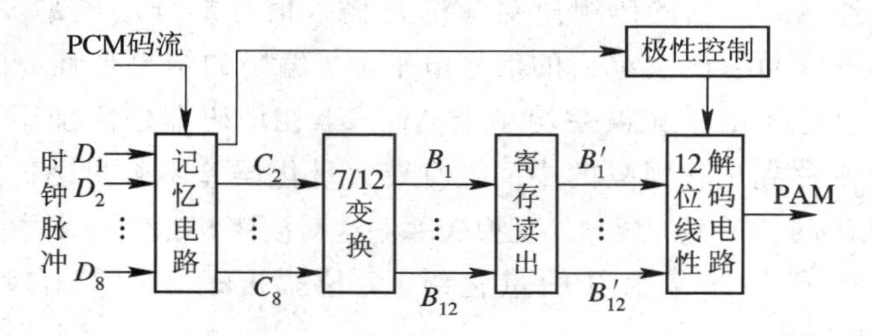

图 6 - 26 译码器原理框图

串/并变换记忆电路的作用是将加进的串行 PCM 码变为并行码，并记忆下来，与编码器中译码电路的记忆作用基本相同。

极性控制部分的作用是根据收到的极性码 C_1 是“1”还是“0”来控制译码后 PAM 信号的极性，恢复原信号极性。

7/12 变换电路的作用是将 7 位非线性码转变为 12 位线性码。在编码器的本地译码器中采用 7/11 位码变换，使得量化误差有可能大于本段落量化间隔的一半，译码器中采用 7/12 变换电路，是为了增加了一个 $\Delta_i/2$ 恒流电流，人为地补上半个量化级，使最大量化误差不超过 $\Delta_i/2$，从而改善量化信噪比。7/12 变换关系见表 6-8。两种码之间转换原则是两个码组在各自的意义上所代表的权值必须相等。

寄存读出电路是将输入的串行码在存储器中寄存起来，待全部接收后再一起读出，送入解码网络。实质上是进行串/并变换。

12 位线性解码电路主要是由恒流源和电阻网络组成。与编码器中的恒流源类同。它是在寄存读出电路的控制下，输出相应的 PAM 信号。

6.3.3 PCM 系统的抗噪声性能

前面我们讨论了 PCM 系统的原理，下面分析 PCM 系统的抗噪声性能。由图 6-14 所示的 PCM 系统原理框图可以看出，接收端低通滤波器的输出为

$$\hat{m}(t) = m(t) + n_q(t) + n_e(t)$$

式中：$m(t)$为输出端所需信号成分，其功率用 S_o 表示；$n_q(t)$为由量化噪声引起的输出噪声，其功率用 N_q 表示；$n_e(t)$为由信道加性噪声引起的输出噪声，其功率用 N_e 表示。

为了衡量 PCM 系统的抗噪声性能，定义系统总的输出信噪比为

$$\frac{S_o}{N_o} = \frac{E[m^2(t)]}{E[n_q^2(t)] + E[n_e^2(t)]} = \frac{S_o}{N_q + N_e} \tag{6.3-25}$$

可见，分析 PCM 系统的抗噪声性能时将涉及两种噪声：量化噪声和信道加性噪声。由于这两种噪声的产生机理不同，故可认为它们是互相独立的。下面，我们先讨论它们单独存在时的系统性能，然后再分析它们共同存在时的系统性能。

1. 抗量化噪声性能——(S_o/N_q)

在 6.3.1 小节中已经给出了量化信噪比 S_o/N_q 的一般计算公式，以及特殊条件下的计算结果。例如，假设输入信号 $m(t)$在区间$[-a, a]$具有均匀分布的概率密度，并对 $m(t)$进行均匀量化，其量化级数为 M，在不考虑信道噪声条件下，其量化信噪比 S_o/N_q 与式(6.3-11)的结果相同，即

$$\frac{S_o}{N_q} = \frac{E[m^2(t)]}{E[n_q^2(t)]} = M^2 = 2^{2N} \tag{6.3-26}$$

式中，二进制码位数 N 与量化级数 M 的关系为 $M=2^N$。

由上式可见，PCM 系统输出端的量化信噪比将依赖于每一个编码组的位数 N，并随 N 按指数增加。若根据式(6.3-23)表示的 PCM 系统最小带宽 $B=Nf_H$，式(6.3-26)又可表示为

$$\frac{S_o}{N_q} = 2^{2B/f_H} \tag{6.3-27}$$

该式表明，PCM 系统输出端的量化信噪比与系统带宽 B 成指数关系，充分体现了带宽与信噪比的互换关系。

2. 抗信道加性噪声性能——(S_o/N_e)

现在讨论信道加性噪声的影响。信道噪声对 PCM 系统性能的影响表现在接收端的判决误码上，二进制“1”码可能误判为“0”码，而“0”码可能误判为“1”。由于 PCM 信号中每一码组代表着一定的量化抽样值，所以若出现误码，被恢复的量化抽样值与发端原抽样值不同，从而引起误差。

在假设加性噪声为高斯白噪声的情况下，每一码组中出现的误码可以认为是彼此独立的，并设每个码元的误码率皆为 P_e。另外，考虑到实际中 PCM 的每个码组中出现多于 1 位误码的概率很低，所以通常只需要考虑仅有 1 位误码的码组错误，例如，若 $P_e=10^{-4}$，在 8 位长码组中有 1 位误码的码组错误概率为 $P_1=8P_e=1/1250$，表示平均每发送 1250 个码组就有一个码组发生错误；而有 2 位误码的码组错误概率为 $P_2=C_8^2P_e=2.8\times10^{-7}$。显然 $P_2\ll P_1$，因此只要考虑 1 位误码引起的码组错误就够了。

由于码组中各位码的权值不同，因此，误差的大小取决误码发生在码组的哪一位上，而且与码型有关。以 N 位长自然二进码为例，自最低位到最高位的加权值分别为 2^0，2^1，2^2，2^{i-1}，…，2^{N-1}，若量化间隔为 ΔV，则发生在第 i 位上的误码所造成的误差为 $\pm(2^{i-1}\Delta V)$，其所产生的噪声功率便是 $(2^{i-1}\Delta V)^2$。显然，发生误码的位置越高，造成的误差越大。由于已假设每位码元所产生的误码率 P_e 是相同的，所以一个码组中如有一位误码产生的平均功率为

$$N_e=E[n_e^2(t)]=P_e\sum_{i=1}^{N}(2^{i-1}\Delta V)^2=\Delta V^2P_e\cdot\frac{2^{2N}-1}{3}\approx\Delta V^2P_e\cdot\frac{2^{2N}}{3} \tag{6.3-28}$$

假设信号 $m(t)$ 在区间 $[-a, a]$ 为均匀分布，借助例 6-1 的分析，输出信号功率为

$$S_o=E[m^2(t)]=\int_{-a}^{a}x^2\cdot\frac{1}{2a}\,dx=\frac{\Delta V^2}{12}\cdot M^2=\frac{\Delta V^2}{12}\cdot2^{2N} \tag{6.3-29}$$

由式(6.3-28)和(6.3-29)，我们得到仅考虑信道加性噪声时 PCM 系统输出信噪比为

$$\frac{S_o}{N_e}=\frac{1}{4P_e} \tag{6.3-30}$$

在上面分析的基础上，同时考虑量化噪声和信道加性噪声时，PCM 系统输出端的总信噪功率比为

$$\frac{S_o}{N_o}=\frac{E[m^2(t)]}{E[n_q^2(t)]+E[n_e^2(t)]}=\frac{2^{2N}}{1+4P_e2^{2N}} \tag{6.3-31}$$

由上式可知，在接收端输入大信噪比的条件下，即 $4P_e2^{2N}\ll1$ 时，P_e 很小，可以忽略误码带来的影响，这时只考虑量化噪声的影响就可以了。在小信噪比的条件下，即 $4P_e2^{2N}\gg1$ 时，P_e 较大，误码噪声起主要作用，总信噪比与 P_e 成反比。

应当指出，以上公式是在自然码、均匀量化以及输入信号为均匀分布的前提下得到的。

6.4 自适应差分脉冲编码调制(ADPCM)

64 kbit/s 的 A 律或 μ 律的对数压扩 PCM 编码已经在大容量的光纤通信系统和数字微波系统中得到了广泛的应用。但 PCM 信号占用频带要比模拟通信系统中的一个标准话路

带宽(4 kHz)宽很多倍，这样，对于大容量的长途传输系统，尤其是卫星通信，采用 PCM 的经济性能很难与模拟通信相比。

以较低的速率获得高质量编码，一直是语音编码追求的目标。通常，人们把话路速率低于 64 kbit/s 的语音编码方法，称为语音压缩编码技术。语音压缩编码方法很多，其中自适应差分脉冲编码调制(ADPCM)是语音压缩中复杂度较低的一种编码方法，它可在 32 kbit/s 的比特率上达到 64 kbit/s 的 PCM 数字电话质量。近年来，ADPCM 已成为长途传输中一种国际通用的语音编码方法。

ADPCM 是在差分脉冲编码调制(DPCM)的基础上发展起来的，为此，下面先介绍 DPCM 的编码原理与系统框图。

6.4.1　DPCM

在 PCM 中，是对每个样值本身进行独立编码，因而需要较多编码位数，造成数字化的信号带宽大大增加。一种简单的解决方法是对相邻样值的差值而不是样值本身进行编码。由于相邻样值差值的动态范围比样值本身的动态范围小，因此在量化台阶不变的情况下(即量化噪声不变)，编码位数可以显著减少，从而达到降低编码的比特率，压缩信号带宽的目的。这种将语音信号相邻样值的差值进行量化编码的方法称为差分 PCM(DPCM)。

DPCM 是一种预测编码方法。预测编码的设计思想是基于相邻抽样值之间的相关性。利用这种相关性，可以根据前面的 k 个样值预测当前时刻的样值，然后把当前样值与预测值之间的差值进行量化编码。其基本原理概述如下：

令 x_n 表示当前时刻信源的样值，用 $\tilde{x}_n$ 表示对 x_n 的预测值，它是过去 k 个样值的加权线性组合，定义为

$$\tilde{x}_n = \sum_{i=1}^{k} a_i x_{n-i} \tag{6.4 - 1}$$

式中，$\{a_i\}$是预测器系数。一组好的预测系数$\{a_i\}$能使当前样值与预测值之间的误差，即

$$e_n = x_n - \tilde{x}_n = x_n - \sum_{i=1}^{k} a_i x_{n-i} \tag{6.4 - 2}$$

最小。DPCM 就是对差值 e_n 进行量化编码。

接收端收到 e_n，利用

$$x_n = e_n + \sum_{i=1}^{k} a_i x_{n-i} \tag{6.4 - 3}$$

即可获得 x_n。

图 6 - 27 给出了 DPCM 系统的原理框图。图中，x_n 表示当前样值，预测器的输入记为 $\hat{x}_n$。预测器的输出为

$$\tilde{x}_n = \sum_{i=1}^{k} a_i \hat{x}_{n-i} \tag{6.4 - 4}$$

差值为

$$e_n = x_n - \tilde{x}_n \tag{6.4 - 5}$$

e_n 经量化后输出 e_{qn}，编码器将量化后的每个预测误差 e_{qn} 进行编码，输出二进制数字序列，通过信道传送到接收端。

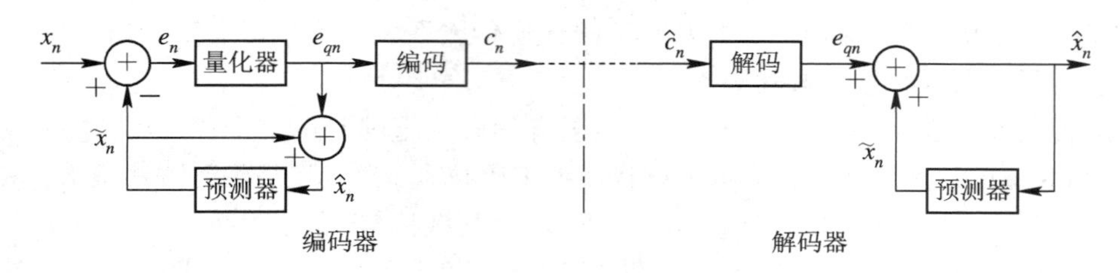

图 6-27 DPCM 系统原理框图

在接收端装有与发送端相同的预测器(称为本地预测器)，它的输出 $\tilde{x}_n$ 与 e_{qn} 相加产生 $\hat{x}_n$。信号 $\hat{x}_n$ 既是所要求的预测器的激励信号，也是所要求的解码器输出的重建信号。在无传输误码的条件下，解码器输出的重建信号 $\hat{x}_n$ 与编码器中的 $\hat{x}_n$ 相同。

DPCM 系统的量化误差应该定义为输入信号样值 x_n 与解码器输出样值 $\hat{x}_n$ 之差，即

$$\begin{aligned} n_q &= x_n - \hat{x}_n = (e_n + \tilde{x}_n) - (\tilde{x}_n + e_{qn}) \\ &= e_n - e_{qn} \end{aligned} \tag{6.4-6}$$

由式(6.4-6)可见，这种 DPCM 系统的总量化误差 n_q 仅与差值信号 e_n 的量化误差有关。n_q 与 x_n 都是随机量，因此 DPCM 系统总的量化信噪比可表示为

$$\left(\frac{S}{N}\right)_{\text{DPCM}} = \frac{E[x_n^2]}{E[n_q^2]} = \frac{E[x_n^2]}{E[e_n^2]} \cdot \frac{E[e_n^2]}{E[n_q^2]} = G_p \cdot \left(\frac{S}{N}\right)_q \tag{6.4-7}$$

式中，$(S/N)_q$ 是把差值序列作为信号时量化器的量化信噪比，与 PCM 系统考虑量化误差时所计算的信噪比相当。G_p 可理解为 DPCM 系统相对于 PCM 系统而言的信噪比增益，称为预测增益。如果能够选择合理的预测规律，差值功率 $E[e_n^2]$ 就能远小于信号功率 $E[x_n^2]$，G_p 就会大于 1，该系统就能获得增益。对 DPCM 系统的研究就是围绕着如何使 G_p 和 $(S/N)_q$ 这两个参数取最大值而逐步完善起来的。通常 G_p 约为 6 ～11 dB。

由式(6.4-7)可见，DPCM 系统总的量化信噪比远大于量化器的信噪比。因此要求 DPCM 系统达到与 PCM 系统相同的信噪比，则可降低对量化器信噪比的要求，即可减小量化级数，从而减少码位数，降低比特率，减小传输带宽。

6.4.2 ADPCM

值得注意的是，DPCM 系统性能的改善是以最佳的预测和量化为前提的。但对语音信号进行预测和量化是个复杂的技术问题，这是因为语音信号在较大的动态范围内变化，为了能在相当宽的变化范围内获得最佳的性能，需要在 DPCM 基础上引入自适应系统，这就是自适应差分脉冲编码调制，简称 ADPCM。

ADPCM 的主要特点是用自适应量化取代固定量化，用自适应预测取代固定预测。自适应量化指量化台阶随信号的变化而变化，使量化误差减小；自适应预测指预测器系数 $\{a_i\}$ 可以随信号的统计特性而自适应调整，提高预测信号的精度。通过这两点改进，可大大提高输出信噪比和编码动态范围。

实际语音信号是一个非平稳随机过程，其统计特性随时间不断变化，但在短时间间隔内，可以近似看成平稳过程，因而可按照短时统计相关特性，求出短时最佳预测系数 $\{a_{oi}(k)\}$。

ADPCM 编码器的原理图如图 6-28 所示。在编码器中，为了便于电路进行算术运算，要将 A 律或 μ 律 8 位非线性 PCM 码转换为 12 位线性码。输入信号 $s(k)$ 减去预测信号

$s_e(k)$便得到差值信号 $d(k)$。4 bit 自适应量化器将差值信号自适应量化为 15 个电平，用 4 位二进制码表示。这 4 位二进制码表示一个差值信号样点，即为 ADPCM 编码器输出 $I(k)$，其传输速率为 32 kb/s。同时，这 4 位二进制码送入自适应逆量化器，产生一个量化的差值信号 $d_q(k)$，它再与预测信号 $s_e(k)$相加产生重建信号 $s_r(k)$。重建信号和量化差值信号经自适应预测器运算，产生输入预测信号 $S_e(k)$，从而完成反馈。

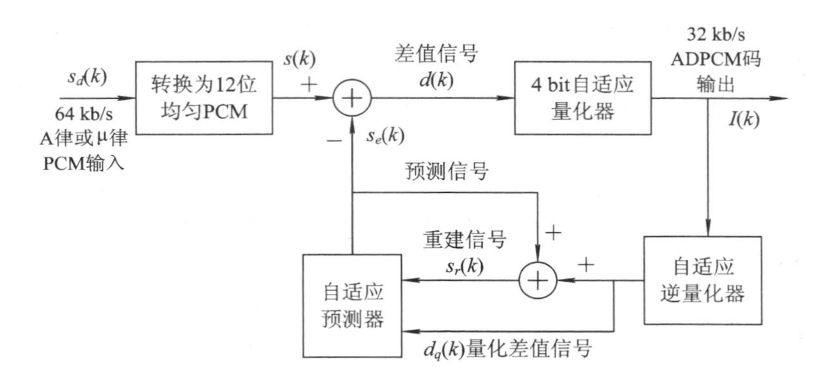

图 6－28　ADPCM 编码器原理图

ADPCM 解码器的原理图如图 6－29 所示。解码器是编码器的逆变换过程，它包括一个与编码器反馈部分相同的结构以及线性 PCM 码到 A 律或 μ 律的转换器和同步编码调整单元。同步编码调整单元解决在某些情况下同步级联编码中所发生的累计失真。

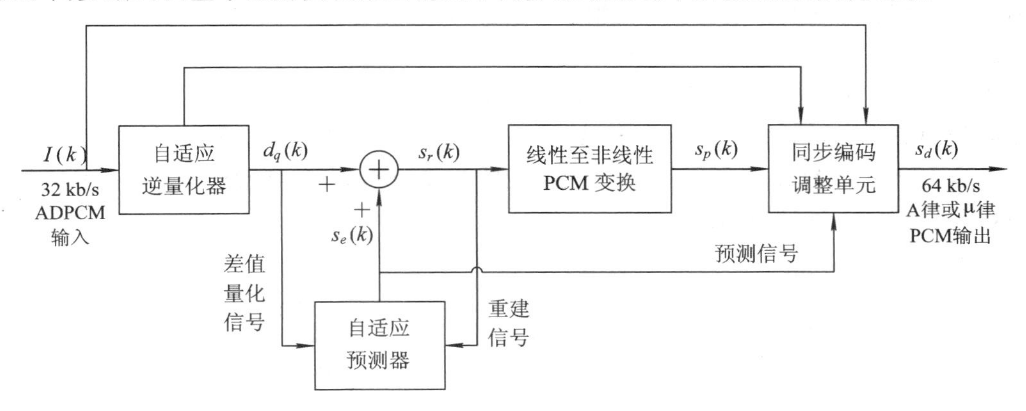

图 6－29　ADPCM 解码器原理图

自适应预测和自适应量化都可改善信噪比，一般 ADPCM 相比 PCM 可改善 20 dB 左右，相当于编码位数可以减小 3～4 位。因此，在维持相同的语音质量下，ADPCM 允许用 32 kb/s 比特码速率传输，这是标准 64 kb/sPCM 的一半。降低传输速率、压缩传输频带是数字通信领域的一个重要的研究课题。ADPCM 是实现这一目标的一种有效途径。与 64 kb/s PCM 方式相比，在相同信道条件下，32 kb/s 的 ADPCM 方式能使传输的话路加倍。相应地，CCITT 也形成了关于 ADPCM 系统的规范建议 G. 721、G. 726 等。ADPCM 除了用于语音信号压缩编码外，还可以用于图像信号压缩编码，也可以得到较高质量较低码率的数字图像信号。

6.5 增量调制(ΔM)

增量调制简称 ΔM 或 DM，可看成是 DPCM 的一个重要特例。其目的在于简化语音编码方法。

ΔM 与 PCM 虽然都是用二进制代码去表示模拟信号的编码方式。但是，在 PCM 中，代码表示样值本身的大小，所需码位数较多，导致编译码设备复杂；在 ΔM 中，它只用每位编码表示相邻样值的相对大小，从而反映抽样时刻波形的变化趋势，而与样值本身的大小无关。

ΔM 与 PCM 编码方式相比具有编译码设备简单，低比特率时的量化信噪比高，抗误码特性好等优点。在军事和工业部门的专用通信网和卫星通信中得到广泛应用，近年来在高速超大规模集成电路中用做 A/D 转换器。

6.5.1 简单增量调制

1. 编译码的基本思想

不难想象，一个语音信号，如果以远大于奈奎斯特速率的抽样速率对信号进行抽样，则相邻样点之间的幅度变化不会很大，因此，相邻抽样值的相对大小(差值)同样能反映模拟信号的变化规律。若将这些差值编码传输，同样可传输模拟信号所含的信息。此差值又称“增量”，其值可正可负。这种用差值编码进行通信的方式，就称为“增量调制”(Delta Modulation)，缩写为 DM 或 ΔM。

下面，用图 6 - 30 加以说明。图中，$m(t)$代表时间连续变化的模拟信号，我们可以用一个时间间隔为 Δt，相邻幅度差为$+\sigma$或$-\sigma$的阶梯波形 $m'(t)$去逼近它。只要 Δt 足够小，即抽样速率 $f_s=1/\Delta t$ 足够高，且σ足够小，则阶梯波 $m'(t)$可近似代替 $m(t)$。其中，σ为量化台阶，$\Delta t=T_s$ 为抽样间隔。

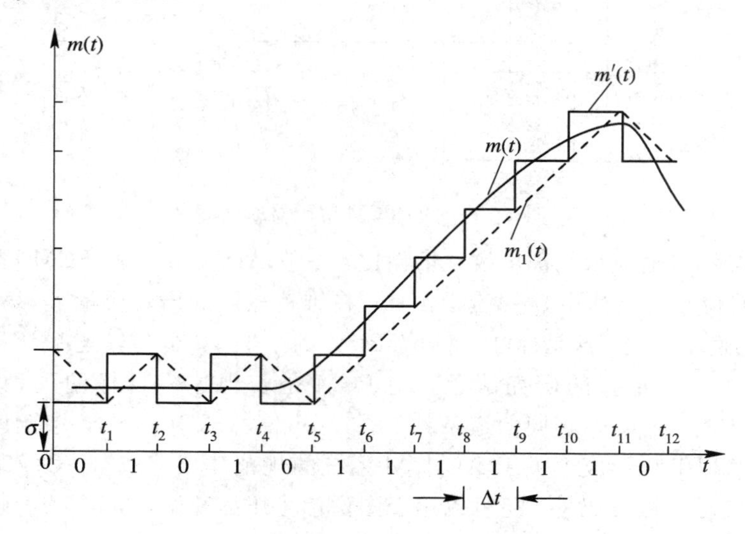

图 6 - 30 增量编码波形示意图

阶梯波 $m'(t)$ 有两个特点：第一，在每个 Δt 间隔内，$m'(t)$ 的幅值不变。第二，相邻间隔的幅值差不是 $+\sigma$（上升一个量化阶）就是 $-\sigma$（下降一个量化阶）。利用这两个特点，用“1”码和“0”码分别代表 $m'(t)$ 上升或下降一个量化阶 σ，则 $m'(t)$ 就被一个二进制序列表征（见图 6 - 30 横轴下面的序列）。于是，该序列也相当表征了模拟信号 $m(t)$，实现了模/数转换。除了用阶梯波 $m'(t)$ 近似 $m(t)$ 外，还可用另一种形式——图中虚线所示的斜变波 $m_1(t)$ 来近似 $m(t)$。斜变波 $m_1(t)$ 也只有两种变化：按斜率 $\sigma/\Delta t$ 上升一个量阶和按斜率 $-\sigma/\Delta t$ 下降一个量阶。用 “1”码表示正斜率，用“0”码表示负斜率，同样可以获得二进制序列。由于斜变波 $m_1(t)$ 在电路上更容易实现，实际中常采用它来近似 $m(t)$。

在接收端译码时，若收到“1”码，则在 Δt 时间按斜率 $\delta/\Delta t$ 内上升一个量阶 σ；若收到“0”码，则在 Δt 时间内按斜率 $-\delta/\Delta t$ 下降一个量阶 σ，这样就可以恢复出如图 6 - 28 中虚线所示的斜变波。可用一个简单的 RC 积分电路来实现，如图 6 - 31 所示。

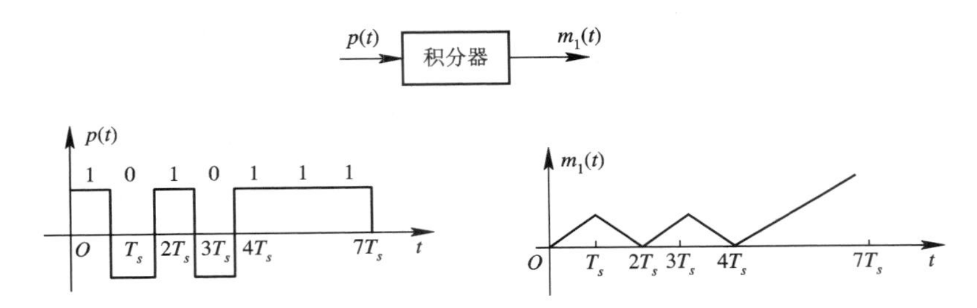

图 6 - 31　积分器译码原理

2. 简单 ΔM 系统方框图

根据 ΔM 编、译码的基本思想可以组成一个如图 6 - 32 所示的简单 ΔM 系统方框图。发送端编码器是相减器、判决器、本地译码器及脉冲产生器（极性变换电路）组成的一个闭环反馈电路。其中，相减器的作用是取出差值 $e(t)$，使 $e(t)=m(t)-m_1(t)$；判决器的作用是对差值 $e(t)$ 的极性进行识别和判决，以便在抽样时刻输出编码（增量码）信号 $c(t)$，即在抽样时刻 t_i 上，若

$$e(t_i) = m(t_i) - m_1(t_i) > 0$$

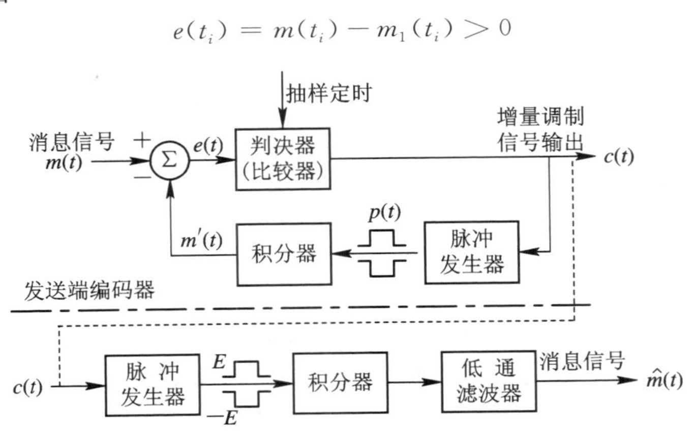

图 6 - 32　简单 ΔM 系统框图之一

则判决器输出“1”码；若

$$e(t_i)=m(t_i)-m_1(t_i)<0$$

则输出“0”码；积分器和脉冲产生器组成本地译码器，它的作用是根据 $c(t)$，形成预测信号 $m_1(t)$，即 $c(t)$为“1”码时，$m_1(t)$上升一个量阶 σ，$c(t)$为“0”码时，$m_1(t)$下降一个量阶 σ，并送到相减器与 $m(t)$进行幅度比较。

接收端解码电路由译码器和低通滤波器组成。其中，译码器的电路结构和作用与发送端的本地译码器相同，用来由 $c(t)$恢复斜变波 $m_1(t)$；低通滤波器的作用是滤除 $m_1(t)$中的高次谐波，使输出波形平滑，更加逼近原来模拟信号 $m(t)$。

由于 ΔM 是前后两个样值的差值的量化编码。所以 ΔM 实际上是最简单的一种 DPCM 方案，预测值仅用前一个样值来代替，即当图 6－27 所示的 DPCM 系统的预测器是一个延迟单元，量化电平取为 2 时，该 DPCM 系统就是一个简单 ΔM 系统，如图 6－33 所示。用它进行理论分析将更准确、合理。但硬件实现 ΔM 系统时，图 6－32 要简便得多。

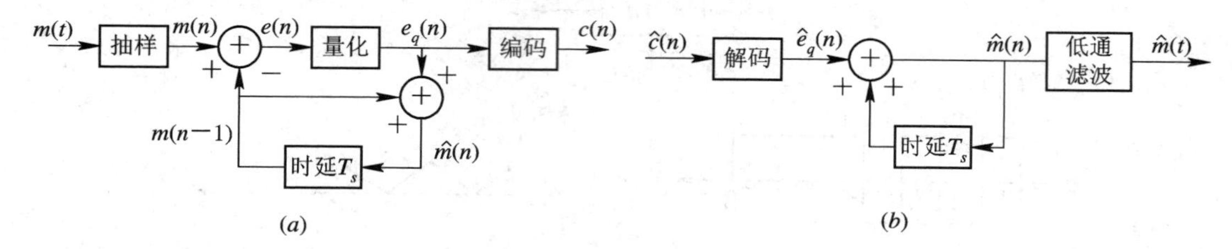

图 6－33　简单 ΔM 系统框图之二

6.5.2　增量调制的过载特性与动态编码范围

增量调制和 PCM 相似，在模拟信号的数字化过程中也会带来误差而形成量化噪声。如图 6－34 所示，误差 $e_q(t)=m(t)-m'(t)$表现为两种形式：一种称为过载量化误差，另一种称为一般量化误差。

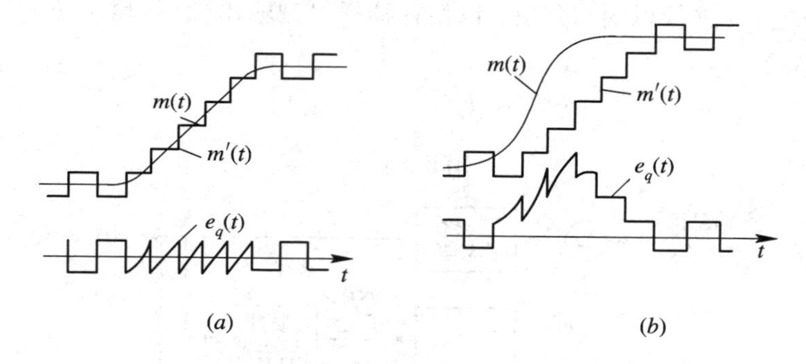

图 6－34　量化噪声

（1）当本地译码器输出信号 $m'(t)$能跟上模拟信号 $m(t)$的变化，则误差局限在$[-\sigma,\sigma]$区间内变化，如图 6－34(a)所示，这种误差称为一般量化误差。

（2）当输入模拟信号 $m(t)$斜率徒变时，$m'(t)$跟不上信号 $m(t)$的变化，如图 6－34(b)所示。这时，$m'(t)$与 $m(t)$之间的误差明显增大，引起译码后信号严重失真，这种现象叫过载现象，产生的失真称为过载失真，或称过载噪声。

设抽样间隔为 Δt(抽样速率为 $f_s=1/\Delta t$)，则一个量阶 σ 上的最大斜率 K 为

$$K = \frac{\sigma}{\Delta t} = \sigma \cdot f_s \tag{6.5-1}$$

它被称为译码器的最大跟踪斜率。显然，当译码器的最大跟踪斜率大于或等于模拟信号$m(t)$的最大变化斜率时，即

$$\left|\frac{\mathrm{d}m(t)}{\mathrm{d}t}\right|_{\max} \leqslant \sigma \cdot f_s \tag{6.5-2}$$

译码器输出$m'(t)$能够跟上输入信号$m(t)$的变化，不会发生过载现象，因而不会形成很大的失真。

由式(6.5－2)可见，为了不发生过载，必须增大σ和f_s。但σ增大，一般量化误差也大，由于简单增量调制的量阶σ是固定的，很难同时满足两方面的要求。不过，提高f_s对减小一般量化误差和减小过载噪声都有利。因此，ΔM系统中的抽样速率要比PCM系统中的抽样速率高得多。通常为几十千赫兹到百余千赫兹。

在正常通信中，不希望发生过载现象，这实际上是对输入信号的一个限制。现以正弦信号为例来说明。

设输入模拟信号为$m(t)=A\sin\omega_k t$，其斜率为

$$\frac{\mathrm{d}m(t)}{\mathrm{d}t} = A\omega_k \cos\omega_k t$$

可见，斜率的最大值为$A\omega_k$。为了不发生过载，应要求

$$A\omega_k \leqslant \sigma \cdot f_s \tag{6.5-3}$$

所以，临界过载振幅(允许的信号幅度)为

$$A_{\max} = \frac{\sigma \cdot f_s}{\omega_k} = \frac{\sigma \cdot f_s}{2\pi f_k} \tag{6.5-4}$$

式中，f_k为信号的频率。可见，当信号斜率一定时，允许的信号幅度随信号频率的增加而减小，这将导致语音高频段的量化信噪比下降。这是简单增量调制不能实用的原因之一。

上面分析表明，要想正常编码，信号的幅度将受到限制，我们称$A_{\max}$为最大允许编码电平。同样，对能正常开始编码的最小信号振幅也有要求。不难分析，最小编码电平$A_{\min}$为

$$A_{\min} = \frac{\sigma}{2} \tag{6.5-5}$$

因此，编码的动态范围定义为：最大允许编码电平$A_{\max}$与最小编码电平$A_{\min}$之比，即

$$[D_c]_{\mathrm{dB}} = 20\lg\frac{A_{\max}}{A_{\min}} \tag{6.5-6}$$

这是编码器能够正常工作的输入信号振幅范围。将式(6.5－4)和(6.5－5)代入得

$$[D_c]_{\mathrm{dB}} = 20\lg\left[\frac{\sigma \cdot f_s}{2\pi f_k} \Big/ \frac{\sigma}{2}\right] = 20\lg\left(\frac{f_s}{\pi f_k}\right) \tag{6.5-7}$$

6.5.3　增量调制系统的抗噪声性能

与PCM系统一样，增量调制系统的抗噪声性能也是用输出信噪比来表征的。在ΔM系统中同样存在两类噪声，即量化噪声和信道加性噪声。由于这两类噪声是互不相关的，可以分别讨论。

1. 量化信噪功率比

从前面分析可知，量化噪声有两种，即过载噪声和一般量化噪声。由于在实际应用中

都是防止工作到过载区域，因此这里仅考虑一般量化噪声。

在不过载情况下，误差 $e_q(t)=m(t)-m'(t)$ 限制在 $-\sigma$ 到 σ 范围内变化，若假定 $e_q(t)$ 值在 $(-\sigma, +\sigma)$ 之间均匀分布，则 ΔM 调制的量化噪声的平均功率为

$$E[e_q^2(t)]=\int_{-\sigma}^{\sigma}\frac{e^2}{2\sigma}\,\mathrm{d}e=\frac{\sigma^2}{3} \tag{6.5-8}$$

考虑到 $e_q(t)$ 的最小周期大致是抽样频率 f_s 的倒数，而且大于 $1/f_s$ 的任意周期都可能出现。因此，为便于分析可近似认为上式的量化噪声功率谱在 $(0, f_s)$ 频带内均匀分布，则量化噪声的单边功率谱密度

$$P(f)\approx\frac{E[e_q^2(t)]}{f_s}=\frac{\sigma^2}{3f_s} \tag{6.5-9}$$

若接收端低通滤波器的截止频率为 f_m，则经低通滤波器后输出的量化噪声功率为

$$N_q=P(f)\cdot f_m=\frac{\sigma^2 f_m}{3f_s} \tag{6.5-10}$$

由此可见，ΔM 系统输出的量化噪声功率与量化台阶 σ 及比值 (f_m/f_k) 有关，而与信号幅度无关。当然，这后一条性质是在未过载的前提下才成立的。

信号越大，信噪比越大。对于频率为 f_k 的正弦信号，临界过载振幅为

$$A_{\max}=\frac{\sigma\cdot f_s}{\omega_k}=\frac{\sigma\cdot f_s}{2\pi f_k}$$

所以信号功率的最大值为

$$S_o=\frac{A_{\max}^2}{2}=\frac{\sigma^2 f_s^2}{8\pi^2 f_k^2} \tag{6.5-11}$$

因此在临界振幅条件下，系统最大的量化信噪比为

$$\frac{S_o}{N_q}=\frac{3}{8\pi^2}\cdot\frac{f_s^3}{f_k^2 f_m}\approx 0.04\,\frac{f_s^3}{f_k^2 f_m} \tag{6.5-12}$$

用分贝表示为

$$\begin{aligned}\left(\frac{S_o}{N_q}\right)_{\mathrm{dB}}&=10\lg\left(0.04\,\frac{f_s^3}{f_k^2 f_m}\right)\\&=30\lg f_s-20\lg f_k-10\lg f_m-14\end{aligned} \tag{6.5-13}$$

上式是 ΔM 的最重要的公式。它表明：

(1) 简单 ΔM 的信噪比与抽样速率 f_s 成立方关系，即 f_s 每提高一倍，量化信噪比提高 9 dB，因此，ΔM 系统的抽样速率至少在 16 kHz 以上，才能使量化信噪比达到 15 dB 以上。抽样速率在 32 kHz 时，量化信噪比约为 26 dB，只能满足一般通信质量的要求。

(2) 量化信噪比与信号频率 f_k 的平方成反比，即 f_k 每提高一倍，量化信噪比下降 6 dB。因此，简单 ΔM 时语音高频段的量化信噪比下降。

2. 误码信噪功率比

信道加性噪声会引起数字信号的误码，接收端由于误码而造成的误码噪声功率 N_e 为

$$N_e=\frac{2\sigma^2 f_s P_e}{\pi^2 f_1} \tag{6.5-14}$$

式中，f_1 是语音频带的下截止频率；P_e 为系统误码率。

由式(6.5-11)和(6.5-14)可求得误码信噪比为

$$\frac{S_o}{N_e} = \frac{f_1 f_s}{16P_e f_k^2} \tag{6.5-15}$$

可见，在给定 f_1、f_s、f_k 的情况下，ΔM 系统的误码信噪比与 P_e 成反比。

由 N_q 和 N_e，可以得到同时考虑量化噪声和误码噪声时的 ΔM 系统输出总的信噪比

$$\frac{S_o}{N_o} = \frac{S_o}{N_e + N_q} = \frac{3f_1 f_s^3}{8\pi^2 f_1 f_m f_k^2 + 48P_e f_k^2 f_s^2} \tag{6.5-16}$$

6.5.4　PCM 与 ΔM 系统的比较

PCM 和 ΔM 都是模拟信号数字化的基本方法。ΔM 实际是 DPCM 的一种特例。所以有时把 PCM 和 ΔM 统称为脉冲编码。但应注意，PCM 是对样值本身编码，ΔM 是对相邻样值的差值的极性编码。这是 ΔM 与 PCM 的本质区别。

1. 抽样速率

PCM 系统中的抽样速率 f_s 是根据抽样定理来确定的。若信号的最高频率为 f_m，则 $f_s \geqslant 2f_m$。对语音信号，取 $f_s = 8$ kHz。

在 ΔM 系统中传输的不是信号本身的样值，而是信号的增量(即斜率)，因此其抽样速率 f_s 不能根据抽样定理来确定。由式(6.5－1)和(6.5－16)可知，ΔM 的抽样速率与斜率过载条件和信噪比有关。在保证不发生过载，达到与 PCM 系统相同的信噪比时，ΔM 的抽样速率远远高于奈奎斯特速率。

2. 传输带宽

ΔM 系统在每一次抽样，只传送一位代码，因此 ΔM 系统的数码率为 $f_b = f_s$，要求的最小带宽为

$$B_{\Delta M} = \frac{1}{2} f_s \tag{6.5-17}$$

实际应用时

$$B_{\Delta M} = f_s \tag{6.5-18}$$

而 PCM 系统的数码率为 $f_b = Nf_s$。在同样的语音质量要求下，PCM 系统的数码率为 64 kHz，因而要求最小信道带宽为 32 kHz；采用 ΔM 系统时，抽样速率至少为100 kHz，则最小带宽为 50 kHz。通常，ΔM 速率小于 32 kHz 时，语音质量不如 PCM。

3. 量化信噪比

在相同的信道带宽(即相同的数码率 f_b)条件下：在低数码率时，ΔM 性能优越；在编码位数多，码率较高时，PCM 性能优越。这是因为 PCM 量化信噪比为

$$\left(\frac{S_o}{N_q}\right)_{PCM} \approx 10\ \lg 2^{2N} \approx 6N\ dB \tag{6.5-19}$$

它与编码位数 N 成线性关系，如图 6－35 所示。

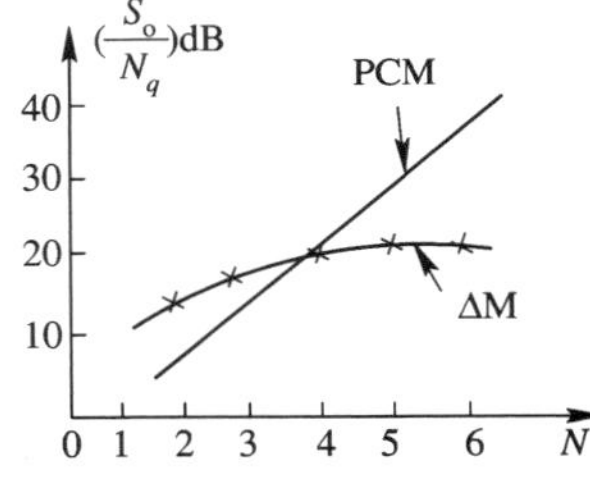

图 6－35　不同 N 值的 PCM 和 ΔM 的性能比较曲线

ΔM 系统的数码率为 $f_b = f_s$，PCM 系统的数码率 $f_b = 2Nf_m$。当 ΔM 与 PCM 的数码率 f_b 相同时，有 $f_s = 2Nf_m$，代入式(6.5－13)可得 ΔM 的量化信噪比为

$$\left(\frac{S_o}{N_q}\right)_{\Delta M} \approx 10\lg\left[0.32N^3\left(\frac{f_m}{f_k}\right)^2\right]\mathrm{dB} \qquad (6.5-20)$$

它与 N 成对数关系，并与 f_m/f_k 有关。当取 $f_m/f_k=3000/1000$ 时，它与 N 的关系如图 6-35 所示。比较两者曲线可看出，若 PCM 系统的编码位数 $N<4$(码率较低)时，ΔM 的量化信噪比高于 PCM 系统。

4. 信道误码的影响

在 ΔM 系统中，每一个误码代表造成一个量阶的误差，所以它对误码不太敏感。故对误码率的要求较低，一般在 $10^{-3}\sim10^{-4}$。而 PCM 的每一个误码会造成较大的误差，尤其高位码元，错一位可造成许多量阶的误差(例如，最高位的错码表示 2^{N-1} 个量阶的误差)。所以误码对 PCM 系统的影响要比 ΔM 系统严重些，故对误码率的要求较高，一般为 $10^{-5}\sim10^{-6}$。由此可见，ΔM 允许用于误码率较高的信道条件，这是 ΔM 与 PCM 不同的一个重要条件。

5. 设备复杂度

PCM 系统的特点是多路信号统一编码，一般采用 8 位编码(对语音信号)，编码设备复杂，但质量较好。PCM 一般用于大容量的干线(多路)通信。

ΔM 系统的特点是单路信号独用一个编码器，设备简单，单路应用时，不需要收发同步设备。但在多路应用时，每路独用一套编译码器，所以路数增多时设备成倍增加。ΔM 一般适于小容量支线通信，话路上下方便灵活。

在实际应用中，为了提高增量调制的质量，出现了一些改进方案，例如，增量总和调制(Δ-Σ 调制)、数字压扩式自适应增量调制等，限于篇幅这里不作介绍。

思 考 题

6-1　简述低通抽样定理。它是在什么前提下提出的？

6-2　对载波基群 60～108 kHz 的模拟信号，其抽样频率应选择在什么范围内？抽样频率等于多少？

6-3　理想抽样、自然抽样、平顶抽样在波形上、实现方法上以及频谱结构上都有什么区别？

6-4　什么叫量化和量化噪声？量化噪声的大小与哪些因素有关？

6-5　什么叫均匀量化和非均匀量化？均匀量化的主要优缺点是什么？如何实现非均匀量化？它能克服均匀量化的什么缺点？

6-6　什么是 13 折线法？它是怎样实现非均匀量化的？与一般 μ 律、A 律曲线有什么区别和联系？

6-7　量化以后为什么还要编码？编码器是怎样把量化和编码一起完成的？

6-8　线性编码和非线性编码有什么区别？

6-9　试画出 PCM 系统的方框图，并定性画出图中各点波形。简要说明图中各部分的作用。

6-10　PAM 与 PCM 有什么区别？PAM 信号与 PCM 信号属于数字信号还是模拟

信号？

6-11 简述PCM和ΔM的主要区别。

6-12 PCM、ΔM的代码分别代表信号的什么信息？

6-13 ΔM的一般量化噪声和过载量化噪声是怎样产生的？如何防止过载噪声的出现？

6-14 线性PCM的量化信噪比与哪些因素有关？简单增量调制量化信噪比与哪些因素有关？

6-15 为什么简单增量调制的抗误码性能优于PCM的？

6-16 DPCM是为解决什么问题而产生的？它与PCM的区别是什么？它与ΔM的区别和联系是什么？

习　题

6-1 已知一低通信号 $m(t)$ 的频谱为

$$M(f)=\begin{cases}1-\dfrac{|f|}{200}, & |f|<200\\ 0, & \text{其他}\end{cases}$$

(1) 若抽样速率 $f_s=300$ Hz，画出对 $m(t)$ 进行理想抽样时，在 $|f|<200$ Hz 范围内已抽样信号 $m_s(t)$ 的频谱；

(2) 若用 $f_s=400$ Hz 的速率抽样，重做上题。

6-2 已知一基带信号 $m(t)=\cos 2\pi t+2\cos 4\pi t$，对其进行理想抽样。

(1) 为了能在接收端不失真地从已抽样信号 $m_s(t)$ 中恢复 $m(t)$，试问抽样间隔应如何选择；

(2) 若抽样间隔取为 0.2 s，试画出已抽样信号的频谱图。

6-3 如图P6-1所示，信号频谱 $M(\omega)$ 为理想矩形，信号通过传输函数为 $H_1(\omega)$ 的滤波器后再进行理想抽样。

(1) 抽样速率为多少？

(2) 试画出已抽样信号 $m_s(t)$ 的频谱；

(3) 接收网络 $H_2(\omega)$ 应如何设计，才能由 $m_s(t)$ 不失真地恢复 $m(t)$。

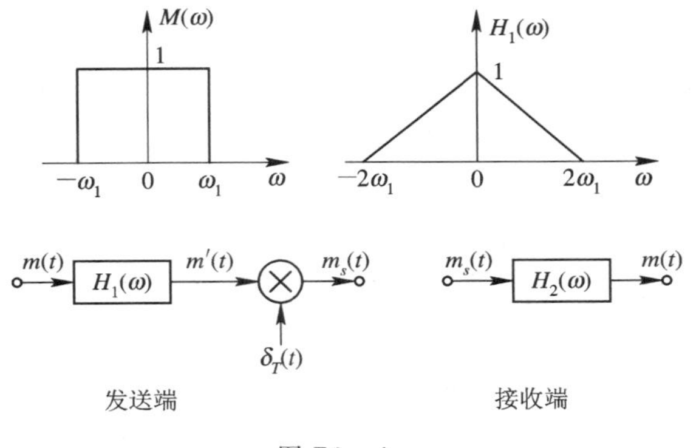

图 P6-1

6－4　已知信号$m(t)$的最高频率为f_m，若用图P6－2所示的$q(t)$对$m(t)$进行自然抽样，试确定已抽样信号及其频谱表示式，并画出其示意图(注：$m(t)$的频谱$M(\omega)$的形状可自行假设)。

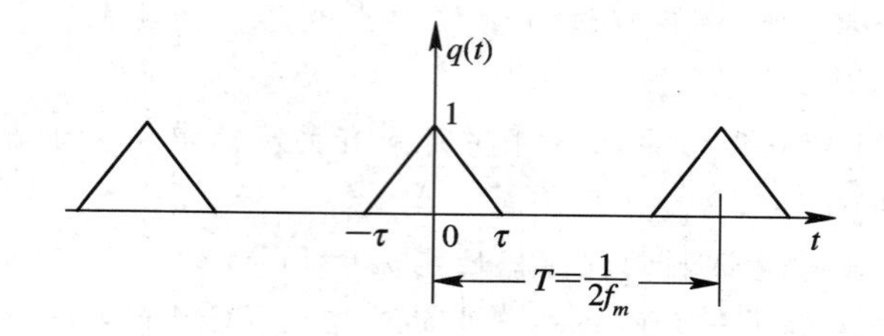

图 P6－2

6－5　已知信号$m(t)$的最高频率为f_m，若用图P6－2所示$q(t)$的单个脉冲对$m(t)$进行瞬时抽样，试确定已抽样信号及其频谱表示式。

6－6　已知信号$m(t)$的最高频率为f_m，由矩形脉冲对$m(t)$进行瞬时抽样，矩形脉冲的宽度为2τ、幅度为1，试确定已抽样信号及其频谱的表示式。

6－7　设输入抽样器的信号为门函数$D_\tau(t)$，宽度$\tau=20$ ms，若忽略其频谱第10个零点以外的频谱分量，试求最小抽样速率。

6－8　设信号$m(t)=9+A\cos\omega t$，其中，$A\leqslant 10$ V。若$m(t)$被均匀量化为40个电平，试确定所需的二进制码组的位数N和量化级间隔Δ。

6－9　已知模拟信号抽样值的概率密度$f(x)$如图P6－3所示。若按四电平进行均匀量化，试计算信号量化噪声功率比。

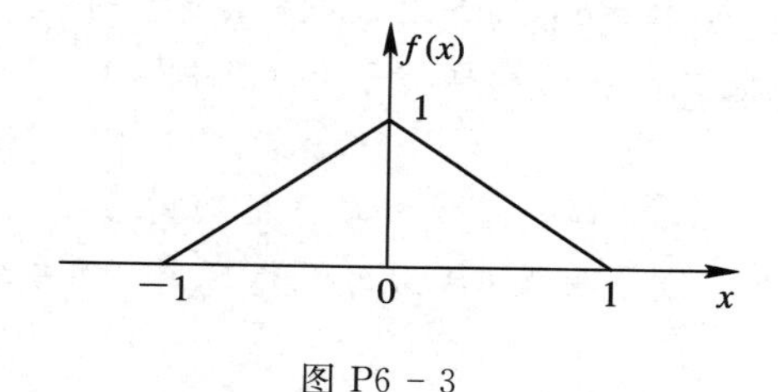

图 P6－3

6－10　对于一个8 bit均匀量化器范围为(－1 V，1 V)，决定量化器量化台阶的大小。假如信号是一个正弦信号，它的幅值占了全部范围，计算量化信噪比。

6－11　设输入量化器的信号的概率分布密度函数(pdf)如图P6－4所示，假设量化电平为(1，3，5，7)，

(1) 计算在量化器输出的均方误差畸变，以及输出信号量化噪声功率比；

(2) 如何改变量化电平的分布来降低畸变？

(3) 这个量化器的最佳输入pdf是什么？

6－12　对于一个μ律压扩器，其$\mu=255$，以输入电压的大小为变量，绘出输出电压。假如用于压扩器的输入电压为0.1，输出电压为多少？假如输入电压为0.01，输出为多少？(设压扩器最大输入为1 V。)

6－13　对于一个A律压扩器，其$A=90$，以输入电压的大小为变量，绘出输出电压。假如用于压扩器的输入电压为0.1，输出电压为多少？假如输入电压为0.01，输出为多少？(假设压扩器最大输入为1 V。)

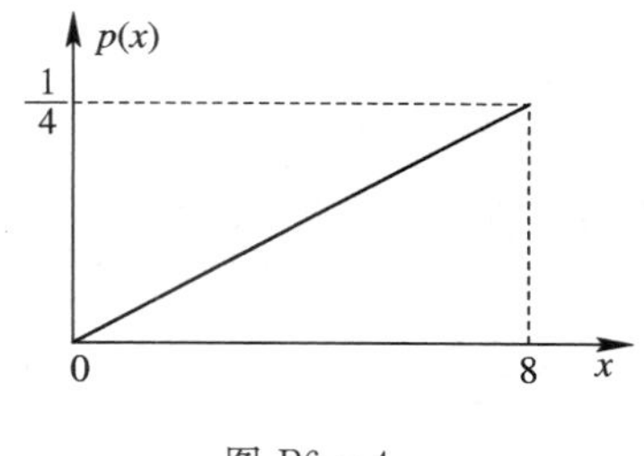

图 P6－4

6－14　采用13折线A律编码，设最小的量化级为1个单位，已知抽样脉冲值为＋635单位。

(1) 试求此时编码器输出码组，并计算量化误差(段内码用自然二进码)；

(2) 写出对应于该7位码(不包括极性码)的均匀量化11位码。

6－15　采用13折线A律编码电路，设接收端收到的码组为“01010011”、最小量化间隔为1个量化单位，并已知段内码为折叠二进码。

(1) 试问译码器输出为多少量化单位；

(2) 写出对应于该7位码(不包括极性码)的均匀量化11位码。

6－16　采用13折线A律编码，设最小的量化间隔为1个量化单位，已知抽样值为－95量化单位。

(1) 试求此时编码器输出码组，并计算量化误差(段内码用自然二进码)；

(2) 写出对应于该7位码(不包括极性码)的均匀量化11位码。

6－17　信号 $m(t)=A\sin 2\pi f_k t$ 进行简单增量调制，若台阶 δ 和抽样频率选择得既保证不过载，又保证不致因信号振幅太小而使增量调制器不能正常编码，试证明此时要求 $f_s>\pi f_k$。

6－18　已知正弦信号的频率 $f_m=4$ kHz，试分别设计一个PCM系统和一个ΔM系统，使两个系统的输出量化信噪比都满足30 dB的要求，比较这两个系统的信息速率。

6－19　单路话音信号的最高频率为4 kHz，抽样速率为8 kHz，将所得的脉冲由PAM方式或PCM方式传输。设传输信号的波形为矩形脉冲，其宽度为 τ，且占空比为1。

(1) 计算PAM系统的最小带宽；

(2) 在PCM系统中，抽样后信号按8级量化，求PCM系统的最小带宽，并与(1)的结果比较；

(3) 若抽样后信号按128级量化，PCM系统的最小带宽又为多少？

6－20　已知话音信号的最高频率 $f_m=3400$ Hz，今用PCM系统传输，要求量化信噪比不低于30 dB。试求此PCM系统所需的最小带宽。

第7章　数字频带传输系统

在第5章数字基带传输系统中，为了使数字基带信号能够在信道中传输，要求信道应具有低通形式的传输特性。然而，在实际信道中，大多数信道具有带通传输特性，而数字基带信号却不能直接在这种带通传输特性的信道中传输。因此，必须用数字基带信号对载波进行调制，产生各种已调数字信号。与模拟调制相同，可以用数字基带信号改变正弦型载波的幅度、频率或相位中的某个参数，产生相应的数字振幅调制、数字频率调制和数字相位调制，也可以用数字基带信号同时改变正弦型载波幅度、频率或相位中的某几个参数，产生新型的数字调制。数字调制系统的基本结构如图7-1所示。

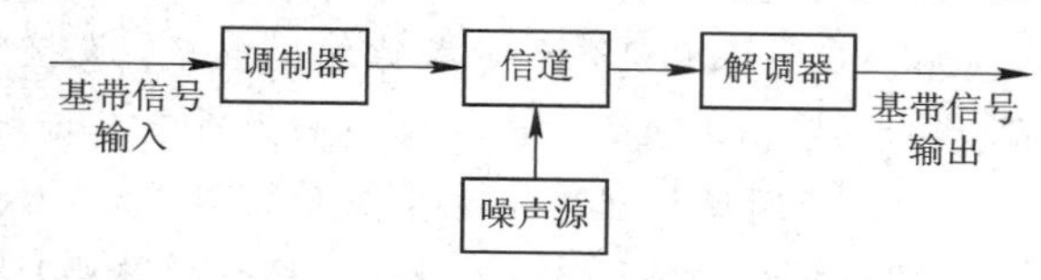

图7-1　数字调制系统的基本结构

数字调制与模拟调制原理是相同的，一般可以采用模拟调制的方法实现数字调制，但是，数字基带信号具有与模拟基带信号不同的特点，其取值是有限的离散状态。这样，可以用载波的某些离散状态来表示数字基带信号的离散状态。采用数字键控的方法来实现数字调制信号称为键控法。基本的三种数字调制方式是：振幅键控(ASK)、移频键控(FSK)和移相键控(PSK或DPSK)。

本章重点论述二进制数字调制系统的原理及其抗噪声性能，简要介绍多进制数字调制原理。

7.1　二进制数字调制与解调原理

若调制信号是二进制数字基带信号，则这种调制称为二进制数字调制。最常用的二进制数字调制方式有二进制振幅键控、二进制移频键控和二进制移相键控。

7.1.1　二进制振幅键控(2ASK)

振幅键控是正弦载波的幅度随数字基带信号变化而变化的数字调制。当数字基带信号为二进制时，为二进制振幅键控。设发送的二进制符号序列由0、1序列组成，发送0符号的概率为P，发送1符号的概率为$1-P$，且相互独立。该二进制符号序列可表示为

$$s(t)=\sum_n a_n g(t-nT_s) \qquad (7.1-1)$$

其中

$$a_n=\begin{cases}0, & \text{发送概率为 } P\\ 1, & \text{发送概率为 } 1-P\end{cases} \qquad (7.1-2)$$

T_s 是二进制基带信号的时间间隔；$g(t)$是持续时间为 T_s 的矩形脉冲，

$$g(t)=\begin{cases}1, & 0\leqslant t\leqslant T_s\\ 0, & \text{其他}\end{cases} \tag{7.1-3}$$

则二进制振幅键控信号可表示为

$$e_{2\mathrm{ASK}}(t)=\sum_n a_n g(t-nT_s)\cos\omega_c t \tag{7.1-4}$$

二进制振幅键控信号时间波形如图 7-2 所示。由图 7-2 可以看出，2ASK 信号的时间波形 $e_{2\mathrm{ASK}}(t)$随二进制基带信号 $s(t)$通断变化，所以又称为通断键控信号(OOK 信号)。

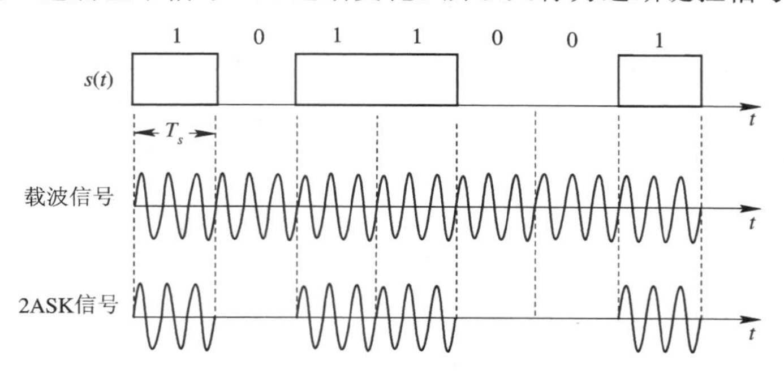

图 7-2　二进制振幅键控信号时间波形

二进制振幅键控信号的产生方法如图 7-3 所示，图(*a*)是采用模拟相乘的方法实现的，图(*b*)是采用数字键控的方法实现的。

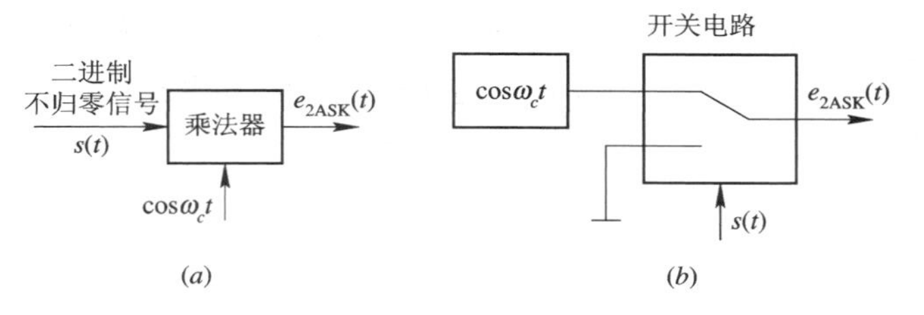

图 7-3　二进制振幅键控信号调制器原理框图

由图 7-2 可以看出，2ASK 信号与模拟调制中的 AM 信号类似。所以，对 2ASK 信号也能够采用非相干解调(包络检波法)和相干解调(同步检测法)，其相应原理方框图如图 7-4 所示。2ASK 信号非相干解调过程的时间波形如图 7-5 所示。

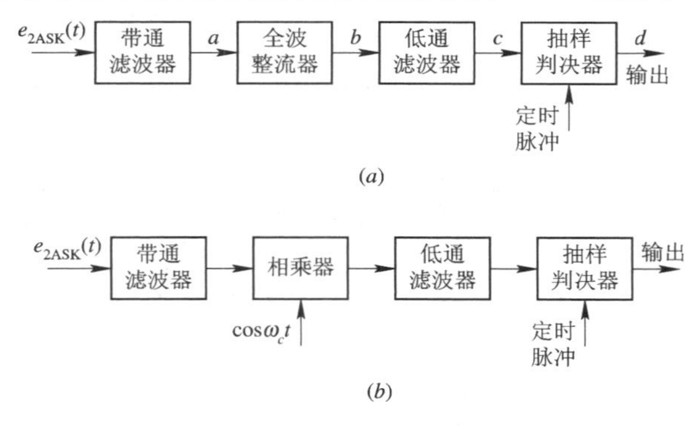

图 7-4　二进制振幅键控信号解调器原理框图

(*a*) 非相干解调方式；(*b*) 相干解调方式

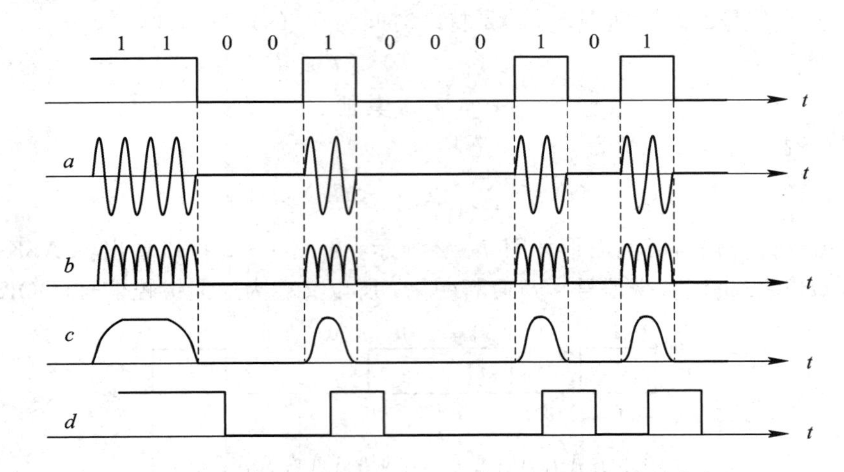

图 7-5　2ASK 信号非相干解调过程的时间波形

7.1.2　二进制移频键控(2FSK)

在二进制数字调制中，若正弦载波的频率随二进制基带信号在 f_1 和 f_2 两个频率点间变化，则产生二进制移频键控信号(2FSK 信号)。二进制移频键控信号的时间波形如图 7-6 所示，图中波形 g 可分解为波形 e 和波形 f，即二进制移频键控信号可以看成是两个不同载波的二进制振幅键控信号的叠加。若二进制基带信号的 1 符号对应于载波频率 f_1，0 符号对应于载波频率 f_2，则二进制移频键控信号的时域表达式为

$$e_{2FSK}(t)=\left[\sum_n a_n g(t-nT_s)\right]\cos(\omega_1 t+\varphi_n)+\left[\sum_n b_n g(t-nT_s)\right]\cos(\omega_2 t+\theta_n) \tag{7.1-5}$$

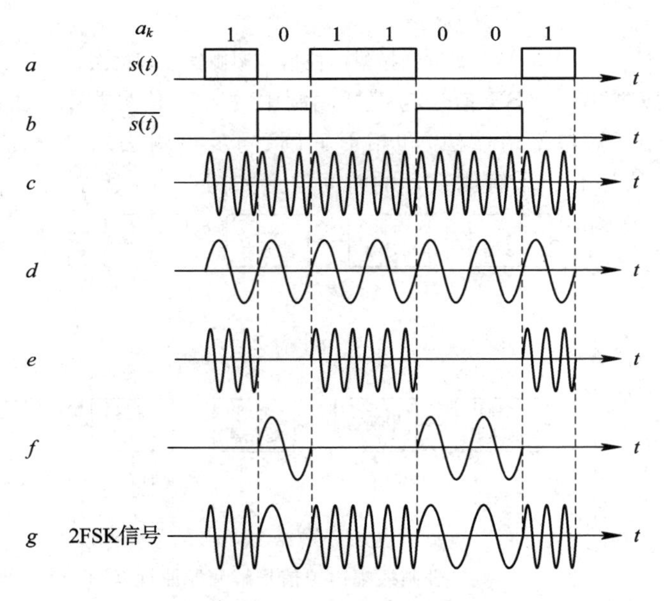

图 7-6　二进制移频键控信号的时间波形

式中

$$a_n=\begin{cases}0, & \text{发送概率为 } P\\1, & \text{发送概率为 } 1-P\end{cases} \tag{7.1-6}$$

$$b_n=\begin{cases}0, & \text{发送概率为 } 1-P\\1, & \text{发送概率为 } P\end{cases} \tag{7.1-7}$$

由图 7-6 可看出，b_n 是 a_n 的反码，即若 $a_n=1$，则 $b_n=0$，若 $a_n=0$，则 $b_n=1$，于是 $b_n=\bar{a}_n$。φ_n 和 θ_n 分别代表第 n 个信号码元的初始相位。在二进制移频键控信号中，φ_n 和 θ_n 不携带信息，通常可令 φ_n 和 θ_n 为零。因此，二进制移频键控信号的时域表达式可简化为

$$e_{2\mathrm{FSK}}(t)=\left[\sum_n a_n g(t-nT_s)\right]\cos\omega_1 t+\left[\sum_n \bar{a}_n g(t-nT_s)\right]\cos\omega_2 t \tag{7.1-8}$$

二进制移频键控信号的产生，可以采用模拟调频电路来实现，也可以采用数字键控的方法来实现。图 7-7 是数字键控法实现二进制移频键控信号的原理图，图中两个振荡器的输出载波受输入的二进制基带信号控制，在一个码元 T_s 期间输出 f_1 或 f_2 两个载波之一。

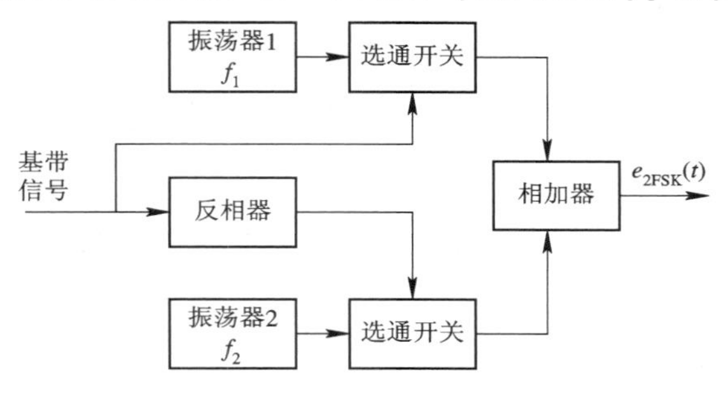

图 7-7　数字键控法实现二进制移频键控信号的原理图

二进制移频键控信号的解调方法很多，有模拟鉴频法和数字检测法，有非相干解调方法和相干解调方法。采用非相干解调和相干解调两种方法的原理图如图 7-8 所示。其解

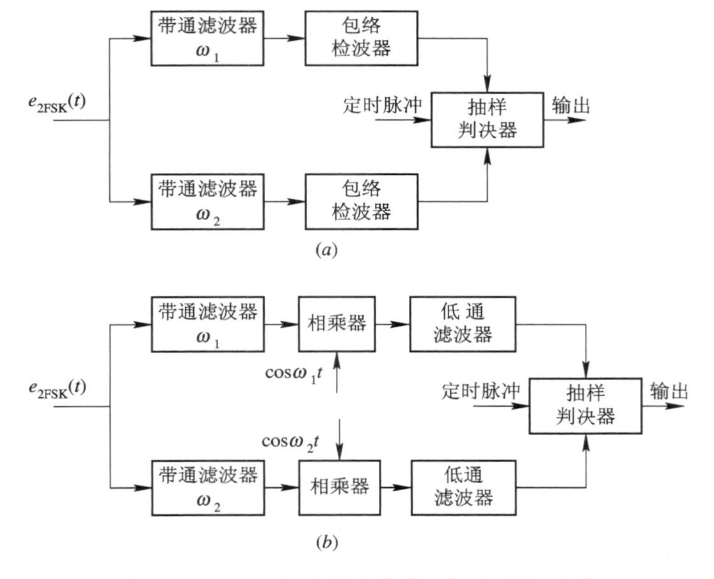

图 7-8　二进制移频键控信号解调器原理图

(a) 非相干解调；(b) 相干解调

调原理是将二进制移频键控信号分解为上、下两路二进制振幅键控信号，分别进行解调，通过对上、下两路的抽样值进行比较，最终判决出输出信号。非相干解调过程的时间波形如图 7-9 所示。过零检测法解调器的原理图和各点时间波形如图 7-10 所示。其基本原理是，二进制移频键控信号的过零点数随载波频率不同而异，通过检测过零点数从而得到频率的变化。在图 7-10 中，输入信号经过限幅后产生矩形波，经微分、整流、波形整形，形成与频率变化相关的矩形脉冲波，经低通滤波器滤除高次谐波，恢复出与原数字信号对应的基带数字信号。

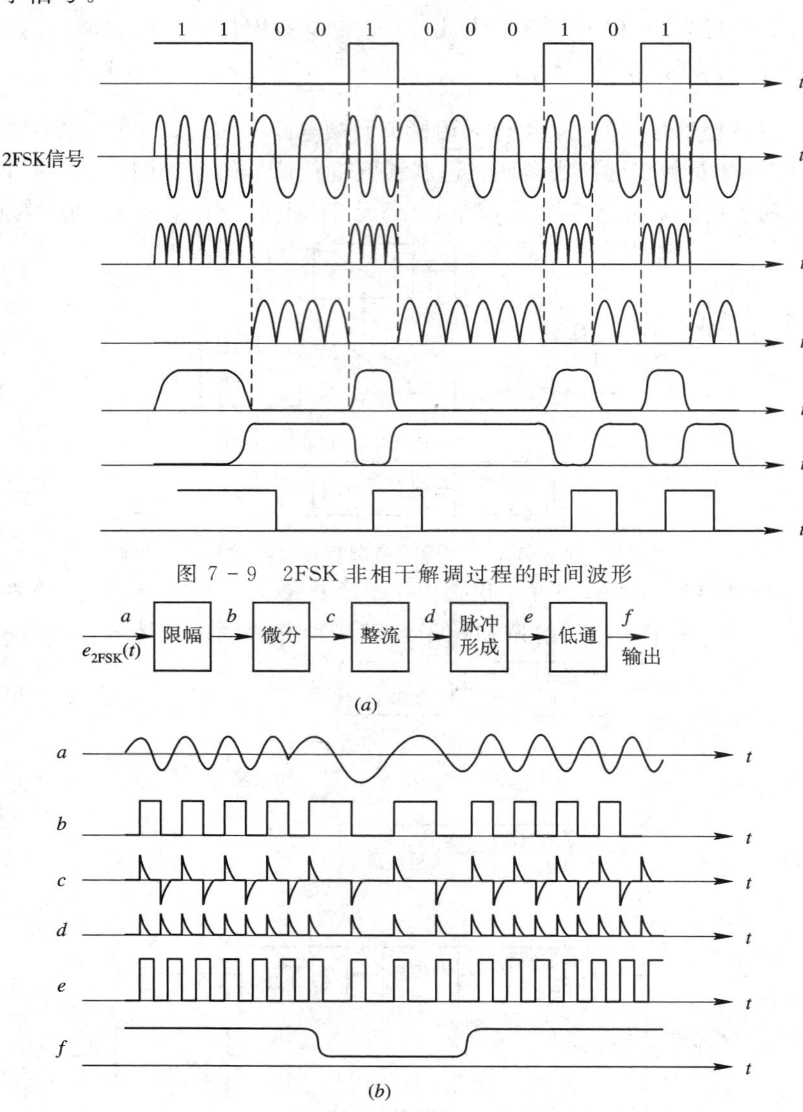

图 7-9　2FSK 非相干解调过程的时间波形

图 7-10　过零检测法原理图和各点时间波形

7.1.3　二进制移相键控(2PSK)

在二进制数字调制中，当正弦载波的相位随二进制数字基带信号离散变化时，产生二进制移相键控(2PSK)信号。通常用已调信号载波的 0°和 180°分别表示二进制数字基带信

号的 1 和 0。二进制移相键控信号的时域表达式为

$$e_{2PSK}(t)=\left[\sum_n a_n g(t-nT_s)\right]\cos\omega_c t \tag{7.1-9}$$

其中，a_n 与 2ASK 和 2FSK 时的不同，此处 a_n 应选择双极性，即

$$a_n=\begin{cases}1, & \text{发送概率为 } P\\ -1, & \text{发送概率为 } 1-P\end{cases} \tag{7.1-10}$$

若 $g(t)$是脉宽为 T_s、高度为 1 的矩形脉冲，则有

$$e_{2PSK}(t)=\begin{cases}\cos\omega_c t, & \text{发送概率为 } P\\ -\cos\omega_c t, & \text{发送概率为 } 1-P\end{cases} \tag{7.1-11}$$

由式(7.1-11)可看出，当发送二进制符号 1 时，已调信号 $e_{2PSK}(t)$取 0°相位，发送二进制符号 0 时，$e_{2PSK}(t)$取 180°相位。若用 φ_n 表示第 n 个符号的绝对相位，则有

$$e_{2PSK}(t)=\cos(\omega_c t+\varphi_n)$$

其中

$$\varphi_n=\begin{cases}0°, & \text{发送 1 符号}\\ 180°, & \text{发送 0 符号}\end{cases} \tag{7.1-12}$$

这种以载波的不同相位直接表示相应二进制数字信号的调制方式，称为二进制绝对移相方式。二进制移相键控信号的典型时间波形如图 7-11 所示。

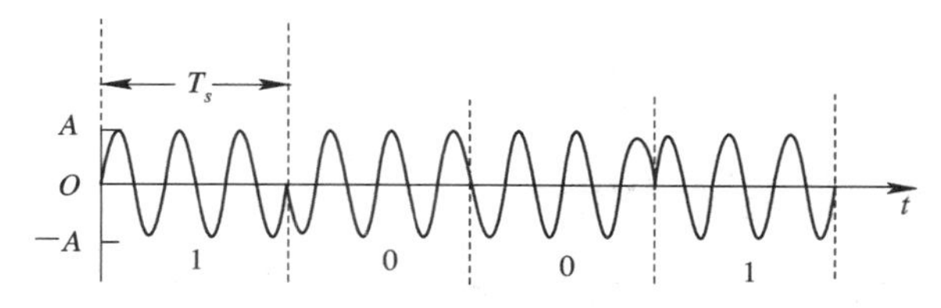

图 7-11　二进制移相键控信号的时间波形

二进制移相键控信号的调制原理图如图 7-12 所示。其中图(a)是采用模拟调制的方法产生 2PSK 信号，图(b)是采用数字键控的方法产生 2PSK 信号。

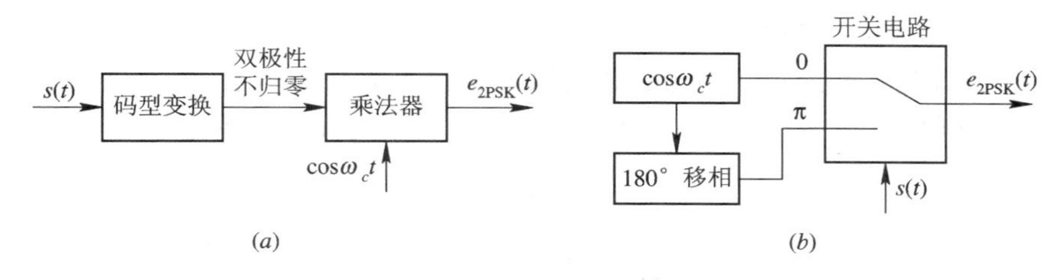

图 7-12　2PSK 信号的调制原理图

2PSK 信号的解调通常都是采用相干解调，解调器原理图如图 7-13 所示。在相干解调过程中需要用到与接收的 2PSK 信号同频同相的相干载波，有关相干载波的恢复问题将在第 11 章同步原理中介绍。

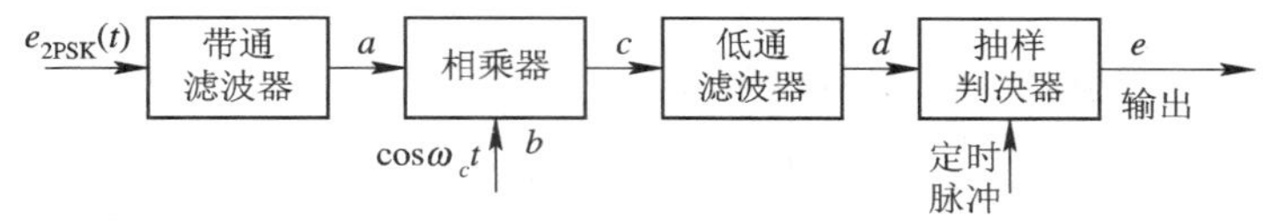

图 7-13　2PSK 信号的解调原理图

2PSK 信号相干解调各点时间波形如图 7-14 所示。当恢复的相干载波产生 180°倒相时，解调出的数字基带信号将与发送的数字基带信号正好相反，解调器输出数字基带信号全部出错。这种现象通常称为“倒 π”现象。由于在 2PSK 信号的载波恢复过程中存在着 180°的相位模糊，因而 2PSK 信号的相干解调存在随机的“倒 π”现象，从而使得 2PSK 方式在实际中很少采用。

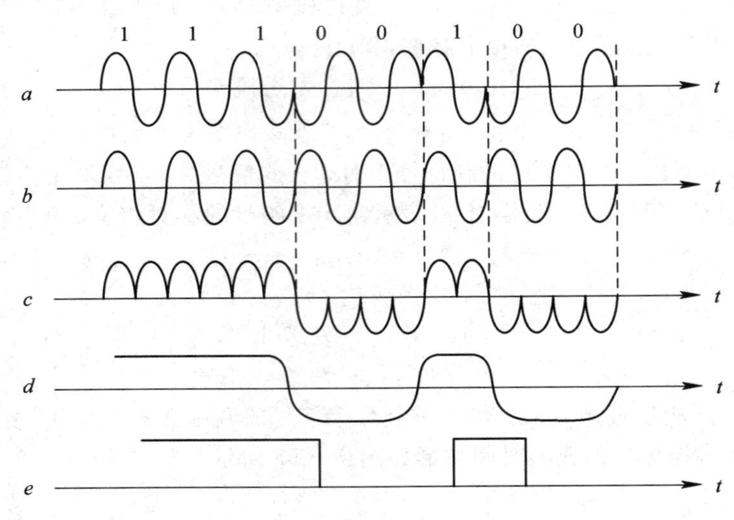

图 7-14 2PSK 信号相干解调各点时间波形

7.1.4 二进制差分相位键控(2DPSK)

在 2PSK 信号中，信号相位的变化是以未调正弦载波的相位作为参考，用载波相位的绝对数值来表示数字信息的，所以称为绝对移相。由图 7-14 所示 2PSK 信号的解调波形可以看出，由于相干载波恢复中载波相位的 180°相位模糊，导致解调出的二进制基带信号出现反向现象，从而难以实际应用。为了解决 2PSK 信号解调过程的反向工作问题，提出了二进制差分相位键控(2DPSK)。

2DPSK 方式是用前后相邻码元的载波相对相位变化来表示数字信息的。假设前后相邻码元的载波相位差为 $\Delta\varphi$，可定义一种数字信息与 $\Delta\varphi$ 之间的关系为

$$\Delta\varphi=\begin{cases}0, & \text{表示数字信息“0”}\\ \pi, & \text{表示数字信息“1”}\end{cases}$$

则一组二进制数字信息与其对应的 2DPSK 信号的载波相位关系如下所示：

二进制数字信息：		1	1	0	1	0	0	1	1	1	0
2DPSK 信号相位：	0（参）	π	0	0	π	π	π	0	π	0	0
或	π（参）	0	π	π	0	0	0	π	0	π	π

数字信息与 $\Delta\varphi$ 之间的关系也可以定义为

$$\Delta\varphi=\begin{cases}0, & \text{表示数字信息“1”}\\ \pi, & \text{表示数字信息“0”}\end{cases}$$

2DPSK 信号调制过程波形如图 7-15 所示。可以看出，2DPSK 信号的实现方法可以

采用如下方法：首先对二进制数字基带信号进行差分编码，将绝对码表示二进制信息变换为用相对码表示二进制信息，然后再进行绝对调相，从而产生二进制差分相位键控信号。2DPSK 信号调制器原理图如图 7－16 所示。

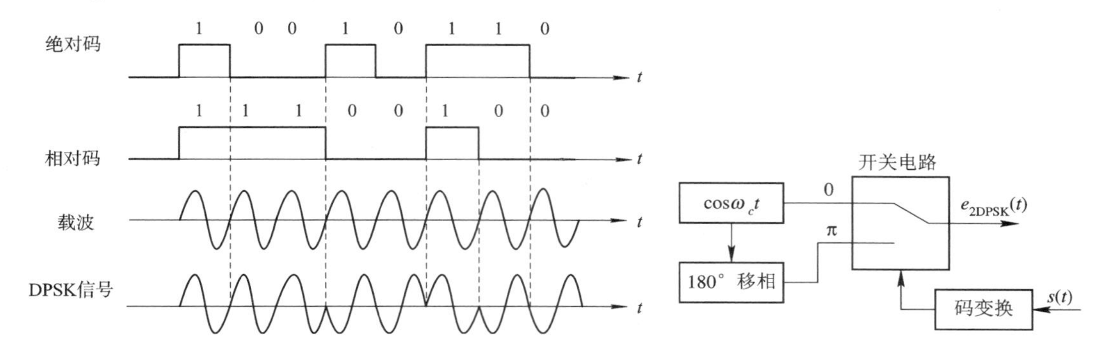

图 7－15　2DPSK 信号调制过程波形图　　图 7－16　2DPSK 信号调制器原理图

2DPSK 信号可以采用相干解调方式(极性比较法)，解调器原理图和解调过程各点时间波形如图 7－17 所示。其解调原理是：对 2DPSK 信号进行相干解调，恢复出相对码，再通过码反变换器变换为绝对码，从而恢复出发送的二进制数字信息。在解调过程中，若相干载波产生 180°相位模糊，解调出的相对码将产生倒置现象，但是经过码反变换器后，输出的绝对码不会发生任何倒置现象，从而解决了载波相位模糊度的问题。

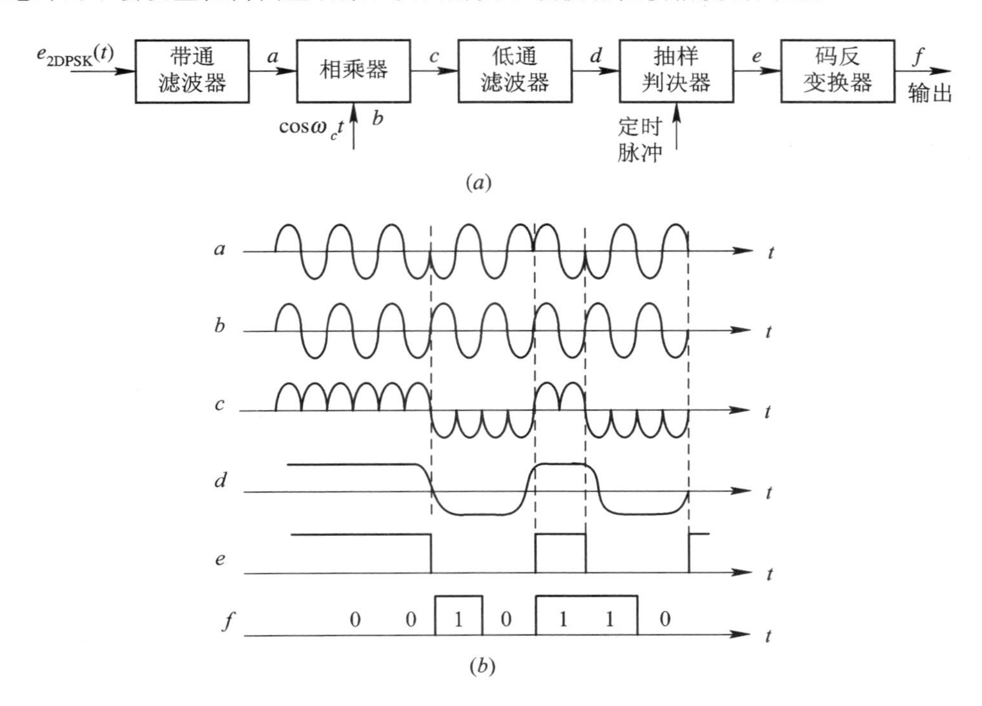

图 7－17　2DPSK 信号相干解调器原理图和解调过程各点时间波形

2DPSK 信号也可以采用差分相干解调方式(相位比较法)，解调器原理图和解调过程各点时间波形如图 7－18 所示。其解调原理是直接比较前后码元的相位差，从而恢复发送的二进制数字信息。由于解调的同时完成了码反变换作用，故解调器中不需要码反变换器。由于差分相干解调方式不需要专门的相干载波，因此是一种非相干解调方法。

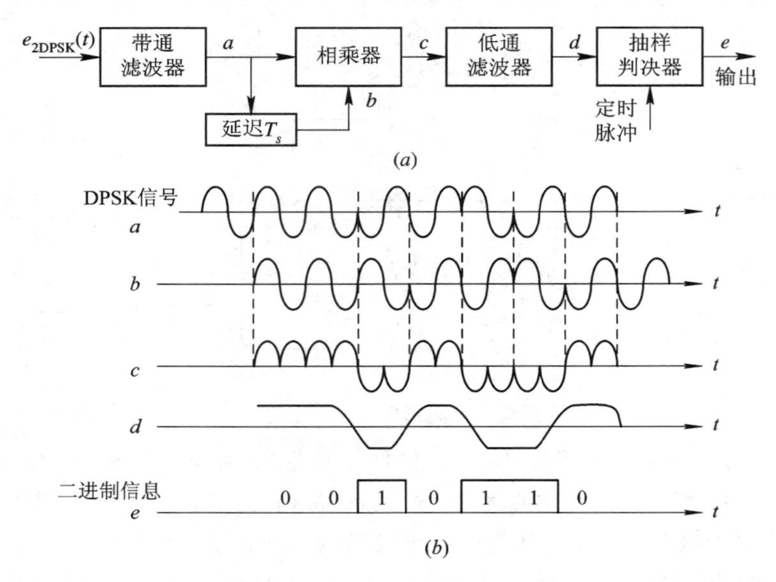

图 7-18　2DPSK 信号差分相干解调器原理图和解调过程各点时间波形

2DPSK 系统是一种实用的数字调相系统，但其抗加性白噪声性能比 2PSK 的要差。

7.1.5　二进制数字调制信号的功率谱密度

1. 2ASK 信号的功率谱密度

由式(7.1-4)可知，二进制振幅键控信号表示式与双边带调幅信号时域表示式类似。若二进制基带信号 $s(t)$ 的功率谱密度 $P_s(f)$ 为

$$\begin{aligned}P_s(f) &= f_sP(1-P)\,|\,G(f)\,|^2 + \sum_{m=-\infty}^{\infty}|\,f_s(1-P)G(mf_s)\,|^2\delta(f-mf_s)\\ &= \frac{T_s}{4}\text{Sa}^2(\pi fT_s)+\frac{1}{4}\delta(f)\quad\left(设\ P=\frac{1}{2}\right)\end{aligned} \tag{7.1-13}$$

则二进制振幅键控信号的功率谱密度 $P_{2ASK}(f)$ 为

$$\begin{aligned}P_{2ASK}(f) &= \frac{1}{4}[P_s(f+f_c)+P_s(f-f_c)]\\ &= \frac{1}{16}f_s[\,|\,G(f+f_c)\,|^2+|\,G(f-f_c)\,|^2]\\ &\quad+\frac{1}{16}f_s^2\,|\,G(0)\,|^2[\delta(f+f_c)+\delta(f-f_c)]\end{aligned} \tag{7.1-14}$$

整理后可得

$$P_{2ASK}(f) = \frac{T_s}{16}\left[\left|\frac{\sin\pi(f+f_c)T_s}{\pi(f+f_c)T_s}\right|^2+\left|\frac{\sin\pi(f-f_c)T_s}{\pi(f-f_c)T_s}\right|^2\right]+\frac{1}{16}[\delta(f+f_c)+\delta(f-f_c)] \tag{7.1-15}$$

式(7.1-15)中用到 $P=1/2$，$f_s=1/T_s$。

二进制振幅键控信号的功率谱密度示意图如图 7－19 所示，其由离散谱和连续谱两部分组成。离散谱由载波分量确定，连续谱由基带信号波形 $g(t)$确定，二进制振幅键控信号的带宽 B_{2ASK}是基带信号波形带宽的两倍，即 $B_{2ASK}=2B$。

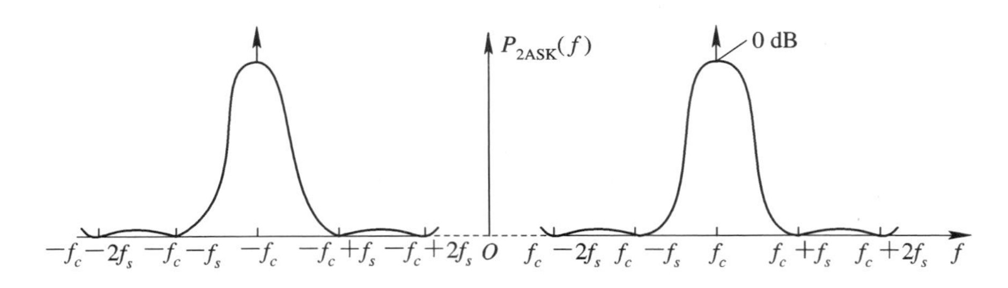

图 7－19　2ASK 信号的功率谱密度示意图

2. 2FSK 信号的功率谱密度

对相位不连续的二进制移频键控信号，可以看成由两个不同载波的二进制振幅键控信号的叠加，其中一个频率为 f_1，另一个频率为 f_2。因此，相位不连续的二进制移频键控信号的功率谱密度可以近似表示成两个不同载波的二进制振幅键控信号功率谱密度的叠加。

相位不连续的二进制移频键控信号的时域表达式为

$$e_{2FSK}(t)=s_1(t)\cos\omega_1 t+s_2(t)\cos\omega_2 t \tag{7.1-16}$$

根据二进制振幅键控信号的功率谱密度，我们可以得到二进制移频键控信号的功率谱密度 $P_{2FSK}(f)$为

$$P_{2FSK}(f)=\frac{1}{4}[P_{s_1}(f+f_1)+P_{s_1}(f-f_1)]+\frac{1}{4}[P_{s_2}(f+f_2)+P_{s_2}(f-f_2)] \tag{7.1-17}$$

令概率 $P=1/2$，将二进制数字基带信号的功率谱密度公式代入式(7.1－17)，可得

$$\begin{aligned}P_{2FSK}(f)=&\frac{T_s}{16}\left[\left|\frac{\sin\pi(f+f_1)T_s}{\pi(f+f_1)T_s}\right|^2+\left|\frac{\sin\pi(f-f_1)T_s}{\pi(f-f_1)T_s}\right|^2\right]\\&+\frac{T_s}{16}\left[\left|\frac{\sin\pi(f+f_2)T_s}{\pi(f+f_2)T_s}\right|^2+\left|\frac{\sin\pi(f-f_2)T_s}{\pi(f-f_2)T_s}\right|^2\right]\\&+\frac{1}{16}[\delta(f+f_1)+\delta(f-f_1)+\delta(f+f_2)+\delta(f-f_2)]\end{aligned} \tag{7.1-18}$$

由式(7.1－18)可得，相位不连续的二进制移频键控信号的功率谱由离散谱和连续谱所组成，如图 7－20 所示。其中，离散谱位于两个载频 f_1 和 f_2 处；连续谱由两个中心位于 f_1 和 f_2 处的双边谱叠加形成；若两个载波频差小于 f_s，则连续谱在 f_c 处出现单峰；若载频差大于 f_s，则连续谱出现双峰。若以二进制移频键控信号功率谱第一个零点之间的频率间隔计算二进制移频键控信号的带宽，则该二进制移频键控信号的带宽 B_{2FSK}为

$$B_{2FSK}=|f_2-f_1|+2f_s \tag{7.1-19}$$

其中 $f_s=1/T_s$。

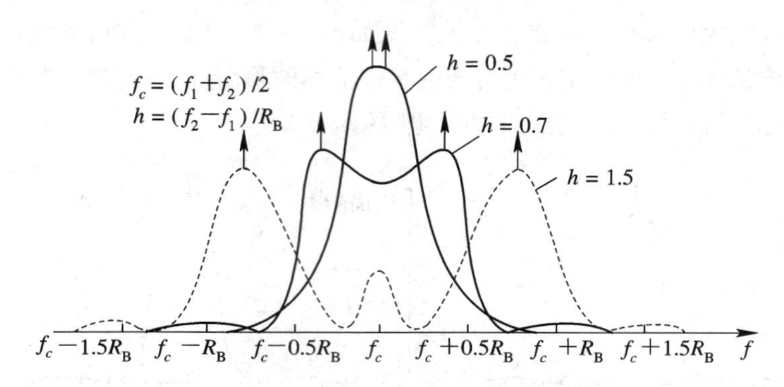

图 7-20 相位不连续 2FSK 信号的功率谱示意图

3. 2PSK 及 2DPSK 信号的功率谱密度

2PSK 与 2DPSK 信号有相同的功率谱。由式(7.1-9)可知，2PSK 信号可表示为双极性不归零二进制基带信号与正弦载波相乘，则 2PSK 信号的功率谱为

$$P_{2PSK}(f)=\frac{1}{4}[P_s(f+f_c)+P_s(f-f_c)] \tag{7.1-20}$$

代入基带信号功率谱密度，可得

$$\begin{aligned}P_{2PSK}=&f_sP(1-P)[|G(f+f_c)|^2+|G(f-f_c)|^2]\\&+\frac{1}{4}f_s^2(1-2P)^2|G(0)|^2[\delta(f+f_c)+\delta(f-f_c)]\end{aligned} \tag{7.1-21}$$

若二进制基带信号采用矩形脉冲，且“1”符号和“0”符号出现概率相等，即 $P=1/2$，则 2PSK 信号的功率谱简化为

$$P_{2PSK}(f)=\frac{T_s}{4}\left[\left|\frac{\sin\pi(f+f_c)T_s}{\pi(f+f_c)T_s}\right|^2+\left|\frac{\sin\pi(f-f_c)T_s}{\pi(f-f_c)T_s}\right|^2\right] \tag{7.1-22}$$

由式(7.1-21)和式(7.1-22)可以看出，一般情况下二进制移相键控信号的功率谱密度由离散谱和连续谱所组成，其结构与二进制振幅键控信号的功率谱密度相类似，带宽也是基带信号带宽的两倍。当二进制基带信号的“1”符号和“0”符号出现概率相等时，不存在离散谱。2PSK 信号的功率谱密度如图 7-21 所示。

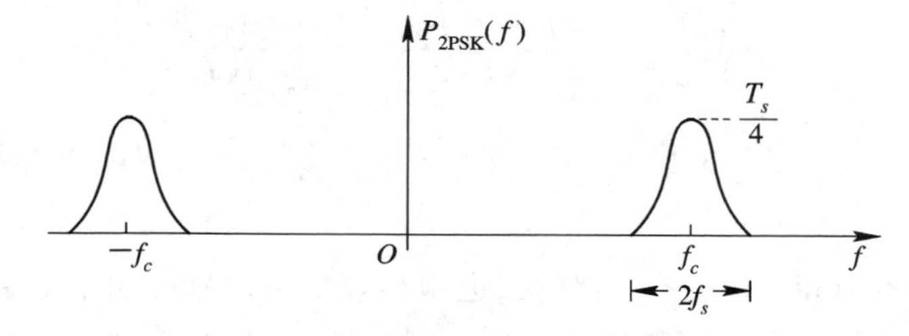

图 7-21 2PSK(2DPSK)信号的功率谱密度

7.2 二进制数字调制系统的抗噪声性能

在上一节我们详细讨论了二进制数字调制系统的工作原理，给出了各种数字调制信号的产生和相应的解调方法。在数字通信系统中，信号的传输过程会受到各种干扰，从而影

响对信号的恢复。从这一节开始，我们将对 2ASK、2FSK、2PSK、2DPSK 系统的抗噪声性能进行深入的分析。通信系统的抗噪声性能是指系统克服加性噪声影响的能力。在数字通信系统中，衡量系统抗噪声性能的重要指标是误码率，因此，分析二进制数字调制系统的抗噪声性能，也就是分析在信道等效加性高斯白噪声的干扰下系统的误码性能，得出误码率与信噪比之间的数学关系。

在二进制数字调制系统抗噪声性能分析中，假设信道特性是恒参信道，在信号的频带范围内其具有理想矩形的传输特性(可取传输系数为 K)。噪声为等效加性高斯白噪声，其均值为零，方差为 σ^2。

7.2.1　二进制振幅键控系统的抗噪声性能

由 7.1 节我们知道，对二进制振幅键控信号可采用包络检波法进行解调，也可以采用同步检测法进行解调。但两种解调器结构形式不同，因此分析方法也不同。下面将分别针对两种解调方法进行分析。

1. 同步检测法的系统性能

对 2ASK 系统，同步检测法的系统性能分析模型如图 7－22 所示。在一个码元的时间间隔 T_s 内，发送端输出的信号波形 $s_T(t)$ 为

$$s_T(t)=\begin{cases}u_T(t), & \text{发送“1”符号}\\ 0, & \text{发送“0”符号}\end{cases} \tag{7.2-1}$$

其中

$$u_T(t)=\begin{cases}A\cos\omega_c t, & 0<t<T_s\\ 0, & \text{其他}\end{cases} \tag{7.2-2}$$

式中，ω_c 为载波角频率；T_s 为码元时间间隔。在$(0, T_s)$时间间隔，接收端带通滤波器输入合成波形 $y_i(t)$为

$$y_i(t)=\begin{cases}u_i(t)+n_i(t), & \text{发送“1”符号}\\ n_i(t), & \text{发送“0”符号}\end{cases} \tag{7.2-3}$$

式中

$$u_i(t)=\begin{cases}AK\cos\omega_c t, & 0<t<T_s\\ 0, & \text{其他}\end{cases}$$
$$=\begin{cases}a\cos\omega_c t, & 0<t<T_s\\ 0, & \text{其他}\end{cases} \tag{7.2-4}$$

为发送信号经信道传输后的输出。$n_i(t)$为加性高斯白噪声，其均值为零，方差为 σ^2。

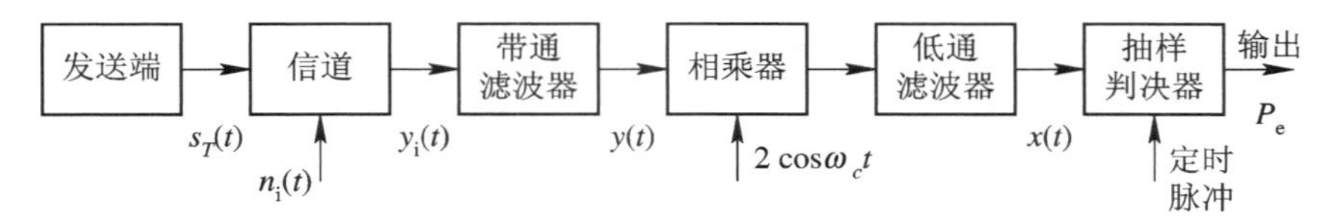

图 7－22　2ASK 信号同步检测法的系统性能分析模型

设接收端带通滤波器具有理想矩形传输特性，恰好使信号完整通过，则带通滤波器的输出波形 $y(t)$为

$$y(t)=\begin{cases}u_{i}(t)+n(t), & \text{发送“1”符号}\\ n(t), & \text{发送“0”符号}\end{cases} \tag{7.2-5}$$

由第 2 章随机信号分析可知，$n(t)$为窄带高斯噪声，其均值为零，方差为σ_n^2，且可表示为

$$n(t)=n_{c}(t)\cos\omega_{c}t-n_{s}(t)\sin\omega_{c}t \tag{7.2-6}$$

于是输出波形 $y(t)$可表示为

$$\begin{aligned}y(t)&=\begin{cases}a\cos\omega_{c}t+n_{c}(t)\cos\omega_{c}t-n_{s}(t)\sin\omega_{c}t\\ n_{c}(t)\cos\omega_{c}t-n_{s}(t)\sin\omega_{c}t\end{cases}\\ &=\begin{cases}[a+n_{c}(t)]\cos\omega_{c}t-n_{s}(t)\sin\omega_{c}t, & \text{发送“1”符号}\\ n_{c}(t)\cos\omega_{c}t-n_{s}(t)\sin\omega_{c}t, & \text{发送“0”符号}\end{cases}\end{aligned} \tag{7.2-7}$$

与相干载波 $2\cos\omega_c t$ 相乘后的波形 $z(t)$为

$$\begin{aligned}z(t)&=2y(t)\cos\omega_{c}t=\begin{cases}2[a+n_{c}(t)]\cos^{2}\omega_{c}t-2n_{s}(t)\sin\omega_{c}t\cos\omega_{c}t\\ 2n_{c}(t)\cos^{2}\omega_{c}t-2n_{s}(t)\sin\omega_{c}t\cos\omega_{c}t\end{cases}\\ &=\begin{cases}[a+n_{c}(t)]+[a+n_{c}(t)]\cos2\omega_{c}t-n_{s}(t)\sin2\omega_{c}t, & \text{发送“1”符号}\\ n_{c}(t)+n_{c}(t)\cos2\omega_{c}t-n_{s}(t)\sin2\omega_{c}t, & \text{发送“0”符号}\end{cases}\end{aligned} \tag{7.2-8}$$

式(7.2-8)中，第一项$[a+n_c(t)]$和 $n_c(t)$为低频成分，第二项和第三项均为中心频率在 $2f_c$ 的带通分量。因此，通过理想低通滤波器的输出波形 $x(t)$为

$$x(t)=\begin{cases}a+n_{c}(t), & \text{发送“1”符号}\\ n_{c}(t), & \text{发送“0”符号}\end{cases} \tag{7.2-9}$$

式中，a 为信号成分；$n_c(t)$为低通型高斯噪声，其均值为零，方差为 σ_n^2。

设对第 k 个符号的抽样时刻为 kT_s，则 $x(t)$在 kT_s 时刻的抽样值 x 为

$$x=\begin{cases}a+n_{c}(kT_{s})\\ n_{c}(kT_{s})\end{cases}=\begin{cases}a+n_{c}, & \text{发送“1”符号}\\ n_{c}, & \text{发送“0”符号}\end{cases} \tag{7.2-10}$$

式中，n_c 是均值为零、方差为 σ_n^2 的高斯随机变量。由随机信号分析可得，发送“1”符号时的抽样值 $x=a+n_c$ 的一维概率密度函数 $f_1(x)$为

$$f_{1}(x)=\frac{1}{\sqrt{2\pi}\sigma_{n}}\exp\left\{-\frac{(x-a)^{2}}{2\sigma_{n}^{2}}\right\} \tag{7.2-11}$$

发送“0”符号时的抽样值 $x=n_c$ 的一维概率密度函数 $f_0(x)$为

$$f_{0}(x)=\frac{1}{\sqrt{2\pi}\sigma_{n}}\exp\left\{-\frac{x^{2}}{2\sigma_{n}^{2}}\right\} \tag{7.2-12}$$

$f_1(x)$和 $f_0(x)$的曲线如图 7-23 所示。

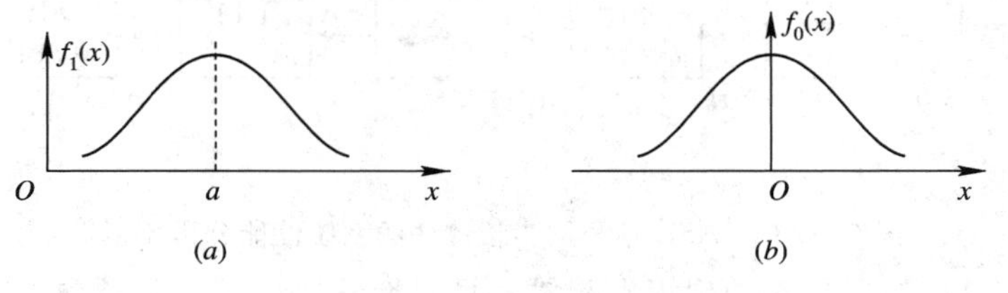

图 7-23 抽样值 x 的一维概率密度函数

假设抽样判决器的判决门限为 b，则抽样值 $x>b$ 时判为"1"符号输出，若抽样值 $x\leqslant b$ 时判为"0"符号输出。当发送的符号为"1"时，若抽样值 $x\leqslant b$ 判为"0"符号输出，则发生将"1"符号判决为"0"符号的错误；当发送的符号为"0"时，若抽样值 $x>b$ 判为"1"符号输出，则发生将"0"符号判决为"1"符号的错误。

若发送的第 k 个符号为"1"，则错误接收的概率 $P(0/1)$ 为

$$P(0/1)=P(x\leqslant b)=\int_{-\infty}^{b} f_1(x)\,\mathrm{d}x$$

$$=\frac{1}{\sqrt{2\pi}\sigma_n}\int_{-\infty}^{b}\exp\left\{-\frac{(x-a)^2}{2\sigma_n^2}\right\}\mathrm{d}x=1-\frac{1}{2}\operatorname{erfc}\left(\frac{b-a}{\sqrt{2}\sigma_n}\right) \tag{7.2-13}$$

式中

$$\operatorname{erfc}(x)=\frac{2}{\sqrt{\pi}}\int_{x}^{\infty}\exp(-y^2)\,\mathrm{d}y$$

同理，当发送的第 k 个符号为"0"时，错误接收的概率 $P(1/0)$ 为

$$P(1/0)=P(x>b)=\int_{b}^{\infty} f_0(x)\,\mathrm{d}x$$

$$=\frac{1}{\sqrt{2\pi}\sigma_n}\int_{b}^{\infty}\exp\left\{-\frac{x^2}{2\sigma_n^2}\right\}\mathrm{d}x=\frac{1}{2}\operatorname{erfc}\left(\frac{b}{\sqrt{2}\sigma_n}\right) \tag{7.2-14}$$

系统总的误码率为将"1"符号判为"0"符号的错误概率与将"0"符号判为"1"符号的错误概率的统计平均，即

$$P_e=P(1)P(0/1)+P(0)P(0/1)=P(1)\int_{-\infty}^{b} f_1(x)\,\mathrm{d}x+P(0)\int_{b}^{\infty} f_0(x)\,\mathrm{d}x \tag{7.2-15}$$

式(7.2-15)表明，当符号的发送概率 $P(1)$、$P(0)$ 及概率密度函数 $f_1(x)$、$f_0(x)$ 一定时，系统总的误码率 P_e 将与判决门限 b 有关，其几何表示如图 7-24 所示。误码率 P_e 等于图中阴影的面积。改变判决门限 b，阴影的面积将随之改变，也即误码率 P_e 的大小将随判决门限 b 而变化。进一步分析可得，当判决门限 b 取 $P(1)f_1(x)$ 与 $P(0)f_0(x)$ 两条曲线相交点 b^* 时，阴影的面积最小。即判决门限取为 b^* 时，此时系统的误码率 P_e 最小。这个门限就称为最佳判决门限。

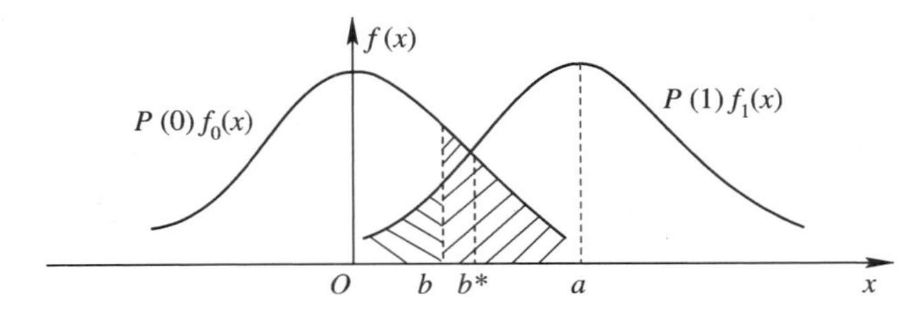

图 7-24　同步检测时误码率的几何表示

最佳判决门限也可通过求误码率 P_e 关于判决门限 b 的最小值的方法得到，令

$$\frac{\partial P_e}{\partial b}=0 \tag{7.2-16}$$

可得

$$P(1)f_1(b^*)-P(0)f_0(b^*)=0$$

即 $$P(1)f_1(b^*) = P(0)f_0(b^*) \tag{7.2-17}$$

将式(7.2-11)和式(7.2-12)代入式(7.2-17)，可得

$$\frac{P(1)}{\sqrt{2\pi}\sigma_n}\exp\left\{-\frac{(b^*-a)^2}{2\sigma_n^2}\right\} = \frac{P(0)}{\sqrt{2\pi}\sigma_n}\exp\left\{-\frac{(b^*)^2}{2\sigma_n^2}\right\}$$

化简上式，可得

$$\exp\left\{-\frac{(b^*-a)^2}{2\sigma_n^2}\right\} = \frac{P(0)}{P(1)_n}\exp\left\{-\frac{(b^*)^2}{2\sigma_n^2}\right\}$$

$$b^* = \frac{a}{2} + \frac{\sigma_n^2}{a}\ln\frac{P(0)}{P(1)} \tag{7.2-18}$$

上式就是所需的最佳判决门限。

当发送的二进制符号“1”和“0”等概出现，即 $P(1)=P(0)$ 时，最佳判决门限 b^* 为

$$b^* = \frac{a}{2} \tag{7.2-19}$$

上式说明，当发送的二进制符号“1”和“0”等概时，最佳判决门限 b^* 为信号抽样值的二分之一。

当发送的二进制符号“1”和“0”等概，且判决门限取 $b^*=\frac{a}{2}$ 时，对 2ASK 信号采用同步检测法进行解调时的误码率 P_e 为

$$P_e = \frac{1}{2}\operatorname{erfc}\left(\sqrt{\frac{r}{4}}\right) \tag{7.2-20}$$

式中，$r=\frac{a^2}{2\sigma_n^2}$，为信噪比。

当 $r \gg 1$，即大信噪比时，式(7.2-20)可近似表示为

$$P_e \approx \frac{1}{\sqrt{\pi r}}e^{-\frac{r}{4}} \tag{7.2-21}$$

2. 包络检波法的系统性能

包络检波法解调过程不需要相干载波，比较简单。包络检波法的系统性能分析模型如图 7-25 所示。接收端带通滤波器的输出波形与相干检测法的相同，即

$$y(t) = \begin{cases} [a+n_c(t)]\cos\omega_c t - n_s(t)\sin\omega_c t, & \text{发送“1”符号} \\ n_c(t)\cos\omega_c t - n_s(t)\sin\omega_c t, & \text{发送“0”符号} \end{cases}$$

包络检波器能检测出输入波形包络的变化。包络检波器输入波形 $y(t)$ 可进一步表示为

$$y(t) = \begin{cases} \sqrt{[a+n_c(t)]^2+n_s^2(t)}\cos[\omega_c t+\varphi_1(t)], & \text{发送“1”符号} \\ \sqrt{n_c^2(t)+n_s^2(t)}\cos[\omega_c t+\varphi_0(t)], & \text{发送“0”符号} \end{cases} \tag{7.2-22}$$

式中，$\sqrt{[a+n_c(t)]^2+n_s^2(t)}$ 和 $\sqrt{n_c^2(t)+n_s^2(t)}$ 分别为发送“1”符号和发送“0”符号时的包络。

当发送“1”符号时，包络检波器的输出波形 $V(t)$ 为

$$V(t) = \sqrt{[a+n_c(t)]^2+n_s^2(t)} \tag{7.2-23}$$

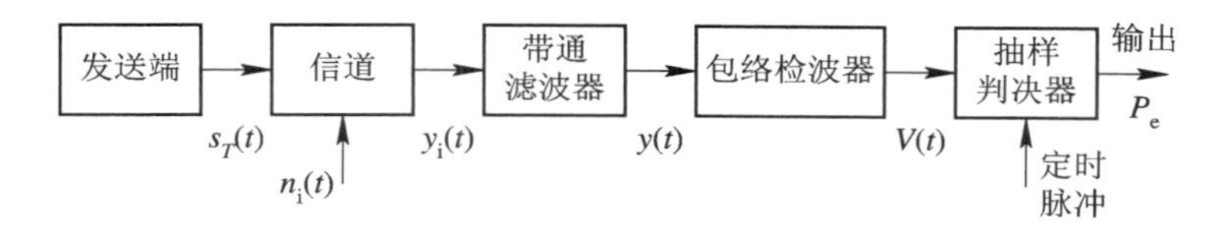

图 7-25　包络检波法的系统性能分析模型

当发送"0"符号时，包络检波器的输出波形 $V(t)$ 为

$$V(t)=\sqrt{n_c^2(t)+n_s^2(t)} \tag{7.2-24}$$

在 kT_s 时刻包络检波器输出波形的抽样值为

$$V=\begin{cases}\sqrt{[a+n_c]^2+n_s^2}, & \text{发送“1”符号}\\ \sqrt{n_c^2+n_s^2}, & \text{发送“0”符号}\end{cases} \tag{7.2-25}$$

由第 2 章随机信号分析可知，发送"1"符号时的抽样值是广义瑞利型随机变量；发送"0"符号时的抽样值是瑞利型随机变量，它们的一维概率密度函数分别为

$$f_1(V)=\frac{V}{\sigma_n^2}\mathrm{I}_0\left(\frac{aV}{\sigma_n^2}\right)\mathrm{e}^{-(V^2+a^2)/2\sigma_n^2} \tag{7.2-26}$$

$$f_0(V)=\frac{V}{\sigma_n^2}\mathrm{e}^{-V^2/2\sigma_n^2} \tag{7.2-27}$$

式中，σ_n^2 为窄带高斯噪声 $n(t)$ 的方差。

当发送符号为"1"时，若抽样值 V 小于等于判决门限 b，则发生将"1"符号判为"0"符号的错误，其错误概率 $P(0/1)$ 为

$$\begin{aligned}P(0/1)&=P(V\leqslant b)=\int_0^b f_1(V)\,\mathrm{d}V=1-\int_b^\infty f_1(V)\,\mathrm{d}V\\&=1-\int_b^\infty\frac{V}{\sigma_n^2}\mathrm{I}_0\left(\frac{aV}{\sigma_n^2}\right)\mathrm{e}^{-(V^2+a^2)/2\sigma_n^2}\,\mathrm{d}V\end{aligned} \tag{7.2-28}$$

式(7.2-28)中的积分值可以用 Marcum Q 函数计算。Q 函数定义为

$$\mathrm{Q}(\alpha,\beta)=\int_\beta^\infty t\,\mathrm{I}_0(\alpha t)\mathrm{e}^{-(t^2+\alpha^2)/2}\,\mathrm{d}t$$

将 Q 函数代入式(7.2-28)，可得

$$P(0/1)=1-\mathrm{Q}(\sqrt{2r},b_0) \tag{7.2-29}$$

式中，$b_0=\dfrac{b}{\sigma_n}$，可看为归一化门限值；$r=\dfrac{a^2}{2\sigma_n^2}$，为信噪比。

同理，当发送符号为"0"时，若抽样值 V 大于判决门限 b，则发生将"0"符号判为"1"符号的错误，其错误概率 $P(1/0)$ 为

$$\begin{aligned}P(1/0)&=P(V>b)=\int_b^\infty f_0(V)\,\mathrm{d}V\\&=\int_b^\infty\frac{V}{\sigma_n^2}\mathrm{e}^{-V^2/2\sigma_n^2}\,\mathrm{d}V=\mathrm{e}^{-b^2/2\sigma_n^2}=\mathrm{e}^{-b_0^2/2}\end{aligned} \tag{7.2-30}$$

若发送"1"符号的概率为 $P(1)$，发送"0"符号的概率为 $P(0)$，则系统的总误码率 P_e 为

$$P_e=P(1)P(0/1)+P(0)P(1/0)=P(1)[1-\mathrm{Q}(\sqrt{2r},b_0)]+P(0)\mathrm{e}^{-b_0^2/2} \tag{7.2-31}$$

与同步检测法类似，在系统输入信噪比一定的情况下，系统误码率将与归一化门限值 b_0 有关。

最佳归一化判决门限 b_0^* 也可通过求极值的方法得到，令

$$\frac{\partial P_e}{\partial b} = 0$$

可得

$$P(1)f_1(b^*) = P(0)f_0(b^*) \tag{7.2-32}$$

当 $P(1)=P(0)$ 时，有

$$f_1(b^*) = f_0(b^*) \tag{7.2-33}$$

式中，最佳判决门限 $b^* = b_0^* \sigma_n$。将式(7.2-26)、式(7.2-27)代入式(7.2-33)，化简后可得

$$\frac{a^2}{2\sigma_n^2} = \ln I_0\left(\frac{ab^*}{\sigma_n}\right) \tag{7.2-34}$$

在大信噪比($r\gg1$)的条件下，式(7.2-34)可近似为

$$\frac{a^2}{2\sigma_n^2} = \frac{ab^*}{\sigma_n^2}$$

此时，最佳判决门限 b^* 为

$$b^* = \frac{a}{2} \tag{7.2-35}$$

最佳归一化判决门限 b_0^* 为

$$b_0^* = \frac{b^*}{\sigma_n} = \sqrt{\frac{r}{2}} \tag{7.2-36}$$

在小信噪比($r\ll1$)的条件下，式(7.2-34)可近似为

$$\frac{a^2}{2\sigma_n^2} = \frac{1}{4}\left(\frac{ab^*}{\sigma_n^2}\right)^2$$

此时，最佳判决门限 b^* 为

$$b^* = \sqrt{2\sigma_n^2} \tag{7.2-37}$$

最佳归一化判决门限 b_0^* 为

$$b_0^* = \frac{b^*}{\sigma_n} = \sqrt{2} \tag{7.2-38}$$

在实际工作中，系统总是工作在大信噪比的情况下，因此最佳归一化判决门限应取 $b_0^* = \sqrt{\frac{r}{2}}$。此时系统的总误码率 P_e 为

$$P_e = \frac{1}{4}\,\mathrm{erfc}\left(\sqrt{\frac{r}{4}}\right) + \frac{1}{2}e^{-r/4} \tag{7.2-39}$$

当 $r\to\infty$ 时，上式的下界为

$$P_e = \frac{1}{2}e^{-r/4} \tag{7.2-40}$$

比较式(7.2-20)、式(7.2-21)和式(7.2-40)可以看出：在相同的信噪比条件下，同步检测法的误码性能优于包络检波法的性能；在大信噪比条件下，包络检波法的误码性能

将接近同步检测法的性能。另外，包络检波法存在门限效应，同步检测法无门限效应。

【例 7-1】 设某 2ASK 系统中二进制码元传输速率为 9600(Bd)，发送"1"符号和"0"符号的概率相等，接收端分别采用同步检测法和包络检波法对该 2ASK 信号进行解调。已知接收端输入信号幅度 $a=1$ mV，信道等效加性高斯白噪声的双边功率谱密度 $\frac{n_0}{2}=4\times10^{-13}$ W/Hz。试求：

(1) 同步检测法解调时系统总的误码率；

(2) 包络检波法解调时系统总的误码率。

解 (1) 对于 2ASK 信号，信号功率主要集中在其频谱的主瓣。因此，接收端带通滤波器带宽可取 2ASK 信号频谱的主瓣宽度，即

$$B = 2R_{\text{Bd}} = 2\times9600 = 19\ 200\ \text{Hz}$$

带通滤波器输出噪声平均功率为

$$\sigma_n^2 = \frac{n_0}{2}\times2B = 4\times10^{-13}\times2\times19\ 200 = 1.536\times10^{-8}\ \text{W}$$

信噪比为

$$r = \frac{a^2}{2\sigma_n^2} = \frac{1\times10^{-6}}{2\times1.536\times10^{-8}} = \frac{1\times10^{-6}}{3.072\times10^{-8}} \approx 32.55$$

因为信噪比 $r\approx32.55\gg1$，所以同步检测法解调时系统总的误码率为

$$P_e = \frac{1}{2}\ \text{erfc}\left(\sqrt{\frac{r}{4}}\right) \approx \frac{1}{\sqrt{\pi r}}e^{-\frac{r}{4}} = \frac{1}{\sqrt{3.1416\times32.55}}e^{-8.138} = 2.89\times10^{-5}$$

(2) 包络检波法解调时系统总的误码率为

$$P_e = \frac{1}{2}e^{-\frac{r}{4}} = \frac{1}{2}e^{-8.138} = 1.46\times10^{-4}$$

比较两种方法解调时系统总的误码率可以看出，在大信噪比的情况下，包络检波法解调性能接近同步检测法解调性能。

7.2.2 二进制移频键控系统的抗噪声性能

由 7.1 节分析可知，对 2FSK 信号解调同样可以采用同步检测法和包络检波法，下面分别对两种方法的解调性能进行分析。

1. 同步检测法的系统性能

2FSK 信号采用同步检测法性能分析模型如图 7-26 所示。在码元时间宽度 T_s 区间，发送端产生的 2FSK 信号可表示为

$$s_T(t) = \begin{cases} u_{1T}(t), & \text{发送“1”符号} \\ u_{0T}(t), & \text{发送“0”符号} \end{cases} \tag{7.2-41}$$

其中

$$u_{1T}(t) = \begin{cases} A\cos\omega_1 t, & 0<t<T_s \\ 0, & \text{其他} \end{cases} \tag{7.2-42}$$

$$u_{0T}(t) = \begin{cases} A\cos\omega_2 t, & 0<t<T_s \\ 0, & \text{其他} \end{cases} \tag{7.2-43}$$

式中，ω_1 和 ω_2 分别为发送“1”符号和“0”符号的载波角频率；T_s 为码元时间间隔。在 $(0, T_s)$ 时间间隔，信道输出合成波形 $y_i(t)$ 为

$$y_i(t)=\begin{cases}Ku_{1T}(t)+n_i(t)\\ Ku_{0T}(t)+n_i(t)\end{cases}=\begin{cases}a\cos\omega_1 t+n_i(t), & \text{发送“1”符号}\\ a\cos\omega_2 t+n_i(t), & \text{发送“0”符号}\end{cases} \tag{7.2-44}$$

式中，$n_i(t)$ 为加性高斯白噪声，其均值为零，方差为 σ^2。

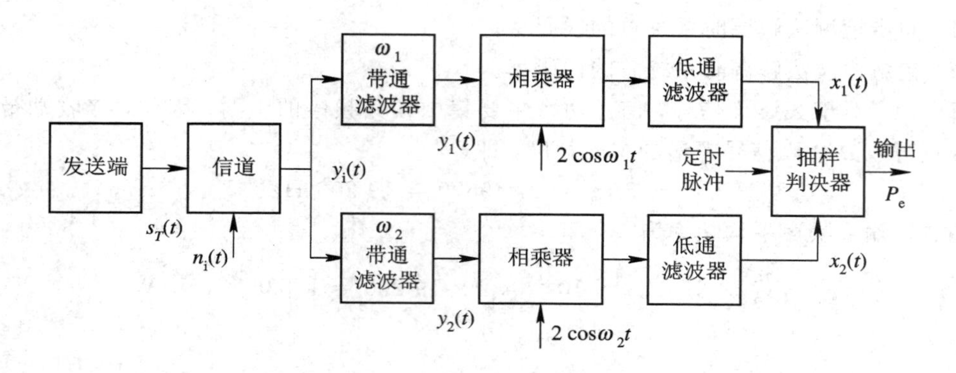

图 7-26　2FSK 信号采用同步检测法性能分析模型

在图 7-26 中，解调器采用两个带通滤波器来区分中心频率分别为 ω_1 和 ω_2 的信号。中心频率为 ω_1 的带通滤波器只允许中心频率为 ω_1 的信号频谱成分通过，而滤除中心频率为 ω_2 的信号频谱成分；中心频率为 ω_2 的带通滤波器只允许中心频率为 ω_2 的信号频谱成分通过，而滤除中心频率为 ω_1 的信号频谱成分。这样，接收端上下支路两个带通滤波器的输出波形 $y_1(t)$ 和 $y_2(t)$ 分别为

$$y_1(t)=\begin{cases}a\cos\omega_1 t+n_1(t)\\ n_1(t)\end{cases}$$

$$=\begin{cases}[a+n_{1c}(t)]\cos\omega_1 t-n_{1s}(t)\sin\omega_1 t, & \text{发送“1”符号}\\ n_{1c}(t)\cos\omega_1 t-n_{1s}(t)\sin\omega_1 t, & \text{发送“0”符号}\end{cases} \tag{7.2-45}$$

同理

$$y_2(t)=\begin{cases}n_2(t)\\ a\cos\omega_2 t+n_2(t)\end{cases}$$

$$=\begin{cases}n_{2c}(t)\cos\omega_2 t-n_{2s}(t)\sin\omega_2 t, & \text{发送“1”符号}\\ [a+n_{2c}(t)]\cos\omega_2 t-n_{2s}(t)\sin\omega_2 t, & \text{发送“0”符号}\end{cases} \tag{7.2-46}$$

假设在 $(0, T_s)$ 发送“1”信号，则上下支路两个带通滤波器的输出波形 $y_1(t)$ 和 $y_2(t)$ 分别为

$$y_1(t)=[a+n_{1c}(t)]\cos\omega_1 t-n_{1s}(t)\sin\omega_1 t$$

$$y_2(t)=n_{2c}(t)\cos\omega_2 t-n_{2s}(t)\sin\omega_2 t$$

$y_1(t)$ 与相干载波 $2\cos\omega_1 t$ 相乘后的波形 $z_1(t)$ 为

$$\begin{aligned}z_1(t)&=2y_1(t)\cos\omega_1 t\\ &=[a+n_{1c}(t)]+[a+n_{1c}(t)]\cos 2\omega_1 t-n_{1s}(t)\sin 2\omega_1 t\end{aligned} \tag{7.2-47}$$

$y_2(t)$与相干载波 $2\cos\omega_2 t$ 相乘后的波形 $z_2(t)$为

$$\begin{aligned} z_2(t) &= 2y_2(t)\cos\omega_2 t \\ &= n_{2c}(t) + n_{2c}(t)\cos 2\omega_2 t - n_{2s}(t)\sin 2\omega_2 t \end{aligned} \tag{7.2-48}$$

$z_1(t)$和 $z_2(t)$分别通过上下两个支路低通滤波器的输出 $x_1(t)$和 $x_2(t)$为

$$x_1(t) = a + n_{1c}(t) \tag{7.2-49}$$

$$x_2(t) = n_{2c}(t) \tag{7.2-50}$$

式中，a 为信号成分；$n_{1c}(t)$和 $n_{2c}(t)$均为低通型高斯噪声，其均值为零，方差为 σ_n^2。因此，$x_1(t)$和 $x_2(t)$在 kT_s 时刻抽样值的一维概率密度函数分别为

$$f(x_1) = \frac{1}{\sqrt{2\pi}\sigma_n}\exp\left\{-\frac{(x_1-a)^2}{2\sigma_n^2}\right\} \tag{7.2-51}$$

$$f(x_2) = \frac{1}{\sqrt{2\pi}\sigma_n}\exp\left\{-\frac{x_2^2}{2\sigma_n^2}\right\} \tag{7.2-52}$$

当 $x_1(t)$的抽样值 x_1 小于 $x_2(t)$的抽样值 x_2 时，判决器输出“0”符号，发生将“1”符号判为“0”符号的错误，其错误概率 $P(0/1)$为

$$P(0/1) = P(x_1 < x_2) = P(x_1 - x_2 < 0) = P(z < 0)$$

式中，$z = x_1 - x_2$。由第2章随机信号分析可知，z 是高斯型随机变量，其均值为 a，方差为 $\sigma_z^2 = 2\sigma_n^2$，z 的一维概率密度函数 $f(z)$为

$$f(z) = \frac{1}{\sqrt{2\pi}\sigma_z}\exp\left\{-\frac{(z-a)^2}{2\sigma_z^2}\right\} = \frac{1}{2\sqrt{\pi}\sigma_n}\exp\left\{-\frac{(z-a)^2}{4\sigma_n^2}\right\} \tag{7.2-53}$$

因此，错误概率 $P(0/1)$为

$$\begin{aligned} P(0/1) &= P(x_1 < x_2) = P(z < 0) \\ &= \int_{-\infty}^{0} f(z)\,\mathrm{d}z \\ &= \frac{1}{\sqrt{2\pi}\sigma_z}\int_{-\infty}^{0}\exp\left\{-\frac{(x-a)^2}{2\sigma_z^2}\right\}\mathrm{d}z \\ &= \frac{1}{2}\operatorname{erfc}\left(\sqrt{\frac{r}{2}}\right) \end{aligned} \tag{7.2-54}$$

同理，可得发送“0”符号而错判为“1”符号的概率 $P(1/0)$为

$$P(1/0) = P(x_1 > x_2) = \frac{1}{2}\operatorname{erfc}\left(\sqrt{\frac{r}{2}}\right)$$

于是可得 2FSK 信号采用同步检测时系统总误码率 P_e 为

$$P_e = P(1)P(0/1) + P(0)P(1/0) = \frac{1}{2}\operatorname{erfc}\left(\sqrt{\frac{r}{2}}\right) \tag{7.2-55}$$

式中，$r = \dfrac{a^2}{2\sigma_n^2}$，为信噪比。在大信噪比条件下，即 $r \gg 1$ 时，式(7.2-55)可近似表示为

$$P_e \approx \frac{1}{\sqrt{2\pi r}}\mathrm{e}^{-\frac{r}{2}} \tag{7.2-56}$$

2. 包络检波法的系统性能

与 2ASK 信号解调相似，2FSK 信号也可以采用包络检波法解调，性能分析模型如图 7-27 所示。

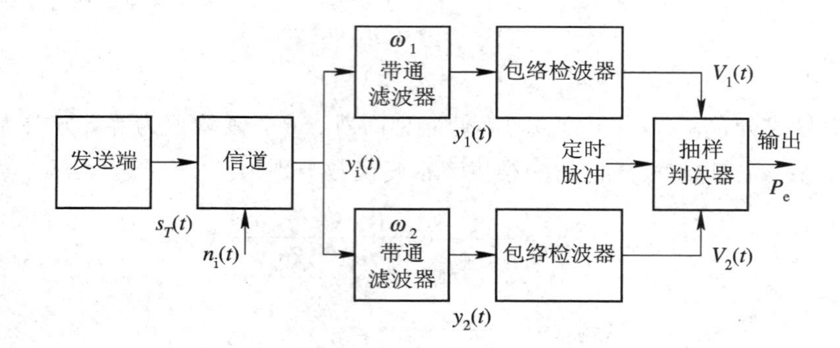

图 7-27 2FSK 信号采用包络检波法解调性能分析模型

与同步检测法解调相同，接收端上下支路两个带通滤波器的输出波形 $y_1(t)$和 $y_2(t)$分别表示为式(7.2-45)和式(7.2-46)，若在$(0, T_s)$发送"1"信号，则上下支路两个带通滤波器的输出波形 $y_1(t)$和 $y_2(t)$分别为

$$\begin{aligned} y_1(t) &= [a + n_{1c}(t)]\cos\omega_1 t - n_{1s}(t)\sin\omega_1 t \\ &= \sqrt{[a + n_{1c}(t)]^2 + n_{1s}^2(t)}\cos[\omega_1 t + \varphi_1(t)] \end{aligned} \tag{7.2-57}$$

$$\begin{aligned} y_2(t) &= n_{2c}(t)\cos\omega_2 t - n_{2s}(t)\sin\omega_2 t \\ &= \sqrt{n_{2c}^2(t) + n_{2s}^2(t)}\cos[\omega_2 t + \varphi_2(t)] \end{aligned} \tag{7.2-58}$$

式中，$V_1(t)=\sqrt{[a+n_{1c}(t)]^2+n_{1s}^2(t)}$，是 $y_1(t)$的包络；$V_2(t)=\sqrt{n_{2c}^2(t)+n_{2s}^2(t)}$，是 $y_2(t)$的包络。在 kT_s 时刻，抽样判决器的抽样值分别为

$$V_1 = \sqrt{[a + n_{1c}]^2 + n_{1s}^2} \tag{7.2-59}$$

$$V_2 = \sqrt{n_{2c}^2 + n_{2s}^2} \tag{7.2-60}$$

由随机信号分析可知，V_1 服从广义瑞利分布，V_2 服从瑞利分布。V_1、V_2 的一维概率密度函数分别为

$$f(V_1) = \frac{V_1}{\sigma_n^2}\mathrm{I}_0\left(\frac{aV_1}{\sigma_n^2}\right)\mathrm{e}^{-(V_1^2+a^2)/2\sigma_n^2} \tag{7.2-61}$$

$$f(V_2) = \frac{V_2}{\sigma_n^2}\mathrm{e}^{-V_2^2/2\sigma_n^2} \tag{7.2-62}$$

在 2FSK 信号的解调器中，抽样判决器的判决过程与 2ASK 不同。在 2ASK 信号解调中，判决是与一个固定的门限比较。在 2FSK 信号解调中，判决是对上下两路包络的抽样值进行比较，即：当 $V_1(t)$的抽样值 V_1 大于 $V_2(t)$的抽样值 V_2 时，判决器输出为"1"，此时是正确判决；当 $V_1(t)$的抽样值 V_1 小于 $V_2(t)$的抽样值 V_2 时，判决器输出为"0"，此时是错误判决，错误概率为

$$P(0/1)=P(V_1\leqslant V_2)=\iint_c f(V_1)f(V_2)\,dV_1\,dV_2$$

$$=\int_0^\infty f(V_1)\left[\int_{V_2=V_1}^\infty f(V_2)dV_2\right]dV_1$$

$$=\int_0^\infty \frac{V_1}{\sigma_n^2}I_0\left(\frac{aV_1}{\sigma_n^2}\right)e^{-(V_1^2+a^2)/2\sigma_n^2}\left[\int_{V_2=V_1}^\infty \frac{V_2}{\sigma_n^2}e^{-V_2^2/2\sigma_n^2}\,dV_2\right]dV_1$$

$$=\int_0^\infty \frac{V_1}{\sigma_n^2}I_0\left(\frac{aV_1}{\sigma_n^2}\right)e^{-(2V_1^2+a^2)/2\sigma_n^2}\,dV_1$$

令 $t=\dfrac{\sqrt{2}V_1}{\sigma_n}$，$z=\dfrac{a}{\sqrt{2}\sigma_n}$，可得

$$P(0/1)=\int_0^\infty \frac{1}{\sqrt{2}\sigma_n}\left(\frac{\sqrt{2}V_1}{\sigma_n}\right)I_0\left(\frac{a}{\sqrt{2}\sigma_n}\cdot\frac{\sqrt{2}V_1}{\sigma_n}\right)e^{-V_1^2/\sigma_n^2}e^{-a^2/2\sigma_n^2}\left(\frac{\sigma_n}{\sqrt{2}}\right)d\left(\frac{\sqrt{2}V_1}{\sigma_n}\right)$$

$$=\frac{1}{2}\int_0^\infty tI_0(zt)e^{-t^2/2}e^{-z^2}\,dt=\frac{1}{2}e^{-z^2/2}\int_0^\infty tI_0(zt)e^{-(t^2+z^2)/2}\,dt$$

$$=\frac{1}{2}e^{-z^2/2}=\frac{1}{2}e^{-r/2} \tag{7.2-63}$$

式中，$r=\dfrac{a^2}{2\sigma_n^2}$。

同理，可得发送“0”符号时判为“1”的错误概率 $P(1/0)$ 为

$$P(1/0)=P(V_1>V_2)=\frac{1}{2}e^{-r/2}$$

2FSK 信号包络检波法解调时系统总的误码率 P_e 为

$$P_e=P(1)P(0/1)+P(0)P(1/0)=\frac{1}{2}e^{-r/2} \tag{7.2-64}$$

比较式(7.2-55)和式(7.2-64)可以看出，在大信噪比条件下，2FSK 信号采用包络检波法解调性能与同步检测法解调性能接近，同步检测法性能较好。对 2FSK 信号还可以采用其他方式进行解调，有兴趣的读者可以参考其他有关书籍。

7.2.3　二进制移相键控和二进制差分相位键控系统的抗噪声性能

在二进制移相键控方式中，有绝对调相和相对调相两种调制方式，相应的解调方法也有相干解调和差分相干解调，下面分别讨论相干解调和差分相干解调系统的抗噪声性能。

1. 2PSK 相干解调系统性能

2PSK 信号的解调通常都是采用相干解调方式(又称为极性比较法)，其性能分析模型如图 7-28 所示。在码元时间宽度 T_s 区间，发送端产生的 2PSK 信号可表示为

$$s_T(t)=\begin{cases}u_{1T}(t), & \text{发送“1”符号}\\ u_{0T}(t)=-u_{1T}(t), & \text{发送“0”符号}\end{cases} \tag{7.2-65}$$

其中

$$u_{1T}(t)=\begin{cases}A\cos\omega_c t, & 0<t<T_s\\ 0, & \text{其他}\end{cases}$$

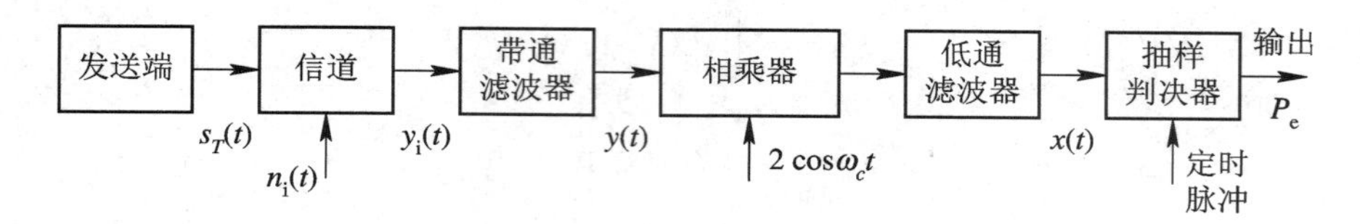

图 7－28　2PSK 信号相干解调系统性能分析模型

2PSK 信号采用相干解调方式与 2ASK 信号采用相干解调方式分析方法类似。在发送“1”符号和发送“0”符号概率相等时，最佳判决门限 $b^*=0$。此时，2PSK 系统的总误码率 P_e 为

$$P_e = P(1)P(0/1) + P(0)P(0/1) = \frac{1}{2}\,\mathrm{erfc}(\sqrt{r}) \tag{7.2-66}$$

在大信噪比($r\gg 1$)条件下，式(7.2－73)可近似表示为

$$P_e \approx \frac{1}{2\sqrt{\pi r}}\mathrm{e}^{-r} \tag{7.2-67}$$

2. 2DPSK 信号相干解调系统性能

2DPSK 信号有两种解调方式：一种是差分相干解调；另一种是相干解调加码反变换器。我们首先讨论相干解调加码反变换器方式，分析模型如图 7－29 所示。由图 7－29 可知，2DPSK 信号采用相干解调加码反变换器方式解调时，码反变换器输入端的误码率即是 2PSK 信号采用相干解调时的误码率，由式(7.2－66)确定。该点信号序列是相对码序列，还需要通过码反变换器变成绝对码序列输出。因此，此时只需要再分析码反变换器对误码率的影响即可。

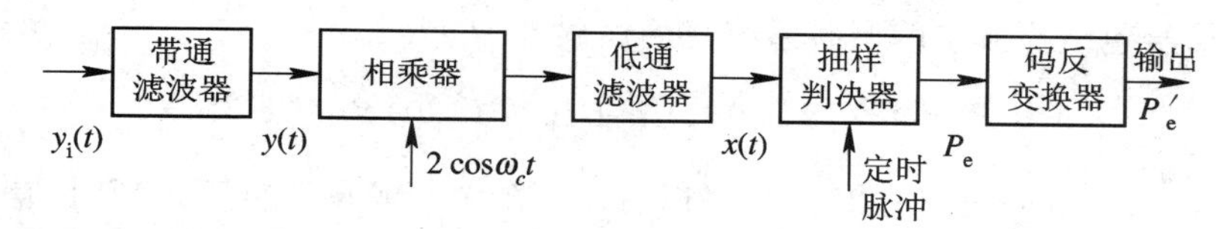

图 7－29　2DPSK 信号相干解调系统性能分析模型

为了分析码反变换器对误码的影响，我们作出一组图形来加以说明。图 7－30(a)所示波形是解调出的相对码信号序列，没有错码，因此通过码反变换器变成绝对码信号序列输出也没有错码。图 7－30(b)所示波形是解调出的相对码信号序列，有一位错码，用×表示错码位置。通过分析可得：相对码信号序列中的一位错码通过码反变换器输出的绝对码信号序列将产生两位错码，用×表示错码位置。图 7－30(c)所示波形是解调出的相对码信号，序列中有连续两位错码，用×表示错码位置。此时相对码信号序列中的连续两位错码通过码反变换器输出的绝对码信号序列也只产生两位错码，用×表示错码位置。由图 7－30(c)可以看出，码反变换器输出的绝对码信号序列中，两个错码中间的一位码由于相对码信号序列中的连续两次错码而又变正确了。图 7－30(d)所示波形是解调出的相对码信号序列中有连续五位错码，用×表示错码位置。此时码反变换器输出的绝对码信号序列也只产生两位错码，用×表示错码位置。由于相对码信号序列中有前后两个错码，因而使得输出绝对码序列中两个错码之间的四位码都变正确了。依次类推，若码反变换器输入相对码信号序列中出现连续 n 个错码，则输出绝对码信号序列中也只有两个错码。

	发送绝对码		0	0	1	0	1	1	0	1	1	1
	发送相对码	0	0	0	1	1	0	1	1	0	1	0
(a)	无错：接收相对码		0	0	1	1	0	1	1	0	1	0
	绝对码			0	1	0	1	1	0	1	1	1
(b)	错1：接收相对码		0	0	1	$0_\times$	0	1	1	0	1	0
	绝对码			0	1	$1_\times$	$0_\times$	1	0	1	1	1
(c)	错2：接收相对码		0	0	1	$0_\times$	$1_\times$	1	1	0	1	0
	绝对码			0	1	$1_\times$	1	$0_\times$	0	1	1	1
(d)	错5：接收相对码		0	0	1	$0_\times$	$1_\times$	$0_\times$	$0_\times$	$1_\times$	1	0
	绝对码			0	1	$1_\times$	1	1	0	1	$0_\times$	1

图 7－30　码反变换器对错码的影响

相对码信号序列的错误情况由连续一个错码、连续两个错码 …… 连续 n 个错码 …… 图样所组成。设 P_e 为码反变换器输入端相对码序列的误码率，并假设每个码出错概率相等且统计独立，P_e' 为码反变换器输出端绝对码序列的误码率，由以上分析可得

$$P_e' = 2P_1 + 2P_2 + \cdots + 2P_n + \cdots \tag{7.2-68}$$

式中，P_n 为码反变换器输入端相对码序列连续出现 n 个错码的概率。由图 7－30 分析可得

$$\left.\begin{aligned} P_1 &= (1-P_e)P_e(1-P_e) = (1-P_e)^2P_e \\ P_2 &= (1-P_e)P_e^2(1-P_e) = (1-P_e)^2P_e^2 \\ &\vdots \\ P_n &= (1-P_e)P_e^n(1-P_e) = (1-P_e)^2P_e^n \end{aligned}\right\} \tag{7.2-69}$$

将式(7.2－69)代入式(7.2－68)，可得

$$\begin{aligned} P_e' &= 2(1-P_e)^2(P_e + P_e^2 + \cdots + P_e^n + \cdots) \\ &= 2(1-P_e)^2P_e(1 + P_e + P_e^2 + \cdots + P_e^n + \cdots) \end{aligned}$$

因为误码率 P_e 小于 1，所以下式成立：

$$P_e' = 2(1-P_e)P_e \tag{7.2-70}$$

将 2PSK 信号采用相干解调时的误码率表示式(7.2－66)代入式(7.2－70)，则可得到 2DPSK 信号采用相干解调加码反变换器方式解调时的系统误码率为

$$P_e' = \frac{1}{2}[1 - (\mathrm{erf}\sqrt{r})^2] \tag{7.2-71}$$

当相对码的误码率 $P_e \ll 1$ 时，式(7.2－70)可近似表示为

$$P_e' = 2P_e \tag{7.2-72}$$

即此时码反变换器输出端绝对码序列的误码率是码反变换器输入端相对码序列误码率的两倍。可见，码反变换器的影响是使输出误码率增大。

3. 2DPSK 信号差分相干解调系统性能

2DPSK 信号差分相干解调方式也称为相位比较法，是一种非相干解调方式，其性能分析模型如图 7－31 所示。由解调器原理图可以看出，解调过程中需要对间隔为 T_s 的前后两个码元进行比较。假设当前发送的是“1”符号，并且前一个时刻发送的也是“1”符号，则带通滤波器输出 $y_1(t)$ 和延迟器输出 $y_2(t)$ 分别为

$$y_1(t) = a\cos\omega_c t + n_1(t) = [a + n_{1c}(t)]\cos\omega_c t - n_{1s}(t)\sin\omega_c t \quad (7.2-73)$$

$$y_2(t) = a\cos\omega_c t + n_2(t) = [a + n_{2c}(t)]\cos\omega_c t - n_{2s}(t)\sin\omega_c t \quad (7.2-74)$$

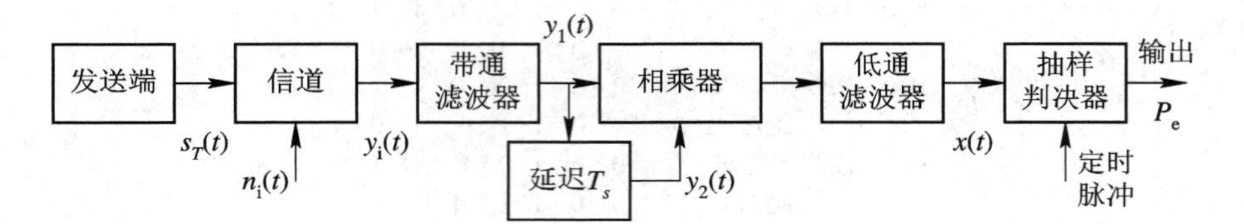

图 7-31　2DPSK 信号差分相干解调误码率分析模型

其中，$n_1(t)$和$n_2(t)$分别为无延迟支路的窄带高斯噪声和有延迟支路的窄带高斯噪声，并且$n_1(t)$和$n_2(t)$相互独立。低通滤波器的输出在抽样时刻的样值为

$$x = \frac{1}{2}[(a + n_{1c})(a + n_{2c}) + n_{1s}n_{2s}] \quad (7.2-75)$$

若$x>0$，则判决为“1”符号——正确判决；

若$x<0$，则判决为“0”符号——错误判决。

“1”符号判为“0”符号的概率为

$$P(0/1) = P\{x < 0\} = P\left\{\frac{1}{2}(a + n_{1c})(a + n_{2c}) + n_{1s}n_{2s}] < 0\right\} \quad (7.2-76)$$

利用恒等式

$$x_1x_2 + y_1y_2 = \frac{1}{4}\{[(x_1 + x_2)^2 + (y_1 + y_2)^2] - [(x_1 - x_2)^2 + (y_1 - y_2)^2]\}$$

(7.2-77)

令式(7.2-77)中

$$x_1 = a + n_{1c},\ x_2 = a + n_{2c},\ y_1 = a + n_{1s},\ y_2 = a + n_{2s}$$

则式(7.2-75)可转换为

$$x = \frac{1}{8}[(2a + n_{1c} + n_{2c})^2 + (n_{1s} + n_{2s})^2 - (n_{1c} - n_{2c})^2 - (n_{1s} + n_{2s})^2]$$

(7.2-78)

若判为“0”符号，则有

$$\frac{1}{8}[(2a + n_{1c} + n_{2c})^2 + (n_{1s} + n_{2s})^2 - (n_{1c} - n_{2c})^2 - (n_{1s} + n_{2s})^2] < 0$$

$$(2a + n_{1c} + n_{2c})^2 + (n_{1s} + n_{2s})^2 - (n_{1c} - n_{2c})^2 - (n_{1s} + n_{2s})^2 < 0$$

$$(2a + n_{1c} + n_{2c})^2 + (n_{1s} + n_{2s})^2 < (n_{1c} - n_{2c})^2 + (n_{1s} + n_{2s})^2 \quad (7.2-79)$$

令

$$R_1 = \sqrt{(2a + n_{1c} + n_{2c})^2 + (n_{1s} + n_{2s})^2}$$

$$R_2 = \sqrt{(n_{1c} - n_{2c})^2 + (n_{1s} - n_{2s})^2}$$

则式(7.2-79)可化简为

$$R_1^2 < R_2^2$$

根据R_1^2和R_2^2的性质，上式可等价为

$$R_1 < R_2$$

此时，将“1”符号判为“0”符号的错误概率可表示为

$$P(0/1)=P\{x<0\}=P\{R_1<R_2\}$$

因为 n_{1c}、n_{2c}、n_{1s}、n_{2s} 是相互独立的高斯随机变量，且均值为 0，方差相等为 σ_n^2。根据高斯随机变量之和仍为高斯随机变量，且均值为各随机变量的均值的代数和，方差为各随机变量方差之和的性质，则 $n_{1c}+n_{2c}$ 是零均值，方差为 $2\sigma_n^2$ 的高斯随机变量。同理，$n_{1s}+n_{2s}$，$n_{1c}-n_{2c}$，$n_{1s}-n_{2s}$ 都是零均值，方差为 $2\sigma_n^2$ 的高斯随机变量。由随机信号分析理论可知，R_1 的一维分布服从广义瑞利分布，R_2 的一维分布服从瑞利分布，其概率密度函数分别为

$$f(R_1)=\frac{R_1}{2\sigma_n^2}\mathrm{I}_0\left(\frac{aR_1}{\sigma_n^2}\right)\mathrm{e}^{-(R_1^2+4a^2)/4\sigma_n^2} \tag{7.2-80}$$

$$f(R_2)=\frac{R_2}{2\sigma_n^2}\mathrm{e}^{-R_2^2/4\sigma_n^2} \tag{7.2-81}$$

将式(7.2 - 78)代入式(7.2 - 76)，可得

$$\begin{aligned}
P(0/1)&=P\{x<0\}=P\{R_1<R_2\}\\
&=\int_0^{\infty} f(R_1)\left[\int_{R_2=R_1}^{\infty} f(R_2)\mathrm{d}R_2\right]\mathrm{d}R_1\\
&=\int_0^{\infty}\frac{R_1}{2\sigma_n^2}\mathrm{I}_0\left(\frac{aR_1}{\sigma_n^2}\right)\mathrm{e}^{-(R_1^2+4a^2)/4\sigma_n^2}\left[\int_{R_2=R_1}^{\infty}\frac{R_2}{\sigma_n^2}\ \mathrm{e}^{-R_2^2/2\sigma_n^2}\ \mathrm{d}R_2\right]\mathrm{d}R_1\\
&=\int_0^{\infty}\frac{R_1}{2\sigma_n^2}\ \mathrm{I}_0\left(\frac{aR_1}{\sigma_n^2}\right)\mathrm{e}^{-(2R_1^2+4a^2)/4\sigma_n^2}\ \mathrm{d}R_1\\
&=\frac{1}{2}\mathrm{e}^{-r}
\end{aligned}$$

式中，$r=\dfrac{a^2}{2\sigma_n^2}$。

同理，可以求得将“0”符号错判为“1”符号的概率 $P(1/0)=P(0/1)$，即

$$P(1/0)=\frac{1}{2}\mathrm{e}^{-r}$$

因此，2DPSK 信号差分相干解调系统的总误码率 P_e 为

$$P_e=\frac{1}{2}\mathrm{e}^{-r} \tag{7.2-82}$$

【例 7 - 2】 若采用 2DPSK 方式传送二进制数字信息，已知发送端发出的信号振幅为 5 V，输入接收端解调器的高斯噪声功率 $\sigma_n^2=3\times10^{-12}$ W，今要求误码率 $P_e=10^{-5}$。

(1) 采用差分相干接收时，由发送端到解调器输入端的振幅衰减为多少？

(2) 采用相干解调—码反变换接收时，由发送端到解调器输入端的振幅衰减为多少？

解　(1) 2DPSK 方式传输，采用差分相干接收，其误码率为

$$P_e=\frac{1}{2}\mathrm{e}^{-r}=10^{-5}$$

可得

$$r=10.82$$

又因为

$$r=\frac{a^2}{2\sigma_n^2}$$

可得

$$a=\sqrt{2\sigma_n^2 r}=\sqrt{6.492\times10^{-11}}=8.06\times10^{-6}$$

振幅衰减分贝数为

$$k = 20\ \lg \frac{5}{a} = 20\ \lg \frac{5}{8.06 \times 10^{-6}} = 115.9\ \text{dB}$$

(2) 采用相干解调—码反变换接收时误码率为

$$P_e \approx 2P = \text{erfc}(\sqrt{r}) \approx \frac{1}{\sqrt{\pi r}} e^{-r} = 10^{-5}$$

可得

$$r = 9.8$$

$$a = \sqrt{2\sigma_n^2 r}\ \sqrt{5.88 \times 10^{-11}} = 7.67 \times 10^{-6}$$

衰减分贝数为

$$k = 20\ \lg \frac{5}{a} = 20\ \lg \frac{5}{7.67 \times 10^{-6}} = 116.3\ \text{dB}$$

由分析结果可以看出，当系统误码率较小时，2DPSK 系统采用差分相干方式接收与采用相干解调—码反变换方式接收的性能很接近。

7.3 二进制数字调制系统的性能比较

在数字通信中，误码率是衡量数字通信系统的重要指标之一。上一节我们对各种二进制数字通信系统的抗噪声性能进行了详细的分析，下面将对二进制数字通信系统的误码率性能、频带利用率、对信道的适应能力等方面的性能做进一步的比较。

1. 误码率

二进制数字调制方式有 2ASK、2FSK、2PSK 及 2DPSK，每种数字调制方式又有相干解调方式和非相干解调方式。表 7-1 列出了各种二进制数字调制系统的误码率 P_e 与输入信噪比 r 的数学关系。

表 7-1 二进制数字调制系统的误码率公式一览表

调制方式	误码率	
	相干解调	非相干解调
2ASK	$\frac{1}{2}\text{erfc}\left(\sqrt{\frac{r}{4}}\right)$	$\frac{1}{2}e^{-\frac{r}{4}}$
2FSK	$\frac{1}{2}\text{erfc}\left(\sqrt{\frac{r}{2}}\right)$	$\frac{1}{2}e^{-\frac{r}{2}}$
2PSK/2DPSK	$\frac{1}{2}\text{erfc}(\sqrt{r})$	$\frac{1}{2}e^{-r}$

由表 7-1 可以看出，从横向来比较，对同一种数字调制信号，采用相干解调方式的误码率低于采用非相干解调方式的误码率。从纵向来比较，在误码率 P_e 一定的情况下，2PSK、2FSK、2ASK 系统所需要的信噪比关系为

$$r_{2\text{ASK}} = 2r_{2\text{FSK}} = 4r_{2\text{PSK}} \tag{7.3-1}$$

式(7.3-1)表明，若都采用相干解调方式，在误码率 P_e 相同的情况下，所需要的信噪比 2ASK 是 2FSK 的 2 倍，2FSK 是 2PSK 的 2 倍，2ASK 是 2PSK 的 4 倍。若都采用非相干

解调方式，在误码率 P_e 相同的情况下，所需要的信噪比 2ASK 是 2FSK 的 2 倍，2FSK 是 2DPSK 的 2 倍，2ASK 是 2DPSK 的 4 倍。

将式(7.3－1)转换为分贝表示式为

$$(r_{2ASK})_{dB} = 3\ dB + (r_{2FSK})_{dB} = 6\ dB + (r_{2PSK})_{dB} \tag{7.3－2}$$

式(7.3－2)表明，若都采用相干解调方式，在误码率 P_e 相同的情况下，所需要的信噪比 2ASK 比 2FSK 高 3 dB，2FSK 比 2PSK 高 3 dB，2ASK 比 2PSK 高 6 dB。若都采用非相干解调方式，在误码率 P_e 相同的情况下，所需要的信噪比 2ASK 比 2FSK 高 3 dB，2FSK 比 2DPSK 高 3 dB，2ASK 比 2DPSK 高 6 dB。

反过来，若信噪比 r 一定，则 2PSK 系统的误码率低于 2FSK 系统的，2FSK 系统的误码率低于 2ASK 系统的。

根据表 7－1 所画出的三种数字调制系统的误码率 P_e 与信噪比 r 的关系曲线如图 7－32 所示。可以看出，在相同的信噪比 r 下，相干解调的 2PSK 系统的误码率 P_e 最小。

例如，在误码率 $P_e=10^{-5}$ 的情况下，相干解调时三种二进制数字调制系统所需要的信噪比如表 7－2 所示。

表 7－2　$P_e=10^{-5}$ 时 2ASK、2FSK 和 2PSK 所需要的信噪比

方　式	信噪比 r	
	倍	分贝
2ASK	36.4	15.6
2FSK	18.2	12.6
2PSK	9.1	9.6

若信噪比 $r=10$ 的情况下，三种二进制数字调制系统所达到的误码率如表 7－3 所示。

表 7－3　$r=10$ 时 2ASK、2FSK、2PSK/2DPSK 的误码率

方　式	误码率 P_e	
	相干解调	非相干解调
2ASK	1.26×10^{-2}	4.1×10^{-2}
2FSK	7.9×10^{-4}	3.37×10^{-3}
2PSK/2DPSK	3.9×10^{-6}	2.27×10^{-5}

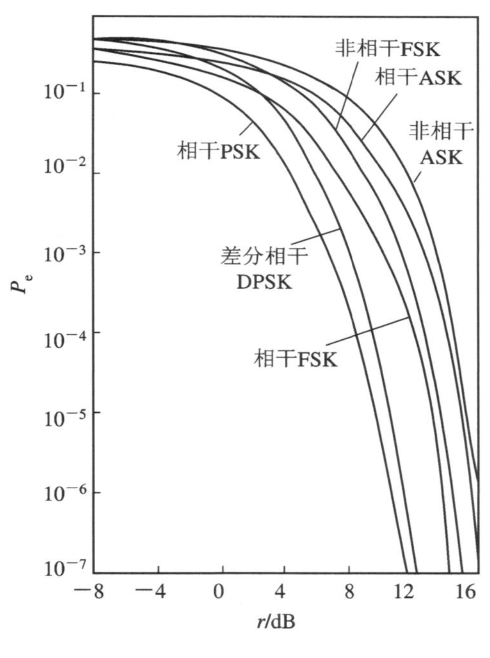

图 7－32　误码率 P_e 与信噪比 r 的关系曲线

2. 频带宽度

若传输的码元时间宽度为 T_s，则 2ASK 系统和 2PSK(2DPSK)系统的频带宽度近似为 $2/T_s$，即

$$B_{2ASK} = B_{2PSK} = \frac{2}{T_s} \tag{7.3－3}$$

2ASK 系统和 2PSK(2DPSK)系统具有相同的频带宽度。2FSK 系统的频带宽度近似为

$$B_{2FSK} = |f_2 - f_1| + \frac{2}{T_s} \tag{7.3－4}$$

大于 2ASK 系统或 2PSK 系统的频带宽度。因此，从频带利用率上看，2FSK 系统的频带利用率最低。

3. 对信道特性变化的敏感性

上一节中对二进制数字调制系统抗噪声性能分析，都是针对恒参信道条件进行的。在实际通信系统中，除恒参信道之外，还有很多信道属于随参信道，也即信道参数随时间变化。因此，在选择数字调制方式时，还应考虑系统对信道特性的变化是否敏感。在 2FSK 系统中，判决器根据上下两个支路解调输出样值的大小来作出判决，不需要人为地设置判决门限，因而对信道的变化不敏感。在 2PSK 系统中，当发送符号概率相等时，判决器的最佳判决门限为零，与接收机输入信号的幅度无关。因此，判决门限不随信道特性的变化而变化，接收机总能保持工作在最佳判决门限状态。对于 2ASK 系统，判决器的最佳判决门限为 $a/2$(当 $P(1)=P(0)$时)，它与接收机输入信号的幅度有关。当信道特性发生变化时，接收机输入信号的幅度将随着发生变化，从而导致最佳判决门限也将随之而变。这时，接收机不容易保持在最佳判决门限状态，因此，2ASK 对信道特性变化敏感，性能最差。

通过从几个方面对各种二进制数字调制系统进行比较可以看出，对调制和解调方式的选择需要考虑的因素较多。通常，只有对系统的要求作全面的考虑，并且抓住其中最主要的要求，才能作出比较恰当的选择。在恒参信道传输中，如果要求较高的功率利用率，则应选择相干 2PSK 和 2DPSK，而 2ASK 最不可取；如果要求较高的频带利用率，则应选择相干 2PSK 和 2DPSK，而 2FSK 最不可取。若传输信道是随参信道，则 2FSK 具有更好的适应能力。

7.4 多进制数字调制系统

二进制数字调制系统是数字通信系统最基本的方式，具有较好的抗干扰能力。由于二进制数字调制系统频带利用率较低，使其在实际应用中受到一些限制。在信道频带受限时，为了提高频带利用率，通常采用多进制数字调制系统。其代价是增加信号功率和实现上的复杂性。

由信息传输速率 R_b、码元传输速率 R_{Bd} 和进制数 M 之间的关系

$$R_{Bd} = \frac{R_b}{\mathrm{lb}M}\ (\mathrm{B})$$

可知，在信息传输速率不变的情况下，通过增加进制数 M，可以降低码元传输速率，从而减小信号带宽，节约频带资源，提高系统频带利用率。由关系式

$$R_b = R_{Bd}\ \mathrm{lb}M\ (\mathrm{b/s})$$

可以看出，在码元传输速率不变的情况下，通过增加进制数 M，可以增大信息传输速率，从而在相同的带宽中传输更多的信息量。

在多进制数字调制中，每个符号时间间隔 $0\leqslant t\leqslant T_s$，可能发送的符号有 M 种，分别为 $s_1(t)$，$s_2(t)$，…，$s_M(t)$。在实际应用中，通常取 $M=2^N$，N 为大于 1 的正整数。与二进制数字调制系统相类似，若用多进制数字基带信号去调制载波的振幅、频率或相位，则可相应地产生多进制数字振幅调制、多进制数字频率调制和多进制数字相位调制。下面分别介绍三种多进制数字调制系统的原理。

7.4.1　多进制数字振幅调制系统

多进制数字振幅调制又称多电平调制，它是二进制数字振幅键控方式的推广。M 进制数字振幅调制信号的载波幅度有 M 种取值，在每个符号时间间隔 T_s 内发送 M 个幅度中的一种幅度的载波信号。M 进制数字振幅调制信号可表示为 M 进制数字基带信号与正弦载波相乘的形式，其时域表达式为

$$e_{\text{MASK}}(t) = \sum_n a_n g(t - nT_s)\cos\omega_c t \tag{7.4-1}$$

式中，$g(t)$为基带信号波形；T_s 为符号时间间隔；a_n 为幅度值。a_n 共有 M 种取值，通常可选择为 $a_n \in \{0, 1, \cdots, M-1\}$，若 M 种取值的出现概率分别为 P_0，P_1，…，P_{M-1}，则

$$a_n = \begin{cases} 0, & \text{发送概率为 } P_0 \\ 1, & \text{发送概率为 } P_1 \\ \vdots & \vdots \\ M-1, & \text{发送概率为 } P_{M-1} \end{cases} \tag{7.4-2}$$

且

$$\sum_{i=0}^{M-1} P_i = 1 \tag{7.4-3}$$

一种四进制数字振幅调制信号的时间波形如图 7－33 所示。

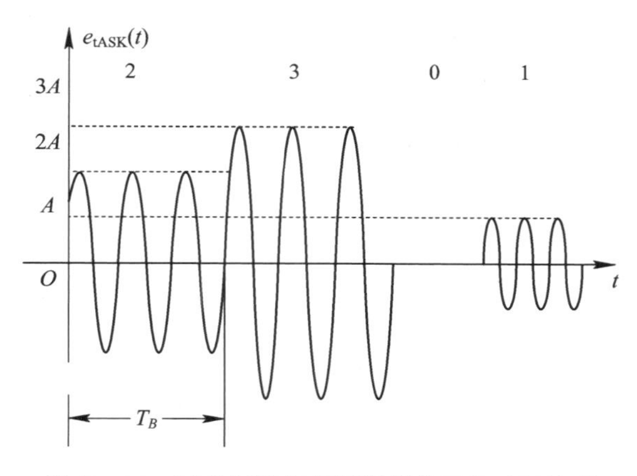

图 7－33　M 进制数字振幅调制信号的时间波形

由式(7.4－1)可以看出，M 进制数字振幅调制信号的功率谱与 2ASK 信号具有相似的形式。它是 M 进制数字基带信号对正弦载波进行双边带调幅，已调信号带宽是 M 进制数字基带信号带宽的两倍。M 进制数字振幅调制信号每个符号可以传送 lb$M$ 比特信息。在信息传输速率相同时，码元传输速率降低为 2ASK 信号的 1/lb$M$，因此 M 进制数字振幅调制信号的带宽是 2ASK 信号的 1/lb$M$。

除了双边带调制外，多进制数字振幅调制还有多电平残留边带调制、多电平相关编码单边带调制及多电平正交调幅等方式。在多进制数字振幅调制中，基带信号 $g(t)$可以采用矩形波形，为了限制信号频谱 $g(t)$，也可以采用其他波形，如升余弦滚降波形、部分响应波形等。

多进制数字振幅调制信号的解调与 2ASK 信号解调相似，可以采用相干解调方式，也可以采用非相干解调方式。

假设发送端产生的多进制数字振幅调制信号的幅度分别为 $\pm d$，$\pm 3d$，…，$\pm(M-1)d$，则发送波形可表示为

$$s_T(t)=\begin{cases}\pm u_1(t), & 发送\pm d电平时\\ \pm u_2(t), & 发送\pm 3d电平时\\ \vdots & \vdots\\ \pm u_{M/2}(t), & 发送\pm(M-1)d电平时\end{cases}\tag{7.4-4}$$

式中

$$\pm u_1(t)=\begin{cases}\pm d\cos\omega_c t, & 0\leqslant t<T_s\\ 0, & 其他\end{cases}$$

$$\pm u_2(t)=\begin{cases}\pm 3d\cos\omega_c t, & 0\leqslant t<T_s\\ 0, & 其他\end{cases}$$

$$\pm u_{M/2}(t)=\begin{cases}\pm(M-1)d\cos\omega_c t, & 0\leqslant t<T_s\\ 0, & 其他\end{cases}$$

对该 M 进制数字振幅调制信号进行相干解调，则系统总的误码率 P_e 为

$$P_e=\left(\frac{M-1}{M}\right)\mathrm{erfc}\left(\sqrt{\frac{3r}{M^2-1}}\right)\tag{7.4-5}$$

式中，$r=\dfrac{S}{\sigma_n^2}$，为信噪比。当 M 取不同值时，M 进制数字振幅调制系统总的误码率 P_e 与信噪比 r 的关系曲线如图 7-34 所示。由此图可以看出，为了得到相同的误码率 P_e，所需的信噪比随 M 增加而增大。例如，四电平系统比二电平系统信噪比需要增加约 5 倍。

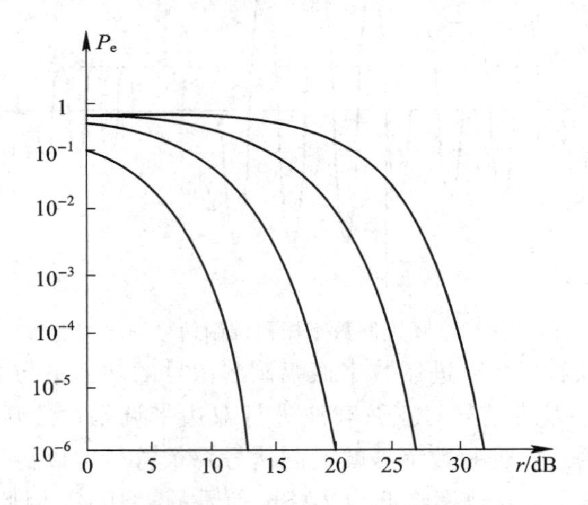

图 7-34　M 进制数字振幅调制系统的误码率 P_e 性能曲线

7.4.2 多进制数字频率调制系统

多进制数字频率调制(MFSK)简称多频调制，它是 2FSK 方式的推广。MFSK 信号可表示为

$$e_{\mathrm{MFSK}}(t)=\sum_{i=1}^{M}s_i(t)\cos\omega_i t\tag{7.4-6}$$

式中

$$s_i(t)=\begin{cases}A, & \text{当在时间间隔 } 0\leqslant t<T_s \text{ 发送符号为 } i \text{ 时}\\ 0, & \text{当在时间间隔 } 0\leqslant t<T_s \text{ 发送符号不为 } i \text{ 时}\end{cases}\qquad i=1,2,\cdots,M$$

ω_i 为载波角频率，共有 M 种取值。通常可选载波频率 $f_i=\dfrac{n}{2T_s}$，n 为正整数，此时 M 种发送信号相互正交。

图 7－35 是多进制数字频率调制系统的组成方框图。发送端采用键控选频的方式，在一个码元期间 T_s 内只有 M 个频率中的一个被选通输出。接收端采用非相干解调方式，输入的 MFSK 信号通过 M 个中心频率分别为 f_1，f_2，…，f_M 的带通滤波器，分离出发送的 M 个频率。再通过包络检波器、抽样判决器和逻辑电路，从而恢复出二进制信息。

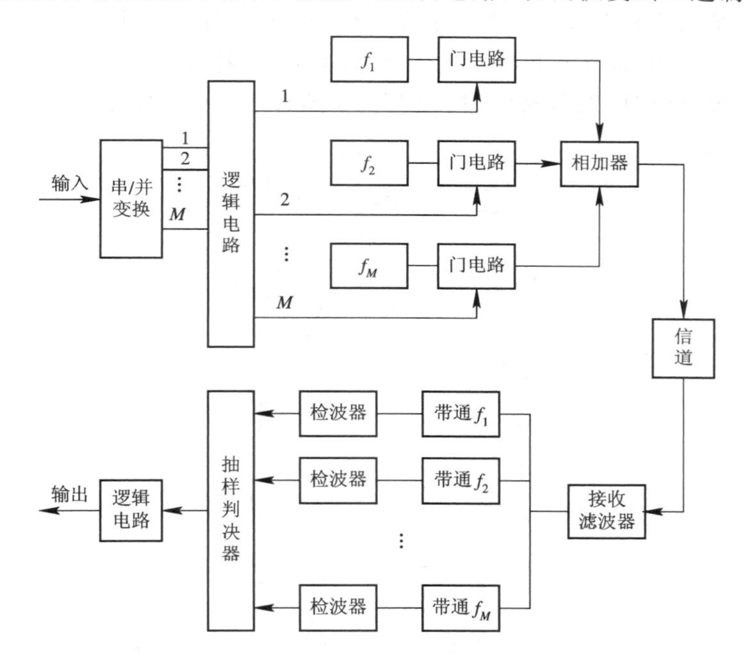

图 7－35　多进制数字频率调制系统的组成方框图

多进制数字频率调制信号的带宽近似为

$$B=|f_M-f_1|+\frac{2}{T_s}\tag{7.4－7}$$

可见，MFSK 信号具有较宽的频带，因而它的信道频带利用率不高。多进制数字频率调制一般在调制速率不高的场合应用。图 7－36 是无线寻呼系统中四电平调频频率配置方案。

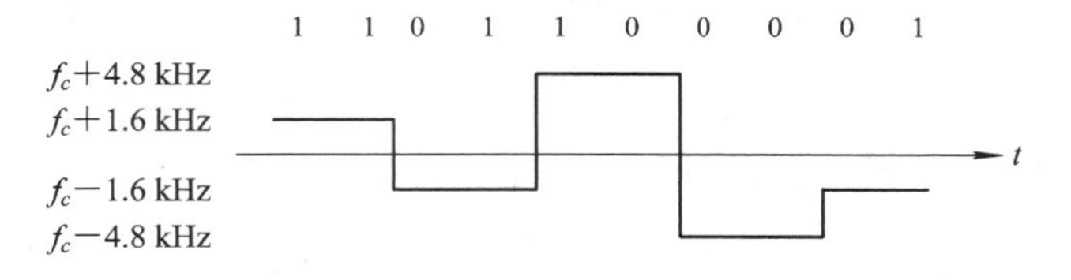

图 7－36　FLEX 系统 4FSK 信号频率关系

MFSK 信号采用非相干解调时的误码率为

$$P_e=\int_0^{\infty} x\mathrm{e}^{-[(z^2+a^2)/\sigma_n^2]/2}\mathrm{I}_0\left(\frac{xa}{\sigma_n}\right)[1-(1-\mathrm{e}^{-z^2/2})^{M-1}]\,\mathrm{d}z\approx\left(\frac{M-1}{2}\right)\mathrm{e}^{-\frac{r}{2}} \quad (7.4-8)$$

式中，r 为平均接收信号的信噪比。

MFSK 信号采用相干解调时的误码率为

$$P_e=\frac{1}{\sqrt{2\pi}}\int_{-\infty}^{\infty}\mathrm{e}^{-\frac{1}{2(x-a/\sigma_n)^2}}\left(1-\left(\frac{1}{\sqrt{2\pi}}\right)\int_{-\infty}^{x}\mathrm{e}^{-u^2/2}\,\mathrm{d}u\right)^{M-1}\mathrm{d}x$$

$$\approx\left(\frac{M-1}{2}\right)\mathrm{erfc}\left(\sqrt{\frac{r}{2}}\right) \quad (7.4-9)$$

多进制数字频率调制系统误码率性能曲线如图 7-37 所示。图中，实线为采用相干解调方式，虚线为采用非相干解调方式。可以看出，在 M 一定的情况下，信噪比 r 越大，误码率 P_e 越小；在 r 一定的情况下，M 越大，误码率 P_e 也越大。另外，相干解调和非相干解调的性能差距将随 M 的增大而减小；同一 M 下，随着信噪比 r 的增加，非相干解调性能将趋于相干解调性能。

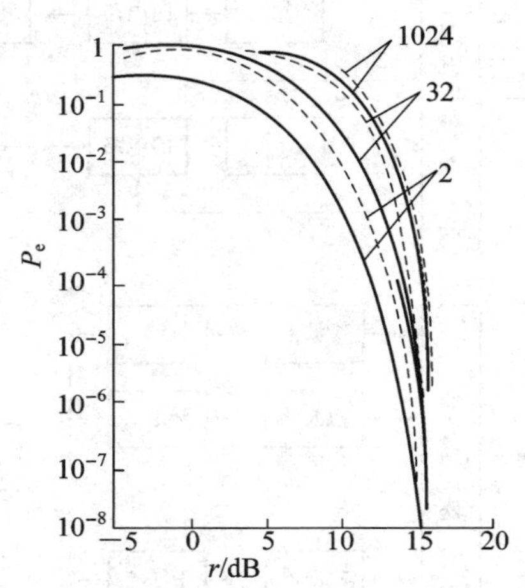

图 7-37 多进制数字频率调制系统误码率性能曲线

7.4.3 多进制数字相位调制系统

1. 多进制数字相位调制(MPSK)信号的表示形式

多进制数字相位调制又称多相调制，它是利用载波的多种不同相位来表征数字信息的调制方式。与二进制数字相位调制相同，多进制数字相位调制也有绝对相位调制和差分相位调制两种。

为了便于说明概念，我们可以将 MPSK 信号用信号矢量图来描述。图 7-38 是二进制数字相位调制信号矢量图，以 0° 载波相位作为参考相位。载波相位只有 0 和 π 或 $\pm\frac{\pi}{2}$ 两种取值，它们分别代表信息 1 和 0。四进制数字相位调制信号矢量图如图 7-39 所示，载波相位有 0、$\frac{\pi}{2}$、π 和 $\frac{3\pi}{2}$ $\left(或\frac{\pi}{4}、\frac{3\pi}{4}、\frac{5\pi}{4}和\frac{7\pi}{4}\right)$，它们分别代表信息 00、10、11 和 01。图 7-40 是 8PSK 信号矢量图，8 种载波相位分别为 $\frac{\pi}{8}$、$\frac{3\pi}{8}$、$\frac{5\pi}{8}$、$\frac{7\pi}{8}$、$\frac{9\pi}{8}$、$\frac{11\pi}{8}$、$\frac{13\pi}{8}$ 和 $\frac{15\pi}{8}$，

分别表示信息 111、110、010、011、001、000、100 和 101。

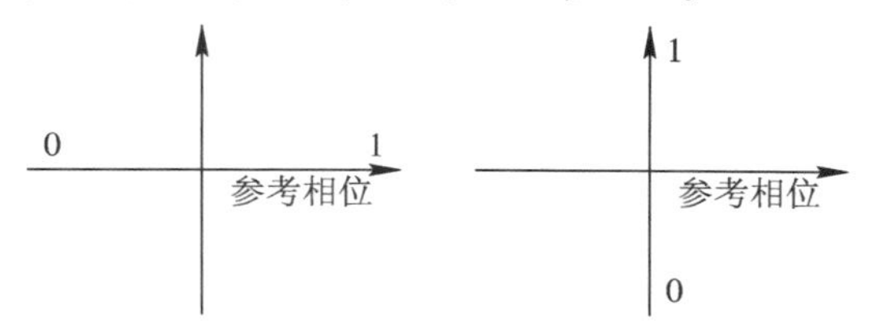

图 7－38　二进制数字相位调制信号矢量图

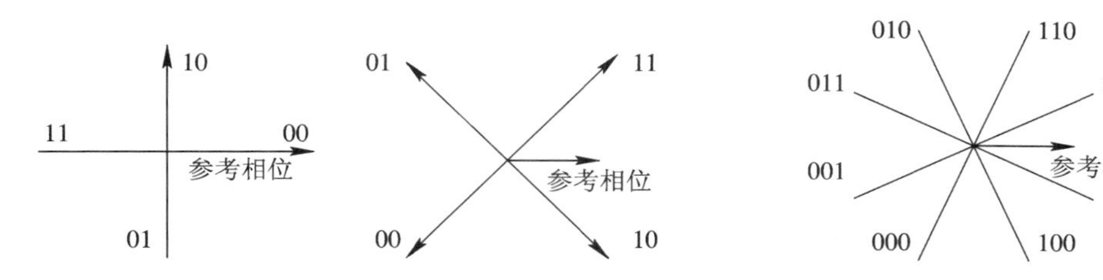

图 7－39　四进制数字相位调制信号矢量图　　　图 7－40　8PSK 信号矢量图

在 M 进制数字相位调制中，是以载波相位的 M 种不同取值分别表示数字信息的，因此 M 进制数字相位调制信号可以表示为

$$e_{\mathrm{MPSK}}(t)=\sum_n g(t-nT_s)\cos(\omega_c t+\varphi_n) \tag{7.4-10}$$

式中，$g(t)$为信号包络波形，通常为矩形波，幅度为 1；T_s 为码元时间宽度；ω_c 为载波角频率；φ_n 为第 n 个码元对应的相位，共有 M 种取值。

对于二相调制，φ_n 可取 0 和 π；对于四相调制，φ_n 可取 0、$\frac{\pi}{2}$、π 和$\frac{3\pi}{2}$；对于八相调制，φ_n 可取$\frac{\pi}{8}$、$\frac{3\pi}{8}$、$\frac{5\pi}{8}$、$\frac{7\pi}{8}$、$\frac{9\pi}{8}$、$\frac{11\pi}{8}$、$\frac{13\pi}{8}$和$\frac{15\pi}{8}$。

M 进制数字相位调制信号也可以表示为正交形式：

$$\begin{aligned}e_{\mathrm{MPSK}}(t)&=\Big[\sum_n g(t-nT_s)\cos\varphi_n\Big]\cos\omega_c t-\Big[\sum_n g(t-nT_s)\sin\varphi_n\Big]\sin\omega_c t\\&=\Big[\sum_n a_n g(t-nT_s)\Big]\cos\omega_c t-\Big[\sum_n b_n g(t-nT_s)\Big]\sin\omega_c t\\&=I(t)\cos\omega_c t-Q(t)\sin\omega_c t\end{aligned} \tag{7.4-11}$$

式中

$$I(t)=\sum_n a_n g(t-nT_s) \tag{7.4-12}$$

$$Q(t)=\sum_n b_n g(t-nT_s) \tag{7.4-13}$$

此时，对于四相调制，有

$$\begin{cases}a_n\ 取\ 0,\ \pm 1\\b_n\ 取\ 0,\ \pm 1\end{cases}\quad 或\quad\begin{cases}a_n\ 取\ \pm 1\\b_n\ 取\ \pm 1\end{cases} \tag{7.4-14}$$

M 进制数字相位调制信号的功率谱如图 7－41 所示，图中给出了信息速率相同时，2PSK、4PSK 和 8PSK 信号的单边功率谱。可以看出，M 越大，功率谱主瓣越窄，从而频带利用率越高。

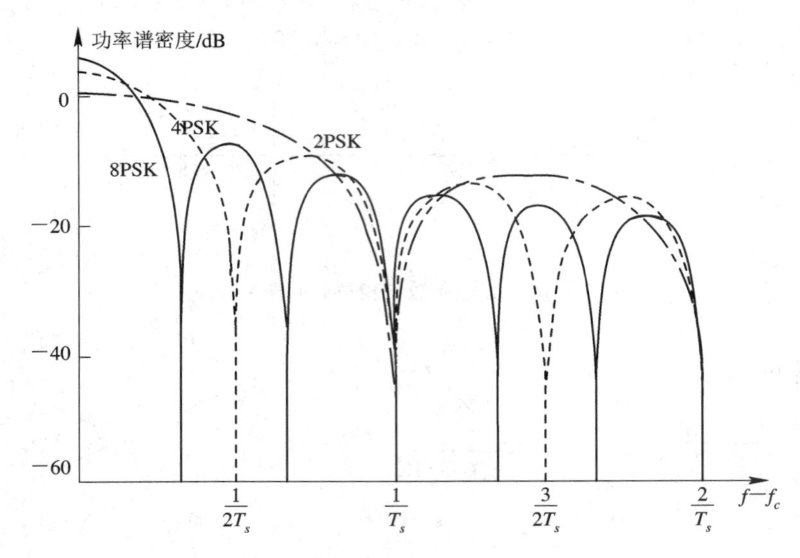

图 7-41　M 进制数字相位调制信号功率谱

2. 4PSK 信号的产生与解调

在 M 进制数字相位调制中，四进制绝对移相键控(4PSK)和四进制差分相位键控(4DPSK)两种调制方式应用最为广泛。下面分别讨论这两种调制信号的产生原理。

四进制绝对移相键控利用载波的四种不同相位来表示数字信息。由于每一种载波相位代表两个比特信息，因此每个四进制码元可以用两个二进制码元的组合来表示。两个二进制码元中的前一比特用 a 表示，后一比特用 b 表示，则双比特 ab 与载波相位的关系如表 7-4 所示。

表 7-4　双比特 ab 与载波相位的关系

双比特码元		载波相位(φ_n)	
a	b	A 方式	B 方式
0	0	0°	225°
1	0	90°	315°
1	1	180°	45°
0	1	270°	135°

由式(7.4-10)可以看出，在一个码元时间间隔 T_s，4PSK 信号为载波四个相位中的某一个。因此，可以用相位选择法产生 4PSK 信号，其原理图如图 7-42 所示。图中，四相载波产生器输出 4PSK 信号所需的四种不同相位的载波。输入二进制数据流经串/并变换器输出双比特码元，逻辑选相电路根据输入的双比特码元，每个时间间隔 T_s 选择其中一种相位的载波作为输出，然后经带通滤波器滤除高频分量。

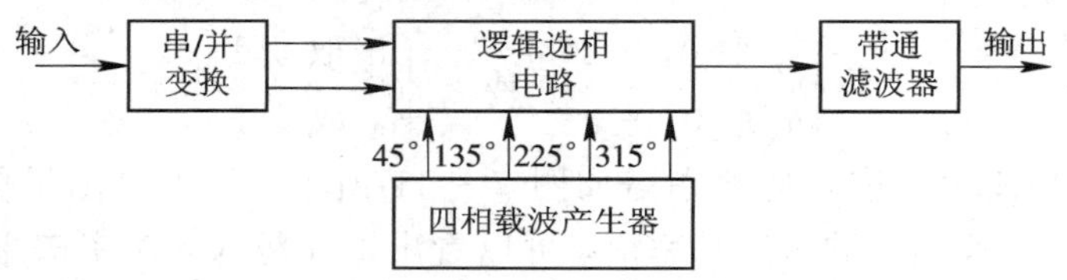

图 7-42　相位选择法产生 4PSK 信号原理图

由式(7.4－11)可以看出，4PSK 信号也可以采用正交调制的方式产生，正交调制器原理图如图 7－43 所示，它可以看成由两个载波正交的 2PSK 调制器构成。图中，串/并变换器将输入的二进制序列分为速率减半的两个并行的双极性序列 a 和 b，然后分别对 $\cos\omega_c t$ 和 $\sin\omega_c t$ 进行调制，相加后即可得到 4PSK 信号。

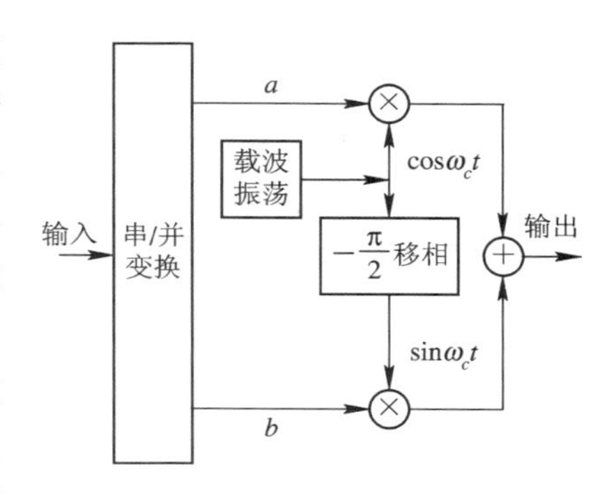

图 7－43　4PSK 正交调制器

由图 7－43 可见，4PSK 信号可以看做两个载波正交 2PSK 信号的合成。因此，对 4PSK 信号的解调可以采用与 2PSK 信号类似的解调方法进行解调，解调原理图如图 7－44 所示。同相支路和正交支路分别采用相干解调方式解调，得到 $I(t)$ 和 $Q(t)$，经抽样判决和并/串变换器，将上、下支路得到的并行数据恢复成串行数据。

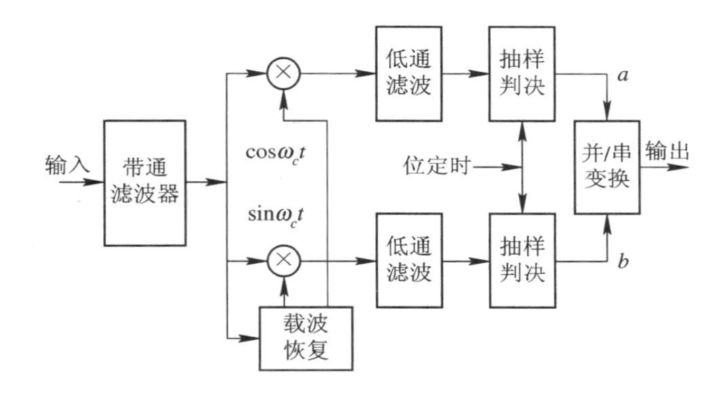

图 7－44　4PSK 信号相干解调原理图

在 2PSK 信号相干解调过程中会产生 180°相位模糊。同样，对 4PSK 信号相干解调也会产生相位模糊问题，并且是 0°、90°、180°和 270°四个相位模糊。因此，在实际中更实用的是四相相对移相调制，即 4DPSK 方式。

3. 4DPSK 信号的产生与解调

4DPSK 信号是利用前后码元之间的相对相位变化来表示数字信息的。若以前一双比特码元相位作为参考，$\Delta\varphi_n$ 为当前双比特码元与前一双比特码元初相差，则信息编码与载波相位变化关系如表 7－5 所示。4DPSK 信号产生原理图如图 7－45 所示。图中，串/并变换器将输入的二进制序列分为速率减半的两个并行序列 a 和 b，再通过差分编码器将其编为四进制差分码，然后用绝对调相的调制方式实现 4DPSK 信号。

表 7－5　4DPSK 信号载波相位编码逻辑关系

双比特码元		载波相位变化($\Delta\varphi_n$)
a	b	
0	0	0°
0	1	90°
1	1	180°
1	0	270°

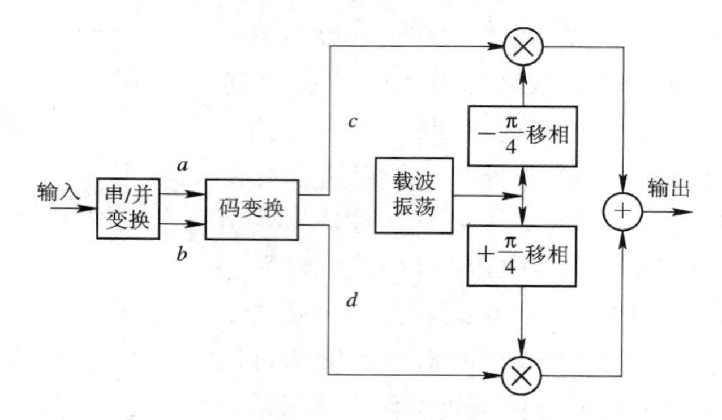

图 7 - 45　4DPSK 信号产生原理图

4DPSK 信号的解调可以采用相干解调加码反变换器方式(极性比较法)，也可以采用差分相干解调方式(相位比较法)。4DPSK 信号相干解调加码反变换器方式原理图如图 7 - 46 所示。与 4PSK 信号相干解调不同之处在于，并/串变换之前需要增加码反变换器。4DPSK 信号差分相干解调方式原理图如图 7 - 47 所示。

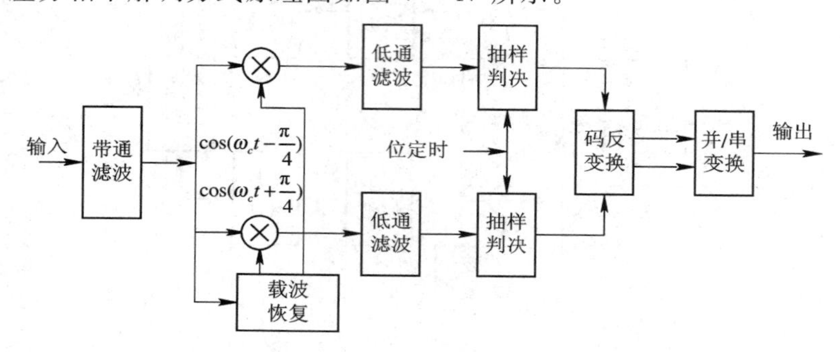

图 7 - 46　4DPSK 信号相干解调加码反变换器方式原理图

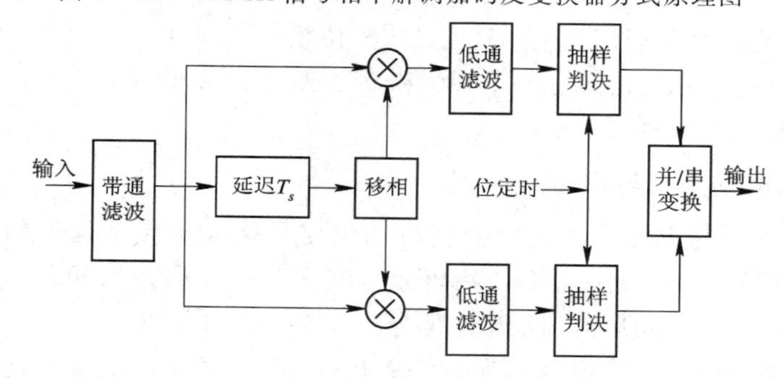

图 7 - 47　4DPSK 信号差分相干解调方式原理图

4. 4PSK 及 4DPSK 系统的误码率性能

对 4PSK 信号，采用相干解调器，系统总的误码率 P_e 为

$$P_e \approx \mathrm{erfc}\left(\sqrt{r}\sin\frac{\pi}{4}\right) \tag{7.4-15}$$

式中，r 为信噪比。

4DPSK 方式的误码率为

$$P_e \approx \mathrm{erfc}\left(\sqrt{2r}\sin\frac{\pi}{8}\right) \tag{7.4-16}$$

MPSK方式采用相干解调时的误码率曲线如图7-48所示。

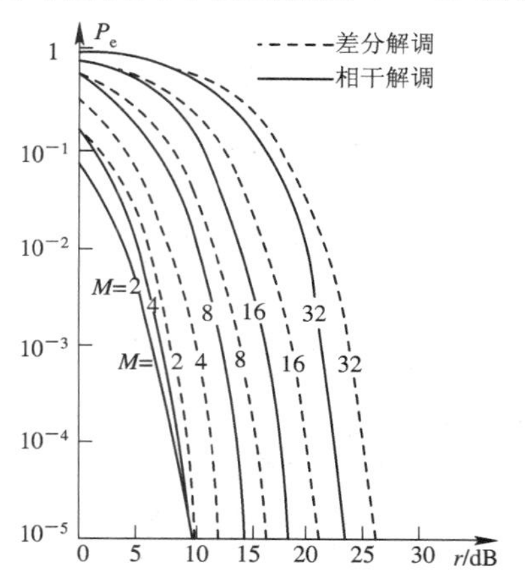

图7-48　MPSK系统的误码率性能曲线

思考题

7-1　数字调制系统主要由哪几部分组成？各部分的主要功能是什么？

7-2　与模拟调制系统相比较，数字调制有哪些优点？

7-3　数字调制系统与数字基带传输系统有哪些异同点？

7-4　什么是2ASK调制？2ASK信号调制和解调方式有哪些？其工作原理如何？

7-5　2ASK信号的时间波形和功率谱密度有什么特点？

7-6　简要说明2ASK信号解调中最佳判决门限的物理意义。

7-7　什么是2FSK调制？2FSK信号调制和解调方式有哪些？其工作原理如何？

7-8　2FSK信号的时间波形和功率谱密度有什么特点？

7-9　什么是绝对移相调制？什么是相对移相调制？它们之间有什么相同和不同点？

7-10　2PSK信号、2DPSK信号的调制和解调方式有哪些？其工作原理如何？

7-11　2PSK信号、2DPSK信号的时间波形和功率谱密度有什么特点？

7-12　试比较2ASK信号、2FSK信号、2PSK信号和2DPSK信号的功率谱密度和带宽之间的相同和不同点。

7-13　试比较2ASK信号、2FSK信号、2PSK信号和2DPSK信号的抗噪声性能。

7-14　简要叙述多进制数字调制的原理，与二进制数字调制相比较，多进制数字调制有哪些优缺点？

习　题

7-1　设发送的二进制信息为101100011，采用2ASK方式传输。已知码元传输速率为1200(Bd)，载波频率为2400 Hz。

(1) 试构成一种2ASK信号调制器原理框图，并画出2ASK信号的时间波形；

(2) 试画出2ASK信号频谱结构示意图，并计算其带宽。

7－2　若对题 7－1 中的 2ASK 信号采用包络检波方式进行解调，试构成解调器原理框图，并画出各点时间波形。

7－3　用 MATLAB 对 2ASK 系统进行仿真。设二进制信息为 0100111001011001，码元传输速率为 1000(Bd)，载波频率为 3000 Hz。

(1) 若采用包络检波方式进行解调，试画出各点时间波形；

(2) 若采用相干方式进行解调，试画出各点时间波形；

(3) 采用 FFT 方法进行频谱分析。

7－4　设发送的二进制信息为 11001000101，采用 2FSK 方式传输。已知码元传输速率为 1000(Bd)，"1"码元的载波频率为 3000 Hz，"0"码元的载波频率为 2000 Hz。

(1) 试构成一种 2FSK 信号调制器原理框图，并画出 2FSK 信号的时间波形；

(2) 试画出 2FSK 信号频谱结构示意图，并计算其带宽。

7－5　若对题 7－4 的 2FSK 信号采用相干解调方式进行解调，试构成解调器原理框图，并画出各点时间波形。

7－6　用 MATLAB 对 2FSK 系统进行仿真。设二进制信息为 1101001101011001，码元传输速率为 1000(Bd)，"1"码元的载波频率为 3000 Hz，"0"码元的载波频率为 2000 Hz。

(1) 若采用包络检波方式进行解调，试画出各点时间波形；

(2) 若采用相干方式进行解调，试画出各点时间波形；

(3) 采用 FFT 方法进行频谱分析。

7－7　设发送的二进制信息为 110100111，采用 2PSK 方式传输。已知码元传输速率为 2400(Bd)，载波频率为 4800 Hz。

(1) 试构成一种 2PSK 信号调制器原理框图，并画出 2PSK 信号的时间波形；

(2) 若采用相干解调方式进行解调，试画出各点时间波形；

(3) 若发送信息"0"和"1"的概率分别为 0.4 和 0.6，试画出 2PSK 信号频谱结构示意图，并计算其带宽。

7－8　设发送的二进制绝对信息为 1010110110，采用 2DPSK 方式传输。已知码元传输速率为 2400(Bd)，载波频率为 2400 Hz。

(1) 试构成一种 2DPSK 信号调制器原理框图，并画出 2DPSK 信号的时间波形；

(2) 若采用相干解调加码反变换器方式进行解调，试画出各点时间波形。

7－9　设发送的二进制绝对信息为 1011100101，采用 2DPSK 方式传输。已知码元传输速率为 1200(Bd)，载波频率为 1800 Hz。

(1) 试构成一种 2DPSK 信号调制器原理框图，并画出 2DPSK 信号的时间波形(相位差 $\Delta\varphi$ 为后一码元起始相位和前一码元结束相位之差)；

(2) 若采用差分相干方式进行解调，试画出各点时间波形。

7－10　用 MATLAB 对 2DPSK 系统进行仿真。设二进制信息为 101100111011001，码元传输速率为 1000(Bd)，载波频率为 2000 Hz。

(1) 若采用相干解调加码反变换器方式进行解调，试画出各点时间波形；

(2) 若采用差分相干方式进行解调，试画出各点时间波形；

(3) 采用 FFT 方法进行频谱分析。

7－11　在 2ASK 系统中，已知码元传输速率 $R_{Bd}=1\times10^6$(Bd)，信道噪声为加性高斯白噪声，其双边功率谱密度$\frac{n_0}{2}=3\times10^{-14}$ W/Hz，接收端解调器输入信号的振幅$a=4$ mV。

(1) 若采用相干解调，试求系统的误码率；

(2) 若采用非相干解调，试求系统的误码率。

7-12　在2ASK系统中，已知发送端发送信号的振幅为5 V，接收端带通滤波器输出噪声功率$\sigma_n^2=3\times10^{-12}$ W，若要求系统误码率$P_e=10^{-4}$。

(1) 若采用相干解调，试求从发送端到解调器输入端信号的衰减量；

(2) 若采用非相干解调，试求从发送端到解调器输入端信号的衰减量。

7-13　对2ASK信号进行相干解调，已知发送"1"符号的概率为P，发送"0"符号的概率为$1-P$，接收端解调器输入信号振幅为a，窄带高斯噪声方差为σ_n^2。

(1) 若$P=\frac{1}{2}$，$r=10$，求最佳判决门限b^*和误码率P_e；

(2) 若$P<\frac{1}{2}$，试分析此时的最佳判决门限比$P=\frac{1}{2}$的是增大还是减小？

7-14　用MATLAB对2ASK系统抗噪声性能进行仿真。

(1) 仿真不同信噪比情况下的误码率，画出误码率P_e与信噪比r之间的关系曲线并与理论曲线进行比较；

(2) 在信噪比一定的条件下，仿真判决门限对输出误码率的影响并画出误码率与判决门限的关系曲线。

7-15　在2FSK系统中，发送"1"符号的频率$f_1=1.15$ MHz，发送"0"符号的频率$f_2=0.85$ MHz，且发送概率相等，码元传输速率$R_{Bd}=0.2$ MB。解调器输入端信号振幅$a=4$ mV，信道加性高斯白噪声的双边功率谱密度$\frac{n_0}{2}=10^{-12}$ W/Hz。

(1) 试求2FSK信号频带宽度；

(2) 若采用相干解调，试求系统的误码率；

(3) 若采用非相干解调，试求系统的误码率。

7-16　用MATLAB对2FSK系统抗噪声性能进行仿真。

(1) 若采用相干解调，仿真不同信噪比情况下的误码率，画出误码率P_e与信噪比之间的关系曲线；

(2) 若采用非相干解调，仿真不同信噪比情况下的误码率，画出误码率P_e与信噪比r之间的关系曲线；

(3) 将仿真结果与理论曲线进行比较。

7-17　在二进制相位调制系统中，设解调器输入信噪比$r=10$ dB。试求相干解调2PSK、相干解调加码反变换2DPSK和差分相干2DPSK系统的误码率。

7-18　在2DPSK系统中，已知码元传输速率为2400 Bd，发送端发出的信号振幅为5 V，信道加性高斯白噪声的双边功率谱密度$\frac{n_0}{2}=2\times10^{-12}$ W/Hz。要求解调器输出误码率$P_e\leqslant10^{-4}$。

(1) 若采用差分相干解调，试求从发送端到解调器输入端的最大衰减；

(2) 若采用相干解调加码反变换，试求从发送端到解调器输入端的最大衰减。

7-19 在二进制数字调制系统中，已知码元传输速率 $R_{Bd}=1$ MB，接收机输入高斯白噪声的双边功率谱密度 $\frac{n_0}{2}=2\times10^{-16}$ W/Hz。若要求解调器输出误码率 $P_e\leqslant10^{-4}$，试求相干解调和非相干解调 2ASK、相干解调和非相干解调 2FSK、相干解调和非相干解调 2DPSK 及相干解调 2PSK 系统的输入信号功率。

7-20 一空间通信系统，码元传输速率为 0.5 MB，接收机带宽为 1 MHz。地面接收天线增益为 40 dB，空间站天线增益为 6 dB。路径损耗为 $(60+10\lg d)$dB，d 为距离(km)，假设平均发射功率为 10 W，噪声双边功率谱密度 $\frac{n_0}{2}=2\times10^{-12}$ W/Hz。要求系统误码率 $P_e=10^{-5}$，试求下列情形能达到的最大通信距离。

(1) 采用 2FSK 方式传输；

(2) 采用 2DPSK 方式传输；

(3) 采用 2PSK 方式传输。

7-21 用 MATLAB 对 2PSK 和 2DPSK 系统抗噪声性能进行仿真。

(1) 对于相干解调 2PSK，仿真不同信噪比情况下的误码率，画出误码率 P_e 与信噪比 r 之间的关系曲线；

(2) 对于相干解调加码反变换 2DPSK，仿真不同信噪比情况下的误码率，画出误码率 P_e 与信噪比 r 之间的关系曲线；

(3) 对于差分相干解调 2DPSK，仿真不同信噪比情况下的误码率，画出误码率 P_e 与信噪比 r 之间的关系曲线；

(4) 分别将以上三条误码率曲线与理论曲线进行比较。

7-22 已知发送二进制信息为 10110101001101，试按表 7-4 中 A 方式画出 4PSK 信号时间波形。

7-23 已知发送二进制信息为 10110101001101，试按表 7-5 中信号载波相位编码逻辑关系画出 4DPSK 信号时间波形。

7-24 在四进制数字相位调制系统中，已知解调器输入端信噪比 $r=13$ dB，试求 4PSK 和 4DPSK 方式系统误码率。

7-25 用 MATLAB 对 4PSK 和 4DPSK 系统进行仿真。

(1) 试画出 4PSK 信号相干解调器各点时间波形；

(2) 试画出 4DPSK 信号差分相干解调器各点时间波形；

(3) 对于相干解调 4PSK 和差分相干解调 4DPSK，仿真不同信噪比情况下的误码率，画出误码率 P_e 与信噪比 r 之间的关系曲线。

第 8 章　数字信号的最佳接收

在数字通信系统中，信道的传输特性和传输过程中噪声的存在是影响通信性能的两个主要因素。人们总是希望在一定的传输条件下，达到最好的传输性能。本章将要讨论的最佳接收，就是研究在噪声干扰中如何有效地检测出信号。

最佳接收理论又称信号检测理论，它是利用概率论和数理统计的方法研究信号检测的问题。信号统计检测所研究的主要问题可以归纳为三类。第一类是假设检验问题，它所研究的问题是在噪声中判决有用信号是否出现。例如，在第 7 章我们所研究的各种数字信号的解调就属于此类问题。第二类是参数估值问题，它所研究的问题是在噪声干扰的情况下以最小的误差定义对信号的参量作出估计。例如，在雷达系统中，需要对目标的距离、方位、速度等重要参量作出估计。第三类是信号滤波，它所研究的问题是在噪声干扰的情况下以最小的误差定义连续地将信号过滤出来。本章研究的内容属于第一类和第三类。

在通信中，对信号质量的衡量有多种不同的标准，所谓最佳是在某种标准下系统性能达到最佳，最佳标准也称最佳准则。因此，最佳接收是一个相对的概念，在某种准则下的最佳系统，在另外一种准则下就不一定是最佳的。在某些特定条件下，几种最佳准则也可能是等价的。

在数字通信中，最常采用的最佳准则是输出信噪比最大准则和差错概率最小准则。下面我们分别讨论在这两种准则下的最佳接收问题。

8.1　匹配滤波器

在数字通信系统中，滤波器是其中重要部件之一，滤波器特性的选择直接影响数字信号的恢复。在数字信号接收中，滤波器的作用有两个方面，第一是使滤波器输出有用信号成分尽可能强；第二是抑制信号带外噪声，使滤波器输出噪声成分尽可能小，减小噪声对信号判决的影响。

通常对最佳线性滤波器的设计有两种准则：一种是使滤波器输出的信号波形与发送信号波形之间的均方误差最小，由此而导出的最佳线性滤波器称为维纳滤波器；另一种是使滤波器输出信噪比在某一特定时刻达到最大，由此而导出的最佳线性滤波器称为匹配滤波器。在数字通信中，匹配滤波器具有更广泛的应用。

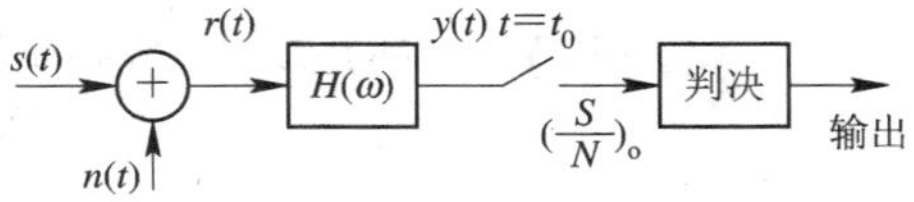

由第 7 章分析的数字信号解调过程我们知道，解调器中抽样判决以前各部分电路可以用一个线性滤波器来等效，接收过程等效原理图如图 8－1 所示。图中，$s(t)$为输入数字信号，信道特性为加性

图 8－1　数字信号接收等效原理图

高斯白噪声信道，$n(t)$为加性高斯白噪声，$H(\omega)$为滤波器传输函数。

由数字信号的判决原理我们知道，抽样判决器输出数据正确与否，与滤波器输出信号波形和发送信号波形之间的相似程度无关，也即与滤波器输出信号波形的失真程度无关，而只取决于抽样时刻信号的瞬时功率与噪声平均功率之比，即信噪比。信噪比越大，错误判决的概率就越小；反之，信噪比越小，错误判决概率就越大。因此，为了使错误判决概率尽可能小，就要选择滤波器传输特性使滤波器输出信噪比尽可能大的滤波器。当选择的滤波器传输特性使输出信噪比达到最大值时，该滤波器就称为输出信噪比最大的最佳线性滤波器。下面就来分析当滤波器具有什么样的特性时才能使输出信噪比达到最大。

分析模型如图 8－1 所示。设输出信噪比最大的最佳线性滤波器的传输函数为 $H(\omega)$，滤波器输入信号与噪声的合成波为

$$r(t)=s(t)+n(t) \tag{8.1-1}$$

式中，$s(t)$为输入数字信号，其频谱函数为 $S(\omega)$。$n(t)$为高斯白噪声，其双边功率谱密度为$\frac{n_0}{2}$。由于该滤波器是线性滤波器，满足线性叠加原理，因此滤波器输出也由输出信号和输出噪声两部分组成，即

$$y(t)=s_o(t)+n_o(t) \tag{8.1-2}$$

式中输出信号的频谱函数为 $S_o(\omega)$，其对应的时域信号为

$$s_o(t)=\frac{1}{2\pi}\int_{-\infty}^{\infty}S_o(\omega)e^{j\omega t}\,d\omega=\frac{1}{2\pi}\int_{-\infty}^{\infty}S(\omega)H(\omega)e^{j\omega t}\,d\omega \tag{8.1-3}$$

滤波器输出噪声的平均功率为

$$\begin{aligned}N_o&=\frac{1}{2\pi}\int_{-\infty}^{\infty}P_{n_o}(\omega)\,d\omega=\frac{1}{2\pi}\int_{-\infty}^{\infty}P_{n_i}(\omega)\,|H(\omega)|^2\,d\omega\\&=\frac{1}{2\pi}\int_{-\infty}^{\infty}\frac{n_0}{2}\,|H(\omega)|^2\,d\omega=\frac{n_0}{4\pi}\int_{-\infty}^{\infty}|H(\omega)|^2\,d\omega\end{aligned} \tag{8.1-4}$$

在抽样时刻 t_0，线性滤波器输出信号的瞬时功率与噪声平均功率之比为

$$r_o=\frac{|s_o(t_0)|^2}{N_o}=\frac{\left|\dfrac{1}{2\pi}\displaystyle\int_{-\infty}^{\infty}H(\omega)S(\omega)e^{j\omega t_0}\,d\omega\right|^2}{\dfrac{n_0}{4\pi}\displaystyle\int_{-\infty}^{\infty}|H(\omega)|^2\,d\omega} \tag{8.1-5}$$

由式(8.1－5)可见，滤波器输出信噪比 r_o 与输入信号的频谱函数 $S(\omega)$和滤波器的传输函数 $H(\omega)$有关。在输入信号给定的情况下，输出信噪比 r_o 只与滤波器的传输函数 $H(\omega)$有关。使输出信噪比 r_o 达到最大的传输函数 $H(\omega)$就是我们所要求的最佳滤波器的传输函数。式(8.1－5)是一个泛函求极值的问题，采用施瓦兹(Schwartz)不等式可以容易地解决该问题。

施瓦兹不等式为

$$\left|\frac{1}{2\pi}\int_{-\infty}^{\infty}X(\omega)Y(\omega)\,d\omega\right|^2\leqslant\frac{1}{2\pi}\int_{-\infty}^{\infty}|X(\omega)|^2\,d\omega\,\frac{1}{2\pi}\int_{-\infty}^{\infty}|Y(\omega)|^2\,d\omega \tag{8.1-6}$$

式中，$X(\omega)$和 $Y(\omega)$都是实变量 ω 的复函数。当且仅当

$$X(\omega)=KY^*(\omega) \tag{8.1-7}$$

时式(8.1－6)中等式才能成立。式(8.1－7)中 K 为任意常数。

将施瓦兹不等式用于式(8.1－5)，并令

$$X(\omega)=H(\omega) \tag{8.1-8}$$

$$Y(\omega)=S(\omega)\mathrm{e}^{\mathrm{j}\omega t_0} \tag{8.1-9}$$

可得

$$\begin{aligned} r_o &= \frac{\left|\dfrac{1}{2\pi}\displaystyle\int_{-\infty}^{\infty} H(\omega)S(\omega)\mathrm{e}^{\mathrm{j}\omega t_0}\,\mathrm{d}\omega\right|^2}{\dfrac{n_0}{4\pi}\displaystyle\int_{-\infty}^{\infty}|H(\omega)|^2\,\mathrm{d}\omega} \\ &\leqslant \frac{\dfrac{1}{4\pi^2}\displaystyle\int_{-\infty}^{\infty}|H(\omega)|^2\,\mathrm{d}\omega\int_{-\infty}^{\infty}|S(\omega)\mathrm{e}^{\mathrm{j}\omega t_0}|^2\,\mathrm{d}\omega}{\dfrac{n_0}{4\pi}\displaystyle\int_{-\infty}^{\infty}|H(\omega)|^2\,\mathrm{d}\omega} = \frac{\dfrac{1}{2\pi}\displaystyle\int_{-\infty}^{\infty}|S(\omega)|^2\,\mathrm{d}\omega}{\dfrac{n_0}{2}} \end{aligned} \tag{8.1-10}$$

根据帕塞瓦尔定理有

$$\frac{1}{2\pi}\int_{-\infty}^{\infty}|S(\omega)|^2\,\mathrm{d}\omega=\int_{-\infty}^{\infty}s^2(t)\,\mathrm{d}t=E \tag{8.1-11}$$

式中，E 为输入信号的能量。代入式(8.1-10)有

$$r_o\leqslant\frac{2E}{n_0} \tag{8.1-12}$$

式(8.1-12)说明，线性滤波器所能给出的最大输出信噪比为

$$r_{omax}=\frac{2E}{n_0} \tag{8.1-13}$$

根据施瓦兹不等式中等号成立的条件 $X(\omega)=KY^*(\omega)$，可得不等式(8.1-10)中等号成立的条件为

$$H(\omega)=KS^*(\omega)\mathrm{e}^{-\mathrm{j}\omega t_0} \tag{8.1-14}$$

式中，K 为常数，通常可选择为 $K=1$。$S^*(\omega)$是输入信号频谱函数 $S(\omega)$的复共轭。式(8.1-14)就是我们所要求的最佳线性滤波器的传输函数，该滤波器在给定时刻 t_0 能获得最大输出信噪比$\dfrac{2E}{n_0}$。这种滤波器的传输函数除相乘因子 $K\mathrm{e}^{-\mathrm{j}\omega t_0}$ 外，与信号频谱的复共轭相一致，所以称该滤波器为匹配滤波器。

从匹配滤波器传输函数 $H(\omega)$所满足的条件，我们也可以得到匹配滤波器的单位冲激响应

$$\begin{aligned} h(t) &= \frac{1}{2\pi}\int_{-\infty}^{\infty}H(\omega)\mathrm{e}^{\mathrm{j}\omega t}\,\mathrm{d}\omega=\frac{1}{2\pi}\int_{-\infty}^{\infty}KS^*(\omega)\mathrm{e}^{-\mathrm{j}\omega t_0}\mathrm{e}^{\mathrm{j}\omega t}\,\mathrm{d}\omega \\ &= \frac{K}{2\pi}\int_{-\infty}^{\infty}\left[\int_{-\infty}^{\infty}s(\tau)\mathrm{e}^{-\mathrm{j}\omega\tau}\,\mathrm{d}\tau\right]^*\mathrm{e}^{-\mathrm{j}\omega(t_0-t)}\,\mathrm{d}\omega=K\int_{-\infty}^{\infty}\left[\frac{1}{2\pi}\int_{-\infty}^{\infty}\mathrm{e}^{\mathrm{j}\omega(\tau-t_0+t)}\,\mathrm{d}\omega\right]s(\tau)\,\mathrm{d}\tau \\ &= K\int_{-\infty}^{\infty}s(\tau)\delta(\tau-t_0+t)\,\mathrm{d}\tau=Ks(t_0-t) \end{aligned} \tag{8.1-15}$$

即匹配滤波器的单位冲激响应为

$$h(t)=Ks(t_0-t) \tag{8.1-16}$$

式(8.1-16)表明，匹配滤波器的单位冲激响应 $h(t)$是输入信号 $s(t)$的镜像函数，t_0 为输出最大信噪比时刻。其形成原理如图 8-2 所示。

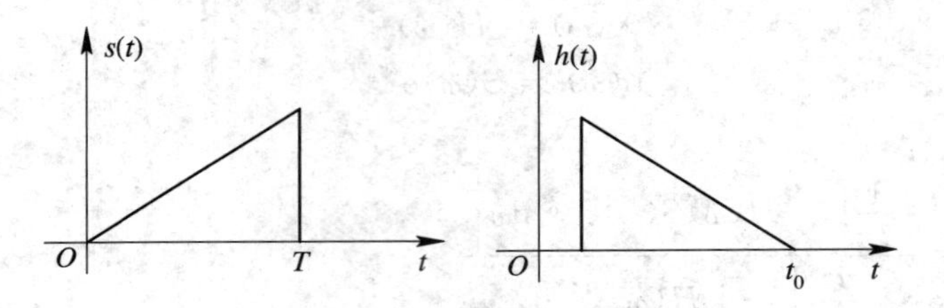

图 8-2　匹配滤波器单位冲激响应产生原理

对于因果系统，匹配滤波器的单位冲激响应 $h(t)$ 应满足

$$h(t)=\begin{cases}Ks(t_0-t), & t\geqslant 0\\ 0, & t<0\end{cases} \tag{8.1-17}$$

为了满足式(8.1-17)的条件，必须有

$$s(t_0-t)=0,\ t<0 \tag{8.1-18}$$

$$s(t)=0,\ t_0-t<0\ 或\ t>t_0 \tag{8.1-19}$$

上式条件说明，对于一个物理可实现的匹配滤波器，其输入信号 $s(t)$ 必须在它输出最大信噪比的时刻 t_0 之前结束。也就是说，若输入信号在 T 时刻结束，则对物理可实现的匹配滤波器，其输出最大信噪比时刻 t_0 必须在输入信号结束之后，即 $t_0\geqslant T$。对于接收机来说，t_0 是时间延迟，通常总是希望时间延迟尽可能小，因此一般情况可取 $t_0=T$。

若输入信号为 $s(t)$，则匹配滤波器的输出信号为

$$\begin{aligned}s_o(t)&=s(t)*h(t)=\int_{-\infty}^{\infty}s(t-\tau)h(\tau)\,\mathrm{d}\tau\\&=\int_{-\infty}^{\infty}s(t-\tau)Ks(t_0-\tau)\,\mathrm{d}\tau\end{aligned} \tag{8.1-20}$$

令 $t_0-\tau=x$，有

$$s_o(t)=K\int_{-\infty}^{\infty}s(x)s(x+t-t_0)\,\mathrm{d}x=KR(t-t_0) \tag{8.1-21}$$

式中，$R(t)$ 为输入信号 $s(t)$ 的自相关函数。上式表明，匹配滤波器的输出波形是输入信号 $s(t)$ 的自相关函数的 K 倍。因此，匹配滤波器可以看成是一个计算输入信号自相关函数的相关器，其在 t_0 时刻得到最大输出信噪比 $r_{omax}=\dfrac{2E}{n_0}$。由于输出信噪比与常数 K 无关，所以通常取 $K=1$。

【例 8-1】 设输入信号如图 8-3(*a*)所示，试求该信号的匹配滤波器传输函数和输出信号波形。

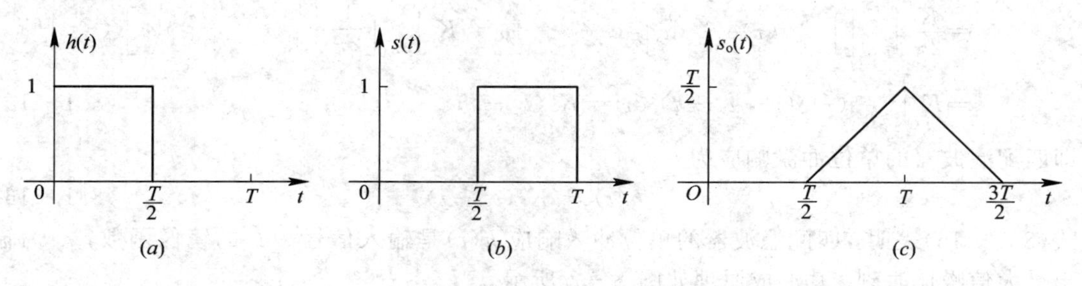

图 8-3　信号时间波形

解　(1) 输入信号为

$$s(t)=\begin{cases}1, & 0\leqslant t\leqslant \dfrac{T}{2}\\ 0, & \text{其他}\end{cases}$$

输入信号 $s(t)$ 的频谱函数为

$$S(\omega)=\int_{-\infty}^{\infty} s(t)\mathrm{e}^{-\mathrm{j}\omega t}\,\mathrm{d}t=\int_{0}^{T/2}\mathrm{e}^{-\mathrm{j}\omega t}\,\mathrm{d}t$$
$$=\frac{1}{\mathrm{j}\omega}(1-\mathrm{e}^{-\mathrm{j}\frac{T}{2}\omega})$$

匹配滤波器的传输函数为

$$H(\omega)=S^{*}(\omega)\mathrm{e}^{-\mathrm{j}\omega t_0}=\frac{1}{\mathrm{j}\omega}(\mathrm{e}^{\mathrm{j}\frac{T}{2}\omega}-1)\mathrm{e}^{-\mathrm{j}\omega t_0}$$

匹配滤波器的单位冲激响应为

$$h(t)=s(t_0-t)$$

取 $t_0=T$，则有

$$H(\omega)=\frac{1}{\mathrm{j}\omega}(\mathrm{e}^{\mathrm{j}\frac{T}{2}\omega}-1)\mathrm{e}^{-\mathrm{j}\omega tT}$$
$$h(t)=s(T-t)$$

匹配滤波器的单位冲激响应如图 8-3(b)所示。

(2) 由式(8.1-21)可得匹配滤波器的输出为

$$s_o(t)=R(t-t_0)=\int_{-\infty}^{\infty}s(x)s(x+t-t_0)\,\mathrm{d}x$$
$$=\begin{cases}-\dfrac{T}{2}+t, & \dfrac{T}{2}\leqslant t<T\\ \dfrac{3T}{2}-t, & T\leqslant t\leqslant\dfrac{3T}{2}\\ 0, & \text{其他}\end{cases}$$

匹配滤波器的输出波形如图 8-3(c)所示。可见，匹配滤波器的输出在 $t=T$ 时刻得到最大的能量 $E=\dfrac{T}{2}$。

8.2　最小差错概率接收准则

匹配滤波器是以抽样时刻信噪比最大为标准来构造接收机结构。在数字通信中，人们更关心判决输出的数据正确率，因此，使输出总误码率最小的最小差错概率准则，更适合于作为数字信号接收的准则。为了便于讨论最小差错概率最佳接收机，我们需首先建立数字信号接收的统计模型。

8.2.1　数字信号接收的统计模型

在数字信号的最佳接收分析中，我们不是采用先给出接收机模型然后分析其性能的分析方法，而是从数字信号接收统计模型出发，依据某种最佳接收准则，推导出相应的最佳接收机结构，然后再分析其性能。

数字通信系统的统计模型如图 8 - 4 所示。图中消息空间、信号空间、噪声空间、观察空间及判决空间分别代表消息、发送信号、噪声、接收信号波形及判决结果的所有可能状态的集合。各个空间的状态用它们的统计特性来描述。

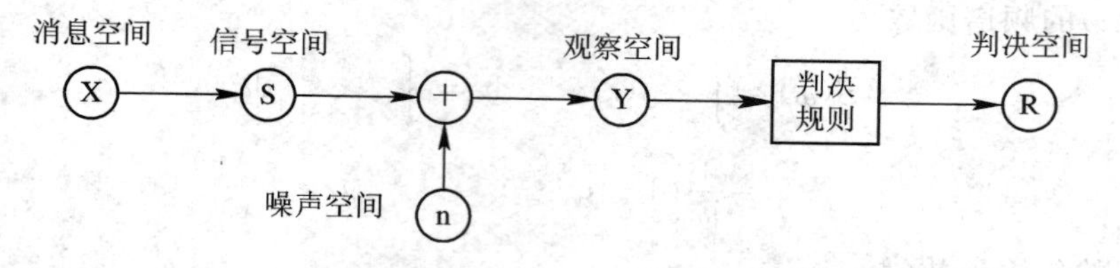

图 8 - 4 数字通信系统的统计模型

在数字通信系统中，消息是离散的状态，设消息的状态集合为

$$X=\{x_1,\ x_2,\ \cdots,\ x_m\} \tag{8.2-1}$$

若消息集合中每一状态的发送是统计独立的，第 i 个状态 x_i 的出现概率为 $P(x_i)$，则消息 X 的一维概率分布为

$$\begin{bmatrix} x_1 & x_2 & \cdots & x_m \\ P(x_1) & P(x_2) & \cdots & P(x_m) \end{bmatrix}$$

根据概率的性质有

$$\sum_{i=1}^{m} P(x_i)=1 \tag{8.2-2}$$

若消息各状态 x_1，x_2，…，x_m 出现的概率相等，则有

$$P(x_1)=P(x_2)=\cdots=P(x_m)=\frac{1}{m} \tag{8.2-3}$$

消息是各种物理量，本身不能直接在数字通信系统中进行传输，因此需要将消息变换为相应的电信号 $s(t)$，用参数 S 来表示。将消息变换为信号可以有各种不同的变换关系，通常最直接的方法是建立消息与信号之间一一对应的关系，即消息 x_i 与信号 $s_i(i=1,2,\cdots,m)$相对应。这样，信号集合 S 也由 m 个状态所组成，即

$$S=\{s_1,\ s_2,\ \cdots,\ s_m\} \tag{8.2-4}$$

并且信号集合各状态出现概率与消息集合各状态出现概率相等，即

$$\begin{aligned} P(s_1) &= P(x_1) \\ P(s_2) &= P(x_2) \\ &\vdots \\ P(s_m) &= P(x_m) \end{aligned}$$

同时也有

$$\sum_{i=1}^{m} P(s_i)=1 \tag{8.2-5}$$

若消息各状态出现的概率相等，则有

$$P(s_1)=P(s_2)=\cdots=P(s_m)=\frac{1}{m} \tag{8.2-6}$$

$P(s_i)$是描述信号发送概率的参数，通常称为先验概率，它是信号统计检测的第一

数据。

信道特性是加性高斯噪声信道，噪声空间 n 是加性高斯噪声。在前面各章分析系统抗噪声性能时，用噪声的一维概率密度函数来描述噪声的统计特性，在本章最佳接收中，为了更全面地描述噪声的统计特性，采用噪声的多维联合概率密度函数。噪声 n 的 k 维联合概率密度函数为

$$f(n) = f(n_1, n_2, \cdots, n_k) \tag{8.2-7}$$

式中，n_1，n_2，…，n_k 为噪声 n 在各时刻的可能取值。

根据随机信号分析理论我们知道，若噪声是高斯白噪声，则它在任意两个时刻上得到的样值都是互不相关的，同时也是统计独立的；若噪声是带限高斯型的，按抽样定理对其抽样，则它在抽样时刻上的样值也是互不相关的，同时也是统计独立的。根据随机信号分析，若随机信号各样值是统计独立的，则其 k 维联合概率密度函数等于其 k 个一维概率密度函数的乘积，即

$$f(n_1, n_2, \cdots, n_k) = f(n_1)f(n_2)\cdots f(n_k) \tag{8.2-8}$$

式中，$f(n_i)$是噪声 n 在 t_i 时刻的取值 n_i 的一维概率密度函数，若 n_i 的均值为零，方差为 σ_n^2，则其一维概率密度函数为

$$f(n_i) = \frac{1}{\sqrt{2\pi}\sigma_n} \exp\left\{-\frac{n_i^2}{2\sigma_n^2}\right\} \tag{8.2-9}$$

噪声 n 的 k 维联合概率密度函数为

$$f(n) = \frac{1}{(\sqrt{2\pi}\sigma_n)^k} \exp\left\{-\frac{1}{2\sigma_n^2}\sum_{i=1}^{k} n_i^2\right\} \tag{8.2-10}$$

根据帕塞瓦尔定理，当 k 很大时有

$$\frac{1}{2\sigma_n^2}\sum_{i=1}^{k} n_i^2 = \frac{1}{n_0}\int_0^T n^2(t)\,\mathrm{d}t \tag{8.2-11}$$

式中，$n_0=\dfrac{\sigma_n^2}{f_{\mathrm{H}}}$为噪声的单边功率谱密度。代入式(8.2-10)可得

$$f(n) = \frac{1}{(\sqrt{2\pi}\sigma_n)^k}\exp\left\{-\frac{1}{n_0}\int_0^T n^2(t)\,\mathrm{d}t\right\} \tag{8.2-12}$$

信号通过信道叠加噪声后到达观察空间，观察空间的观察波形为

$$y = n + s$$

由于在一个码元期间 T 内，信号集合中各状态 s_1，s_2，…，s_m中之一被发送，因此在观察期间 T 内观察波形为

$$y(t) = n(t) + s_i(t) \quad (i = 1, 2, \cdots, m) \tag{8.2-13}$$

由于 $n(t)$是均值为零，方差为 σ_n^2 的高斯过程，则当出现信号 $s_i(t)$时，$y(t)$的概率密度函数 $f_{s_i}(y)$可表示为

$$f_{s_i}(y) = \frac{1}{(\sqrt{2\pi}\sigma_n)^k}\exp\left\{-\frac{1}{n_0}\int_0^T [y(t) - s_i(t)]^2\,\mathrm{d}t\right\} \quad (i = 1, 2, \cdots, m) \tag{8.2-14}$$

$f_{s_i}(y)$称为似然函数，它是信号统计检测的第二数据。

根据 $y(t)$ 的统计特性，按照某种准则，即可对 $y(t)$ 作出判决，判决空间中可能出现的状态 r_1，r_2，…，r_m 与信号空间中的各状态 s_1，s_2，…，s_m 相对应。

8.2.2　最佳接收准则

在数字通信系统中，最直观且最合理的准则是"最小差错概率"准则。由于在传输过程中，信号会受到畸变和噪声的干扰，发送信号 $s_i(t)$ 时不一定能判为 r_i 出现，而是判决空间的所有状态都可能出现。这样将会造成错误接收，我们期望错误接收的概率愈小愈好。

在噪声干扰环境中，按照何种方法接收信号才能使得错误概率最小？我们以二进制数字通信系统为例分析其原理。在二进制数字通信系统中，发送信号只有两种状态，假设发送信号 $s_1(t)$ 和 $s_2(t)$ 的先验概率分别为 $P(s_1)$ 和 $P(s_2)$，$s_1(t)$ 和 $s_2(t)$ 在观察时刻的取值分别为 a_1 和 a_2，出现 $s_1(t)$ 信号时 $y(t)$ 的概率密度函数 $f_{s_1}(y)$ 为

$$f_{s_1}(y)=\frac{1}{(\sqrt{2\pi}\sigma_n)^k}\exp\left\{-\frac{1}{n_0}\int_0^T[y(t)-a_1]^2\,\mathrm{d}t\right\} \tag{8.2-15}$$

同理，出现 $s_2(t)$ 信号时 $y(t)$ 的概率密度函数 $f_{s_2}(y)$ 为

$$f_{s_2}(y)=\frac{1}{(\sqrt{2\pi}\sigma_n)^k}\exp\left\{-\frac{1}{n_0}\int_0^T[y(t)-a_2]^2\,\mathrm{d}t\right\} \tag{8.2-16}$$

$f_{s_1}(y)$ 和 $f_{s_2}(y)$ 的曲线如图 8-5 所示。

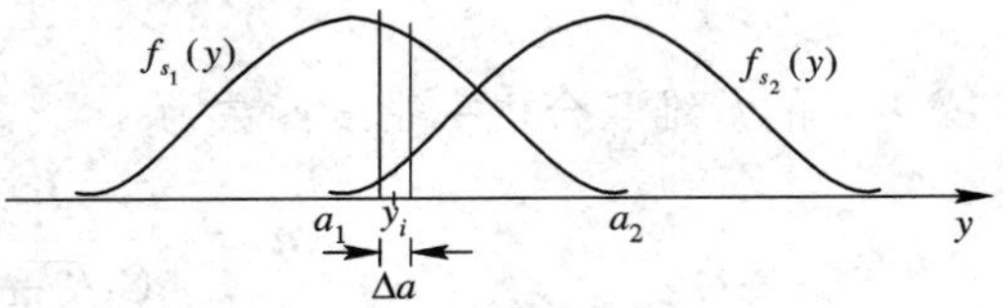

若在观察时刻得到的观察值为 y_i，可依概率将 y_i 判为 r_1 或 r_2。在 y_i 附近取一小区间 Δa，y_i 在区间 Δa 内属于 r_1 的概率为

$$q_1=\int_{\Delta a}f_{s_1}(y)\,\mathrm{d}y \tag{8.2-17}$$

图 8-5　$f_{s_1}(y)$ 和 $f_{s_2}(y)$ 的曲线图

y_i 在相同区间 Δa 内属于 r_2 的概率为

$$q_2=\int_{\Delta a}f_{s_2}(y)\,\mathrm{d}y \tag{8.2-18}$$

可以看出

$$q_1=\int_{\Delta a}f_{s_1}(y)\,\mathrm{d}y>q_2=\int_{\Delta a}f_{s_2}(y)\,\mathrm{d}y$$

即 y_i 属于 r_1 的概率大于 y_i 属于 r_2 的概率。因此，依大概率应将 y_i 判为 r_1 出现。

由于 $f_{s_1}(y)$ 和 $f_{s_2}(y)$ 的单调性质，图 8-5 所示的判决过程可以简化为图 8-6 所示的判决过程。

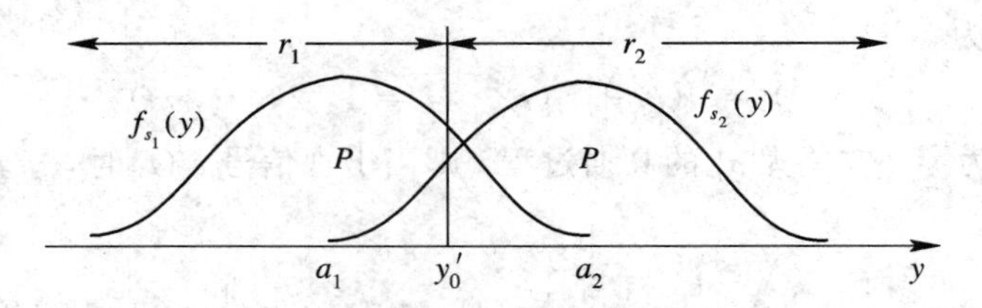

图 8-6　判决过程示意图

根据 $f_{s_1}(y)$ 和 $f_{s_2}(y)$ 的单调性质，在图 8-6 中 y 坐标上可以找到一个划分点 y_0'。在区间 $(-\infty,\ y_0')$，$q_1>q_2$；在区间 $(y_0',\ \infty)$，$q_1<q_2$。根据图 8-6 所分析的判决原理，当观

察时刻得到的观察值 $y_i \in (-\infty, y_0')$ 时，判为 r_1 出现；若观察时刻得到的观察值 $y_i \in (y_0', \infty)$ 时，判为 r_2 出现。

如果发送的是 $s_1(t)$，但是观察时刻得到的观察值 y_i 落在 (y_0', ∞) 区间，被判为 r_2 出现，这时将造成错误判决，其错误概率为

$$P_{s_1}(s_2) = \int_{y_0'}^{\infty} f_{s_1}(y)\,\mathrm{d}y \tag{8.2-19}$$

同理，如果发送的是 $s_2(t)$，但是观察时刻得到的观察值 y_i 落在 $(-\infty, y_0')$ 区间，被判为 r_1 出现，这时也将造成错误判决，其错误概率为

$$P_{s_2}(s_1) = \int_{-\infty}^{y_0'} f_{s_2}(y)\,\mathrm{d}y \tag{8.2-20}$$

此时系统总的误码率为

$$\begin{aligned} P_e &= P(s_1)P_{s_1}(s_2) + P(s_2)P_{s_2}(s_1) \\ &= P(s_1)\int_{y_0'}^{\infty} f_{s_1}(y)\,\mathrm{d}y + P(s_2)\int_{-\infty}^{y_0'} f_{s_2}(y)\,\mathrm{d}y \end{aligned} \tag{8.2-21}$$

由式(8.2-21)可以看出，系统总的误码率与先验概率、似然函数及划分点 y_0' 有关，在先验概率和似然函数一定的情况下，系统总的误码率 P_e 是划分点 y_0' 的函数。不同的 y_0' 将有不同的 P_e，我们希望选择一个划分点 y_0 使误码率 P_e 达到最小。使误码率 P_e 达到最小的划分点 y_0 称为最佳划分点。y_0 可以通过求 P_e 的最小值得到。即

$$\frac{\partial P_e}{\partial y_0'} = 0 \tag{8.2-22}$$

$$-P(s_1)f_{s_1}(y_0) + P(s_2)f_{s_2}(y_0) = 0 \tag{8.2-23}$$

由此可得最佳划分点将满足如下方程：

$$\frac{f_{s_1}(y_0)}{f_{s_2}(y_0)} = \frac{P(s_2)}{P(s_1)} \tag{8.2-24}$$

式中，y_0 即为最佳划分点。

如果观察时刻得到的观察值 y 小于最佳划分点 y_0，应判为 r_1 出现，此时式(8.2-24)左边大于右边；如果观察时刻得到的观察值 y 大于最佳划分点 y_0，应判为 r_2 出现，此时式(8.2-24)右边大于左边。因此，为了达到最小差错概率，可以按以下规则进行判决：

$$\begin{cases} \dfrac{f_{s_1}(y)}{f_{s_2}(y)} > \dfrac{P(s_2)}{P(s_1)}, & \text{判为 } r_1 (\text{即 } s_1) \\ \dfrac{f_{s_1}(y)}{f_{s_2}(y)} < \dfrac{P(s_2)}{P(s_1)}, & \text{判为 } r_2 (\text{即 } s_2) \end{cases} \tag{8.2-25}$$

以上判决规则称为似然比准则。在加性高斯白噪声条件下，似然比准则和最小差错概率准则是等价的。

当 $s_1(t)$ 和 $s_2(t)$ 的发送概率相等时，即 $P(s_1)=P(s_2)$ 时，则有

$$\begin{cases} f_{s_1}(y) > f_{s_2}(y), & \text{判为 } r_1 (\text{即 } s_1) \\ f_{s_1}(y) < f_{s_2}(y), & \text{判为 } r_2 (\text{即 } s_2) \end{cases} \tag{8.2-26}$$

上式判决规则称为最大似然准则，其物理概念是，接收到的波形 y 中，哪个似然函数大就

判为哪个信号出现。

以上判决规则可以推广到多进制数字通信系统中，对于 m 个可能发送的信号，在先验概率相等时的最大似然准则为

$$f_{s_i}(y) > f_{s_j}(y)，判为 s_i \quad (i=1, 2, \cdots, m; j=1, 2, \cdots, m; i \neq j) \tag{8.2-27}$$

最小差错概率准则是数字通信系统最常采用的准则，除此之外，贝叶斯(Bayes)准则、尼曼-皮尔逊(Neyman - Pearson)准则、极大极小准则等有时也被采用。

8.3　确知信号的最佳接收机

在数字通信系统中，接收机输入信号根据其特性的不同可以分为两大类，一类是确知信号，另一类是随参信号。所谓确知信号是指一个信号出现后，它的所有参数(如幅度、频率、相位、到达时刻等)都是确知的。如数字信号通过恒参信道到达接收机输入端的信号。在随参信号中，根据信号中随机参量的不同又可细分为随机相位信号、随机振幅信号和随机振幅随机相位信号(又称起伏信号)。本节讨论确知信号的最佳接收问题。

信号统计检测是利用概率和数理统计的工具来设计接收机。所谓最佳接收机设计是指在一组给定的假设条件下，利用信号检测理论给出满足某种最佳准则接收机的数学描述和组成原理框图，而不涉及接收机各级的具体电路。本节分析中所采用的最佳准则是最小差错概率准则。

8.3.1　二进制确知信号最佳接收机结构

接收端原理图如图 8-7 所示。设到达接收机输入端的两个确知信号分别为 $s_1(t)$ 和 $s_2(t)$，它们的持续时间为 $(0, T)$，且有相等的能量，即

$$E = E_1 = \int_0^T s_1^2(t)\,dt = E_2 = \int_0^T s_2^2(t)\,dt \tag{8.3-1}$$

噪声 $n(t)$ 是高斯白噪声，均值为零，单边功率谱密度为 n_0。要求设计的接收机能在噪声干扰下以最小的错误概率检测信号。

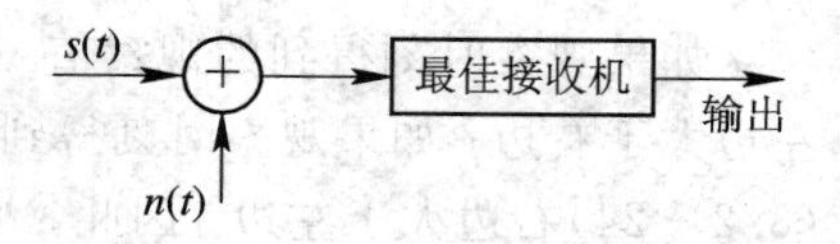

图 8-7　接收端原理

根据上一节的分析我们知道，在加性高斯白噪声条件下，最小差错概率准则与似然比准则是等价的。因此，我们可以直接利用式(8.2-25)似然比准则对确知信号作出判决。

在观察时间 $(0, T)$ 内，接收机输入端的信号为 $s_1(t)$ 和 $s_2(t)$，合成波为

$$y(t) = \begin{cases} s_1(t) + n(t), & 发送 s_1(t) 时 \\ s_2(t) + n(t), & 发送 s_2(t) 时 \end{cases} \tag{8.3-2}$$

由上一节分析可知，当出现 $s_1(t)$ 或 $s_2(t)$ 时观察空间的似然函数分别为

$$f_{s_1}(y) = \frac{1}{(\sqrt{2\pi}\sigma_n)^k} \exp\left\{-\frac{1}{n_0}\int_0^T [y(t) - s_1(t)]^2\,dt\right\} \tag{8.3-3}$$

$$f_{s_2}(y) = \frac{1}{(\sqrt{2\pi}\sigma_n)^k} \exp\left\{-\frac{1}{n_0}\int_0^T [y(t) - s_2(t)]^2\,dt\right\} \tag{8.3-4}$$

其似然比判决规则为

$$\frac{f_{s_1}(y_0)}{f_{s_2}(y_0)}=\frac{\dfrac{1}{(\sqrt{2\pi}\sigma_n)^k}\exp\left\{-\dfrac{1}{n_0}\int_0^T[y(t)-s_1(t)]^2\,\mathrm{d}t\right\}}{\dfrac{1}{(\sqrt{2\pi}\sigma_n)^k}\exp\left\{-\dfrac{1}{n_0}\int_0^T[y(t)-s_2(t)]^2\,\mathrm{d}t\right\}}>\frac{P(s_2)}{P(s_1)} \tag{8.3-5}$$

判为 $s_1(t)$ 出现，而

$$\frac{f_{s_1}(y_0)}{f_{s_2}(y_0)}=\frac{\dfrac{1}{(\sqrt{2\pi}\sigma_n)^k}\exp\left\{-\dfrac{1}{n_0}\int_0^T[y(t)-s_1(t)]^2\,\mathrm{d}t\right\}}{\dfrac{1}{(\sqrt{2\pi}\sigma_n)^k}\exp\left\{-\dfrac{1}{n_0}\int_0^T[y(t)-s_2(t)]^2\,\mathrm{d}t\right\}}<\frac{P(s_2)}{P(s_1)} \tag{8.3-6}$$

则判为 $s_2(t)$ 出现。式中，$P(s_1)$ 和 $P(s_2)$ 分别为发送 $s_1(t)$ 和 $s_2(t)$ 的先验概率。整理式(8.3－5)和(8.3－6)可得

$$U_1+\int_0^T y(t)s_1(t)\,\mathrm{d}t>U_2+\int_0^T y(t)s_2(t)\,\mathrm{d}t \tag{8.3-7}$$

判为 $s_1(t)$ 出现，而

$$U_1+\int_0^T y(t)s_1(t)\,\mathrm{d}t<U_2+\int_0^T y(t)s_2(t)\,\mathrm{d}t \tag{8.3-8}$$

则判为 $s_2(t)$ 出现。式中

$$\begin{cases}U_1=\dfrac{n_0}{2}\ln P(s_1)\\ U_2=\dfrac{n_0}{2}\ln P(s_2)\end{cases} \tag{8.3-9}$$

在先验概率 $P(s_1)$ 和 $P(s_2)$ 给定的情况下，U_1 和 U_2 都为常数。

根据式(8.3－7)和式(8.3－8)所描述的判决规则，可得到最佳接收机的结构如图 8－8 所示，其中比较器是比较抽样时刻 $t=T$ 时上下两个支路样值的大小。这种最佳接收机的结构是按比较观察波形 $y(t)$ 与 $s_1(t)$ 和 $s_2(t)$ 的相关性而构成的，因而称为相关接收机。其中相乘器与积分器构成相关器。接收过程是分别计算观察波形 $y(t)$ 与 $s_1(t)$ 和 $s_2(t)$ 的相关函数，在抽样时刻 $t=T$，$y(t)$ 与哪个发送信号的相关值大就判为哪个信号出现。

如果发送信号 $s_1(t)$ 和 $s_2(t)$ 的出现概率相等，即 $P(s_1)=P(s_2)$，由式(8.3－9)可得 $U_1=U_2$。此时，图 8－8 中的两个相加器可以省去，则先验等概率情况下的二进制确知信号最佳接收机简化结构如图 8－9 所示。

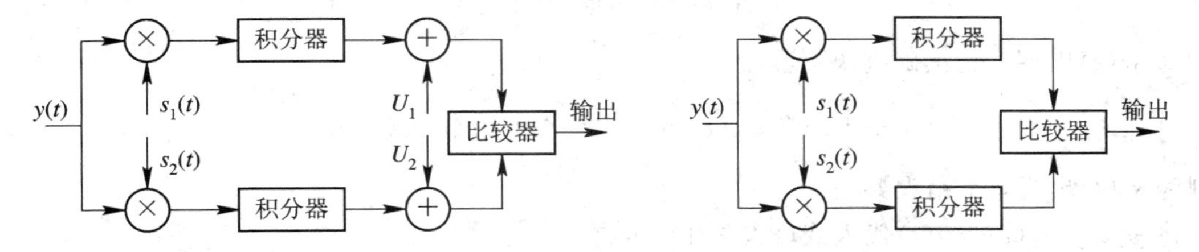

图 8－8　二进制确知信号最佳接收机结构　　图 8－9　二进制确知信号最佳接收机简化结构

由 8.1 节匹配滤波器分析我们知道，匹配滤波器可以看成是一个计算输入信号自相关函数的相关器。设发送信号为 $s(t)$，则匹配滤波器的单位冲激响应为

$$h(t) = s(T - t) \tag{8.3-10}$$

若匹配滤波器输入合成波为

$$y(t) = s(t) + n(t) \tag{8.3-11}$$

则匹配滤波器的输出在抽样时刻 $t = T$ 时的样值为

$$u_0(t) = \int_0^T y(t)s(t)\,\mathrm{d}t \tag{8.3-12}$$

由式(8.3-12)可以看出匹配滤波器在抽样时刻 $t=T$ 时的输出样值与最佳接收机中相关器在 $t=T$ 时的输出样值相等，因此，可以用匹配滤波器代替相关器构成最佳接收机，其结构如图8-10所示。

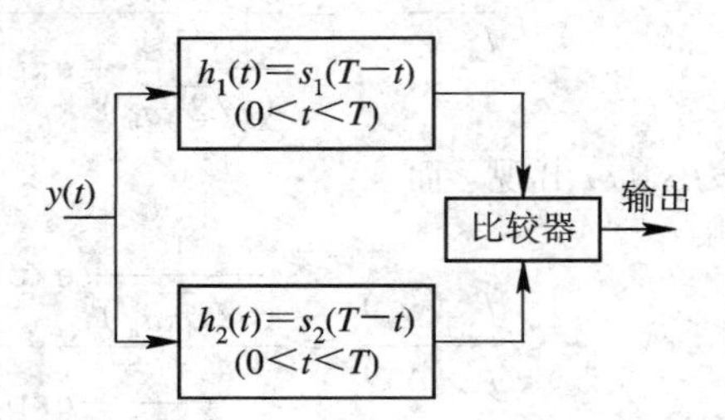

图 8-10　匹配滤波器形式的最佳接收机

在最小差错概率准则下，相关器形式的最佳接收机与匹配滤波器形式的最佳接收机是等价的。另外，无论是相关器还是匹配滤波器形式的最佳接收机，它们的比较器都是在 $t=T$ 时刻才作出判决，也即在码元结束时刻才能给出最佳判决结果。因此，判决时刻的任何偏差都将影响接收机的性能。

8.3.2　二进制确知信号最佳接收机误码性能

由上一节分析可知，相关器形式的最佳接收机与匹配滤波器形式的最佳接收机是等价的，因此可以从两者中的任一个出发来分析最佳接收机的误码性能。下面从相关器形式的最佳接收机角度来分析这个问题。

最佳接收机结构如图 8-8 所示，输出总的误码率为

$$P_e = P(s_1)P_{s_1}(s_2) + P(s_2)P_{s_2}(s_1) \tag{8.3-13}$$

其中，$P(s_1)$和 $P(s_2)$是发送信号的先验概率。$P_{s_1}(s_2)$是发送 $s_1(t)$信号时错误判决为 $s_2(t)$信号出现的概率；$P_{s_2}(s_1)$是发送 $s_2(t)$信号时错误判决为 $s_1(t)$信号出现的概率。分析 $P_{s_1}(s_2)$与 $P_{s_2}(s_1)$的方法相同，我们以分析 $P_{s_1}(s_2)$为例。

设发送信号为 $s_1(t)$，接收机输入端合成波为

$$y(t) = s_1(t) + n(t) \tag{8.3-14}$$

其中，$n(t)$是高斯白噪声，其均值为零，方差为 σ_n^2。若

$$U_1 + \int_0^T y(t)s_1(t)\,\mathrm{d}t > U_2 + \int_0^T y(t)s_2(t)\,\mathrm{d}t \tag{8.3-15}$$

则判为 $s_1(t)$出现，是正确判决。若

$$U_1 + \int_0^T y(t)s_1(t)\,\mathrm{d}t < U_2 + \int_0^T y(t)s_2(t)\,\mathrm{d}t \tag{8.3-16}$$

则判为 $s_2(t)$出现，是错误判决。

将 $y(t)=s_1(t)+n(t)$代入式(8.3-16)可得

$$U_1 + \int_0^T [s_1(t) - n(t)]s_1(t)\,\mathrm{d}t < U_2 + \int_0^T [s_1(t) - n(t)]s_2(t)\,\mathrm{d}t \tag{8.3-17}$$

代入 $U_1 = \frac{n_0}{2}\ln P(s_1)$和 $U_2 = \frac{n_0}{2}\ln P(s_2)$，并利用 $s_1(t)$和 $s_2(t)$能量相等的条件可得

$$\int_0^T n(t)[s_1(t)-s_2(t)]\,\mathrm{d}t < \frac{n_0}{2}\ln\frac{P(s_2)}{P(s_1)} - \frac{1}{2}\int_0^T [s_1(t)-s_2(t)]^2\,\mathrm{d}t \tag{8.3-18}$$

式(8.3-18)左边是随机变量，令为ξ，即

$$\xi = \int_0^T n(t)[s_1(t)-s_2(t)]\,\mathrm{d}t \tag{8.3-19}$$

式(8.3-18)右边是常数，令为a，即

$$a = \frac{n_0}{2}\ln\frac{P(s_2)}{P(s_1)} - \frac{1}{2}\int_0^T [s_1(t)-s_2(t)]^2\,\mathrm{d}t \tag{8.3-20}$$

式(8.3-18)可简化为

$$\xi < a \tag{8.3-21}$$

判为$s_2(t)$出现，产生错误判决。则发送$s_1(t)$将其错误判决为$s_2(t)$的条件简化为$\xi<a$事件，相应的错误概率为

$$P_{s_1}(s_2) = P(\xi < a) \tag{8.3-22}$$

只要求出随机变量ξ的概率密度函数，即可计算出式(8.3-22)的数值。

根据假设条件，$n(t)$是高斯随机过程，其均值为零，方差为σ_n^2。根据随机过程理论可知，高斯型随机过程的积分是一个高斯型随机变量。所以ξ是一个高斯随机变量，只要求出ξ的数学期望和方差，就可以得到ξ的概率密度函数。

ξ的数学期望为

$$\begin{aligned} E[\xi] &= E\left\{\int_0^T n(t)[s_1(t)-s_2(t)]\,\mathrm{d}t\right\} \\ &= \int_0^T E[n(t)][s_1(t)-s_2(t)]\,\mathrm{d}t = 0 \end{aligned} \tag{8.3-23}$$

ξ的方差为

$$\begin{aligned} \sigma_\xi^2 &= D[\xi] = E[\xi^2] \\ &= E\left\{\int_0^T\int_0^T n(t)[s_1(t)-s_2(t)]n(\tau)[s_1(\tau)-s_2(\tau)]\,\mathrm{d}t\,\mathrm{d}\tau\right\} \\ &= \int_0^T\int_0^T E[n(t)n(\tau)][s_1(t)-s_2(t)][s_1(\tau)-s_2(\tau)]\,\mathrm{d}t\,\mathrm{d}\tau \end{aligned} \tag{8.3-24}$$

式中，$E[n(t)n(\tau)]$为高斯白噪声$n(t)$的自相关函数，由第2章随机信号分析可知

$$E[n(t)n(\tau)] = \frac{n_0}{2}\delta(t-\tau) = \begin{cases} \dfrac{n_0}{2}\delta(0), & t=\tau \\ 0, & t\neq\tau \end{cases} \tag{8.3-25}$$

将上式代入式(8.3-24)可得

$$\sigma_\xi^2 = \frac{n_0}{2}\int_0^T [s_1(t)-s_2(t)]^2\,\mathrm{d}t \tag{8.3-26}$$

于是可以写出ξ的概率密度函数为

$$f(\xi) = \frac{1}{\sqrt{2\pi}\sigma_\xi}\exp\left\{-\frac{\xi^2}{2\sigma_\xi^2}\right\} \tag{8.3-27}$$

至此，可得发送$s_1(t)$将其错误判决为$s_2(t)$的概率为

$$P_{s_1}(s_2) = P(\xi < a) = \frac{1}{\sqrt{2\pi}}\int_b^\infty \exp\left\{-\frac{x^2}{2}\right\}\mathrm{d}x \tag{8.3-28}$$

利用相同的分析方法，可以得到发送 $s_2(t)$将其错误判决为 $s_1(t)$的概率为

$$P_{s_2}(s_1)=\frac{1}{\sqrt{2\pi}}\int_{b'}^{\infty}\exp\left\{-\frac{x^2}{2}\right\}\mathrm{d}x \tag{8.3-29}$$

系统总的误码率为

$$\begin{aligned}P_{\mathrm{e}}&=P(s_1)P_{s_1}(s_2)+P(s_2)P_{s_2}(s_1)\\&=P(s_1)\left[\frac{1}{\sqrt{2\pi}}\int_{b}^{\infty}\exp\left(-\frac{x^2}{2}\right)\mathrm{d}x\right]+P(s_2)\left[\frac{1}{\sqrt{2\pi}}\int_{b'}^{\infty}\exp\left(-\frac{x^2}{2}\right)\mathrm{d}x\right]\end{aligned} \tag{8.3-30}$$

式中，b 和 b'分别为

$$b=\sqrt{\frac{1}{2n_0}\int_0^T[s_1(t)-s_2(t)]^2\,\mathrm{d}t}+\frac{\ln\dfrac{P(s_1)}{P(s_2)}}{2\sqrt{\dfrac{1}{2n_0}\displaystyle\int_0^T[s_1(t)-s_2(t)]^2\,\mathrm{d}t}} \tag{8.3-31}$$

$$b'=\sqrt{\frac{1}{2n_0}\int_0^T[s_1(t)-s_2(t)]^2\,\mathrm{d}t}+\frac{\ln\dfrac{P(s_2)}{P(s_1)}}{2\sqrt{\dfrac{1}{2n_0}\displaystyle\int_0^T[s_1(t)-s_2(t)]^2\,\mathrm{d}t}} \tag{8.3-32}$$

由式(8.3-30)、式(8.3-31)和式(8.3-32)可以看出，最佳接收机的误码性能与先验概率 $P(s_1)$和 $P(s_2)$、噪声功率谱密度 n_0 及 $s_1(t)$和 $s_2(t)$之差的能量有关，而与 $s_1(t)$和 $s_2(t)$本身的具体结构无关。

一般情况下先验概率是不容易确定的，通常选择先验等概的假设设计最佳接收机。在发送 $s_1(t)$和 $s_2(t)$的先验概率相等时，误码率 P_{e} 还与 $s_1(t)$和 $s_2(t)$之差的能量有关，如何设计 $s_1(t)$和 $s_2(t)$使误码率 P_{e} 达到最小，是我们需要解决的另一个问题。

比较式(8.3-31)和式(8.3-32)可以看出，当发送信号先验概率相等时，$b=b'$，此时误码率可表示为

$$P_{\mathrm{e}}=\frac{1}{\sqrt{2\pi}}\int_{A}^{\infty}\exp\left\{-\frac{x^2}{2}\right\}\mathrm{d}x=\frac{1}{2}\operatorname{erfc}\left(\frac{A}{\sqrt{2}}\right) \tag{8.3-33}$$

式中

$$A=\sqrt{\frac{1}{2n_0}\int_0^T[s_1(t)-s_2(t)]^2\,\mathrm{d}t} \tag{8.3-34}$$

为了分析方便，我们定义 $s_1(t)$和 $s_2(t)$之间的互相关系数为

$$\rho=\frac{\displaystyle\int_0^T s_1(t)s_2(t)\,\mathrm{d}t}{E} \tag{8.3-35}$$

式中，E 是信号 $s_1(t)$和 $s_2(t)$在 $0\leqslant t\leqslant T$ 期间的平均能量。当 $s_1(t)$和 $s_2(t)$具有相等的能量时，有

$$E=E_1=E_2=E_b \tag{8.3-36}$$

将 E_b 和 ρ 代入式(8.3-34)可得

$$A=\sqrt{\frac{E_b(1-\rho)}{n_0}} \tag{8.3-37}$$

此时，式(8.3-33)可表示为

$$P_e = \frac{1}{2}\,\mathrm{erfc}\left[\sqrt{\frac{E_b(1-\rho)}{2n_0}}\right] \tag{8.3-38}$$

上式即为二进制确知信号最佳接收机误码率的一般表示式。它与信噪比 E_b/n_0 及发送信号之间的互相关系数 ρ 有关。

由互补误差函数 $\mathrm{erfc}(x)$ 的性质我们知道，互补误差函数 $\mathrm{erfc}(x)$ 是严格单调递减函数。因此，随着自变量 x 的增加，函数值减小。由式(8.3-38)可知，为了得到最小的误码率 P_e，就要使 $\dfrac{E_b(1-\rho)}{2n_0}$ 最大化。当信号能量 E_b 和噪声功率谱密度 n_0 一定时，误码率 P_e 就是互相关系数 ρ 的函数。互相关系数 ρ 愈小，误码率 P_e 也愈小，要获得最小的误码率 P_e，就要求出最小的互相关系数 ρ。

根据互相关系数 ρ 的性质，ρ 的取值范围为

$$-1 \leqslant \rho \leqslant 1$$

当 ρ 取最小值 $\rho=-1$ 时，误码率 P_e 将达到最小，此时误码率为

$$P_e = \frac{1}{2}\,\mathrm{erfc}\left[\sqrt{\frac{E_b}{n_0}}\right] \tag{8.3-39}$$

上式即为发送信号先验概率相等时，二进制确知信号最佳接收机所能达到的最小误码率，此时相应的发送信号 $s_1(t)$ 和 $s_2(t)$ 之间的互相关系数 $\rho=-1$。也就是说，当发送二进制信号 $s_1(t)$ 和 $s_2(t)$ 之间的互相关系数 $\rho=-1$ 时的波形就称为最佳波形。

当互相关系数 $\rho=0$ 时，误码率为

$$P_e = \frac{1}{2}\,\mathrm{erfc}\left[\sqrt{\frac{E_b}{2n_0}}\right] \tag{8.3-40}$$

若互相关系数 $\rho=1$，则误码率为

$$P_e = \frac{1}{2}$$

若发送信号 $s_1(t)$ 和 $s_2(t)$ 是不等能量信号，如 $E_1=0$，$E_2=E_b$，$\rho=0$，发送信号 $s_1(t)$ 和 $s_2(t)$ 的平均能量为 $E=\dfrac{E_b}{2}$，在这种情况下，误码率表示式(8.3-40)变为

$$P_e = \frac{1}{2}\,\mathrm{erfc}\left[\sqrt{\frac{E_b}{4n_0}}\right] \tag{8.3-41}$$

根据式(8.3-39)、式(8.3-40)和式(8.3-41)画出的 $P_e \sim \dfrac{E_b}{n_0}$ 关系曲线如图 8-11 中③②①所示。

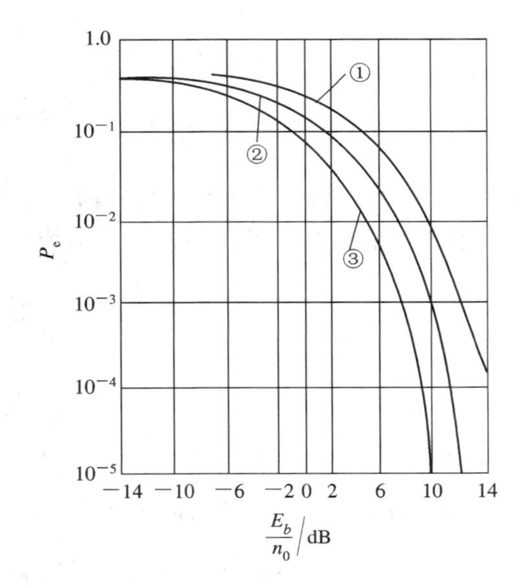

图 8-11　二进制最佳接收机误码率曲线

在第 5 章数字基带传输系统误码率性能分析中我们知道，双极性信号的误码率低于单极性信号，其原因之一就是双极性信号之间的互相关系数 $\rho=-1$，而单极性信号之间的互

相关系数 $\rho=0$。在第 7 章数字频带传输系统误码性能分析中，2PSK 信号能使互相关系数 $\rho=-1$，因此 2PSK 信号是最佳信号波形；2FSK 和 2ASK 信号对应的互相关系数 $\rho=0$，因此 2PSK 系统的误码率性能优于 2FSK 和 2ASK 系统；2FSK 信号是等能量信号，而 2ASK 信号是不等能量信号，因此 2FSK 系统的误码率性能优于 2ASK 系统。

8.4 随相信号的最佳接收机

确知信号最佳接收是信号检测中的一种理想情况。实际中，由于种种原因，接收信号的各分量参数或多或少带有随机因素，因而在检测时除了不可避免的噪声会造成判决错误外，信号参量的未知性使检测错误又增加了一个因素。因为这些参量并不携带有关假设的信息，其作用仅仅是妨碍检测的进行。造成随参信号的原因很多，主要有：发射机振荡器频率不稳定，信号在随参信道中传输引起的畸变，雷达目标信号反射等。

随机相位信号简称随相信号，是一种典型且简单的随参信号，其特点是接收信号的相位具有随机性质，如具有随机相位的 2FSK 信号和具有随机相位的 2ASK 信号都属于随相信号。对于随相信号最佳接收问题的分析，与确知信号最佳接收的分析思路是一致的。但是，由于随相信号具有随机相位，使得问题的分析显得更复杂一些，最佳接收机结构形式也比确知信号最佳接收机复杂。

8.4.1 二进制随相信号最佳接收机结构

二进制随相信号具有多种形式，我们以具有随机相位的 2FSK 信号为例展开分析。设发送的两个随相信号为

$$s_1(t,\varphi_1)=\begin{cases}A\cos(\omega_1 t+\varphi_1), & 0\leqslant t\leqslant T\\ 0, & \text{其他}\end{cases} \tag{8.4-1}$$

$$s_2(t,\varphi_2)=\begin{cases}A\cos(\omega_2 t+\varphi_2), & 0\leqslant t\leqslant T\\ 0, & \text{其他}\end{cases} \tag{8.4-2}$$

式中，ω_1 和 ω_2 为满足正交条件的两个载波角频率；φ_1 和 φ_2 是每一个信号的随机相位参数，它们的取值在区间[0, 2π]上服从均匀分布，即

$$f(\varphi_1)=\begin{cases}\dfrac{1}{2\pi}, & 0\leqslant\varphi_1\leqslant 2\pi\\ 0, & \text{其他}\end{cases} \tag{8.4-3}$$

$$f(\varphi_2)=\begin{cases}\dfrac{1}{2\pi}, & 0\leqslant\varphi_2\leqslant 2\pi\\ 0, & \text{其他}\end{cases} \tag{8.4-4}$$

$s_1(t,\varphi_1)$和 $s_2(t,\varphi_2)$持续时间为$(0,T)$，且能量相等，即

$$E_b=E_1=\int_0^T s_1^2(t,\varphi_1)\,\mathrm{d}t=E_2=\int_0^T s_2^2(t,\varphi_2)\,\mathrm{d}t \tag{8.4-5}$$

假设信道是加性高斯白噪声信道，则接收机输入端合成波为

$$y(t)=\begin{cases}s_1(t,\varphi_1)+n(t), & \text{发送 } s_1(t,\varphi_1)\text{ 时}\\ s_2(t,\varphi_2)+n(t), & \text{发送 } s_2(t,\varphi_2)\text{ 时}\end{cases} \tag{8.4-6}$$

式中，$n(t)$是加性高斯白噪声，其均值为零，方差为 σ_n^2，单边功率谱密度为 n_0。

在确知信号的最佳接收中，通过似然比准则可以得到最佳接收机的结构。然而在随相信号的最佳接收中，接收机输入端合成波 $y(t)$中除了加性高斯白噪声之外，还有随机相位，因此不能直接给出似然函数 $f_{s_1}(y)$和 $f_{s_2}(y)$。此时，可以先求出在给定相位 φ_1 和 φ_2 的条件下关于 $y(t)$的条件似然函数 $f_{s_1}(y/\varphi_1)$和 $f_{s_2}(y/\varphi_2)$，即

$$f_{s_1}(y/\varphi_1) = \frac{1}{(\sqrt{2\pi}\sigma_n)^k} \exp\left\{-\frac{1}{n_0}\int_0^T [y(t) - s_1(t, \varphi_1)]^2 \, dt\right\} \tag{8.4-7}$$

$$f_{s_2}(y/\varphi_2) = \frac{1}{(\sqrt{2\pi}\sigma_n)^k} \exp\left\{-\frac{1}{n_0}\int_0^T [y(t) - s_2(t, \varphi_2)]^2 \, dt\right\} \tag{8.4-8}$$

由概率论知识可得

$$\begin{aligned}
f_{s_1}(y) &= \int_{\Delta\varphi_1} f_{s_1}(y, \varphi_1)\, d\varphi_1 = \int_{\Delta\varphi_1} f(\varphi_1) f_{s_1}(y/\varphi_1)\, d\varphi_1 \\
&= \frac{1}{2\pi(\sqrt{2\pi}\sigma_n)^k}\int_0^{2\pi} \exp\left\{-\frac{1}{n_0}\int_0^T [y(t) - s_1(t, \varphi_1)]^2\, dt\right\} d\varphi_1 \\
&= \frac{1}{2\pi(\sqrt{2\pi}\sigma_n)^k}\int_0^{2\pi} \exp\left\{-\frac{E_b}{n_0} - \frac{1}{n_0}\int_0^T y^2(t)\, dt\right. \\
&\quad \left. + \frac{2}{n_0}\int_0^T Ay(t)\cos(\omega_1 t + \varphi_1)\, dt\right\} d\varphi_1 \\
&= \frac{K}{2\pi}\int_0^{2\pi} \exp\left\{\frac{2}{n_0}\int_0^T Ay(t)\cos(\omega_1 t + \varphi_1)\, dt\right\} d\varphi_1
\end{aligned} \tag{8.4-9}$$

式中

$$K = \frac{\exp\left\{-\dfrac{E_b}{n_0} - \dfrac{1}{n_0}\int_0^T y^2(t)\, dt\right\}}{(\sqrt{2\pi}\sigma_n)^k} \tag{8.4-10}$$

为常数。

令随机变量 $\xi(\varphi_1)$为

$$\begin{aligned}
\xi(\varphi_1) &= \frac{2}{n_0}\int_0^T Ay(t)\cos(\omega_1 t + \varphi_1)\, dt \\
&= \frac{2A}{n_0}\int_0^T y(t)(\cos\omega_1 t \cos\varphi_1 - \sin\omega_1 t \sin\varphi_1)\, dt \\
&= \frac{2A}{n_0}\int_0^T y(t)\cos\omega_1 t\, dt \cos\varphi_1 - \frac{2A}{n_0}\int_0^T y(t)\sin\omega_1 t\, dt \sin\varphi_1 \\
&= \frac{2A}{n_0}(X_1\cos\varphi_1 - Y_1\sin\varphi_1) \\
&= \frac{2A}{n_0}\sqrt{X_1^2 + Y_1^2}\cos\left(\varphi_1 + \arctan\frac{Y_1}{X_1}\right) \\
&= \frac{2A}{n_0}M_1\cos(\varphi_1 + \varphi_0)
\end{aligned} \tag{8.4-11}$$

式中

$$X_1 = \int_0^T y(t)\cos\omega_1 t\, dt \tag{8.4-12}$$

$$Y_1 = \int_0^T y(t)\ \sin\omega_1 t\ \mathrm{d}t \tag{8.4-13}$$

$$M_1 = \sqrt{X_1^2 + Y_1^2} \tag{8.4-14}$$

于是，式(8.4－9)可表示为

$$f_{s_1}(y) = \frac{K}{2\pi}\int_0^{2\pi} \exp\left\{\frac{2A}{n_0} M_1 \cos(\varphi_1 + \varphi_0)\right\} \mathrm{d}\varphi_1 = K\mathrm{I}_0\left(\frac{2A}{n_0}M_1\right) \tag{8.4-15}$$

式中，K 为常数，$\mathrm{I}_0\left(\frac{2A}{n_0}M_1\right)$为零阶修正贝塞尔函数。

同理可得，出现 $s_2(t)$时 $y(t)$的似然函数 $f_{s_2}(y)$为

$$f_{s_2}(y) = K\mathrm{I}_0\left(\frac{2A}{n_0}M_2\right) \tag{8.4-16}$$

式中

$$X_2 = \int_0^T y(t)\ \cos\omega_2 t\ \mathrm{d}t \tag{8.4-17}$$

$$Y_2 = \int_0^T y(t)\ \sin\omega_2 t\ \mathrm{d}t \tag{8.4-18}$$

$$M_2 = \sqrt{X_2^2 + Y_2^2} \tag{8.4-19}$$

代入 M_1 和 M_2 的具体表示式可得

$$M_1 = \left\{\left[\int_0^T y(t)\ \cos\omega_1 t\ \mathrm{d}t\right]^2 + \left[\int_0^T y(t)\ \sin\omega_1 t\ \mathrm{d}t\right]^2\right\}^{\frac{1}{2}} \tag{8.4-20}$$

$$M_2 = \left\{\left[\int_0^T y(t)\ \cos\omega_2 t\ \mathrm{d}t\right]^2 + \left[\int_0^T y(t)\ \sin\omega_2 t\ \mathrm{d}t\right]^2\right\}^{\frac{1}{2}} \tag{8.4-21}$$

假设发送信号 $s_1(t, \varphi_1)$和 $s_2(t, \varphi_2)$的先验概率相等，采用最大似然准则对观察空间样值作出判决，即

$$f_{s_1}(y) > f_{s_2}(y), \qquad \text{判为 } s_1 \tag{8.4-22}$$

$$f_{s_1}(y) < f_{s_2}(y), \qquad \text{判为 } s_2 \tag{8.4-23}$$

将式(8.4－15)和式(8.4－16)代入上式可得：

$$K\mathrm{I}_0\left(\frac{2A}{n_0}M_1\right) > K\mathrm{I}_0\left(\frac{2A}{n_0}M_2\right), \quad \text{判为 } s_1 \tag{8.4-24}$$

$$K\mathrm{I}_0\left(\frac{2A}{n_0}M_1\right) < K\mathrm{I}_0\left(\frac{2A}{n_0}M_2\right), \quad \text{判为 } s_2 \tag{8.4-25}$$

判决式两边约去常数 K 后有

$$\mathrm{I}_0\left(\frac{2A}{n_0}M_1\right) > \mathrm{I}_0\left(\frac{2A}{n_0}M_2\right), \quad \text{判为 } s_1 \tag{8.4-26}$$

$$\mathrm{I}_0\left(\frac{2A}{n_0}M_1\right) < \mathrm{I}_0\left(\frac{2A}{n_0}M_2\right), \quad \text{判为 } s_2 \tag{8.4-27}$$

根据零阶修正贝塞尔函数的性质可知，$\mathrm{I}_0(x)$是严格单调增加函数，若函数 $\mathrm{I}_0(x_2) > \mathrm{I}_0(x_1)$，则有 $x_2 > x_1$。因此，式(8.4－26)和式(8.4－27)中，根据比较零阶修正贝塞尔函数大小作出判决，可以简化为根据比较零阶修正贝塞尔函数自变量的大小作出判决。此时判决规则简化为

$$\frac{2A}{n_0}M_1 > \frac{2A}{n_0}M_2, \qquad \text{判为 } s_1 \tag{8.4-28}$$

$$\frac{2A}{n_0}M_1 < \frac{2A}{n_0}M_2, \qquad 判为\ s_2 \tag{8.4-29}$$

判决式两边约去常数并代入 M_1 和 M_2 的具体表示式后有

$$M_1 > M_2, \qquad 判为\ s_1 \tag{8.4-30}$$

$$M_1 < M_2, \qquad 判为\ s_2 \tag{8.4-31}$$

即

$$\begin{aligned} &\left\{\left[\int_0^T y(t)\ \cos\omega_1 t\ \mathrm{d}t\right]^2 + \left[\int_0^T y(t)\ \sin\omega_1 t\ \mathrm{d}t\right]^2\right\}^{\frac{1}{2}} \\ &> \left\{\left[\int_0^T y(t)\ \cos\omega_2 t\ \mathrm{d}t\right]^2 + \left[\int_0^T y(t)\ \sin\omega_2 t\ \mathrm{d}t\right]^2\right\}^{\frac{1}{2}} \end{aligned} \tag{8.4-32}$$

判为 s_1，而

$$\begin{aligned} &\left\{\left[\int_0^T y(t)\ \cos\omega_1 t\ \mathrm{d}t\right]^2 + \left[\int_0^T y(t)\ \sin\omega_1 t\ \mathrm{d}t\right]^2\right\}^{\frac{1}{2}} \\ &< \left\{\left[\int_0^T y(t)\ \cos\omega_2 t\ \mathrm{d}t\right]^2 + \left[\int_0^T y(t)\ \sin\omega_2 t\ \mathrm{d}t\right]^2\right\}^{\frac{1}{2}} \end{aligned} \tag{8.4-33}$$

判为 s_2。

式(8.4-32)和式(8.4-33)就是对二进制随相信号进行判决的数学关系式，根据以上二式可构成二进制随相信号最佳接收机结构如图 8-12 所示。

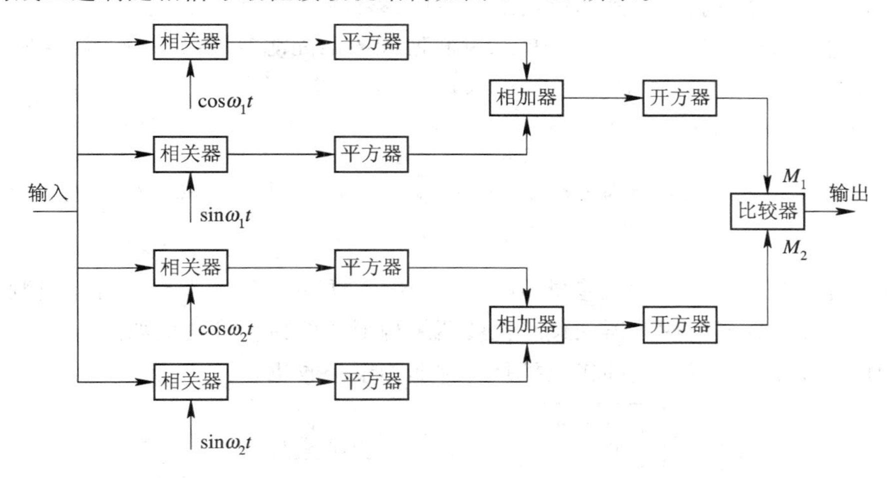

图 8-12　二进制随相信号最佳接收机结构

上述最佳接收机结构形式是相关器结构形式。可以看出，二进制随相信号最佳接收机结构比二进制确知信号最佳接收机结构复杂很多，实际中实现也较复杂。与二进制确知信号最佳接收机分析相类似，可以采用匹配滤波器对二进制随相信号最佳接收机结构进行简化。

由于接收机输入信号 $s_1(t, \varphi_1)$和 $s_2(t, \varphi_2)$包含有随机相位 φ_1 和 φ_2，因此无法实现与输入信号 $s_1(t, \varphi_1)$和 $s_2(t, \varphi_2)$完全匹配的匹配滤波器。我们可以设计一种匹配滤波器，它只与输入信号的频率匹配，而不匹配到相位。与输入信号 $s_1(t, \varphi_1)$频率相匹配的匹配滤波器单位冲激响应为

$$h_1(t) = \cos\omega_1(T-t),\ 0 \leqslant t \leqslant T \tag{8.4-34}$$

当输入 $y(t)$时，该滤波器的输出为

$$
\begin{aligned}
e_1(t) &= y(t) * h_1(t) = \int_0^t y(\tau)\cos\omega_1(T-t+\tau)\,d\tau \\
&= \left[\int_0^t y(\tau)\cos\omega_1\tau\,d\tau\right]\cos\omega_1(T-t) - \left[\int_0^t y(\tau)\sin\omega_1\tau\,d\tau\right]\sin\omega_1(T-t) \\
&= \left\{\left[\int_0^t y(\tau)\cos\omega_1\tau\,d\tau\right]^2 + \left[\int_0^t y(\tau)\sin\omega_1\tau\,d\tau\right]^2\right\}^{\frac{1}{2}}\cos[\omega_1(T-t)+\theta_1]
\end{aligned}
\tag{8.4-35}
$$

式中

$$
\theta_1 = \arctan\frac{\int_0^t y(\tau)\sin\omega_1\tau\,d\tau}{\int_0^t y(\tau)\cos\omega_1\tau\,d\tau} \tag{8.4-36}
$$

式(8.4－35)在 $t=T$ 时刻的取值为

$$
e_1(T) = \left\{\left[\int_0^T y(\tau)\cos\omega_1\tau\,d\tau\right]^2 + \left[\int_0^T y(\tau)\sin\omega_1\tau\,d\tau\right]^2\right\}^{\frac{1}{2}}\cos\theta_1 = M_1\cos\theta_1 \tag{8.4-37}
$$

可以看出，滤波器输出信号在 $t=T$ 时刻的包络与图 8－12 所示的二进制随相信号最佳接收机中的参数 M_1 相等。这表明，采用一个与输入随相信号频率相匹配的匹配滤波器，再级联一个包络检波器，就能得到判决器所需要的参数 M_1。

同理，选择与输入信号 $s_2(t,\varphi_2)$的频率相匹配的匹配滤波器的单位冲激响应为

$$
h_2(t) = \cos\omega_2(T-t),\quad 0\leqslant t\leqslant T \tag{8.4-38}
$$

该滤波器在 $t=T$ 时刻的输出为

$$
e_2(T) = \left\{\left[\int_0^T y(\tau)\cos\omega_2\tau\,d\tau\right]^2 + \left[\int_0^T y(\tau)\sin\omega_2\tau\,d\tau\right]^2\right\}^{\frac{1}{2}}\cos\theta_2 = M_2\cos\theta_2 \tag{8.4-39}
$$

从而得到了比较器的第二个输入参数 M_2，通过比较 M_1 和 M_2 的大小即可作出判决。根据以上分析，可以得到匹配滤波器加包络检波器结构形式的最佳接收机如图 8－13 所示。由于没有利用相位信息，所以这种接收机是一种非相干接收机。

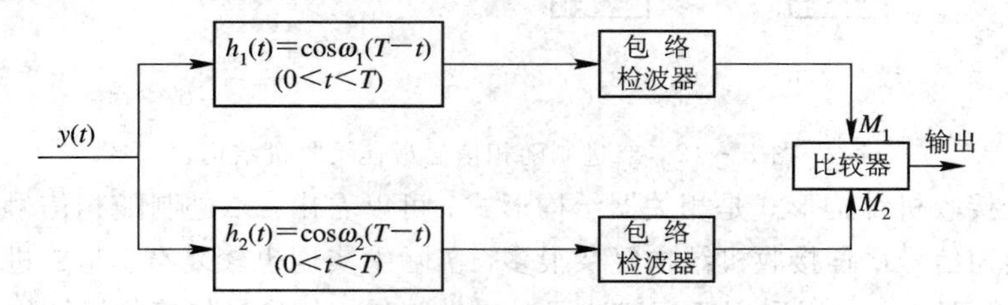

图 8－13　匹配滤波器形式的随相信号最佳接收机结构

8.4.2　二进制随相信号最佳接收机误码性能

二进制随相信号与二进制确知信号最佳接收机误码性能分析方法相同，总的误码率为

$$
P_e = P(s_1)P_{s_1}(s_2) + P(s_2)P_{s_2}(s_1)
$$

当发送信号 $s_1(t,\varphi_1)$和 $s_2(t,\varphi_2)$出现概率相等时

$$P_e = P_{s_1}(s_2) = P_{s_2}(s_1) \tag{8.4-40}$$

因此只需要分析 $P_{s_1}(s_2)$ 或 $P_{s_2}(s_1)$ 其中之一就可以，我们以 $P_{s_1}(s_2)$ 为例进行分析。

在发送 $s_1(t, \varphi_1)$ 信号时出现错误判决的条件是

$$M_1 < M_2, \qquad 判为\ s_2$$

此时的错误概率为

$$P_{s_1}(s_2) = P(M_1 < M_2) \tag{8.4-41}$$

其中，M_1 和 M_2 如式(8.4-20)和式(8.4-21)。

与7.2节2FSK信号非相干解调分析方法相似，首先需要分别求出 M_1 和 M_2 的概率密度函数 $f(M_1)$ 和 $f(M_2)$，再来根据式(8.4-41)计算错误概率。

接收机输入合成波为

$$y(t) = s_1(t, \varphi_1) + n(t) = A\cos(\omega_1 t + \varphi_1) + n(t) \tag{8.4-42}$$

在信号 $s_1(t, \varphi_1)$ 给定的条件下，随机相位 φ_1 是确定值。此时 X_1 和 Y_1 分别为

$$X_1 = \int_0^T y(t)\cos\omega_1 t\,dt = \int_0^T n(t)\cos\omega_1 t\,dt + \frac{AT}{2}\cos\varphi_1 \tag{8.4-43}$$

$$Y_1 = \int_0^T y(t)\sin\omega_1 t\,dt = \int_0^T n(t)\sin\omega_1 t\,dt + \frac{AT}{2}\sin\varphi_1 \tag{8.4-44}$$

X_1 和 Y_1 的数学期望分别为

$$E[X_1] = E\left[\int_0^T n(t)\cos\omega_1 t\,dt + \frac{AT}{2}\cos\varphi_1\right] = \frac{AT}{2}\cos\varphi_1 \tag{8.4-45}$$

$$E[Y_1] = E\left[\int_0^T n(t)\sin\omega_1 t\,dt + \frac{AT}{2}\sin\varphi_1\right] = \frac{AT}{2}\sin\varphi_1 \tag{8.4-46}$$

X_1 和 Y_1 的方差为

$$\sigma_M^2 = \sigma_{X_1}^2 = \sigma_{Y_1}^2 = \frac{n_0 T}{4} \tag{8.4-47}$$

由此可知，X_1 和 Y_1 是均值分别为 $\frac{AT}{2}\cos\varphi_1$ 和 $\frac{AT}{2}\sin\varphi_1$，方差为 $\frac{n_0 T}{4}$ 的高斯随机变量。参数 M_1 服从广义瑞利分布，其一维概率密度函数为

$$f(M_1) = \frac{M_1}{\sigma_M^2} I_0\left(\frac{ATM_1}{2\sigma_M^2}\right)\exp\left\{-\frac{1}{2\sigma_M^2}\left[M_1^2 + \left(\frac{AT}{2}\right)^2\right]\right\} \tag{8.4-48}$$

根据 ω_1 和 ω_2 构成两个正交载波的条件，同理可得参数 M_2 服从瑞利分布，其一维概率密度函数为

$$f(M_2) = \frac{M_2}{\sigma_M^2}\exp\left\{-\frac{M_2^2}{2\sigma_M^2}\right\} \tag{8.4-49}$$

错误概率 $P_{s_1}(s_2)$ 为

$$P_{s_1}(s_2) = P(M_1 < M_2) = \iint_{\Delta} f(M_1) f(M_2)\,dM_1\,dM_2$$

$$= \int_0^\infty f(M_1)\left[\int_{M_1}^\infty f(M_2)\,dM_2\right]dM_1 = \frac{1}{2}e^{-\frac{E_b}{2n_0}} \tag{8.4-50}$$

总的误码率为

$$P_e = P_{s_1}(s_2) = \frac{1}{2}e^{-\frac{E_b}{2n_0}} \tag{8.4-51}$$

由误码率表示式可以看出，二进制随相信号最佳接收机是一种非相干接收机。误码率性能曲线如图 8-14 所示。

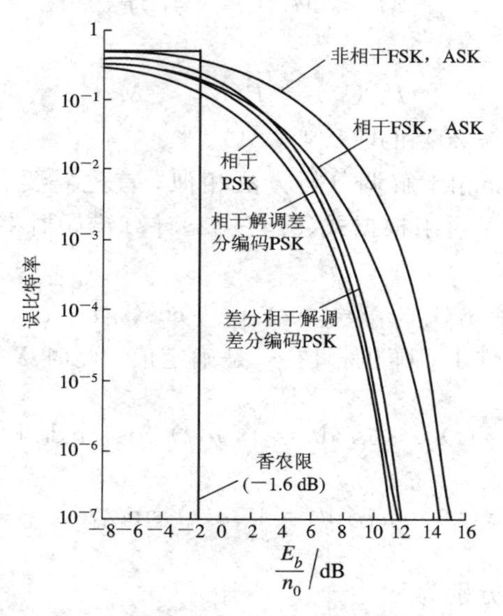

图 8-14　二进制数字调制系统误码率性能曲线

8.5　最佳接收机性能比较

本章前几节，我们在最小差错概率准则下分别得到了二进制确知信号最佳接收机结构和二进制随相信号最佳接收机结构，并深入分析了它们的误码率性能。在第 7 章，我们采用一般相干解调和非相干解调的方法，得到了 2ASK、2FSK、2PSK 等系统的误码率性能，下面我们将对这些系统的性能进行比较。

实际接收机和最佳接收机误码性能一览表如表 8-1 所示。可以看出，两种结构形式的接收机误码率表示式具有相同的数学形式，实际接收机中的信噪比 $r=S/N$ 与最佳接收机中的能量噪声功率谱密度之比$\frac{E_b}{n_0}$相对应。

表 8-1　误码率公式一览表

接收方式	实际接收机误码率 P_e	最佳接收机误码率 P_e
相干 PSK	$\frac{1}{2}\operatorname{erfc}(\sqrt{r})$	$\frac{1}{2}\operatorname{erfc}\left[\sqrt{\frac{E_b}{n_0}}\right]$
相干 FSK	$\frac{1}{2}\operatorname{erfc}\left(\sqrt{\frac{r}{2}}\right)$	$\frac{1}{2}\operatorname{erfc}\left[\sqrt{\frac{E_b}{2n_0}}\right]$
相干 ASK	$\frac{1}{2}\operatorname{erfc}\left(\sqrt{\frac{r}{4}}\right)$	$\frac{1}{2}\operatorname{erfc}\left[\sqrt{\frac{E_b}{4n_0}}\right]$
非相干 FSK	$\frac{1}{2}e^{-r/2}$	$\frac{1}{2}e^{-\frac{E_b}{2n_0}}$

假设在接收机输入端信号功率和信道相同的条件下比较两种结构形式接收机的误码性能。由表 8－1 可以看出，横向比较两种结构形式接收机误码性能可等价于比较 r 与 $\frac{E_b}{n_0}$ 的大小。在相同的条件下，若 $r>\frac{E_b}{n_0}$，实际接收机误码率小于最佳接收机误码率，则实际接收机性能优于最佳接收机性能；若 $r<\frac{E_b}{n_0}$，实际接收机误码率大于最佳接收机误码率，则最佳接收机性能优于实际接收机性能；若 $r=\frac{E_b}{n_0}$，实际接收机误码率等于最佳接收机误码率，则实际接收机性能与最佳接收机性能相同。下面我们就来分析 r 与 $\frac{E_b}{n_0}$ 之间的关系。

由第 7 章分析我们知道，实际接收机输入端总是有一个带通滤波器，其作用有两个：一是使输入信号顺利通过；二是使噪声尽可能少的通过，以减小噪声对信号检测的影响。信噪比 $r=\frac{S}{N}$ 是指带通滤波器输出端的信噪比。设噪声为高斯白噪声，单边功率谱密度为 n_0，带通滤波器的等效矩形带宽为 B，则带通滤波器输出端的信噪比为

$$r=\frac{S}{N}=\frac{S}{n_0 B} \tag{8.5-1}$$

可见，信噪比 r 与带通滤波器带宽 B 有关。

对于最佳接收系统，接收机前端没有带通滤波器，其输入端信号能量与噪声功率谱密度之比为

$$\frac{E_b}{n_0}=\frac{ST}{n_0}=\frac{S}{n_0(1/T)} \tag{8.5-2}$$

式中，S 为信号平均功率，T 为码元时间宽度。

比较式(8.5－1)和式(8.5－2)可以看出，对系统性能的比较最终可归结为对实际接收机带通滤波器带宽 B 与码元时间宽度 T 的比较。若 $B<\frac{1}{T}$，则实际接收机性能优于最佳接收机性能；若 $B>\frac{1}{T}$，则最佳接收机性能优于实际接收机性能；若 $B=\frac{1}{T}$，则实际接收机性能与最佳接收机性能相同。

$\frac{1}{T}$ 是基带数字信号的重复频率，对于 2PSK 等数字调制信号，$\frac{1}{T}$ 的宽度等于 2PSK 信号频谱主瓣宽度的一半。若选择带通滤波器的带宽 $B\leqslant\frac{1}{T}$，则必然会使信号产生严重的失真，这与实际接收机中假设“带通滤波器应使输入信号顺利通过”条件相矛盾。这表明，在实际接收机中，为使信号顺利通过，带通滤波器的带宽必须满足 $B>\frac{1}{T}$。在此情况下，实际接收机性能比最佳接收机性能差。

上述分析表明：在相同条件下，最佳接收机性能一定优于实际接收机性能。

8.6　最佳基带传输系统

在以上几节最佳接收机讨论中，我们所研究的问题是在给定信号的条件下，构造一种

最佳接收机使对信号检测的差错概率达到最小。从分析结果我们知道，最佳接收机的性能不仅与接收机结构有关，而且与发送端所选择的信号形式有关。因此，仅仅从接收机考虑使得接收机最佳，并不一定能够达到使整个通信系统最佳。这一节我们将发送、信道和接收作为一个整体，从系统的角度出发来讨论通信系统最佳化的问题。为了使问题简化，我们以基带传输系统为例进行分析。

8.6.1　最佳基带传输系统的组成

在加性高斯白噪声信道下的基带传输系统组成如图 8－15 所示。图中，$G_T(\omega)$为发送滤波器传输函数；$G_R(\omega)$为接收滤波器传输函数；$C(\omega)$为信道传输特性，在理想信道条件下 $C(\omega)=1$；$n(t)$为高斯白噪声，其双边功率谱密度为$\frac{n_0}{2}$。

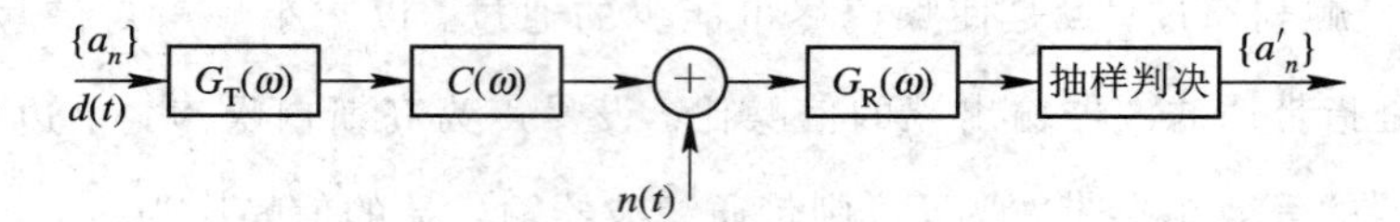

图 8－15　基带传输系统组成

最佳基带传输系统的准则是：判决器输出差错概率最小。由第 5 章基带传输系统和本章最佳接收原理我们知道，影响系统误码率性能的因素有两个：其一是码间干扰；其二是噪声。码间干扰的影响，可以通过系统传输函数的设计，使得抽样时刻样值的码间干扰为零。对于加性噪声的影响，可以通过接收滤波器的设计，尽可能减小噪声的影响，但是不能消除噪声的影响。最佳基带传输系统的设计就是通过对发送滤波器、接收滤波器和系统总的传输函数的设计，使系统输出差错概率最小。

设图 8－15 中发送滤波器的输入基带信号为

$$d(t)=\sum_n a_n\delta(t-nT_s) \tag{8.6-1}$$

对于理想信道 $C(\omega)=1$，此时系统总的传输函数为

$$H(\omega)=G_T(\omega)C(\omega)G_R(\omega)=G_T(\omega)G_R(\omega) \tag{8.6-2}$$

由第 5 章基带传输系统我们知道，当系统总的传输函数 $H(\omega)$满足下式时就可以消除抽样时刻的码间干扰，即

$$H_{eq}(\omega)=\begin{cases}\sum_i H\left(\omega+\frac{2\pi i}{T_s}\right)=K, & |\omega|\leqslant\frac{\pi}{T_s}\\ 0, & |\omega|>\frac{\pi}{T_s}\end{cases} \tag{8.6-3}$$

式中，T_s 为码元时间间隔，K 为常数。式(8.6－3)是设计系统总传输函数的依据。

由匹配滤波器理论我们知道，判决器输出误码率大小与抽样时刻所得样值的信噪比有关，信噪比越大，输出误码率就越小。匹配滤波器能够在抽样时刻得到最大的信噪比。

发送信号经过信道到达接收滤波器输入端：

$$s_i(t)=d(t)*g_T(t)=\sum_n a_n g_T(t-nT_s) \tag{8.6-4}$$

输入信号的频谱函数为

$$S_i(\omega)=G_T(\omega) \tag{8.6-5}$$

为了使接收滤波器输出在抽样时刻得到最大信噪比，接收滤波器传输函数 $G_R(\omega)$ 应满足与其输入信号频谱复共轭一致，即

$$G_R(\omega)=G_T^*(\omega)\mathrm{e}^{-\mathrm{j}\omega t_0} \tag{8.6-6}$$

为了不失一般性，可取 $t_0=0$。将式(8.6-2)和式(8.6-6)结合，可得以下方程组：

$$\begin{cases}H(\omega)=G_T(\omega)G_R(\omega)\\ G_R(\omega)=G_T^*(\omega)\end{cases} \tag{8.6-7}$$

解方程组(8.6-7)可得

$$|G_T(\omega)|=|G_R(\omega)|=|H(\omega)|^{\frac{1}{2}} \tag{8.6-8}$$

选择合适的相位，使上式满足：

$$G_T(\omega)=G_R(\omega)=H^{\frac{1}{2}}(\omega) \tag{8.6-9}$$

式(8.6-9)表明，最佳基带传输系统应该这样来设计：首先选择一个无码间干扰的系统总的传输函数 $H(\omega)$，然后将 $H(\omega)$ 开平方一分为二，一半作为发送滤波器的传输函数 $G_T(\omega)=H^{\frac{1}{2}}(\omega)$，另一半作为接收滤波器的传输函数 $G_R(\omega)=H^{\frac{1}{2}}(\omega)$。此时构成的基带系统就是一个在发送信号功率一定的约束条件下，误码率最小的最佳基带传输系统。

8.6.2　最佳基带传输系统的误码性能

最佳基带传输系统组成如图 8-16 所示。图中 $H(\omega)$ 选择为余弦滚降函数，且满足

$$\frac{1}{2\pi}\int_{-\infty}^{\infty}|H(\omega)|\,\mathrm{d}\omega=1 \tag{8.6-10}$$

$n(t)$ 是高斯白噪声，其双边功率谱密度为 $\frac{n_0}{2}$。

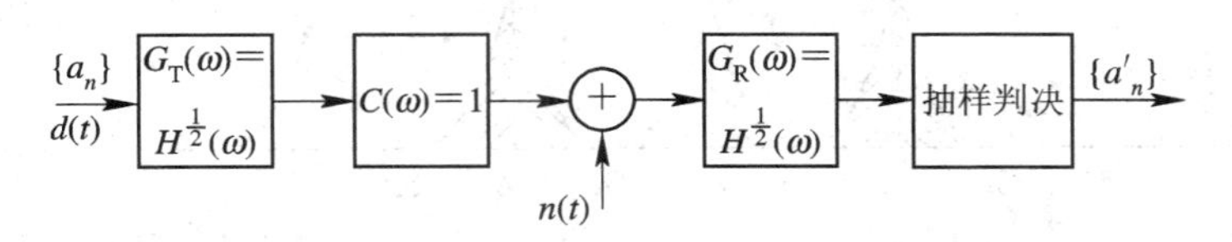

图 8-16　最佳基带传输系统组成

为了使最佳基带传输系统的误码性能分析具有一般意义，我们来讨论多进制数字基带系统的误码率。设传输的数据符号 a_n 具有 L（假设 L 为偶数）种电平取值：$\pm A$、$\pm 3A$，…，$\pm(L-1)A$，这些取值都是相互独立的，并且出现概率相等。发送滤波器输出信号平均功率为

$$\begin{aligned}S&=E\left\{\lim_{M\to\infty}\frac{1}{2MT_s}\int_{-MT_s}^{MT_s}\Big[\sum_{k=-M}^{M}a_kg_T(t-kT_s)\Big]^2\mathrm{d}t\right\}\\&=\frac{\overline{a^2}}{T_s}\int_{-\infty}^{\infty}g_T^2(t-kT_s)\,\mathrm{d}t=\frac{\overline{a^2}}{2\pi T_s}\int_{-\infty}^{\infty}|G_T(\omega)|^2\,\mathrm{d}\omega\\&=\frac{\overline{a^2}}{2\pi T_s}\int_{-\infty}^{\infty}|H(\omega)|\,\mathrm{d}\omega=\frac{\overline{a^2}}{T_s}\end{aligned} \tag{8.6-11}$$

式中，$\overline{a^2}$ 为输入基带信号电平的均方值，容易算出：

$$\overline{a^2}=\frac{2}{L}\sum_{i=1}^{L/2}[A(2i-1)]^2=\frac{A^2}{3}(L^2-1) \tag{8.6-12}$$

将式(8.6-12)代入式(8.6-11)，可得发送滤波器输出信号平均功率为

$$S=\frac{A^2}{3T_s}(L^2-1) \tag{8.6-13}$$

接收滤波器输出在抽样时刻的样值为

$$r(kT_s)=A_k+n_0(kT_s)=A_k+V \tag{8.6-14}$$

式中，V 是接收滤波器输出噪声在抽样时刻的样值，它是均值为零、方差为 σ_n^2 的高斯噪声，其一维概率密度函数为

$$f(V)=\frac{1}{\sqrt{2\pi}}\exp\left(-\frac{V^2}{2\sigma_n^2}\right) \tag{8.6-15}$$

式中方差 σ_n^2 为

$$\begin{aligned}\sigma_n^2&=\frac{1}{2\pi}\int_{-\infty}^{\infty}P_{n_0}(\omega)\,\mathrm{d}\omega=\frac{1}{2\pi}\int_{-\infty}^{\infty}\frac{n_0}{2}\mid G_{\mathrm{R}}(\omega)\mid^2\mathrm{d}\omega\\&=\frac{n_0}{4\pi}\int_{-\infty}^{\infty}\mid H(\omega)\mid\mathrm{d}\omega=\frac{n_0}{2}\end{aligned} \tag{8.6-16}$$

由图 8-17 可以看出，判决器的判决门限电平应设置为 0，$\pm 2A$，$\pm 4A$，…，$\pm(L-2)A$。发生错误判决的情况有：

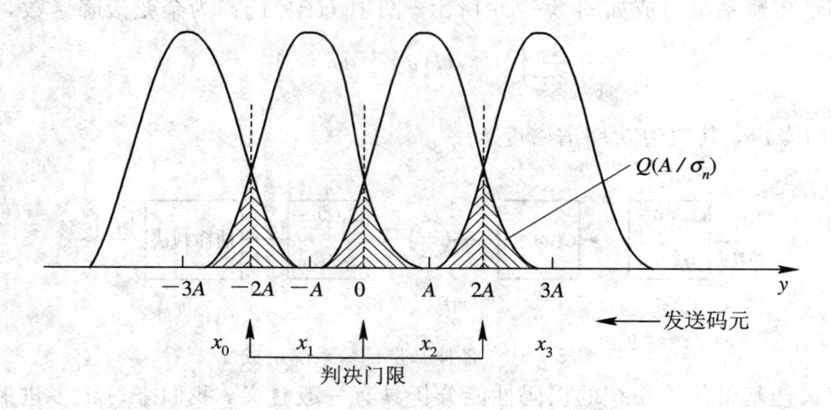

图 8-17 信号判决示意图

(1) 在 $A_k=\pm A$，$\pm 3A$，…，$\pm(L-3)A$ 的情况下，噪声样值 $|V|>A$；

(2) 在 $A_k=(L-1)A$ 的情况下，噪声样值 $V<-A$；

(3) 在 $A_k=-(L-1)A$ 的情况下，噪声样值 $V>A$。

因此，错误概率为

$$\begin{aligned}P_{\mathrm{e}}&=\frac{1}{L}[(L-2)P(\mid V\mid>A)+P(V<-A)+P(V>A)]\\&=\frac{1}{L}[(L-2)P(\mid V\mid>A)+\frac{1}{2}P(\mid V\mid>A)+\frac{1}{2}P(\mid V\mid>A)]\\&=\frac{(L-1)}{L}P(\mid V\mid>A)\end{aligned} \tag{8.6-17}$$

根据噪声样值分布的对称性可得

$$P(|V|>A)=2P(V>A)=2\int_{A}^{\infty}f(V)\,\mathrm{d}V$$
$$=\frac{2}{\sqrt{2\pi}}\int_{A}^{\infty}\exp\left(-\frac{V^2}{2\sigma_n^2}\right)\mathrm{d}V$$
$$=\frac{2}{\sqrt{2\pi}}\int_{\frac{A}{\sigma_n}}^{\infty}\exp\left(-\frac{V^2}{2}\right)\mathrm{d}V \tag{8.6 - 18}$$

将上式代入式(8.6 - 17)可得

$$P_e=\frac{(L-1)}{L}\left[\frac{2}{\sqrt{2\pi}}\int_{\frac{A}{\sigma_n}}^{\infty}\exp\left(-\frac{V^2}{2}\right)\mathrm{d}V\right]=\frac{(L-1)}{L}\operatorname{erfc}\left(\frac{A}{\sqrt{2}\sigma_n}\right)$$
$$=\frac{(L-1)}{L}\operatorname{erfc}\left(\sqrt{\frac{A^2}{n_0}}\right) \tag{8.6 - 19}$$

由式(8.6 - 13)可得

$$A^2=\frac{3ST_s}{L^2-1}=\frac{3E}{L^2-1}$$

式中，$E=ST_s$ 为接收信号码元能量。最后可得系统误码率为

$$P_e=\frac{(L-1)}{L}\operatorname{erfc}\left(\sqrt{\frac{3E}{(L^2-1)n_0}}\right) \tag{8.6 - 20}$$

上式即为最佳基带传输系统误码率性能，图 8 - 18 是误码率 P_e 与信噪比$\frac{E}{n_0}$的关系曲线。以上结论是以数字基带传输系统为例分析得出的，其结论也可以推广到数字调制系统。

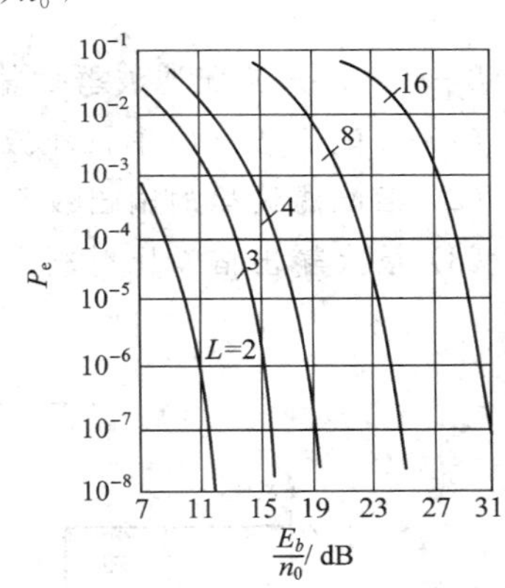

图 8 - 18　误码率 P_e 与信噪比$\frac{E}{n_0}$的关系曲线

对于二进制传输系统，$L=2$，此时误码率公式可简化为

$$P_e=\frac{1}{2}\operatorname{erfc}\left(\sqrt{\frac{E}{n_0}}\right) \tag{8.6 - 21}$$

与 8.3 节式(8.3 - 39)比较可以看出，两者相等。这表明，二进制最佳基带传输系统的误码性能与采用最佳发送波形时的二进制确知信号最佳接收机的误码性能相等。这说明，采用最佳发送波形的最佳接收机也就构成了最佳系统。

思　考　题

8 - 1　什么是匹配滤波器？简要叙述其工作原理。

8 - 2　匹配滤波器的传输函数和单位冲激响应与输入信号有什么关系？

8 - 3　简要说明匹配滤波器为什么能够等效为相关器？

8 - 4　什么是“最小差错概率准则”？什么是“似然比准则”？什么是“最大似然准则”？三者之间有什么相同和不同之处？

8-5　什么是“确知信号”？什么是“随相信号”？什么是“起伏信号”？

8-6　二进制确知信号最佳接收机结构是如何得到的？它与二进制数字调制信号相干解调器结构有什么相同和不同之处？

8-7　什么是二进制确知信号最佳波形？信号 $s_1(t)$ 和 $s_2(t)$ 满足最佳波形的条件是什么？

8-8　如何采用匹配滤波器代替相关器构成二进制确知信号最佳接收机结构？两者的等价条件是什么？

8-9　二进制随相信号最佳接收机结构有何特点？它是属于相干解调还是非相干解调？为什么？

8-10　如何采用匹配滤波器代替相关器构成二进制随相信号最佳接收机结构？简要说明其原理。

8-11　什么是最佳基带传输系统？简要叙述最佳基带传输系统的构成原理。

8-12　在理想信道条件下，最佳基带传输系统的发送滤波器、接收滤波器和总的传输函数之间有什么关系？

习　题

8-1　已知匹配滤波器的输入信号波形如图 P8-1 所示，试求：

(1) 匹配滤波器的单位冲激响应；

(2) 匹配滤波器的输出波形；

(3) 最大输出信噪比时刻和最大输出信噪比。

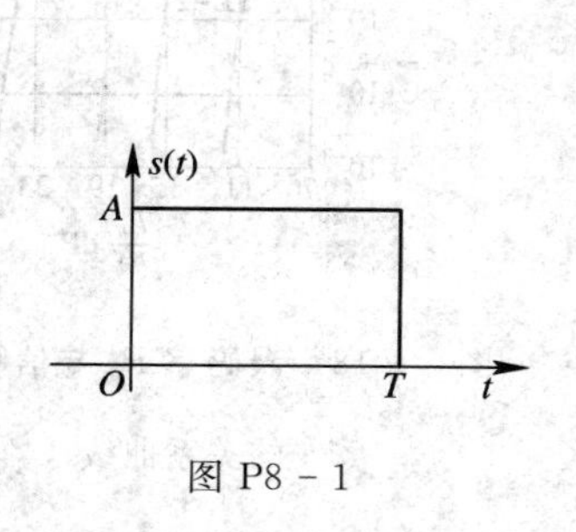

图 P8-1

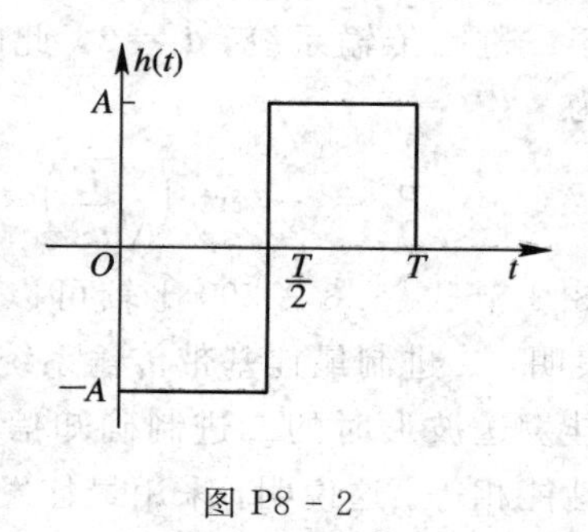

图 P8-2

8-2　已知匹配滤波器的单位冲激响应 $h(t)$ 如图 P8-2 所示，试求：

(1) 输入信号波形；

(2) 匹配滤波器的输出波形；

(3) 最大输出信噪比时刻和最大输出信噪比。

8-3　已知匹配滤波器的输入信号 $s(t)$ 为

$$s(t)=\begin{cases}e^{-at}, & 0\leqslant t\leqslant T\\ 0, & \text{其他}\end{cases}$$

其中，$a>0$。

(1) 试求此信号的匹配滤波器的单位冲激响应；

(2) 匹配滤波器的输出波形。

8-4　某匹配滤波器形式的接收机如图 P8-3(a)所示，其输入信号 $s(t)$ 如图 P8-3(b)所示，匹配滤波器的两个单位冲激响应 $h_1(t)$ 和 $h_2(t)$ 如图 P8-3(c)所示。

(1) 试画出两个匹配滤波器的所有可能输出波形；

(2) 若最大输出信噪比时刻为 $t=T$，试分析哪一个是 $s(t)$ 的匹配滤波器，并求出最大输出信噪比。

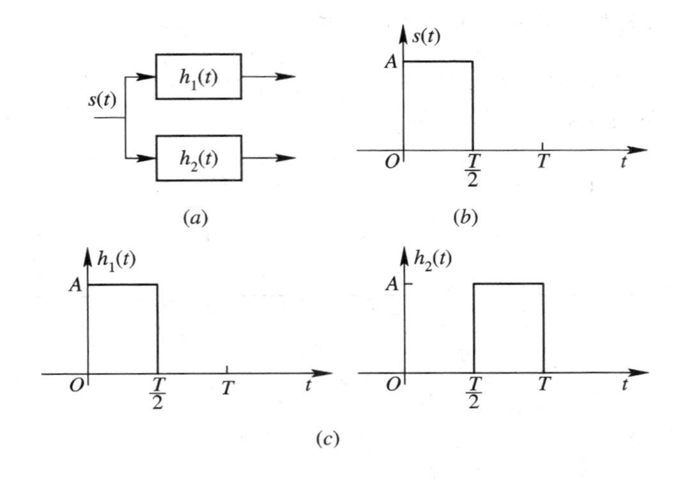

图 P8-3

8-5　LC 谐振式动态滤波器(或称为积分与清零电路)结构如图 P8-4 所示，其可以近似作为输入信号：

$$s(t)=\begin{cases}A\cos 2\pi f_c t, & 0\leqslant t\leqslant T\\ 0, & \text{其他}\end{cases}$$

的匹配滤波器，式中载波频率 $f_c=\dfrac{n}{T}$。$t=T$ 时刻，开关 2 闭合输出抽样值，开关 1 瞬时闭合时进行清零。为了使该动态滤波器能与输入信号相匹配，试求动态滤波器的 L，C 数值。

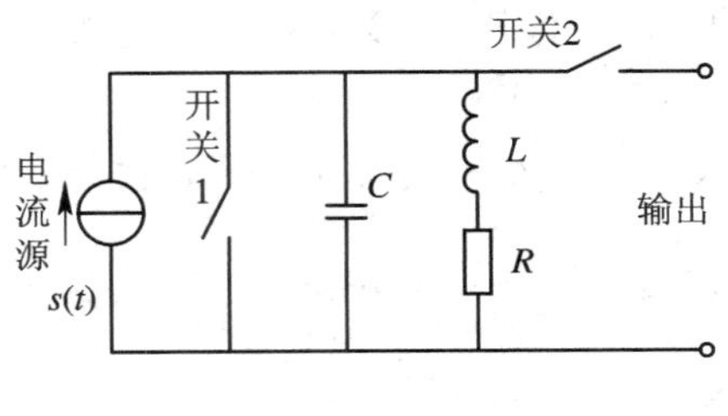

图 P8-4

8-6　用 MATLAB 对匹配滤波器结构的接收机进行仿真。已知输入信号 $s_1(t)$ 和 $s_2(t)$ 为

$$s_1(t)=\begin{cases}A\cos 2\pi f_1 t, & 0\leqslant t\leqslant T\\ 0, & \text{其他}\end{cases}$$

$$s_2(t)=\begin{cases}A\cos 2\pi f_2 t, & 0\leqslant t\leqslant T\\ 0, & \text{其他}\end{cases}$$

式中，$f_1=\frac{4}{T}$，$f_2=\frac{6}{T}$。信道加性高斯白噪声双边功率谱密度为$\frac{n_0}{2}$。

(1) 画出匹配滤波器可能输出波形；

(2) 对误码性能进行统计，画出误码率 P_e 与信噪比$\frac{E_b}{n_0}$的关系曲线。

8-7 在二进制基带传输系统中，发送信号 $s_1(t)$和 $s_2(t)$如图 P8-5 所示，若发送 $s_1(t)$和 $s_2(t)$的概率相等，信道加性高斯白噪声双边功率谱密度为$\frac{n_0}{2}$。

(1) 试构成相关器形式的最佳接收机结构，并画出各点时间波形；

(2) 分析系统抗噪声性能。

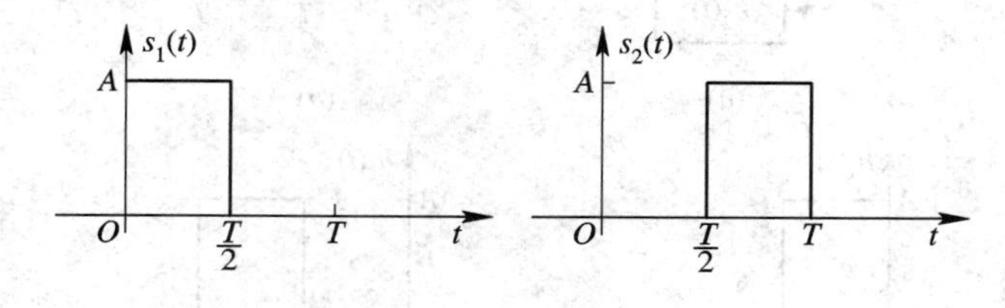

图 P8-5

8-8 在 2ASK 系统中，发送信号 $s_1(t)$和 $s_2(t)$分别为

$$\begin{cases} s_1(t) = A\cos 2\pi f_c t, & 0\leqslant t\leqslant T_s \\ s_2(t) = 0, & 0\leqslant t\leqslant T_s \end{cases}$$

且发送 $s_1(t)$和 $s_2(t)$的概率相等。信道加性高斯白噪声双边功率谱密度为$\frac{n_0}{2}$。

(1) 试构成相关器形式的最佳接收机结构，并画出各点时间波形(每个码元包含三个载波周期)；

(2) 试构成匹配滤波器形式的最佳接收机结构，并画出各点时间波形；

(3) 分析系统抗噪声性能。

8-9 在 2FSK 系统中，发送信号 $s_1(t)$和 $s_2(t)$分别为

$$\begin{cases} s_1(t) = A\cos 2\pi f_1 t, & 0\leqslant t\leqslant T_s \\ s_2(t) = A\cos 2\pi f_2 t, & 0\leqslant t\leqslant T_s \end{cases}$$

式中，$f_1=\frac{3}{T_s}$，$f_2=\frac{5}{T_s}$，且发送 $s_1(t)$和 $s_2(t)$的概率相等。信道加性高斯白噪声双边功率谱密度为$\frac{n_0}{2}$。

(1) 试构成相关器形式的最佳接收机结构，并画出各点时间波形；

(2) 试构成匹配滤波器形式的最佳接收机结构，并画出各点时间波形；

(3) 分析系统抗噪声性能。

8-10 已知 2PSK 系统中发送信号 $s_1(t)$和 $s_2(t)$为

$$\begin{cases} s_1(t) = A\cos 2\pi f_c t, & 0\leqslant t\leqslant T_s \\ s_2(t) = -s_1(t) & 0\leqslant t\leqslant T_s \end{cases}$$

式中，$f_c=\frac{3}{T_s}$。假设发送 $s_1(t)$ 和 $s_2(t)$ 的概率相等，信道加性高斯白噪声双边功率谱密度为 $\frac{n_0}{2}$。

(1) 试构成相关器形式的最佳接收机结构，并画出各点时间波形；

(2) 试构成匹配滤波器形式的最佳接收机结构，并画出各点时间波形；

(3) 分析系统抗噪声性能。

8-11　设 2PSK 方式的最佳接收机与实际接收机有相同的输入信噪比 $\frac{E_b}{n_0}$，若 $\frac{E_b}{n_0}=$ 10 dB，实际接收机的带通滤波器带宽为 $\frac{4}{T_s}$。试分析两种结构形式的接收机误码性能相差多少？

8-12　用 MATLAB 对确知信号最佳接收机抗噪声性能进行仿真。设信道加性高斯白噪声双边功率谱密度为 $\frac{n_0}{2}$。

(1) 对 2ASK 系统抗噪声性能进行仿真，画出误码率 P_e 与信噪比 $\frac{E_b}{n_0}$ 的关系曲线，并与理论曲线进行比较；

(2) 对 2FSK 系统抗噪声性能进行仿真，画出误码率 P_e 与信噪比 $\frac{E_b}{n_0}$ 的关系曲线，并与理论曲线进行比较；

(3) 对 2PSK 系统抗噪声性能进行仿真，画出误码率 P_e 与信噪比 $\frac{E_b}{n_0}$ 的关系曲线，并与理论曲线进行比较。

8-13　用 MATLAB 对确知信号最佳接收机抗噪声性能进行仿真。设发送信号 $s_1(t)$ 和 $s_2(t)$ 之间的相关系数为 ρ，信道加性高斯白噪声双边功率谱密度为 $\frac{n_0}{2}$。试画出在信噪比一定的条件下，误码率 P_e 与相关系数 ρ 的关系曲线。

8-14　设二进制随相信号 $s_1(t)$ 和 $s_2(t)$ 为

$$\begin{cases} s_1(t)=A\cos(2\pi f_1 t+\varphi_1), & 0\leqslant t\leqslant T_s \\ s_2(t)=A\cos(2\pi f_2 t+\varphi_2), & 0\leqslant t\leqslant T_s \end{cases}$$

式中，f_1 和 f_2 在 $(0, T_s)$ 内满足正交条件；φ_1 和 φ_2 分别是服从均匀分布的随机变量。信道加性高斯白噪声双边功率谱密度为 $\frac{n_0}{2}$。

(1) 试构成匹配滤波器形式的最佳接收机结构；

(2) 试分析抽样判决器抽样值的统计特性；

(3) 求系统的误码率。

8-15　用 MATLAB 对二进制随相信号最佳接收机抗噪声性能进行仿真。已知发送信号 $s_1(t)$ 和 $s_2(t)$ 为

$$\begin{cases} s_1(t)=A\cos(2\pi f_1 t+\varphi_1), & 0\leqslant t\leqslant T_s \\ s_2(t)=A\cos(2\pi f_2 t+\varphi_2), & 0\leqslant t\leqslant T_s \end{cases}$$

式中，φ_1 和 φ_2 分别是服从均匀分布的随机变量，信道加性高斯白噪声双边功率谱密度为$\frac{n_0}{2}$。

(1) 若 f_1 和 f_2 在$(0, T_s)$内满足正交条件，试仿真系统抗噪声性能，画出误码率 P_e 与信噪比$\frac{E_b}{n_0}$的关系曲线，并与理论曲线进行比较；

(2) 改变 $\Delta f=|f_2-f_1|$的大小，仿真系统抗噪声性能，画出误码率 P_e 与信噪比$\frac{E_b}{n_0}$的关系曲线，并与(1)的结果进行比较。

8-16　二进制数字基带传输系统组成如图 8-15 所示。已知信道传输特性 $C(\omega)=1$，系统总的传输函数 $H(\omega)$为

$$H(\omega)=\begin{cases}\frac{T_s}{2}\left(1+\cos\frac{\omega T_s}{2}\right), & |\omega|\leqslant\frac{2\pi}{T_s}\\0, & \text{其他}\end{cases}$$

式中，T_s 为码元时间间隔。发送数据信号为

$$d(t)=\sum_n a_n\delta(t-nT_s)$$

式中，$a_n=\pm a$，发送"1"和"0"符号概率相等。信道加性高斯白噪声双边功率谱密度为$\frac{n_0}{2}$。

(1) 若要将该系统构成最佳基带传输系统，试确定发送滤波器和接收滤波器的传输函数；

(2) 试求系统误码率。

8-17　已知条件与题 8-16 相同。此时发送滤波器为

$$G_T(\omega)=\begin{cases}\frac{T_s}{2}\left(1+\cos\frac{\omega T_s}{2}\right), & |\omega|\leqslant\frac{2\pi}{T_s}\\0, & \text{其他}\end{cases}$$

接收滤波器为

$$G_R(\omega)=\begin{cases}1, & |\omega|\leqslant\frac{2\pi}{T_s}\\0, & \text{其他}\end{cases}$$

(1) 试求系统误码率；

(2) 与题 8-16 的结果进行比较。

8-18　已知条件与题 8-16 相同。此时发送滤波器为

$$G_T(\omega)=\begin{cases}1, & |\omega|\leqslant\frac{2\pi}{T_s}\\0, & \text{其他}\end{cases}$$

接收滤波器为

$$G_R(\omega)=\begin{cases}\frac{T_s}{2}\left(1+\cos\frac{\omega T_s}{2}\right), & |\omega|\leqslant\frac{2\pi}{T_s}\\0, & \text{其他}\end{cases}$$

(1) 试求系统误码率；

(2) 与题8-16、8-17的结果进行比较。

8-19　最佳基带传输系统组成如图8-16所示。已知系统总的传输函数为

$$H(\omega)=\begin{cases}\dfrac{T_s}{2}\left(1+\cos\dfrac{\omega T_s}{2}\right), & |\omega|\leqslant\dfrac{2\pi}{T_s}\\ 0, & 其他\end{cases}$$

式中，T_s为码元时间间隔。信道加性高斯白噪声双边功率谱密度为$\frac{n_0}{2}$，信号的可能电平有L个，电平取值为0，$2d$，…，$2(L-1)d$，且各电平等概率出现。

(1) 求接收滤波器输出噪声功率；

(2) 求系统最小误码率。

8-20　用MATLAB对最佳基带传输系统性能进行仿真。已知系统总的传输函数$H(\omega)$为

$$H(\omega)=\begin{cases}\dfrac{T_s}{2}\left(1+\cos\dfrac{\omega T_s}{2}\right), & |\omega|\leqslant\dfrac{2\pi}{T_s}\\ 0, & 其他\end{cases}$$

式中，T_s为码元时间间隔。信道加性高斯白噪声双边功率谱密度为$\frac{n_0}{2}$。

(1) 若该系统构成最佳基带传输系统，试对误码性能进行仿真，并与理论结果进行比较；

(2) 若该系统不构成最佳基带传输系统，选择几种不同的发送滤波器和接收滤波器，对误码性能进行仿真，并与(1)的结果进行比较。

第9章 现代数字调制解调技术

在第7章我们讨论了数字调制的三种基本方式：数字振幅调制、数字频率调制和数字相位调制，这三种数字调制方式是数字调制的基础。然而，这三种数字调制方式都存在不足之处，如频谱利用率低、抗多径抗衰落能力差、功率谱衰减慢、带外辐射严重等。为了改善这些不足，近几十年来人们不断地提出一些新的数字调制解调技术，以适应各种通信系统的要求。其主要研究内容围绕着减小信号带宽以提高频谱利用率；提高功率利用率以增强抗干扰性能；适应各种随参信道以增强抗多径抗衰落能力等。例如，在恒参信道中，正交振幅调制(QAM)和正交频分复用(OFDM)方式具有高的频谱利用率，因此，正交振幅调制在卫星通信和有线电视网络高速数据传输等领域得到了广泛应用，而正交频分复用在非对称数字环路ADSL和高清晰度电视HDTV的地面广播系统等得到了成功应用。高斯最小移频键控(GMSK)和$\frac{\pi}{4}$DQPSK具有较强的抗多径抗衰落性能，带外功率辐射小等特点，因而在移动通信领域得到了应用。高斯最小移频键控用于泛欧数字蜂窝移动通信系统(GSM)，$\frac{\pi}{4}$DQPSK用于北美和日本的数字蜂窝移动通信系统。其他的一些新型数字调制方式也都在不同的通信系统中得到应用。下面分别对几种具有代表性的数字调制系统进行讨论。

9.1 正交振幅调制(QAM)

在现代通信中，提高频谱利用率一直是人们关注的焦点之一。近年来，随着通信业务需求的迅速增长，寻找频谱利用率高的数字调制方式已成为数字通信系统设计、研究的主要目标之一。正交振幅调制QAM(Quadrature Amplitude Modulation)就是一种频谱利用率很高的调制方式，其在中、大容量数字微波通信系统、有线电视网络高速数据传输、卫星通信系统等领域得到了广泛应用。在移动通信中，随着微蜂窝和微微蜂窝的出现，使得信道传输特性发生了很大变化。过去在传统蜂窝系统中不能应用的正交振幅调制也引起人们的重视。

9.1.1 MQAM调制原理

正交振幅调制是用两个独立的基带数字信号对两个相互正交的同频载波进行抑制载波的双边带调制，利用这种已调信号在同一带宽内频谱正交的性质来实现两路并行的数字信息传输。

正交振幅调制信号的一般表示式为

$$s_{\mathrm{MQAM}}(t)=\sum_{n}A_{n}g(t-nT_{s})\cos(\omega_{c}t+\varphi_{n}) \tag{9.1-1}$$

式中，A_n是基带信号幅度，$g(t-nT_s)$是宽度为T_s的单个基带信号波形。式(9.1-1)还可以变换为正交表示形式：

$$s_{\mathrm{MQAM}}(t)=\left[\sum_{n}A_{n}g(t-nT_{s})\cos\varphi_{n}\right]\cos\omega_{c}t-\left[\sum_{n}A_{n}g(t-nT_{s})\sin\varphi_{n}\right]\sin\omega_{c}t \tag{9.1-2}$$

令

$$X_n=A_n\cos\varphi_n$$
$$Y_n=A_n\sin\varphi_n$$

则式(9.1－2)变为

$$\begin{aligned}s_{\mathrm{MQAM}}(t)&=\left[\sum_{n}X_{n}g(t-nT_{s})\right]\cos\omega_{c}t-\left[\sum_{n}Y_{n}g(t-nT_{s})\right]\sin\omega_{c}t\\&=X(t)\cos\omega_{c}t-Y(t)\sin\omega_{c}t\end{aligned} \tag{9.1-3}$$

QAM 中的振幅 X_n 和 Y_n 可以表示为

$$\begin{cases}X_n=c_nA\\Y_n=d_nA\end{cases} \tag{9.1-4}$$

式中，A 是固定振幅，c_n、d_n 由输入数据确定。c_n、d_n 决定了已调 QAM 信号在信号空间中的坐标点。

QAM 信号调制原理图如图 9－1 所示。图中，输入的二进制序列经过串/并变换器输出速率减半的两路并行序列，再分别经过 2 电平到 L 电平的变换，形成 L 电平的基带信号。为了抑制已调信号的带外辐射，该 L 电平的基带信号还要经过预调制低通滤波器，形成 $X(t)$ 和 $Y(t)$，再分别对同相载波和正交载波相乘。最后将两路信号相加即可得到 QAM 信号。

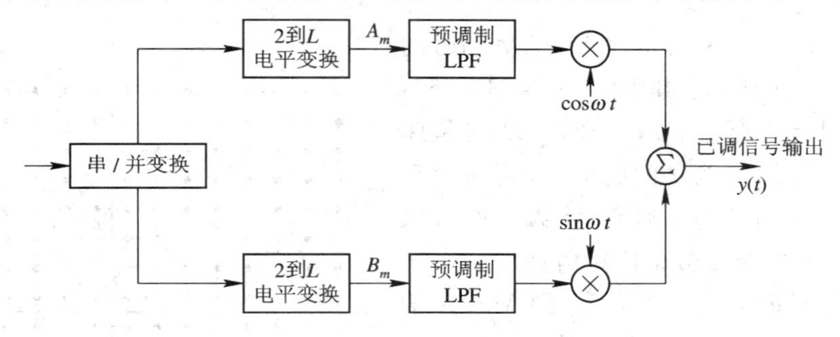

图 9－1　QAM 信号调制原理图

信号矢量端点的分布图称为星座图。通常，可以用星座图来描述 QAM 信号的信号空间分布状态。对于 $M=16$ 的 16QAM 来说，有多种分布形式的信号星座图。两种具有代表意义的信号星座图如图 9－2 所示。在图 9－2(a)中，信号点的分布成方型，故称为方型 16QAM 星座，也称为标准型 16QAM。在图 9－2(b)中，信号点的分布成星型，故称为星型 16QAM 星座。

若信号点之间的最小距离为 $2A$，且所有信号点等概率出现，则平均发射信号功率为

$$P_s=\frac{A^2}{M}\sum_{n=1}^{M}(c_n^2+d_n^2) \tag{9.1-5}$$

对于方型 16QAM，信号平均功率为

$$P_s=\frac{A^2}{M}\sum_{n=1}^{M}(c_n^2+d_n^2)=\frac{A^2}{16}(4\times2+8\times10+4\times18)=10A^2$$

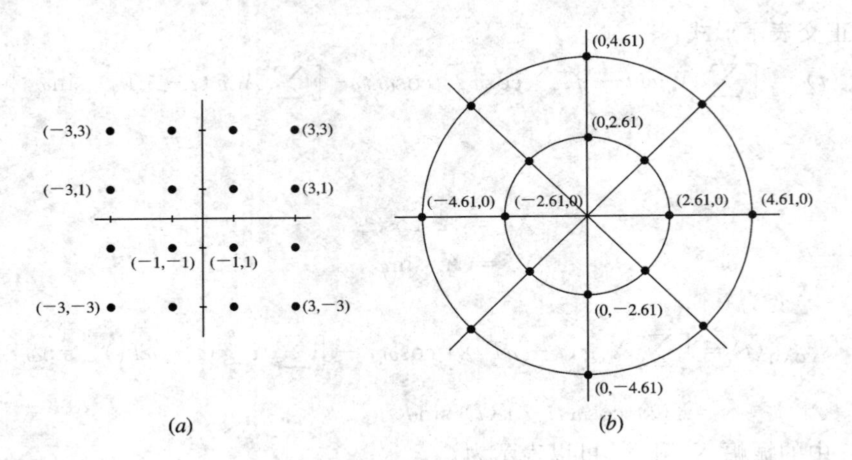

图 9-2　16QAM 的星座图

(a) 方型 16QAM 星座；(b) 星型 16QAM 星座

对于星型 16QAM，信号平均功率为

$$P_s = \frac{A^2}{M}\sum_{n=1}^{M}(c_n^2 + d_n^2) = \frac{A^2}{16}(8\times 2.61^2 + 8\times 4.61^2) = 14.03A^2$$

两者功率相差 1.4 dB。另外，两者的星座结构也有重要的差别。一是星型 16QAM 只有两个振幅值，而方型 16QAM 有三种振幅值；二是星型 16QAM 只有 8 种相位值，而方型 16QAM 有 12 种相位值。这两点使得在衰落信道中，星型 16QAM 比方型 16QAM 更具有吸引力。

$M=4$，16，32，…，256 时 MQAM 信号的星座图如图 9-3 所示。其中，$M=4$，16，64，256 时星座图为矩形，而 $M=32$，128 时星座图为十字形。前者 M 为 2 的偶次方，即每个符号携带偶数个比特信息；后者 M 为 2 的奇次方，即每个符号携带奇数个比特信息。

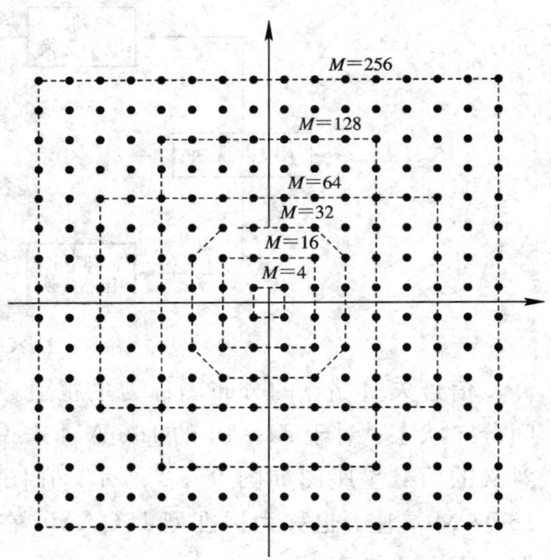

图 9-3　MQAM 信号的星座图

若已调信号的最大幅度为 1，则 MPSK 信号星座图上信号点间的最小距离为

$$d_{\text{MPSK}} = 2\sin\left(\frac{\pi}{M}\right) \tag{9.1-6}$$

而 MQAM 信号矩形星座图上信号点间的最小距离为

$$d_{\text{MQAM}} = \frac{\sqrt{2}}{L-1} = \frac{\sqrt{2}}{\sqrt{M}-1} \tag{9.1-7}$$

式中，L 为星座图上信号点在水平轴和垂直轴上投影的电平数，$M=L^2$。

由式(9.1-6)和(9.1-7)可以看出，当 $M=4$ 时，$d_{4\text{PSK}}=d_{4\text{QAM}}$，实际上，4PSK 和 4QAM 的星座图相同。当 $M=16$ 时，$d_{16\text{QAM}}=0.47$，而 $d_{16\text{PSK}}=0.39$，$d_{16\text{PSK}}<d_{16\text{QAM}}$。这表明，16QAM 系统的抗干扰能力优于 16PSK。

9.1.2 MQAM 解调原理

MQAM 信号同样可以采用正交相干解调方法，其解调器原理图如图 9－4 所示。解调器输入信号与本地恢复的两个正交载波相乘后，经过低通滤波输出两路多电平基带信号 $X(t)$ 和 $Y(t)$。多电平判决器对多电平基带信号进行判决和检测，再经 L 电平到 2 电平转换和并/串变换器最终输出二进制数据。

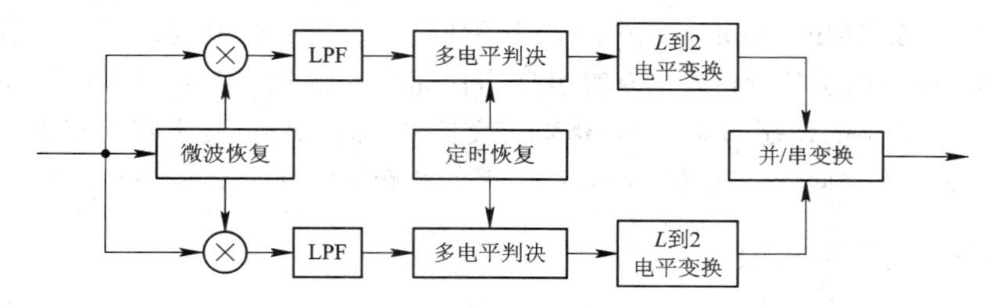

图 9－4　MQAM 信号相干解调原理图

9.1.3 MQAM 抗噪声性能

对于方型 QAM，可以看成是由两个相互正交且独立的多电平 ASK 信号叠加而成。因此，利用多电平信号误码率的分析方法，可得到 M 进制 QAM 的误码率为

$$P_e = \left(1-\frac{1}{L}\right)\operatorname{erfc}\left[\sqrt{\frac{3\log_2 L}{L^2-1}\left(\frac{E_b}{n_0}\right)}\right] \tag{9.1-8}$$

式中，$M=L^2$，E_b 为每比特码元能量，n_0 为噪声单边功率谱密度。图 9－5 给出了 M 进制方形 QAM 的误码率曲线。

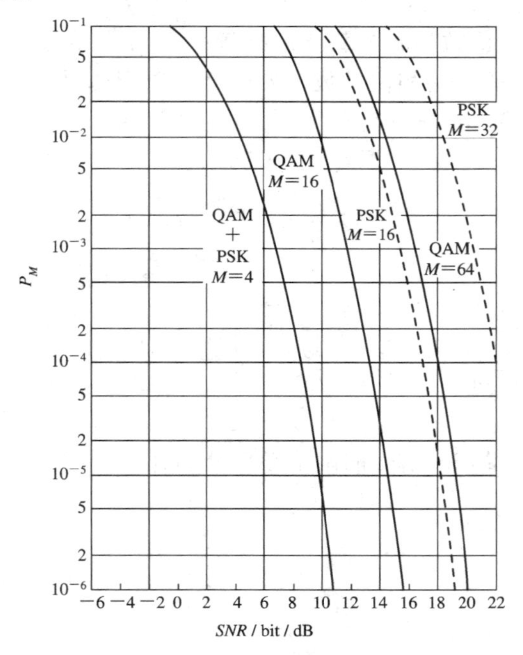

图 9－5　M 进制方型 QAM 的误码率曲线

9.2　最小移频键控(MSK)

数字频率调制和数字相位调制，由于已调信号包络恒定，因此有利于在非线性特性的信道中传输。由于一般移频键控信号相位不连续、频偏较大等原因，使其频谱利用率较低。本节将讨论的MSK(Minimum Frequency Shift Keying)是二进制连续相位FSK的一种特殊形式。MSK称为最小移频键控，有时也称为快速移频键控(FFSK)。所谓“最小”是指这种调制方式能以最小的调制指数(0.5)获得正交信号；而“快速”是指在给定同样的频带内，MSK能比2PSK的数据传输速率更高，且在带外的频谱分量要比2PSK衰减的快。

9.2.1　MSK的基本原理

MSK是恒定包络连续相位频率调制，其信号的表示式为

$$s_{\text{MSK}}(t)=\cos\left(\omega_c t+\frac{\pi a_k}{2T_s}t+\varphi_k\right) \tag{9.2-1}$$

其中

$$kT_s\leqslant t\leqslant(k+1)T_s,\quad k=0,1,\cdots$$

令

$$\theta_k(t)=\frac{\pi a_k}{2T_s}t+\varphi_k,\quad kT_s\leqslant t\leqslant(k+1)T_s \tag{9.2-2}$$

则式(9.2-1)可表示为

$$s_{\text{MSK}}(t)=\cos[\omega_c t+\theta_k(t)] \tag{9.2-3}$$

式中，$\theta_k(t)$称为附加相位函数；ω_c为载波角频率；T_s为码元宽度；a_k为第k个输入码元，取值为±1；φ_k为第k个码元的相位常数，在时间$kT_s\leqslant t\leqslant(k+1)T_s$中保持不变，其作用是保证在$t=kT_s$时刻信号相位连续。

令

$$\phi_k(t)=\omega_c t+\frac{\pi a_k}{2T_s}t+\varphi_k \tag{9.2-4}$$

则

$$\frac{\mathrm{d}\phi_k(t)}{\mathrm{d}t}=\omega_c+\frac{\pi a_k}{2T_s}=\begin{cases}\omega_c+\dfrac{\pi}{2T_s}, & a_k=+1\\[2mm] \omega_c-\dfrac{\pi}{2T_s}, & a_k=-1\end{cases} \tag{9.2-5}$$

由式(9.2-5)可以看出，MSK信号的两个频率分别为

$$f_1=f_c-\frac{1}{4T_s} \tag{9.2-6}$$

$$f_2=f_c+\frac{1}{4T_s} \tag{9.2-7}$$

中心频率f_c应选为

$$f_c=\frac{n}{4T_s},\ n=1,2,\cdots \tag{9.2-8}$$

式(9.2-8)表明，MSK信号在每一码元周期内必须包含四分之一载波周期的整数倍。f_c还可以表示为

$$f_c=\left(N+\frac{m}{4}\right)\frac{1}{T_s}\qquad (N\text{为正整数；}m=0,1,2,3)\tag{9.2-9}$$

相应地MSK信号的两个频率可表示为

$$f_1=f_c-\frac{1}{4T_s}=\left(N+\frac{m-1}{4}\right)\frac{1}{T_s}\tag{9.2-10}$$

$$f_2=f_c+\frac{1}{4T_s}=\left(N+\frac{m+1}{4}\right)\frac{1}{T_s}\tag{9.2-11}$$

由此可得频率间隔为

$$\Delta f=f_2-f_1=\frac{1}{2T_s}\tag{9.2-12}$$

MSK信号的调制指数为

$$h=\Delta fT_s=\frac{1}{2T_s}\times T_s=\frac{1}{2}=0.5\tag{9.2-13}$$

当取$N=1$，$m=0$时，MSK信号的时间波形如图9-6所示。

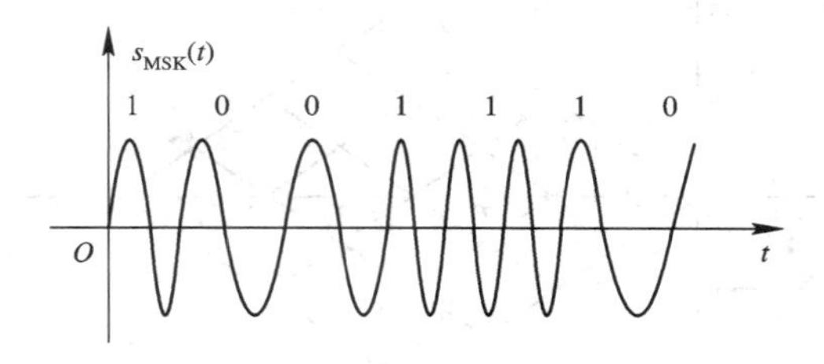

图9-6　MSK信号的时间波形

对第k个码元的相位常数φ_k的选择应保证MSK信号相位在码元转换时刻是连续的。根据这一要求，由式(9.2-2)可以得到相位约束条件为

$$\varphi_k=\varphi_{k-1}+(a_{k-1}-a_k)\left[\frac{\pi}{2}(k-1)\right]=\begin{cases}\varphi_{k-1}, & a_k=a_{k-1}\\ \varphi_{k-1}\pm(k-1)\pi, & a_k\neq a_{k-1}\end{cases}\tag{9.2-14}$$

式中，若取φ_k的初始参考值$\varphi_0=0$，则

$$\varphi_k=0\ \text{或}\ \pm\pi(\text{模}\ 2\pi)\qquad k=0,1,2,\cdots\tag{9.2-15}$$

上式即反映了MSK信号前后码元区间的相位约束关系，表明MSK信号在第k个码元的相位常数不仅与当前码元的取值a_k有关，而且还与前一码元的取值a_{k-1}及相位常数φ_{k-1}有关。

由附加相位函数$\theta_k(t)$的表示式(9.2-2)可以看出，$\theta_k(t)$是一直线方程，其斜率为$\frac{\pi a_k}{2T_s}$，截距为φ_k。由于a_k的取值为±1，故$\frac{\pi a_k}{2T_s}t$是分段线性的相位函数。因此，MSK的整个相位路径是由间隔为T_s的一系列直线段所连成的折线。在任一个码元期间T_s，若$a_k=+1$，则$\theta_k(t)$线性增加$\frac{\pi}{2}$；若$a_k=-1$，则$\theta_k(t)$线性减小$\frac{\pi}{2}$。对于给定的输入信号序列$\{a_k\}$，相应的附加相位函数$\theta_k(t)$的波形如图9-7所示。

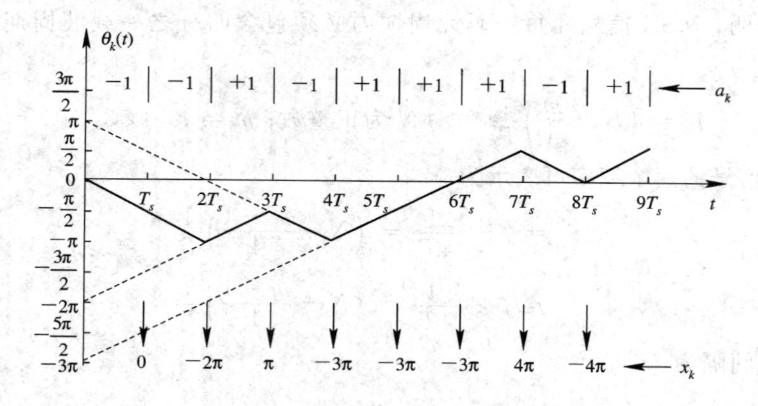

图 9－7　附加相位函数 $\theta_k(t)$ 的波形图

对于各种可能的输入信号序列，$\theta_k(t)$ 的所有可能路径如图 9－8 所示，它是一个从 -2π 到 $+2\pi$ 的网格图。

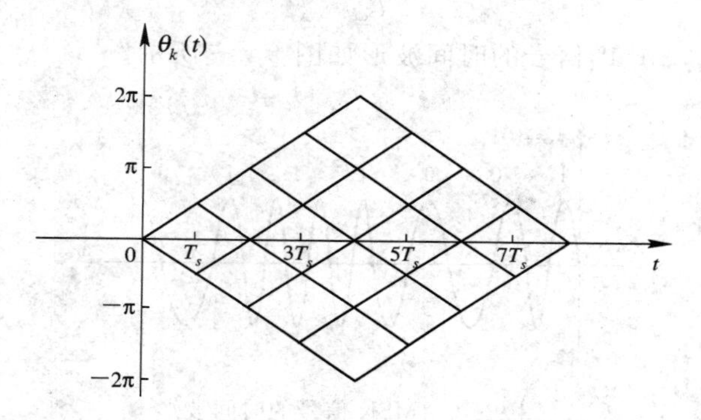

图 9－8　MSK 的相位网格图

从以上分析总结得出，MSK 信号具有以下特点：

(1) MSK 信号是恒定包络信号；

(2) 在码元转换时刻，信号的相位是连续的，以载波相位为基准的信号相位在一个码元期间内线性地变化 $\pm\frac{\pi}{2}$；

(3) 在一个码元期间内，信号应包括四分之一载波周期的整数倍，信号的频率偏移等于 $\frac{1}{4T_s}$，相应的调制指数 $h=0.5$。

下面我们简要讨论一下 MSK 信号的功率谱。对于由式(9.2－1)定义的 MSK 信号，其单边功率谱密度可表示为

$$P_{\text{MSK}}(f)=\frac{8T_s}{\pi^2[1-16(f-f_c)^2T_s^2]^2}\cos^2[2\pi(f-f_c)T_s] \tag{9.2-16}$$

根据式(9.2－16)画出 MSK 信号的功率谱如图 9－9 所示。为了便于比较，图中还画出了 2PSK 信号的功率谱。

由图 9－9 可以看出，与 2PSK 相比，MSK 信号的功率谱更加紧凑，其第一个零点出现在 $0.75/T_s$ 处，而 2PSK 的第一个零点出现在 $1/T_s$ 处。这表明，MSK 信号功率谱的主

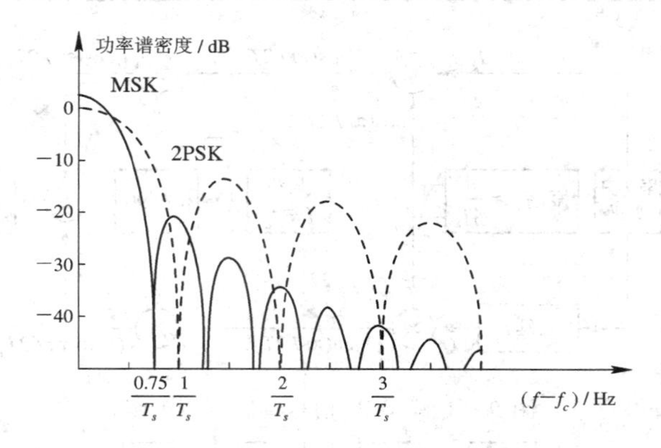

图 9-9　MSK 信号的归一化功率谱

瓣所占的频带宽度比 2PSK 信号的窄；当$(f-f_c)\to\infty$时，MSK 的功率谱以$(f-f_c)^{-4}$的速率衰减，它要比 2PSK 的衰减速率快得多，因此对邻道的干扰也较小。

9.2.2　MSK 调制解调原理

由 MSK 信号的一般表示式(9.2-3)可得

$$s_{\mathrm{MSK}}(t)=\cos[\omega_c t+\theta_k(t)]=\cos\theta_k(t)\cos\omega_c t-\sin\theta_k(t)\sin\omega_c t \tag{9.2-17}$$

因为

$$\theta_k(t)=\frac{\pi a_k}{2T_s}t+\varphi_k$$

代入式(9.2-17)可得

$$\begin{aligned}s_{\mathrm{MSK}}(t)&=\cos\varphi_k\cos\left(\frac{\pi t}{2T_s}\right)\cos\omega_c t-a_k\cos\varphi_k\sin\left(\frac{\pi t}{2T_s}\right)\sin\omega_c t\\&=I_k(t)\cos\left(\frac{\pi t}{2T_s}\right)\cos\omega_c t-Q_k(t)\sin\left(\frac{\pi t}{2T_s}\right)\sin\omega_c t\end{aligned} \tag{9.2-18}$$

上式即为 MSK 信号的正交表示形式。其同相分量为

$$x_I(t)=\cos\varphi_k\cos\left(\frac{\pi t}{2T_s}\right)\cos\omega_c t \tag{9.2-19}$$

也称为 I 支路。其正交分量为

$$x_Q(t)=a_k\cos\varphi_k\sin\left(\frac{\pi t}{2T_s}\right)\sin\omega_c t \tag{9.2-20}$$

也称为 Q 支路。$\cos\left(\frac{\pi t}{2T_s}\right)$和 $\sin\left(\frac{\pi t}{2T_s}\right)$称为加权函数。

由式(9.2-18)可以画出 MSK 信号调制器原理图如图 9-10 所示。图中，输入二进制数据序列经过差分编码和串/并变换后，I 支路信号经 $\cos\left(\frac{\pi t}{2T_s}\right)$加权调制和同相载波 $\cos\omega_c t$ 相乘输出同相分量 $x_I(t)$。Q 支路信号先延迟 T_s，经 $\sin\left(\frac{\pi t}{2T_s}\right)$加权调制和正交载波 $\sin\omega_c t$ 相乘输出正交分量 $x_Q(t)$。$x_I(t)$和 $x_Q(t)$相减就可得到已调 MSK 信号。

MSK 信号属于数字频率调制信号，因此可以采用一般鉴频器方式进行解调，其原理图如图 9-11 所示。鉴频器解调方式结构简单，容易实现。

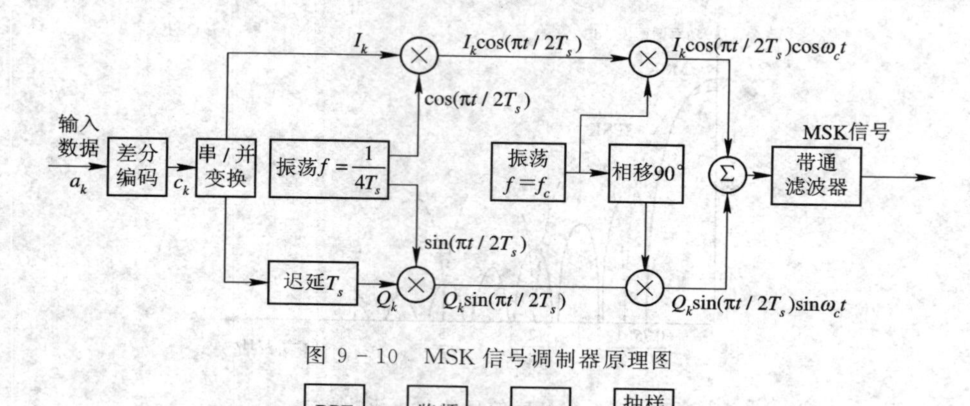

图 9－10　MSK 信号调制器原理图

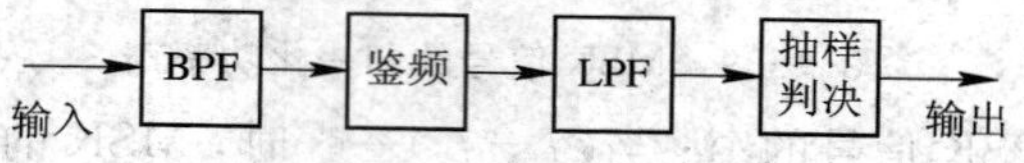

图 9－11　MSK 鉴频器解调原理图

由于 MSK 信号调制指数较小，采用一般鉴频器方式进行解调误码率性能不太好，因此在对误码率有较高要求时大多采用相干解调方式。图 9－12 是 MSK 信号相干解调器原理图，其由相干载波提取和相干解调两部分组成。

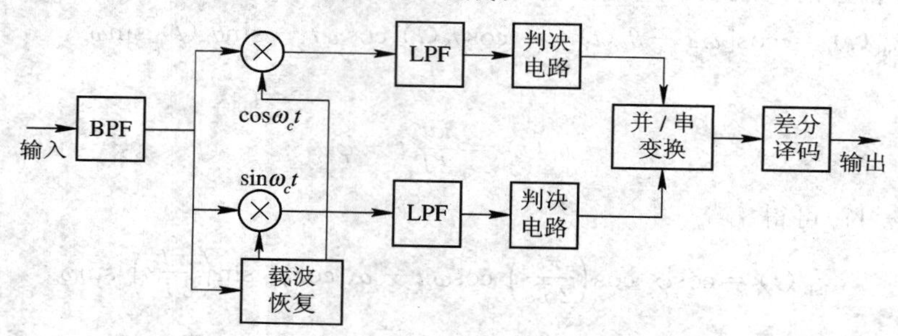

图 9－12　MSK 信号相干解调器原理图

9.2.3　MSK 的性能

设信道特性为恒参信道，噪声为加性高斯白噪声，MSK 解调器输入信号与噪声的合成波为

$$r(t)=\cos\left(\omega_c t+\frac{\pi a_k}{2T_s}t+\varphi_k\right)+n(t) \tag{9.2-21}$$

式中

$$n(t)=n_c(t)\cos\omega_c t-n_s(t)\sin\omega_c t$$

是均值为 0，方差为 σ^2 的窄带高斯噪声。

经过相乘、低通滤波和抽样后，在 $t=2kT_s$ 时刻 I 支路的样值为

$$\tilde{I}(2kT_s)=a\cos\varphi_k+(-1)^k n_c \tag{9.2-22}$$

在 $t=(2k+1)T_s$ 时刻 Q 支路的样值为

$$\tilde{Q}[(2k+1)T_s]=aa_k\cos\varphi_k+(-1)^k n_s \tag{9.2-23}$$

式中，n_c 和 n_s 分别为 $n_c(t)$ 和 $n_s(t)$ 在取样时刻的样本值。在 I 支路和 Q 支路数据等概率的情况下，各支路的误码率为

$$\begin{aligned}P_s &= \int_{-\infty}^{0} f(x)\,\mathrm{d}x \\ &= \frac{1}{\sqrt{2\pi}\sigma}\int_{-\infty}^{0} \exp\left\{-\frac{(x-a)^2}{2\sigma^2}\right\}\mathrm{d}x \\ &= \frac{1}{2}\,\mathrm{erfc}(\sqrt{r})\end{aligned} \tag{9.2-24}$$

式中，$r=\dfrac{a^2}{2\sigma^2}$为信噪比。

经过交替门输出和差分译码后，系统的总误比特率为

$$P_e = 2P_s(1-P_s) \tag{9.2-25}$$

MSK 系统误比特率曲线如图 9-13 所示。

由以上分析可以看出，MSK 信号比 2PSK 有更高的频谱利用率，并且有更强的抗噪声性能，从而得到了广泛的应用。

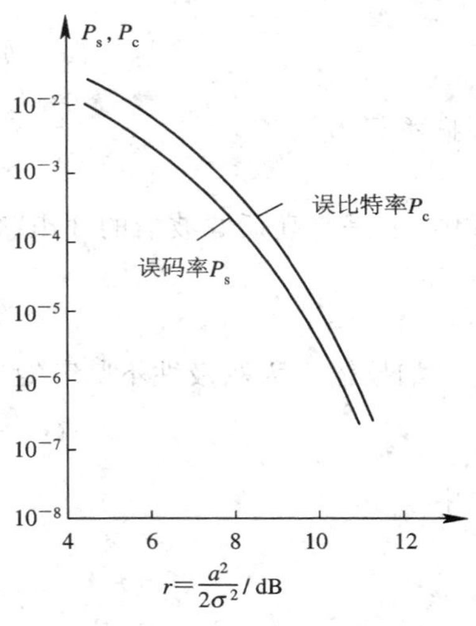

图 9-13　MSK 系统误比特率曲线

9.3　高斯最小移频键控(GMSK)

由上一节分析可知，MSK 调制方式的突出优点是已调信号具有恒定包络，且功率谱在主瓣以外衰减较快。但是，在移动通信中，对信号带外辐射功率的限制十分严格，一般要求必须衰减 70 dB 以上。从 MSK 信号的功率谱可以看出，MSK 信号仍不能满足这样的要求。高斯最小移频键控(GMSK)就是针对上述要求提出来的。GMSK 调制方式能满足移动通信环境下对邻道干扰的严格要求，它以其良好的性能而被泛欧数字蜂窝移动通信系统(GSM)所采用。

9.3.1　GMSK 的基本原理

MSK 调制是调制指数为 0.5 的二进制调频，基带信号为矩形波形。为了压缩 MSK 信号的功率谱，可在 MSK 调制前加入预调制滤波器，对矩形波形进行滤波，得到一种新型的基带波形，使其本身和尽可能高阶的导数都连续，从而得到较好的频谱特性。GMSK(Gaussian Filtered Minimum Shift Keying)调制原理图如图 9-14 所示。

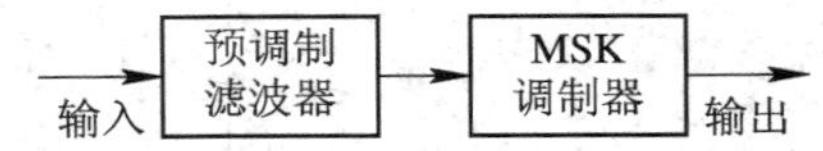

图 9-14　GMSK 调制原理图

为了有效地抑制 MSK 信号的带外功率辐射，预调制滤波器应具有以下特性：

(1) 带宽窄并且具有陡峭的截止特性；

(2) 脉冲响应的过冲较小；

(3) 滤波器输出脉冲响应曲线下的面积对应于 $\pi/2$ 的相移。

其中条件(1)是为了抑制高频分量；条件(2)是为了防止过大的瞬时频偏；条件(3)是为了使调制指数为 0.5。

一种满足上述特性的预调制滤波器是高斯低通滤波器，其单位冲激响应为

$$h(t)=\frac{\sqrt{\pi}}{\alpha}\exp\left[-\left(\frac{\pi}{\alpha}t\right)^2\right] \tag{9.3-1}$$

传输函数为

$$H(f)=\exp(-\alpha^2 f^2) \tag{9.3-2}$$

式中，α 是与高斯滤波器的 3 dB 带宽 B_b 有关的参数，它们之间的关系为

$$\alpha B_b=\sqrt{\frac{1}{2}\ln 2}\approx 0.5887 \tag{9.3-3}$$

如果输入为双极性不归零矩形脉冲序列 $s(t)$：

$$s(t)=\sum_n a_n b(t-nT_b),\ a_n=\pm 1 \tag{9.3-4}$$

式中

$$b(t)=\begin{cases}\dfrac{1}{T_b}, & |t|\leqslant\dfrac{T_b}{2}\\ 0, & 其他\end{cases} \tag{9.3-5}$$

其中，T_b 为码元间隔。高斯预调制滤波器的输出为

$$x(t)=s(t)*h(t)=\sum_n a_n g(t-nT_b) \tag{9.3-6}$$

式中，$g(t)$为高斯预调制滤波器的脉冲响应：

$$g(t)=b(t)*h(t)=\frac{1}{T_b}\int_{-\frac{T_b}{2}}^{\frac{T_b}{2}}h(\tau)\,\mathrm{d}\tau$$

$$=\frac{1}{T_b}\int_{-\frac{T_b}{2}}^{\frac{T_b}{2}}\frac{\sqrt{\pi}}{\alpha}\exp\left[-\left(\frac{\pi\tau}{\alpha}\right)^2\right]\mathrm{d}\tau \tag{9.3-7}$$

当 B_bT_b 取不同值时，$g(t)$的波形如图 9-15 所示。

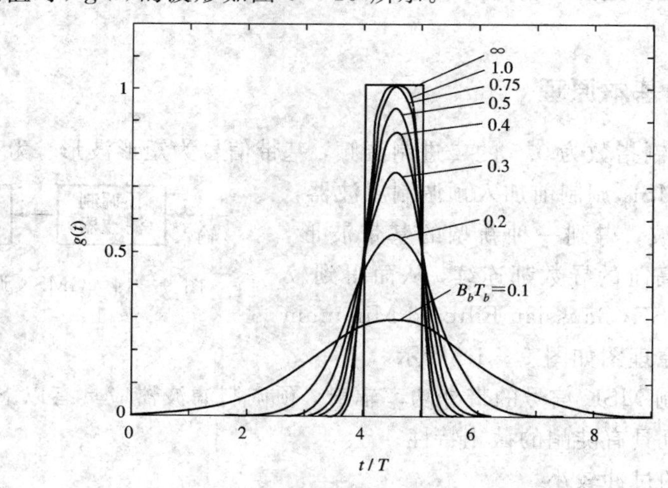

图 9-15　高斯滤波器的矩形脉冲响应

GMSK 信号的表达式为

$$s_{\mathrm{GMSK}}(t)=\cos\left\{\omega_c t+\frac{\pi}{2T_b}\int_{-\infty}^{t}\left[\sum a_n g\left(\tau-nT_b-\frac{T_b}{2}\right)\right]\mathrm{d}\tau\right\} \tag{9.3-8}$$

式中，a_n 为输入数据。

高斯滤波器的输出脉冲经 MSK 调制得到 GMSK 信号，其相位路径由脉冲的形状决定。由于高斯滤波后的脉冲无陡峭沿，也无拐点，因此，相位路径得到进一步平滑，如图 9－16 所示。

图 9－17 是通过计算机模拟得到的 GMSK 信号的功率谱。图中，横坐标为归一化频差$(f-f_c)T_b$，纵坐标为功率谱密度，参变量 B_bT_b 为高斯低通滤波器的归一化 3 dB 带宽 B_b 与码元长度 T_b 的乘积。$B_bT_b=\infty$的曲线是 MSK 信号的功率谱密度。GMSK 信号的功率谱密度随 B_bT_b 值的减小变得紧凑起来。表 9－1 给出了作为 B_bT_b 函数的 GMSK 信号中包含给定功率百分比的带宽。

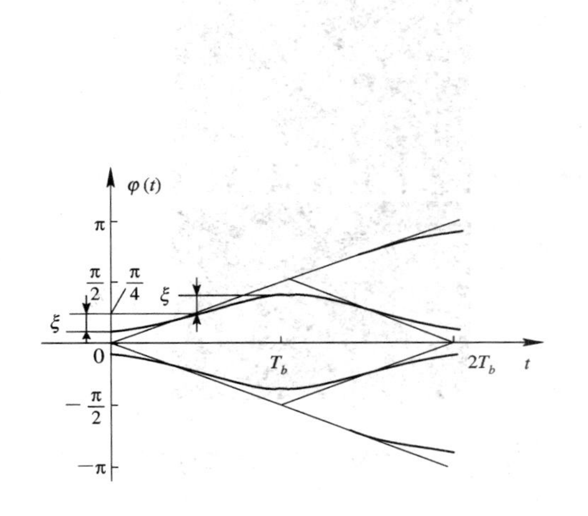

图 9－16　GMSK 信号的相位路径

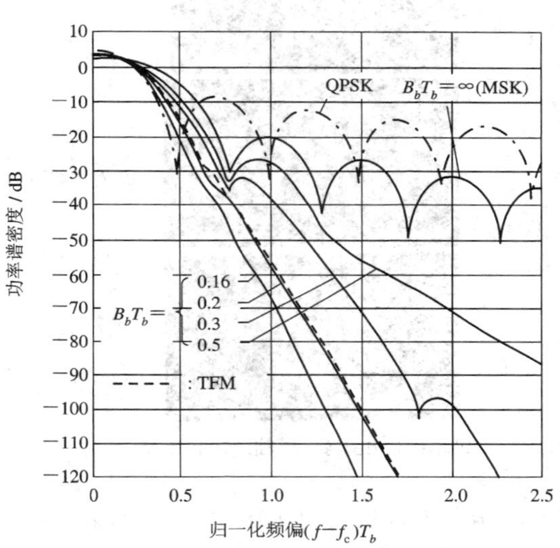

图 9－17　GMSK 信号的功率谱密度

表 9－1　GMSK 信号中包含给定功率百分比的射频带宽

B_bT_b	90%	99%	99.9%	99.99%
0.2	$0.52R_b$	$0.79R_b$	$0.99R_b$	$1.22R_b$
0.25	$0.57R_b$	$0.86R_b$	$1.09R_b$	$1.37R_b$
0.5	$0.69R_b$	$1.04R_b$	$1.33R_b$	$2.08R_b$
∞	$0.78R_b$	$1.20R_b$	$2.76R_b$	$6.00R_b$

图 9－18 是在不同 B_bT_b 时由频谱分析仪测得的射频输出频谱。可见，测量值与图 9－17 所示的计算机模拟结果基本一致。图 9－19 是 GMSK 信号正交相干解调时测得的眼图。可以看出，当 B_bT_b 较小时会使基带波形中引入严重的码间干扰，从而降低性能。当 $B_bT_b=0.25$ 时，GMSK 的误码率比 MSK 下降 1 dB。

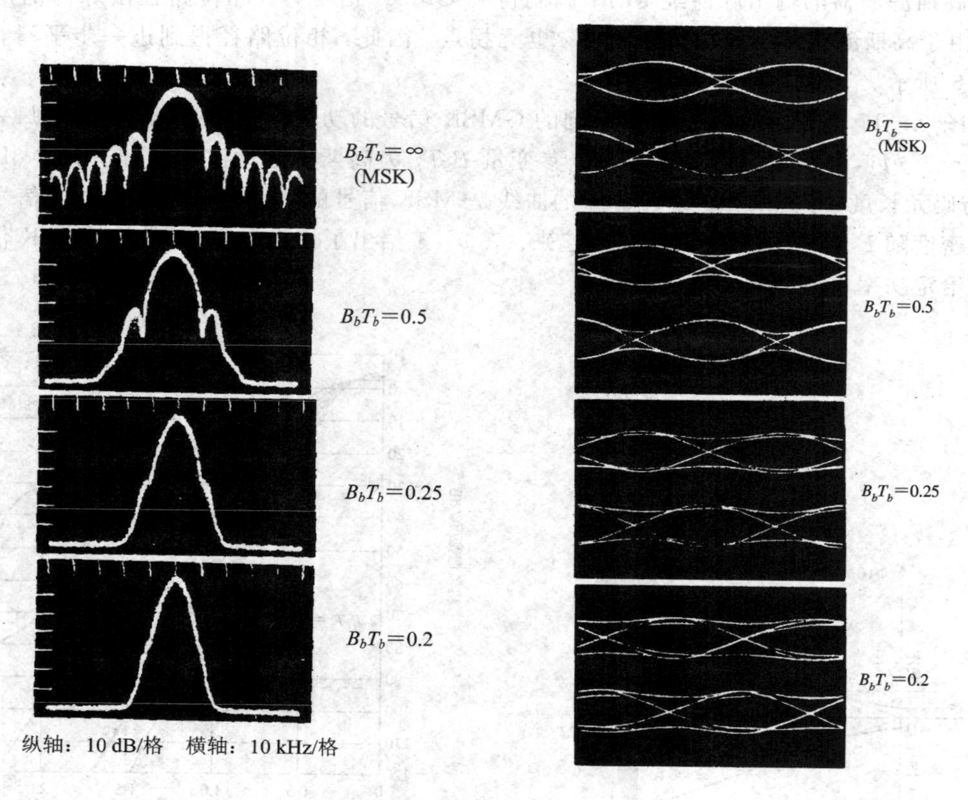

图 9-18　不同 B_bT_b 时实测 GMSK 信号射频功率谱　　图 9-19　GMSK 信号正交相干解调的眼图

9.3.2　GMSK 的调制与解调

产生 GMSK 信号的一种简单方法是采用锁相环(PLL)法，其原理图如图 9-20 所示。图中，输入数据序列先进行$\frac{\pi}{2}$相移 BPSK 调制，然后将该信号通过锁相环对 BPSK 信号的相位突跳进行平滑，使得信号在码元转换时刻相位连续，而且没有尖角。该方法实现GMSK 信号的关键是锁相环传输函数的设计，以满足输出信号功率谱特性要求。

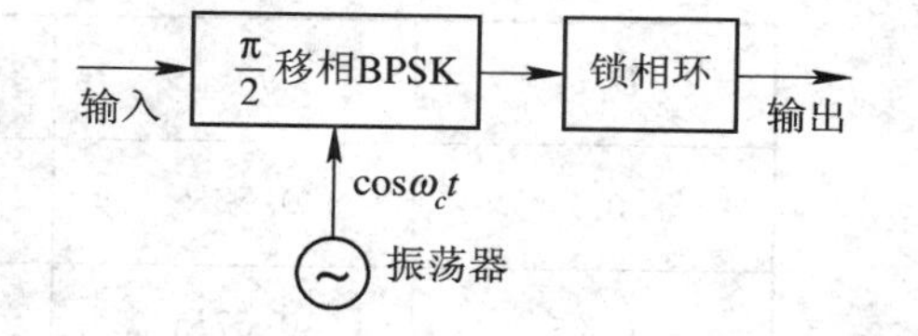

图 9-20　PLL 型 GMSK 调制器

由式(9.3-8)，GMSK 信号可以表示为正交形式，即

$$s_{\mathrm{GMSK}}(t)=\cos[\omega_c t+\varphi(t)]=\cos\varphi(t)\cos\omega_c t-\sin\varphi(t)\sin\omega_c t \tag{9.3-9}$$

式中

$$\varphi(t)=\frac{\pi}{2T_b}\int_{-\infty}^{t}\left[\sum a_n g\left(\tau-nT_b-\frac{T_b}{2}\right)\right]\mathrm{d}\tau \tag{9.3-10}$$

由式(9.3-9)和式(9.3-10)可以构成一种波形存储正交调制器，其原理图如图 9-21 所示。波形存储正交调制器的优点是避免了复杂的滤波器设计和实现，可以产生具有任何特性的基带脉冲波形和已调信号。

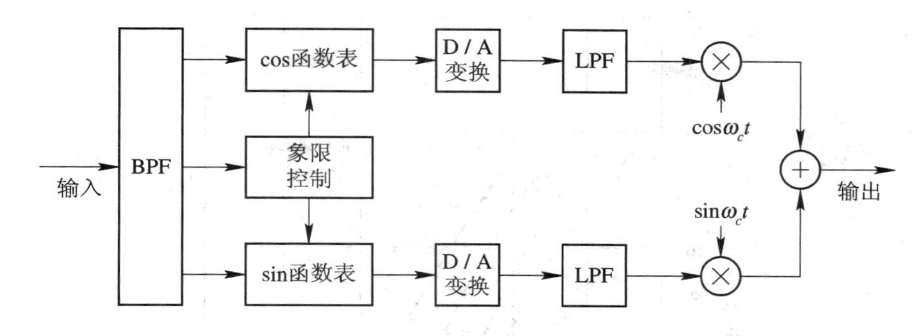

图 9-21　波形存储正交调制器产生 GMSK 信号

GMSK 信号的基本特征与 MSK 信号完全相同，其主要差别是 GMSK 信号的相位轨迹比 MSK 信号的相位轨迹平滑。因此，图 9-12 所示的 MSK 信号相干解调器原理图完全适用 GMSK 信号的相干解调。

GMSK 信号也可以采用图 9-22 所示的差分解调器解调。图 9-22(*a*)是 1 比特差分解调方案，图 9-22(*b*)是 2 比特差分解调方案。

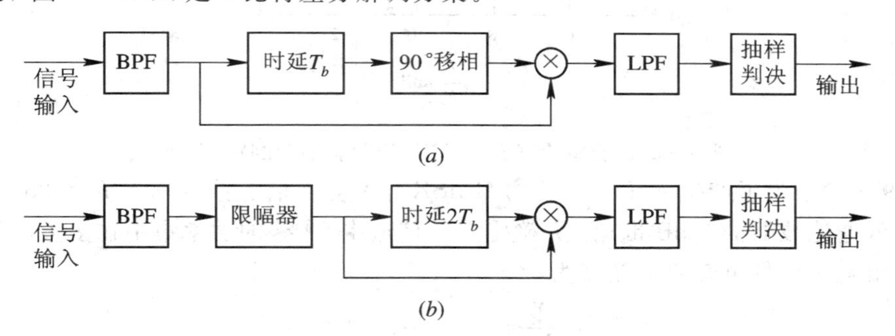

图 9-22　GMSK 信号差分解调器原理

(*a*) 1 比特差分解调器；(*b*) 2 比特差分解调器

9.3.3　GMSK 系统的性能

假设信道为恒参信道，噪声为加性高斯白噪声，其单边功率谱密度为 n_0。GMSK 信号相干解调的误比特率下界可以表示为

$$P_e = \frac{1}{2}\,\mathrm{erfc}\left(\frac{d_{\min}}{2\sqrt{2_0}}\sqrt{r}\right) \tag{9.3-11}$$

式中，$d_{\min}$ 为在 t_1 到 t_2 之间观察所得的 Hilbert 空间中发送数据“1”和“0”对应的复信号 $u_1(t)$ 和 $u_0(t)$ 之间的最小距离，即

$$d_{\min}^2 = \min_{u_0(t),u_1(t)} \int_{t_1}^{t_2} |u_1(t) - u_0(t)|^2 \, \mathrm{d}t \tag{9.3-12}$$

在恒参信道，加性高斯白噪声条件下，测得的 GMSK 相干解调误比特率曲线如图 9-23 所示。由图可以看出，当 $B_bT_b=0.25$ 时，GMSK 的性能仅比 MSK 下降 1 dB。由于移动通信系统是快速瑞利衰落信道，因此误比特性能要比理想信道下的误比特性能下降很多。具体误比特性能要通过实际测试。

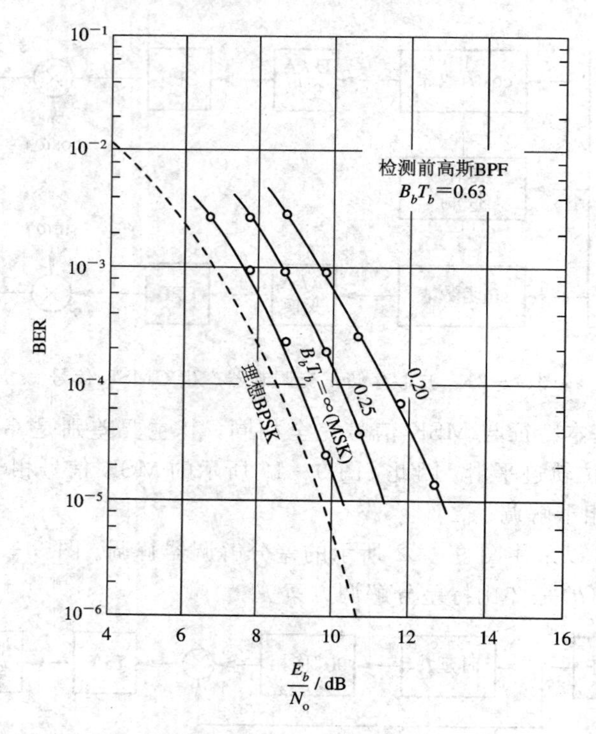

图 9-23 理想信道下 GMSK 相干解调误比特率曲线

【例 9-1】 为了产生 $B_bT_b=0.2$ 的 GMSK 信号，当信道数据速率 $R_b=250$ kb/s 时，试求高斯低通滤波器的 3 dB 带宽。并确定射频信道中 99% 的功率集中在多大的带宽中？

解 由题中条件可知码元宽度为

$$T_b=\frac{1}{R_b}=\frac{1}{250\times10^3}=4\ \mu\text{s}$$

因为 $B_bT_b=0.2$，可求出 3 dB 带宽为

$$B_b=\frac{0.2}{T_b}=\frac{0.2}{4\times10^{-6}}=50\ \text{kHz}$$

所以 3 dB 带宽为 50 kHz。

为了确定 99%功率带宽，查表 9-1 可知：

$$B=0.79R_b=0.79\times250\times10^3=197.5\ \text{kHz}$$

所以 99%功率带宽为 197.5 kHz。

9.4 $\frac{\pi}{4}$DQPSK 调制

$\frac{\pi}{4}$ DQPSK($\frac{\pi}{4}$- Shift Differentially Encoded Quadrature Phase Shift Keying)是一种正交相移键控调制方式，它综合了 QPSK 和 OQPSK 两种调制方式的优点。$\frac{\pi}{4}$DQPSK 有比 QPSK 更小的包络波动和比 GMSK 更高的频谱利用率。在多径扩展和衰落的情况下，$\frac{\pi}{4}$DQPSK比 OQPSK 的性能更好。$\frac{\pi}{4}$DQPSK 能够采用非相干解调，从而使得接收机实现

大大简化。$\frac{\pi}{4}$DQPSK 已被用于北美和日本的数字蜂窝移动通信系统。

9.4.1　$\frac{\pi}{4}$DQPSK 的调制原理

在$\frac{\pi}{4}$DQPSK 调制器中，已调信号的信号点从相互偏移$\frac{\pi}{4}$的两个 QPSK 星座图中选取。图 9 - 24 给出了两个相互偏移$\frac{\pi}{4}$的星座图和一个合并的星座图，图中两个信号点之间的连线表示可能的相位跳变。可见，$\frac{\pi}{4}$DQPSK 信号的最大相位跳变是$\pm\frac{3\pi}{4}$。另外，由图 9 - 24 还可看出，对每对连续的双比特其信号点至少有$\frac{\pi}{4}$的相位变化，从而使接收机容易进行时钟恢复和同步。

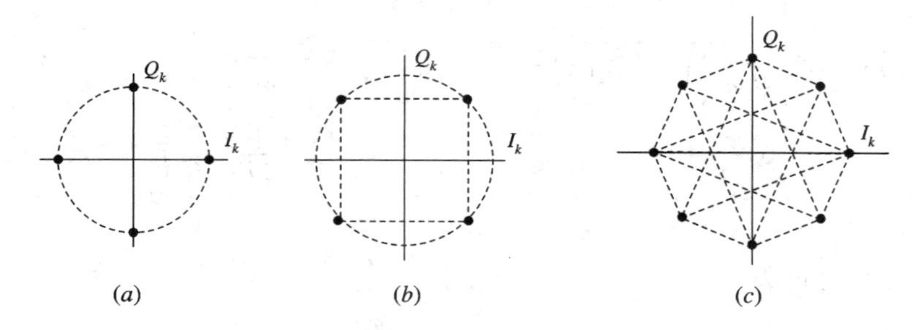

图 9 - 24　$\frac{\pi}{4}$DQPSK 信号的星座图

$\frac{\pi}{4}$DQPSK 调制器原理图如图 9 - 25 所示。输入的二进制数据序列经过串/并变换和差分相位编码输出同相支路信号 I_k 和正交支路信号 Q_k，I_k 和 Q_k 的符号速率是输入数据速率的一半。在第 k 个码元区间内，差分相位编码器的输出和输入有如下关系：

$$I_k = I_{k-1}\cos\Delta\varphi_k - Q_{k-1}\sin\Delta\varphi_k \tag{9.4 - 1}$$

$$Q_k = I_{k-1}\sin\Delta\varphi_k + Q_{k-1}\cos\Delta\varphi_k \tag{9.4 - 2}$$

式中，$\Delta\varphi_k$ 是由差分相位编码器的输入数据 x_k 和 y_k 所决定的。采用 Gray 编码的双比特 (x_k, y_k) 与相移 $\Delta\varphi_k$ 的关系如表 9 - 2 所示。差分相位编码器的输出 I_k 和 Q_k 共有五种取值：0，$\pm\frac{1}{\sqrt{2}}$，± 1。

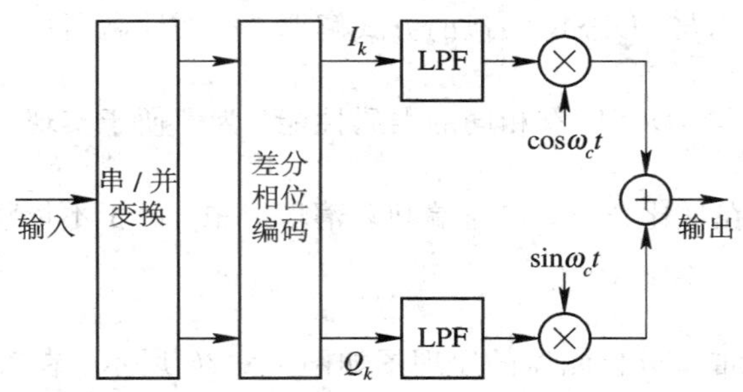

图 9 - 25　$\frac{\pi}{4}$DQPSK 调制器原理图

表 9-2 采用 Gray 编码的双比特(x_k, y_k)与相移 $\Delta\varphi_k$ 的关系表

x_k	y_k	$\Delta\varphi_k$
0	0	$\frac{\pi}{4}$
0	1	$\frac{3\pi}{4}$
1	1	$-\frac{3\pi}{4}$
1	0	$-\frac{\pi}{4}$

为了抑制已调信号的带外功率辐射，在进行正交调制前先使同相支路信号和正交支路信号 I_k 和 Q_k 通过具有线性相位特性和平方根升余弦幅频特性的低通滤波器。幅频特性表示式为

$$|H(f)|=\begin{cases}1, & 0\leqslant f\leqslant \dfrac{1-\alpha}{2T}\\ \sqrt{\dfrac{1}{2}\left\{1-\sin\left[\dfrac{\pi(2fT-1)}{2\alpha}\right]\right\}}, & \dfrac{1-\alpha}{2T}\leqslant f\leqslant \dfrac{1+\alpha}{2T}\\ 0, & \dfrac{1+\alpha}{2T}\leqslant f\end{cases} \tag{9.4-3}$$

$\frac{\pi}{4}$DQPSK 信号可表示为

$$s_{\frac{\pi}{4}\text{DQPSK}}(t)=\sum_k g(t-kT)\cos\varphi_k\cos\omega_c t-\sum_k g(t-kT)\sin\varphi_k\sin\omega_c t \tag{9.4-4}$$

式中，$g(t)$为低通滤波器输出脉冲波形，φ_k 为第 k 个数据期间的绝对相位。φ_k 可由以下差分编码得出：

$$\varphi_k=\varphi_{k-1}+\Delta\varphi_k \tag{9.4-5}$$

$\frac{\pi}{4}$DQPSK 是一种线性调制，其包络不恒定。若发射机具有非线性放大，将会使已调信号频谱展宽，降低频谱利用率。为了提高功率放大器的动态范围，改善输出信号的频谱特性，通常采用具有负反馈控制的功率放大器。

9.4.2 $\frac{\pi}{4}$DQPSK 的解调

$\frac{\pi}{4}$DQPSK 可以采用与 4DPSK 相似的方式解调。在加性高斯白噪声(AWGN)信道中，相干解调的$\frac{\pi}{4}$DQPSK 与 4DPSK 有相同的误码性能。为了便于实现，经常采用差分检测来解调$\frac{\pi}{4}$DQPSK 信号。在低比特率，快速瑞利衰落信道中，由于不依赖相位同步，差分检测提供了较好的误码性能。

$\frac{\pi}{4}$DQPSK 信号基带差分检测器的原理图如图 9-26 所示。在解调器中，本地振荡器产生的正交载波与发射载波频率相同，但有固定的相位差 $\Delta\theta$。解调器中同相支路和正交支路两个低通滤波器的输出分别为

$$c_k = \cos(\varphi_k - \Delta\theta) \tag{9.4-6}$$

$$d_k = \sin(\varphi_k - \Delta\theta) \tag{9.4-7}$$

两个序列 c_k 和 d_k 送入差分解码器进行解码，其解码关系为

$$\begin{aligned} e_k &= c_k c_{k-1} + d_k d_{k-1} \\ &= \cos(\varphi_k - \Delta\theta)\cos(\varphi_{k-1} - \Delta\theta) + \sin(\varphi_k - \Delta\theta)\sin(\varphi_{k-1} - \Delta\theta) \\ &= \cos(\varphi_k - \varphi_{k-1}) = \cos\Delta\varphi_k \end{aligned} \tag{9.4-8}$$

$$\begin{aligned} f_k &= d_k c_{k-1} - c_k d_{k-1} \\ &= \sin(\varphi_k - \Delta\theta)\cos(\varphi_{k-1} - \Delta\theta) + \cos(\varphi_k - \Delta\theta)\sin(\varphi_{k-1} - \Delta\theta) \\ &= \sin(\varphi_k - \varphi_{k-1}) = \sin\Delta\varphi_k \end{aligned} \tag{9.4-9}$$

$$\Delta\varphi_k = \arctan\left(\frac{e_k}{f_k}\right) \tag{9.4-10}$$

根据表 9－2 和式(9.4－10)就可以得到调制数据，再经过并/串变换即可恢复出发送的数据序列。

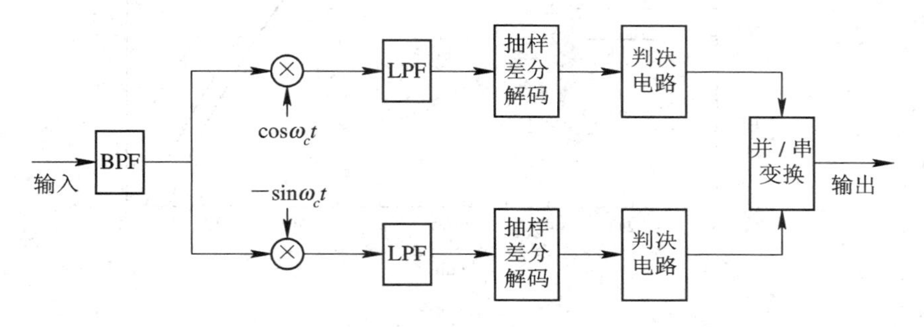

图 9－26　基带差分检测器原理图

$\frac{\pi}{4}$DQPSK 信号还可以采用 FM 鉴频器检测，其原理图如图 9－27 所示。该检测器由带通滤波器、限幅器、FM 鉴频器、积分器、模 2π 校正电路、差分相位译码及并/串变换电路组成。

除了基带差分检测、鉴频器检测方法外，$\frac{\pi}{4}$DQPSK 信号还可以采用中频差分检测方法解调，并且三种解调方式是等价的。

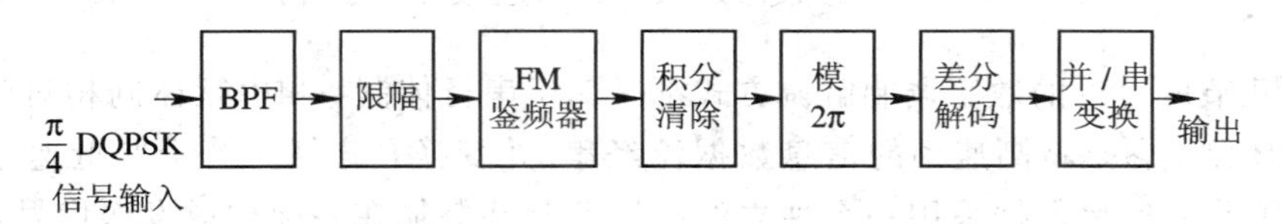

图 9－27　$\frac{\pi}{4}$DQPSK 信号鉴频器检测

9.4.3　$\frac{\pi}{4}$DQPSK 系统的性能

在加性高斯白噪声信道条件下，采用基带差分检测，$\frac{\pi}{4}$DQPSK 系统的误比特率为

$$P_e = e^{-2r}\sum_{n=0}^{\infty}(\sqrt{2}-1)^n I_n(\sqrt{2}r) - \frac{1}{2}I_0(\sqrt{2}r)\ e^{-2r} \qquad (9.4-11)$$

式中，$r=\dfrac{E_b}{n_0}$，I_n 是第一类第 n 阶修正贝塞尔(Bessel)函数。误比特率曲线如图 9-28 所示。

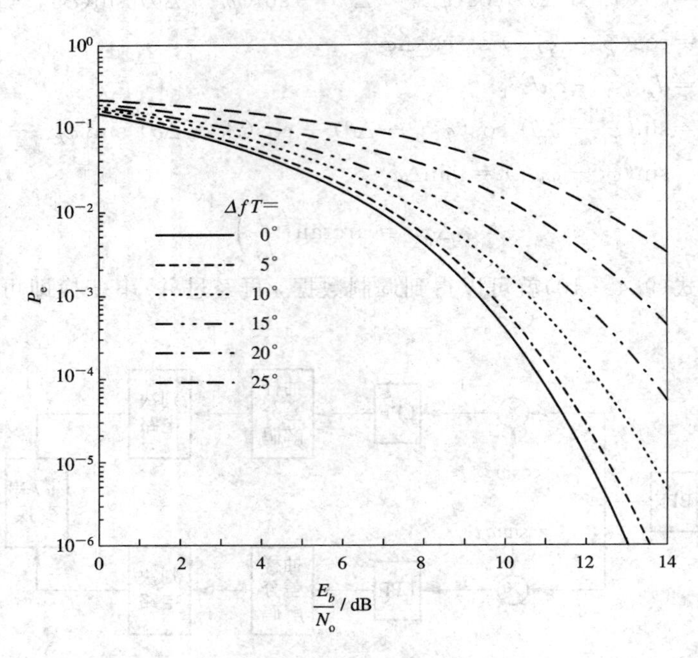

图 9-28 $\frac{\pi}{4}$DQPSK 系统的误比特率曲线

对于基带差分检测来说，当收发两端存在相位漂移 $\Delta\theta=2\pi\Delta fT$ 时，将会使系统误比特率增加，图 9-28 中给出了不同 ΔfT 时的误比特率曲线。可以看出，当 $\Delta fT=0.025$，即频率偏差为码元速率的 2.5%时，在一个码元期间内将产生 9°的相位差。在误比特率为 10^{-5}时，该相位差将会引起 1 dB 左右的性能恶化。

9.5 OFDM 调制

前面几节所讨论的数字调制解调方式都是属于串行体制，和串行体制相对应的一种体制是并行体制。它是将高速率的信息数据流经串/并变换，分割为若干路低速率并行数据流，然后每路低速率数据采用一个独立的载波调制并叠加在一起构成发送信号，这种系统也称为多载波传输系统。多载波传输系统原理图如图 9-29 所示。

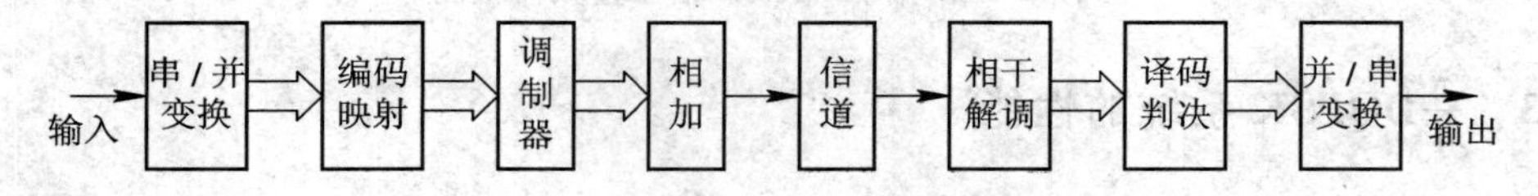

图 9-29 多载波传输系统原理图

在并行体制中，正交频分复用(OFDM)方式是一种高效调制技术，它具有较强的抗多径传播和频率选择性衰落的能力以及较高的频谱利用率，因此得到了深入的研究。OFDM(Orthogonal Frequency Division Multiplexing)系统已成功地应用于接入网中的高速数字环路HDSL、非对称数字环路ADSL，高清晰度电视HDTV的地面广播系统。在移动通信领域，OFDM是第三代、第四代移动通信系统准备采用的技术之一。

9.5.1 OFDM基本原理

OFDM是一种高效调制技术，其基本原理是将发送的数据流分散到许多个子载波上，使各子载波的信号速率大为降低，从而能够提高抗多径和抗衰落的能力。为了提高频谱利用率，OFDM方式中各子载波频谱有$\frac{1}{2}$重叠，但保持相互正交，在接收端通过相关解调技术分离出各子载波，同时消除码间干扰的影响。

OFDM信号可以用复数形式表示为

$$s_{\text{OFDM}}(t)=\sum_{m=0}^{M-1} d_m(t)\,\mathrm{e}^{\mathrm{j}\omega_m t} \tag{9.5-1}$$

式中

$$\omega_m=\omega_c+m\Delta\omega \tag{9.5-2}$$

为第m个子载波角频率，$d_m(t)$为第m个子载波上的复数信号。$d_m(t)$在一个符号期间T_s上为常数，则有

$$d_m(t)=d_m \tag{9.5-3}$$

若对信号$s_{\text{OFDM}}(t)$进行采样，采样间隔为T，则有

$$s_{\text{OFDM}}(kT)=\sum_{m=0}^{M-1} d_m\,\mathrm{e}^{\mathrm{j}\omega_m kT}=\sum_{m=0}^{M-1} d_m\,\mathrm{e}^{\mathrm{j}(\omega_c+m\Delta\omega)kT} \tag{9.5-4}$$

假设一个符号周期T_s内含有N个采样值，即

$$T_s=NT \tag{9.5-5}$$

OFDM信号的产生是首先在基带实现，然后通过上变频产生输出信号。因此，基带处理时可令$\omega_c=0$，则式(9.5-4)可简化为

$$s_{\text{OFDM}}(kT)=\sum_{m=0}^{M-1} d_m\,\mathrm{e}^{\mathrm{j}(m\Delta\omega)kT} \tag{9.5-6}$$

将上式与离散傅里叶反变换(IDFT)形式

$$g(kT)=\sum_{m=0}^{M-1} G\left(\frac{m}{MT}\right)\mathrm{e}^{\mathrm{j}2\pi mk/M} \tag{9.5-7}$$

相比较可以看出，若将$d_m(t)$看做频率采样信号，则$s_{\text{OFDM}}(kT)$为对应的时域信号。比较式(9.5-6)和式(9.5-7)可以看出，若令

$$\Delta f=\frac{1}{NT}=\frac{1}{T_s} \tag{9.5-8}$$

则式(9.5-6)和式(9.5-7)相等。

由此可见，若选择载波频率间隔$\Delta f=\frac{1}{T_s}$，则OFDM信号不但保持各子载波相互正交，而且可以用离散傅里叶变换(DFT)来表示。

在 OFDM 系统中引入 DFT 技术对并行数据进行调制和解调，其子带频谱是$\frac{\sin x}{x}$函数，OFDM 信号频谱结构如图 9-30 所示。OFDM 信号是通过基带处理来实现的，不需要振荡器组，从而大大降低了 OFDM 系统实现的复杂性。

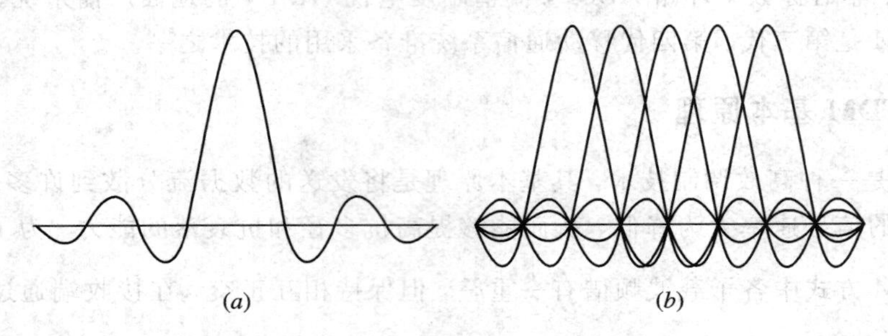

图 9-30　OFDM 信号频谱结构
(a) 单个 OFDM 子带频谱；(b) OFDM 信号频谱

9.5.2　OFDM 信号调制与解调

OFDM 信号的产生是基于快速离散傅里叶变换实现的，其产生原理如图 9-31 所示。图中，输入信息速率为 R_b 的二进制数据序列先进行串/并变换。根据 OFDM 符号间隔 T_s，将其分成 $c_t=R_bT_s$ 个比特一组。这 c_t 个比特被分配到 N 个子信道上，经过编码后映射为 N 个复数子符号 X_k，其中子信道 k 对应的子符号 X_k 代表 b_k 个比特，而且

$$c_t = \sum_{k=0}^{N-1} b_k \tag{9.5-9}$$

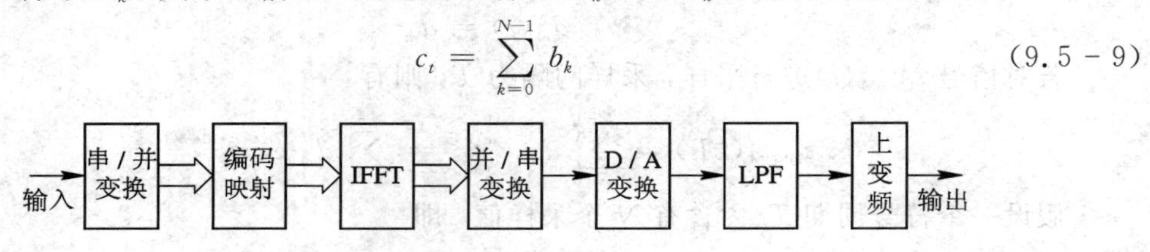

图 9-31　OFDM 信号产生原理图

在 Hermitian 对称条件：

$$X_k = X_{2N-k}^*,\ 0 \leqslant k \leqslant 2N-k \tag{9.5-10}$$

的约束下，$2N$ 点快速离散傅里叶反变换(IFFT)将频域内的 N 个复数子符号 X_k 变换成时域中的 $2N$ 个实数样值 $x_k(k=0,\ 1,\ \cdots,\ 2N-1)$，加上循环前缀 $x_k=x_{2N+k}(k=-1,\ \cdots,\ -J)$ 之后，这 $2N+J$ 个实数样值就构成了实际的 OFDM 发送符号。x_k 经过并/串变换之后，通过时钟速率为 $f_s=\frac{2N+J}{T_s}$ 的 D/A 转换器和低通滤波器输出基带信号。最后经过上变频输出 OFDM 信号。

OFDM 信号接收端的原理图如图 9-32 所示，其处理过程与发送端相反。接收端输入 OFDM 信号首先经过下变频变换到基带，A/D 转换、串/并变换后的信号去除循环前缀，再进行 $2N$ 点快速离散傅里叶变换(FFT)得到一帧数据。为了对信道失真进行校正，需要对数据进行单抽头或双抽头时域均衡。最后经过译码判决和并/串变换，恢复出发送的二进制数据序列。

由于 OFDM 采用的基带调制为离散傅里叶反变换，可以认为数据的编码映射是在频

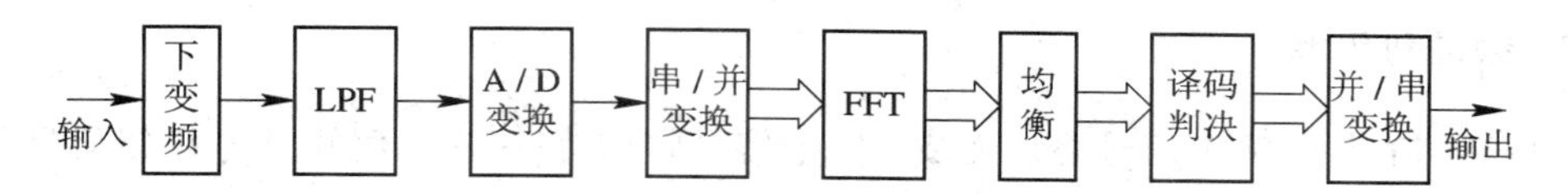

图 9 - 32　OFDM 信号接收原理图

域进行的，经过 IFFT 变换为时域信号发送出去。接收端通过 FFT 恢复出频域信号。

为了使信号在 IFFT、FFT 前后功率保持不变，DFT 和 IDFT 应满足以下关系：

$$X(k)=\frac{1}{\sqrt{N}}\sum_{n=0}^{N-1}x(n)\exp\left(-\mathrm{j}\,\frac{2\pi n}{N}k\right),\ 0\leqslant k\leqslant N-1 \tag{9.5-11}$$

$$x(n)=\frac{1}{\sqrt{N}}\sum_{k=0}^{N-1}X(k)\exp\left(\mathrm{j}\,\frac{2\pi k}{N}n\right),\ 0\leqslant n\leqslant N-1 \tag{9.5-12}$$

在 OFDM 系统中，符号周期、载波间距和子载波数应根据实际应用条件合理选择。符号周期的大小影响载波间距以及编码调制迟延时间。若信号星座固定，则符号周期越长，抗干扰能力越强，但是载波数量和 FFT 的规模也越大。各子载波间距的大小也受到载波偏移及相位稳定度的影响。一般选定符号周期时应使信道在一个符号周期内保持稳定。子载波的数量根据信道带宽、数据速率以及符号周期来确定。OFDM 系统采用的调制方式应根据功率及频谱利用率的要求来选择。常用的调制方式有 QPSK 和 16QAM 方式。另外，不同的子信道还可以采用不同的调制方式，特性较好的子信道可以采用频谱利用率较高的调制方式，而衰落较大的子信道应选用功率利用率较高的调制方式，这是 OFDM 系统的优点之一。

9.5.3　OFDM 系统性能

1. 抗脉冲干扰

OFDM 系统抗脉冲干扰的能力比单载波系统强很多。这是因为对 OFDM 信号的解调是在一个很长的符号周期内积分，从而使脉冲噪声的影响得以分散。事实上，对脉冲干扰有效的抑制作用是最初研究多载波系统的动机之一。提交给 CCITT 的测试报告表明，能够引起多载波系统发生错误的脉冲噪声的门限电平比单载波系统高 11 dB。

2. 抗多径传播与衰落

OFDM 系统把信息分散到许多个载波上，大大降低了各子载波的信号速率，使符号周期比多径迟延长，从而能够减弱多径传播的影响。若再采用保护间隔和时域均衡等措施，可以有效降低符号间干扰。保护间隔原理如图 9 - 33 所示。

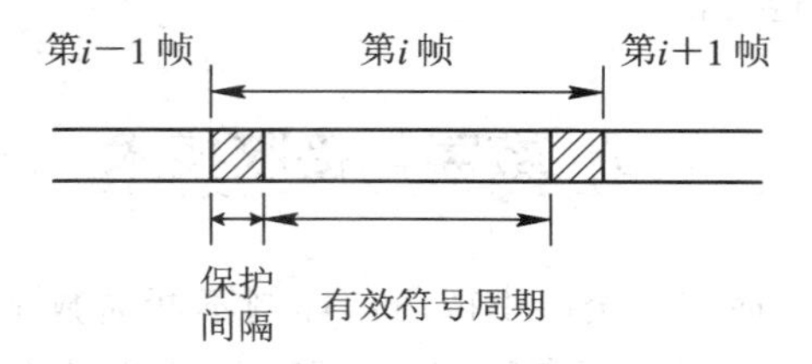

图 9 - 33　保护间隔原理

3. 频谱利用率

OFDM 信号由 N 个信号叠加而成，每个信号频谱为$\frac{\sin x}{x}$函数并且与相邻信号频谱有 1/2 重叠，如图 9－34 所示。

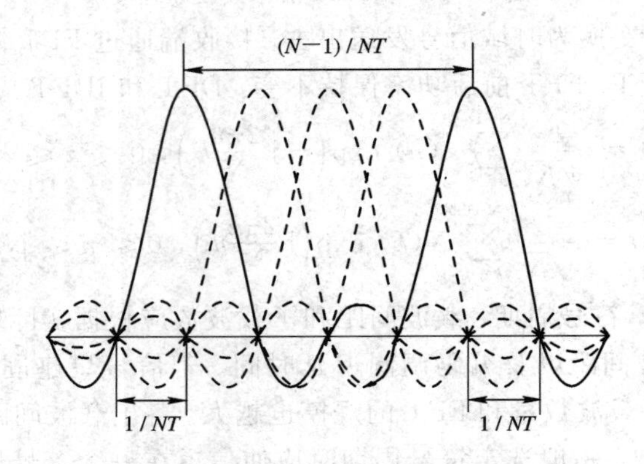

图 9－34　OFDM 信号频谱结构

设信号采样频率为 $1/T$，则每个子载波信号的采样速率为 $1/(NT)$，即载波间距为 $1/(NT)$，若将信号两侧的旁瓣忽略，则频谱宽度为

$$B_{\text{OFDM}} = (N-1)\frac{1}{NT} + \frac{2}{NT} = \frac{N+1}{NT} \tag{9.5-13}$$

OFDM 的符号速率为

$$R_B = \frac{1}{NT}N = \frac{1}{T} \tag{9.5-14}$$

比特速率与所采用的调制方式有关，若信号星座点数为 M，则比特率为

$$R_b = \frac{1}{T}\,\text{lb}M \tag{9.5-15}$$

因此，OFDM 的频谱利用率为

$$\eta_{\text{OFDM}} = \frac{R_b}{B_{\text{OFDM}}} = \frac{N}{N+1}\text{lb}M \tag{9.5-16}$$

对于串行系统，当采用 MQAM 调制方式时，频谱利用率为

$$\eta_{\text{MQAM}} = \frac{R_b}{B_{\text{MQAM}}} = \frac{1}{2}\text{lb}M \tag{9.5-17}$$

比较式(9.5－16)和式(9.5－17)可以看出，当采用 MQAM 调制方式时，OFDM 系统的频谱利用率比串行系统提高近一倍。

9.6　数字化接收技术

随着通信技术的发展，通信系统由模拟通信体制不断向数字通信体制过渡，同时，通信设备的实现也从模拟方式向尽可能数字方式过渡。其基本理论就是信号的数字式产生和检测理论。为了使通信设备能够灵活地配置，最大限度地实现通信系统的互通互连，20 世纪 90 年代初国际上提出了软件无线电台的概念，并受到各国的普遍重视。软件无线电台的中心思想是：构造一个具有开放性、标准化、模块化的通用硬件平台，将各种功能，如工作频率、调制解调类型、数据格式、加密方式、通信协议等用软件来实现，并使宽带 A/D 和 D/A 转换器尽可能靠近天线，构造具有高度灵活性、开放性的新一代无线通信设备。其思想很快也在其他通信系统中采用。理想软件无线电的组成结构如图 9-35 所示，主要由天线、射频前端、宽带 A/D-D/A 转换器、通用和专用数字信号处理器及相应软件组成。软件无线电涉及很多通信新技术，本节只讨论其关键技术之一：信号的数字检测技术。

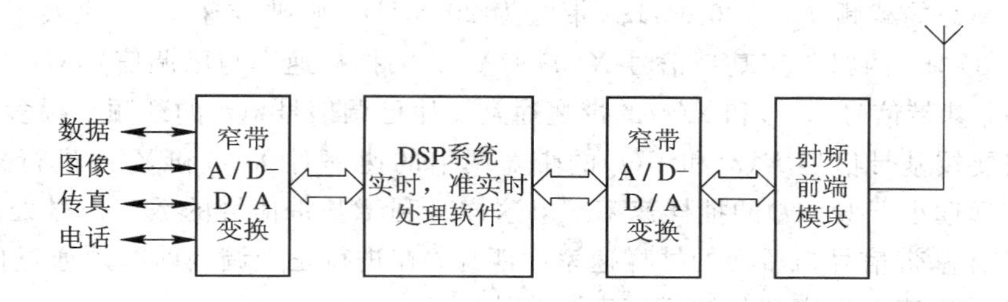

图 9-35　理想软件无线电的组成结构

9.6.1　信号的数字检测原理

由以上各章节讨论可知，对于大多数数字调制信号都可以表示为

$$s(t)=\sum_k A_k g(t-kT)\cos(\omega_c t+\varphi_k) \tag{9.6-1}$$

式中，A_k 是基带信号幅度，φ_k 是携带基带信息的相位，$g(t-kT)$是宽度为 T 的单个基带信号波形。式(9.6-1)还可以变换为正交表示形式：

$$\begin{aligned}s(t)&=\left[\sum_k A_k g(t-kT)\cos\varphi_k\right]\cos\omega_c t-\left[\sum_k A_k g(t-kT)\sin\varphi_k\right]\sin\omega_c t\\&=X(t)\cos\omega_c t-Y(t)\sin\omega_c t\end{aligned} \tag{9.6-2}$$

式中

$$X(t)=\sum_k A_k\cos\varphi_k g(t-kT) \tag{9.6-3}$$

$$Y(t)=\sum_k A_k\sin\varphi_k g(t-kT) \tag{9.6-4}$$

正交调制法实现数字调制原理图如图 9-36 所示。

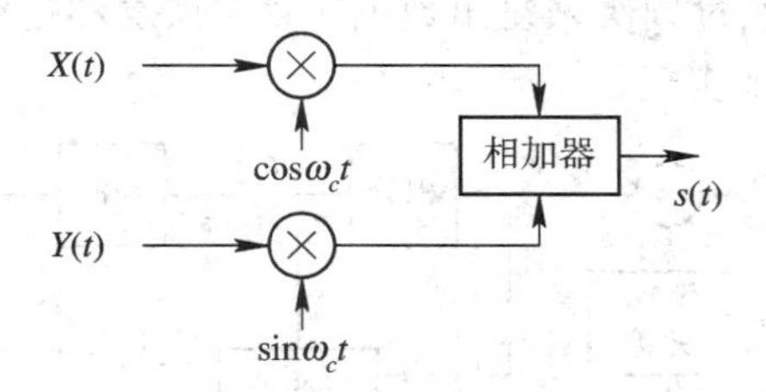

图 9-36　正交调制法实现数字调制原理图

若以抽样速率 f_s 对式(9.6-2)进行抽样，可得式(9.6-2)的数字化表示形式：

$$s(nT_s)=X(nT_s)\cos(\omega_c nT_s)-Y(nT_s)\sin(\omega_c nT_s) \tag{9.6-5}$$

式中，$T_s=\dfrac{1}{f_s}$为抽样时间间隔；$X(nT_s)$和 $Y(nT_s)$为同相支路和正交支路基带信号：

$$X(nT_s) = \sum_k A_k \cos\varphi_k g(nT_s - kT) \tag{9.6-6}$$

$$Y(nT_s) = \sum_k A_k \sin\varphi_k g(nT_s - kT) \tag{9.6-7}$$

通常式(9.6-5)简化表示为

$$s(n) = X(n)\cos(\omega_c n) - Y(n)\sin(\omega_c n) \tag{9.6-8}$$

由抽样定理可知，为了无失真地表示信号 $s(t)$，抽样速率 f_s 应大于 $s(t)$ 最高频率分量的两倍。若 $s(t)$ 的载频 $f_c=100$ MHz，带宽为 20 MHz，则抽样速率 f_s 应大于 220 MHz。在式(9.6-8)中，两路正交基带信号 $X(n)$ 和 $Y(n)$ 的抽样速率与已调信号 $s(t)$ 的抽样速率相同。然而，基带信号 $X(t)$ 和 $Y(t)$ 的带宽通常要比已调信号 $s(t)$ 的载频小很多。根据抽样定理，只需要按基带信号 $X(t)$ 和 $Y(t)$ 的带宽两倍的速率对 $X(t)$ 和 $Y(t)$ 进行抽样就可以了。该速率远远小于对 $s(t)$ 的抽样速率 f_s，这样有利于基带信号的数字信号处理。为了使产生的已抽样基带信号与后面的抽样速率相匹配，在进行正交调制前必须通过内插处理将基带信号的抽样速率提高到与抽样速率 f_s 相同。

采用数字方式实现调制的原理图如图 9-37 所示。图中，基带处理单元完成基带数字信号处理，将串行基带数据变换为两路并行数据；两个内插器完成抽样速率匹配，将基带信号抽样速率提高到射频抽样速率；数字式正交调制器输出数字化信号 $s(n)$；最后，信号 $s(n)$ 经过 D/A 转换器和带通滤波器，输出已调信号 $s(t)$。

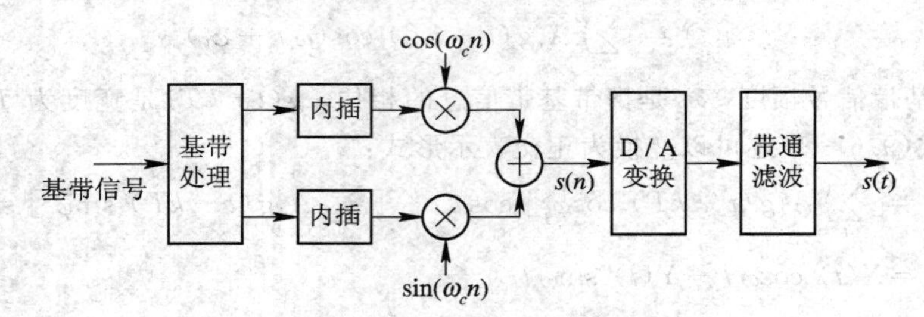

图 9-37　数字方式实现调制的原理图

对信号 $s(t)$ 采用正交方式进行解调的一般模型如图 9-38 所示。图中包括正交解调、载波恢复和位定时恢复。图 9-38 也可以采用数字的方式实现，其原理图如图 9-39 所示。输入信号经过 A/D 变换器转换为数字化信号，分别与正交载波相乘、低通滤波后分解为同相和正交分量，最后经过判决恢复出数据。载波恢复和位定时恢复电路由载波频差估计和位定时偏差估计算法来实现。

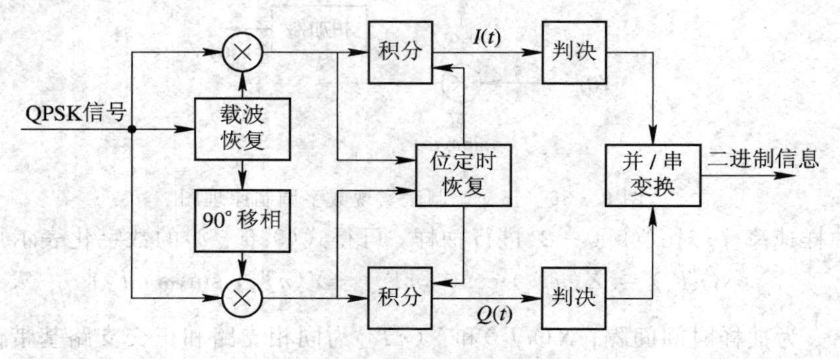

图 9-38　正交解调原理图

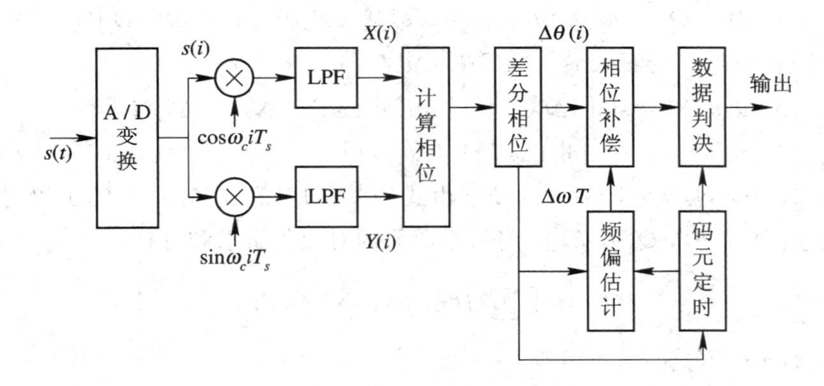

图 9-39　数字化检测原理图

下面以$\frac{\pi}{4}$DQPSK 信号为例分析数字式解调原理。$\frac{\pi}{4}$DQPSK 属于数字相位调制方式的一种，解调过程涉及到信号相位检测、载波恢复和位定时恢复。解调原理是：对输入信号按码元速率的 K 倍进行采样，通过选择眼图平均张开最大的采样点来估计位定时；通过对眼图平均张开最大采样点处平均相位旋转得到载波频差估计；利用估计出的位定时和载波频差对信号作出判决。图 9-39 所示的解调器输入为

$$s(t) = A\cos(\omega_c t + \varphi_n + \theta_0) + n(t) \tag{9.6-9}$$

若每个码元采样 K 个样点，则第 n 个码元第 k 个采样时刻为 $(Kn+k)T_s$，A/D 转换器在该时刻的输出为

$$s(i) = A\cos(\omega_c iT_s + \theta_0 + \varphi_n) + n(iT_s) \tag{9.6-10}$$

式中，T_s 为采样周期，$i=Kn+k$，A 为输入信号振幅，φ_n 为第 n 个码元相位，θ_0 为初相位，$n(iT_s)$为第 i 个采样点噪声样值。

设接收端与发送端载波频差为 $\Delta\omega$，则正交相乘、低通滤波输出同相支路和正交支路信号分别为

$$X(i) = \cos[\Delta\omega iT_s + \varphi_n + \theta_0 + \theta_x(i)] \tag{9.6-11}$$

$$Y(i) = \sin[\Delta\omega iT_s + \varphi_n + \theta_0 + \theta_y(i)] \tag{9.6-12}$$

式中，$\theta_x(i)$和 $\theta_y(i)$分别是由同相支路和正交支路噪声样值所引入的相位噪声。由式(9.6-11)和式 (9.6-12)可计算第 i 点的信号相位：

$$\theta(i) = \arctan\left[\frac{Y(i)}{X(i)}\right] = \Delta\omega iT_s + \varphi_n + \theta_0 + \theta_n(i) \tag{9.6-13}$$

式中，$\theta_n(i)$是由噪声引入的干扰相位。i 时刻和 $i-1$ 时刻两个采样点的差分相位为

$$\Delta\theta(i) = \theta(i) - \theta(i-1) = \Delta\omega T + \Delta\varphi_n + \Delta\theta_n(i) \tag{9.6-14}$$

式中：

$T=KT_s$ 为码元时间间隔

$$\Delta\varphi_n = \varphi_n - \varphi_{n-1} \tag{9.6-15}$$

$$\Delta\theta_n(i) = \theta_n(i) - \theta_n(i-1) \tag{9.6-16}$$

设两个函数 $I(n, k)$和 $Q(n, k)$为

$$I(n,k)=\cos[4\Delta\theta(i)]=\cos\{4[\Delta\omega T+\Delta\varphi_n+\Delta\theta_n(i)]\}$$
$$=-\cos[4\Delta\omega T+4\Delta\theta_n(i)] \tag{9.6-17}$$
$$Q(n,k)=\sin[4\Delta\theta(i)]=\sin\{4[\Delta\omega T+\Delta\varphi_n+\Delta\theta_n(i)]\}$$
$$=-\sin[4\Delta\omega T+4\Delta\theta_n(i)] \tag{9.6-18}$$

式中，$n=1, 2, \cdots, N$，$k=1, 2, \cdots, K$。由式(9.6-17)和式(9.6-18)可以得到 N 个码元的 K 组矢量$[I(n, k), Q(n, k)]$，将每个码元的对应矢量求和可得：

$$Z(k)=\left[\sum_{n=1}^{N} I(n, k), \sum_{n=1}^{N} Q(n, k)\right] \tag{9.6-19}$$

式中，$k=1, 2, \cdots, K$。

采用眼图最大准则选择最佳抽样点。其原理是：在最佳抽样点上噪声和码间干扰都最小，相对应的 N 个矢量具有较好的一致性，相位旋转一致，其和的模值最大。通过比较这 K 个矢量和 $Z(k)$，选择最大模值对应的抽样点作为最佳抽样点 k^*。在最佳抽样点，可以对由载波频差引起的相位旋转作出准确的估计。设 $\Delta\theta$ 为载波频偏在一个码元期间内引起的相位旋转，则

$$\Delta\theta=\Delta\omega T=\frac{1}{4}\arctan\left[\frac{\sum_{n=1}^{N} Q(n, k^*)}{\sum_{n=1}^{N} I(n, k^*)}\right] \tag{9.6-20}$$

这样，通过从信号的差分相位中减去由频偏引起的相位旋转，就可以得到正确的相位，从而恢复出数据信息。

9.7.2 数字检测技术的应用

目前，数字式解调专用集成电路有很多种，下面以 Stanford 公司 STEL-2105 为例，介绍其工作原理。

STEL-2105 是一块用于 BPSK 或 QPSK 相干解调器的专用集成电路，在 BPSK 模式下处理速度达 4 Mb/s 以上，在 QPSK 模式下处理速度达 8 Mb/s 以上。其内部结构如图 9-40 所示。

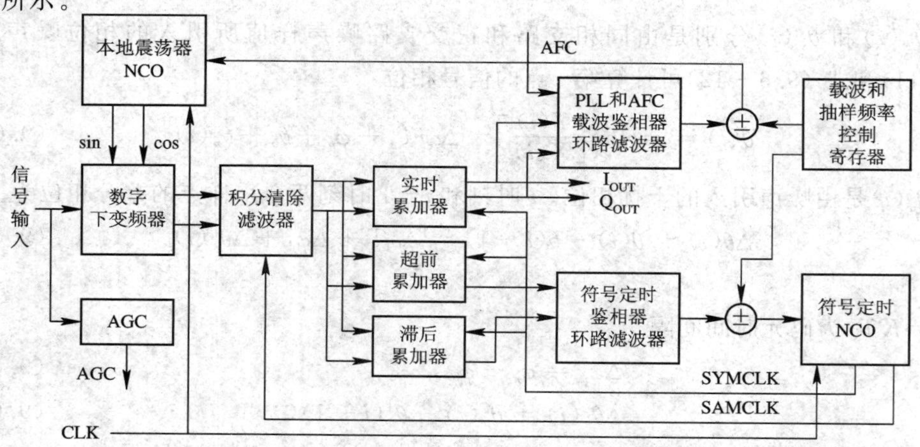

图 9-40 STEL-2105 内部原理图

STEL-2105由两个数控振荡器(NCO),直接数字式下变频器(DDC),积分滤波器,载波鉴相器和环路滤波器模块及位定时鉴相器和环路滤波器模块等组成。输入中频信号通过A/D变换器采样为数字信号,本振NCO产生一个正交信号与输入信号在混频器中混合完成直接从IF(中频)到基带的下变频。下变频器的输出通过积分滤波器滤波,积分滤波器有着 $\sin(x)/x$ 特性。积分滤波器的输出速率应该设定为每码元四个样值,以便位定时电路正确工作。位定时和时钟恢复是通过使用超前-滞后累积的方法,累计一个码元时间内的四个信号取样值来实现的。通过累积前一码元和后一码元四分之一的样点可以得到一个误差函数,当位定时正确时误差函数为零。积分滤波器的输出通过一个环路滤波器后用于校正位定时NCO。环路滤波器的参数是完全可编程的,并在工作状态中可改变,以使参数尽量有利于快速捕获和跟踪,同时获得最大的稳定性。载波鉴相器既能用于载波跟踪又能用于相位跟踪。滤波器的参数也是可编程的,使器件本身可以被设置为频率跟踪状态以完成快速载波捕获,然后转为相位跟踪状态以完成相干解调。下面对各部分的工作原理做简要介绍。

1. 本振NCO模块

STEL-2105集成了一个数控振荡器(NCO),它产生用于下变频的本振信号,NCO的时钟信号由主时钟提供。NCO有32比特的频率分辨率,并且能产生8比特的正交载波 $\sin\omega_c t$ 和 $\cos\omega_c t$ 输出。输出频率由32比特的载波频率控制字控制。预置载波频率控制字加上或减去载波跟踪环路滤波器的输出就得到了实际频率控制信息。

2. 下变频模块

STEL-2105集成了一个正交下变频器,下变频器将输入中频采样信号直接转化为基带信号。下变频器包含两个乘法器,8比特的接收器输入信号在乘法器中分别与来自NCO的 $\sin\omega_c t$ 和 $\cos\omega_c t$ 信号相乘。下变频器中所有的操作都由主时钟信号控制。两个乘法器的输出分别为

$$x(n) = r(n)\cos(\omega_c nT_s) \quad (9.6-21)$$

$$y(n) = r(n)\sin(\omega_c nT_s) \quad (9.6-22)$$

式中,$\omega_c = 2\pi f_{NCO}$。$x(n)$ 和 $y(n)$ 分别被送入同相支路和正交支路的积分滤波器。

3. 积分滤波器

两个积分滤波器在由采样速率决定的多个采样周期内累计样值。积分区间由位定时NCO控制,以使在每个码元周期内有四或五个采样。这些采样值被送到码元累加器模块,对信号的样值进行积累。通过控制,可以选择最佳输出比特作为码元累加器的8比特输入。

4. 码元累加器模块

同相支路和正交支路的码元信息样值在码元累加器模块中进行累加,在一个码元周期内需要四或五个采样值。一个码元周期内的采样数可以通过寄存器设置。同相支路和正交支路的码元累加器输出即输出码元。为了选择最佳8比特值输入载波鉴相器和环路滤波器模块,提供了两个可选择观察点。输出的符号就是 I_{OUT} 和 Q_{OUT} 管脚得到的输出数据比特。

5. 载波鉴相器和环路滤波器模块

载波鉴相器函数决定了从同相支路和正交支路信号中得到的样值。这些样值用来产生

频率捕获和跟踪环路滤波器的自动频率跟踪(AFC)和锁相环(PLL)跟踪信号。其所采用的算法由输入信号的种类和 AFC 输入的状态所决定。在 AFC 方式下，若输入信号为 BPSK，则鉴相器电路即被设为 BPSK/AFC 模式，此时使用如下算法计算载波鉴相器函数：

$$\varphi(n) = \mathrm{Cross} \cdot \mathrm{Sign}(\mathrm{Dot}) \tag{9.6-23}$$

若输入信号为 QPSK，则鉴相器电路被设为 QPSK/AFC 模式，此时使用如下算法计算载波鉴相器函数：

$$\varphi(n) = [\mathrm{Cross} \cdot \mathrm{Sign}(\mathrm{Dot}) - \mathrm{Dot} \cdot \mathrm{Sign}(\mathrm{Cross})] \tag{9.6-24}$$

AFC 鉴相器的运算结果产生一个 18 比特的信号，经符号扩展，变为 19 比特。

当器件工作在 PLL 方式时，鉴相器电路被置为 BPSK/PLL 或 QPSK/PLL 模式。PLL 鉴相器输出 8 位样值送入环路滤波器。环路滤波器的传输函数可以设置为一阶或二阶，其传输函数为

$$H(z) = k_1 + \frac{k_2}{4} \cdot \frac{z^{-1}}{1 - z^{-1}} \tag{9.6-25}$$

式中，k_1 和 k_2 为环路滤波器系数。

6. 位定时 NCO 模块

STEL-2105 集成了一个数控振荡器(NCO)用于合成采样时钟，这一采样时钟为下变频模块的积分滤波器提供积分期间。NCO 的时钟信号是主时钟信号。NCO 有 32 位的频率分辨率而且累加器增加了一个 7 位扩展器，将频率分辨率扩展到 39 位。这使得 STEL-2105 在非常低的数据速率时，有高的采样速率控制分辨率。NCO 的频率通过 32 位频率控制字加上或减去位定时环路滤波器的输出就得到了实际的采样速率控制信息。

7. 位定时鉴相器和环路滤波器模块

同相支路和正交支路码元累加器的输出送入位定时鉴相器，位定时鉴相器函数是通过前后两个采样时刻的样值得到的，其误差函数为

$$\Delta\theta(n) = \{\mathrm{Abs}[I(n-1)] + \mathrm{Abs}[Q(n-1)]\} - \{\mathrm{Abs}[I(n)] + \mathrm{Abs}[Q(n)]\} \tag{9.6-26}$$

位定时环路滤波器与载波跟踪环路滤波器的传输函数结构相同，也可以被设置为一阶或二阶，其传输函数为

$$H(z) = k_1 + \frac{k_2}{4} \cdot \frac{z^{-1}}{1 - z^{-1}} \tag{9.6-27}$$

思 考 题

9-1 简要叙述现代数字调制技术在三种基本的数字调制方式的基础上有哪些改进？这些改进的目的是什么？

9-2 什么是 QAM 调制？简要叙述 QAM 调制的主要特点。

9-3 方型 16QAM 星座和星型 16QAM 星座各有什么特点？

9-4 $M=4$, 16, 64, 256 时的星座图和 $M=32$, 128 时的星座图各有什么特点？

9-5 QAM 调制在哪些通信系统中有所应用？

9-6 什么是MSK调制?简要叙述MSK调制的主要特点。

9-7 与2PSK、4PSK信号功率谱相比较，MSK信号的功率谱有什么特点?

9-8 MSK调制方式适合于在哪些通信系统中应用?

9-9 什么是GMSK调制?与MSK调制相比较，GMSK调制有哪些特点?

9-10 GMSK调制中B_bT_b的物理意义是什么?B_bT_b值的不同对GMSK信号的频谱和抗噪声性能有什么影响?

9-11 GMSK信号相干解调时的眼图有什么特点?随着B_bT_b的不同，眼图发生什么样的变化?

9-12 目前GMSK调制方式在哪些通信系统中有所应用?

9-13 什么是$\frac{\pi}{4}$DQPSK调制?与4PSK、4DPSK调制方式相比较，$\frac{\pi}{4}$DQPSK调制方式有什么特点?

9-14 4PSK、4DPSK和$\frac{\pi}{4}$DQPSK的星座图有哪些相同和不同之处?

9-15 简要叙述$\frac{\pi}{4}$DQPSK信号基带差分检测器的工作原理。

9-16 目前$\frac{\pi}{4}$DQPSK调制方式在哪些通信系统中有所应用?

9-17 什么是OFDM调制?简要叙述OFDM调制的基本原理。

9-18 OFDM调制方式具有哪些优缺点?

9-19 与其他调制方式相比较，OFDM调制方式的频谱结构有什么特点?

9-20 简要叙述OFDM调制和解调原理。

9-21 目前OFDM调制方式的主要应用方向有哪些?

9-22 简要叙述扩频调制原理，扩频调制有哪些主要方式?

9-23 扩频系统具有哪些主要特点?

9-24 什么是直接序列扩频，简要叙述直接序列扩频调制原理。

9-25 简要叙述直接序列扩频系统对带内窄带干扰的抑制原理。

9-26 简要叙述复四相扩频调制原理和主要优缺点。

9-27 简要叙述跳频扩频工作原理。

9-28 简要叙述跳时扩频工作原理。

9-29 简要叙述信号数字化接收原理。

习 题

9-1 已知8PSK和8QAM星座图如图P9-1所示。

(1) 若要使8PSK星座图中相邻信号点的距离为d，试求圆的半径r;

(2) 若要使8QAM星座图中相邻信号点的距离为d，试求内圆半径r_1和外圆半径r_2;

(3) 假设所有信号点出现概率相等，试求这两个信号星座图各自的平均功率，并对结果进行比较。

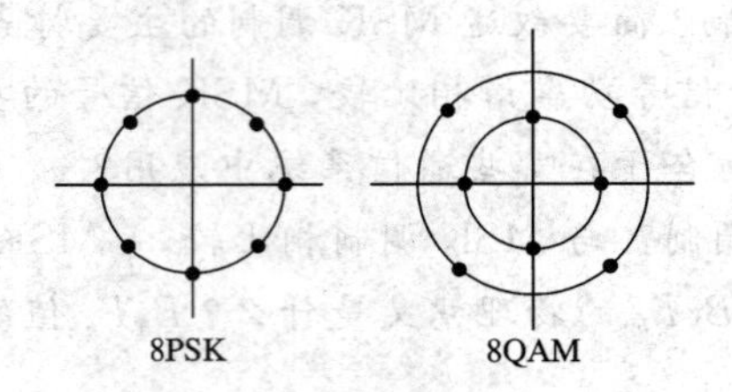

图 P9-1

9-2 图 P9-2 是两种 8QAM 信号星座图，相邻信号点的最小距离为 d。假设各信号点是等概的。

(1) 分别求两个星座信号的平均功率；

(2) 试比较两个星座的功率效率。

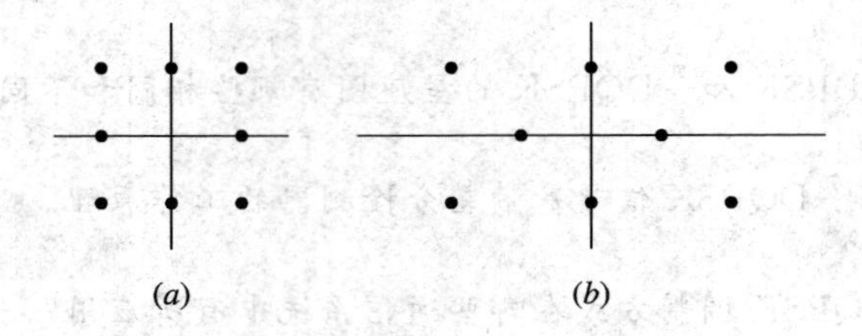

图 P9-2

9-3 已知 8QAM 星座图如图 9-2(a)所示，试对该星座图进行格雷(Gray)编码。

9-4 某数字通信系统采用 QAM 方式在有线电话信道传输数据。假设码元传输速率为 2400 符号/秒，信道加性高斯白噪声双边功率谱密度为 $n_0/2$，要求系统误码率小于 10^{-5}。

(1) 若信息传输速率为 9600 b/s，试求所需要的信噪比 E_b/n_o；

(2) 若信息传输速率为 14 400 b/s，试求所需要的信噪比 E_b/n_o；

(3) 从以上结果可以得到什么结论？

9-5 用 MATLAB 对 16QAM 方式进行仿真。

(1) 画出调制、解调各点时间波形；

(2) 在加性高斯白噪声条件下对系统误码率进行仿真，并与理论值进行比较。

9-6 已知 MSK 信号的初始相位是 0 或 π 度，试求输入数据为 00、01、10、11 时的终止相位。

9-7 已知发送数据序列为 0010110101，采用 MSK 方式传输，传输速率为 32 kb/s，载波频率为 64 kHz。

(1) 试求“0”符号和“1”符号对应的频率；

(2) 画出 MSK 信号时间波形。

9-8 已知发送数据序列为 1011001011，传输速率为 128 kb/s，载波频率为 256 kHz。

(1) 试画出 MSK 信号附加相位路径图；

(2) 画出 MSK 信号时间波形。

9-9 试证明公式(9.2-16)。

9-10 用 MATLAB 对 MSK 系统进行仿真。

(1) 画出调制、解调各点时间波形；

(2) 分析 MSK 信号功率谱密度，与 2PSK 信号、4PSK 信号、16QAM 信号的功率谱密度进行比较。

(3) 在加性高斯白噪声条件下对系统误码率进行仿真，并与理论值进行比较。

9-11　设计一个高斯低通滤波器，已知 $B_bT_b=0.25$，符号传输速率为 9.6 kb/s。

(1) 试求滤波器的单位冲激响应和传输函数；

(2) 试求滤波器的脉冲响应。

9-12　已知输入数据序列为 101001011001，$B_bT_b=0.5$，试画出 GMSK 的相位轨迹，并与 MSK 的相位轨迹进行比较。

9-13　为了产生 $B_bT_b=0.25$ 的 GMSK 信号，当信道数据速率 $R_b=500$ kb/s 时，试求高斯低通滤波器的 3 dB 带宽，并确定射频信道中 90%的功率集中在多大的带宽中？

9-14　简要叙述 GMSK 信号一比特延迟差分检测和二比特延迟差分检测的工作原理。

9-15　用 MATLAB 对 GMSK 系统进行仿真。

(1) 仿真不同 B_bT_b 值对 GMSK 信号功率谱有什么影响？画出不同 B_bT_b 值时 GMSK 信号的功率谱；

(2) 仿真不同 B_bT_b 值对 GMSK 信号相位轨迹有什么影响？画出不同 B_bT_b 值时 GMSK 信号的相位轨迹；

(3) 仿真不同 B_bT_b 值对 GMSK 信号解调输出眼图有什么影响？画出不同 B_bT_b 值时 GMSK 信号的眼图；

(4) 仿真不同 B_bT_b 值对 GMSK 信号解调输出误码率有什么影响？画出不同 B_bT_b 值时误码率与信噪比曲线，并与理论值进行比较。

9-16　已知数据序列为 1010010011，采用 $\frac{\pi}{4}$DQPSK 方式发送。若 $\varphi_0=0°$，试确定在发送期间 φ_k、$\Delta\varphi_k$、I_k 和 Q_k 的值。

9-17　简要叙述基带差分检测器对 $\frac{\pi}{4}$DQPSK 信号的检测过程。

9-18　用 MATLAB 对 $\frac{\pi}{4}$DQPSK 系统进行仿真。

(1) 仿真 $\frac{\pi}{4}$DQPSK 信号的频谱特性，画出频谱图；

(2) 仿真 $\frac{\pi}{4}$DQPSK 系统的误码性能，画出误码率曲线；

(3) 仿真收发两端频率偏差对基带差分检测器性能的影响，画出不同频差时误码率曲线。

9-19　试证明式(9.5-16)。

9-20　用 MATLAB 对 OFDM 信号调制、解调过程进行仿真。

(1) 采用 IFFT 变换产生 OFDM 信号；

(2) 采用 FFT 变换对 OFDM 信号进行解调。

9-21　用 MATLAB 对 OFDM 系统性能进行仿真。

(1) 对 OFDM 信号功率谱进行仿真，画出功率谱图；

(2) 对 OFDM 系统误码性能进行仿真，画出误码率曲线。

9-22 已知 m 序列的本原多项式为 $f(x)=x^4+x+1$，试用移位寄存器构成 m 序列产生器，并写出该 m 序列。

9-23 在直扩系统中，已知发送信息速率为 16 kb/s，伪随机扩频码速率为 4.096 Mc/s，采用 2PSK 方式传输。

(1) 试求射频信号带宽；

(2) 试求扩频系统的处理增益。

9-24 在直扩系统中，要求系统在干扰信号是有用信号 100 倍的条件下，输出信噪比能够达到 10 dB，试求系统的处理增益至少为多少？

9-25 分析复四相扩频调制与解调方式是如何消除扩频码之间相关系数 ρ 的影响的？

9-26 用 MATLAB 对直扩系统进行仿真。

(1) 画出扩频调制和解扩解调过程各点时间波形和功率谱密度；

(2) 对系统误码率性能进行仿真，画出不同处理增益时的误码率曲线。

第 10 章 复用和数字复接技术

前面各章我们所讨论的通信，在信道中只传输一路信号。但是在实际中，信道所提供的频带宽度往往比一路信号所占用的带宽要宽很多。例如，在一个10 MHz带宽的超短波信道中传输话音信号，当采用窄带调频方式调制时，已调信号带宽大约 20 kHz 左右。用 10 MHz 带宽的信道只传输一路 20 kHz 带宽的信号显然太浪费信道资源了。为了提高频谱利用率，充分利用信道资源，就需要采用多路复用技术，实现在同一信道中同时传输多路信号。目前常采用的复用方法有频分复用(FDM)和时分复用(TDM)，下面分别讨论这两种复用方法的原理。

10.1 频分复用(FDM)

10.1.1 频分复用原理

所谓频分复用(Frequency-division Multiplexing—FDM)，是指按照频率的不同来复用多路信号的方法。在频分复用中，信道的带宽被分成若干个相互不重叠的频段，每路信号占用其中一个频段，因而在接收端可以采用适当的带通滤波器将多路信号分开，从而恢复出所需要的信号。

频分复用系统组成原理图如图 10-1 所示。图中，各路基带信号首先通过低通滤波器(LPF)限制基带信号的带宽，避免它们的频谱出现相互混叠。然后，各路信号分别对各自的载波进行调制、合成后送入信道传输。在接收端，分别采用不同中心频率的带通滤波器分离出各路已调信号，解调后恢复出基带信号。

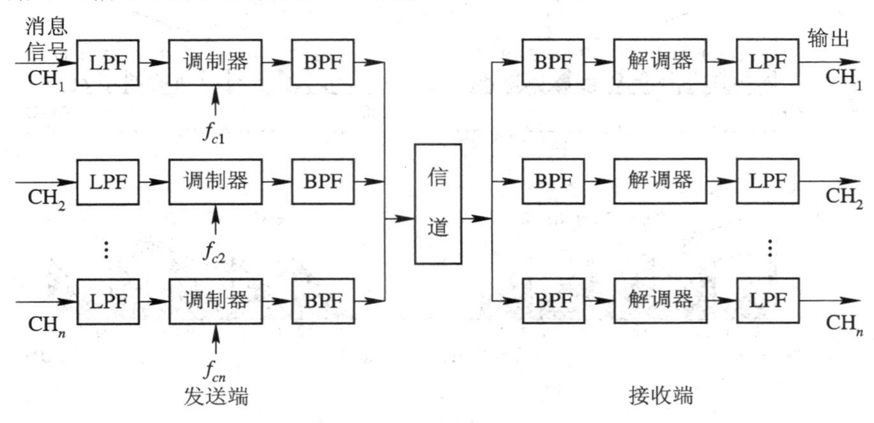

图 10-1 频分复用系统组成原理图

频分复用是利用各路信号在频率域不相互重叠来区分的。若相邻信号之间产生相互干扰，将会使输出信号产生失真。为了防止相邻信号之间产生相互干扰，应合理选择载波频率 f_{c1}，f_{c2}，…，f_{cn}，并使各路已调信号频谱之间留有一定的保护间隔。若基带信号是模拟信号，则调制方式可以是 DSB－SC、AM、SSB、VSB 或 FM 等，其中 SSB 方式频带利用率最高。若基带信号是数字信号，则调制方式可以是 ASK、FSK、PSK 等各种数字调制。复用信号的频谱结构示意图如图 10－2 所示。

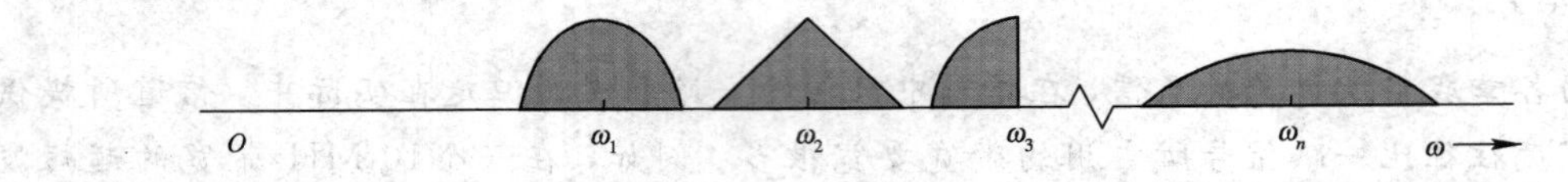

图 10－2　复用信号的频谱结构示意图

10.1.2　模拟电话多路复用系统

目前，多路载波电话系统是按照 CCITT 建议，采用单边带调制频分复用方式。北美多路载波电话系统的典型组成如图 10－3 所示。

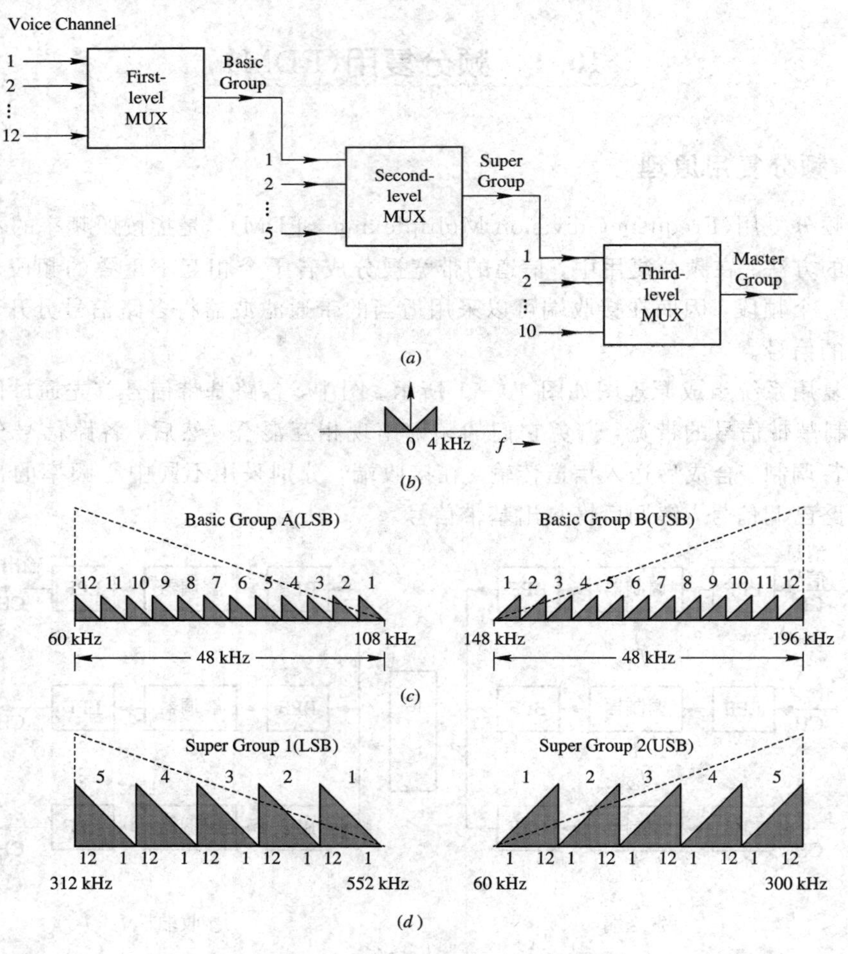

图 10－3　北美多路载波电话系统的典型组成

图 10－3(a)是其分层结构，由12路电话复用为一个基群(Basic Group)；5个基群复用为一个超群(Super Group)，共60路电话；由10个超群复用为一个主群(Master Group)，共600路电话。如果需要传输更多路电话，可以将多个主群进行复用，组成超主群。每路电话信号的频带限制在300～3400 Hz，为了在各路已调信号间留有保护间隔，每路电话信号取4000 Hz作为标准带宽。

一个基群(Basic Group)由12路电话复用组成，其频谱配置如图 10－3(c)所示。每路电话占4 kHz带宽，采用单边带下边带调制(LSB)，12路电话共48 kHz带宽，频带范围为60～108 kHz。或采用单边带上边带调制(USB)，频带范围为148 ～196 kHz。

一个基本超群(Basic Supergroup)由5个基群复用组成，共60路电话，其频谱配置如图 10－3(d)所示。5个基群采用单边带下边带合成，频率范围为312～552 kHz，共240 kHz带宽。或采用单边带上边带合成，频率范围为60～300 kHz。

一个基本主群(Basic Mastergroup)由10个超群复用组成，共600路电话。主群频率配置方式共有两种标准：L600和U600，其频谱配置如图 10－4所示。L600的频率范围为60～2788 kHz，U600的频率范围为564～3084 kHz。

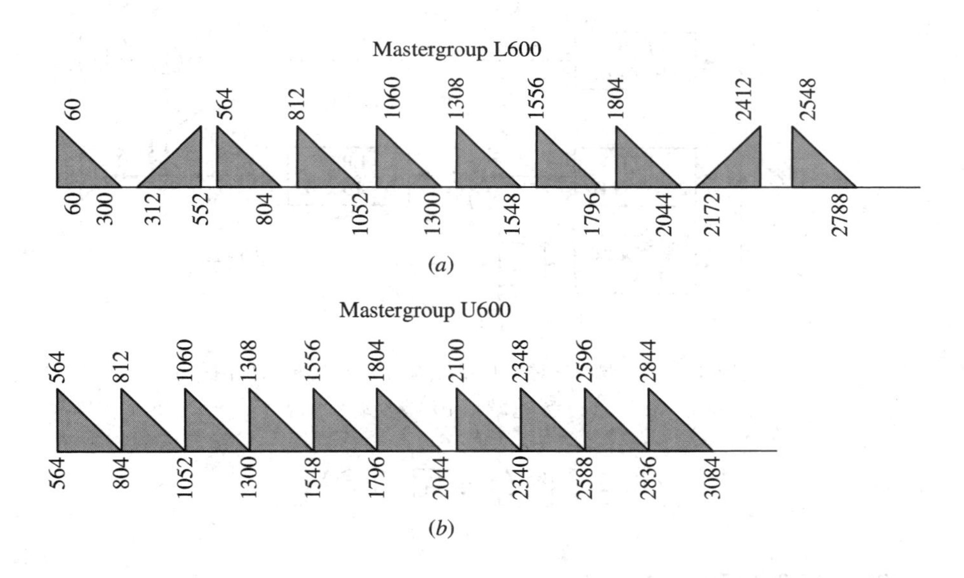

图 10－4　主群频谱配置图

(a) L600；(b) U600

10.1.3　调频立体声广播(FM Stereo Broadcasting)

调频立体声广播系统占用频段为88～108 MHz，采用FDM方式。在调频之前，首先采用抑制载波双边带调制将左右两个声道信号之差($L-R$)与左右两个声道信号之和($L+R$)实行频分复用。立体声广播信号频谱结构如图 10－5所示。图中，0～15 kHz用于传送($L+R$)信号，23～53 kHz用于传送($L-R$)信号，59～75 kHz用做辅助通道。在19 kHz处发送一个单频信号，用于接收端提取相干载波和立体声指示。调频立体声广播系统发送与接收原理图如图 10－6所示。

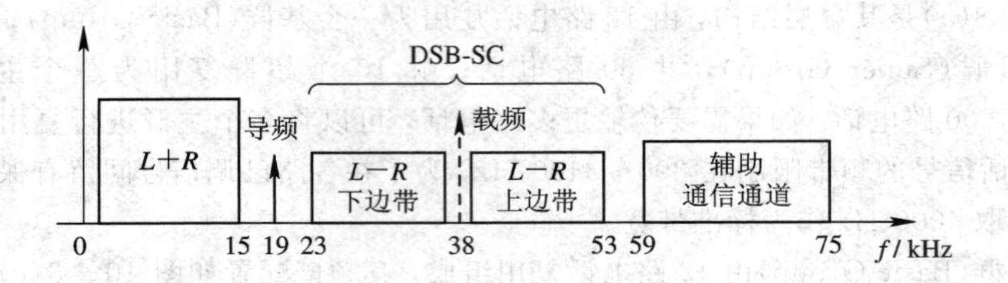

图 10－5　立体声广播信号频谱结构

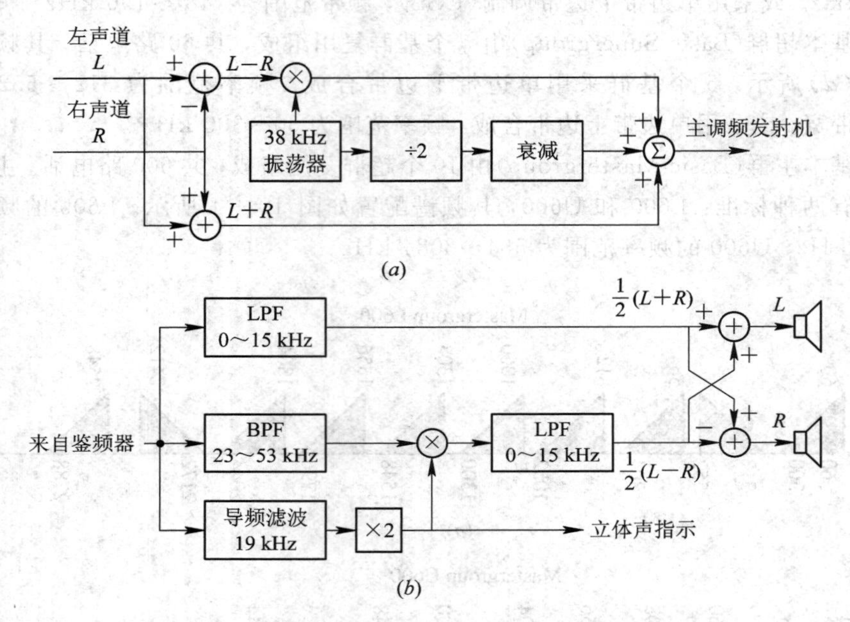

图 10－6　调频立体声广播系统发送与接收原理图

(a) 发送端；(b) 接收端

10.2　时分复用(TDM)

10.2.1　时分复用原理

时分复用(Time-Division Multiplexing，TDM)是利用各信号的抽样值在时间上不相互重叠来达到在同一信道中传输多路信号的一种方法。在 FDM 系统中，各信号在频域上是分开的，而在时域上是混叠在一起的；在 TDM 系统中，各信号在时域上是分开的，而在频域上是混叠在一起的。图 10－7 给出了两个基带信号进行时分复用的原理图。图中，对$m_1(t)$和 $m_2(t)$按相同的时间周期进行采样，只要采样脉冲宽度足够窄，在两个采样值之间就会留有一定的时间空隙。如果另外一路信号的采样时刻在时间空隙，则两路信号的采样值在时间上将不发生重叠。在接

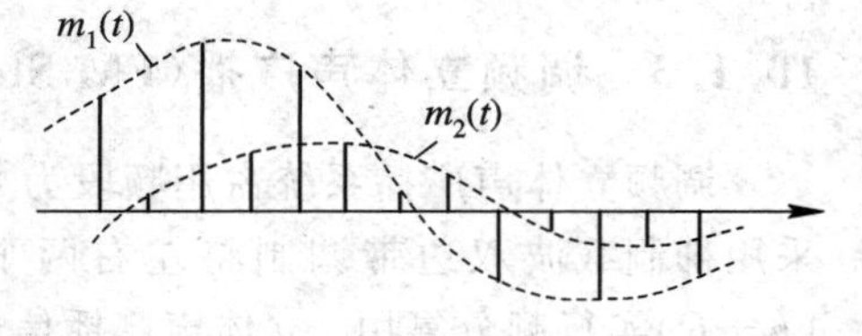

图 10－7　两个基带信号时分复用原理

收端只要在时间上与发送端同步，则两个信号就能分别正确恢复。上述概念也可以推广到 n 个信号进行时分复用。

图 10－8 给出了一个具有三个模拟信源的时分复用 PCM 系统原理图。首先，抽样电子开关以适当的速率交替对输入的三路基带信号分别进行自然抽样，得到 TDM－PAM 波形。TDM－PAM 脉冲波形宽度为

$$T_a = \frac{T_s}{3} = \frac{1}{3f_s} \tag{10.2-1}$$

式中，T_s 为每路信号的抽样时间间隔，满足奈奎斯特间隔。然后对 PAM 波形进行编码，得到 TDM－PCM 信号。TDM－PCM 信号脉冲宽度为

$$T_b = \frac{T_a}{n} = \frac{T_s}{3n} \tag{10.2-2}$$

式中，n 为 PCM 中编码位数。

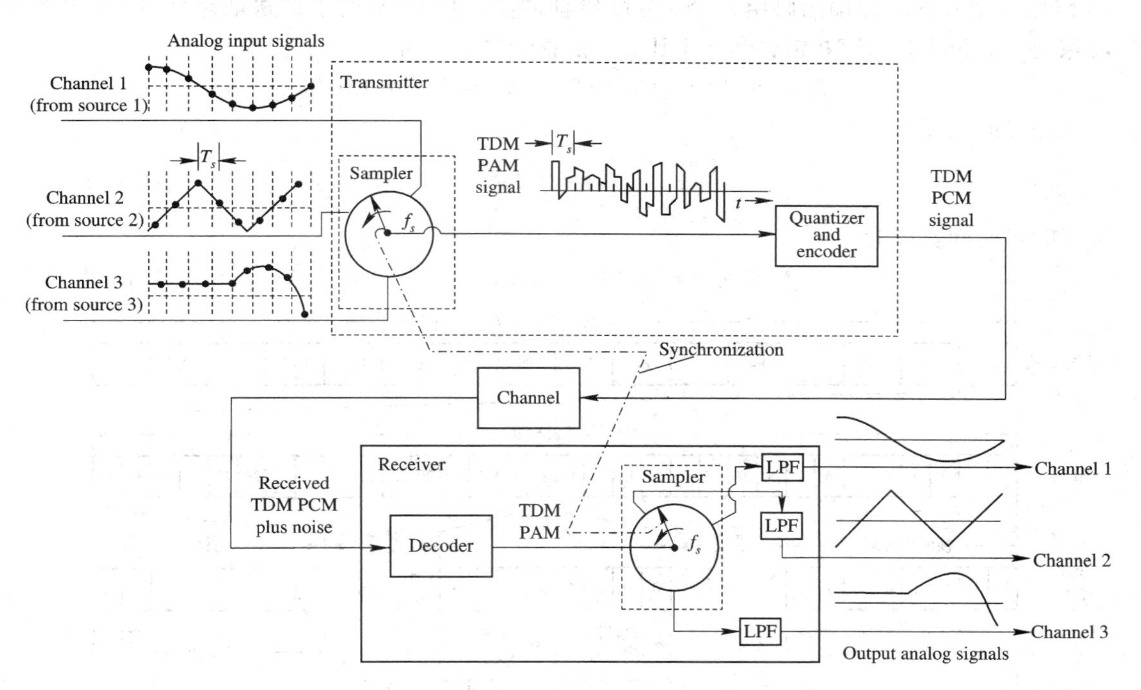

图 10－8　三路模拟信号的 TDM－PCM 系统原理图

在接收端，输入的 TDM－PCM 信号经过译码器输出 TDM－PAM 波形，与发送端抽样开关相同步的接收抽样开关对输入的 TDM－PAM 波形同步抽样并正确分路。于是，三路信号得到分离，各分离后的 PAM 信号通过低通滤波器，从而恢复出发送的三路基带信号。

在时分复用系统中，除了采用 PCM 方式编码外，还可以采用增量调制方式编码，从而构成 TDM－ΔM 系统。

与 FDM 方式相比，TDM 方式主要有以下两个突出优点：

(1) 多路信号的复接和分路都是采用数字处理方式实现的，通用性和一致性好，比 FDM 的模拟滤波器分路简单、可靠。

(2) 信道的非线性会在 FDM 系统中产生交调失真和高次谐波，引起路间串话，因此，要求信道的线性特性要好，而 TDM 系统对信道的非线性失真要求可降低。

10.2.2　PCM 基群帧结构

目前国际上推荐的 PCM 基群有两种标准，即 PCM30/32 路(A 律压扩特性)制式和 PCM24 路(μ 律压扩特性)制式。并规定，国际通信时，以 A 律压扩特性为标准。我国也规定采用 PCM30/32 路制式。

PCM30/32 路制式基群帧结构如图 10 - 9 所示，共由 32 路组成，其中 30 路用来传输用户话语，2 路用做勤务。每路话音信号抽样速率 $f_s=8000$ Hz，故对应的每帧时间间隔为 125 μs。一帧共有 32 个时间间隔，称为时隙。各个时隙从 0 到 31 顺序编号，分别记作 TS0，TS1，TS2，…，TS31。其中，TS1 至 TS15 和 TS17 至 TS31 这 30 个路时隙用来传送 30 路电话信号的 8 位编码码组，TS0 分配给帧同步，TS16 专用于传送话路信令。每个路时隙包含 8 位码，一帧共包含 256 个比特。信息传输速率为

$$f_b = 8000\times[(30+2)\times 8] = 2.048\ \text{Mb/s} \tag{10.2-3}$$

每比特时间宽度为

$$\tau_b = \frac{1}{f_b} \approx 0.488\ \mu\text{s} \tag{10.2-4}$$

每路时隙时间宽度为

$$\tau_l = 8\tau_b \approx 3.91\ \mu\text{s} \tag{10.2-5}$$

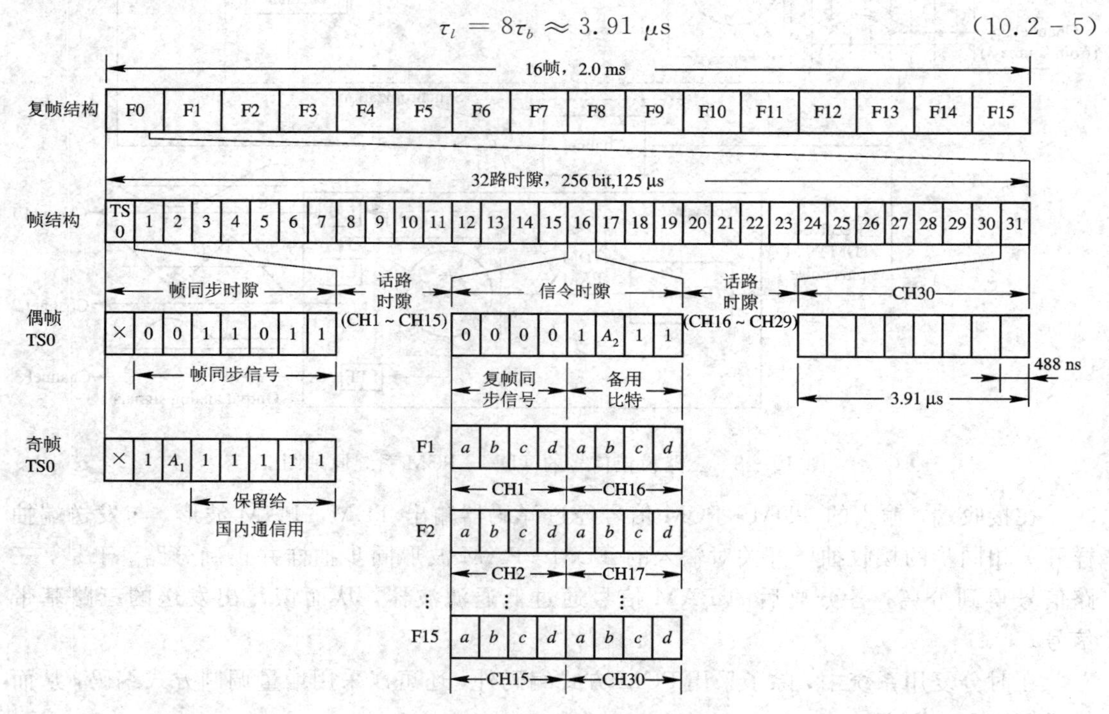

图 10 - 9　PCM30/32 路制式基群帧结构

帧同步码组为 X0011011，它插入在偶数帧的 TS0 时隙，其中第一位码“X”保留作国际电话间通信用。接收端识别出帧同步码组后，即可建立正确的路序。

TS16为信令时隙，插入各话路的信令。在传送话路信令时，若将TS16所包含的总比特率集中起来使用，则称为共路信令传送；若将TS16按规定的时间顺序分配给各个话路，直接传送各话路所需的信令，则称为随路信令传送。

当采用共路信令传送方式时，必须将16个帧构成一个更大的帧，称为复帧。复帧的重复频率为500 Hz，周期为2 ms，复帧中各帧顺次编号为F0，F1，…，F15。

PCM24路制式基群帧结构如图10-10所示，由24路组成。每路话音信号抽样速率$f_s=8000$ Hz，每帧时间间隔为125 μs。一帧共有24个时隙。各个时隙从0到23顺序编号，分别记作TS0，TS1，TS2，…，TS23，这24个路时隙用来传送24路电话信号的8位编码码组。为了提供帧同步，在TS23路时隙后插入1比特帧同步位(第193比特)。这样，每帧时间间隔125 μs，共包含193个比特。信息传输速率为

$$f_b = 8000 \times (24 \times 8 + 1) = 1.544 \text{ Mb/s} \tag{10.2-6}$$

每比特时间宽度为

$$\tau_b = \frac{1}{f_b} \approx 0.647 \ \mu\text{s} \tag{10.2-7}$$

每路时隙时间宽度为

$$\tau_l = 8\tau_b \approx 5.18 \ \mu\text{s} \tag{10.2-8}$$

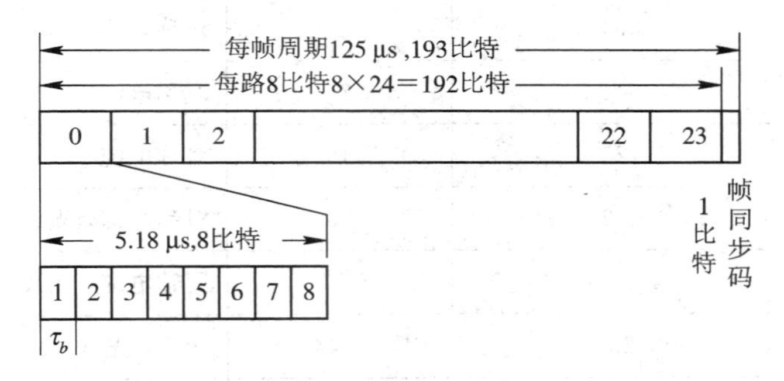

图10-10　PCM24路制式基群帧结构

PCM24路制式与PCM30/32路制式的帧结构不同，12帧构成一个复帧，复帧周期为1.5 ms。12帧中奇数帧的第193比特构成101010帧同步码组。而偶数帧的第193比特构成复帧同步码000111。这种帧结构同步建立时间要比PCM30/32帧结构长。

10.2.3　PCM高次群

以上我们讨论的PCM30/32路与PCM24路时分多路数字电话系统，称为数字基群或一次群。如果要传输更多路的数字电话，则需要将若干个一次群数字信号通过数字复接设备复合成二次群，二次群复合成三次群等。我国和欧洲各国采用以PCM30/32路制式为基础的高次群复合方式，北美和日本采用以PCM24路制式为基础的高次群复合方式。

北美采用的数字TDM的一种等级结构如图10-11所示。每路PCM数字话速率为64 kb/s，表示为DS-0。由24路PCM数字话复接为一个基群(或称一次群)，表示为DS-1，一次群包括24路用户数字话，传输速率为1.544 Mb/s。由4个一次群复接为一个二次群，表示为DS-2，二次群包括96路用户数字话，传输速率为6.312 Mb/s。由7个二次群复接为一个三次群，表示为DS-3，三次群包括672路用户数字话，传输速率为

44.736 Mb/s。由 6 个三次群复接为一个四次群，表示为 DS-4，四次群包括 4032 路用户数字话，传输速率为 274.176 Mb/s。由 2 个四次群复接为一个五次群，表示为 DS-5，五次群包括 8064 路用户数字话，传输速率为 560.160 Mb/s。

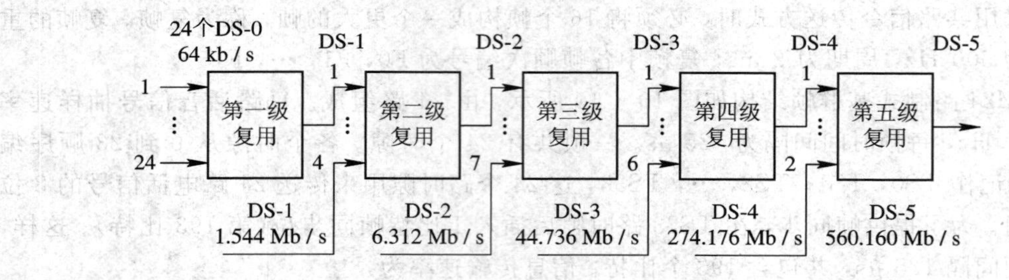

图 10-11 北美采用的数字 TDM 等级结构

表 10-1 给出了北美数字 TDM 标准一览表，表中包括传输速率、话路数和采用的传输媒质。

表 10-1 北美数字 TDM 标准一览表

标号	比特速率(Mb/s)	PCM 话路数	传输媒质
DS-0	0.064	1	对称电缆
DS-1	1.544	24	对称电缆
DS-1C	3.125	48	对称电缆
DS-2	6.312	96	对称电缆，光纤
DS-3	44.736	672	同轴电缆，无线，光纤
DS-3C	90.254	1344	无线，光纤
DS-4E	139.264	2016	无线，光纤，同轴电缆
DS-4	274.176	4032	同轴电缆，光纤
DS-432	432.00	6048	光纤
DS-5	560.160	8064	同轴电缆，光纤

ITU-T(CCITT)建议的数字 TDM 等级结构如图 10-12 所示，它是我国和欧洲大部分国家所采用的标准。

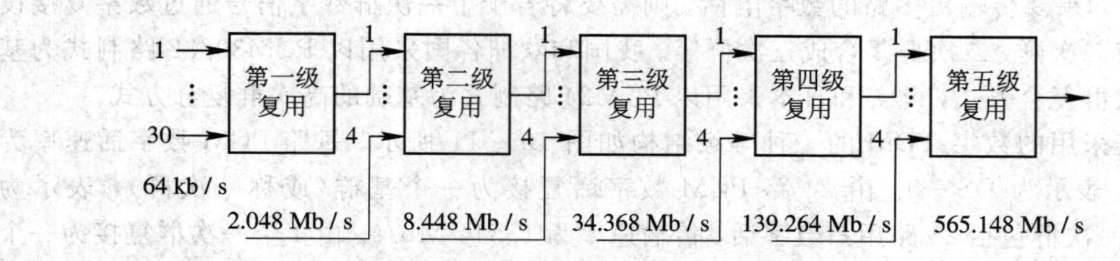

图 10-12 ITU-T 建议的数字 TDM 等级结构

ITU-T 建议的标准与北美标准类似，由 30 路 PCM 用户话复用成一次群，传输速率为 2.048 Mb/s。由 4 个一次群复接为一个二次群，包括 120 路用户数字话，传输速率为 8.448 Mb/s。由 4 个二次群复接为一个三次群，包括 480 路用户数字话，传输速率为 34.368 Mb/s。由 4 个三次群复接为一个四次群，包括 1920 路用户数字话，传输速率为 139.264 Mb/s。由 4 个四次群复接为一个五次群，包括 7680 路用户数字话，传输速率为 565.148 Mb/s。

ITU-T 建议标准与北美标准的每一等级群路可以用来传输多路数字电话，也可以用来传送其他相同速率的数字信号，如可视电话、数字电视等。

10.3　码分复用(CDM)

10.3.1　码分复用原理

码分复用(Code Division Multiplexing，CDM)是靠不同的编码来复用多路信号的一种复用方式。在码分复用中，各路信号可在同一时间使用同样的频带进行通信。为了保证在信道中所传输的各路信号互不干扰，要求代表各路信号的编码组应该是正交的。在接收端利用编码组的正交性恢复各路信号。

在码分复用系统中，各路信号对相互正交的码组进行扩频，合成的多路信号经信道传输后，在接收端可以采用计算相关系数的方法将各路信号分开。系统组成原理图如图 10-13 所示。图中，$m_1(t)$、$m_2(t)$、$m_3(t)$和 $m_4(t)$是 4 路基带信号，$c_1(t)$、$c_2(t)$、$c_3(t)$和 $c_4(t)$是 4 组正交的码组。

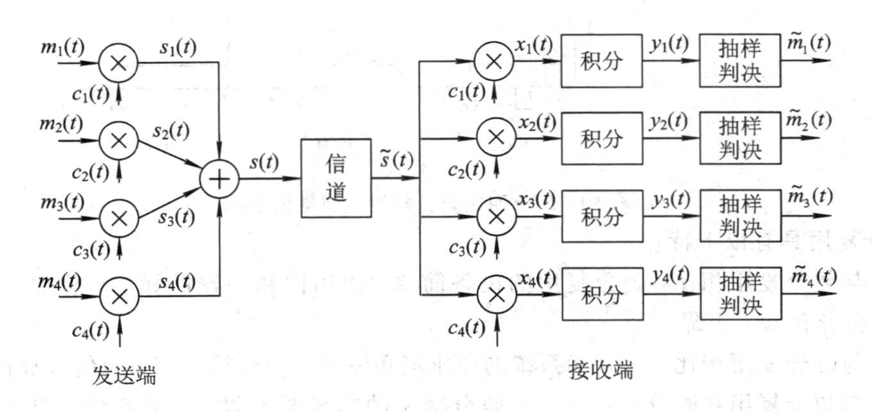

图 10-13　码分复用系统组成原理图

设 c_1、c_2、c_3和 c_4 4 组正交码分别为：

$$c_1 = (-1-1-1+1+1-1+1+1)$$
$$c_2 = (-1-1+1-1+1+1+1-1)$$
$$c_3 = (-1+1-1+1+1+1-1-1)$$
$$c_4 = (-1+1-1-1-1-1+1-1)$$

四路信号码分复用系统发送端和接收端波形分别如图 10-14 和 10-15 所示。

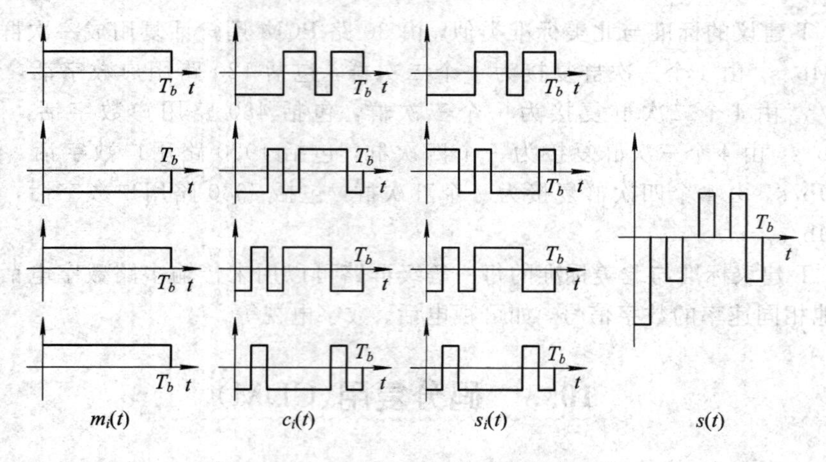

图 10-14 四路码分复用发送端波形图

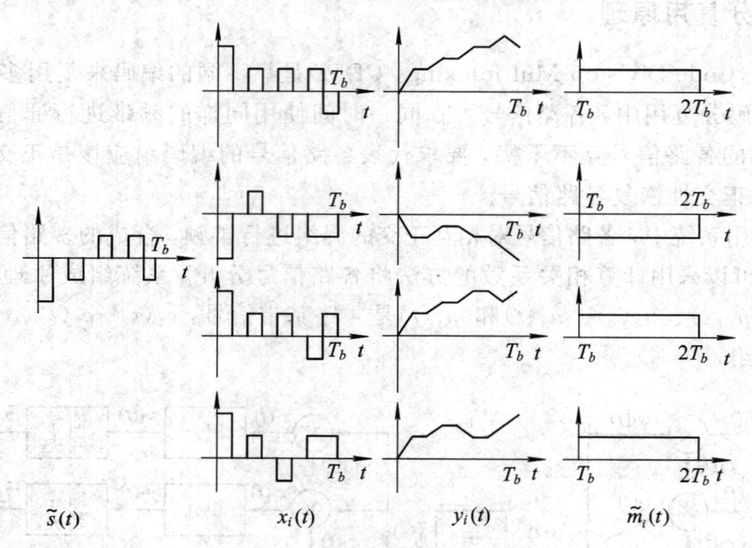

图 10-15 四路码分复用接收端波形图

码分复用具有以下特点：

(1) 与频分复用相比，码分复用的设备简单，通用性和一致性好，不需要众多的模拟滤波器，分路简单、可靠。

(2) 与时分复用相比，对同步系统的要求简单一些，信号质量好，通信可靠性高。

(3) 与频分复用和时分复用相比，码分复用的容量要大得多，且容量是动态的，扩容方便。

10.3.2 m 序列

m 序列是一种伪随机序列，又称伪随机码，是用确定性方法产生的在一段周期内具有类似白噪声特性的二进制序列。伪随机序列在码分复用、码分多址和扩频通信中都有重要应用。伪随机序列性能的好坏，直接关系到整个系统性能的好坏。地址码和扩频码对伪随机序列的一般要求有：

(1) 统计特性具有良好的伪随机性。

(2) 具有良好的相关特性。自相关函数具有明显的峰值，互相关函数峰值较低。

(3) 序列数目较多。用于多址时，可以容纳更多的用户。

(4) 易于实现，设备较简单，成本较低。

常用的伪随机序列有 m 序列、M 序列、Gold 序列等。

目前，绝大多数伪随机序列都是用移位寄存器加反馈来产生，这种结构形式简单，易于实现并能较容易地产生周期极长的序列。用移位寄存器产生伪随机序列有三种方法：线性反馈结构、非线性反馈结构和非线性前馈结构。目前所广泛采用的是线性反馈结构，其结构如图 10－16 所示，图中运算符号⊕是模 2 加运算，$c_i=1$ 表示此线接通；$c_i=0$ 表示此线断开。采用线性反馈移存器产生的伪随机序列有最大长度序列和非最大长度序列两类。一个 n 级线性反馈移存器产生最大长度序列的长度为 2^n-1，即序列周期为 2^n-1 的移位寄存器序列是最大长度序列，否则就是非最大长度序列。m 序列是最大长度线性移位寄存器序列。

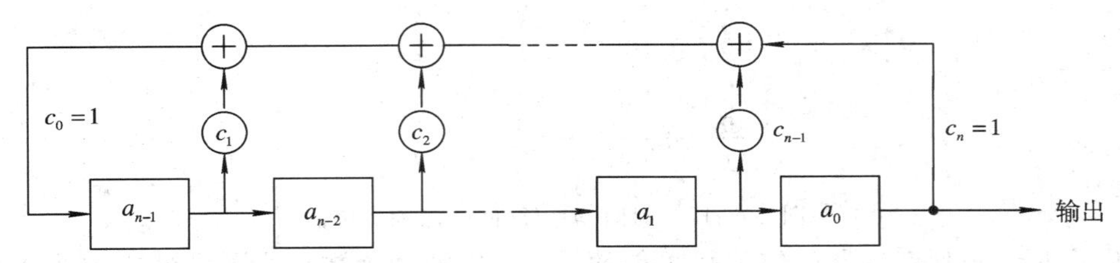

图 10－16　n 级线性反馈移位寄存器

1. m 序列的产生

根据图 10－16 所示的 n 级线性反馈移位寄存器，可写出其特征次多项式 $f(x)$：

$$f(x) = c_0 + c_1x + c_2x^2 + \cdots + c_nx^n = \sum_{i=0}^{n} c_ix^i \tag{10.3-1}$$

它是一个 n 次多项式，若该 n 次多项式 $f(x)$ 满足下列条件：

(1) $f(x)$ 为既约的(不能分解因子的多项式)；

(2) $f(x)$ 可整除 (x^m+1)，$m=2^n-1$；

(3) $f(x)$ 除不尽 (x^q+1)，$q<m$。

则称 $f(x)$ 为本原多项式。

一个 n 级线性反馈移位寄存器能产生 m 序列的充要条件为：反馈移位寄存器的特征多项式 $f(x)$ 为 n 次本原多项式。最长周期 $m=2^n-1$，周期长度与初始状态无关，但初始状态不能为全“0”状态。

例如，对于 $n=4$ 级线性反馈移存器，可以产生周期 $m=2^4-1=15$ 的 m 序列，对多项式 $x^{15}+1$ 进行因式分解

$$x^{15}+1 = (x^4+x+1)(x^4+x^3+1)(x^4+x^3+x^2+x+1)(x^2+x+1)(x+1)$$

其中

$$f_1(x) = x^4+x+1 \tag{10.3-2}$$

和

$$f_2(x) = x^4+x^3+1 \tag{10.3-3}$$

都是本原多项式，都能产生周期 $m=15$ 的 m 序列，但所产生的 m 序列不同。选择 $f_1(x)=x^4+x+1$ 来构造 m 序列产生器，其编码器结构和移存器状态如图 10-17 所示。图中每一列都对应一个 m 序列，第一列对应的 m 序列为

$$A_1=(a_0a_1\cdots a_{m-1})=(111101011001000)$$

用码多项式形式表示为

$$A_1(x)=a_0+a_1x+\cdots+a_{m-1}x^{m-1}=1+x+x^2+x^3+x^5+x^7+x^8+x^{11}$$

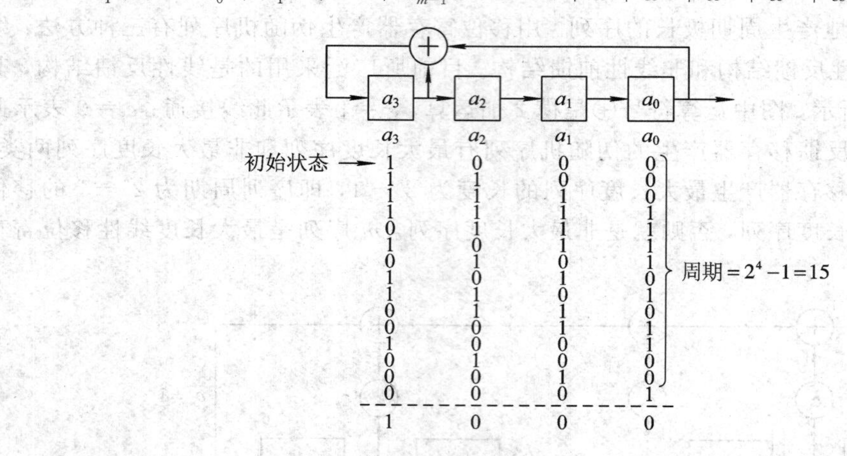

图 10-17　周期 $m=15$ 的 m 序列产生器

为了使 m 序列产生器的结构尽可能简单，通常使用项数最少的那些本原多项式，表 10-2 给出了 m 序列的常用本原多项式。

表 10-2　常用本原多项式

n	本原多项式		n	本原多项式	
	代数式	八进制数字表示法		代数式	八进制数字表示法
2	x^2+x+1	7	14	$x^{14}+x^{10}+x^6+x+1$	42103
3	x^3+x+1	13	15	$x^{15}+x+1$	100003
4	x^4+x+1	23	16	$x^{16}+x^{12}+x^3+x+1$	210013
5	x^5+x^2+1	45	17	$x^{17}+x^3+1$	400011
6	x^6+x+1	103	18	$x^{18}+x^7+1$	1000201
7	x^7+x^3+1	211	19	$x^{19}+x^5+x^2+x+1$	2000047
8	$x^8+x^4+x^3+x^2+1$	435	20	$x^{20}+x^3+1$	4000011
9	x^9+x^4+1	1021	21	$x^{21}+x^2+1$	10000005
10	$x^{10}+x^3+1$	2011	22	$x^{22}+x+1$	20000003
11	$x^{11}+x^2+1$	4005	23	$x^{23}+x^5+1$	40000041
12	$x^{12}+x^6+x^4+x+1$	10123	24	$x^{24}+x^7+x^2+x+1$	100000207
13	$x^{13}+x^4+x^3+x+1$	20033	25	$x^{25}+x^3+1$	200000011

2. m 序列的性质

1）周期性

m 序列的周期为 $m=2^n-1$，n 为反馈移位寄存器的级数。

2）均衡性

在 m 序列的一个周期中，“1”的个数比“0”的个数多 1，即“1”的个数为$\frac{1}{2}(m+1)$，“0”的个数为$\frac{1}{2}(m-1)$。例如，图 10－17 所示的周期为 15 的 m 序列中有 8 个“1”，7 个“0”。

3）状态分布

如果用宽度为 n 的窗口沿 m 序列滑动 m 次，每次移 1 位，除全“0”状态外，其他每种 n 位状态刚好出现一次，如图 10－17 所示。

4）游程分布

在 m 序列中定义连续相同的一组符号为一个游程，把该相同符号的个数称为游程长度，则对任一 m 序列有：

（1）游程总数为 2^{n-1}；

（2）长度为 1 的游程占游程总数的$\frac{1}{2}$；

（3）长度为 2 的游程占游程总数的$\frac{1}{4}$；

（4）长度为 $n-1$ 的游程只有一个，为连“0”游程；

（5）长度为 n 的游程只有一个，为连“1”游程；

（6）长度为 k 的游程数目占游程总数的 $1/2^k$，而且在长度为 k 的游程中[$1\leqslant k\leqslant(n-2)$]，连“1”的游程和连“0”的游程各占一半。

例如，在图 10－17 中给出的 m 序列 $A_j=(000111101011001)$，其共有 8 个游程：长度为 4 的游程有一个；长度为 3 的游程有一个；长度为 2 的游程有两个；长度为 1 的游程有 4 个。

5）移位相加特性

一个 m 序列 A_i 与其经任意次迟延移位产生的另一不同序列 A_j 模 2 相加，得到的仍是 A_i 的某次迟延移位序列 A_k，即

$$A_i \oplus A_j = A_k \tag{10.3-4}$$

例如，在图 10－17 中，$A_i=(111101011001000)$，$A_j=(000111101011001)$，则

$$A_i \oplus A_j = (111101011001000) \oplus (000111101011001) = (111010110010001) = A_k$$

A_k 等于与 A_i 向左循环移位 1 次的结果。

3. m 序列的相关特性

m 序列的自相关函数为

$$R(j) = \sum_{i=0}^{m-1} a_i \oplus a_{i+j} \tag{10.3-5}$$

自相关系数为

$$\rho(j)=\frac{1}{m}\sum_{i=0}^{m-1}a_i\oplus a_{i+j}=\frac{A-D}{m}=\begin{cases}1, & j=0\\ -\dfrac{1}{m}, & j\neq 0\end{cases} \tag{10.3-6}$$

式(10.3－6)中，m 为该序列的周期；A 为该序列与其 j 次移位序列一个周期中对应元素相同的数目；D 为该序列与其 j 次移位序列一个周期中对应元素不同的数目。自相关系数如图 10－18 所示，可以看出，m 序列的自相关系数是偶函数，且也是周期为 m 的周期函数，具有尖锐的二值特性。

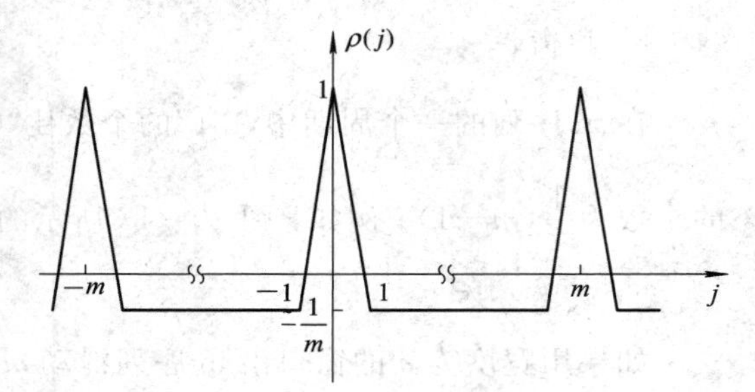

图 10－18 m 序列的归一化自相关系数

两个序列的互相关函数是度量两个不同序列相似性的函数。两个周期等于 m 的序列 A 和 B 之间的互相关函数为

$$R_{ab}(j)=\sum_{i=0}^{m-1}a_i\oplus b_{i+j} \tag{10.3-7}$$

互相关系数为

$$\rho_{ab}(j)=\frac{1}{m}\sum_{i=0}^{m-1}a_i\oplus b_{i+j} \tag{10.3-8}$$

研究得知，两个周期长度相等但由不同本原多项式产生的 m 序列，其互相关函数(或互相关系数)与自相关函数相比，没有尖锐的二值特性，是多值的，并且数值比较小。例如，周期长度 $m=31$ 的两个 m 序列的互相关函数曲线如图 10－19 所示。图中虚线是自相关函数，其最大值为 31，最小值为－1；实线是互相关函数，取值有正、有负，最大值的绝对值为 9。作为地址码和扩频码，希望互相关函数越小越好，理想情况为 0。这样有利于区分不同的用户，提高系统的抗干扰能力。

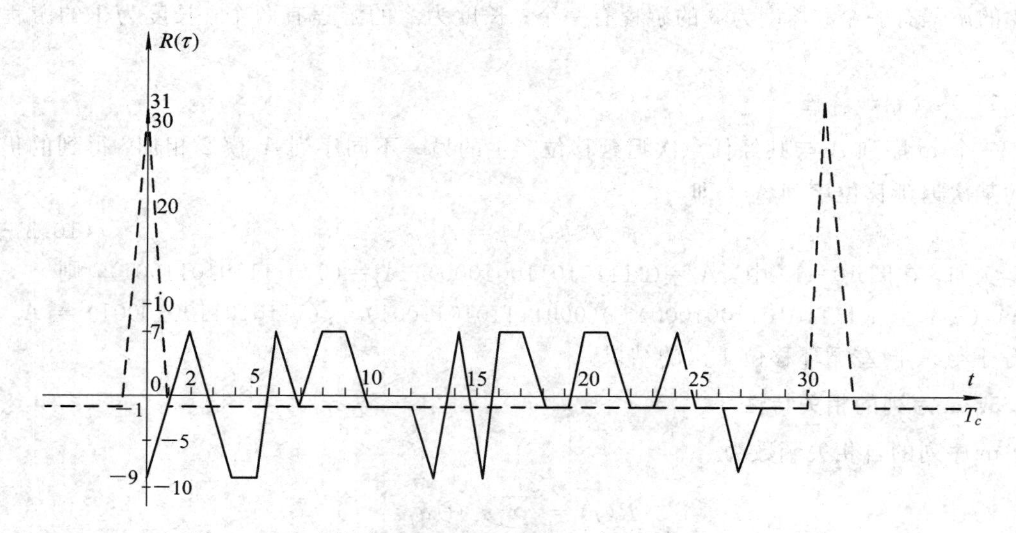

图 10－19 周期长度 $m=31$ 的两个 m 序列的互相关函数曲线

4. m 序列的功率谱

根据随机信号理论，随机信号的自相关函数和功率谱之间具有傅里叶变换对关系，即

$$\begin{cases} G(\omega) = \int_{-\infty}^{\infty} R(\tau)\mathrm{e}^{-\mathrm{j}\omega\tau}\,\mathrm{d}\tau \\ R(\tau) = \dfrac{1}{2\pi}\int_{-\infty}^{\infty} G(\omega)\mathrm{e}^{\mathrm{j}\omega\tau}\,\mathrm{d}\omega \end{cases} \tag{10.3-9}$$

由于 m 序列的自相关函数是周期性的，则对应的频谱是离散的。自相关函数的波形是三角波，对应的离散谱的包络为 $\mathrm{Sa}^2(x)$。设 m 序列的一个码片时间间隔为 T_c，则可得 m 序列的功率谱 $P_m(\omega)$ 为

$$P_m(\omega) = \frac{m+1}{m^2}\mathrm{Sa}^2\left(\frac{\omega T_c}{2}\right)\sum_{\substack{k=-\infty \\ k\neq 0}}^{\infty}\delta\left(\omega - \frac{2k\pi}{mT_c}\right) + \frac{1}{m^2}\delta(\omega) \tag{10.3-10}$$

图 10 - 20 给出了 m 序列的功率谱图形。

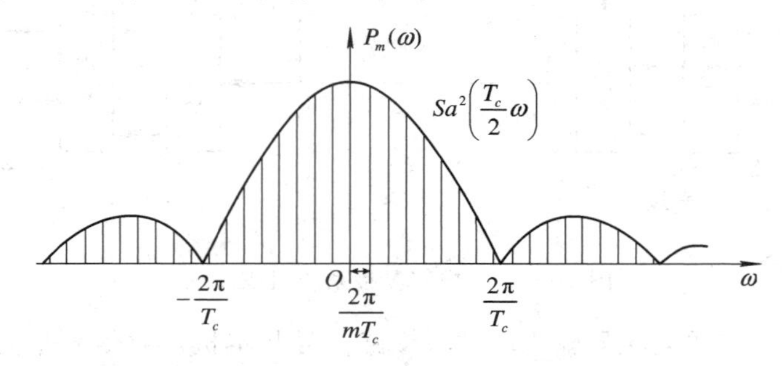

图 10 - 20 m 序列的功率谱

m 序列功率谱有以下特点：

(1) 功率谱是离散的，因为 $R(j)$ 是周期性的。谱线间隔为 $\frac{1}{mT_c}$，如 m 很大，则谱线间隔很小，近似为连续谱。

(2) 谱线的包络以 $\mathrm{Sa}^2\left(\frac{\omega T_c}{2}\right)$ 的规律变化，第一个零点在 $f=\frac{1}{T_c}$ 处，所以主瓣带宽为 $\frac{1}{T_c}$。T_c 越小，即码元速率越高，带宽越宽。

(3) 增加 m 序列的长度 m，减小码元宽度 T_c，将使谱线加密，谱密度降低，更接近于白噪声特性。

10.4 数字复接技术

在数字通信系统中，为了扩大传输容量，通常将若干个低等级的支路比特流汇集成一个高等级的比特流在信道中传输。这种将若干个低等级的支路比特流合成为高等级比特流的过程称为数字复接。完成复接功能的设备称为数字复接器。在接收端，需要将复合数字信号分离成各支路信号，该过程称为数字分接，完成分接功能的设备称为数字分接器。由于在时分多路数字电话系统中每帧长度为 125 μs，因此，传输的路数越多，每比特占用的时间就越少，实现的技术难度也就越高。

我国在 1995 年以前，一般均采用准同步数字序列(PDH)的复用方式。1995 年以后，随着光纤通信网的大量使用，开始采用同步数字序列(SDH)的复用方式。原有的 PDH 数字传输网可逐步纳入 SDH 网。

10.4.1 数字复接原理

数字复接实质上是对数字信号的时分多路复用。数字复接系统组成原理如图 10 - 21 所示。数字复接设备由数字复接器和数字分接器组成。数字复接器将若干个低等级的支路信号按时分复用的方式合并为一个高等级的合路信号。数字分接器将一个高等级的合路信号分解为原来的低等级支路信号。

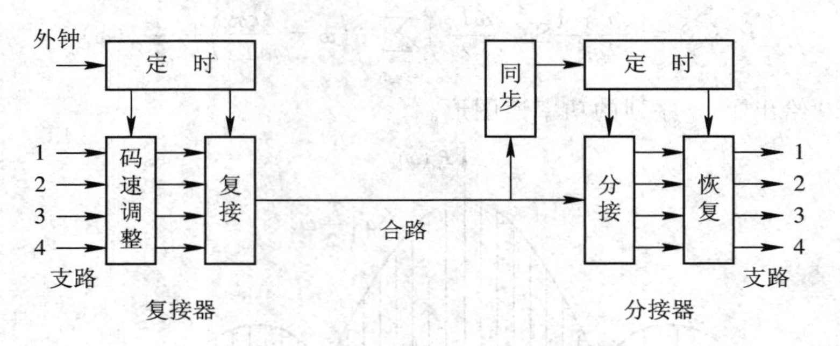

图 10 - 21 数字复接系统组成原理

在数字复接中，如果复接器输入端的各支路信号与本机定时信号是同步的，则称为同步复接器；如果不是同步的，则称为异步复接器。如果输入各支路数字信号与本机定时信号标称速率相同，但实际上有一个很小的容差，这种复接器称为准同步复接器。

在数字复接器中，码速调整单元就是完成对输入各支路信号的速率和相位进行必要的调整，形成与本机定时信号完全同步的数字信号，使输入到复接单元的各支路信号是同步的。定时单元受内部时钟或外部时钟控制，产生复接需要的各种定时控制信号。调整单元及复接单元受定时单元控制。在分接器中，合路数字信号和相应的时钟同时送给分接器。分接器的定时单元受合路时钟控制，因此它的工作节拍与复接器定时单元同步。同步单元从合路信号中提出帧同步信号，用它再去控制分接器定时单元。恢复单元把分解出的数字信号恢复出来。

10.4.2 正码速调整复接器

根据 ITU - T 有关帧结构的建议，复接帧结构分为两大类：同步复接帧结构和异步复接帧结构。我国采用正码速调整的异步复接帧结构。

下面以二次群复接为例，分析其工作原理。根据 ITU - T G.742 建议，二次群由 4 个一次群合成，一次群码率为 2.048 Mb/s，二次群码率为 8.448 Mb/s。二次群每一帧共有 848 个比特，分成四组，每组 212 比特，称为子帧，子帧码率为 2.112 Mb/s。也就是说，通过正码速调整，使输入码率为 2.048 Mb/s 的一次群码率调整为 2.112 Mb/s。然后将四个支路合并为二次群，码率为 8.448 Mb/s。采用正码速调整的二次群复接子帧结构如图 10 - 22 所示。

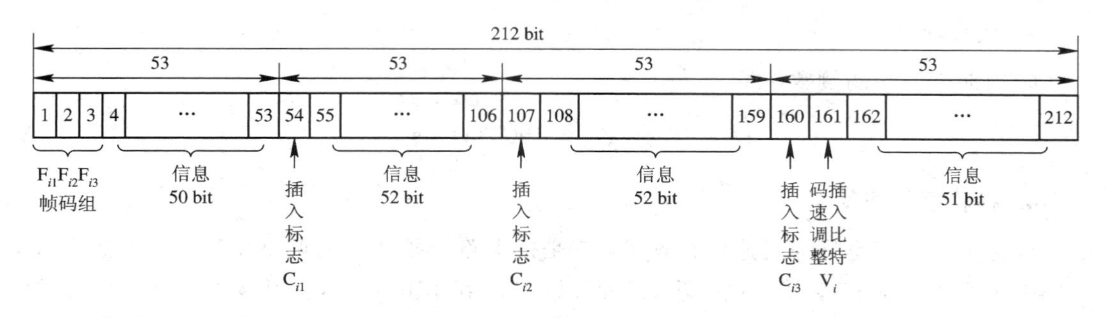

图 10－22　二次群复接子帧结构

由子帧结构可以看出，一个子帧有 212 个比特，分为四组，每组 53 个比特。第一组中的前 3 个比特 F_{i1}、F_{i2}、F_{i3}用于帧同步和管理控制，然后是 50 比特信息。第二、三、四组中的第一个比特 C_{i1}、C_{i2}、C_{i3}为码速调整标志比特。第四组的第 2 比特(本子帧第 161 比特) V_i 为码速调整插入比特，其作用是调整基群码速，使其瞬时码率保持一致并和复接器主时钟相适应。具体调整方法是：在第一组结束时刻进行是否需要调整的判决，若需要进行调整，则在 V_i 位置插入调整比特；若不需要调整，则 V_i 位置传输信息比特。为了区分 V_i 位置是插入调整比特还是传输信息比特，用码速调整标志比特 C_{i1}、C_{i2}、C_{i3}来标志。若 V_i 位置插入调整比特，则在 C_{i1}、C_{i2}、C_{i3}位置插入 3 个"1"；若 V_i 位置传输信息比特，则在 C_{i1}、C_{i2}、C_{i3}位置插入 3 个"0"。

在复接器中，四个支路都要经过这样的调整，使每个支路的码率都调整为 2.112 Mb/s，然后按比特复接的方法复接为二次群，码率为 8.448 Mb/s。

在分接器中，除了需要对各支路信号分路外，还要根据 C_{i1}、C_{i2}、C_{i3}的状态将插入的调整比特扣除。若 C_{i1}、C_{i2}、C_{i3}为"111"，则 V_i 位置插入的是调整比特，需要扣除；若 C_{i1}、C_{i2}、C_{i3}为"000"，则 V_i 位置是传输信息比特，不需要扣除。采用 3 位码"111"和"000"来表示两种状态，具有一位纠错能力，从而提高了对 V_i 性质识别的可靠性。

二次群复接帧结构有以下主要参数。

1. 支路子帧插入比特数 m_s

我们知道，二次群输入四路基群码率为 2.048 Mb/s，经码速调整后支路码率达到 2.112 Mb/s。因此，需要插入 64 kb/s 才能达到标称支路码率。支路子帧长为 212 比特，传输一帧所需时间为 212/2 112 000(s)，则在 212 个比特内应插入的比特数为

$$m_s=\frac{212}{2\ 112\ 000}\times 64\ 000=6.424\ \text{比特} \tag{10.4-1}$$

由子帧结构可知，212 比特中有 3 比特用于帧同步和管理控制，3 比特用于码速调整控制标志。而真正用于码速调整的只有第 161 比特码速调整插入比特。由此可见，码速调整插入比特只有一部分时间传输插入比特，还有一部分时间需要传输支路信息。

2. 帧频 F_s

帧频是指每秒传输的帧数。二次群标称码率为 8.448 Mb/s，帧长为 848 比特，则有

$$F_s=\frac{8448}{848}=\frac{2112}{212}=9.962\ \text{kHz} \tag{10.4-2}$$

3. 帧周期 T_s

帧周期为帧频的倒数，即

$$T_s = \frac{1}{F_s} = 100.381\ \mu s \tag{10.4-3}$$

4. 标称插入速率 f_s

标称插入速率也称为码速调整频率，它是指支路每秒插入的调整比特数。调整后的支路码率为 2.112 Mb/s，其中包括输入基群码率 2.048 Mb/s 以及复接支路中每秒所传输的开销比特和调整比特。由子帧结构可知，每支路每帧有 6 比特开销，因此每支路每秒插入的开销比特数为 $6F_s$。所以标称插入速率为

$$\begin{aligned} f_s &= \text{支路标称码率} - \text{标称基群码率} - 6 \times \text{帧频} \\ &= 2112 - 2048 - 6 \times 9.962 = 4.228\ \text{kb/s} \end{aligned} \tag{10.4-4}$$

5. 码速调整率 S

码速调整率为标称插入速率与帧频的比值，即

$$S = \frac{f_s}{F_s} = \frac{4.228}{9.962} = 0.424 \tag{10.4-5}$$

其物理意义为：42.4%的帧有插入调整比特，即第 161 比特为插入码速调整比特；57.6%的帧没有插入调整比特，即第 161 比特为支路信息比特。

以上是二次群的复接原理，三次群或更高群的复接原理与二次群的复接原理相似，感兴趣的读者可参考有关书籍。

10.5 SDH 复用原理

10.5.1 SDH 的特点

同步数字系列(Synchronous-digital Hierarchy，SDH)的构想起始于 20 世纪 80 年代中期，由同步光纤网(Synchronous Optical Network，SONET，亦称同步光网路)演变而成。它不仅适用于光纤传输，亦适用于微波及卫星等其他传输手段，并且使原有人工配线的数字交叉连接(DXC)手段可有效地按动态需求方式改变传输网拓扑，充分发挥网络构成的灵活性与安全性，而且在网路管理功能方面大大增强。因此，SDH 将成为 B-ISDN 的重要支撑，形成一种较为理想的新一代传送网(Transport Network)体制。

SDH 由一些基本网路单元(例如复接/去复接器，线路系统及数字交叉连接设备等)组成，在光纤、微波、卫星等多种介质上进行同步信息传输、复接/去复接和交叉连接，因而具有一系列优越性。

(1) 使北美、日本、欧洲三个地区性 PDH 数字传输系列在 STM-1 等级上获得了统一，真正实现了数字传输体制方面的全球统一标准。

(2) 其复接结构使不同等级的净负荷码流在帧结构上有规则排列，并与网路同步，从而可简单地借助软件控制即能实施由高速信号中一次分支/插入低速支路信号，避免了对全部高速信号进行逐级分解复接的作法，省却了全套背对背复接设备，这不仅简化了上、

下业务作业，而且也使 DXC 的实施大大简化与动态化。

(3) 帧结构中的维护管理比特大约占 5%，大大增强了网络维护管理能力，可实现故障检测、区段定位、业务中性能监测和性能管理，如单端维护等多种功能，有利于 B-ISDN 综合业务高质量、自动化运行。

(4) 由于将标准接口综合进各种不同网路单元，减少了将传输和复接分开的必要性，从而简化了硬件构成，同时此接口亦成开放型结构，从而在通路上可实现横向兼容，使不同厂家产品在此通路上可互通，节约相互转换等成本及性能损失。

(5) SDH 信号结构中采用字节复接等设计已考虑了网络传输交换的一体化，从而在电信网的各个部分(长途、市话和用户网)中均能提供简单、经济、灵活的信号互连和管理，使得传统电信网各部分的差别渐趋消失，彼此直接互连变得十分简单、有效。

(6) 网路结构上 SDH 不仅与现有 PDH 网能完全兼容，同时还能以“容器”为单位灵活组合，可容纳各种新业务信号。例如局域网中的光纤分布式数据接口(FDDI)信号，市域网中的分布排队双总线(DQDB)信号及宽带 ISDN 中的异步转移模式(ATM)信元等等，因此就现有及未来的兼容性而言均相当满意。

综上所述，SDH 采用同步复用、标准光接口和强大的网络管理能力等特点，在 20 世纪 90 年代中后期得到了广泛应用，将逐步取代 PDH 设备。

10.5.2　STM-N 帧结构

SDH 是一整套可进行同步数字传输、复用和交叉连接的标准化数字信号的结构等级。SDH 传送网所传输的信号由不同等级的同步传送模块(STM-N)信号所组成，N 为正整数。ITU-T 目前已规定的 SDH 同步传输模块以 STM-1 为基础，接口速率为 155.520 Mb/s。更高的速率以整数倍增加，为 155.52×N Mb/s，它的分级阶数为 STM-N，是将 N 个 STM-1 同步复用而成。表 10-3 给出了 ITU-T 建议 G.707 所规范的 SDH 接口速率标准。为了便于比较，同时也给出了美国国家标准所规定的 SONET 接口速率标准。

表 10-3　SDH 与 SONET 的接口速率标准

SDH		SONET	
等级	速率/(Mb/s)	等级	速率/(Mb/s)
Sub STM-1	51.840	STS-1	51.840
STM-1	155.520	STS-3	155.520
		STS-9	466.560
STM-4	622.080	STS-12	622.080
		STS-18	933.120
		STS-24	1244.160
		STS-36	1866.240
STM-16	2488.320	STS-48	2488.320
		STS-96	4976.640
STM-64	9953.280	STS-192	9953.280

根据 G.707 的定义，在 SDH 体系中，同步传送模块是用来支持复用段层连接的一种信息结构，它由信息净(负)荷区和段开销区一起形成一种重复周期为 125 μs 的块状帧结构。这些信息安排得适于在选定的媒质上，以某一与网络相同步的速率进行传输。G.707 规定的 STM－N 帧结构如图 10－23 所示。ITU－T 已定义的 N 为 1，4，16 和 64，即有 STM－1、STM－4、STM－16 和 STM－64 四个复用等级。为了简单起见，我们只讨论 STM－1 的帧结构，如图 10－24 所示。

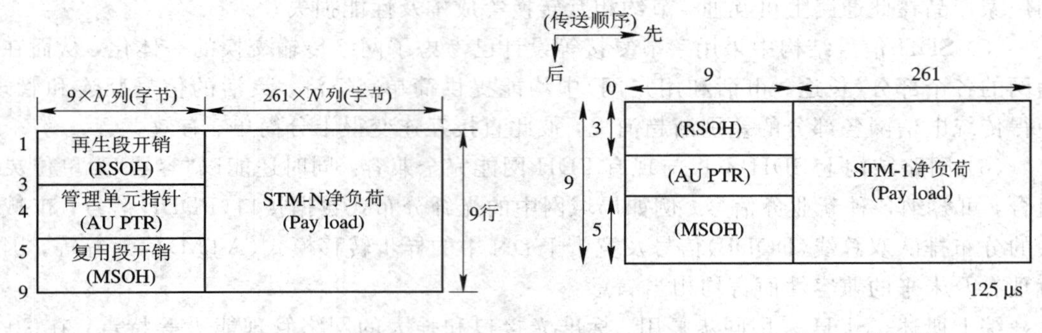

图 10－23　STM－N 帧结构　　　图 10－24　STM－1 帧结构

由图 10－23 和图 10－24 可以看出，STM－N 帧结构由再生段开销(RSOH)、管理单元指针(AU PTR)、复用段开销(MSOH)和信息净荷(Pay load)几部分组成。每一帧都是 9 行 270×N 列，每列宽度为一个字节(8 比特)。信息的发送是先从左到右，再从上到下。每字节内的权值最高位在最左边，称比特 1，它总是第一个发送。

在 STM－1 中，放净荷的区域叫做虚容器 VC－4，它是一种块状信息结构，重复周期为 125 μs。VC－4 在 SDH 设备中是常用的信息处理模块。从网络功能来看，它用来支持 SDH 的通路层连接。类似于 STM－N 模块，包括 VC－4 在内的所有 VC－n 均由它自身的净荷及通路开销(POH)组成。

10.5.3　SDH 复用原理

SDH 复用的基本原则是将多个低等级信号适配进高等级通道，并将 1 个或多个高等级通道层信号适配进线路复用层。SDH 是一种同步复用方式，它采用净负荷指针技术，指针指示净负荷在 STM－N 帧内第一个字节的位置，因而净负荷在 STM－N 帧内是浮动的。对于净负荷码率变化不大的数据，只需增加或减小指针值即可。这种方法结合了正码速调整法和固定位置映射法的优点，付出的代价是需要对指针进行处理。

SDH 的复接结构如图 10－25 所示。在复用过程中所用的复用单元有：n 阶容器 C－n、n阶虚容器 VC－n、n 阶支路单元 TU－n 和支路单元组 TU－n、n 阶管理单元 AU－n 和管理单元组 AUG－n，n 数值的大小表明阶位的高低。

首先，各种速率等级的数据流先进入相应的不同接口容器 C－n。容器 C－n 是一种信息结构，主要完成适配功能，让那些最常使用的准同步数字体系信号能够进入有限数目的标准容器。它为对应等级的虚容器 VC－n 形成相应的网络同步信息净负荷。

由标准容器出来的数据流加上通道开销后就构成了所谓的虚容器 VC－n，这是 SDH 中最重要的一种信息结构，主要支持通道层连接。通道层又有低阶通道和高阶通道之分，

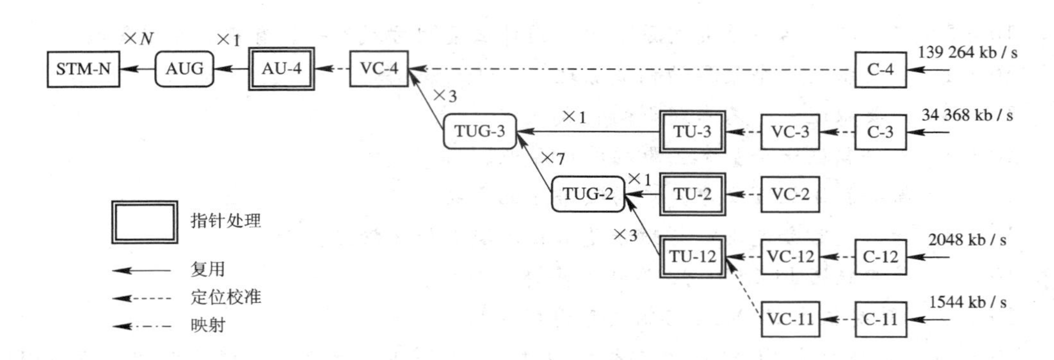

图 10－25　SDH 的复接结构

高阶通道由低阶通道复用而成或直接由 VC－4(VC－3)形成。VC 的包封速率是与网络同步的，因而不同 VC 的包封是互相同步的，而包封内部却允许装载各种不同容量的准同步支路信号。除了在 VC 的组合点和分解点外，VC 在 SDH 网中传输时总是保持完整不变，因而可以作为一个独立的实体在通道中任一点取出或插入，进行同步复用和交叉连接处理，十分方便和灵活。由 VC 出来的数据流再按图 10－17 规定路线进入管理单元或支路单元。

AU 是一种为高阶通道层和复用段层提供适配功能的信息结构，它由高阶 VC 和 AU PTR 组成。其中 AU PTR 用来指明高阶 VC(VC－3/4)的帧起点与复用段帧起点之间的时间差，但 AU PTR 本身在 STM－N 帧内位置是固定的。一个或多个在 STM 帧中占有固定位置的 AU 组成管理单元组 AUG，它由若干个 AU－3 或单个 AU－4 按字节间插方式均匀组成。单个 AUG 与段开销 SOH 一起形成一个 STM－1，N 个 AUG 与 SOH 结合即构成 STM－N。

TU－n 是一种为低阶通道层与高阶通道层提供适配功能的信息结构，它由低阶虚容器(VC－1/2)和支路单元指针(TU PTR)组成。一个或多个在高阶 VC－n 净负荷中占有固定位置的 TU 组成支路单元组 TUG，共有 TUG－2 和 TUG－3 两种。它们使得由不同容量的 TU－n 构成的混合净荷容量可以为传送网络提供尽可能多的灵活性。由图 10－17 可知，一个 TU－2 或几个同样的 TU－12 复用在一起组成一个 TUG－2，一个 TU－3 或几个 TUG－2 复用在一起组成一个 TUG－3。

在 AU 和 TU 中要进行速率调整，因而低一级数据流在高一级数据流中的起始位置是浮动的。为了准确地确定起始点的位置，设置 AU PTR 和 TU PTR 分别对高阶 VC 在相应 AU 帧内的位置以及 VC－1，2，3 在相应 TU 帧内的位置进行灵活动态的定位。最后，在 N 个 AUG 的基础上再附加段开销 SOH 便形成了最终的 STM－N 帧结构。

同步复用和映射方法是 SDH 最有特色的特点之一，它使数字复用由 PDH 的僵硬的大量硬件配置转变为灵活的软件配置，由于 SDH 的诸多优点，它将逐步取代 PDH 设备。

思　考　题

10－1　复用是为了解决什么问题？实际中有哪些复用方式？

10－2　什么是频分复用？频分复用有什么特点？

10-3　在模拟电话多路复用系统中采用什么复用方式？一般有哪些复用等级？

10-4　简要叙述一个集群的构成原理。

10-5　简要叙述一个基本超群的构成原理。

10-6　简要叙述一个基本主群的构成原理。

10-7　简要叙述调频立体声广播频谱分配方式。

10-8　什么是时分复用？与频分复用相比较有什么特点？

10-9　简要叙述 PCM30/32 路制式基群帧结构。

10-10　简要叙述 PCM24 路制式基群帧结构。

10-11　简要叙述 PCM 高次群构成原理，北美采用的数字 TDM 等级结构与 ITU-T 建议的数字 TDM 等级结构有什么相同和不同之处？

10-12　简要叙述数字复接原理。

10-13　什么是正码速调整复接器？简要叙述其工作原理。

10-14　二次群复接帧结构有哪些主要参数？

10-15　什么是 SDH？SDH 有哪些主要优点？

10-16　简要叙述 SDH 复用原理。

习　题

10-1　有 12 路模拟话音信号采用频分复用方式传输。已知话音信号频率范围为 0～4 kHz，副载波采用 SSB 调制，主载波采用 DSB-SC 调制。

(1) 试画出频谱结构示意图，并计算副载波调制合成信号带宽；

(2) 试求主载波调制信号带宽。

10-2　有 60 路模拟话音信号采用频分复用方式传输。已知话音信号频率范围为 0～4 kHz，副载波采用 SSB 调制，主载波采用 FM 调制，调制指数 $m_f=2$。

(1) 试计算副载波调制合成信号带宽；

(2) 试求信道传输信号带宽。

10-3　已知一个基本主群由 10 个超群复用组成，试画出频谱结构，并计算频率范围。

10-4　有 24 路模拟话音信号采用时分复用 PAM 方式传输。每路话音信号带宽为 4 kHz，采用奈奎斯特速率抽样，PAM 脉冲宽度为 τ，占空比为 50%。试计算脉冲宽度 τ。

10-5　有 12 路模拟话音信号采用时分复用 PCM 方式传输。每路话音信号带宽为 4 kHz，采用奈奎斯特速率抽样，8 位编码，PCM 脉冲宽度为 τ，占空比为 100%。试计算脉冲宽度 τ。

10-6　有 24 路模拟话音信号采用时分复用 PAM 方式传输。每路话音信号带宽为 4 kHz，采用奈奎斯特速率抽样，PAM 脉冲宽度为 τ，占空比为 50%。

(1) 试计算此 32 路 PAM 信号的第一个零点带宽；

(2) 试计算此 32 路 PAM 系统最小带宽。

10-7　有 32 路模拟话音信号采用时分复用 PCM 方式传输。每路话音信号带宽为 4 kHz，采用奈奎斯特速率抽样，8 位编码，PCM 脉冲宽度为 τ，占空比为 100%。

(1) 试计算此32路PCM信号的第一个零点带宽；

(2) 试计算此32路PCM系统最小带宽。

10-8 对于标准PCM30/32路制式基群系统。

(1) 试计算每个时隙时间宽度和每帧时间宽度；

(2) 试计算信息传输速率和每比特时间宽度。

10-9 对于标准PCM24路制式基群系统。

(1) 试计算每个时隙时间宽度和每帧时间宽度；

(2) 试计算信息传输速率和每比特时间宽度。

10-10 用MATLAB对PCM30/32路制式基群系统进行仿真。

(1) 在发送端产生PCM信号；

(2) 在接收端恢复出一路模拟信号；

(3) 仿真信道误码对恢复模拟信号性能有什么影响？画出误码率和恢复的模拟信号信噪比的关系曲线。

10-11 用MATLAB对PCM24路制式基群系统进行仿真。

(1) 在发送端产生PCM信号；

(2) 在接收端恢复出一路模拟信号；

(3) 仿真信道误码对恢复模拟信号性能有什么影响？画出误码率和恢复模拟信号信噪比的关系曲线。

10-12 若给定一个21级的移位寄存器，其可能产生的最长码序列有多长？

10-13 若m序列的本原多项式 $f(x)=x^4+x^3+1$：

(1) 画出该m序列产生器原理图；

(2) 写出该m序列；

(3) 求该m序列自相关函数。

10-14 若m序列的本原多项式 $f(x)=x^4+x^3+1$：

(1) 画出该m序列产生器原理图；

(2) 写出该m序列；

(3) 求该m序列自相关函数。

10-15 试计算二次群复接器的支路子帧插入比特数 m_s 和码速调整率 S。

第11章 同步原理

同步是数字通信系统以及某些采用相干解调的模拟通信系统中一个重要的实际问题。由于收、发双方不在一地，要使它们能步调一致地协调工作，必须要有同步系统来保证。本章主要讨论同步的基本原理，实现方法，同步的性能指标及其对通信系统性能的影响。

11.1 概 述

所谓同步，是指收发双方在时间上步调一致，故又称定时。在数字通信中，按照同步的功用分为：载波同步、位同步、群同步和网同步。

(1) 载波同步。载波同步是指在相干解调时，接收端需要提供一个与接收信号中的调制载波同频同相的相干载波。这个载波的获取称为载波提取或载波同步。在第4章的模拟调制以及第7章的数字调制学习过程中，我们了解到要想实现相干解调，必须有相干载波。因此，载波同步是实现相干解调的先决条件。

(2) 位同步。位同步又称码元同步。在数字通信系统中，任何消息都是通过一连串码元序列传送的，所以接收时需要知道每个码元的起止时刻，以便在恰当的时刻进行取样判决。例如图8-9和图8-11所示的两种最佳接收机结构中，需要对积分器或匹配滤波器的输出进行抽样判决，判决时刻应对准每个接收码元的终止时刻。这就要求接收端必须提供一个位定时脉冲序列，该序列的重复频率与码元速率相同，相位与最佳取样判决时刻一致。我们把提取这种定时脉冲序列的过程称为位同步。

(3) 群同步。群同步包含字同步、句同步、分路同步，它有时也称帧同步。在数字通信中，信息流是用若干码元组成一个“字”，又用若干个“字”组成“句”。在接收这些数字信息时，必须知道这些“字”、“句”的起止时刻，否则接收端无法正确恢复信息。对于数字时分多路通信系统，如PCM30/32电话系统，各路信码都安排在指定的时隙内传送，形成一定的帧结构。为了使接收端能正确分离各路信号，在发送端必须提供每帧的起止标记，在接收端检测并获取这一标志的过程，称为帧同步。因此，在接收端产生与“字”、“句”及“帧”起止时刻相一致的定时脉冲序列的过程统称为群同步。

(4) 网同步。在获得了以上讨论的载波同步、位同步、群同步之后，两点间的数字通信就可以有序、准确、可靠地进行了。然而，随着数字通信的发展，尤其是计算机通信的发展，多个用户之间的通信和数据交换，构成了数字通信网。显然，为了保证通信网内各用户之间可靠地通信和数据交换，全网必须有一个统一的时间标准时钟，这就是网同步的问题。

同步也是一种信息，按照获取和传输同步信息方式的不同，又可分为外同步法和自同步法。

(1) 外同步法。由发送端发送专门的同步信息(常被称为导频)，接收端把这个导频提取出来作为同步信号的方法，称为外同步法。

(2) 自同步法。发送端不发送专门的同步信息，接收端设法从收到的信号中提取同步信息的方法，称为自同步法。

自同步法是人们最希望的同步方法，因为可以把全部功率和带宽分配给信号传输。在载波同步和位同步中，两种方法都有采用，但自同步法正得到越来越广泛的应用。而群同步一般都采用外同步法。

同步本身虽然不包含所要传送的信息，但只有收发设备之间建立了同步后才能开始传送信息，所以同步是进行信息传输的必要和前提。同步性能的好坏又将直接影响着通信系统的性能。如果出现同步误差或失去同步就会导致通信系统性能下降或通信中断。因此，同步系统应具有比信息传输系统更高的可靠性和更好的质量指标，如同步误差小、相位抖动小以及同步建立时间短，保持时间长等。

本章重点讨论载波同步、位同步、群同步的实现方法和性能。

11.2 载波同步

提取相干载波的方法有两种：直接法和插入导频法。

11.2.1 直接法

直接法也称自同步法。这种方法是设法从接收信号中提取同步载波。有些信号，如DSB-SC、PSK等，它们虽然本身不直接含有载波分量，但经过某种非线性变换后，将具有载波的谐波分量，因而可从中提取出载波分量来。下面介绍几种常用的方法。

1. 平方变换法和平方环法

此方法广泛用于建立抑制载波的双边带信号的载波同步。设调制信号 $m(t)$ 无直流分量，则抑制载波的双边带信号为

$$s_m(t) = m(t)\cos\omega_c t \tag{11.2-1}$$

接收端将该信号经过非线性变换——平方律器件后得到

$$e(t) = [m(t)\cos\omega_c t]^2 = \frac{1}{2}m^2(t) + \frac{1}{2}m^2(t)\cos 2\omega_c t \tag{11.2-2}$$

上式的第二项包含有载波的倍频 $2\omega_c$ 的分量。若用一窄带滤波器将 $2\omega_c$ 频率分量滤出，再进行二分频，就可获得所需的相干载波。基于这种构思的平方变换法提取载波的方框图如图 11-1 所示。

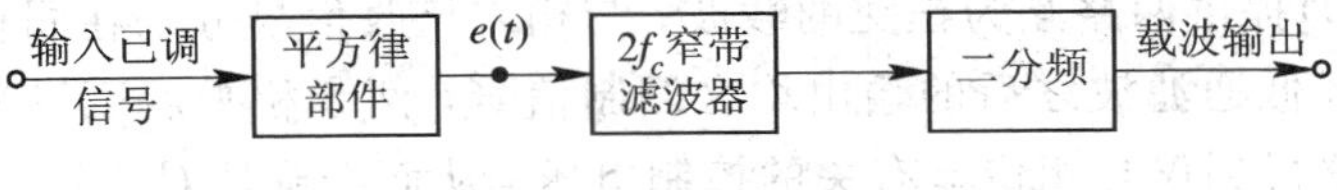

图 11-1 平方变换法提取载波

若 $m(t)=\pm 1$，则抑制载波的双边带信号就成为二相移相信号(2PSK)，这时

$$e(t) = [m(t)\cos\omega_c t]^2 = \frac{1}{2} + \frac{1}{2}\cos 2\omega_c t \tag{11.2-3}$$

因而，同样可以通过图 11-1 所示的方法提取载波。

在实际中，伴随信号一起进入接收机的还有加性高斯白噪声，为了改善平方变换法的性能，使恢复的相干载波更为纯净，图 11－1 中的窄带滤波器常用锁相环代替，构成如图 11－2 所示的方框图，称为平方环法提取载波。由于锁相环具有良好的跟踪、窄带滤波和记忆功能，平方环法比一般的平方变换法具有更好的性能。因此，平方环法提取载波得到了较广泛的应用。

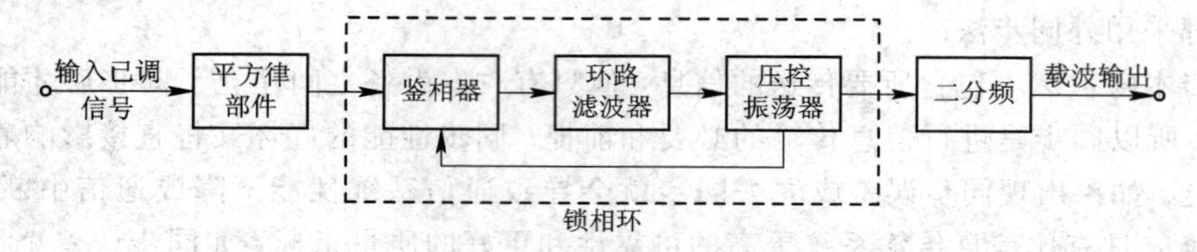

图 11－2 平方环法提取载波

我们以 2PSK 信号为例，来分析采用平方环的情况。2PSK 信号平方后得到

$$e(t)=\left[\sum_n a_n g(t-nT_s)\right]^2\cos^2\omega_c t \tag{11.2-4}$$

当 $g(t)$ 为矩形脉冲时，有

$$e(t)=\frac{1}{2}+\frac{1}{2}\cos 2\omega_c t \tag{11.2-5}$$

假设环路锁定，VCO 的频率锁定在 $2\omega_c$ 频率上，其输出信号为

$$v_o(t)=A\sin(2\omega_c t+2\theta) \tag{11.2-6}$$

这里，θ 为相位差。经鉴相器（由相乘器和低通滤波器组成）后输出的误差电压为

$$v_d=K_d\sin 2\theta \tag{11.2-7}$$

式中，K_d 为鉴相灵敏度，是一个常数。v_d 仅与相位差有关，它通过环路滤波器去控制压控振荡器的相位和频率，环路锁定之后，θ 是一个很小的量。因此，VCO 的输出经过二分频后，就是所需的相干载波。

应当注意，载波提取的方框图中用了一个二分频电路，由于分频起点的不确定性，使其输出的载波相对于接收信号相位有 180°的相位模糊。相位模糊对模拟通信关系不大，因为人耳听不出相位的变化。但对数字通信的影响就不同了，它有可能使 2PSK 相干解调后出现“反向工作”的问题，克服相位模糊度对相干解调影响的最常用而又有效的方法是对调制器输入的信息序列进行差分编码，即采用相对移相（2DPSK），并且在解调后进行差分译码恢复信息。

2. 同相正交环法

同相正交环法又叫科斯塔斯（Costas）环，它的原理框图如图 11－3 所示。在此环路中，压控振荡器（VCO）提供两路互为正交的载波，与输入接收信号分别在同相和正交两个鉴相器中进行鉴相，经低通滤波之后的输出均含调制信号，两者相乘后可以消除调制信号的影响，经环路滤波器得到仅与相位差有关的控制电压，从而准确地对压控振荡器进行调整。

设输入的抑制载波双边带信号为 $m(t)\cos\omega_c t$，并假定环路锁定，且不考虑噪声的影响，则 VCO 输出的两路互为正交的本地载波分别为

$$v_1=\cos(\omega_c t+\theta) \tag{11.2-8}$$

$$v_2=\sin(\omega_c t+\theta) \tag{11.2-9}$$

式中，θ 为 VCO 输出信号与输入已调信号载波之间的相位误差。

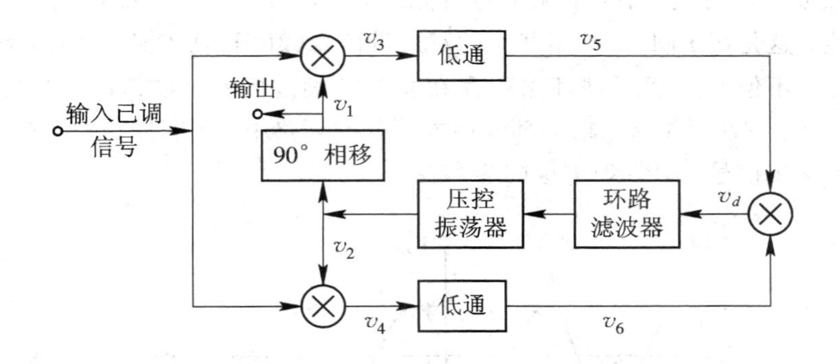

图 11-3 Costas 环法提取载波

信号 $m(t)\cos\omega_c t$ 分别与 v_1、v_2 相乘后得

$$v_3 = m(t)\cos\omega_c t \cdot \cos(\omega_c t + \theta)$$

$$= \frac{1}{2}m(t)[\cos\theta + \cos(2\omega_c t + \theta)] \tag{11.2-10}$$

$$v_4 = m(t)\cos\omega_c t \cdot \sin(\omega_c t + \theta)$$

$$= \frac{1}{2}m(t)[\sin\theta + \sin(2\omega_c t + \theta)] \tag{11.2-11}$$

经低通滤波后分别为

$$v_5 = \frac{1}{2}m(t)\cos\theta \tag{11.2-12}$$

$$v_6 = \frac{1}{2}m(t)\sin\theta \tag{11.2-13}$$

低通滤波器应该允许 $m(t)$ 通过。v_5、v_6 相乘产生误差信号

$$v_d = \frac{1}{8}m^2(t)\sin 2\theta \tag{11.2-14}$$

当 $m(t)$ 为矩形脉冲的双极性数字基带信号时，$m^2(t)=1$。即使 $m(t)$ 不为矩形脉冲序列，式中的 $m^2(t)$ 可以分解为直流和交流分量。由于锁相环作为载波提取环时，其环路滤波器的带宽设计的很窄，只有 $m(t)$ 中的直流分量可以通过，因此 v_d 可写成

$$v_d = K_d \sin 2\theta \tag{11.2-15}$$

如果我们把图 11-3 中除环路滤波器(LF)和压控振荡器(VCO)以外的部分看成一个等效鉴相器(PD)，其输出 v_d 正是我们所需要的误差电压。它通过环路滤波器滤波后去控制 VCO 的相位和频率，最终使稳态相位误差减小到很小的数值，而没有剩余频差(即频率与 ω_c 同频)。此时 VCO 的输出 $v_1 = \cos(\omega_c t + \theta)$ 就是所需的同步载波，而 $v_5 = \frac{1}{2}m(t)\cos\theta \approx \frac{1}{2}m(t)$ 就是解调输出。

比较式(11.2-7)与式(11.2-15)可知，Costas 环与平方环具有相同的鉴相特性($v_d-\theta$ 曲线)，如图 11-4 所示。由图可知，$\theta = n\pi$(n 为任意整数)为 PLL 的稳定平衡点。PLL 工作时可能锁定在任何一个稳定平衡点上，考虑到在周期 π 内 θ 取值可能为 0 或 π，这意味

着恢复出的载波可能与理想载波同相，也可能反相。这种相位关系的不确定性，称为 0，π 的相位模糊度。这是用 PLL 从抑制载波的双边带信号(2PSK 或 DSB)中提取载波时不可避免的共同问题。不但在上述两种环路中存在相位模糊度问题，在其他类型的载波恢复环路，如逆调制环、判决反馈环、松尾环等性能更好的环路中，也同样存在；不但在 2PSK 时存在，在多相移相信号(MPSK)中也同样存在。

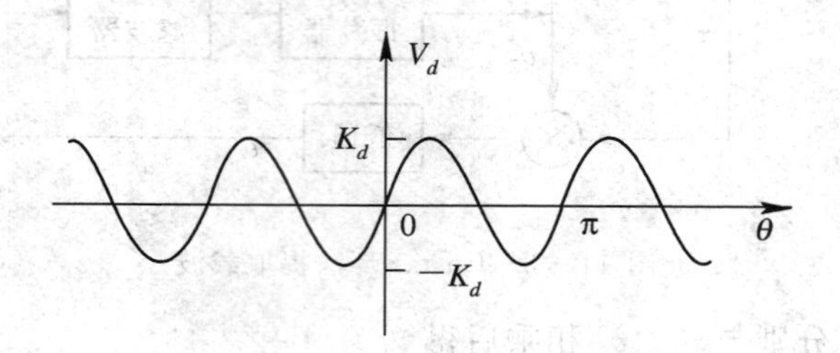

图 11 - 4　平方环和 Costas 环的鉴相特性

Costas 环与平方环都是利用锁相环(PLL)提取载波的常用方法。Costas 环与平方环相比，虽然在电路上要复杂一些，但它的工作频率即为载波频率，而平方环的工作频率是载波频率的两倍，显然当载波频率很高时，工作频率较低的 Costas 环易于实现；其次，当环路正常锁定后，Costas 环可直接获得解调输出，而平方环则没有这种功能。

3. 多相移相信号(MPSK)的载波提取

当数字信息通过载波的 M 相调制发送时，可将上述方法推广，以获取同步载波。一种基于平方变换法或平方环法的推广，是 M 次方变换法或 M 方环法，如图 11 - 5 所示。例如从 4PSK 信号中提取同步载波的四次方环，其鉴相器输出的误差电压为

$$v_d = K_d \sin 4\theta \qquad (11.2-16)$$

因此，$\theta = n\dfrac{\pi}{2}$(n 为任意整数)为四次方环的稳定平衡点，即有 0、π/2、π、3π/2 的稳定工作点。这种现象称为四重相位模糊度，或称 90°的相位模糊。同理，M 次方环具有 M 重相位模糊度，即所提取的载波具有 360°/M 的相位模糊。解决的方法是采用 MDPSK。

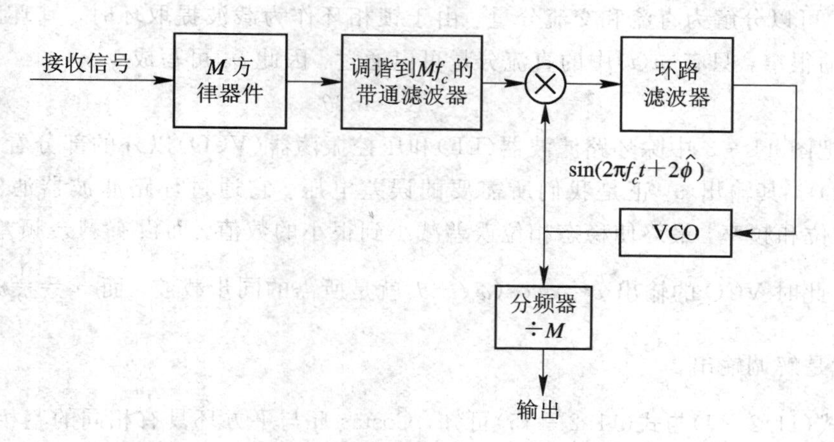

图 11 - 5　M 方环提取载波

另一种方法基于Costas环的推广，图11-6示出了从4PSK信号中提取载波的Costas环。可以求得它的等效鉴相特性与式(11.2-16)一样。提取的载波也具有90°的相位模糊。这种方法实现起来比较复杂，在实际中一般不采用。

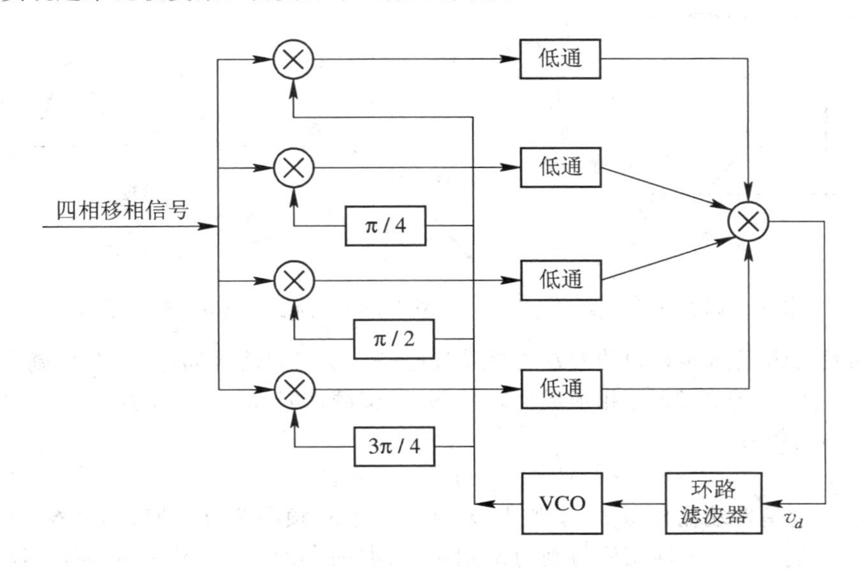

图11-6 四相Costas环法的载波提取

11.2.2 插入导频法

抑制载波的双边带信号(如DSB、等概的2PSK)本身不含有载波，残留边带(VSB)信号虽含有载波分量，但很难从已调信号的频谱中把它分离出来。对这些信号的载波提取，可以用插入导频法(外同步法)。尤其是单边带(SSB)信号，它既没有载波分量又不能用直接法提取载波，只能用插入导频法。因此有必要对插入导频法作一些介绍。

1. 在抑制载波的双边带信号中插入导频

所谓插入导频，就是在已调信号频谱中额外插入一个低功率的线谱，以便接收端作为载波同步信号加以恢复，此线谱对应的正弦波称为导频信号。采用插入导频法应注意：① 导频的频率应当是与载频有关的或者就是载频的频率；② 插入导频的位置与已调信号的频谱结构有关。总的原则是在已调信号频谱中的零点插入导频，且要求其附近的信号频谱分量尽量小，这样便于插入导频以及解调时易于滤除它。

对于模拟调制中的DSB或SSB信号，在载频 f_c 附近信号频谱为0，但对于数字调制中的2PSK或2DPSK信号，在 f_c 附近的频谱不但有，而且比较大，因此对这样的信号，可参考第5章介绍的第Ⅳ类部分响应，在调制以前先对基带信号进行相关编码。相关编码的作用是把如图11-7(a)所示的基带信号频谱函数变换成如图11-7(b)所示的频谱函数，这样经过双边带调制以后可以得到如图11-8所示的频谱函数。由图可见，在 f_c 附近的频谱函数很小，且没有离散谱，这样可以在 f_c 处插入频率为 f_c 的导频(这里仅画出正频域)。但应注意，在图11-8中插入的导频并不是加于调制器的那个载波，而是将该载波移相90°后的所谓“正交载波”。

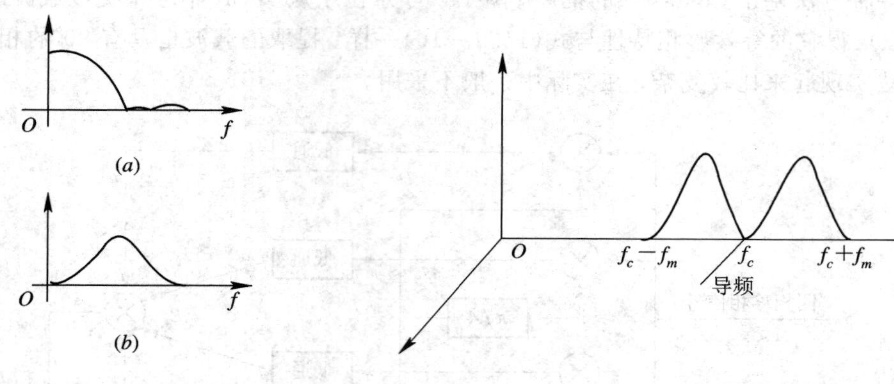

图 11 - 7　相关编码进行频谱变换　　　　图 11 - 8　抑制载波双边带信号的导频插入

这样，就可组成插入导频的发端方框图 11 - 9。设调制信号 $m(t)$ 中无直流分量，被调载波为 $a\ \sin\omega_c t$，将它经 90°移相形成插入导频(正交载波)$-a\ \cos\omega_c t$，其中 a 是插入导频的振幅。于是输出信号为

$$u_o(t) = am(t)\ \sin\omega_c t - a\ \cos\omega_c t \qquad (11.2-17)$$

设收到的信号就是发端输出 $u_o(t)$，则收端用一个中心频率为 f_c 的窄带滤波器提取导频 $-a\ \cos\omega_c t$，再将它经 90°移相后得到与调制载波同频同相的相干载波 $\sin\omega_c t$，收端的解调方框图如图 11 - 10 所示。

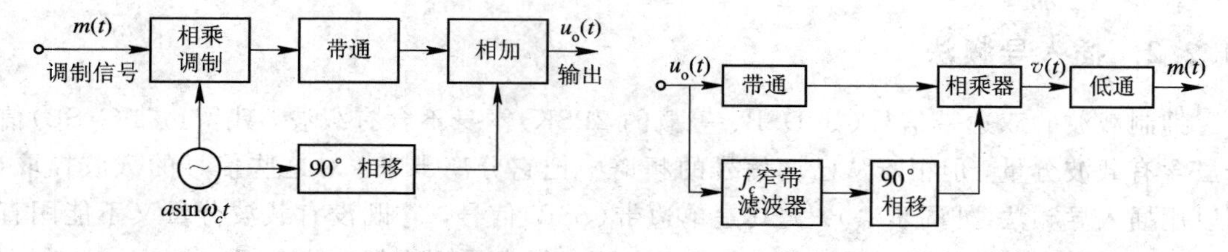

图 11 - 9　插入导频法发端框图　　　　图 11 - 10　插入导频法收端框图

前面提示，发端是以正交载波作为导频，其原因解释如下。

由图 11 - 10 可知，解调输出为

$$\begin{aligned} v(t) &= u_o(t)\cdot\sin\omega_c t = am(t)\ \sin^2\omega_c t - a\ \cos\omega_c t\ \sin\omega_c t \\ &= \frac{a}{2}m(t) - \frac{a}{2}m(t)\ \cos2\omega_c t - \frac{a}{2}\ \sin2\omega_c t \end{aligned} \qquad (11.2-18)$$

经过低通滤除高频部分后，就可恢复调制信号 $m(t)$。如果发端加入的导频不是正交载波，而是调制载波，则收端 $v(t)$ 中还有一个不需要的直流成分，这个直流成分通过低通滤波器对数字信号产生影响，这就是发端正交插入导频的原因。

2PSK 和 DSB 信号都属于抑制载波的双边带信号，所以上述插入导频方法对两者均适用。对于 SSB 信号，导频插入的原理也与上述相同。

2. 时域插入导频

这种方法在时分多址通信卫星中应用较多。前面介绍的插入导频都属于频域插入，它们的特点是插入的导频在时间上是连续的，即信道中自始至终都有导频信号传送。时域插入导频方法是按照一定的时间顺序，在指定的时间内发送载波标准，即把载波标准插到每

帧的数字序列中，如图 11-11(a)所示。图中，$t_2 \sim t_3$ 就是插入导频的时间，它一般插入在群同步脉冲之后。这种插入的结果只是在每帧的一小段时间内才出现载波标准，在接收端应用控制信号将载波标准取出。从理论上讲可以用窄带滤波器直接取出这个载波，但实际上是困难的，这是因为导频在时间上是断续传送的，并且只在很小一部分时间存在，用窄带滤波器取出这个间断的载波是不能应用的。所以，时域插入导频法常用锁相环来提取同步载波，方框图如图 11-11(b)所示。

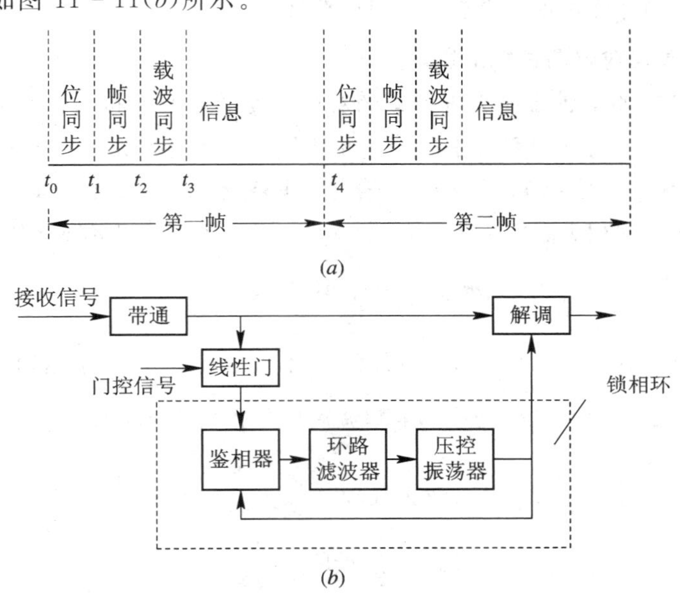

图 11-11　时域插入导频法

11.2.3　载波同步系统的性能及相位误差对解调性能的影响

1. 载波同步系统的性能

载波同步系统的性能指标主要有效率、精度、同步建立时间和同步保持时间。载波同步追求的是高效率、高精度、同步建立时间快，保持时间长。

高效率　指为了获得载波信号而尽量少消耗发送功率。在这方面，直接法由于不需要专门发送导频，因而效率高，而插入导频法由于插入导频要消耗一部分发送功率，因而效率要低一些。

高精度　指接收端提取的载波与需要的载波标准比较，应该有尽量小的相位误差。如需要的同步载波为 $\cos\omega_c t$，提取的同步载波为 $\cos(\omega_c t+\Delta\varphi)$，$\Delta\varphi$ 就是载波相位误差，$\Delta\varphi$ 应尽量小。通常 $\Delta\varphi$ 分为稳态相差 θ_e 和随机相差 σ_φ 两部分，即

$$\Delta\varphi=\theta_e+\sigma_\varphi \tag{11.2-19}$$

稳态相差与提取的电路密切相关，而随机相差则是由噪声引起。

同步建立时间 t_s　指从开机或失步到同步所需要的时间。显然 t_s 越小越好。

同步保持时间 t_c　指同步建立后，若同步信号消失，系统还能维持同步的时间。t_c 越大越好。

这些指标与提取的电路、信号及噪声的情况有关。当采用性能优越的锁相环提取载波

时，这些指标主要取决于锁相环的性能。如稳态相差就是锁相环的剩余相差，即 $\theta_e=\Delta\omega/K_V$，其中 $\Delta\omega$ 为压控振荡角频率与输入载波角频率之差，K_V 是环路直流总增益；随机相差 σ_φ 实际是由噪声引起的输出相位抖动，它与环路等效噪声带宽 B_L 及输入噪声功率谱密度等有关，B_L 的大小反映了环路对输入噪声的滤除能力，B_L 越小，σ_φ 越小；又如同步建立时间 t_s 具体表现为锁相环的捕捉时间，而同步保持时间 t_c 具体表现为锁相环的同步保持时间。有关这方面的详细讨论，请参阅锁相环教材。

2. 载波相位误差对解调性能的影响

对解调性能的影响主要体现为所提取的载波与接收信号中的载波的相位误差 $\Delta\varphi$。相位误差 $\Delta\varphi$ 对不同信号的解调所带来的影响是不同的。我们首先研究 DSB 和 PSK 的解调情况。DSB 和 2PSK 信号都属于双边带信号，具有相似的表示形式。设 DSB 信号为 $m(t)\cos\omega_c t$，所提取的相干载波为 $\cos(\omega_c t+\Delta\varphi)$，这时解调输出 $m'(t)$为

$$m'(t)=\frac{1}{2}m(t)\cos\Delta\varphi \tag{11.2-20}$$

若没有相位差，即 $\Delta\varphi=0$，$\cos\Delta\varphi=1$，则解调输出 $m'(t)=\frac{1}{2}m(t)$，这时信号有最大幅度；若存在相位差，即 $\Delta\varphi\neq0$ 时，$\cos\Delta\varphi<1$，解调后信号幅度下降，使功率和信噪功率比下降为原来的 $\cos^2\Delta\varphi$ 倍。

对于 2PSK 信号，信噪功率比下降将使误码率增加。若 $\Delta\varphi=0$，

$$P_e=\frac{1}{2}\operatorname{erfc}\left(\sqrt{\frac{E}{n_0}}\right) \tag{11.2-21}$$

若 $\Delta\varphi\neq0$，

$$P_e=\frac{1}{2}\operatorname{erfc}\left(\sqrt{\frac{E}{n_0}}\cos\varphi\right) \tag{11.2-22}$$

以上说明，载波相位误差 $\Delta\varphi$ 引起双边带解调系统的信噪比下降，误码率增加。当 $\Delta\varphi$ 近似为常数时，不会引起波形失真。然而，对单边带和残留边带解调而言，相位误差 $\Delta\varphi$ 不仅引起信噪比下降，而且还引起输出波形失真。

下面以单边带信号为例，说明这种失真是如何产生的。设单音基带信号 $m(t)=\cos\Omega t$，且单边带信号取上边带 $\frac{1}{2}\cos(\omega_c+\Omega)t$，所提取的相干载波为 $\cos(\omega_c t+\Delta\varphi)$，相干载波与已调信号相乘得

$$\frac{1}{2}\cos(\omega_c+\Omega)t\cos(\omega_c t+\Delta\varphi)=\frac{1}{4}[\cos(2\omega_c t+\Omega t+\Delta\varphi)+\cos(\Omega t-\Delta\varphi)]$$

经低通滤除高频即得解调输出

$$m'(t)=\frac{1}{4}\cos(\Omega t-\Delta\varphi)=\frac{1}{4}\cos\Omega t\cos\Delta\varphi+\frac{1}{4}\sin\Omega t\sin\Delta\varphi \tag{11.2-23}$$

式(11.3-5)中的第一项与原基带信号相比，由于 $\cos\Delta\varphi$ 的存在，使信噪比下降了；第二项是与原基带信号正交的项，它使恢复的基带信号波形失真，推广到多频信号时也将引起波形的失真。若用来传输数字信号，波形失真会产生码间串扰，使误码率大大增加，因此应尽可能使 $\Delta\varphi$ 减小。

11.3 位 同 步

位同步是指在接收端的基带信号中提取码元定时的过程。它与载波同步有一定的相似和区别。载波同步是相干解调的基础，不论模拟通信还是数字通信只要是采用相干解调都需要载波同步，并且在基带传输时没有载波同步问题；所提取的载波同步信息是载频为 f_c 的正弦波，要求它与接收信号的载波同频同相。实现方法有插入导频法和直接法。

位同步是正确取样判决的基础，只有数字通信才需要，并且不论基带传输还是频带传输都需要位同步；所提取的位同步信息是频率等于码速率的定时脉冲，相位则根据判决时信号波形决定，可能在码元中间，也可能在码元终止时刻或其他时刻。实现方法也有插入导频法和直接法。

11.3.1 插入导频法

这种方法与载波同步时的插入导频法类似，它是在基带信号频谱的零点处插入所需的位定时导频信号，如图 11－12 所示。其中，图(a)为常见的双极性不归零基带信号的功率谱，插入导频的位置是 $1/T$；图(b)表示经某种相关变换的基带信号，其谱的第一个零点为 $1/(2T)$，插入导频应在 $1/(2T)$处。

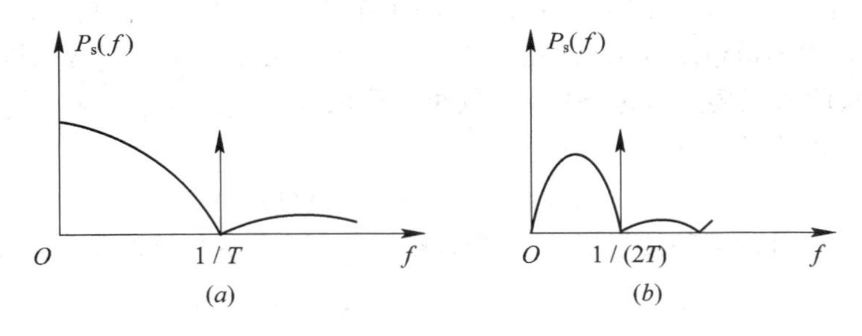

图 11－12　插入导频法频谱图

在接收端，对图 11－12(a)的情况，经中心频率为 $1/T$ 的窄带滤波器，就可从解调后的基带信号中提取出位同步所需的信号，这时，位同步脉冲的周期与插入导频的周期一致；对图 11－12(b)的情况，窄带滤波器的中心频率应为 $1/(2T)$，所提取的导频需经倍频后，才得所需的位同步脉冲。

图 11－13 画出了插入位定时导频的系统框图，它对应于图 11－12(b)所示谱的情况。发端插入的导频为 $1/(2T)$，接收端在解调后设置了 $1/(2T)$窄带滤波器，其作用是取出位定时导频。移相、倒相和相加电路是为了从信号中消去插入导频，使进入取样判决器的基带信号没有插入导频。这样做是为了避免插入导频对取样判决的影响。与插入载波导频法相比，它们消除插入导频影响的方法各不相同，载波同步中采用正交插入，而位同步中采用反向相消的办法。这是因为载波同步在接收端进行相干解调时，相干解调器有很好的抑制正交载波的能力，它不需另加电路就能抑制正交载波，因此载波同步采用正交插入。而位定时导频是在基带加入，它没有相干解调器，故不能采用正交插入。为了消除导频对基带信号取样判决的影响，位同步采用了反相相消。

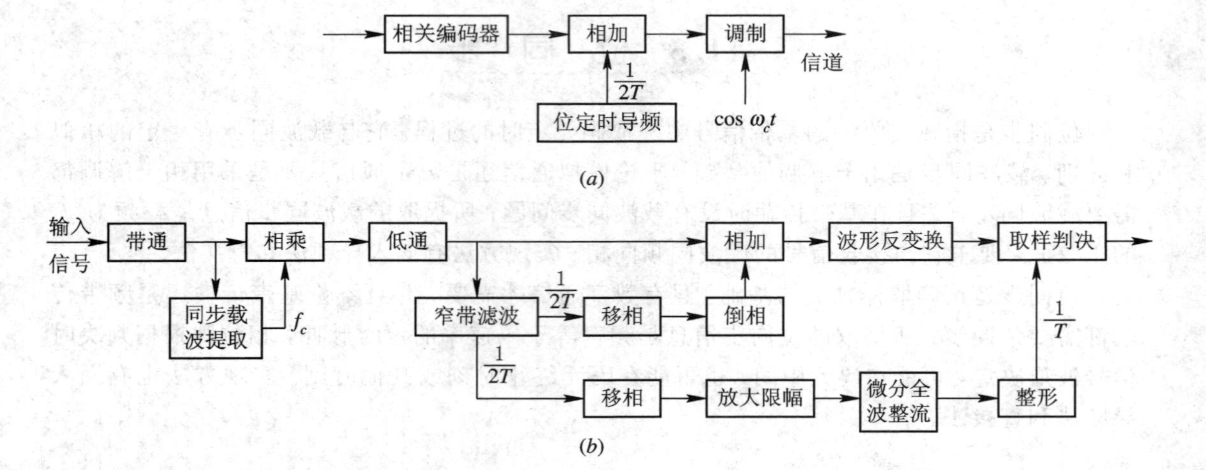

图 11-13 插入位定时导频系统框图

(a) 发送端；(b) 接收端

此外，由于窄带滤波器取出的导频为 $1/(2T)$，图中微分全波整流起到了倍频的作用，产生与码元速率相同的位定时信号 $1/T$。图中两个移相器都是用来消除窄带滤波器等引起的相移，这两个移相器可以合用。

另一种导频插入的方法是包络调制法。这种方法是用位同步信号的某种波形对移相键控或移频键控这样的恒包络数字已调信号进行附加的幅度调制，使其包络随着位同步信号波形变化。在接收端只要进行包络检波，就可以形成位同步信号。

设移相键控的表达式为

$$s_1(t) = \cos[\omega_c t + \varphi(t)] \tag{11.3-1}$$

利用含有位同步信号的某种波形对 $s_1(t)$进行幅度调制，若这种波形为升余弦波形，则其表示式为

$$m(t) = \frac{1}{2}(1 + \cos\Omega t) \tag{11.3-2}$$

式中的 $\Omega=2\pi/T$，T 为码元宽度。幅度调制后的信号为

$$s_2(t) = \frac{1}{2}(1 + \cos\Omega t)\cos[\omega_c t + \varphi(t)] \tag{11.3-3}$$

接收端对 $s_2(t)$进行包络检波，包络检波器的输出为$\frac{1}{2}(1+\cos\Omega t)$，除去直流分量后，就可获得位同步信号$\frac{1}{2}\cos\Omega t$。

除了以上两种在频域内插入位同步导频之外，还可以在时域内插入，其原理与载波时域插入方法类似，参见图 11-11(a)。

11.3.2 直接法

这一类方法是发端不专门发送导频信号，而直接从接收的数字信号中提取位同步信号。这种方法在数字通信中得到了最广泛的应用。

直接提取位同步的方法又分滤波法和特殊锁相环法。

1. 滤波法

1）波形变换-滤波法

不归零的随机二进制序列，不论是单极性还是双极性的，当 $P(0)=P(1)=1/2$ 时，都没有 $f=1/T$，$2/T$ 等线谱，因而不能直接滤出 $f=1/T$ 的位同步信号分量。但是，若对该信号进行某种变换，例如，变成归零的单极性脉冲，其谱中含有 $f=1/T$ 的分量，然后用窄带滤波器取出该分量，再经移相调整后就可形成位定时脉冲。这种方法的原理框图如图 11－14 所示。它的特点是先形成含有位同步信息的信号，再用滤波器将其取出。图中的波形变换电路可以用微分、整流来实现。

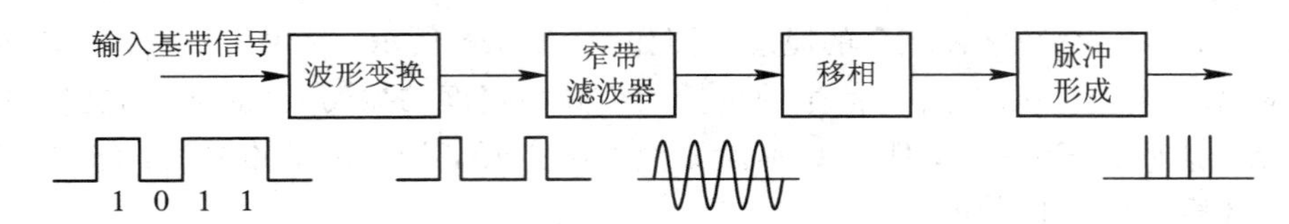

图 11－14　滤波法原理图

2）包络检波-滤波法

这是一种从频带受限的中频 PSK 信号中提取位同步信息的方法，其波形图如图 11－15 所示。当接收端带通滤波器的带宽小于信号带宽时，使频带受限的 2PSK 信号在相邻码元相位反转点处形成幅度的“陷落”。经包络检波后得到图 11－15(b)所示的波形，它可看成是一直流与图 11－15(c)所示的波形相减，而图(c)波形是具有一定脉冲形状的归零脉冲序列，含有位同步的线谱分量，可用窄带滤波器取出。

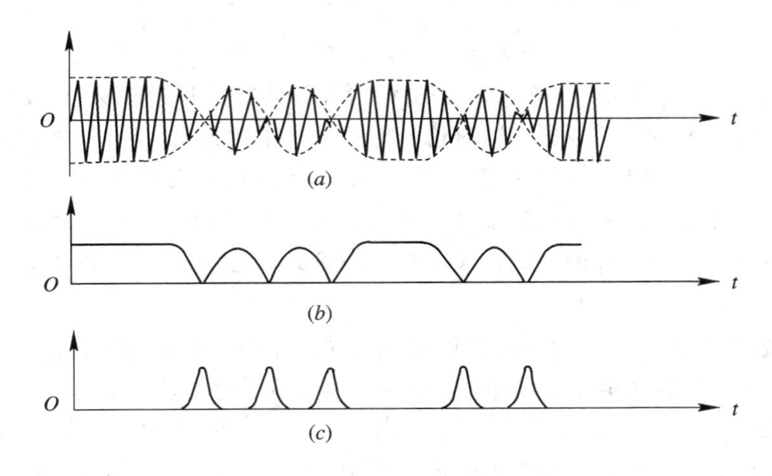

图 11－15　从 2PSK 信号中提取位同步信息

2. 锁相法

位同步锁相法的基本原理与载波同步的类似，在接收端利用鉴相器比较接收码元和本地产生的位同步信号的相位，若两者相位不一致（超前或滞后），鉴相器就产生误差信号去调整位同步信号的相位，直至获得准确的位同步信号为止。前面介绍的滤波法中的窄带滤波器可以是简单的单调谐回路或晶体滤波器，也可以是锁相环路。

我们把采用锁相环来提取位同步信号的方法称为锁相法。通常分两类：一类是环路中误差信号去连续地调整位同步信号的相位，这一类属于模拟锁相法；另有一类锁相环位同步法是采用高稳定度的振荡器(信号钟)，从鉴相器所获得的与同步误差成比例的误差信号不是直接用于调整振荡器，而是通过一个控制器在信号钟输出的脉冲序列中附加或扣除一个或几个脉冲，这样同样可以调整加到减相器上的位同步脉冲序列的相位，达到同步的目的。这种电路可以完全用数字电路构成全数字锁相环路。由于这种环路对位同步信号相位的调整不是连续的，而是存在一个最小的调整单位，也就是说对位同步信号相位进行量化调整，故这种位同步环又称为量化同步器。这种构成量化同步器的全数字环是数字锁相环的一种典型应用。

用于位同步的全数字锁相环的原理框图如图 11-16 所示，它由信号钟、控制器、分频器、相位比较器等组成。其中：信号钟包括一个高稳定度的振荡器(晶体)和整形电路。若接收码元的速率为 $F=1/T$，那么振荡器频率设定在 nF，经整形电路之后，输出周期性脉冲序列，其周期 $T_0=1/(nF)=T/n$。

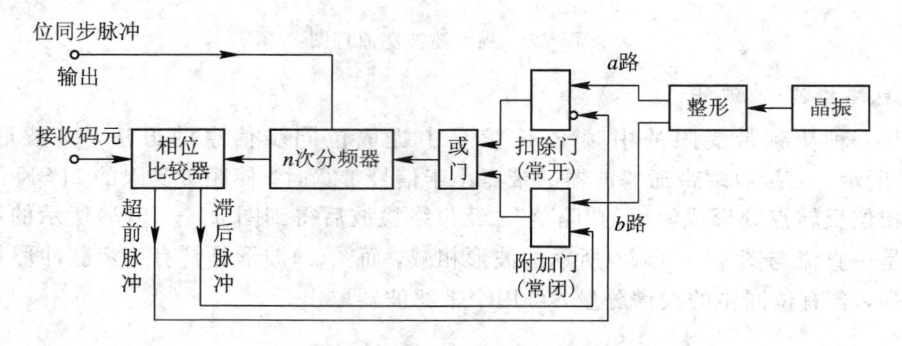

图 11-16 数字锁相原理框图

控制器包括图中的扣除门(常开)、附加门(常闭)和“或门”，它根据相位比较器输出的控制脉冲(“超前脉冲”或“滞后脉冲”)对信号钟输出的序列实施扣除(或添加)脉冲。

分频器是一个计数器，每当控制器输出 n 个脉冲时，它就输出一个脉冲。控制器与分频器的共同作用的结果就调整了加至相位比较器的位同步信号的相位。这种相位前、后移的调整量取决于信号钟的周期，每次的时间阶跃量为 T_0，相应的相位最小调整量为 $\Delta=2\pi T_0/T=2\pi/n$。

相位比较器将接收脉冲序列与位同步信号进行相位比较，以判别位同步信号究竟是超前还是滞后，若超前就输出超前脉冲，若滞后就输出滞后脉冲。

位同步数字环的工作过程简述如下：由高稳定晶体振荡器产生的信号，经整形后得到周期为 T_0 和相位差 $T_0/2$ 的两个脉冲序列，如图 11-17(a)、(b)所示。脉冲序列(a)通过常开门、或门并经 n 次分频后，输出本地位同步信号，如图 11-17(c)。为了与发端时钟同步，分频器输出与接收到的码元序列同时加到相位比较器进行相位比较。如果两者完全同步，此时相位比较器没有误差信号，本地位同步信号作为同步时钟。如果本地位同步信号相位超前于接收码元序列时，相位比较器输出一个超前脉冲加到常开门(扣除门)的禁止端将其关闭，扣除一个(a)路脉冲(图11-17(d))，使分频器输出脉冲的相位滞后 $1/n$ 周期

(360°/n)，如图 11－17(e)所示。如果本地同步脉冲相位滞后于接收码元脉冲时，相位比较器输出一个滞后脉冲去打开"常闭门(附加门)"，使脉冲序列(b)中的一个脉冲能通过此门及或门。正因为两脉冲序列(a)和(b)相差半个周期，所以脉冲序列(b)中的一个脉冲能插到"常开门"输出脉冲序列(a)中(图 11－17(f))，使分频器输入端附加了一个脉冲，于是分频器的输出相位就提前 1/n 周期，如图 11－17(g)所示。经过若干次调整后，使分频器输出的脉冲序列与接收码元序列达到同步的目的，即实现了位同步。

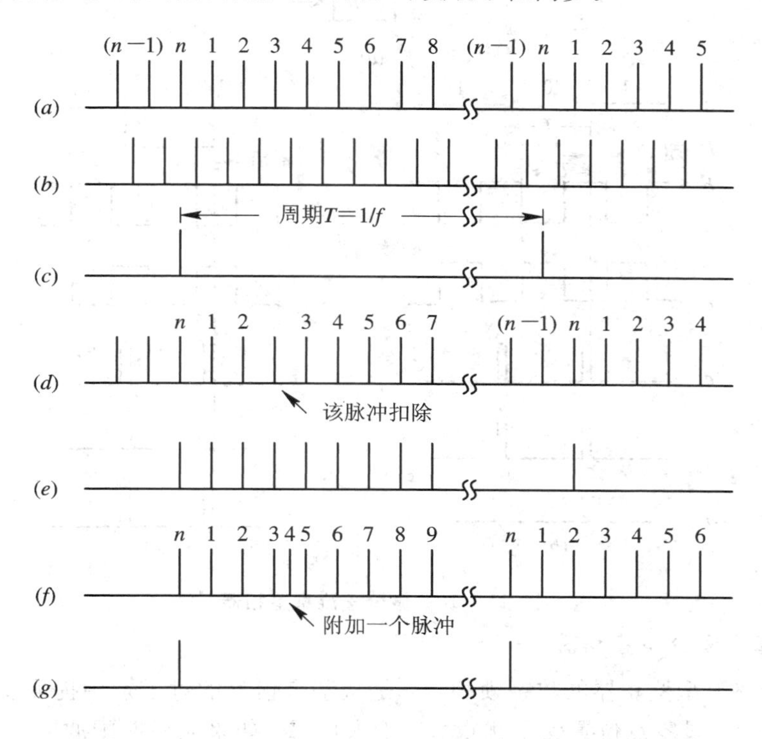

图 11－17 位同步脉冲的相位调整

根据接收码元基准相位的获得方法和相位比较器的结构不同，位同步数字锁相环又分微分整流型数字锁相环和同相正交积分型数字锁相环两种。这两种环路的区别仅仅是基准相位的获得方法和鉴相器的结构不同，其他部分工作原理相同。下面我们重点介绍鉴相器的具体构成及工作情况。

1) 微分整流型鉴相器

微分型鉴相器如图 11－18(a)所示，假设接收信号为不归零脉冲(波形 a)。我们将每个码元的宽度分为两个区，前半码元称为"滞后区"，即若位同步脉冲(波形 b')落入此区，表示位同步脉冲的相位滞后于接收码元的相位；同样，后半码元称为"超前区"。接收码元经过零检测(微分、整流)后，输出一窄脉冲序列(波形 d)。分频器输出两列相差 180°的矩形脉冲 b 和 c。当位同步脉冲波形 b'(它是由 n 次分频器 b 端的输出，取其上升沿而形成的脉冲)位于超前区时，波形 d 和 b 使与门 A 产生一超前脉冲(波形 e)，与此同时，与门 B 关闭，无脉冲输出。

位同步脉冲超前的情况如图 11－18(b)所示。同理，位同步脉冲滞后的情况如图 11－18(c)所示。

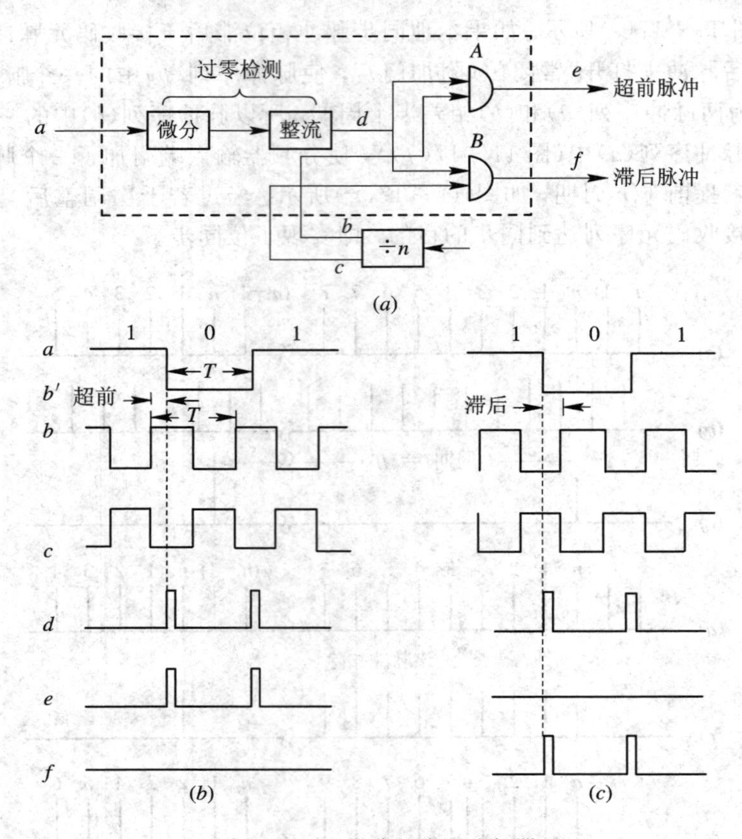

图 11-18　微分整流型鉴相器

2）同相正交积分型鉴相器

采用微分整流型鉴相器的数字锁相环，是从基带信号的过零点中提取位同步信息的。当信噪比较低时，过零点位置受干扰很大，不太可靠。如果应用匹配滤波的原理，先对输入的基带信号进行最佳接收，然后提取同步信号，可减少噪声干扰的影响，使位同步性能有所改善。这种方案就是采用同相正交积分型鉴相器的数字锁相环。

图 11-19(a)示出了积分型鉴相器的原理框图。设接收的双极性不归零码元为图中波形 a 所示的波形，送入两个并联的积分器。积分器的积分时间都为码元周期 T，但加入这两个积分器作猝息用的定时脉冲的相位相差 $T/2$。这样，同相积分器的积分区间与位同步脉冲的区间重合，而正交积分器的积分区间正好跨在两相邻位同步脉冲的中点之间（这里的正交就是指两积分器的积分起止时刻相差半个码元宽度）。在考虑了猝息作用后，两个积分器的输出如波形 b 和 c 所示。

两个积分器的输出电压加于取样保持电路，它是对临猝息前的积分结果的极性进行取样，并保持一码元宽度时间 T，分别得到波形 d 和 e。波形 d 实际上就是由匹配滤波法检测所输出的信号波形。虽然输入的信号波形 a 可能由于受干扰影响变得不太规整，但原理图中 d 点的波形却是将干扰的影响大大减弱的规整信号。这正是同相正交积分型数字锁相优于微分整流型数字锁相的原因所在。d 点的波形极性取决于码元极性，与同步的超前或滞后无关，将它进行过零检测后，就可获得反映码元转换与否的信号 i。而正交积分保持输出 e 的极性，则不仅与码元转换的方向有关，还与同步的超前或滞后有关。对于同一种码元转

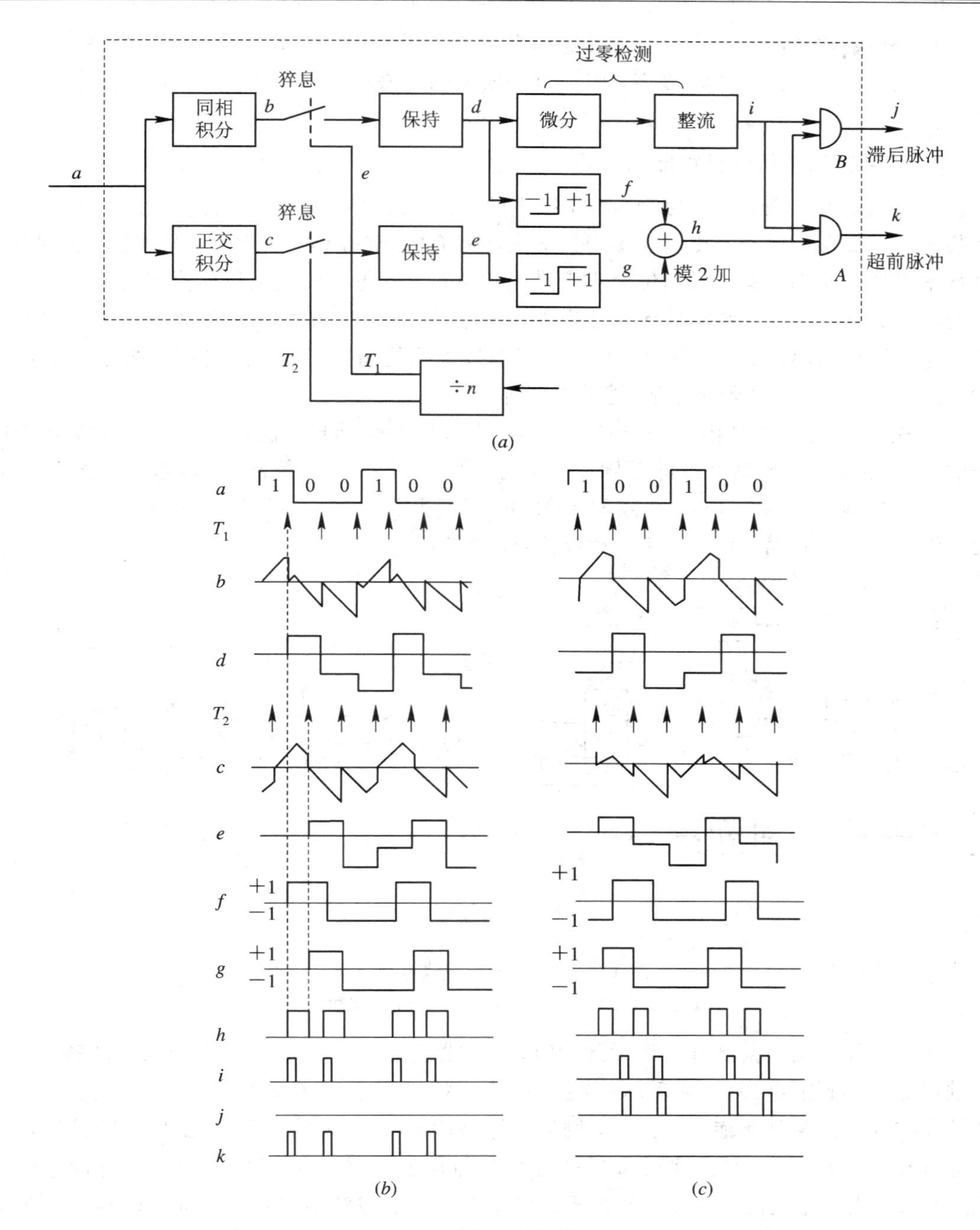

图 11－19 同相正交积分型鉴相器

换方向而言，同步超前与同步滞后时，e 的极性是不同的。因此，将两个积分清除电路的输出，经保持和硬限幅(保持极性)之和模 2 相加，可以得到判别同步信号是超前还是滞后的信号 h。此信号 h 加至与门 A 和 B，可控制码元转换信号从哪一路输出。在该电路中，在位同步信号超前的情况下，当 i 脉冲到达时信号 h 为正极性，将与门 A 开启，送出超前脉冲，如图中(b)所示。在位同步信号滞后的情况下，当 i 脉冲到达时 h 为负极性，反相后加至与门 B，使之开启，送出滞后脉冲，如图中(c)所示。

积分型鉴相器由于采用了积分猝息电路以及保持电路，它既充分利用了码元的能量，又有效地抑制了信道的高斯噪声，因而可在较低的信噪比条件下工作，性能上优于微分型鉴相器。

3. 数字锁相环抗干扰性能的改善

在前面的数字锁相法电路中，由于噪声的干扰，使接收到的码元转换时间产生随机抖动甚至产生虚假的转换，相应在鉴相器输出端就有随机的超前或滞后脉冲，这导致锁相环进行不必要的来回调整，引起位同步信号的相位抖动。仿照模拟锁相环鉴相器后加有环路滤波器的方法，在数字锁相环鉴相器后加入一个数字滤波器。插入数字滤波器的作用就是滤除这些随机的超前、滞后脉冲，提高环路的抗干扰能力。这类环路常用的数字滤波器有"N先于M"滤波器和"随机徘徊"滤波器两种。

N先于M滤波器如图 11－20(a)所示，它包括一个计超前脉冲数和一个计滞后脉冲数的N计数器，超前脉冲或滞后脉冲还通过或门加于一M计数器(所谓N或M计数器，就是当计数器置"0"后，输入N或M个脉冲，该计数器输出一个脉冲)。选择$N<M<2N$，无论哪个计数器计满，都会使所有计数器重新置"0"。

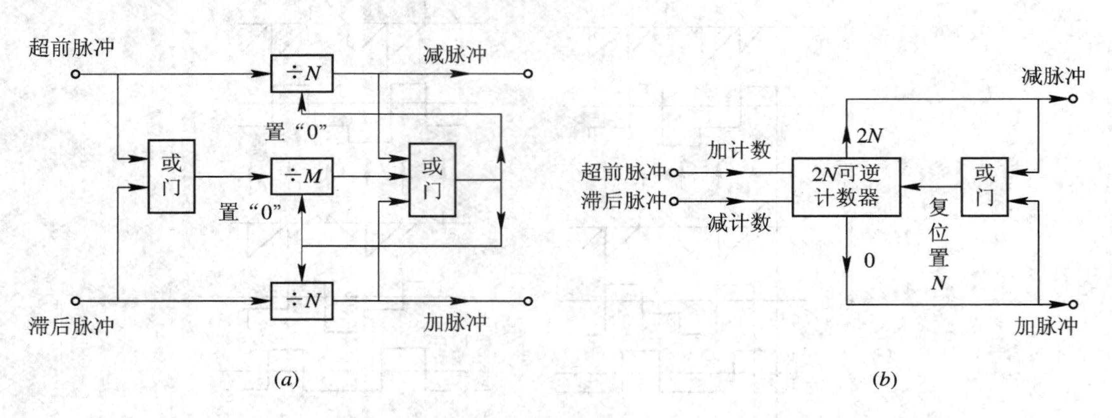

图 11－20　两种数字式滤波方案

(a) N先于M滤波器；(b) 随机徘徊滤波器

当鉴相器送出超前脉冲或滞后脉冲时，滤波器并不马上将它送去进行相位调整，而是分别对输入的超前脉冲(或滞后脉冲)进行计数。如果两个N计数器中的一个，在M计数器计满的同时或未计满前就计满了，则滤波器就输出一个"减脉冲"(或"加脉冲")控制信号去进行相位调整，同时将三个计数器都置"0"(即复位)，准备再对后面的输入脉冲进行处理。如果是由于干扰的作用，使鉴相器输出零星的超前或滞后脉冲，而且这两种脉冲随机出现，那么，当两个N计数器的任何一个都未计满时，M计数器就很可能已经计满了，并将三个计数器又置"0"，因此滤波器没有输出，这样就消除了随机干扰对同步信号相位的调整。

随机徘徊滤波器如图 11－20(b)所示，它是一个既能进行加法计数又能进行减法计数的可逆计数器。当有超前脉冲(或滞后脉冲)输入时，触发器(未画出)使计数器接成加法(或减法)状态。如果超前脉冲超过滞后脉冲的数目达到计数容量N时，就输出一个"减脉冲"控制信号，通过控制器和分频器使位同步信号相位后移。反之，如果滞后脉冲超过超前脉冲的数目达到计数容量 N 时，就输出一个“加脉冲”控制信号，调整位同步信号相位前移。在进入同步之后，没有因同步误差引起的超前或滞后脉冲进入滤波器，而噪声抖动则是正负对称的，由它引起的随机超前、滞后脉冲是零星的，不会是连续多个的。因此，随机超前与滞后脉冲之差数达到计数容量 N 的概率很小，滤波器通常无输出。这样一来就滤除了这些零星的超前、滞后脉冲，即滤除了噪声对环路的干扰作用。

上述两种数字式滤波器的加入的确提高了锁相环抗干扰能力，但是由于它们应用了累计计数，输入 N 个脉冲才能输出一个加(或减)控制脉冲，必然使环路的同步建立过程加长。可见，提高锁相环抗干扰能力(希望 N 大)与加快相位调整速度(希望 N 小)是一对矛盾。为了缓和这一对矛盾，缩短相位调整时间，可如图 11 - 21 所示附加闭锁门电路。当输入连续的超前(或滞后)脉冲多于 N 个后，数字式滤波器输出一超前(或滞后)脉冲，使触发器 C_1(或 C_2)输出高电平，打开与门 1(或与门 2)，输入的超前(或滞后)脉冲就通过这两个与门加至相位调整电路。如鉴相器这时还连续输出超前(或滞后)脉冲，那么，由于这时触发器的输出已使与门打开，这些脉冲就可以连续地送至相位调整电路，而不需再待数字式滤波器计满 N 个脉冲后才能再输出一个脉冲，这样就缩短了相位调整时间。对随机干扰来说，鉴相器输出的是零星的超前(或滞后)脉冲，这些零星脉冲会使触发器置“0”，这时整个电路的作用就和一般数字式滤波器的作用类同，仍具有较好的抗干扰性能。

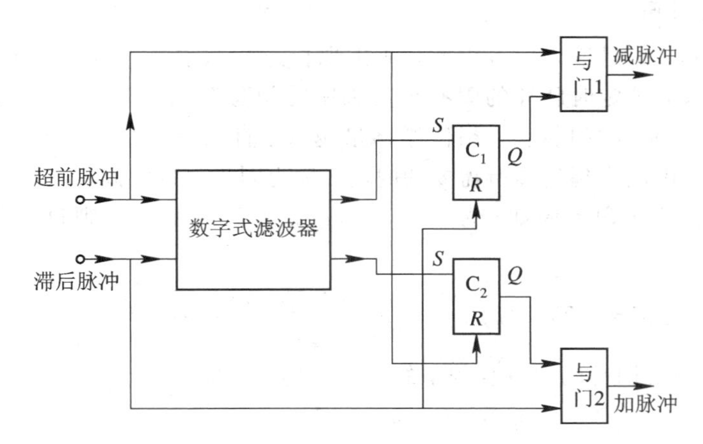

图 11 - 21 缩短相位调整时间原理图

11.3.3 位同步系统的性能及其相位误差对性能的影响

与载波同步系统相似，位同步系统的性能指标主要有相位误差、同步建立时间、同步保持时间及同步带宽等。下面结合数字锁相环介绍这些指标，并讨论相位误差对误码率的影响。

1. 位同步系统的性能

1) 相位误差 θ_e

位同步信号的平均相位和最佳相位之间的偏差称为静态相差。对于数字锁相法提取位同步信号而言，相位误差主要是由于位同步脉冲的相位在跳变地调整所引起的。每调整一步，相位改变 $2\pi/n$ (对应时间 T/n)，n 是分频器的分频次数，故最大的相位误差为

$$\theta_e = \frac{360^\circ}{n} \tag{11.3-4}$$

若用时间差 T_e 来表示相位误差，因每码元的周期为 T，故得

$$T_e = \frac{T}{n} \tag{11.3-5}$$

2）同步建立时间 t_s

同步建立时间是指开机或失去同步后重新建立同步所需的最长时间。由前面分析可知，当位同步脉冲相位与接收基准相位差 π(对应时间 $T/2$)时，调整时间最长。这时所需的最大调整次数为

$$N = \frac{\pi}{2\pi/n} = \frac{n}{2} \tag{11.3-6}$$

由于接收码元是随机的，对二进制码而言，相邻两个码元(01、10、11、00)中，有或无过零点的情况各占一半。我们在前面所讨论的两种数字锁相法中都是从数据过零点中提取作比相用的基准脉冲的，因此平均来说，每两个脉冲周期($2T$)可能有一次调整，所以同步建立时间为

$$t_s = 2T \cdot N = nT \tag{11.3-7}$$

3）同步保持时间 t_c

当同步建立后，一旦输入信号中断，或出现长连“0”、连“1”码时，锁相环就失去调整作用。由于收发双方位定时脉冲的固有重复频率之间总存在频差 ΔF，收端同步信号的相位就会逐渐发生漂移，时间越长，相位漂移量越大，直至漂移量达到某一准许的最大值，就算失去同步了。由同步到失步所需要的时间，称为同步保持时间。

设收发两端固有的码元周期分别为 $T_1=1/F_1$ 和 $T_2=1/F_2$，则每个周期的平均时间差为

$$\Delta T = |T_1 - T_2| = \left|\frac{1}{F_1} - \frac{1}{F_2}\right| = \frac{|F_2 - F_1|}{F_2 F_1} = \frac{\Delta F}{F_0^2} \tag{11.3-8}$$

式中，F_0 为收发两端固有码元重复频率的几何平均值，且有

$$T_0 = \frac{1}{F_0} \tag{11.3-9}$$

由式(11.3-8)可得

$$F_0 |T_1 - T_2| = \frac{\Delta F}{F_0} \tag{11.3-10}$$

再由式(11.3-9)，上式可写为

$$\frac{|T_1 - T_2|}{T_0} = \frac{\Delta F}{F_0} \tag{11.3-11}$$

$\Delta F \neq 0$ 时，每经过 T_0 时间，收发两端就会产生 $|T_1 - T_2|$ 的时间漂移，单位时间内产生的误差为 $|T_1 - T_2|/T_0$。

若规定两端允许的最大时间漂移(误差)为 T_0/K 秒(K 为一常数)，则达到此误差的时间就是同步保持时间 t_c。代入式(11.3-11)后，得

$$\frac{T_0/K}{t_c} = \frac{\Delta F}{F_0} \tag{11.3-12}$$

解得

$$t_c = \frac{1}{\Delta FK} \tag{11.3-13}$$

若同步保持时间 t_c 的指标给定，也可由上式求出对收发两端振荡器频率稳定度的要求为

$$\Delta F = \frac{1}{t_c K}$$

此频率误差是由收发两端振荡器造成的。若两振荡器的频率稳定度相同，则要求每个振荡器的频率稳定度不能低于

$$\frac{\Delta F}{2F_0} = \pm \frac{1}{2t_c KF_0} \tag{11.3-14}$$

4）同步带宽 Δf_s

同步带宽是指能够调整到同步状态所允许的收、发振荡器最大频差。由于数字锁相环平均每2周($2T$)调整一次，每次所能调整的时间为 T/n($T/n \approx T_0/n$)，所以在一个码元周期内平均最多可调整的时间为 $T_0/2n$。很显然，如果输入信号码元的周期与收端固有位定时脉冲的周期之差为

$$|\Delta T| > \frac{T_0}{2n}$$

则锁相环将无法使收端位同步脉冲的相位与输入信号的相位同步，这时，由频差所造成的相位差就会逐渐积累。因此，我们根据

$$\Delta T = \frac{T_0}{2n} = \frac{1}{2nF_0}$$

求得

$$\frac{|\Delta f_s|}{F_0^2} = \frac{1}{2nF_0}$$

解出

$$|\Delta f_s| = \frac{F_0}{2n} \tag{11.3-15}$$

式(11.3-15)就是求得的同步带宽表示式。

2. 位同步相位误差对性能的影响

位同步的相位误差 θ_e 主要是造成位定时脉冲的位移，使抽样判决时刻偏离最佳位置。在第5、7章推导的误码率公式，都是在最佳抽样判决时刻得到的。当位同步存在相位误差 θ_e（或 T_e）时，必然使误码率 P_e 增大。

为了方便起见，我们用时差 T_e 代替相差 θ_e 对系统误码率的影响。设解调器输出的基带数字信号如图11-22(a)所示，并假设采用匹配滤波器法检测，即对基带信号进行积分、取样和判决。若位同步脉冲有相位误差 T_e（图11-22(b)），则脉冲的取样时刻就会偏离信号能量的最大点。从图11-22(c)可以看到，相邻码元的极性无交变时，位同步的相位误差不影响取样点的积分输出能量值，在该点的取样值仍为整个码元能量 E，图(c)中的 t_4 和 t_6 时刻就是这种情况。而当相邻码元的极性交变时，位同步的相位误差使取样点的积分能量减小，如图 t_3 点的值只是($T-2T_e$)时间内的积分值。由于积分能量与时间成正比，故积分能量减小为($1-2T_e/T$)E。

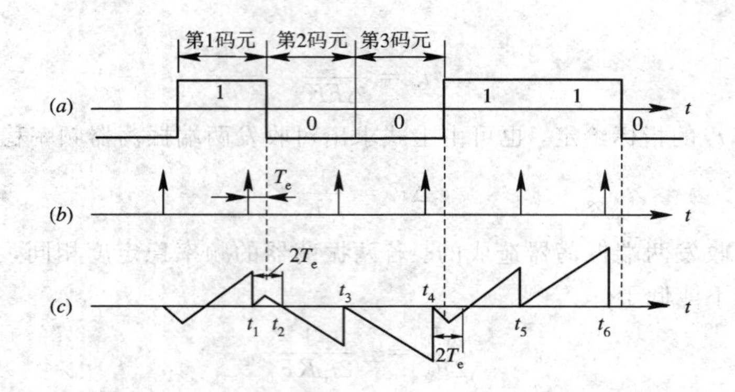

图 11 - 22　相位误差对性能的影响

通常，随机二进制数字信号相邻码元有变化和无变化的概率各占 1/2，所以系统的误码率分为两部分来计算。相邻码元无变化时，仍按原来相应的误码率公式计算；相邻码元有变化时，按信噪比(或能量)下降后计算。以 2PSK 信号最佳接收为例，考虑到相位误差影响时，其误码率为

$$P_e = \frac{1}{4}\operatorname{erfc}\sqrt{\frac{E}{n_0}} + \frac{1}{4}\operatorname{erfc}\sqrt{E\left(1-\frac{2T_e}{T}\right)/n_0} \tag{11.3-16}$$

11.4　群　同　步

数字通信时，一般总是以若干个码元组成一个字，若干个字组成一个句，即组成一个个的“群”进行传输。群同步的任务就是在位同步的基础上识别出这些数字信息群(字、句、帧)“开头”和“结尾”的时刻，使接收设备的群定时与接收到的信号中的群定时处于同步状态。实现群同步，通常采用的方法是起止式同步法和插入特殊同步码组的同步法。而插入特殊同步码组的方法有两种：一种为连贯式插入法，另一种为间隔式插入法。

11.4.1　起止式同步法

数字电传机中广泛使用的是起止式同步法。在电传机中，常用的是五单位码。为标志每个字的开头和结尾，在五单位码的前后分别加上 1 个单位的起码(低电平)和 1.5 个单位的止码(高电平)，共 7.5 个码元组成一个字，如图 11 - 23 所示。收端根据高电平第一次转到低电平这一特殊标志来确定一个字的起始位置，从而实现字同步。

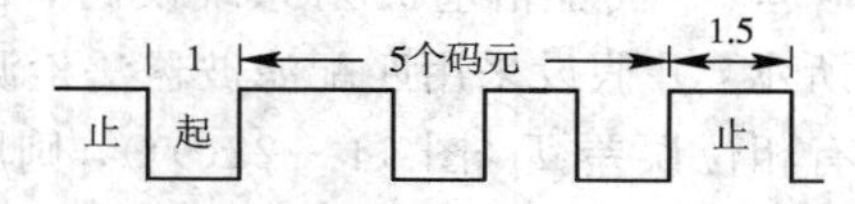

图 11 - 23　起止式同步波形

这种 7.5 单位码(码元的非整数倍)给数字通信的同步传输带来一定困难。另外，在这种同步方式中，7.5 个码元中只有 5 个码元用于传递消息，因此传输效率较低。

11.4.2 连贯式插入法

连贯插入法，又称集中插入法。它是指在每一信息群的开头集中插入作为群同步码组的特殊码组，该码组应在信息码中很少出现，即使偶尔出现，也不可能依照群的规律周期出现。接收端按群的周期连续数次检测该特殊码组，这样便获得群同步信息。

连贯插入法的关键是寻找实现群同步的特殊码组。对该码组的基本要求是：具有尖锐单峰特性的自相关函数；便于与信息码区别；码长适当，以保证传输效率。

符合上述要求的特殊码组有：全 0 码、全 1 码、1 与 0 交替码、巴克码、电话基群帧同步码 0011011。目前常用的群同步码组是巴克码。

1. 巴克码

巴克码是一种有限长的非周期序列。它的定义如下：一个 n 位长的码组 $\{x_1, x_2, x_3, \cdots, x_n\}$，其中 x_i 的取值为 +1 或 −1，若它的局部相关函数 $R(j)=\sum_{i=1}^{n-j} x_i x_{i+j}$ 满足

$$R(j)=\sum_{i=1}^{n-j} x_i x_{i+j}=\begin{cases} n, & j=0 \\ 0\text{ 或 }\pm 1, & 0<j<n \\ 0, & j\geqslant n \end{cases} \tag{11.4-1}$$

则称这种码组为巴克码，其中 j 表示错开的位数。目前已找到的所有巴克码组如表 11-1 所示。其中的 +、− 号表示 x_i 的取值为 +1、−1，分别对应二进制码的“1”或“0”。

表 11-1 巴 克 码 组

n	巴克码组
2	++ (11)
3	++− (110)
4	+++−(1110)；++−+(1101)
5	+++−+(11101)
7	+++−−+−(1110010)
11	+++−−−+−−+−(11100010010)
13	+++++−−++−+−+(1111100110101)

以 7 位巴克码组{+ + + − − + −}为例，它的局部自相关函数如下：

当 $j=0$ 时，$R(j)=\sum_{i=1}^{7} x_i^2 = 1+1+1+1+1+1+1=7$

当 $j=1$ 时，$R(j)=\sum_{i=1}^{6} x_i x_{i+1} = 1+1-1+1-1-1=0$

同样可求出 $j=3,5,7$ 时 $R(j)=0$；$j=2,4,6$ 时 $R(j)=-1$。根据这些值，利用偶函数性质，可以作出 7 位巴克码的 $R(j)$ 与 j 的关系曲线，如图 11-24 所示。

由图可见，其自相关函数在 $j=0$ 时具有尖锐的单峰特性。这一特性正是连贯式插入群同步码组的主要要求之一。

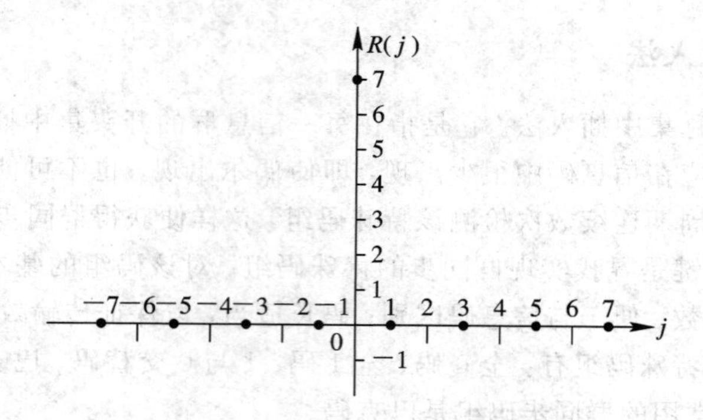

图 11-24　7 位巴克码的自相关函数

2. 巴克码识别器

仍以 7 位巴克码为例。用 7 级移位寄存器、相加器和判决器就可以组成一个巴克码识别器，如图 11-25 所示。当输入码元的“1”进入某移位寄存器时，该移位寄存器的 1 端输出电平为＋1，0 端输出电平为－1。反之，进入“0”码时，该移位寄存器的 0 端输出电平为＋1，1 端输出电平为－1。各移位寄存器输出端的接法与巴克码的规律一致，这样识别器实际上是对输入的巴克码进行相关运算。当一帧信号到来时，首先进入识别器的是群同步码组，只有当 7 位巴克码在某一时刻(如图 11-26(a)中的 t_1)正好已全部进入 7 位寄存器时，7 位移位寄存器输出端都输出＋1，相加后得最大输出＋7，其余情况相加结果均小于＋7。若判别器的判决门限电平定为＋6，那么就在 7 位巴克码的最后一位 0 进入识别器时，识别器输出一个同步脉冲表示一群的开头，如图 11-26(b)所示。

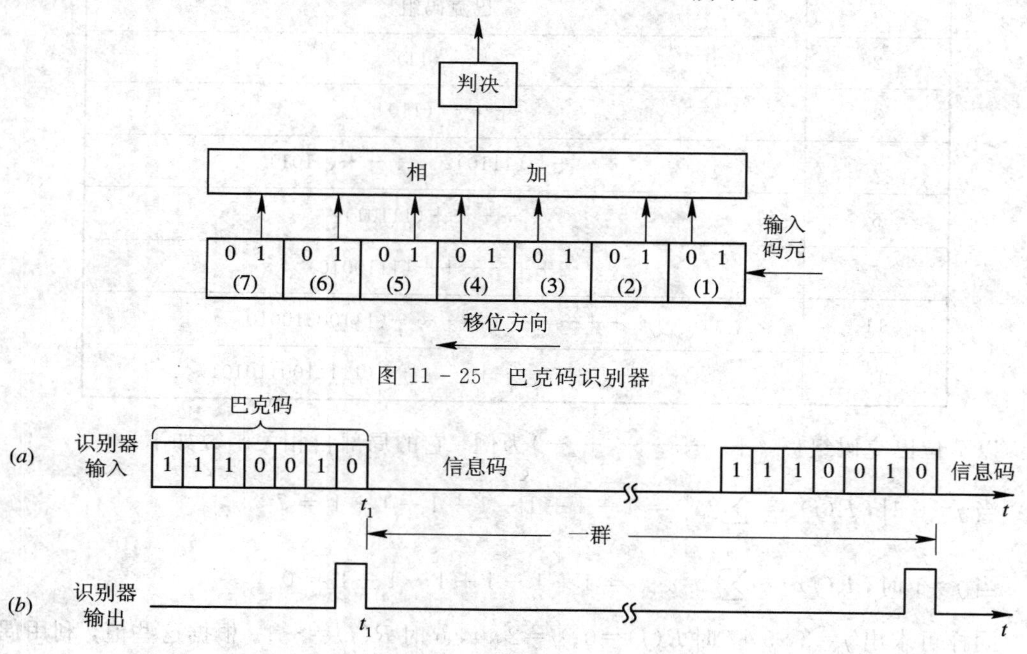

图 11-25　巴克码识别器

图 11-26　识别器的输出波形

巴克码用于群同步是常见的，但并不是惟一的，只要具有良好特性的码组均可用于群同步，例如 PCM30/32 路电话基群的连贯隔帧插入的帧同步码为 0011011。

11.4.3 间隔式插入法

间隔式插入法又称为分散插入法，它是将群同步码以分散的形式均匀插入信息码流中。这种方式比较多地用在多路数字电路系统中，如PCM 24路基群设备以及一些简单的ΔM系统一般都采用1、0交替码型作为帧同步码间隔插入的方法。即一帧插入“1”码，下一帧插入“0”码，如此交替插入。由于每帧只插一位码，那么它与信码混淆的概率则为1/2，这样似乎无法识别同步码，但是这种插入方式在同步捕获时我们不是检测一帧两帧，而是连续检测数十帧，每帧都符合“1”、“0”交替的规律才确认同步。

分散插入的最大特点是同步码不占用信息时隙，每帧的传输效率较高，但是同步捕获时间较长，它较适合于连续发送信号的通信系统，若是断续发送信号，每次捕获同步需要较长的时间，反而降低效率。

分散插入常用滑动同步检测电路。所谓滑动检测，它的基本原理是接收电路开机时处于捕捉态，当收到第一个与同步码相同的码元，先暂认为它就是群同步码，按码同步周期检测下一帧相应位码元，如果也符合插入的同步码规律，则再检测第三帧相应位码元，如果连续检测M帧(M为数十帧)，每帧均符合同步码规律，则同步码已找到，电路进入同步状态。如果在捕捉态接收到的某个码元不符合同步码规律，则码元滑动一位，仍按上述规律周期性地检测，看它是否符合同步码规律，一旦检测不符合，又滑动一位……如此反复进行下去。若一帧共有N个码元，则最多滑动($N-1$)位，一定能把同步码找到。

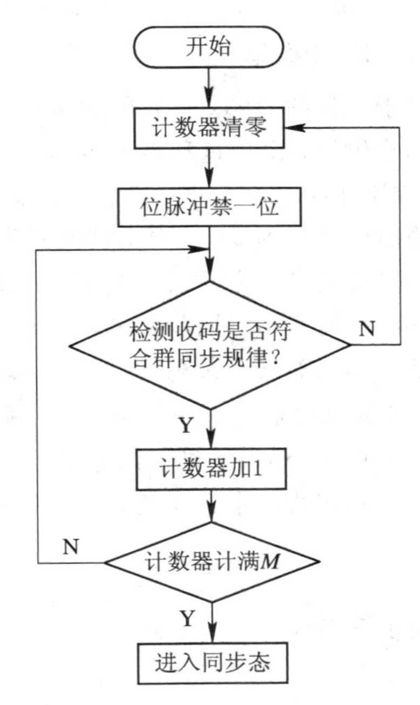

图 11-27　滑动检测流程

滑动同步检测可用软件实现，也可用硬件实现。软件流程图如图11-27所示。

图11-28所示为硬件实现滑动检测的方框图，假设群同步码每帧均为“1”码，N为每帧的码元个数，M为确认同步时需检测帧的个数。

图11-28中“1”码检测器是在本地群同步码到来时检测信码，若信码为“1”则输出正脉冲，信码为“0”则输出负脉冲。如果本地群码与收码中群同步码对齐，则“1”码检测器将连续输出正脉冲，计数器计满M个正脉冲后输出高电位并锁定，它使与门3打开，本地群码输出，系统处于同步态。如果本地群码与收信码中群同步尚未对齐，“1”码检测器只要检测到信码中的“0”码，便输出负脉冲，该负脉冲经非门2使计数器M复位，从而与门3关闭，本地群码不输出，系统处于捕捉态。同时非门2输出的正脉冲延时T后封锁一个位脉冲，使本地群码滑动一位，随后“1”码检测器继续检测信码，若遇“0”码，本地群码又滑动一位，直到滑动到与信息码中群同步码对齐，并连续检验M帧后进入同步态。图11-28是群同步码每帧均为“1”的检测电路，若群同步码为“0”、“1”码交替插入，则电路还要复杂些。

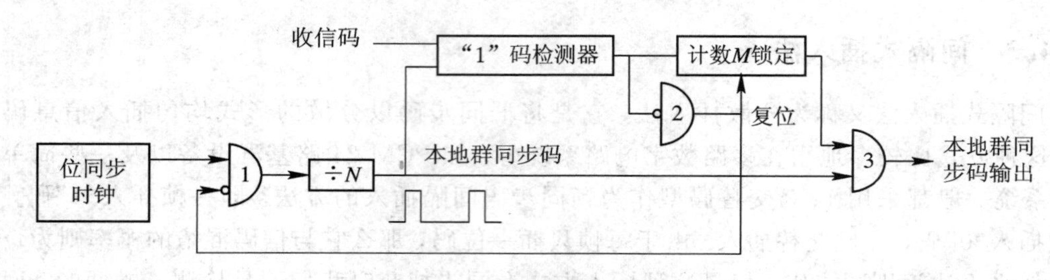

图 11-28　滑动同步检测

11.4.4　群同步系统的性能

群同步性能主要指标是同步可靠性(包括漏同步概率 P_1 和假同步概率 P_2)及同步建立时间 t_s。下面，我们主要以连贯插入法为例进行分析。

1. 漏同步概率 P_1

由于干扰的影响，接收的同步码组中可能出现一些错误码元，从而使识别器漏识已发出的同步码组，出现这种情况的概率称为漏同步概率，记为 P_1。以 n 位巴克码识别器为例，设判决门限为 6，此时 7 位巴克码只要有一位码出错，7 位巴克码全部进入识别器时相加器输出由 7 变为 5，因而出现漏同步。如果将判决门限由 6 降为 4，则不会出现漏识别，这时判决器允许 7 位巴克码中有一位码出错。

漏同步概率与群同步的插入方式、群同步码的码组长度、系统的误码概率及识别器电路和参数选取等均有关系。对于连贯式插入法，设 n 为同步码组的码元数，P_e 为码元错误概率，m 为判决器允许码组中的错误码元最大数，则 $P^r \cdot (1-P)^{n-r}$ 表示 n 位同步码组中，r 位错码和 $(n-r)$ 位正确码同时发生的概率。当 $r \leqslant m$ 时，错码的位数在识别器允许的范围内，C_n^r 表示出现 r 个错误的组合数，所有这些情况，都能被识别器识别，因此未漏概率为

$$\sum_{r=0}^{m} C_n^r P^r (1-P)^{n-r} \tag{11.4-2}$$

故漏同步概率为

$$P_1 = 1 - \sum_{r=0}^{m} C_n^r P^r (1-P)^{n-r} \tag{11.4-3}$$

2. 假同步概率 P_2

假同步是指信息的码元中出现与同步码组相同的码组，这时信息码会被识别器误认为同步码，从而出现假同步信号。发生这种情况的概率称为假同步概率，记为 P_2。

假同步概率 P_2 是信息码元中能判为同步码组的组合数与所有可能的码组数之比。设二进制数字码流中，1、0 码等概率出现，则由其组合成 n 位长的所有可能的码组数为 2^n 个，而其中能被判为同步码组的组合数显然也与 m 有关。如果错 0 位时被判为同步码，则只有 C_n^0 个(即一个)；如果出现 r 位错也被判为同步码的组合数为 C_n^r，则出现 $r \leqslant m$ 种错都被判为同步码的组合数为 $\sum_{r=0}^{m} C_n^r$，因而可得假同步概率为

$$P_2 = 2^{-n} \sum_{r=0}^{m} C_n^r \tag{11.4-4}$$

比较式(11.4－3)和式(11.4－4)可见，m 增大(即判决门限电平降低)，P_1 减小，P_2 增大，所以两者对判决门限电平的要求是矛盾的。另外，P_1 和 P_2 对同步码长 n 的要求也是矛盾的，因此在选择有关参数时，必须兼顾二者的要求。CCITT 建议 PCM 基群帧同步码选择 7 位码。

3. 同步平均建立时间 t_s

对于连贯式插入法，假设漏同步和假同步都不出现，在最不利的情况，实现群同步最多需要一群的时间。设每群的码元数为 N(其中 n 位为群同步码)，每码元的时间宽度为 T，则一群的时间为 NT。在建立同步过程中，如出现一次漏同步，则建立时间要增加 NT；如出现一次假同步，建立时间也要增加 NT，因此，帧同步的平均建立时间为

$$t_s \approx (1 + P_1 + P_2)NT \tag{11.4-5}$$

由于连贯式插入同步的平均建立时间比较短，因而在数字传输系统中被广泛应用。

11.4.5 群同步的保护

同步系统的稳定和可靠对于通信设备是十分重要的。在群同步的性能分析中我们知道，漏同步和假同步都是影响同步系统稳定可靠工作的因素，而且漏同步概率 P_1 与假同步概率 P_2 对电路参数的要求往往是矛盾的。为了保证同步系统的性能可靠，提高抗干扰能力，在实际系统中要有相应的保护措施，这一保护措施也是根据群同步的规律而提出来的，它应尽量防止假同步混入，同时也要防止真同步漏掉。最常用的保护措施是将群同步的工作划分为两种状态，即捕捉态和维持态。

为了保证同步系统的性能可靠，就必须要求漏同步概率 P_1 和假同步概率 P_2 都要低，但这一要求对识别器判决门限的选择是矛盾的。因此，我们把同步过程分为两种不同的状态，以便在不同状态对识别器的判决门限电平提出不同的要求，达到降低漏同步和假同步的目的。

捕捉态：判决门限提高，即 m 减小，使假同步概率 P_2 下降。

维持态：判决门限降低，即 m 增大，使漏同步概率 P_1 下降。

连贯式插入法群同步保护的原理图如图 11－29 所示。在同步未建立时，系统处于捕捉态，状态触发器 C 的 Q 端为低电平，此时同步码组识别器的判决电平较高，因而减小了假同步的概率。一旦识别器有输出脉冲，由于触发器的 $\bar{Q}$ 端此时为高电平，于是经或门使与门 1 有输出。与门 1 的一路输出至分频器使之置“1”，这时分频器就输出一个脉冲加至与门 2，该脉冲还分出一路经过或门又加至与门 1。与门 1 的另一路输出加至状态触发器 C，使系统由捕捉态转为维持态，这时 Q 端变为高电平，打开与门 2，分频器输出的脉冲就通过与门 2 形成群同步脉冲输出，因而同步建立。

同步建立以后，系统处于维持态。为了提高系统的抗干扰和抗噪声的性能以减小漏同步概率，具体做法就是利用触发器在维持态时 Q 端输出高电平去降低识别器的判决门限电平，这样就可以减小漏同步概率。另外同步建立以后，若在分频器输出群同步脉冲的时刻，识别器无输出，这可能是系统真的失去同步，也可能是由偶然的干扰引起的，只有连续出现 N_2 次这种情况才能认为真的失去同步。这时与门 1 连续无输出，经“非”后加至与门 4 的便是高电平，分频器每输出一脉冲，与门 4 就输出一脉冲。这样连续 N_2 个脉冲使

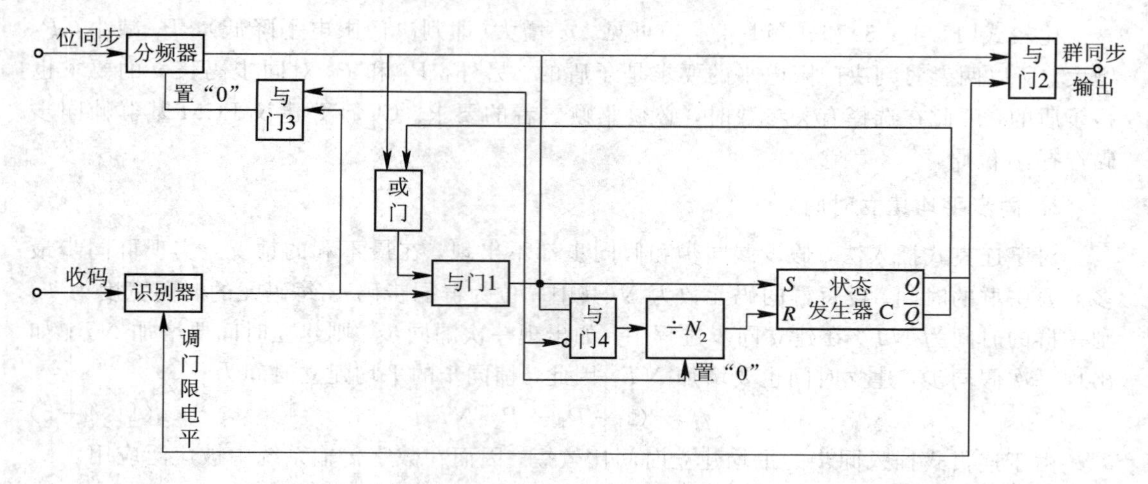

图 11－29　连贯式插入法群同步保护的原理图

“$\div N_2$”电路计满，随即输出一个脉冲至状态触发器 C，使状态由维持态转为捕捉态。当与门 1 不是连续无输出时，“$\div N_2$”电路未计满就会被置“0”，状态就不会转换，因此增加了系统在维持态时的抗干扰能力。

同步建立以后，信息码中的假同步码组也可能使识别器有输出而造成干扰，然而在维持态下，这种假识别的输出与分频器的输出是不会同时出现的，因而这时与门 1 就没有输出，故不会影响分频器的工作，因此这种干扰对系统没有影响。

思　考　题

11－1　数字通信系统中有哪几种同步信号？它们都在何处？对同步的要求是什么？

11－2　载波提取电路有哪几种方法？各有什么样的特点？

11－3　插入导频法用在什么场合？插入导频为什么要用正交载波？

11－4　对 DSB、VSB 和 SSB 信号用插入导频法实现载波同步时，所插入的导频信号形式有何异同点？

11－5　单边带信号能否用自同步法提取同步载波？

11－6　载波同步提取中为什么出现相位模糊问题？它对模拟和数字通信各有什么影响？在教材中讲到的几种载波同步提取方法中，哪几种有相位模糊问题？

11－7　在载波提取和位同步提取中广泛地采用锁相环路，与其他提取电路相比，它有哪些优越性？

11－8　同步载波的相位偏移有何危害？

11－9　位同步提取电路有哪几种方法？各有什么样的特点？

11－10　对位同步的两个基本要求是什么？

11－11　数字锁相环由哪几个主要部件组成？主要功能是什么？

11－12　位同步的性能指标有哪些？相位误差 θ_e 对数字通信的性能有什么影响？

11－13　单路 PCM 系统是否需加帧同步码？单路 ΔM 系统是否需帧同步？为什么？

11－14　群同步的性能指标与哪些因素有关？

11-15　什么是漏同步和假同步？它们是如何引起的？又怎样减小之？

11-16　群同步保护的构思是什么？

习　题

11-1　已知单边带信号的表示式为

$$s(t)=m(t)\cos\omega_c t+\hat{m}(t)\sin\omega_c t$$

若采用与抑制载波双边带信号导频插入完全相同的方法，试证明接收端可正确解调；若发端插入的导频是调制载波，试证明解调输出中也含有直流分量，并求出该值。

11-2　已知单边带信号的表示式为

$$s(t)=m(t)\cos\omega_c t+\hat{m}(t)\sin\omega_c t$$

试问能否用平方环提取所需要的载波信号？为什么？

11-3　正交双边带调制的原理方框图如图P11-1所示：

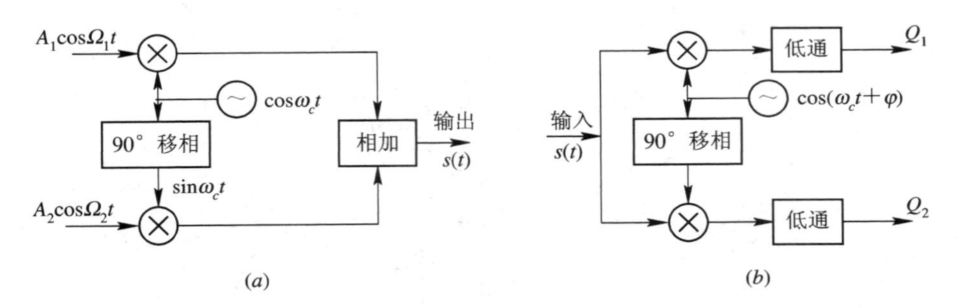

图 P11-1

(1) 讨论载波相位误差 φ 对该系统有何影响；

(2) 若 $A_1=2A_2$，要求两路间干扰和信号电压比不超过2%，试确定 φ 的最大值。

11-4　设有图P11-2所示的基带信号，它经过一带限滤波器后会变为带限信号，试画出从带限信号中提取位同步信号的原理框图和波形。

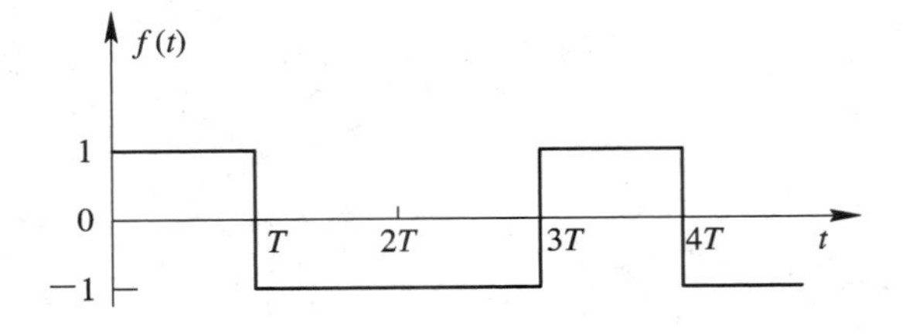

图 P11-2

11-5　若7位巴克码组的前后信息码元全为符号“1”，将它输入巴克码的识别器，且设识别器中各移位寄存器的初始状态均为零，试画出该识别器的相加输出波形和判决输出波形。

11-6　若7位巴克码组的前后信息码元全为符号“0”，将它输入巴克码的识别器，且设识别器中各移位寄存器的初始状态均为零，试画出该识别器的相加输出波形和判决输出波形。

11－7　已知5位巴克码组为{11101}，其中"1"取值＋1，"0"取值－1。

(1) 试确定该巴克码的局部自相关函数，并用图形表示；

(2) 若用该巴克码作为帧同步码，试画出接收端识别器的原理框图。

11－8　传输速率为1 kb/s的通信系统，设误码率为10^{-4}，群同步码采用连贯式插入方式，同步码长$n=7$，试分别计算$m=0$和$m=1$时的漏同步概率和假同步概率。若每群中的信息位数为153，估算群同步的平均建立时间。

11－9　设某数字传输系统中的群同步采用7位长的巴克码(1110010)，采用连贯式插入法：

(1) 试画出群同步码识别器原理方框图；

(2) 若输入二进制序列为01011100111100100，试画出群同步码识别器输出波形(设判决门限电平为4.5)；

(3) 若码元错误概率为P_e，识别器判决门限电平为4.5，试求该识别器的假同步概率。

第 12 章　差错控制编码

12.1 概　　述

数据在网络中传输时，由于信道噪声及信道传输特性不理想等因素的影响，接收端所收到的数据不可避免地会发生错误。通常，传输中报文数据的部分内容出错的情况可能比整个报文内容完整无缺地到达目的地的情况要多得多。因此，一个可靠的数据传输系统必须具有检测或纠正这种错误的机制。通过编码来实现对传输中出现的错误进行检测或纠正的方法称为差错控制编码。差错控制编码的基本(实现)方法是在发送端将被传输的数据信息(信息码)中增加一些多余的比特(监督码)，使原来彼此相互独立没有关联的信息码与监督码经过某种变换后产生某种规律性或相关性。接收端按照一定的规则对信息码与监督码之间的相互关系进行校验，一旦传输发生差错，则信息码与监督码的关系就受到破坏，从而接收端可以发现以至纠正传输中产生的错误。通过差错控制编码这一环节，使系统具有一定的检错或纠错能力，可减少接收信息中的错误，提高系统的抗干扰能力。在 OSI 模型中，检测错误或纠正错误可以在数据链路层实现，也可以在传输层实现。

所谓检测错误(简称检错)，是指接收端仅对接收到的信息进行正确或错误判断，而不对错误进行纠正。所谓纠正错误(简称纠错)，是指接收端不仅能对接收到的信息进行正确或错误判断，而且能对错误进行纠正。

由于信道噪声及信道传输特性的不同，造成错误的统计特性也不同。传输信道中常见的错误有以下三种：

(1) 随机错误。这种错误是随机出现的，通常不是成片地出现错误，并且各个错误的出现是统计独立的。这种情况一般是由信道的加性随机噪声引起的。因此，一般将具有此特性的信道称为随机信道。

(2) 突发错误。这种错误是相对集中出现的，即在短时间段内有很多错误出现。这种情况如移动通信中信号在某一段时间内发生衰落，造成一串错误；汽车发动时电火花干扰造成的错误；光盘上的一条划痕等等。这样的信道我们称之为突发信道。

(3) 混合错误。这种错误是指既有突发错误又有随机差错的情况。这种信道称之为混合信道。

由于传输中造成错误的统计特性不同，所采用的差错控制方法也不相同，常用的差错控制方法主要有三种形式。

1. 检错重发方式

检错重发又称反馈纠错。发送端在被传输的数据信息中增加一些监督码编成码组，使其具有一定的检错能力。接收端对接收到的码组按一定的规则进行有无错误的判断，并将判断结果通过反馈信道送回发送端。发送端根据应答信号内容来决定是重新发送原来数据信息还是发送新数据信息。以此往复，直至将数据信息正确接收完为止。

检错重发方式有如下 6 个特点：

(1) 编译码简单，容易实现；

(2) 编码效率高，只需要少量的冗余码就能获得极低的输出误码率；

(3) 所使用的检错码与传输出错的统计特性无关，对各种信道的不同错误特性有一定的适应能力；

(4) 通信系统必须要有反馈信道，因而不能用于单向传输系统和一点对多点的同播系统；

(5) 由于检错重发的随机性，接收端送给用户的正确数据信息也是随机到达的，因此不适合实时数据传输；

(6) 当信道干扰增大时，数据传输中错误增多，这将导致系统通信效率降低。

检错重发系统称为自动要求重发 ARQ(Automatic Repeat reQuest)系统。图 12 - 1 是检错重发差错控制系统的组成框图。检错重发系统有三种主要工作方式：发送等候(SWARQ)工作方式、连续工作方式和混合工作方式。连续工作方式又可分为退 N 或往返重发 N 方式(GBNARQ)和选择性重发方式(SNARQ)。

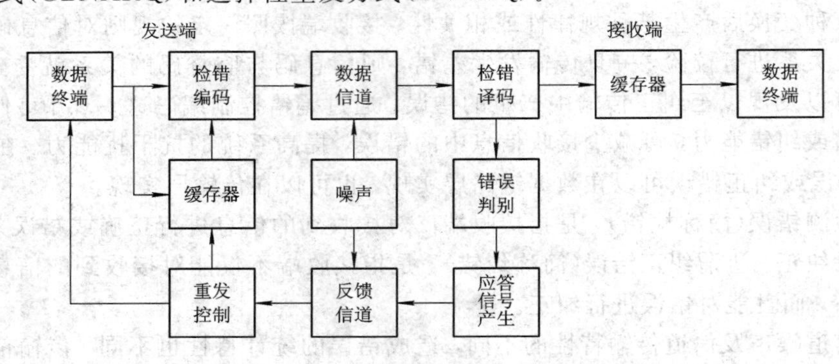

图 12 - 1　检错重发差错控制系统的组成

发送等候(SWARQ)工作方式是一种简单的检错重发方式，其工作过程如图 12 - 2 所示。图中 1，2，3，…是发送的数据组；ACK 是接收数据没有错误的应答信号，请求发送端发送新数据组；NAK 是接收数据中出现错误的应答信号，请求发送端重新发送前一数据组。由图 12 - 2 可以看出，发送端每发送完一个数据组都要等待接收应答信号。若应答信号是 ACK，则发送新数据组；若应答信号是 NAK，则重新发送前一数据组。这种检错重发方式简单、易于实现，并且误码率可以做得很低，适用于半双工通信及数据网之间的通信。

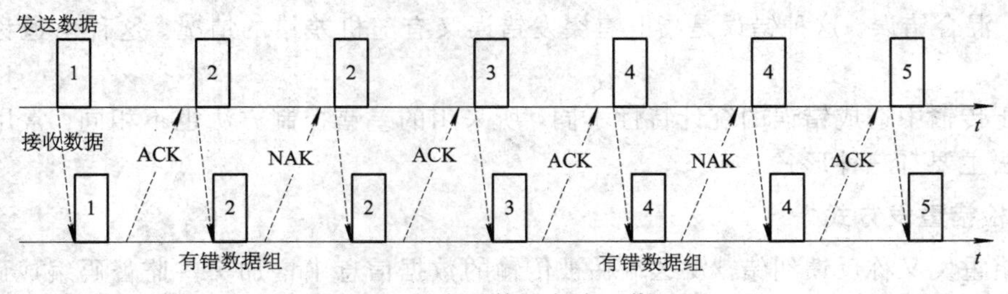

图 12 - 2　发送等候方式工作过程

2. 前向纠错方式(FEC)

前向纠错方式(Forward Error Correction，FEC)数据通信系统原理如图12－3所示，由发送数据终端、纠错码编码器、数据信道、纠错码译码器、接收数据终端等部分组成。发送端在被传输的数据信息中增加一些监督码编成码组，使其具有一定的纠错能力。接收端对接收到的码组按一定的规则进行译码，判断接收到的码组有无错误。若无错误，则译码器直接将数据信息送给接收数据终端；若有错误并且错误在纠错能力之内，则译码器对错误进行纠正后再将数据信息送给接收数据终端。

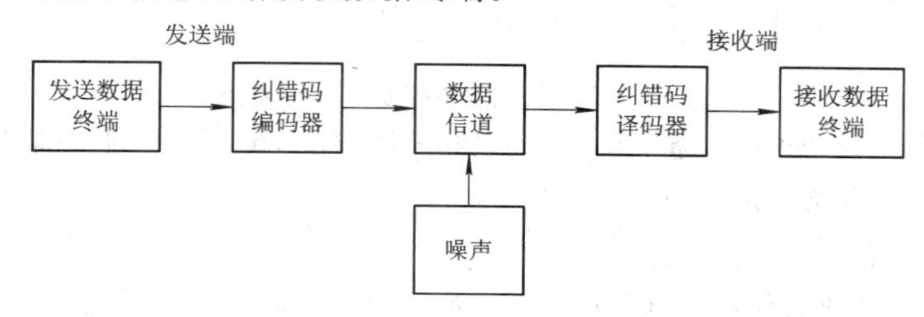

图12－3　前向纠错数据通信系统原理

前向纠错方式有如下4个主要特点：

(1) 通信系统不需要反馈信道，能用于单向通信系统，因而也适用于一点对多点的同播系统；

(2) 译码延迟固定，适用于实时传输系统；

(3) 纠错能力与所加的冗余码多少有关，为了得到较强的纠错能力所需要的冗余码较多，因而编码效率较低；

(4) 当传输中产生的错误超过码的纠错能力时，带有错误的数据信息有可能送给用户，从而造成用户接收到有错的数据信息。

在移动通信系统、卫星通信系统等对实时传输要求较严的通信系统中，前向纠错方式得到广泛的应用。

3. 混合差错控制方式(HEC)

混合差错控制方式(Hybrid Error Correction ，HEC)是前向纠错与检错重发两种差错控制方式的结合。发送端进行同时具有自动纠错和检错能力的编码，接收端收到码组后，首先进行错误情况判断，如果出现的错误在该编码的纠错能力之内，则自动对错误进行纠正。如果信道干扰严重，出现的错误超过了该编码的纠正错误能力，但是在检测错误能力之内，则经过反馈信道请求发送端重新发送这组数据。如果信道干扰非常严重，出现的错误不仅超过了该编码的纠正错误能力，而且超过了该编码的检测错误能力，对这种严重的错误，这种差错控制方式将失去作用，译码器会将有错误的数据送给数据终端，从而产生接收数据出错。混合差错控制方式的原理如图12－4所示。发送端的差错控制编码应同时具有检测错误和纠正错误的能力。

混合差错控制方式有以下4个主要特点：

(1) 同时具有检测错误和纠正错误的能力。

(2) 克服了检错重发方式数据连贯性差、通过率随信道错误率的增加而迅速降低的严重缺点。

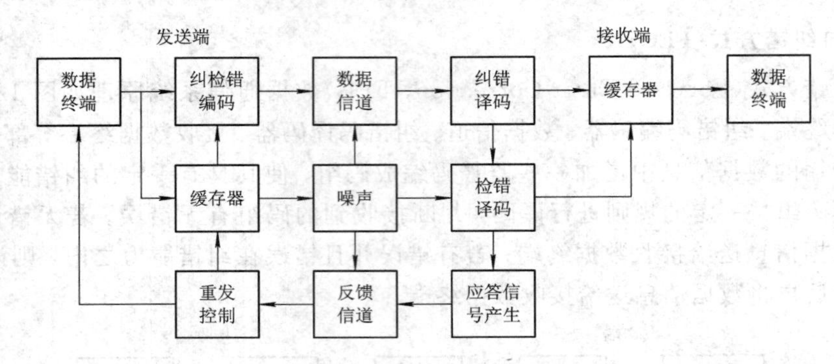

图 12－4　混合差错控制方式原理图

(3) 避免了前向纠错方式为了得到低的错误率，使得编码效率低、需要很复杂的译码器及不能适应信道错误变化的缺点。

(4) 需要双向信道。

因此，在数据交换网和计算机通信网中，常常采用混合差错控制方式。但是，如果在通信系统中没有反馈信道可用或因某种原因不可能重传时，前向纠错方式就是唯一的选择了。

随着数字通信技术的发展，各种误码控制编码方案相继推出。这些方案建立在不同的数学模型基础上，并具有不同的检错与纠错特性。图 12－5 给出了纠错码的各种类型。

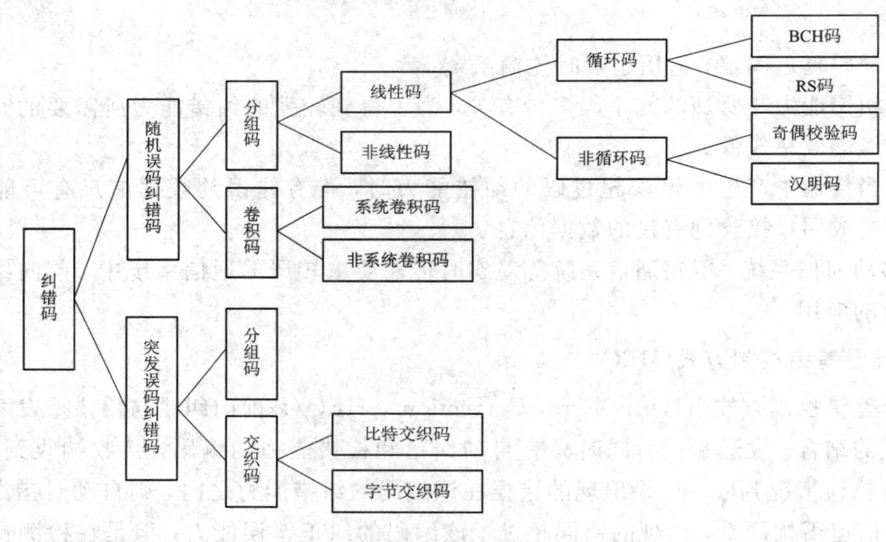

图 12－5　纠错码的各种类型

12.2　差错控制编码的基本原理

12.2.1　纠错编码的基本原理

差错控制编码也称纠错编码，其基本原理是在信息码元序列中加入一定的监督码元，使编成的码组具有一定的检测错误和纠正错误的能力，纠错编码包括检错编码和纠错编码。不同的编码方法有不同的检错和纠错能力。一般来说，付出的代价越大，检(纠)错的能力就越强。这里所说的代价，就是指增加的监督码元的多少。例如，若编码序列中，平均每两个信息码元就有一个监督码元，则这种编码的冗余度为1/3 。换一种说法，这种编码的编码速率为2/3。

下面以一个简单的例子来阐述差错编码在相同的信噪比情况下为什么会获得更小的误码率性能。假设我们发送一个开关的断开和闭合两种状态，用二进制码元的“0”表示开关处于“断开”状态，用二进制码元的“1”表示开关处于“闭合”状态。这时，若码元在传输过程中出现错误，将“0”码元接收为“1”码元，或将“1”码元接收为“0”码元，则因为接收端无法发现错码，而将收到错误信息。

如果将开关的“断开”和“闭合”两种状态信息用2个二进制码元表示，即进行2个二进制码元编码，共有4种编码：“00”、“01”、“10”和“11”。选择其中的“00”表示开关处于“断开”状态，“11”表示开关处于“闭合”状态。另外还有两种编码“01”和“10”没有选用，称为禁用码组。若发送端发送的是“00”编码，如果码组在传输过程中出现1个错误，则接收到的码组可能是“01”或“10”。由于“01”和“10”两种编码是禁用码组，因此我们可以判定接收到的码组出现了错误。同样，若发送端发送的是“11”编码，如果码组在传输过程中出现1个错误，则接收到的码组也可能是“01”或“10”，我们也可以判定接收到的码组出现了错误，从而实现了检测错误。通过这种简单的重复编码就可以实现对码组中一个错误的检测。但是这种编码不能实现对两个或两个以上的错码进行检测，也不能纠正错码。

如果采用更多个二进制码元编码来表示开关的“断开”和“闭合”两种状态则情况会如何？例如采用3个二进制码元编码共有8种编码：“000”、“001”、“010”、“011”、“100”、“101”、“110”和“111”。选择其中的“000”表示开关处于“断开”状态，“111”表示开关处于“闭合”状态。另外6种编码“001”、“010”、“011”、“100”、“101”和“110”为禁用码组。在接收端我们用如下的译码方法，每收到3个比特译码一次，采用大数判决，即3个比特中0的个数大于1的个数则译码成0，反之译码成1。若发送端发送的是“000”编码，如果码组在传输过程中出现1个错误，则接收到的码组可能是“001”、“010”或“100”。由于这三种编码是禁用码组，因此我们可以判定接收到的码组出现了错误。更进一步，由于接收到的码组“001”、“010”或“100”中0的个数大于1的个数，根据大数判决规则译码，则译码器译成“000”码输出，纠正了传输中出现的1个错码。同样，若发送端发送“111”编码，如果码组在传输过程中出现1个错误，接收端根据大数判决规则译码，则译码器译成“111”码输出，也纠正了传输中出现的1个错码。可见，这种纠错编码方法能够纠正1个错码。

从这个简单例子可以看到：当发送的信息编码中没有冗余码时，接收端译码器不能检测和纠正错码；当在发送的信息编码中加入1个冗余码时，接收端译码器能够检测出1个错码，但是不能纠正错码；当在发送的信息编码中加入2个冗余码时，接收端译码器能够检测出2个或1个错码，或纠正1个错码。检测或纠正错码能力的增强是通过增加发送编码中冗余码而得到的。

纠错编码的基本原理是：为了使信源信息具有检错和纠错能力，应当按一定的规则在信息码中增加一些冗余码(又称监督码)，使这些冗余码与被传送信息码之间建立一定的关系，发送端完成这个任务的过程就称为差错控制编码(或纠错编码)；在接收端，根据信息码与监督码的特定关系，实现检错或纠错，输出原信息码，完成这个任务的过程就称差错控制译码(或纠错译码)。另外，无论检错和纠错，都有一定的识别范围。差错控制编码原则上是以降低信息传输速率来换取信息传递的可靠性的提高。我们研究误码控制编码的目的，正是为了寻求较好的编码方式，在尽可能少的增加冗余码的情况下来实现尽可能强的检错和纠错能力。

12.2.2 纠错编码的基本概念

1. 信息码元与监督码元

信息码元又称信息位，这是指由发送端信源发送的信息数据比特，通常以 m_i 表示。由信息码元组成的信息码组为

$$M=(m_{k-1}, m_{k-2}, \cdots, m_0) \tag{12.2-1}$$

其中，k 为信息码组中信息码元的个数。在二进制码情况下，每个信息码元 m_i 的取值只有 0 或 1 两种状态，所以总的信息码组数共有 2^k 个。

监督码元又称监督位，这是为了检测或纠正错码而在信息码组中加入的冗余码。监督码元的个数通常以 r 表示。

2. 分组码

在纠错编码时，将 r 个监督码元附加在由 k 个信息码元组成的信息码组上，构成一个具有纠错功能的独立码组，并且监督码元仅与本码组中的信息码组有关，这种按组进行编码的方法称为分组码。

分组码通常用符号 (n, k) 表示，其中，n 表示分组码码组长度；k 表示信息码元个数；$r=n-k$，表示监督码元个数。在二进制编码中，通常分组码都是 k 个信息码元在前，r 个监督码元附加在 k 个信息码元之后，其结构如图 12－6 所示。

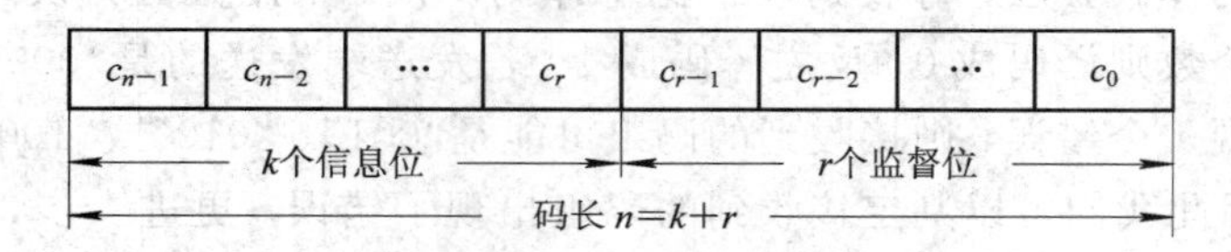

图 12－6 分组码结构图

通常把信息码元个数 k 与码组长度 n 之比称为纠错编码的编码效率或编码速率，表示为

$$R=\frac{k}{n}=\frac{k}{k+r} \tag{12.2-2}$$

编码效率是衡量纠错码性能的一个重要指标，一般情况下，监督位越多，检纠错能力越强，但相应的编码效率也随之降低。

3. 许用码组与禁用码组

在二进制编码中，若分组码码组长度为 n，则总的码组数应为 $2^n=2^{k+r}$ 个。其中被传送的码组有 2^k 个，通常称为许用码组；其余的 2^n-2^k 个码组不传送，称为禁用码组。发送端纠错编码的任务正是寻求某种规则从总码组数 2^n 中选出 2^k 个许用码组，而接收端译码的任务则是利用相应的规则来判断收到的码字是否符合许用码组，对错误进行检测和纠正。

4. 码重、码距与最小码距

码组的重量(简称码重)是指码组中非零元素的个数。对于二进制编码，码重就是码组中 1 的个数。例如：000 码组的重量是 0，101 码组的重量是 2。

码组的距离(简称码距)是指两个码组 c_i、c_j 之间不同比特的个数，数学表示为

$$d(c_i, c_j) = \sum_{k=0}^{n-1}(c_{i,k} \oplus c_{j,k}) \qquad (\text{模 } q) \tag{12.2-3}$$

其中，d 是码距，q 是 c_i 和 c_j 所能取值的个数。对于二进制编码，码距就是两个码组之间对应位上码元取值不同的个数，也即汉明距离。例如：000 与 101 之间的码距 $d=2$；000 与 111 之间的码距 $d=3$。

最小码距是指在一个码组集合中，任意两个码组之间距离的最小值，以字母 d_0 表示，

$$d_0 = \min_{i,j} \sum_{k=0}^{n-1}(c_{i,k} \oplus c_{j,k}) \qquad (\text{模 } q) \tag{12.2-4}$$

最小码距也称最小汉明距离。例如：000、101 与 111 三个码组之间的最小码距 $d_0=1$。

5. 最小码距 d_0 与纠错能力的关系

纠错编码理论的研究结果表明，最小码距 d_0 与检、纠错能力之间满足下列关系：

(1) 若码组用于检测 e 个错误时，则放大码距：

$$d_0 \geqslant e+1 \tag{12.2-5}$$

(2) 若码组用于纠正 t 个错误时，则放大码距：

$$d_0 \geqslant 2t+1 \tag{12.2-6}$$

(3) 若码组用于纠正 t 个错误，同时检测 e 个错误时，则放大码距：

$$d_0 \geqslant e+t+1, \quad e>t \tag{12.2-7}$$

一种编码的最小码距 d_0 与检错和纠错能力的关系如图 12-7 所示。

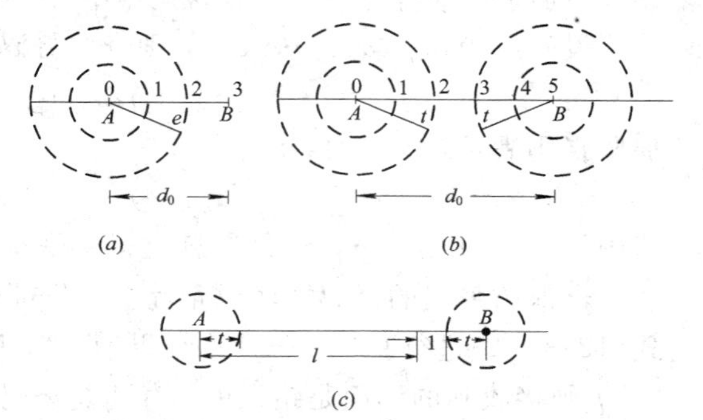

图 12-7　最小码距与检错和纠错能力的关系

6. 编码增益

差错控制编码使数据通信系统具有一定的纠错能力，这种能力可以用编码增益来衡量。在保持误码率不变的情况下，采用纠错编码所节省的信噪比 E_b/n_0 称为编码增益，用分贝形式表示如下：

$$G_{\text{dB}} = \left(\frac{E_b}{n_0}\right)_{\text{u}} - \left(\frac{E_b}{n_0}\right)_{\text{B}} \quad (\text{dB}) \tag{12.2-8}$$

式中，$(E_b/n_0)_{\text{u}}$ 是未编码时所需要的信噪比；$(E_b/n_0)_{\text{B}}$ 是经编码后所需要的信噪比。

编码增益也反映了译码后数据信息的误码率与译码前数据信息在信道传输中的误码率相比较时所得到的改进量。不同的纠错编码具有不同的编码增益，它和编码方式、译码方式及信道误码率 p_{e} 等因素有关。译码后的误码率 p_{B} 可以近似表示为

$$p_{\text{B}} \cong \frac{1}{n}\sum_{i=t+1}^{n} i(n_i)p_{\text{e}}^{i}(1-p_{\text{e}})^{n-i} \tag{12.2-9}$$

其中，t 为(n, k)分组码中已被纠正的误码个数，p_{e} 为信道误码率。因此，在已知信道误码率时，可以通过上式容易地得到译码后的误码率。在数据通信系统中，能够将 10^{-2} 的信道误码率通过纠错编码降低到 10^{-5} 甚至更低。

12.3 常用的简单编码

下面介绍几种用于检测错误的二进制编码，这些编码比较简单、易于实现并且具有较强的检测错误的能力，因此在数据通信系统中得到广泛应用。

1. 奇偶监督码

奇偶监督码是一种用于检测错误的简单编码，分为奇监督码和偶监督码两种。编码时只需要在信源输出的信息码的后面添加一位监督码元(又称校验码元)，使得码组中"1"的个数是奇数个或偶数个。例如，若信源送出的信息码是1001101，信息码中有4个"1"，经过编码器输出码组为10011011，在信息码后加了1个监督码"1"，使该码组中"1"的个数为奇数个，这种编码方法是奇监督码。若信息码1001101经过编码器后输出码组为10011010，在信息码后加了1个监督码"0"，使该码组中"1"的个数为偶数个，这种编码方法是偶监督码。

设码组为$\{a_{n-1}a_{n-2}\cdots a_1a_0\}$，则奇监督码满足如下关系式：

$$a_{n-1}\oplus a_{n-2}\oplus\cdots\oplus a_1\oplus a_0=1 \tag{12.3-1}$$

偶监督码满足：

$$a_{n-1}\oplus a_{n-2}\oplus\cdots\oplus a_1\oplus a_0=0 \tag{12.3-2}$$

式中，a_{n-1}，a_{n-2}，…，a_1 是信息位；a_0 是监督位。

奇偶监督码的译码方法也很简单。若对于偶监督码，在接收端只需对接收到的码组按式(12.3-2)进行验证。若计算结果为"0"，则认为接收到的码组是正确的，若计算结果为"1"，则接收到的码组是错误的。奇偶监督码检测错误的能力有限，它只能检测出所有奇数个错码，不能检测出偶数个错码。另外，该码组的最小码距$d_0=2$，故没有纠正错码的能力。由于在奇偶监督码中，无论信息位有多少位，监督位只有一位，因此编码效率很高。奇偶监督码组长度为n，信息位长度为$n-1$，所以编码效率为

$$R=\frac{n-1}{n} \tag{12.3-3}$$

2. 二维奇偶监督码

为了提高奇偶监督码检测错误的能力，可以采用二维奇偶监督码，二维奇偶监督码也称为方阵码。该码的构造方法是先将信息码排列成$m-1$行乘$n-1$列矩阵，在每一行最后加上一位奇偶监督码$a_0^1a_0^2\cdots a_0^{m-1}$，然后再在每一列最后加上一位奇偶监督码$c_{n-1}c_{n-2}\cdots c_1c_0$，构成二维奇偶监督关系。二维奇偶监督码结构如图12-8所示。

与一维奇偶监督码相比，二维奇偶监督码增加了列监督码，因此编码效率有所降低，图12-8所示的二维奇偶监督码编码效率为

$$R=\frac{(m-1)(n-1)}{mn} \tag{12.3-4}$$

$$\begin{matrix} a_{n-1}^1 & a_{n-2}^1 & \cdots & a_1^1 & a_0^1 \\ a_{n-1}^2 & a_{n-2}^2 & \cdots & a_1^2 & a_0^2 \\ \vdots & \vdots & & \vdots & \vdots \\ a_{n-1}^{m-1} & a_{n-2}^{m-1} & \cdots & a_1^{m-1} & a_0^{m-1} \\ c_{n-1} & c_{n-2} & \cdots & c_1 & c_0 \end{matrix}$$

图 12-8 二维奇偶监督码结构

二维奇偶监督码发送时可以按行的顺序发送，先发送第一行$a_{n-1}^1a_{n-2}^1\cdots a_1^1a_0^1$，再发送第二行$a_{n-1}^2a_{n-2}^2\cdots a_1^2a_0^2$，最后发送监督码$c_{n-1}c_{n-2}\cdots c_1c_0$。当然也可以

按列的顺序发送。二维奇偶监督码有较强的检测错误能力，它可以检测出所有奇数个错码，并且可以检测出有些偶数个错码。这种码还适合检测突发错码，能检测出所有错误长度不大于 $n+1$ 的突发错误，以及其他大量的错误图样突发。该码除了具有检测错误的能力外，还具有一定的纠正错误的能力。例如发送的二维奇偶监督码如图 12-9(a)所示，接收到的码组如图 12-9(b)所示。比较图 12-9(a)和 12-9(b)可以看出，图 12-9(b)中第二行第二个码元和第三个码元出错及第三行第四个码元出错。通过对图 12-9(b)编码每一行进行偶监督计算和对每一列进行偶监督计算分析可知，第三行、第二列、第三列和第四列有错码。这样，通过列计算可以检测出第二行的偶数个错码，通过第三行和第四列的计算可以确定第三行第四个码元有错，进而可以纠正该位错码。因此，二维奇偶监督码具有纠正某些错误的能力。由于该码的编译码方法简单，检错能力强，且具有一定的纠正错误的能力，因而经常用于检测重发差错控制方式中。一些试验测试表明，这种编码可使误码率降低至原误码率的 1%～0.01%。

小组	信息码					监督码
1	1	1	1	0	0	1
2	1	0	1	1	1	0
3	0	1	1	0	1	1
4	1	1	0	0	0	0
5	0	0	1	1	0	0
监督码	1	1	0	0	0	0

(a)

小组	信息码					监督码
1	1	1	1	0	0	1
2	1	1	0	1	1	0
3	0	1	1	1	1	1
4	1	1	0	0	0	0
5	0	0	1	1	0	0
监督码	1	1	0	0	0	0

(b)

图 12-9　二维奇偶监督码检错、纠错原理

(a) 发送码；(b) 接收码

3. 循环冗余校验(CRC)

循环冗余校验的英文全称为 Cyclic Redundancy Check，它是一类重要的线性分组码，编码和解码方法简单，检错能力强，在数据通信领域广泛地用于实现差错控制。

利用 CRC 进行检错的过程可简单描述为：在发送端根据要传送的 k 位二进制信息码序列，以一定的规则产生一个校验用的 r 位监督码(CRC 码)，附在原始信息码后边，构成一个新的二进制码序列数，共 $k+r$ 位，然后发送出去。在接收端，根据信息码和 CRC 码之间所遵循的规则进行检验，以确定接收的数据中是否出错。

CRC 校验采用多项式编码方法，被处理的信息序列可以看做是一个 n 阶的二进制多项式，标准形式如下：

$$m(x) = a_{n-1}x^{n-1} + a_{n-2}x^{n-2} + \cdots + a_i x^i + \cdots + a_1 x + a_0 \qquad (12.3-5)$$

式中，x^i 表示信息代码的位置，或某个二进制码元的位置；a_i 表示码的值。若 a_i 是一位二进制代码，则取值是 0 或 1。$m(x)$称为信息代码多项式。例如一个 8 位二进制信息序列 10011101 用多项式可以表示成：

$$\begin{aligned} m(x) &= 1x^7 + 0x^6 + 0x^5 + 1x^4 + 1x^3 + 1x^2 + 0x + 1 \\ &= x^7 + x^4 + x^3 + x^2 + 1 \end{aligned}$$

CRC 校验码的编码方法是用待发送的二进制信息序列多项式 $m(x)$除以生成多项式 $g(x)$，将最后的余数作为 CRC 校验码。其实现步骤如下：

(1) 设待发送的信息序列是 k 位的二进制多项式 $m(x)$，生成多项式为 r 阶的 $g(x)$。

在信息序列末尾添加 r 个 0，信息序列的长度增加到 $k+r$ 位，对应的二进制多项式为$x^r m(x)$。

(2) 用生成多项式 $g(x)$去除 $x^r m(x)$，求得余数是阶数为 $r-1$ 的二进制多项式 $r(x)$。此二进制多项式 $r(x)$就是 $m(x)$经过生成多项式 $g(x)$编码的 CRC 校验码。

(3) 用 $x^r m(x)$以模 2 的方式加上 $r(x)$，得到二进制多项式

$$T(x) = x^r m(x) + r(x) \quad (\text{模 } 2)$$

$T(x)$就是包含了 CRC 校验码的待发送数据序列。

为了更清楚地了解 CRC 校验码的编码原理，下面用一个简单的例子来说明 CRC 的编码过程。设信息码为 1100，生成多项式为 1011，即 $m(x)=x^3+x^2$，$g(x)=x^3+x+1$，计算 CRC 的编码过程为

$$\frac{x^r m(x)}{g(x)} = \frac{x^3(x^3+x^2)}{x^3+x+1} = \frac{x^6+x^5}{x^3+x+1} = (x^3+x^2+x) + \frac{x}{x^3+x+1}$$

即 $r(x)=x$，注意到 $g(x)$的最高幂次 $r=3$，得出 CRC 为 010。由此可产生待发送的二进制码为 1100000+010=1100010，其对应的二进制多项式为

$$T(x) = (x^6+x^5)+x = x^6+x^5+x$$

从 CRC 的编码规则可以看出，CRC 编码实际上是将待发送的 k 位信息码的二进制多项式 $m(x)$转换成了可以被生成多项式 $g(x)$除尽的 $k+r$ 位二进制多项式 $T(x)$。所以解码时可以用接收到的数据多项式去除生成多项式 $g(x)$，如果余数为零，则表示接收数据中没有错误；如果余数不为零，则接收数据中肯定存在错误。同时，$T(x)$可以看做是由 $m(x)$和 CRC 校验码的组合，所以解码时将接收到的二进制数据去掉尾部的 r 位校验，得到的就是原始信息。

多项式除法可用除法电路来实现。除法电路的主体由一组移位寄存器和模 2 加法器组成。CRC - ITU 标准的 CRC 校验码生成多项式 $g(x)=x^{16}+x^{12}+x^5+1$，除法电路原理如图 12 - 10 所示，它由 16 级移位寄存器和 3 个模 2 加法器组成(编码器、解码器结构相同)。编码、解码前将各寄存器初始化为"1"，信息位随着时钟移入。当信息位全部输入后，从寄存器组输出 CRC 结果。

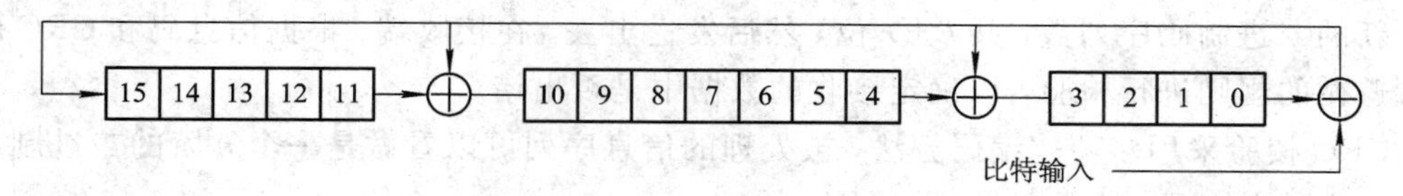

图 12 - 10　CRC - ITU 标准的除法电路原理

表 12 - 1 列出了一些常见的 CRC 标准。CRC - 16 用于 IBM 的同步数据链路控制规程 SDLC 的帧校验序列 FCS；CRC - ITU 用于 ITU 推荐的高级数据链路控制规程 HDLC 的帧校验序列 FCS 等。一般情况下，r 阶生成多项式产生的 CRC 码可检测出所有的奇数位错误和突发长度小于等于 r 的突发错误，以及$(1-2^{-(r-1)})\%$的突发长度为 $r+1$ 的突发错误和$(1-2^{-r})\%$的突发长度大于 $r+1$ 的突发错误。所以 CRC 生成多项式的阶数越高，则误判的概率就越小。例如对 CRC - 16 的情况，能检测出所有突发长度小于等于 16 的突发错误，以及 99.997%的突发长度为 17 的突发错误和 99.998%的突发长度大于 17 的突发错误。而 CRC - 32 的误判概率是 CRC - 16 的 $1/10^5$。可以看出 CRC 码的检错能力还是很强的。

表12-1　常见的CRC标准

名　称	生成多项式 $g(x)$	应用领域
CRC-4	x^4+x+1	ITU G.704
CRC-16	$x^{16}+x^{12}+x^2+1$	IBM SDLC
CRC-ITU	$x^{16}+x^{12}+x^5+1$	ISO HDLC，ITU X.25，V.34/V.41/V.42，PPP-FCS
CRC-32	$x^{32}+x^{26}+x^{23}+x^{22}+x^{16}+x^{12}+x^{11}+x^{10}+x^8+x^7+x^5+x^4+x^2+x+1$	ZIP，RAR，IEEE 802 LAN/FDDI，IEEE 1394，PPP-FCS

CRC校验由于实现简单，检错能力强，占用系统资源少，用软、硬件均能实现，是进行数据通信差错控制的一种很好的手段。因此被广泛应用于各种数据通信系统和其他数据校验中。

12.4　线性分组码

上一节所讨论的简单差错控制编码，主要应用于检测错误，若要使编码具有更强的检测错误和纠正错误的能力，必须要增加更多的监督码。对于(n, k)分组码，当信息位长度k和码长n都比较大时，寻找良好的编码方法和编码器结构都很复杂。因此，需要寻找一些编码结构简单、易于实现的编码方法。其中，线性码是一种建立在代数学基础上的编码，称为代数码。将分组码和线性码的概念结合在一起，我们不难得到线性分组码的概念：将信息码分组，为每组信息位附加若干监督位且信息位和监督位是由一组线性代数方程联系着的编码称为线性分组码。线性分组码构造方法简单、理论成熟，因此在数据通信中得到广泛应用。

12.4.1　线性分组码原理

线性分组码是一种定义在Galois域(记作GF(q))上的代数码，在数据通信系统中，由于编码经常是二进制形式，因而使用最广泛的是二进制域GF(2)。在二进制编码中，每个码元取值是“0”或“1”两种状态，其基本运算规则如表12-2所示。

表12-2　二进制编码基本运算规则

加法运算(模2加)	乘法运算
0+0=0	0×0=0
0+1=1	0×1=0
1+0=1	1×0=0
1+1=0	1×1=1

我们假设信源输出是二进制“0”或“1”序列。在线性分组码中，二进制信息序列被分成长度为k的信息组，共有2^k个。在长度为k的信息码后添加长度为r的监督码，编成长度为$n=k+r$的分组码。长度为n的所有二进制组共有2^n个，线性分组码就是以一定的规则从2^n个组中选出其中2^k个用做码组，这2^k个码组构成了一个(n, k)分组码。我们通常称这2^k个码组为许用码组，而其余2^n-2^k个码组为禁用码组。如果一个(n,k)分组码的信息

码和监督码之间的关系为线性的，则称该分组码为线性分组码，否则称为非线性码。

下面通过(7，4)分组码的例子来说明如何具体构造信息码和监督码之间的这种线性关系。设(n, k)分组码中，$k=4$，为能纠正一位误码，要求$r\geqslant 3$。现取$r=3$，则$n=k+r=7$。我们用$a_6a_5\cdots a_1a_0$表示这7个码元，用S_1、S_2、S_3表示由三个监督方程式计算得到的校正子，并假设三位校正子S_1、S_2、S_3与错码位置的对应关系如表12-3所示。

表12-3　校正子与错码位置的对应关系

S_1　S_2　S_3	错码位置
0　0　1	a_0
0　1　0	a_1
1　0　0	a_2
0　1　1	a_3
1　0　1	a_4
1　1　0	a_5
1　1　1	a_6
0　0　0	无错

根据表12-3的规定可见，仅当有一个错码且位置在a_2、a_4、a_5或a_6时，校正子S_1为1，否则S_1为0。这就意味着a_2、a_4、a_5和a_6四个码元构成偶数监督关系，即

$$S_1=a_6\oplus a_5\oplus a_4\oplus a_2 \tag{12.4-1}$$

同理可得，a_1、a_3、a_5和a_6四个码元构成偶数监督关系为

$$S_2=a_6\oplus a_5\oplus a_3\oplus a_1 \tag{12.4-2}$$

以及a_0、a_3、a_4和a_6四个码元构成偶数监督关系为

$$S_3=a_6\oplus a_4\oplus a_3\oplus a_0 \tag{12.4-3}$$

在编码时，a_3、a_4、a_5和a_6为信息码，是二进制随机序列，a_0、a_1、a_2为监督码，应根据信息码的取值按监督关系式决定，即监督码应使校正子S_1、S_2、S_3为零，即

$$\left.\begin{aligned} a_6\oplus a_5\oplus a_4\oplus a_2&=0\\ a_6\oplus a_5\oplus a_3\oplus a_1&=0\\ a_6\oplus a_4\oplus a_3\oplus a_0&=0 \end{aligned}\right\} \tag{12.4-4}$$

上式即是(7，4)线性分组码的信息码和监督码所满足的监督方程。对式(12.4-4)进行求解可以得到监督码满足下列关系：

$$\left.\begin{aligned} a_2&=a_6\oplus a_5\oplus a_4\\ a_1&=a_6\oplus a_5\oplus a_3\\ a_0&=a_6\oplus a_4\oplus a_3 \end{aligned}\right\} \tag{12.4-5}$$

给定信息码a_3、a_4、a_5和a_6即可按式(12.4-5)计算出监督码a_0、a_1、a_2。根据式(12.4-5)构成的(7，4)线性分组码编码器原理图如图12-11所示。

对于(7，4)线性分组码，其信息码长度$k=4$，共有$2^4=16$个信息组，编出的16个码组如表12-4所示。

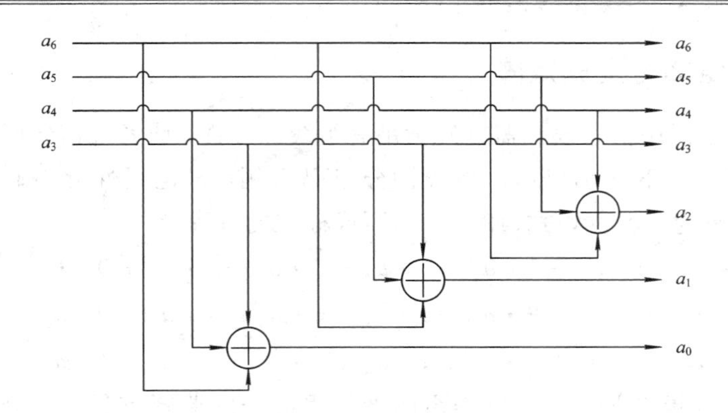

图 12-11　(7，4)线性分组码编码器原理图

表 12-4　(7，4)线性分组码的所有码组

信息码	监督码	信息码	监督码
a_6　a_5　a_4　a_3	a_2　a_1　a_0	a_6　a_5　a_4　a_3	a_2　a_1　a_0
0　0　0　0	0　0　0	1　0　0　0	1　1　1
0　0　0　1	0　1　1	1　0　0　1	1　0　0
0　0　1　0	1　0　1	1　0　1　0	0　1　0
0　0　1　1	1　1　0	1　0　1　1	0　0　1
0　1　0　0	1　1　0	1　1　0　0	0　0　1
0　1　0　1	1　0　1	1　1　0　1	0　1　0
0　1　1　0	0　1　1	1　1　1　0	1　0　0
0　1　1　1	0　0　0	1　1　1　1	1　1　1

接收端收到每个码组后，先按式(12.4-1)、(12.4-2)和(12.4-3)计算出校正子 S_1、S_2 和 S_3，再按表 12-3 判断错误情况。根据此译码过程构造的译码器如图 12-12 所示。

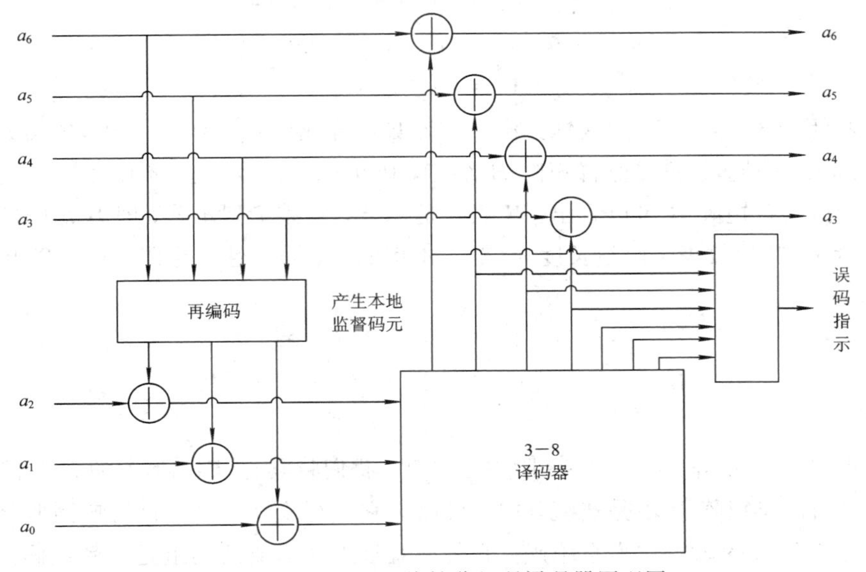

图 12-12　(7，4)线性分组码译码器原理图

12.4.2 监督矩阵与生成矩阵

在线性码分组码中信息码和监督码满足一组线性方程，或者说信息码和监督码之间有某种线性变换关系。下面仍以(7，4)线性分组码为例，讨论线性分组码的一般原理。将(7，4)线性分组码的监督方程式(12.4－4)写成标准的方程形式

$$\left.\begin{aligned}1\cdot a_6+1\cdot a_5+1\cdot a_4+0\cdot a_3+1\cdot a_2+0\cdot a_1+0\cdot a_0=0\\1\cdot a_6+1\cdot a_5+0\cdot a_4+1\cdot a_3+0\cdot a_2+1\cdot a_1+0\cdot a_0=0\\1\cdot a_6+0\cdot a_5+1\cdot a_4+1\cdot a_3+0\cdot a_2+0\cdot a_1+1\cdot a_0=0\end{aligned}\right\}\qquad(12.4-6)$$

式中的“＋”号是指模 2 加，这个方程组叫做码组的一致监督方程或一致校验方程。将式(12.4－6)表示成矩阵形式

$$\begin{bmatrix}1&1&1&0&1&0&0\\1&1&0&1&0&1&0\\1&0&1&1&0&0&1\end{bmatrix}\begin{bmatrix}a_6\\a_5\\a_4\\a_3\\a_2\\a_1\\a_0\end{bmatrix}=\begin{bmatrix}0\\0\\0\end{bmatrix}\qquad(12.4-7)$$

式(12.4－7)用矩阵符号简写为

$$\boldsymbol{H}\cdot\boldsymbol{A}^{\mathrm{T}}=\boldsymbol{0}^{\mathrm{T}}\quad\text{或}\quad\boldsymbol{A}\cdot\boldsymbol{H}^{\mathrm{T}}=\boldsymbol{0}\qquad(12.4-8)$$

式中

$$\boldsymbol{H}=\begin{bmatrix}1&1&1&0&1&0&0\\1&1&0&1&0&1&0\\1&0&1&1&0&0&1\end{bmatrix}$$

$$\boldsymbol{A}=[a_6\quad a_5\quad a_4\quad a_3\quad a_2\quad a_1\quad a_0]$$

$$\boldsymbol{0}=[0\quad 0\quad 0]$$

我们将矩阵 $\boldsymbol{H}$ 称为(7，4)线性分组码的监督矩阵或校验矩阵，$\boldsymbol{A}^{\mathrm{T}}$ 和 $\boldsymbol{H}^{\mathrm{T}}$ 分别为矩阵 $\boldsymbol{A}$ 和监督矩阵 $\boldsymbol{H}$ 的转置。只要监督矩阵 $\boldsymbol{H}$ 给定，码组中信息码和监督码之间的关系也就完全确定了。由监督矩阵 $\boldsymbol{H}$ 可以看出，$\boldsymbol{H}$ 矩阵是一个 3 行乘 7 列矩阵，即 $\boldsymbol{H}$ 矩阵的行数等于监督码长度 r，其列数等于码组长度 n。对于本例的(7，4)线性分组码，其监督矩阵 $\boldsymbol{H}$ 可以分成两部分

$$\boldsymbol{H}=\begin{bmatrix}1&1&1&0&\vdots&1&0&0\\1&1&0&1&\vdots&0&1&0\\1&0&1&1&\vdots&0&0&1\end{bmatrix}=[\boldsymbol{P}\boldsymbol{I}_3]\qquad(12.4-9)$$

式中，$\boldsymbol{P}$ 是 3×4 阶矩阵，$\boldsymbol{I}_3$ 是 3×3 阶单位方阵。我们将具有$[\boldsymbol{P}\boldsymbol{I}_r]$形式的 $\boldsymbol{H}$ 矩阵称为典型监督矩阵。当监督矩阵 $\boldsymbol{H}$ 不是典型阵时，可以对它进行变换，将其化为典型监督矩阵。由典型监督矩阵构成的码组称为系统码，非典型监督矩阵构成的码组是非系统码。系统码的特点是信息位不变，监督位直接附加于其后。

通常情况下，二进制(n, k)系统码典型监督矩阵$\boldsymbol{H}$的一般形式为

$$\boldsymbol{H}=\begin{bmatrix} p_{1,1} & p_{2,1} & \cdots & p_{k,1} & 1 & 0 & \cdots & 0 & 0 \\ p_{1,2} & p_{2,2} & \cdots & p_{k,2} & 0 & 1 & \cdots & 0 & 0 \\ \vdots & \vdots & & \vdots & \vdots & \vdots & & \vdots & \vdots \\ p_{1,r} & p_{2,r} & \cdots & p_{k,r} & 0 & 0 & \cdots & 0 & 1 \end{bmatrix}=[\boldsymbol{P}\boldsymbol{I}_r] \tag{12.4-10}$$

其中，监督矩阵$\boldsymbol{H}$是一个$r\times n$阶矩阵，$\boldsymbol{P}$是一个$r\times k$阶矩阵，$\boldsymbol{I}_r$是一个$r\times r$阶单位方阵。由代数理论可知，监督矩阵$\boldsymbol{H}$的各行之间是线性无关的。

同样，将(7，4)线性分组码的监督码生成方程式(12.4-5)写成标准的方程形式

$$\left.\begin{aligned} a_2 &= 1\cdot a_6+1\cdot a_5+1\cdot a_4+0\cdot a_3 \\ a_1 &= 1\cdot a_6+1\cdot a_5+0\cdot a_4+1\cdot a_3 \\ a_0 &= 1\cdot a_6+0\cdot a_5+1\cdot a_4+1\cdot a_3 \end{aligned}\right\} \tag{12.4-11}$$

其矩阵表示形式为

$$\begin{bmatrix} a_2 \\ a_1 \\ a_0 \end{bmatrix}=\begin{bmatrix} 1 & 1 & 1 & 0 \\ 1 & 1 & 0 & 1 \\ 1 & 0 & 1 & 1 \end{bmatrix}\begin{bmatrix} a_6 \\ a_5 \\ a_4 \\ a_3 \end{bmatrix} \tag{12.4-12}$$

或者

$$[a_2 \quad a_1 \quad a_0]=[a_6 \quad a_5 \quad a_4 \quad a_3]\begin{bmatrix} 1 & 1 & 1 \\ 1 & 1 & 0 \\ 1 & 0 & 1 \\ 0 & 1 & 1 \end{bmatrix}=[a_6 \quad a_5 \quad a_4 \quad a_3]\boldsymbol{Q} \tag{12.4-13}$$

式中，$\boldsymbol{Q}$是一个4×3阶矩阵，其行数等于码组中信息码长度k，其列数等于监督码长度r。将$\boldsymbol{Q}$矩阵与式(12.4-9)中的$\boldsymbol{P}$矩阵相比较可以看出，$\boldsymbol{Q}$矩阵是$\boldsymbol{P}$矩阵的转置，即

$$\boldsymbol{Q}=\boldsymbol{P}^{\mathrm{T}} \tag{12.4-14}$$

我们将$\boldsymbol{Q}$矩阵的左边加上一个4×4阶单位方阵$\boldsymbol{I}_4$构成$\boldsymbol{G}$矩阵，即

$$\boldsymbol{G}=[\boldsymbol{I}_4\boldsymbol{Q}]=\begin{bmatrix} 1 & 0 & 0 & 0 & 1 & 1 & 1 \\ 0 & 1 & 0 & 0 & 1 & 1 & 0 \\ 0 & 0 & 1 & 0 & 1 & 0 & 1 \\ 0 & 0 & 0 & 1 & 0 & 1 & 1 \end{bmatrix} \tag{12.4-15}$$

式中，$\boldsymbol{G}$矩阵是一个4×7阶矩阵，其行数等于码组中信息码长度k，其列数等于码组长度n。显然，由$\boldsymbol{G}$矩阵可以生成(7，4)线性分组码的所有码组，因此称$\boldsymbol{G}$矩阵为(7，4)线性分组码的生成矩阵。如果得到生成矩阵$\boldsymbol{G}$也就完全确定了该码的编码方法。假设(7，4)线性分组码的信息码为a_3、a_4、a_5和a_6，则按下式可以生成对应的码组：

$$\boldsymbol{A}=[a_6 \quad a_5 \quad a_4 \quad a_3 \quad a_2 \quad a_1 \quad a_0]=[a_6 \quad a_5 \quad a_4 \quad a_3]\cdot\boldsymbol{G} \tag{12.4-16}$$

与监督矩阵$\boldsymbol{H}$类似，生成矩阵$\boldsymbol{G}$的每一行都是一个码组，并且各行之间也是线性无关的。如果生成矩阵$\boldsymbol{G}$具有$[\boldsymbol{I}_k\boldsymbol{Q}]$的形式，则称$\boldsymbol{G}$为典型生成矩阵，由典型生成矩阵生成的

码组是系统码。

二进制(n, k)系统码典型生成矩阵$\boldsymbol{G}$的一般形式为

$$\boldsymbol{G}=\begin{bmatrix}1 & 0 & \cdots & 0 & 0 & q_{1,1} & q_{1,2} & \cdots & q_{1,r}\\ 0 & 1 & \cdots & 0 & 0 & q_{2,1} & q_{2,2} & \cdots & q_{2,r}\\ \vdots & \vdots & & \vdots & \vdots & \vdots & \vdots & & \vdots\\ 0 & 0 & \cdots & 0 & 1 & q_{k,1} & q_{k,2} & \cdots & q_{k,r}\end{bmatrix}=[\boldsymbol{I}_k\ \boldsymbol{Q}] \qquad (12.4-17)$$

其中，生成矩阵$\boldsymbol{G}$是一个$k\times n$阶矩阵，$\boldsymbol{Q}$是一个$k\times r$阶矩阵，$\boldsymbol{I}_k$是一个$k\times k$阶单位方阵。对式(12.4－16)进行修改，我们可以得到产生码组的一般表示形式

$$\boldsymbol{A}=[a_{n-1}\quad a_{n-2}\quad \cdots\quad a_{n-k}\quad \cdots\quad a_0]=[a_{n-1}\quad a_{n-2}\quad \cdots\quad a_{n-k}]\cdot\boldsymbol{G} \qquad (12.4-18)$$

另外，由$\boldsymbol{Q}$矩阵与$\boldsymbol{P}$矩阵互为转置的关系可知，只要得到了监督矩阵$\boldsymbol{H}$则生成矩阵$\boldsymbol{G}$也就确定了；反之亦然。

(n, k)线性分组码具有如下的性质：

(1) 封闭性。任意两个码组的和还是许用的码组。

(2) 码的最小距离等于非零码的最小码重。

12.4.3 伴随式与错误图样

在发送端，给定信息码由式(12.4－18)即可生成对应的码组，设发送端产生的码组为

$$\boldsymbol{A}=[a_{n-1}\quad a_{n-2}\quad \cdots\quad a_0] \qquad (12.4-19)$$

该码组通过信道传输到达接收端。设接收端收到的码组为

$$\boldsymbol{R}=[r_{n-1}\quad r_{n-2}\quad \cdots\quad r_0] \qquad (12.4-20)$$

由于信道的失真和干扰的影响，接收到的码组$\boldsymbol{R}$通常情况与发送的码组$\boldsymbol{A}$不一定相同，定义错误矩阵$\boldsymbol{E}$为接收码组与发送码组之差，即

$$\boldsymbol{R}-\boldsymbol{A}=\boldsymbol{E}=[e_{n-1}\quad e_{n-2}\quad \cdots\quad e_0]\quad (模\ 2) \qquad (12.4-21)$$

式中

$$e_i=\begin{cases}0 & 当\ b_i=a_i\\ 1 & 当\ b_i\neq a_i\end{cases}$$

由e_i可以看出，当$e_i=0$时，接收的码元等于发送的码元，表示接收码组中该位码元正确；当$e_i=1$时，接收的码元不等于发送的码元，表示接收码组中该位码元错误。因此，错误矩阵$\boldsymbol{E}$反映了接收码组的出错情况，错误矩阵有时也称为错误图样。在接收端，若能求出错误图样$\boldsymbol{E}$就能正确恢复出发送的码组$\boldsymbol{A}$，即

$$\boldsymbol{A}=\boldsymbol{R}+\boldsymbol{E}\quad (模\ 2) \qquad (12.4-22)$$

例如，接收的码组$\boldsymbol{R}=[1000101]$，错误图样$\boldsymbol{E}=[0000010]$，则发送的码组$\boldsymbol{A}=\boldsymbol{R}+\boldsymbol{E}=[1000111]$。

根据线性分组码的编码原理，每个码组应满足式(12.4－8)，即

$$\boldsymbol{A}\cdot\boldsymbol{H}^{\mathrm{T}}=\boldsymbol{0}$$

因此，当我们接收到$\boldsymbol{R}$后用式(12.4－8)进行验证，若等于$\boldsymbol{0}$则认为接收到的是码组，若不等于$\boldsymbol{0}$，则认为接收到的不是码组，从而产生了错码。我们定义

$$S=[s_{r-1}s_{r-2}\cdots s_0]=R\cdot H^{\mathrm{T}} \tag{12.4-23}$$

则称 S 为伴随式或校正子。将式(12.4-22)代入式(12.4-23)可得

$$S=R\cdot H^{\mathrm{T}}=(A+E)\cdot H^{\mathrm{T}}=A\cdot H^{\mathrm{T}}+E\cdot H^{\mathrm{T}}=E\cdot H^{\mathrm{T}}$$

可以看出，校正子 S 仅与错误图样 E 和监督矩阵 H 有关，而与发送的是什么码组无关。若错误图样 $E=[00\cdots00]$，则 S 为 **0**，否则 S 不为 **0**。因此可以根据 S 是否为 **0** 判断接收码组是否出错。由以上分析我们可以给出(n, k)线性分组码译码的三个步骤：

(1) 由接收到的 R 计算伴随式 $S=R\cdot H^{\mathrm{T}}$；

(2) 由 S 找到错误图样 E；

(3) 由公式 $\hat{A}=R+E$ 就可以得到译码器译出的码组 $\hat{A}$。

如果传输出错形成的错误图样 E 恰好是一个码组，则 $S=R\cdot H^{\mathrm{T}}=E\cdot H^{\mathrm{T}}$ 也为 **0**，此时接收端译码器就不能发现错误，因而产生了不可检测的错误。(n, k)线性分组码不能检错的概率随监督码数目的增加而指数下降。

12.4.4　汉明码

汉明码是汉明(Hamming)于 1949 年提出的一种纠正一个随机错误的线性分组码，它有如下参数：

(1) 码组长度 $n=2^r-1$；

(2) 信息码长度 $k=2^r-1-r$；

(3) 监督码长度 $r=n-k$，r 是不小于 3 的任意正整数；

(4) 最小码距 $d_0=3$；

(5) 能够纠正 1 个随机错误或检测 2 个随机错误。

汉明码的监督矩阵 H 具有特殊的性质，使得能以相对简单的方法来描述该码。对于二进制汉明码，其 $n=2^r-1$ 列包含由 $r=n-k$ 个二进制码元组成的列矢量的所有可能的组合(全零矢量除外)。例如前面例子所讨论的(7，4)线性分组码就是码组长度为 7 的汉明码，其监督矩阵由(001)、(010)、(100)、(011) 、(101) 、(110)和(111)组成。

汉明码的编码效率为

$$R=\frac{k}{n}=\frac{n-r}{n}=1-\frac{r}{n}$$

若码长 n 很长，则编码效率 R 接近 1，因此汉明码的编码效率较高。

12.5　循　环　码

12.5.1　循环码的基本原理

循环码是线性分组码的一个重要子集，是目前研究得比较成熟的一类码。循环码具有许多特殊的代数性质，这些性质有助于按照要求的纠错能力系统地构造这类码。目前发现的大部分线性码与循环码有密切关系。循环码还有易于实现的特点，很容易用带反馈的移位寄存器实现其硬件。正是由于循环码具有码的代数结构清晰、性能较好、编译码简单和

易于实现的特点，因此在数据通信和计算机纠错系统中得到广泛应用。循环码具有较强的检错和纠错能力，它不仅可以用于纠正独立的随机错误，而且也可以用于纠正突发错误。

一个(n, k)循环码是码长为n，有k个信息码的线性码，其最大特点就是码组的循环特性。所谓循环特性，是指循环码中任一许用码组经过循环移位后，所得到的码组仍然是许用码组。若$(a_{n-1} \quad a_{n-2} \quad \cdots \quad a_0)$是$(n, k)$循环码的一个码组，则$(a_{n-2} \quad a_{n-3} \quad \cdots \quad a_{n-1})$，$(a_{n-3} \quad a_{n-4} \quad \cdots \quad a_{n-2})$，… 也是$(n, k)$循环码的码组。具有这种循环移位不变性的线性分组码称为循环码。表 12-5 给出了一种(7，3)循环码的全部码组。由此表可以直观地看出这种码的循环特性。例如，表中的第 2 个码组向左循环移一位，即得到第 3 个码组；第 5 个码组向左循环移一位，即得到第 6 个码组。

表 12-5　(7，3)循环码的全部码组

码组编号	信息码	监督码	码组编号	信息码	监督码
	$a_6a_5a_4$	$a_3a_2a_1a_0$		$a_6a_5a_4$	$a_3a_2a_1a_0$
1	000	0000	5	100	1011
2	001	0111	6	101	1100
3	010	1110	7	110	0101
4	011	1001	8	111	0010

循环码是线性分组码，除了具有线性分组码的性质外还具有以下重要性质：

(1) 封闭性(线性性)。任何许用码组的线性和还是许用码组。由此性质可知：线性码都包含全零码，且最小码距就是最小码重(除全 0 码)。

(2) 循环性。任何许用的码组循环移位后的码组还是许用码组。

为了便于用代数来研究循环码，我们把长度为n的码组用$n-1$次多项式表示，将码组中各码元当作是一个多项式的系数。若码组为$(a_{n-1}a_{n-2}\cdots a_1a_0)$，则相应的多项式表示为

$$A(x) = a_{n-1}x^{n-1} + a_{n-2}x^{n-2} + \cdots + a_1x + a_0 \tag{12.5-1}$$

多项式$A(x)$称为码多项式。例如表 12-5 中的第 7 个码组$A=(1100101)$，则相应的多项式表示为

$$\begin{aligned} A(x) &= 1\cdot x^6 + 1\cdot x^5 + 0\cdot x^4 + 0\cdot x^3 + 1\cdot x^2 + 0\cdot x + 1 \\ &= x^6 + x^5 + x^2 + 1 \end{aligned}$$

由码多项式可以看出，对于二进制码组，多项式的每个系数不是 0 就是 1，x仅是码元位置的标志。

码多项式的运算是采用按模运算法则，若一任意多项式$M(x)$被一个n次多项式$N(x)$除，得到商式$Q(x)$和一个次数小于n的余式$R(x)$，也就是

$$\frac{M(x)}{N(x)} = Q(x) + \frac{R(x)}{N(x)} \tag{12.5-2}$$

可以写为

$$M(x) \equiv R(x) \quad (\text{模 } N(x)) \tag{12.5-3}$$

式中，码多项式系数仍按模 2 运算。例如计算$x^6+x^5+x^2+1$除以x^5+1有

$$
\begin{array}{r}
x+1 \\
x^5+1 \overline{\big) x^6+x^5+x^2+1} \\
\underline{x^6+x} \\
x^5+x^2+x+1 \\
\underline{x^5+1} \\
x^2+x
\end{array}
$$

所以

$$\frac{x^6+x^5+x^2+1}{x^5+1}=x+1+\frac{x^2+x}{x^5+1}$$

取模 x^5+1 后可得

$$\frac{x^6+x^5+x^2+1}{x^5+1}=x^2+x \quad (\text{模 } x^5+1)$$

在循环码中，若 $A(x)$是一个长为 n 的许用码组，则 $x^iA(x)$在按模 x^n+1 运算下，亦是一个许用码组。也就是假如 $x^iA(x)\equiv A'(x)$(模 x^n+1)，可以证明 $A'(x)$亦是一个许用码组，并且 $A'(x)$正是 $A(x)$代表的码组向左循环移位 i 次的结果。例如表 12 - 5 所示的(7，3)循环码中的第 3 个码组乘以 x^3，则有

$$
\begin{aligned}
x^3A(x) &= x^3(x^5+x^3+x^2+x)=x^8+x^6+x^5+x^4 \\
&= x^6+x^5+x^4+x \quad (\text{模 } x^7+1)
\end{aligned}
$$

其对应的码组为 $A'=(1110010)$，它正是表 12 - 5 中第 8 个码组。

通过上述分析可以得到，若 $A(x)$是(n, k)循环码的一个码组，则它的循环移位 $xA(x)$，$x^2A(x)$，…，以及循环移位的线性组合均是该循环码的码组，且这些码多项式都是模 x^n+1 的一个余式。

12.5.2　循环码的生成多项式和生成矩阵

循环码是线性分组码，因此一定有 k 个线性无关的码组，通过这 k 个线性无关的码组就能生成所有 2^k 个码组。下面讨论如何寻找这 k 个线性无关的码组。首先从(n, k)循环码的 2^k 个码组中挑出一个前面 $k-1$ 都是 0 的 $n-k$ 码多项式 $g(x)=a_{n-k}x^{n-k}+a_{n-k-1}x^{n-k-1}+\cdots+a_1x+1$，根据循环码的循环移位特性，则 $g(x)$，$xg(x)$，…，$x^{k-1}g(x)$都是该循环码的码组，并且是线性无关的。由这 k 个线性无关的码组作为矩阵的行，从而构成该(n, k)循环码的生成矩阵 $\boldsymbol{G}$。一旦得到了生成矩阵 $\boldsymbol{G}$，码组就确定了，编码问题也就解决了。(n, k)循环码生成矩阵 $\boldsymbol{G}$ 的多项式表示为

$$\boldsymbol{G}(x)=\begin{bmatrix} x^{k-1}g(x) \\ \vdots \\ x^2g(x) \\ xg(x) \\ g(x) \end{bmatrix} \tag{12.5 - 4}$$

式中，$g(x)$称为循环码的生成多项式。可以证明，生成多项式 $g(x)$是 2^k 个码组集合中唯一的一个次数为 $n-k$ 次多项式。当给出 k 个信息码$(a_{n-1}a_{n-2}\cdots a_{n-k})$，则可以根据公式

$$A(x)=(a_{n-1}a_{n-2}\cdots a_{n-k})\boldsymbol{G}(x) \tag{12.5 - 5}$$

求出码多项式 $A(x)$。

例如，对于上例的(7，3)循环码，由表 12－5 可以看出，前面 $k-1=2$ 位都是 0 的码组是(0010111)，该码组对应的生成多项式 $g(x)=x^4+x^2+x+1$，则生成矩阵 $\boldsymbol{G}$ 的多项式表示为

$$\boldsymbol{G}(x)=\begin{bmatrix}x^2g(x)\\xg(x)\\g(x)\end{bmatrix}=\begin{bmatrix}x^6+x^4+x^3+x^2\\x^5+x^3+x^2+x\\x^4+x^2+x+1\end{bmatrix}$$

相应的生成矩阵 $\boldsymbol{G}$ 为

$$\boldsymbol{G}=\begin{bmatrix}1&0&1&1&1&0&0\\0&1&0&1&1&1&0\\0&0&1&0&1&1&1\end{bmatrix}$$

可以看出该生成矩阵 $\boldsymbol{G}$ 不是典型生成矩阵，将生成矩阵中的第 3 行加到第 1 行可得典型生成矩阵为

$$\boldsymbol{G}=\begin{bmatrix}1&0&0&1&0&1&1\\0&1&0&1&1&1&0\\0&0&1&0&1&1&1\end{bmatrix}$$

当信息码为(110)时，编出的系统码码组为

$$A=(a_{n-1}a_{n-2}\cdots a_{n-k})\cdot\boldsymbol{G}=(110)\begin{bmatrix}1&0&0&1&0&1&1\\0&1&0&1&1&1&0\\0&0&1&0&1&1&1\end{bmatrix}=(1100101)$$

通过以上对循环码的讨论可以看出，寻找循环码的生成多项式是循环码编码的关键。研究表明循环码生成多项式有如下重要性质：循环码生成多项式 $g(x)$ 是 x^n+1 的一个 $n-k=r$ 次因式。该性质为我们提供了一种寻找循环码生成多项式的方法。例如对于(7，3)循环码，其生成多项式 $g(x)$ 应是 x^7+1 的 $7-3=4$ 次因式。对 x^7+1 进行因式分解有

$$x^7+1=(x^4+x^2+x+1)(x^3+x+1)$$

因此，$g(x)=x^4+x^2+x+1$ 是(7，3)循环码的一个生成多项式。另外，x^7+1 还可以因式分解为

$$x^7+1=(x^4+x^3+x^2+1)(x^3+x^2+1)$$

因此，$g(x)=x^4+x^3+x^2+1$ 是(7，3)循环码的另一个生成多项式。由以上两个生成多项式都可以生成(7，3)循环码，不过，选用的生成多项式不同，产生出的循环码码组就不同。

如果在差错控制系统设计中，我们找不到合适码长 n 和合适信息码 k 的循环码，则可以把循环码的码长缩短以符合我们的要求。这种把码长缩短的循环码称为缩短循环码。

12.5.3 循环码的编码和译码方法

1. 循环码的编码

由式(12.5－5)可以看出，用信息码多项式 $m(x)$ 乘以生成多项式 $g(x)$ 就得到一个码多项式。但是用这种相乘的方法产生的循环码不是系统码。为了得到系统循环码的编码方法，我们可以采用除法方法。编码过程可分为三个步骤：

(1) 设 $m(x)$ 为信息码多项式，用 x^{n-k} 乘信息码多项式 $m(x)$，则 $x^{n-k}m(x)$ 的次数小于 n；

(2) 用 $g(x)$ 除 $x^{n-k}m(x)$，即

$$\frac{x^{n-k}\cdot m(x)}{g(x)}=Q(x)+\frac{r(x)}{g(x)} \tag{12.5-6}$$

其中，$r(x)$ 是余式，其次数小于 $n-k$；

(3) 将余式 $r(x)$ 加到 $x^{n-k}m(x)$ 之后，即 $x^{n-k}m(x)+r(x)$，它能被 $g(x)$ 整除，令 $A(x)=x^{n-k}m(x)+r(x)$，则 $A(x)$ 就是循环码的码多项式。

从编码的步骤看，编码的核心是如何确定余式 $r(x)$，找到 $r(x)$ 后可直接将 $r(x)$ 所代表的编码附加到信息码之后，完成编码。实际上，$r(x)$ 所代表的编码可以理解为监督码，得到 $r(x)$ 可以采用除法电路。

例如，对于生成多项式 $g(x)=x^4+x^2+x+1$ 的(7，3)循环码，设信息码多项式 $m(x)=x^2+1$，则 $x^{n-k}m(x)=x^4(x^2+1)=x^6+x^4$。用 $g(x)$ 除 $x^{n-k}m(x)$，即

$$\frac{x^{n-k}\cdot m(x)}{g(x)}=\frac{x^6+x^4}{x^4+x^2+x+1}=x^2+\frac{x^3+x^2}{x^4+x^2+x+1}$$

编出码组的码多项式为

$$A(x)=x^{n-k}m(x)+r(x)=x^6+x^4+x^3+x^2$$

对应的码组为

$$A=(a_6a_5a_4a_3a_2a_1a_0)=(1011100)$$

它是表 12-5 所示(7，3)循环码中的第 6 个码组。

上述循环码的编码过程可以用由移位寄存器和模 2 加法器组成的 $g(x)$ 除法电路实现。对于生成多项式 $g(x)=x^4+x^2+x+1$ 的(7，3)循环码的编码器如图 12-13 所示。图中有一个四级移位寄存器，分别用 D_1、D_2、D_3 和 D_4 表示。另外还有一个双刀双掷开关 S。编码器工作过程如下：

第 1 步　开关 S 向下，输入的 k 位信息码 m_0，m_1，…，m_{k-1} 一方面送入除法器进行运算，同时直接输出。一旦 k 位信息码全部送入除法器，在 $n-k=4$ 级移位寄存器中的数据就是除法余项(它就是信息码的监督码)。

第 2 步　开关 S 向上，断开反馈输入，同时移位寄存器连接到输出。

第 3 步　将移位寄存器中保存的余项(监督码)依次输出，当移位 $n-k=4$ 次后移位寄存器中的余项全部送完。这 $n-k=4$ 个监督码与 $k=3$ 个信息码一起构成一个完整的码组。

用这种方式编出的码组，前面是原来的 k 个信息码，后面是 $n-k$ 个监督码，因此它是系统码。如信息码为(110)时，图 12-13 所示编码器的工作过程如表 12-6 所示。

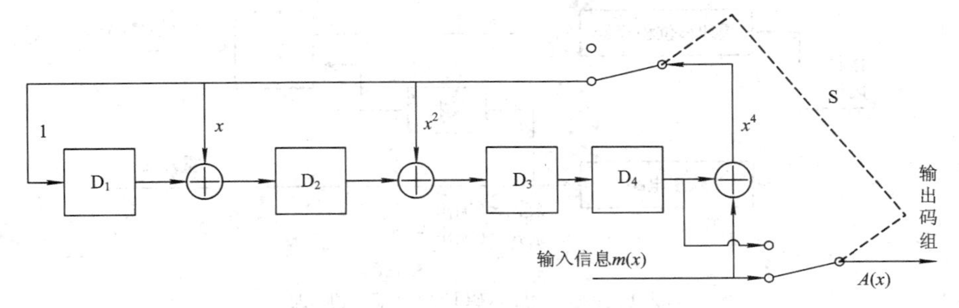

图 12-13　(7，3)循环码编码器

表 12-6 编码器的工作过程

移位脉冲	输入信息码	移位寄存器状态				输出码组
		D_1	D_2	D_3	D_4	
0		0	0	0	0	
1	信 1	1	1	1	0	信 1
2	息 1	1	0	0	1	息 1
3	码 0	1	0	1	0	码 0
4	0	0	1	0	1	0
5	0	0	0	1	0	监 1
6	0	0	0	0	1	督 0
7	0	0	0	0	0	码 1

2. 循环码的译码

对于接收端译码的要求通常有两个：检错与纠错。实现检错目的的译码相对比较简单。在线性分组码译码中，关键是计算伴随式，若伴随式为零，则接收的是一个码组，且译码器认为就是所发送的码组(也可能是不可检错误)。若伴随式不为零，则接收的不是一个码组，从而检测出有错误存在。对循环码而言，计算伴随式是非常容易的。设 $A(x)$是发送的码多项式，$R(x)$是接收的码多项式，用生成多项式 $g(x)$除 $R(x)$可得

$$\frac{R(x)}{g(x)} = Q(x) + \frac{S(x)}{g(x)} \tag{12.5-7}$$

$$R(x) = Q(x)g(x) + S(x) \tag{12.5-8}$$

式中，$S(x)$是 $g(x)$除 $R(x)$的余式，也就是伴随式，它是一个幂次小于或等于 $n-k-1$ 次的多项式。由此我们可知，循环码的检错电路核心是一个用 $g(x)$除 $R(x)$的除法电路(伴随式计算电路)。若余式(伴随式)为 0，则说明接收没有错误或产生了一个不可检测的错误；若余式不为 0，则说明接收有错误。循环码检错译码器原理如图 12-14 所示，其核心是除法电路和缓冲移位寄存器，并且除法电路与发送端编码器中的除法电路相同。若除法器中 $R(x)/g(x)$的余式为 0，则认为接收码组 $R(x)$无错，这时就将暂存于缓冲移位寄存器中的接收码组送出到解调器输出端；若 $R(x)/g(x)$的余式不为 0，则认为接收码组 $R(x)$中有错，但不知道错在哪一位。这时可以将缓冲移位寄存器中的接收码组删除，并向发送端发出一重发指令，要求重发一次该码组。

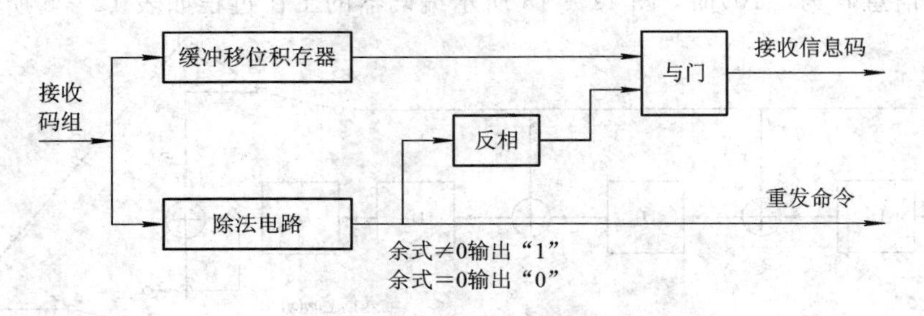

图 12-14 循环码检错译码器原理

循环码的检错能力很强，其检错能力为：

(1) 能检测出全部单个错误；

(2) 能检测出全部离散的 2 个错误；

(3) 能检测出全部奇数个错误；

(4) 能检测出全部长度小于或等于 $n-k$ 个突发错误；

(5) 能以 $1-(1/2)^{r-1}$ 的概率检测出长度为 $r+1$ 的突发错以及能以 $1-(1/2)^{r}$ 的概率检测出多于 $r+1$ 的突发错。

接收端纠错译码方法要比检错译码复杂得多。因此，对纠错码的研究大都集中在译码算法上。我们知道，伴随式与错误图样之间存在着某种对应关系。与线性分组码译码相同，循环码纠错译码可以分三步进行：

第 1 步　由接收到的码多项式 $R(x)$ 计算伴随式多项式 $S(x)$；

第 2 步　由伴随式多项式 $S(x)$ 确定错误图样 $E(x)$；

第 3 步　将错误图样 $E(x)$ 与接收到的码多项式 $R(x)$ 相加，纠正错误。

上述第 1 步运算和检错译码类似，也就是求解生成多项式 $g(x)$ 除 $R(x)$ 的余式，第 3 步也很简单。因此，纠错码译码器的复杂性主要取决于译码过程的第 2 步。

基于错误图样识别的译码器称为梅吉特(Meggitt)译码器，其原理图如图 12-15 所示。错误图样识别器是一个具有 $n-k$ 个输入端的逻辑电路，原则上可以采用查表的方法，根据伴随式找到错误图样，利用循环码的上述特性可以简化识别电路。梅吉特译码器工作原理如下：图中 k 级缓冲移位寄存器用于存储系统循环码的信息码元，模 2 加电路用于纠正错误。当伴随式为 0 时，模 2 加来自错误图样识别电路的输入端为 0，输出缓冲移位寄存器的内容；当伴随式不为 0 时，模 2 加来自错误图样识别电路的输入端在第 i 位输出为 1，它可以使缓冲移位寄存器输出取补，即纠正错误。梅吉特译码器特别适合于纠正 2 个以下的随机独立错误。

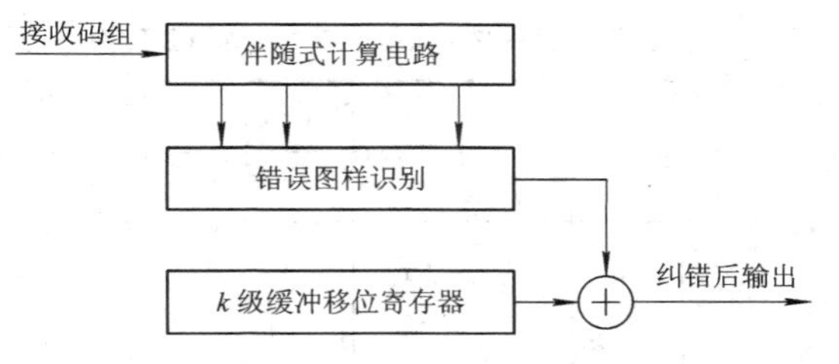

图 12-15　梅吉特译码器原理图

循环码的译码方法除了梅吉特译码外，还有捕错译码、大数逻辑译码等方法。捕错译码是梅吉特译码的一种变形，也可以用较简单的组合逻辑电路实现，它特别适合于纠正突发错误、单个随机错误和两个错误的码字。大数逻辑译码也称为门限译码，只能用于有一定结构的为数不多的大数逻辑可译码。但这种译码算法和硬件比较简单，因此在实际中有较广泛的应用。

12.5.4　BCH 码

BCH 码是以三个研究和发明这种码的人名 Bose-Chaudhuri-Hocguenghem 命名的，它是一类纠正多个随机错误的循环码。BCH 码有严密的代数理论，是目前研究最透彻的一类码。BCH 码构造容易，特别是根据码的最小距离可以容易地由 x^n+1 的因式得到生成多项式。它们的译码器也容易实现，是线性分组码中应用最普遍的一类码。

BCH 码分为本原 BCH 码和非本原 BCH 码两类。本原 BCH 码的生成多项式 $g(x)$ 中含有最高次数为 m 的本原多项式，并且码长为 $n=2^m-1$。非本原 BCH 码的生成多项式

$g(x)$中不含这种本原多项式，并且码长 n 是 2^m-1 的一个因子，即码长 n 一定能除得尽 2^m-1。

二进制 BCH 码的码长 n 与监督位、最小码距 d_0、纠错个数 t 之间的关系如下：

码组长度　$n=2^m-1$

监督码长度　$n-k\leqslant mt$

最小码距　$d_0=2t+1$

式中，m 是大于等于 3 的任意正整数。例如，汉明码是纠正单个随机错误的线性分组码，它的码长 $n=2^r-1$，信息码长 $k=2^r-1-r$。具有循环性质的汉明码就是纠正单个随机错误的本原 BCH 码，如以生成多项式 $g_1(x)=x^3+x^2+1$ 或 $g_2(x)=x^3+x+1$ 生成的(7,4)循环码就是本原 BCH 码。

为了便于设计出满足要求的 BCH 码，表 12-7 列出了 $n\leqslant 63$ 的本原 BCH 码的码组长度 n、信息码长度 k、纠错个数 t 和生成多项式 $g(x)$的系数。系数以八进制形式给出，最左边的数字对应生成多项式的最高次项系数。例如，(15，5)码的生成多项式的系数是八进制 2467，用二进制形式表示是 10100110111，其对应的生成多项式 $g(x)=x^{10}+x^8+x^5+x^4+x^2+x+1$。

表 12-7　码长 $7\leqslant n\leqslant 127$ 的本原 BCH 码生成多项式系数(八进制形式)

n	k	t	$g(x)$
7	4	1	13
15	11	1	23
	7	2	721
	5	3	2467
31	26	1	45
	21	2	3551
	16	3	107657
	11	5	5423325
	6	7	313365047
63	57	1	103
	51	2	12471
	45	3	1701317
	39	4	166623567
	36	5	1033500423
	30	6	157464165547
	24	7	17323260404441
	18	10	1363026512351725
	16	11	6331141367235453
	10	13	472622305527250155
	7	15	5231045543503271737

续表

n	k	t	$g(x)$
127	120	1	211
	113	2	41567
	106	3	11554743
	99	4	3447023271
	92	5	624730022327
	85	6	130704476322273
	78	7	26230002166130115
	71	9	6255010713253127753
	64	10	1206534025570773100045
	57	11	335265252505705053517721
	50	13	54446512523314012421501421
	43	14	17721772213651227521220574343
	36	15	3146074666522075044764574721735
	29	21	403114461367670603667530141176155
	22	23	123376070404722522435445626637647043
	15	27	22057042445604554770523013762217604353
	8	31	7047264052751030651476224271567733130217

表 12 - 8 列出了部分非本原 BCH 码的码组长度 n、信息码长度 k、纠错个数 t 和生成多项式 $g(x)$的系数，同样系数以八进制形式表示。

表 12 - 8　部分非本原 BCH 码生成多项式系数(八进制形式)

n	k	t	$g(x)$
17	9	2	727
21	12	2	1663
23	12	3	5343
33	22	2	5145
41	21	4	6647133
47	24	5	43073357
65	53	2	10761
65	40	4	354300067
73	46	4	1717773537

表中，(23，12)码是一个特殊的非本原 BCH 码，称为戈雷码，它的最小码距为 7，能纠正 3 个错误，其生成多项式为 $g(x)=x^{11}+x^9+x^7+x^6+x^5+x+1$。戈雷码也是目前为止发现的唯一能纠正多个错误的完备码。

12.5.5 Reed-Solomon 码

除了二进制 BCH 码之外，还有多进制 BCH 码，只需对二进制 BCH 码稍加修改就能推广到多进制 BCH 码。Reed-Solomon 码(里德－索洛蒙码)是一类具有很强纠错能力的多进制 BCH 码，它首先由里德和索洛蒙提出，所以简称 RS 码。

定义在伽罗华域 $GF(2^m)$上的(n, k)RS 码中，输入信息码分成 $k \cdot m$ 比特一组，每组包括 k 个符号，每个符号由 m 个比特组成，而不是前面所述的二进制 BCH 码由一个比特组成。

一个能够纠正 t 个符号错误的 RS 码有如下参数：

码组长度　$n=2^m-1$ 个符号，或 $n=m(2^m-1)$个比特

信息码长度　k 个符号，或 mk 个比特

监督码长度　$n-k=2t$ 个符号，或 $m(n-k)$个比特

最小码距　$d_0=2t+1$ 个符号，或 $m(2t+1)$个比特

可以看出，RS 码的最小码距比监督码数目多 1 个符号。令 α 是伽罗华域 $GF(2^m)$中的本原元素，则码长 $n=2^m-1$，纠正 t 个错误符号的本原 RS 码的生成多项式为

$$
\begin{aligned}
g(x) &= (x+\alpha)(x+\alpha^2)\cdots(x+\alpha^{2t}) \\
&= x^{2t} + q_{2t-1}x^{2t-1} + \cdots + g_2x^2 + g_1x + g_0
\end{aligned}
\tag{12.5-9}
$$

显然，$\alpha, \alpha^2, \cdots, \alpha^{2t}$是 $g(x)$的全部根，且系数取自 $GF(2^m)$域中。例如，对于 $GF(2^4)$域，以 x^4+x+1 为模生成的 $GF(2^4)$中的元素如表 12-9 所示。

表 12-9　以 x^4+x+1 为模生成的 $GF(2^4)$中的元素

幂表示式	多项式表示式	4 位二进制码表示式
0	0	0000
$\alpha^0=1$	$\alpha^0=1$	0001
α	α	0010
α^2	α^2	0100
α^3	α^3	1000
α^4	$\alpha^4=\alpha+1$	0011
α^5	$\alpha^5=\alpha^2+\alpha$	0110
α^6	$\alpha^6=\alpha^3+\alpha^2$	1100
α^7	$\alpha^7=\alpha^3+\alpha+1$	1011
α^8	$\alpha^8=\alpha^2+1$	0101
α^9	$\alpha^9=\alpha^3+\alpha$	1010
α^{10}	$\alpha^{10}=\alpha^2+\alpha+1$	0111
α^{11}	$\alpha^{11}=\alpha^3+\alpha^2+\alpha$	1110
α^{12}	$\alpha^{12}=\alpha^3+\alpha^2+\alpha+1$	1111
α^{13}	$\alpha^{13}=\alpha^3+\alpha^2+1$	1101
α^{14}	$\alpha^{14}=\alpha^3+1$	1001
α^{15}	$\alpha^{15}=\alpha^0=1$	0001

例如，构造一个能纠3个错误符号，码长$n=15$，$m=4$的RS码，由RS码的参数可知，该码的最小码距为7，监督码长为6个符号。因此该码为(15，9)RS码，其生成多项式为

$$
\begin{aligned}
g(x) &= (x+\alpha)(x+\alpha^2)(x+\alpha^3)(x+\alpha^4)(x+\alpha^5)(x+\alpha^6) \\
&= x^6+\alpha^{10}x^5+\alpha^{14}x^4+\alpha^4x^3+\alpha^6x^2+\alpha^9x+\alpha^6
\end{aligned}
$$

该(15，9)RS码的每个符号由4个二进制码构成，所以从二进制角度看，这是一个(60，36)码。

12.6 卷 积 码

卷积码是由伊利亚斯(P. Elias)于1955年最早提出的，而后在1967年维特比(Viterbi)提出了一种概率译码算法——维特比算法，简称VB算法。在码的约束长度较小时，这种译码算法具有更高的效率、更快的速度，译码器也较简单，因而在各种数字通信系统中得到广泛应用。

12.6.1 生成距阵 *G*(卷积码的解析分析)

在(n, k)分组码中，一个码组中的n个码元完全由该码组中的k个信息码所决定。这个码组中的监督码仅与监督本码组中的k个信息码有关，而与其他各组码元无关。分组码译码时，也仅从本码组中的码元内提取有关译码信息，而与其他各组无关。而卷积码则不然，卷积码用符号(n, k, m)表示，编码器一般原理如图12-16所示。它由移位寄存器、模2加法器和多路选择开关三种部件组成。图中共有N段移位寄存器，每段均为k级，第一段k级存储当前输入的k个输入信息码，其余$N-1$段存储以前的$k(N-1)$个信息码。在一段规定时间内，有k个输入信息码从左向右移入第一段k级移位寄存器，并且移位寄存器其他各级暂存的内容向右移k位。在此时间内，多路选择开关旋转一周，共输出n个码元。

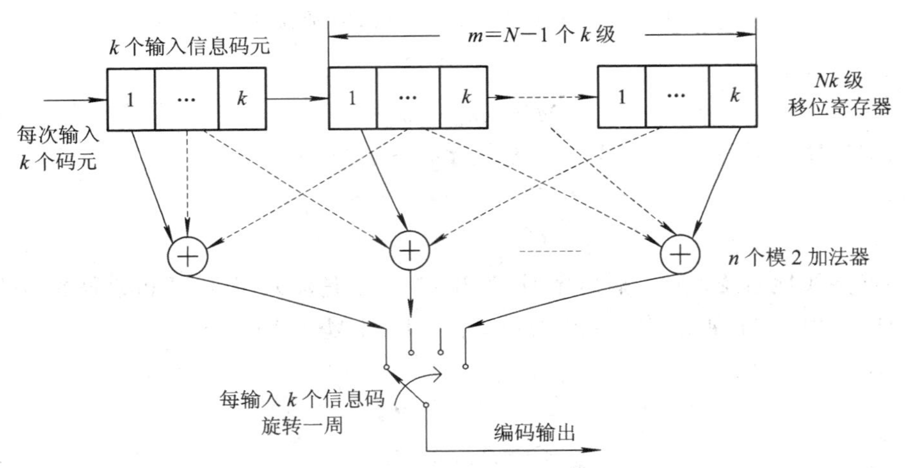

图12-16 卷积码编码器一般原理图

可以看出，(n, k, m)卷积码编码器在任何一段规定时间内产生的 n 个码元，不仅取决于这段时间输入的 k 个信息码，而且与前面 $m=N-1$ 段的输入信息码有关。这时，监督码要监督总共 $N=m+1$ 段时间内的信息。

在卷积码译码过程中，译码器不仅从该时刻收到的码组中提取译码信息，而且还要利用以前或以后各时刻收到的码组提取译码信息。在(n, k, m)卷积码中，n 是每次编码器的输出，k 是每次移入编码器的输入信息$(k<n)$，m 是编码存储，它表示输入信息组在编码器中需存储的单位时间。$N=m+1$ 称为编码约束度，它表示编码过程中互相约束的码段个数。$N_A=Nn$ 称为编码约束长度，它表示编码过程中互相约束的码元个数。由此可知，m 或 N、N_A 是表示卷积码编码器复杂性的重要参数。对于$(n, 1, m)$卷积码，则编码器结构将大大简化。

我们用一个具体的例子来说明卷积码的编码原理。二进制(2，1，3)卷积码的编码器原理如图 12 - 17 所示。可以看出，卷积码编码器由 $m=3$ 级存储，$n=2$ 个模 2 加法器和进行并串变换的多路选择器组成，每次输入一个信息码元，编码器输出两个码元。由于模 2 加是线性运算，因而编码器是线性前馈移位寄存器，所有卷积码编码器都可以用这种结构实现。

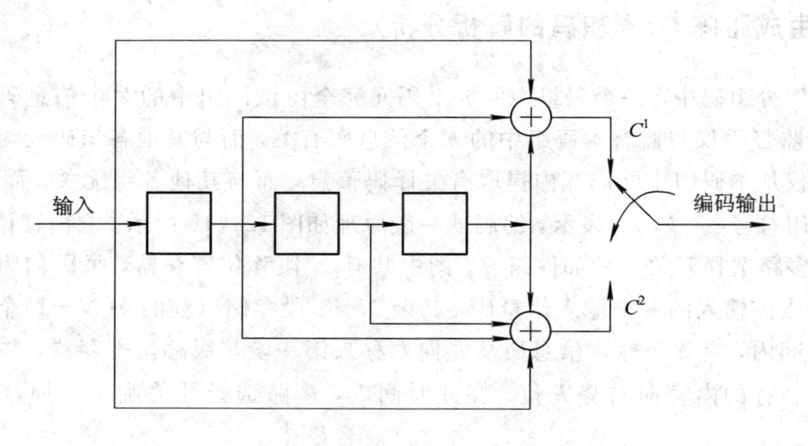

图 12 - 17 (2，1，3)卷积码的编码器原理

设信息序列为

$$M = (m_0 m_1 m_2 \cdots) \tag{12.6 - 1}$$

每次进入编码器一个码元。编码器两个输出序列分别为

$$C^1 = (c_0^1 c_1^1 c_2^1 \cdots) \tag{12.6 - 2}$$

$$C^2 = (c_0^2 c_1^2 c_2^2 \cdots) \tag{12.6 - 3}$$

因为编码器是线性系统，所以输出序列 C^1 和 C^2 分别是输入序列 M 和编码器的两个单位冲激响应的卷积。单位冲激响应可以通过令输入序列 $M=(1000\cdots)$并观察两个并行输出序列得到，分别表示为

$$g^1 = (g_0^1 g_1^1 \cdots g_m^1) \tag{12.6 - 4}$$

$$g^2 = (g_0^2 g_1^2 \cdots g_m^2) \tag{12.6 - 5}$$

单位冲激响应 g^1 和 g^2 称为卷积码的子生成序列。用多项式形式表示为

$$g^1(x) = g_0^1 + g_1^1 x + \cdots + g_m^1 x^m \tag{12.6-6}$$

$$g^2(x) = g_0^2 + g_1^2 x + \cdots + g_m^2 x^m \tag{12.6-7}$$

其中，$g^1(x)$和$g^2(x)$称为卷积码的子生成多项式。编码器两个输出分别是输入序列与各支路生成序列的卷积，即

$$C^1 = M * g^1 \tag{12.6-8}$$

$$C^2 = M * g^2 \tag{12.6-9}$$

式中，“$*$”表示离散卷积，所有运算都是模2运算。将两个并行输出进行并串变换，合并为串行序列输出，此码字由下式给出：

$$C = (c_0^1 c_0^2 c_1^1 c_1^2 c_2^1 c_2^2 \cdots) \tag{12.6-10}$$

其中，码字C就是所需要的卷积码。

例如，对于图12-17所示的(2，1，3)卷积码编码器，其子生成序列分别为

$$g^1 = (1101)$$

$$g^2 = (1111)$$

令输入信息序列为$M=(10111)$，则编码器的两个并行输出分别为

$$C^1 = M * g^1 = (10111) * (1101) = (11110011)$$

$$C^2 = M * g^2 = (10111) * (1111) = (11011101)$$

并串变换后输出的卷积码为

$$C = (c_0^1 c_0^2 c_1^1 c_1^2 c_2^1 c_2^2 \cdots) = (1111101101011011)$$

将子生成序列g^1和g^2进行交织排列，得到的新序列g为

$$g = (g_0 g_1 g_2 \cdots g_i \cdots) = (g_0^1 g_0^2 g_1^1 g_1^2 g_2^1 g_2^2 \cdots g_i^1 g_i^2 \cdots) \tag{12.6-11}$$

式中，

$$g_0 = (g_0^1 g_0^2)$$

$$g_1 = (g_1^1 g_1^2)$$

$$g_i = (g_i^1 g_i^2)$$

将序列g重新排列成矩阵的形式：

$$\boldsymbol{G} = \begin{bmatrix} g_0 & g_1 & g_2 & \cdots & & \\ 0 & g_0 & g_1 & g_2 & \cdots & \\ 0 & 0 & g_0 & g_1 & g_2 & \cdots \\ 0 & 0 & 0 & & \cdots & \end{bmatrix}$$

$$= \begin{bmatrix} g_0^1 & g_0^2 & g_1^1 & g_1^2 & g_2^1 & g_2^2 & \cdots & & & & \\ 0 & 0 & g_0^1 & g_0^2 & g_1^1 & g_1^2 & g_2^1 & g_2^2 & \cdots & & \\ 0 & 0 & 0 & 0 & g_0^1 & g_0^2 & g_1^1 & g_1^2 & g_2^1 & g_2^2 & \cdots \\ 0 & 0 & 0 & 0 & 0 & 0 & & & \cdots & \cdots & \cdots \end{bmatrix} \tag{12.6-12}$$

矩阵$\boldsymbol{G}$称为卷积码的生成矩阵。可以看出，当输入信息序列M无限长时，生成矩阵$\boldsymbol{G}$是一个半无限矩阵，它的每行都与前面一行相等，只是向右移了$n=2$位。若输入信息序列M的长度为L，则生成矩阵$\boldsymbol{G}$有L行$2(m+L)$列。

与线性分组码相同，由生成矩阵可以产生对应的码字。若输入信息序列为M，则卷积

码编码方程的矩阵表示形式为

$$C = M \cdot \boldsymbol{G} \tag{12.6-13}$$

其中所有运算都是模 2 运算。若输入信息序列 M 的长度为 L，则生成的码字 C 的长度为 $2(m+L)$。

例如，对于图 12 - 17 所示的(2，1，3)卷积码编码器，其子生成序列分别为

$$g^1 = (1101)$$
$$g^2 = (1111)$$

令输入信息序列为 $M=(10111)$，则编码器的生成矩阵为

$$\boldsymbol{G} = \begin{bmatrix} g_0^1 & g_0^2 & g_1^1 & g_1^2 & g_2^1 & g_2^2 & g_3^1 & g_3^2 & 0 & 0 & 0 & 0 & 0 & 0 & 0 & 0 \\ 0 & 0 & g_0^1 & g_0^2 & g_1^1 & g_1^2 & g_2^1 & g_2^2 & g_3^1 & g_3^2 & 0 & 0 & 0 & 0 & 0 & 0 \\ 0 & 0 & 0 & 0 & g_0^1 & g_0^2 & g_1^1 & g_1^2 & g_2^1 & g_2^2 & g_3^1 & g_3^2 & 0 & 0 & 0 & 0 \\ 0 & 0 & 0 & 0 & 0 & 0 & g_0^1 & g_0^2 & g_1^1 & g_1^2 & g_2^1 & g_2^2 & g_3^1 & g_3^2 & 0 & 0 \\ 0 & 0 & 0 & 0 & 0 & 0 & 0 & 0 & g_0^1 & g_0^2 & g_1^1 & g_1^2 & g_2^1 & g_2^2 & g_3^1 & g_3^2 \end{bmatrix}$$

$$= \begin{bmatrix} 1 & 1 & 1 & 1 & 0 & 1 & 1 & 1 & 0 & 0 & 0 & 0 & 0 & 0 & 0 & 0 \\ 0 & 0 & 1 & 1 & 1 & 1 & 0 & 1 & 1 & 1 & 0 & 0 & 0 & 0 & 0 & 0 \\ 0 & 0 & 0 & 0 & 1 & 1 & 1 & 1 & 0 & 1 & 1 & 1 & 0 & 0 & 0 & 0 \\ 0 & 0 & 0 & 0 & 0 & 0 & 1 & 1 & 1 & 1 & 0 & 1 & 1 & 1 & 0 & 0 \\ 0 & 0 & 0 & 0 & 0 & 0 & 0 & 0 & 1 & 1 & 1 & 1 & 0 & 1 & 1 & 1 \end{bmatrix}$$

根据式(12.6 - 13)，编码器输出码字为

$$C = M \cdot \boldsymbol{G}$$

$$= (10111)\begin{bmatrix} 1 & 1 & 1 & 1 & 0 & 1 & 1 & 1 & 0 & 0 & 0 & 0 & 0 & 0 & 0 & 0 \\ 0 & 0 & 1 & 1 & 1 & 1 & 0 & 1 & 1 & 1 & 0 & 0 & 0 & 0 & 0 & 0 \\ 0 & 0 & 0 & 0 & 1 & 1 & 1 & 1 & 0 & 1 & 1 & 1 & 0 & 0 & 0 & 0 \\ 0 & 0 & 0 & 0 & 0 & 0 & 1 & 1 & 1 & 1 & 0 & 1 & 1 & 1 & 0 & 0 \\ 0 & 0 & 0 & 0 & 0 & 0 & 0 & 0 & 1 & 1 & 1 & 1 & 0 & 1 & 1 & 1 \end{bmatrix}$$

$$= [1\ \ 1\ \ 1\ \ 1\ \ 1\ \ 0\ \ 1\ \ 1\ \ 0\ \ 1\ \ 0\ \ 1\ \ 1\ \ 0\ \ 1\ \ 1]$$

可以看出，这和我们前面用离散卷积计算的结果一致。

12.6.2 卷积码的结构特点

对卷积码的分析可以采用解析分析的方法也可以采用图解分析的方法。常采用的图解分析方法有状态图法、树状图法和网格图法。我们首先研究卷积码的状态图。

1. 状态图

状态图是一张表明编码器的可能状态及其状态间可能存在的转移关系的图。由于卷积码编码器的输出是由输入和编码器的当前状态所决定的，因此可以用状态图来描述编码过程。

我们以(2，1，2)卷积码为例，分析该码的状态图。(2，1，2)卷积码编码器原理如图 12 - 18 所示，该码编码存储 $m=2$，$k=1$，编码器由两级移位寄存器组成。编码器移位寄存器中任一时刻的存储内容称为编码器的一个状态，以 s_i 表示。在该例中，编码器由两级移

位寄存器组成，因此存的内容有 4 种可能状态：00、01、10 和 11，分别用 $s_0=00$、$s_1=10$、$s_2=01$ 和 $s_3=11$ 表示。随着信息序列不断送入，编码器就不断地从一个状态转移到另一个状态，并输出相应的码序列。这种表征编码器工作状态变化的流程图就称为编码器的状态图，(2，1，2)卷积码编码器状态图如图 12－19 所示。

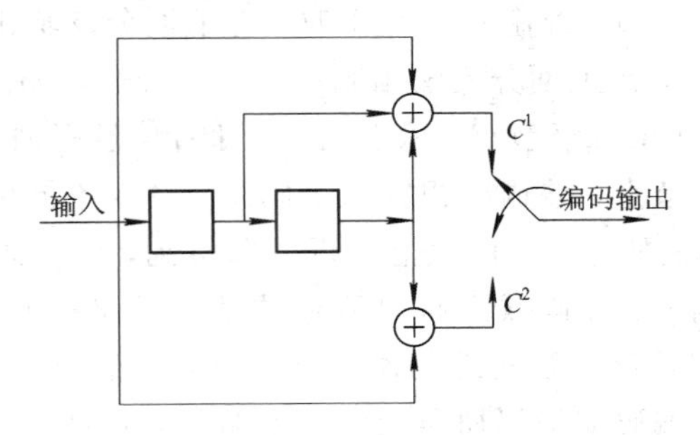

图 12－18　(2，1，2)卷积码编码器原理

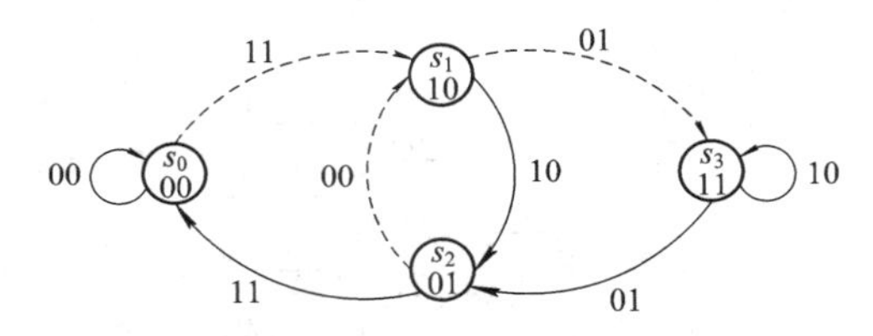

图 12－19　(2，1，2)卷积码编码器状态图

编码器中虚线表示输入 1 时的状态转移，实线表示输入 0 时的状态转移。可以看出，若编码器初始状态处于 s_0，当输入 1 信息码元时，编码器从 s_0 状态转移到 s_1 状态，并编码输出 11；当输入 0 信息码元时，则编码器仍停留在 s_0 状态，编码输出 00，如此等等。随着信息码元不断输入，编码器状态也不断随着转移，并编码输出码序列。

例如，对于图 12－19 所示的(2，1，2)卷积码编码器，当输入信息序列为 $M=(101100)$，编码器初始状态处于 s_0，则在状态图中编码器的状态变化为：$s_0\xrightarrow{11}s_1\xrightarrow{10}s_2\xrightarrow{00}s_1\xrightarrow{01}s_3\xrightarrow{01}s_2\xrightarrow{11}s_0$，编码器输出码序列 $C=(11\quad 10\quad 00\quad 01\quad 01\quad 11)$。

2. 树图

树图以带有分支的树的形式标示出编码器的结构，卷积码的树图可以很形象地表示出卷积码的编译码过程，因此在卷积码概率译码中经常用到这种方法。

若卷积码编码器输入信息序列是半无限长序列，则卷积码树图也是半无限树图。仍以图 12－19 所示的(2，1，2)卷积码编码器为例，其半无限码树图如图 12－20 所示。

树图中每个圆点表示一个节点，初始节点称为第 0 级节点，只有一个；第一级节点有两个，依次第 i 级节点有 $n^i=2^i$ 个。每个节点向上为上支路，对应输入信息码为 0；节点向下为下支路，对应输入信息码为 1。树图中每条树叉上所标注的码元为编码器输出，每个节点旁标注的 s_0、s_1、s_2 和 s_3 为移位寄存器的状态，其中，$s_0=00$、$s_1=10$、$s_2=01$、$s_3=11$。显然，对于第 i 个输入信息码元，有 $n^i=2^i$ 条支路，但在 $i=m+1\geqslant 3$ 时，树图的节点自上而下开始重复出现 4 种状态。设输入编码器的半无限长信息序列 $M=(m_0m_1m_2m_3m_4\cdots)$，我们可以将编码器的编码过程用如图 12－20 所示的半无限码树图进行说明。设编码器初始状态为 0，若第一个信息码元 m_0 输入编码器，则编码器输出第一段子码 c_0。若 $m_0=0$，则在码树图上相应与从初始节点(第 0 级节点)出发走上面分支输出 $c_0=(00)$；若 $m_0=1$，则在码树图上相应与从初始节点出发走下面分支输出 $c_0=(11)$。这时编码器到达第一级节点。当第二个信息码元 m_1 输入时，若编码器在第一级节点处于 s_0 点，则输入 $m_1=0$ 时，走上面分支输出 $c_1=(00)$；若输入 $m_1=1$ 时，走下面分支输出 $c_1=(11)$。若编码器处于 s_1 点，则输入 $m_1=0$ 时，走上面分支输出 $c_1=(10)$；若输入 $m_1=1$ 时，走下面分支输出 $c_1=(01)$。这时编码器到达第二级节点。依次类推，随着信息序列不断输入编码器，从码树上的一个节点走向下一个节点，并输出相应的子码组。输入不同的信息序列，编码器走不同的路径，从而输出不同的码序列。由以上分析可以得到，卷积码编码器输出的码序列就是在输入的信息序列控制下，编码器沿码树所走的某一条路径所对应的子码序列。因此，码树上所有可能的路径就是该卷积码编码器所有可能输出的码序列。例如，输入编码器的信息序列 $M=(101100)$，编码器沿码树所走的一条路径在图 12－20 所示的半无限码树图中用粗线表示，该路径所对应的输出码序列 $C=(11\quad 10\quad 00\quad 01\quad 01\quad 11)$，这与状态图法得到的结果相同。

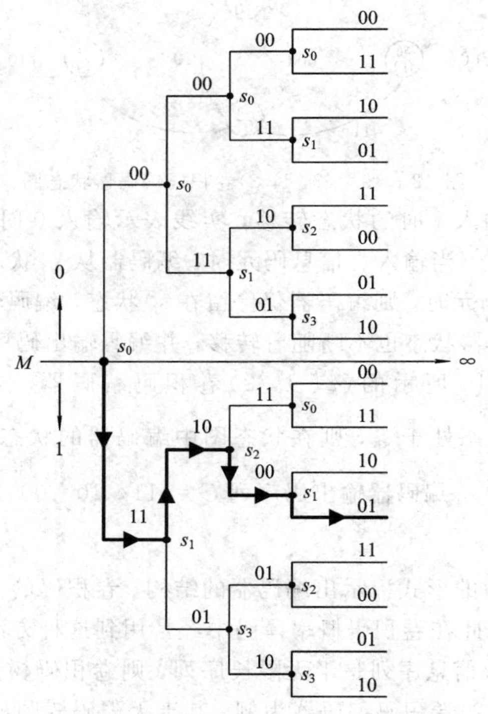

图 12－20　(2，1，2)卷积码的码树图

3. 网格图

根据码树图中的重复性，我们可以得到卷积码的一种更为紧凑的图形表示形式，即网格图(Trellis)。对于图 12－19 所示的(2，1，2)卷积码编码器，其网格图如图 12－21 所示。网格图由节点和分支组成，每个节点上标注的 s_0、s_1、s_2 和 s_3 为移位寄存器的状态，其中，$s_0=00$，$s_1=10$，$s_2=01$，$s_3=11$，每个分支上所标注的码元为输出。一般情况下网格图有 n^m 种状态，从第 $m+1$ 极开始重复，若输入信息序列是半无限长序列，则卷积码网格图也

是半无限的。在图 12-21 所示的网格图中，每一状态有两个输入和两个输出分支。在某一节点 s_i，若输入编码器信息码 $m_i=1$，则离开该状态为下面分支(用虚线表示)；若输入编码器信息码 $m_i=0$，则离开该状态为上面分支(用实线表示)；每一分支上的 $n=2$ 个数字表示该时刻编码器的输出。因而网格图中的每一条路径都对应于编码器的输出序列。

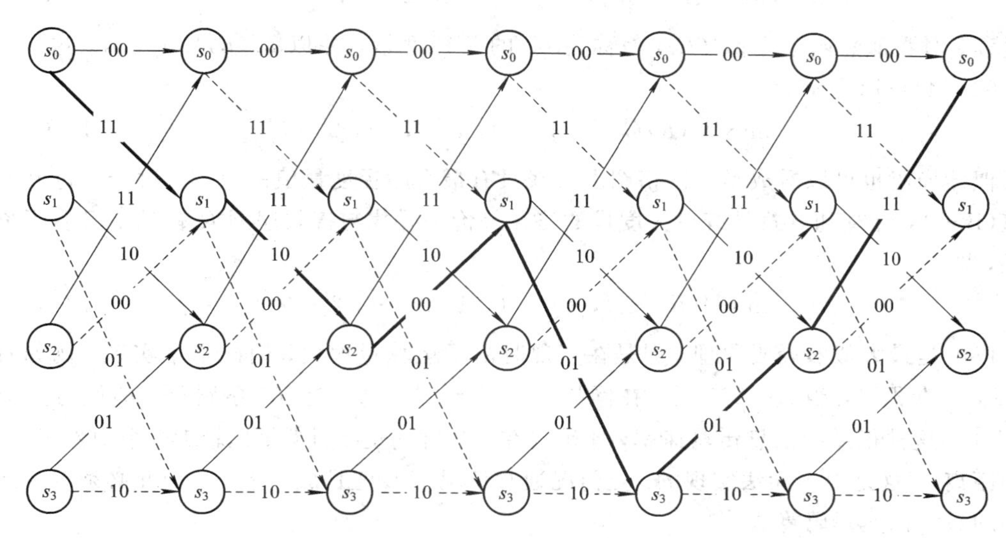

图 12-21 (2, 1, 2)卷积码的网格图

仍然假设输入(2, 1, 2)编码器的信息序列 $M=(101100)$，编码器沿网格图所走的一条路径在图 12-21 所示的网格图中用粗线表示，该路径所对应的输出码序列 $C=(11\ \ 10\ \ 00\ \ 01\ \ 01\ \ 11)$，这与状态图法和码树图法得到的结果完全相同。

12.6.3 卷积码的 Viterbi 译码

纠正随机错误的卷积码分为两类：一类是用代数方法译码的码，另一类是用概率译码的码。大数逻辑译码是门限译码的一种，属于代数译码。最早由梅西于 1963 年提出，1967 年鲁滨逊等利用差集三角构造了一批可用大数逻辑译码的自正交码。大数逻辑译码是卷积码代数译码中最主要的译码方法。

Viterbi 译码算法是一种最大似然译码(MLD)算法，是 1967 年由维特比(Viterbi)提出的一种概率译码算法。在码的约束度较小时，它具有效率高、速度快、译码器较简单等特点。因而自从 Viterbi 算法提出以来，无论在理论上还是在实践上都得到了迅速发展，并广泛应用于各种数据通信系统中。

1. Viterbi 译码原理

Viterbi 译码算法是一种基于最大似然译码原理的概率译码算法，在加性白高斯噪声(AWGN)信道中具有最佳性能。当码的约束度较大时，译码算法运算量大，难以实现，因此 Viterbi 译码算法主要作为码的约束度较小情况下的译码方法。下面我们考虑卷积码通过离散无记忆信道(DMC)的情况。

设(n, k, m)卷积码编码器的输入是长度为 $k(L+m)$(后 km 个码元全为 0)的信息序列 $M=(m_0m_1\cdots m_{L+m-1})$，编码器输出长度为 $N=n(L+m)$的码序列 $C=(c_0c_1\cdots c_{L+m-1})$，它

通过离散无记忆信道传输后送入译码器的序列是 $R=C+E=(r_0r_1\cdots r_{L+m-1})$，其中，$E=(e_0e_1\cdots e_{L+m-1})$是信道错误序列。离散无记忆信道的最大似然译码就是选择使对数似然函数 $\log P(R/C_j)$为最大的 C_j 作为译码器输出，即寻找最大对数似然函数

$$\max_j \log P(R/C_j),\quad j=0,1,2,\cdots,2^{k(L+m-1)} \tag{12.6-14}$$

的过程。对数似然函数 $\log P(R/C_j)$称为 C_j 的路径度量，并以 $M(R/C_j)$表示。这样，式(12.6-14)可以表示为

$$\max_j M(R/C_j),\quad j=0,1,2,\cdots,2^{k(L+m-1)} \tag{12.6-15}$$

最大似然译码也可以看成是在网格图上寻找具有最大路径度量值的过程。对于二进制对称信道(BSC)，计算和寻找具有最大度量的路径等价于寻找与接收序列 R 有最小汉明距离的路径，即寻找

$$\min_j d(R,C_j),\quad j=0,1,2,\cdots,2^{k(L+m-1)} \tag{12.6-16}$$

以上是最大似然译码原理，但是在实现时由于运算量太大，因此很难实现。例如对于(2，1，2)卷积码，当 $L=100$ 时，在网格图上共有 $2^{kL}=2^{100}>10^{30}$ 条路径。即使对于只有100 bit/s 这种很低的信息传输速率，译码器在1秒钟内也要计算、比较 10^{30} 个似然函数(或汉明距离)，这是根本无法实现的。更何况通常情况下 L 值是成千上万，因此必须寻找运算量小的最大似然译码算法。

Viterbi 译码算法成功地解决了寻找最大路径度量时计算量随长度 L 指数增长这一问题。它并不是在网格图上一次比较所有可能的 2^{kL} 条路径，而是采用迭代的方法，接收一段，计算、比较一段，选择一段最可能的码段，从而达到整个码序列是一个具有最大似然函数(或最小汉明距离)的序列。Viterbi 译码算法可以分为以下几个步骤：

(1) 从某一时间单位 j 开始，计算出进入每一状态的所有路径的路径度量值，然后进行比较，保存具有最大路径度量的路径及其路径度量值，而删除其他路径。被保存下来的路径被称为留存(或幸存)路径。

(2) j 加 1，把此时刻进入每一状态的所有分支度量和同这些分支相连的前一时刻的留存路径的度量相加，得到并保存此时刻进入每一状态的留存路径及其路径度量值，删除其他路径。因此，留存路径延长了一个分支。

(3) 若 $j<L+m$，则重复以上各步，否则停止。从各状态的留存路径中选取具有最大路径度量的留存路径上的信息码元作为译码输出序列 C，这一路径就是要寻找的具有最大似然函数的路径，因而 Viterbi 译码方法是一种最佳的译码方法。

在 Viterbi 译码算法中，对于(n,k,m)卷积码，每一步迭代需计算、比较 $2^{(m+1)k}$ 条可能路径的路径度量，其中，k 和 m 是与卷积码编码器结构有关的参数，通常 k 和 m 都比较小。L 步迭代所需计算、比较的路径总数为 $2^{(m+1)k}L$ 条，这就将计算量从 L 的指数函数降为 L 的线性函数，因而大大减少了计算量。

例如，设输入到图 12-18 所示的(2，1，2)卷积码编码器的信息序列 $M=(101100)$，编码器输出的码序列 $C=(11\ \ 10\ \ 00\ \ 01\ \ 01\ \ 11)$，通过二进制对称信道送入译码器的序列 $R=(11\ \ 10\ \ 10\ \ 01\ \ 01\ \ 11)$，有一个错误。图 12-22 给出了 Viterbi 译码器对输入序列 R 在网格图上的译码过程。

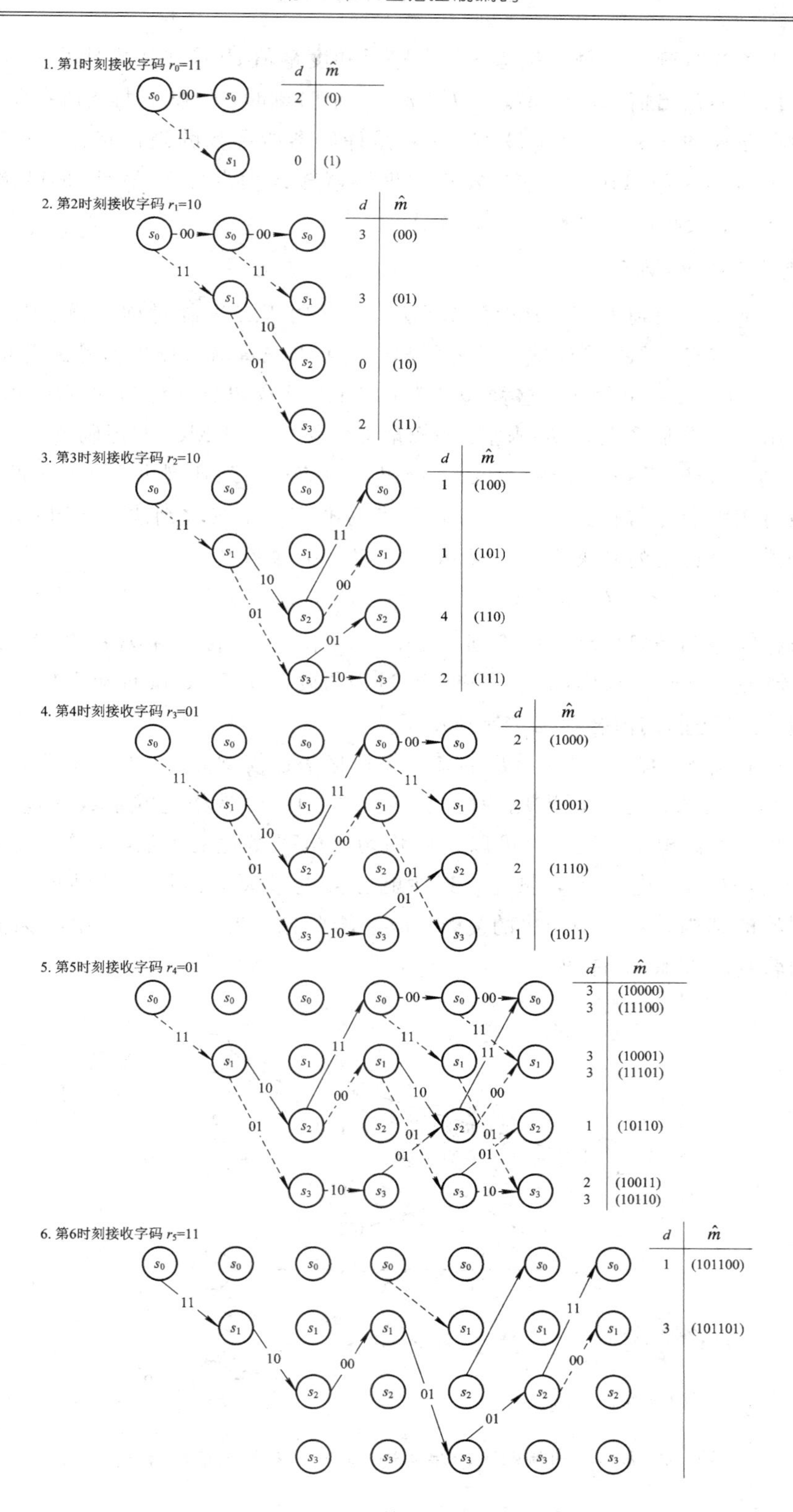

图 12 - 22　Viterbi 译码算法在网格图上的译码过程

图中给出了各时刻进入每一状态的留存路径和度量值 d(最小汉明距离)，以及与此相应的译码器估计的输出信息序列 $\hat{M}$。当 $L+m=6$ 个时刻时，只剩下两条留存路径，其中粗线表示的留存路径的度量值 $d=1$ 最小，它就是译码器所寻找的最佳路径，该条路径相应的估值信息序列 $\hat{M}=(101100)$，它与发送端编码器输入信息序列 $M=(101100)$相同。因此，译码器纠正了接收序列 R 中的一个错误。

2. 软判决 Viterbi 译码

以上分析是属于硬判决 Viterbi 译码算法，它适用于二进制对称信道。为了充分利用信道输出信号的信息，提高译码输出信号可靠性，可以先将信道输出信号进行 $Q(>2)$电平量化，然后再进行 Viterbi 译码。这种 Q 进制的 Viterbi 译码算法称为软判决 Viterbi 译码，它是一种适用于二进制输入 Q 进制输出的离散无记忆信道(DMC)的译码器。

在硬判决 Viterbi 译码算法中，将输入译码器的信息序列硬判决为 0 和 1 两个电平，用最小汉明距离作为选择留存路径和译码器输出的准则。而在软判决 Viterbi 译码算法中，将输入译码器的信息序列判决为 $Q(>2)$电平，用最小软距离

$$\min_i d_Q(R_Q, C_{iQ}), \quad i=0, 1, 2, \cdots, 2^{k(L+m-1)} \tag{12.6-17}$$

作为选择留存路径和译码器输出的准则。其中，R_Q 和 C_{iQ} 是接收序列 R 和 C_i 序列的 Q 进制表示。软判决 Viterbi 译码器的结构和译码过程与硬判决 Viterbi 译码器完全相同，只要在 R 和 C 中用 Q 进制的值替代二进制值即可。

一个二进制输入，$Q=4$ 进制输出的离散无记忆信道模型如图 12-23 所示，表 12-10(a)是以 10 为底的该信道的对数比特度量，表 12-10(b)是相应的整数度量。可以看出，这是一种非均匀的四电平量化，也可以采用均匀四电平量化的方法。在软判决 Viterbi 译码算法中，经常采用八电平均匀量化，其性能已接近最大似然译码的性能。由于软判决 Viterbi译码器的结构并不比硬判决的复杂，但性能要比硬判决好 2～3 dB，因此在实际中几乎都采用软判决 Viterbi 译码器。

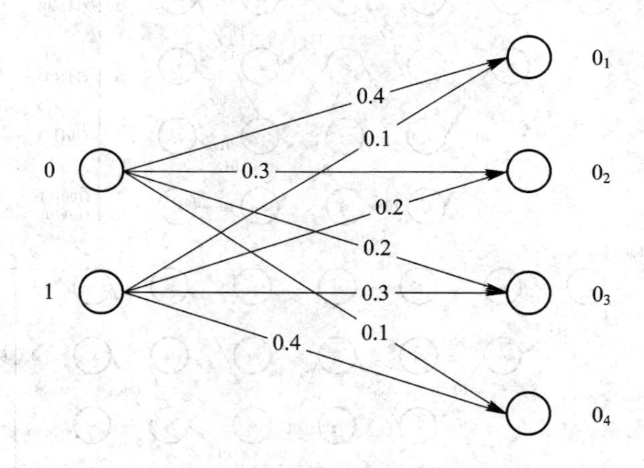

图 12-23 二进制输入，$Q=4$ 进制输出的离散无记忆信道模型

表 12-10　图 12-23 信道的比特度量表

c_i \ r_i	0_1	0_2	1_2	1_1
0	−0.4	−0.52	−0.7	−1
1	−1	−0.7	−0.52	−0.4

(*a*)

c_i \ r_i	0_1	0_2	1_2	1_1
0	10	8	5	0
1	0	5	8	10

(*b*)

在加性高斯白噪声信道(AWGN)中，硬判决 Viterbi 译码器的性能用渐近编码增益(或纯编码增益)来衡量。渐近编码增益定义为

$$\gamma = 10\ \lg \frac{Rd_f}{2}\ (\text{dB}) \tag{12.6-18}$$

式中，$1/R$ 是传输每一信息 bit 所需的符号数，d_f 是卷积码的自由距离。渐近编码增益说明使用硬判决 Viterbi 译码器比不使用编码，在同样的信息传输速率和输出误码率下，功率要省 γ(dB)。需要说明，式(12.6-18)是在信噪比 E_b/n_0 很大时得出的，当信噪比 E_b/n_0 减小时，渐近编码增益 γ 也减小。图 12-24 给出了不同编码存储 m 时，硬判决 Viterbi 译码器的输出误码率与 E_b/n_0 之间的关系。可以看出，随着编码存储 m 增大，译码器的渐近编码增益也随着增大，在相同的信噪比下误码率 P_{ME} 更小。

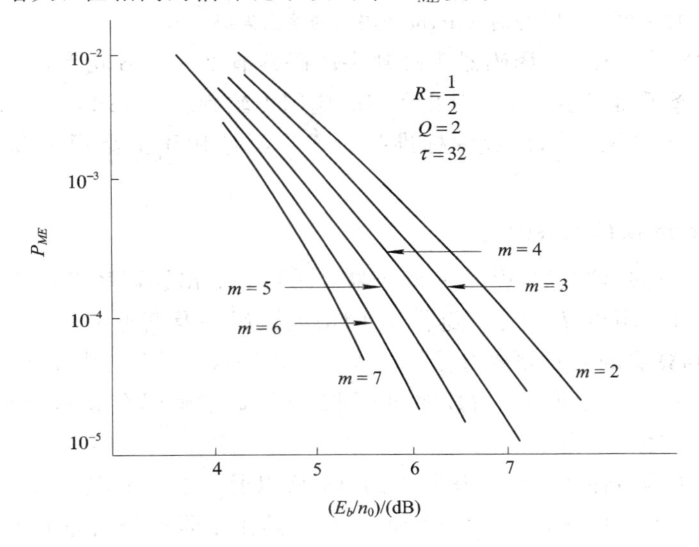

图 12-24　不同 m 时硬判决 Viterbi 译码器的输出误码率与 E_b/n_0 之间的关系

若加性高斯白噪声信道输出不采用二电平量化，而是模拟信号输出(相当于 Q 是无限时的无限电平量化情况)，进行无限量化时的软判决 Viterbi 译码，其性能比硬判决 Viterbi 译码器的性能有 3 dB 的功率增益。若加性高斯白噪声信道输出采用 Q 电平量化，则 Q 进制输入的软判决 Viterbi 译码器性能介于硬判决 Viterbi 译码器与无限量化软判决 Viterbi 译码器性能之间。当采用八电平或十六电平均匀量化时，译码器也不太复杂，并且性能比硬判决 Viterbi 译码器有 2～3 dB 功率增益。图 12-25 给出了不同量化电平时，Viterbi 译码器的输出误码率与 E_b/n_0 之间的关系。可以看出，软判决 Viterbi 译码器性能比硬判决的

性能有明显提高，当量化电平 $Q>16$ 以上时，性能提高不再明显。因此，量化电平 Q 通常取八电平或十六电平就可以了。

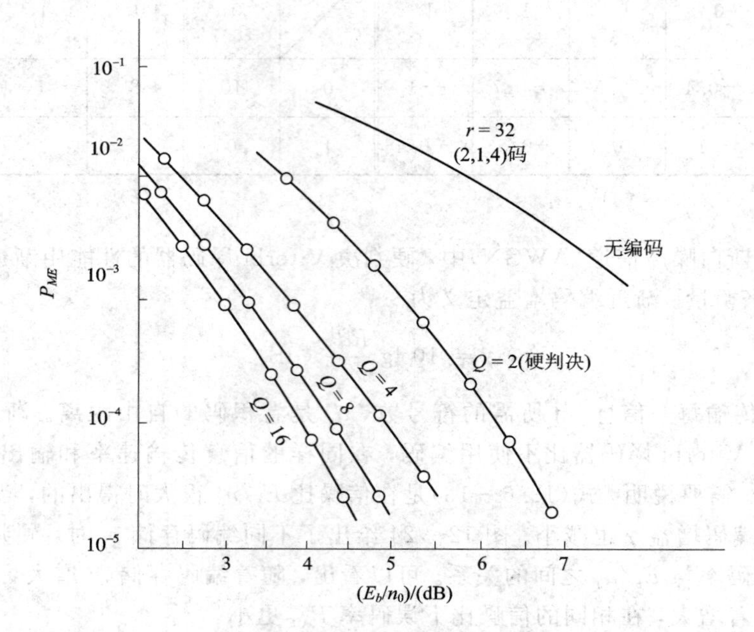

图 12－25　不同 Q 时 Viterbi 译码器的输出误码率与 E_b/n_0 之间的关系

正是由于软判决 Viterbi 译码器比硬判决译码器有 2～3 dB 功率增益，且译码器的结构并不比硬判决译码器复杂多少，因此在实际应用中软判决 Viterbi 译码器得到广泛应用，并且软判决 Viterbi 译码技术已成为标准技术而广泛应用于卫星通信和其他数据通信系统中。

3. 适应 Viterbi 译码算法的码

无论是硬判决还是软判决 Viterbi 译码器，译码器输出误码率及渐近编码增益性能主要由所选用码的自由距离 d_f 决定，随着 d_f 的增大误码率及渐近编码增益性能提高，所以适应 Viterbi 译码算法的码必须要有尽可能大的自由距离。另外，由于 Viterbi 译码器的复杂性随编码存储 m(或约束度 N)指数增加，因此选用码的编码存储不能太大，同时这些码必须无恶性误差传播。

由于代数方法构造性能好的卷积码很困难，所以通常都是采用计算机搜索具有上述性能的好码。表 12－11、12－12、12－13 和 12－14 给出了码率分别为 1/2、1/3、1/4 和 2/3 时，适用于 Viterbi 译码算法的好卷积码。表中码的子生成序列用八进制表示，如(2，1，5)码，它的子生成序列 g^1 的八进制数为“65”，g^2 的八进制数为“57”，则子生成序列

$$g^1=(110\quad 101)$$
$$g^2=(101\quad 111)$$

子生成多项式为

$$g^1(x)=1+x+x^3+x^5$$
$$g^2(x)=1+x^2+x^3+x^4+x^5$$

表 12－11　具有最大 d_f 的 $R=1/2$ 码

m	g^1	g^2	d_f	γ/dB
2	5	7	5	0.97
3	64	74	6	1.76
4	46	72	7	2.43
5	65	57	8	3.01
5	73	61	8	3.01
6	554	744	10	3.98
6	171	133	10	3.98
7	712	476	10	3.98
8	561	753	12	4.77
9	4734	6624	12	4.77
10	4672	7542	14	5.44
11	4335	5723	15	5.74
12	42554	77304	16	6.02
13	43572	56246	16	6.02
14	56721	61713	18	6.53
15	447254	627324	19	6.77
16	716502	514576	20	6.99

表 12－12　具有最大 d_f 的 $R=1/3$ 码

m	g^1	g^2	g^3	d_f	γ/dB
2	5	7	7	8	1.25
3	54	64	74	10	2.21
4	52	66	76	12	3.01
5	47	53	75	13	3.35
6	554	624	764	15	3.98
7	452	662	756	16	4.26
8	557	663	711	18	4.77
9	4474	5724	7151	20	5.22
10	4726	5562	6372	22	5.64
11	4767	5723	6265	24	6.02
12	42554	43364	77304	24	6.02
13	43512	73542	76266	26	6.36

表 12-13 具有最大 d_f 的 $R=1/4$ 码

m	g^1	g^2	g^3	g^4	d_f	γ/dB
2	5	7	7	7	10	0.97
3	54	64	64	74	13	2.11
4	52	56	66	76	16	3.01
5	53	67	71	75	18	3.52
6	564	564	634	714	20	3.98
7	472	572	626	736	22	4.39
8	463	535	733	745	24	4.77
9	4474	5724	7154	7254	27	5.28
10	4656	4726	5562	6372	29	5.59
11	4767	5723	6265	7455	32	6.02
12	44624	52374	66754	73534	33	6.15
13	42226	46372	73256	73276	36	6.53

表 12-14 具有最大 d_f 的 $R=2/3$ 码

m K	$g^{1,1}$ $g^{2,1}$	$g^{1,2}$ $g^{2,2}$	$g^{1,3}$ $g^{2,3}$	d_f	γ/dB
1 2	6 2	2 4	6 4	3	0
2 3	4 1	2 4	6 7	4	1.25
2 4	7 2	1 5	4 7	5	2.21
3 5	60 14	30 40	70 74	6	3.01
3 6	64 30	30 64	64 74	7	3.68
4 7	60 16	34 46	54 74	8	4.26
4 8	64 26	12 66	52 44	8	4.26
5 9	52 05	06 70	74 53	9	4.77
5 10	63 32	15 65	46 61	10	5.22

注：K 为编码器的移位寄存器的总级数。

表中的渐近编码增益 γ 是在硬判决情况下得到的，如果采用软判决译码或模拟信号译码，则还可以再得到 2～3 dB 的软判决增益。例如(2，1，5)码，它的渐近编码增益 $\gamma=3.01$ dB；如果采用八电平软判决 Viterbi 译码，则可得到总的编码增益为5.01 dB；如果采用模拟信号 Viterbi 算法译码，则总的编码增益可达 6.01 dB。

习　题

12－1　已知三个码组为(001010)、(101101)、(010001)。若用于检错，能检出几位错码？若用于纠错，能纠正几位错码？若同时用于检错和纠错，各能纠、检几位错码？

12－2　若方阵中的码元错误情况如图P12－1所示，试问能不能检测出。

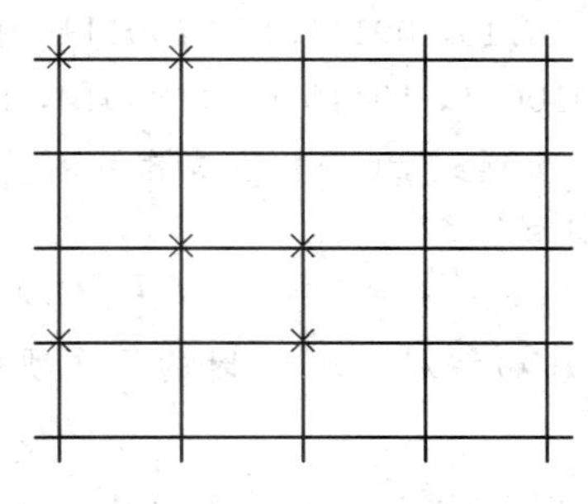

图P12－1

12－3　已知CRC－16循环冗余校验码的生成多项式 $g(x)=x^{16}+x^{12}+x^{2}+1$。

(1) 画出该编码器原理图；

(2) 若编码器输入信息码元为1011100100011100，求编码器输出码组。

12－4　一码元长 $n=15$ 的汉明码，监督位 r 应为多少？编码速率为多少？试写出监督码元位数与信息码元位数之间的关系。

12－5　已知(7，3)码的生成矩阵为

$$\boldsymbol{G}=\begin{bmatrix}1001110\\0100111\\0011101\end{bmatrix}$$

列出所有许用码组，并求监督矩阵。

12－6　设线性码的生成矩阵为

$$\boldsymbol{G}=\begin{bmatrix}001011\\100101\\010110\end{bmatrix}$$

(1) 求监督矩阵 $\boldsymbol{H}$，确定 (n, k) 码中的 n，k；

(2) 写出监督位的关系式及该 (n, k) 码的所有码字；

(3) 确定最小码距 d_0。

12－7　已知某线性分组码的监督矩阵为

$$\boldsymbol{H}=\begin{bmatrix}1&1&1&0&1&0&0\\1&1&0&1&0&1&0\\1&0&1&1&0&0&1\end{bmatrix}$$

求出生成矩阵 $\boldsymbol{G}$，并写出所有许用码组。

12－8　已知(7，4)线性分组码的生成矩阵为

$$G=\begin{bmatrix}1&0&0&0&1&1&1\\0&1&0&0&1&0&1\\0&0&1&0&0&1&1\\0&0&0&1&1&1&0\end{bmatrix}$$

(1) 求出监督矩阵 $\boldsymbol{H}$，并写出所有许用码组；

(2) 若接收码组为 1101101，计算校正子。

12-9　已知(7，4)循环码的全部码组为

0000000，0001011，0010110，0011101，0100111，0101100，0110001，0111010，1000101，1001110，1010011，1011000，1100010，1101001，1110100，1111111

(1) 试写出该循环码的生成多项式 $g(x)$和生成矩阵 $\boldsymbol{G}$，并将 $\boldsymbol{G}$ 化为典型阵；

(2) 写出 $\boldsymbol{H}$ 矩阵，并化为典型阵。

12-10　证明 $x^{10}+x^8+x^5+x^4+x^2+x+1$ 为(15，5)循环码的生成多项式。求出该码的生成矩阵，并写出消息码为 $m(x)=x^4+x+1$ 时的码多项式，画出此(15，5)循环码的编码器电路。

12-11　(15，7)循环码由 $g(x)=x^8+x^7+x^6+x^4+1$ 生成。试问接收码组 $T(x)=x^{14}+x^5+x+1$ 经过只有检错功能的译码器，收端是否要求重发(假设译码器能够检测出足够的错码)。

12-12　已知 $x^7+1=(x^3+x^2+1)(x^3+x+1)(x+1)$，令 $g_1(x)=x^3+x^2+1$，$g_2(x)=x^3+x+1$，$g_3(x)=x+1$。分别讨论：

(1) $g(x)=g_1(x)g_2(x)$

(2) $g(x)=g_2(x)g_3(x)$

两种情况下，由 $g(x)$生成的 7 位循环码的检错与纠错能力。

12-13　一个(8，4)系统码，它的监督方程为

$$\begin{aligned}c_0&=m_1+m_2+m_3\\c_1&=m_0+m_1+m_2\\c_2&=m_0+m_1+m_3\\c_3&=m_0+m_2+m_3\end{aligned}$$

式中，m_0，m_1，m_2 和 m_3 是信息码，c_0，c_1，c_2 和 c_3 是监督码。

(1) 求出该码的监督矩阵 $\boldsymbol{H}$ 和生成矩阵 $\boldsymbol{G}$；

(2) 分析该码的最小码距 d_0。

12-14　令 $g(x)=x^{10}+x^8+x^5+x^4+x^2+x+1$ 是(15，5)循环码的生成多项式，

(1) 写出该码的系统码形式的监督矩阵 $\boldsymbol{H}$ 和生成矩阵 $\boldsymbol{G}$；

(2) 构造该码的编码器。

12-15　求以 $C(x)=x^{12}+x^9+x^6+x^5+x^4+x^3+x^2$ 作为码子时，有最小码长 n 的二进制循环码。求出该码的 $g(x)$、n 和 k，并画出编码器原理图。

12-16　已知(15，11)循环汉明码的生成多项式 $g(x)=x^4+x^3+1$，求该码的生成矩阵 $\boldsymbol{G}$ 和监督矩阵 $\boldsymbol{H}$。

12-17　已知 $x^{15}+1=(x+1)(x^4+x+1)(x^4+x^3+1)(x^4+x^3+x^2+x+1)(x^2+x+1)$，由它共能产生出多少种码长为15 的循环码？列出每种循环码的生成多项式 $g(x)$。

12-18　已知(15，11)循环汉明码的生成多项式 $g(x)=x^4+x^3+1$，设计一个由该生成多项式产生的码字的编码器和译码器。

12-19　确定码长 $n=15$ 的所有本原二进制 BCH 码的生成多项式 $g(x)$。

12-20　构造一个码长 $n=63$，能纠正 2 个错误的二进制 BCH 码，写出该码的生成多项式 $g(x)$。

12-21　构造一个 $GF(2^4)$上的码长 $n=15$，纠正一个错误的 RS 码，求出该码的生成多项式 $g(x)$和信息码长 k。

12-22　构造一个 $GF(2^4)$上的码长 $n=15$，纠正三个错误的 RS 码，求出该码的生成多项式 $g(x)$和信息码长 k。

12-23　已知(2，1，3)卷积码的子生成序列 $g^1=(1101)$，$g^2=(1111)$。

(1) 写出该码的子生成多项式和生成矩阵 **G**；

(2) 画出该码的编码器原理图；

(3) 求出相应于输入信息序列 $M=(110100)$的编码序列。

12-24　已知(4，3，2)卷积码编码器原理如图 P12-2 所示。

(1) 求出该码的子生成多项式；

(2) 写出该码的生成矩阵 **G**；

(3) 求出相应于输入信息序列 $M=(101\quad 010\quad 011\quad 100)$的编码序列。

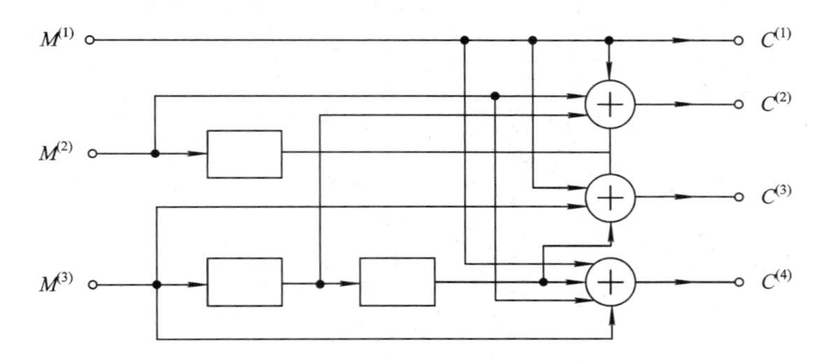

图 P12-2　(4，3，2)卷积码编码器原理图

12-25　已知(3，1，2)码的子生成序列 $g^1=(101)$，$g^2=(111)$，$g^3=(111)$。

(1) 写出该码的子生成多项式和生成矩阵 **G**；

(2) 画出该码的编码器原理图；

(3) 求出相应于输入信息序列 $M=(101100)$的编码序列。

12-26　已知(2，1，3)卷积码的子生成序列 $g^1=(1101)$，$g^2=(1111)$。

(1) 画出该码的编码器的状态图；

(2) 画出该编码器的树图；

(3) 画出该编码器的网格图。

12-27　已知(3，1，2)卷积码的子生成序列 $g^1=(101)$，$g^2=(111)$，$g^3=(111)$。

(1) 画出该码的编码器的状态图；

(2) 画出该编码器的树图；

(3) 画出该编码器的网格图。

12 - 28 已知(2, 1, 2)卷积码的子生成序列 $g^1=(101)$，$g^2=(111)$。

(1) 对长为 $L=4$ 的信息序列画出网格图；

(2) 求与输入信息序列 $M=(111010)$相应的码字；

(3) 用硬判决 Viterbi 译码器对接收序列 $R=(00\ \ 01\ \ 10\ \ 00\ \ 00\ \ 00\ \ 10\ \ 01)$进行译码。

12 - 29 已知(3, 1, 2)码的子生成序列 $g^1=(101)$，$g^2=(111)$，$g^3=(111)$。

(1) 对长为 $L=4$ 的信息序列画出网格图；

(2) 求与输入信息序列 $M=(1001101)$相应的码字；

(3) 用硬判决 Viterbi 译码器对接收序列 $R=(111\ \ 111\ \ 000\ \ 100\ \ 000\ \ 111)$进行译码。

12 - 30 已知(2, 1, 2)卷积码的子生成序列 $g^1=(101)$，$g^2=(111)$，采用硬判决 Viterbi 译码，若接收序列为 $R=(00\ \ 01\ \ 10\ \ 00\ \ 00\ \ 00\ \ 10\ \ 01)$，

(1) 在网格图上标出译码路径，并标出留存路径的汉明距离度量值；

(2) 求发送编码序列和信息序列(编码前序列)。

第 13 章　典型通信系统介绍

13.1　GSM 数字蜂窝移动通信系统

移动通信系统出现在半个世纪以前，20 世纪 80 年代以后得到了迅速发展。数字程控交换技术的采用，综合业务数字网(ISDN)的开发成功，智能网研究的新进展，为实现个人通信打下了网络基础；特别是随着蜂窝组网技术的完善和大容量系统的出现，移动通信已经成为发展速度最快、最受欢迎、最灵活方便的通信技术之一。

数字蜂窝移动通信系统是将通信范围分为若干相距一定距离的小区，移动用户可以从一个小区运动到另一个小区，依靠终端对基站的跟踪，从而使通信不中断。移动用户还可以从一个城市漫游到另一个城市，甚至到另一个国家与原注册地的用户终端通话。数字蜂窝移动通信系统的组成原理如图 13 - 1 所示，主要由三部分组成：控制交换中心、若干基站、诸多移动终端，通过控制交换中心进入公用有线电话网，从而实现移动电话与固定电话、移动电话与移动电话之间的通信。从基站到移动台的传输方向称为下行链路(或前向链路)，从移动台到基站的传输方向称为上行链路(或反向链路)，目前广泛应用的是第二代移动通信系统，采用窄带时分多址(TDMA)和窄带码分多址(CDMA)数字接入技术，已形成的国家和地区标准有欧洲的 GSM 系统、美国的 IS - 54 系统和 IS - 95 系统、日本的 PDC 系统。我国主要采用欧洲的 GSM 系统。

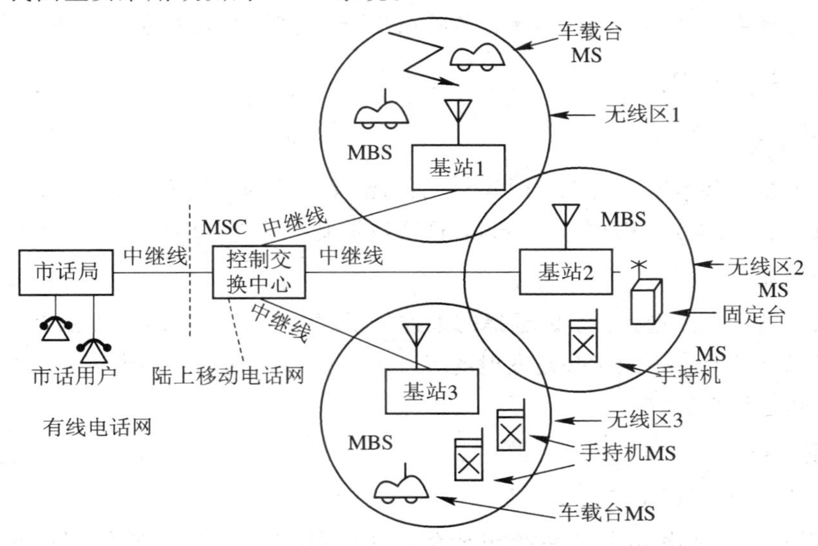

图 13 - 1　数字蜂窝移动通信系统组成原理图

GSM 数字蜂窝移动通信系统(简称 GSM 系统)是第二代蜂窝系统的标准，它是为了解决欧洲第一代蜂窝系统四分五裂的状态而发展起来的。在 GSM 之前，欧洲各国采用不同的蜂窝标准，对于用户来说，不可能用一种制式的移动电话在整个欧洲进行通信。为了建立欧洲统一的数字移动通信标准，欧洲邮电联合会(CEPT)于 1982 年成立了移动通信特别小组(GSM)，对开发第二代蜂窝系统的目标进行研究。GSM 通过对各个试验系统进行分析、论证和比较，于 1988 年提出了泛欧数字移动通信网标准，即 GSM 标准。任何一家厂商提供的 GSM 数字蜂窝移动通信系统都必须符合 GSM 技术规范。

13.1.1 GSM 系统的主要性能和特点

1. 主要性能

GSM 系统的主要性能如下所述。

1) 工作频率

GSM900 系统，上行链路频率 890～915 MHz，下行链路频率 935～960 MHz，双工间隔为 45 MHz，工作带宽为 25 MHz，载频间隔为 200 kHz；GSM1800 系统，上行链路频率为 1710～1785 MHz，下行链路频率为 1805～1880 MHz，双工间隔为 95 MHz，工作带宽为 75 MHz，载频间隔为 200 kHz；EGSM900 系统，上行链路频率为 880～915 MHz，下行链路频率为 925～960 MHz，EGSM900 比 GSM900 在上/下行频段向下扩展了 10 MHz 工作带宽，以解决目前 GSM900 系统频道拥挤问题。

2) 发射类别

271kF7W，即 8 个基本物理信道采用时分多址(TDMA)方式和高斯滤波最小移频键控(GMSK，BT＝0.3)调制，每载波信息速率为 270.833 kb/s。

3) 小区结构和频率再用

农村地区可采用宏小区，小区半径可达 35 km；城市地区的小区半径为 10～20 km；市中心等业务量密集地区可采用微小区，半径 0.5 km 左右。地域覆盖模式为 9 小区的区群，同频保护比为$\frac{C}{I}=9$ dB。

4) 业务信道

语音编码器的基本速率为 13.0 kb/s，加纠错保护后的总速率为 22.8 kb/s；透明数据速率 2.4 kb/s、4.8 kb/s 和 9.6 kb/s；非透明数据基本速率 12.0 kb/s。

5) 小区选择

由移动台进行小区选择，小区选择的条件是以路径损耗测量结果为依据。如果传输质量不满足指标要求或者不能对基站发射的寻呼块进行译码或者不能接入上行线路，则移动台就开始重新选择小区。

2. 主要特点

GSM 系统具有下列主要特点：

(1) GSM 系统是由几个分系统组成的，并且可与各种公用通信网(PSTN、ISDN、PDN 等)互连互通，各分系统之间或各分系统与各种公用通信网之间都明确和详细定义了标准化接口规范，保证任何厂商提供的GSM系统或子系统能互连；

(2) GSM系统能提供国际间的自动漫游功能，所有GSM移动用户都可进入GSM系统而与国别无关；

(3) GSM系统除了可以提供话音业务外，还可以提供各种数字业务；

(4) GSM系统具有加密和鉴权功能，能确保用户保密和网络安全；

(5) GSM系统具有灵活和方便的组网结构，频率重复利用率高，业务承担能力强，保证在话音和数据通信两个方面都能满足用户对大容量、高密度业务的要求；

(6) GSM系统抗干扰能力强，覆盖区域内的通信质量高，等等。

13.1.2　GSM系统的结构及功能

GSM系统的典型结构如图13-2所示，主要由三个相关的子系统组成，它们是网络子系统(NSS)、操作支持子系统(OSS)和基站子系统(BSS)。移动台(MS)也是一个子系统，但通常被认为是基站子系统的一部分。这些子系统通过一定的网络接口互相连接，并与用户相连。

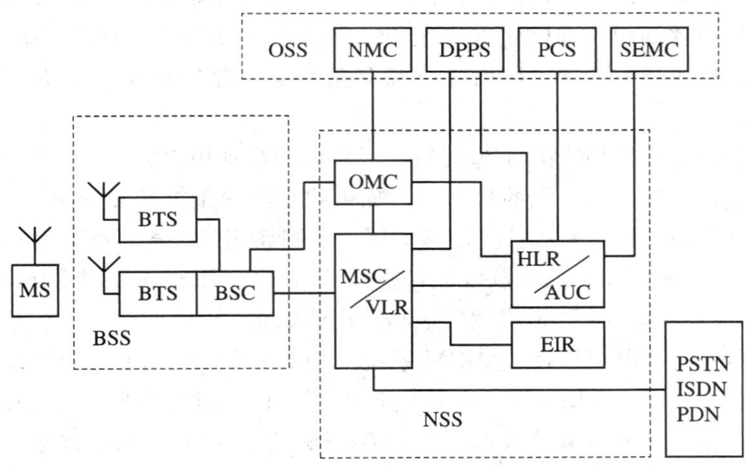

图13-2　GSM系统结构

基站子系统也叫无线子系统，提供并管理着移动台和网络子系统之间的无线传输通道，同时也管理着移动台与所有其他GSM子系统的无线接口。基站子系统不直接与公用通信网互通。网络子系统管理着系统的交换功能，保证移动台与相关的公用通信网或与其他移动台之间建立通信，网络子系统不直接与移动台互通。操作支持子系统为运营部门提供一种手段来控制和维护系统的正常运行。

1. 基站子系统(BSS)

基站子系统由多个基站收发信台(BTS)和基站控制器(BSC)组成。基站控制器是基站子系统的控制部分，承担各种接口的管理、无线资源的管理和无线参数的管理。基站收发信台是基站子系统的无线部分，由基站控制器控制，完成基站控制器与无线信道之间的转换，实现基站收发信台与移动台之间通过空中接口的无线传输和相关的控制。

基站子系统是GSM系统中最基本的组成部分，它通过无线空中接口与移动台连接，负责无线发送、接收和无线资源管理。另一方面，通过A接口，基站子系统与网络子系统中的移动业务交换中心(MSC)相连接，实现移动用户之间或移动用户和固定网络用户之间的通信连接，传送系统控制信息和用户信息等。

移动台属于基站子系统的一部分，它是 GSM 系统中用户使用的设备，包括：手持台、便携台和车载台。移动台通过无线空中接口与基站收发信台连接。移动台另外一个重要组成部分是用户识别卡(SIM)。SIM 卡是一种存储装置，可存储用户识别卡，为用户提供服务的网络、地区、专用键，以及其他特定用户信息等。没有 SIM 装置，GSM 移动台不会工作。正是 SIM 使 GSM 用户能识别自己的身份。

2. 网络子系统(NSS)

网络子系统主要由移动业务交换中心(MSC)、访问用户位置寄存器(VLR)、归属用户位置寄存器(HLR)、移动设备识别寄存器(EIR)和鉴权中心(AUC)等组成。网络子系统通过 GSM 规范的 7 号信令实现内部各功能块及与基站子系统的连接。承担 GSM 系统的交换功能及提供对用户管理和数据库。

移动业务交换中心(MSC)是网络的核心，它提供基站子系统、归属用户位置寄存器、移动设备识别寄存器、鉴权中心、操作维护中心(OMC)、面向固定网络的接口等的交换。把移动用户之间或移动用户和固定网络用户之间相互连接起来。MSC 为移动用户提供电信业务、承载业务和补充业务，同时还支持位置登记、越区切换、自动漫游等其他网络功能。

访问用户位置寄存器(VLR)是为其控制区域内的移动用户服务的。对其控制区域内的移动用户进行登记，并为已登记的移动用户提供建立呼叫接续的必要条件。访问用户位置寄存器是一个动态数据库，其从已登记移动用户的归属用户位置寄存器获取或存储相关数据。当移动用户离开该 VLR 的控制区域，进入到另一个 VLR 的控制区域，则移动用户在新的 VLR 进行登记，而原 VLR 将撤销该移动用户数据。

归属用户位置寄存器(HLR)是 GSM 系统的中央数据库，存储该 HLR 控制区域内所有移动用户的数据。这些数据包括：移动用户识别号码、用户类型、访问能力、补充业务等。另外，HLR 还存储移动用户实际漫游所在 MSC 区域的有关动态数据。

鉴权中心(AUC)是归属用户位置寄存器的一个功能单元，它存储着用户鉴权信息和加密密钥，保证移动用户通信安全，防止无权用户接入系统。

移动设备识别寄存器(EIR)存储每个移动用户的国际移动用户识别号码(IMSI)，通过白色清单、黑色清单或灰色清单这三种表格，确保网络内各移动用户的唯一性和安全性。

IMSI 由移动国家码、移动网号和移动用户识别号三部分组成，其结构如图 13-3 所示。

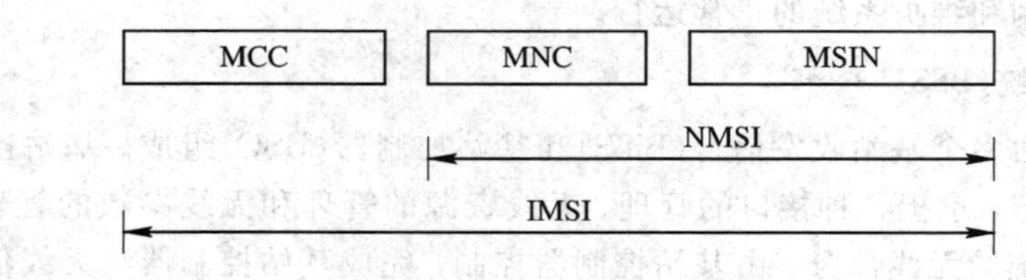

图 13-3 IMSI 结构

移动国家码(MCC)由三位数字组成，唯一地识别移动用户所属的国家；移动网号(MNC)最多由两个数字组成，用来识别移动用户归属的 GSM 移动通信网；移动用户识别号(MSIN)唯一地识别某个GSM网中的移动用户。IMSI总长度不超过15位十进制数，MNC和MSIN合起来构成国内移动用户标识。

3. 操作支持子系统(OSS)

操作支持子系统是管理和服务中心，主要包括：网络管理中心(NMC)、安全性管理中心(SEMC)、用户识别卡管理的个人化中心(PCS)、计费管理的数据后处理系统(DPPS)等。实现对移动用户管理、移动设备管理及网络操作和维护。

GSM系统各子系统之间通过相应的接口连接，其原理如图13-4所示。主要接口包括：Um接口(无线空中接口)、Abis接口和A接口。这三种主要接口的标准化能保证不同厂商生产的GSM设备和系统能够互连。

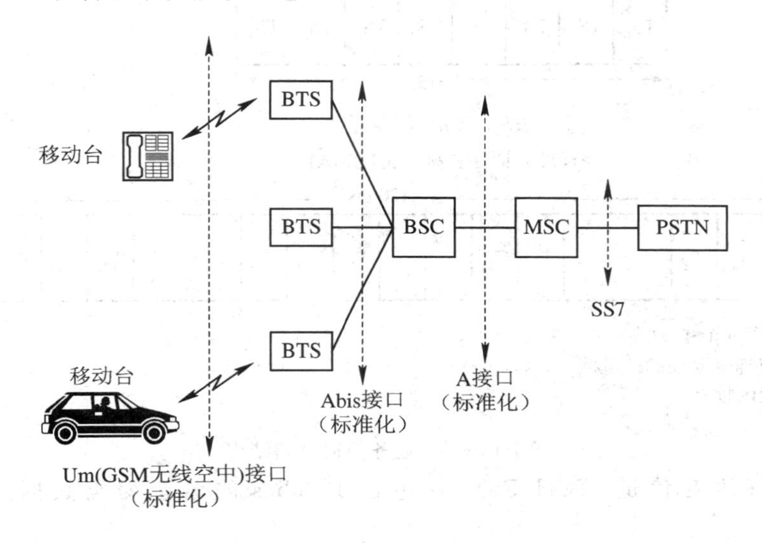

图13-4 GSM系统中的各类接口

连接移动台和基站收发信台之间的接口称为Um接口，用于移动台和基站子系统之间的互通，其传递的信息有：无限资源管理、移动性管理和接续管理。连接基站收发信台(BTS)和基站控制器(BSC)之间的接口称为Abis接口，通过标准的64 kb/s或2.048 Mb/s PCM数字传输链路实现BTS与BSC之间的互连。此接口支持所有向用户提供的服务，并支持对BTS无线设备的控制和无线频率的分配。连接基站控制器和移动业务交换中心(MSC)之间的接口称为A接口，通过标准的2.048 Mb/s PCM数字传输链路实现BSC与MSC之间的连接。此接口传递的信息有：移动台管理、基站管理、移动性管理和接续管理。

13.1.3 GSM的信道类型

GSM逻辑信道可以分为业务信道(TCH)和控制信道(CCH)。业务信道携带的是用户的数字化语音或数据，无论是上行还是下行链路都有同样的功能和格式。控制信道在移动站和基站之间传输信令和同步信息，在上下行链路之间有着不同的信道。在GSM中有6种类型的业务信道和很多类型的控制信道。

1. GSM中的业务信道(TCH)

GSM的业务信道携带用户数字化语音或数据信息，可分为全速率或半速率两种类型。

全速率传送时，用户数据在一个时隙(TS)中传送。半速率传输时，用户数据映射到同一时隙上，但是采用隔帧传送的方式，因此两个半速率的用户可以共享同一个时隙，但是每隔一帧交替发送。在 GSM 标准中，TCH 数据不会在作为广播信道的频点的 TDMA 帧的 TS_0 上传播。此外，TCH 复帧(包含 26 帧)在第 13 和第 26 帧中会插入慢速辅助控制信道(SACCH)数据或空闲帧(IDLE)。如果第 26 帧中包含 IDLE 数据位，则为全速率 TCH，如果包含 SACCH 数据则为半速率的 TCH。业务信道复帧结构如图 13－5 所示。

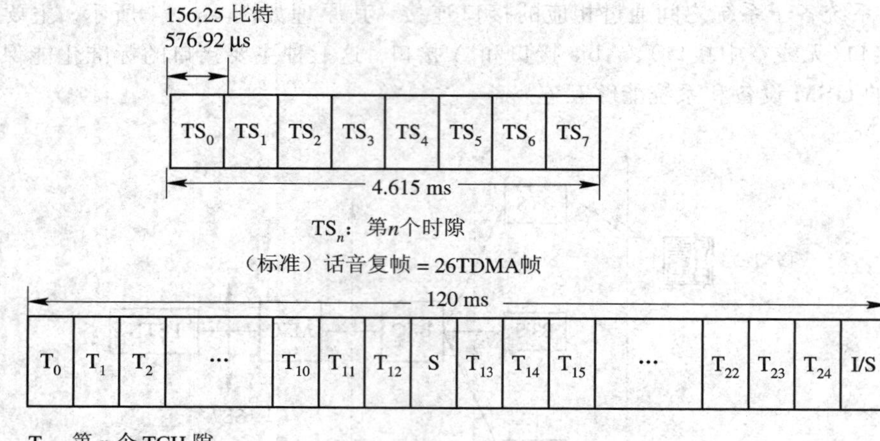

图 13－5 业务信道复帧结构

· 全速率语音信道(TCH/FS)——包含 13 kb/s 的语音编码数据，信道速率为 22.8 kb/s；

· 全速率 9600 b/s 数据信道(TCH/F9.6)——包含 9600 b/s 的用户数据，信道速率为 22.8 kb/s；

· 全速率 4800 b/s 数据信道(TCH/F4.8)——包含 4800 b/s 的用户数据，信道速率为 22.8 kb/s；

· 全速率 2400 b/s 数据信道(TCH/F2.4)——包含 2400 b/s 的用户数据，信道速率为 22.8 kb/s；

· 半速率语音信道(TCH/HS)——包含 6.5 kb/s 的语音编码数据，信道速率为 11.4 kb/s；

· 半速率 4800 b/s 数据信道(TCH/H4.8)——包含 4800 b/s 的用户数据，信道速率为 11.4 kb/s；

· 半速率 2400 b/s 数据信道(TCH/H2.4)——包含 2400 b/s 的用户数据，信道速率为 11.4 kb/s。

2. GSM 中的控制信道(CCH)

GSM 中有三种主要的控制信道：广播信道(broadcast channel-BCH)，公共控制信道(commmon control channel-CCCH)，专用控制信道(dedicated control channel-DCCH)。在 GSM 中每个控制信道由几个时分逻辑信道组成。BCH 和 CCCH 的前向控制信道分配在指定频点的专用时隙中，它们一般只在 51 帧(控制信道复帧)的指定帧的 TS_0 中发送，这个频点我们称之为广播信道。其他 7 个时隙 TS_1 到 TS_7 可用来支持 7 个全速率的用户。在广播信道中，第 51 帧不包含 BCH/CCCH 前向链路数据，是一个空闲帧。在反向链路上，CCCH 可以接受从移动台传来的包含 TS_0 中的任何一帧中的信息。DCCH 可以在每一帧的每一个时隙上传输。控制信道复帧结构如图 13－6 所示。

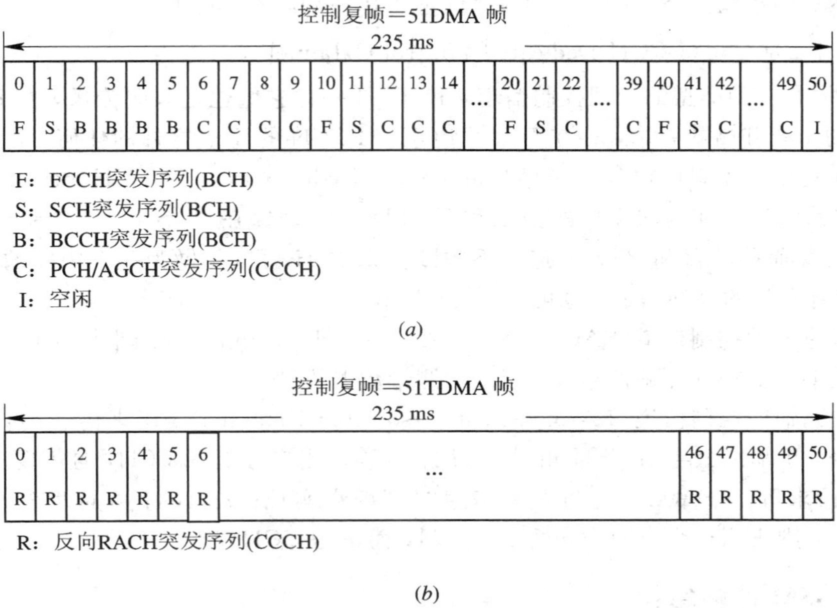

控制复帧＝51DMA 帧

235 ms

0	1	2	3	4	5	6	7	8	9	10	11	12	13	14	…	20	21	22	…	39	40	41	42	…	49	50
F	S	B	B	B	B	C	C	C	C	F	S	C	C	C		F	S	C		C	F	S	C		C	I

F：FCCH突发序列(BCH)
S：SCH突发序列(BCH)
B：BCCH突发序列(BCH)
C：PCH/AGCH突发序列(CCCH)
I：空闲

(*a*)

控制复帧＝51TDMA 帧

235 ms

0	1	2	3	4	5	6	…	46	47	48	49	50
R	R	R	R	R	R	R		R	R	R	R	R

R：反向RACH突发序列(CCCH)

(*b*)

图 13－6　控制信道复帧结构

1）广播信道(BCH)

广播信道在一个小区的指定频点的前向链路发送的特定帧的 TS_0 中传播。与 TCH 不同，BCH 仅使用前向链路。BCH 不但给小区内的移动用户提供同步信息，同时也被邻接小区的移动用户监测。所以接收电平和 MAHO(Mobile Asitant Hand Over)判决可以来自小区外用户。BCH 在 51TDMA 帧序列的不同帧的 TS_0 中分为 3 种信道。

(1) 广播控制信道(BCCH-Broadcast Control CHannel)，该信道广播 BTS 的一般信息如小区和网络的特征、小区内其他可用的信道等。在 51 帧控制复帧的第 2 帧到第 5 帧包含 BCCH 数据。

(2) 频率校正信道(FCCH-Frequency Correction CHannel)，该信道用于移动台的频率与基站的频率同步。占用 51 帧控制复帧的第 0 帧，每隔 10 帧重复一次。

(3) 同步信道(SCH-Synchronization CHannel)，在 51 帧控制复帧的 FCCH 帧后就紧接着有一帧 SCH，每隔 10 帧重复一次。载有移动台帧同步和基站收发信机识别、BSIC 码、时间提前量等信息。

2）公共控制信道(CCCH-Common Control CHannel)

公共控制信道为网络中移动台所共用，分为三种类型信道。

(1) 寻呼信道(PCH)，PCH 是一个前向信道用于基站寻呼移动台，通知移动台有来自

PSTN 的呼叫。同时 PCH 在随机接入信道(RACH)上传送目标用户的 IMSI，并要求移动台在 RACH 上提供认证信息，短消息也在 PCH 上发送。

(2) 随机接入信道(RACH)，RACH 是一个反向信道用于移动台对 PCH 的回应，或随机提出入网申请，即请求分配独立专用控制信道(SDCCH)。

(3) 接入认可信道(AGCH)，AGCH 是一个反向信道用于基站对移动台的随机接入请求作出应答，即给移动台分配一个 SDCCH 或直接分配一个 TCH。

3) 专用控制信道(DCCH-Dedicated Control CHannel)

GSM 中有三种类型的专用控制信道，和 TCH 一样它们也是双向传送，在上下行链路中有相同的功能和格式，并可存在于除了 BCH ARFCN 的 TS_0 之外的任何时隙中。

(1) 独立专用控制信道(SDCCH-Stand-alone Dedicated Control CHannel)，它携带分配 TCH 之前移动台和基站连接的信令数据。SDCCH 确保在 BTS 和 MSC 验证移动台并为它分配资源前移动台和 BTS 的连接不中断。SDCCH 可以看做为一个中间的暂时信道。SDCCH 可有专门的物理信道，也可和 BCH 共用。

(2) 慢速辅助控制信道(SACCH-Slow Associated CHannel)，用来传送用户信息期间某些特定信息，如功率和帧调整控制信息、测量数据等。

(3) 快速辅助控制信道(FACCH-Fast Associated CHannel)，用来传送用户的紧急信息，携带的信息基本上与 SDCCH 相同。若没有为移动用户分配 SDCCH，且需要处理紧急事务(如切换请求等)，FACCH 通过业务信道"偷"帧来实现；若 TCH 中的两个 STEALING BIT 被置位，则表明这个时隙中包含 FACCH，而不是 TCH。

13.1.4 GSM 的帧结构

GSM900 工作带宽为 25 MHz，每个载频为 200 kHz，因此可以获得 124 个载频频道，考虑到第一个、最后一个作为保护频道不用，因此 GSM900 共有 122 个载频频道可用。GSM1800 则有 374 个载频频道。EGSM 在 GSM900 基础上增加了 50 个频道。通常将频道称为信道，即每个信道带宽为 200 kHz。在上述三种系统中，为便于无线管理，对每一信道都有明确的信道编号，同时不同的系统不同的频率内信道是不同的，具体计算方法如下：

GSM900 系统上行信道：

$$f_u(n) = 890 + 0.2n \quad \text{MHz} \tag{13.1-1}$$

下行信道：

$$f_d(n) = f_u(n) + 45 \quad \text{MHz} \tag{13.1-2}$$

式中，n 为绝对射频频道(信道)，即 ARFCN，其取值范围为 $1 \leqslant n \leqslant 124$。

EGSM900 系统上行信道：

$$f_{u1}(n) = 890 + 0.2n \quad \text{MHz},\ 0 \leqslant n \leqslant 124 \tag{13.1-3}$$

$$f_{u2}(n) = 890 + 0.2(n - 1024) \quad \text{MHz},\ 975 \leqslant n \leqslant 1023 \tag{13.1-4}$$

下行信道：

$$f_d(n) = f_u(n) + 45 \quad \text{MHz},\ 0 \leqslant n \leqslant 124 \tag{13.1-5}$$

GSM1800 系统上行信道：

$$f_u(n) = 1710.2 + 0.2(n - 512) \quad \text{MHz},\ 512 \leqslant n \leqslant 885 \tag{13.1-6}$$

下行信道：

$$f_d(n) = f_u(n) + 95 \quad \text{MHz}, 512 \leqslant n \leqslant 885 \tag{13.1-7}$$

由此可见，每个信道都对应有一个 ARFCN，也即不同的 n 是只能应用于属于它的那个频道。GSM 系统中一个信道在时域和频域的平面结构如图 13－7 所示。可以看出，GSM 既是时分制又是频分制的，即 GSM 系统空间接口采用 FDMA 与 TDMA 的混合方式，所以它的容量要比单纯频分或时分的无线通信系统容量更大。

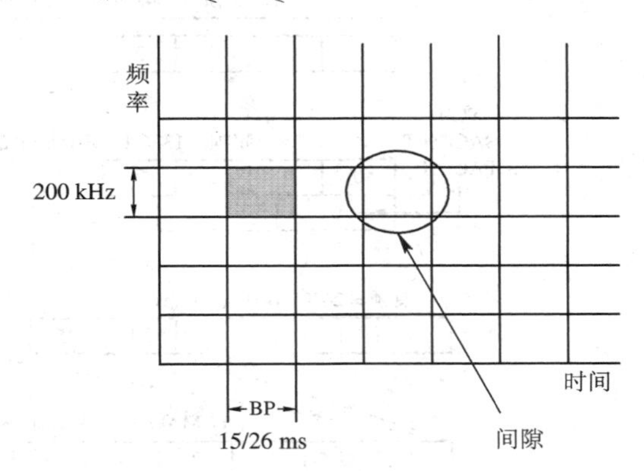

图 13－7　信道在时域和频域的平面结构

从频域角度来看，在系统频段内，每 200 kHz 设置时隙的中心频率，即 GSM 规范中的射频信道。从时域的角度来看，间隙在频域上循环发生，每次占 15/26 ms（约 576.92 μs），称之为突发脉冲序列周期 BP（Burst Period），这些间隙的时间间隔称之为时隙（Time Slot），每个时隙包括 156.25 bits 信息。GSM 系统每 8 个时隙为一个周期，即每个载波有 8 个物理信道。

在 GSM 系统中，每一个移动用户在分配给它的时隙内以突发方式传输数据。根据 GSM 规定，数据突发序列共有五种格式，如图 13－8 所示。

正常突发序列

3个起始比特	58个加密数据比特	26个训练比特	58个加密数据比特	3个停止比特	8.25个保护时间比特

FCCH 突发序列

3个起始比特	142个固定零比特	3个停止比特	8.25个保护时间比特

SCH 突发序列

3个起始比特	39个加密数据比特	64个训练比特	39个加密数据比特	3个停止比特	8.25个保护时间比特

RACH突发序列

8个起始比特	41个同步比特	36个加密数据比特	3个停止比特	68.25个扩展保护时间比特

伪突发序列

3个起始比特	58个混合比特	26个训练比特	58个混合比特	3个停止比特	8.25个保护时间比特

图 13－8　GSM 系统中数据突发格式

正常突发序列用于前向和反向链路的业务信道（TCH）和专用控制信道（DCCH）的传输。频率校正信道（FCCH）突发序列用来广播前向链路上的频率控制信息，允许移动用户将内部频率标准和基站的精确频率进行同步。同步信道（SCH）突发序列用来广播前向链路上的定时信息，调整移动用户的定时，使得基站接收到的信号与基站时钟同步。随机接入信道（RACH）突发序列在反向链路为移动用户传输基站服务信息。伪突发序列用做前向链路上未使用时隙的填充信息。

正常突发序列的数据结构如图 13－9 所示，由时隙（Time Slot）、帧（Frame）、复帧、超帧（Super Frame）和超高帧分层构成。

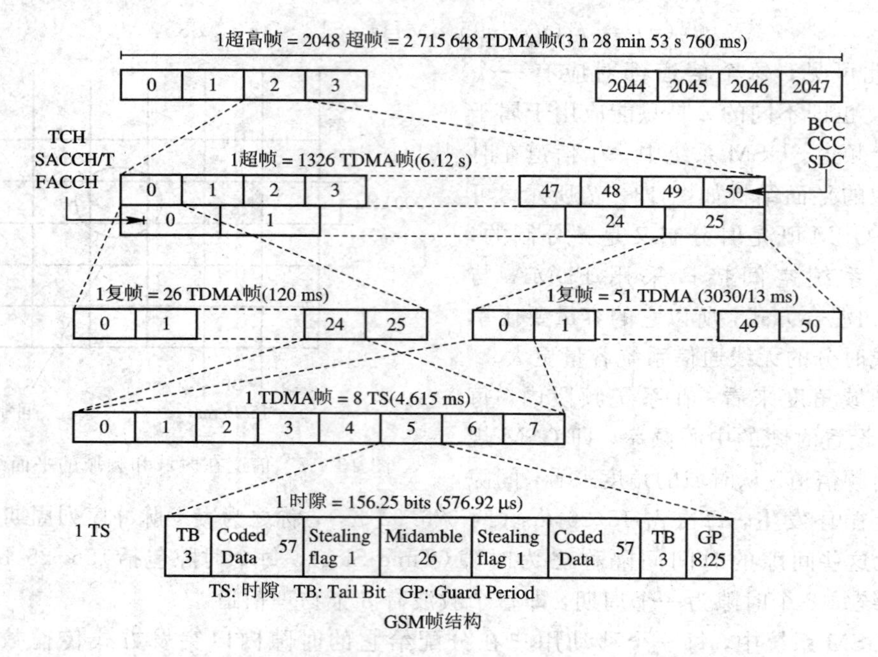

图 13-9 GSM 帧结构

一个时隙为 15/26 μs(约 576.92 μs)，包含 156.25 个比特，传输速率为 270.833 kb/s。在每个时隙的 156.25 个比特中，有 114 比特为信息承载比特，它们位于接近突发序列始端和末端的两个 57 比特序列。中间段由 26 比特的训练序列构成。这些序列允许移动台或基站接收器的自适应均衡器在对用户数据解码之前先分析无线信道特征。在中间段的两端都有 stealing 帧标志的控制比特。这两个标志用来区分在同一物理信道上时隙中包含的是话音(TCH)数据还是控制(FACCH)数据。最后 8.25 比特是保护时间比特。在一帧中，每个 GSM 用户单元用一个时隙来发送，一个时隙来接收，并且可能用 6 个空闲时隙来检测自己及相邻 5 个基站的信号强度。

每个 TDMA 帧包含 8 个时隙，共占：

$$8 \times 0.57692 \approx 4.615\ \text{ms}$$

一帧包括：

$$8 \times 156.25 = 1250\ \text{bits}$$

其中一些比特未用到。帧速率为

$$\frac{270.833\ \text{kb/s}}{1250} = 216.66\ 帧/秒$$

即每秒 216.66 帧。其中第 13 或第 26 帧用于传送控制信息。

多个 TDMA 帧构成复帧，GSM 中有两种复帧：第一种是 26 帧的复帧，包含 26 个 TDMA 帧，时间间隔为 120 ms，用于业务信道(TCH)、快速辅助控制信道(FACCH)和慢速辅助控制信道(SACCH)。第二种是 51 帧的复帧，包含 51 个 TDMA 帧，时间间隔为 235 ms，用于广播控制信道(BCCH)、公共控制信道(CCCH)和独立专用控制信道(SDCCH)。

多个复帧构成超帧，它由 51 个 26 帧的复帧或 26 个 51 帧的复帧组成，一个超帧包含

1326 个 TDMA 帧，共占 6.12 s。

2048 个超帧构成超高帧，一个超高帧包含 2 715 648 个 TDMA 帧，共占 12 533.76 s (3 小时 28 分 53 秒 760 毫秒)。

为了进一步理解业务信道和各种控制信道是如何工作的，我们简要说明 GSM 系统中移动台发出呼叫建立通信的过程。首先，移动用户不断监测广播信道(BCH)，与相近的基站取得同步。通过接收频率校正信道(FCCH)、同步信道(SCH)、广播控制信道(BCCH)的信息，将移动用户锁定到基站及适当的广播信道上。为了发出呼叫，用户首先要拨号，并按压 GSM 手机上的发射按钮。移动台用它锁定的基站的绝对无线频率信道(ARFCN)来发射随机接入信道(RACH)数据突发序列。然后，基站以公共控制信道(CCCH)上的接入认可信道(AGCH)信息来对移动台作出响应，公共控制信道为移动台指定一个新的信道进行独立专用控制信道(SDCCH)连接。正在监测广播信道中 TS_0 的移动用户，将从接入认可信道接收到它的绝对无线频率信道和 TS 安排，并立即转到新的绝对无线频率信道和 TS 上，这一新的绝对无线频率信道和 TS 分配就是独立专用控制信道。一旦转接到独立专用控制信道，移动用户首先等待传给它的慢速辅助控制信道(SACCH)帧(等待最大持续 26 帧或 120 ms)，该帧告知移动台要求的定时提前量和发射机功率。基站根据移动台以前的随机接入信道传输的数据能够决定出合适的定时提前量和功率级，并且通过慢速辅助控制信道发送适当的数据供移动台处理。在接收和处理完慢速辅助控制信道中的定时提前量信息后，移动用户能够发送正常话音业务所要求的突发序列信息。当公用电话交换网(PSTN)从拨号端连接到移动业务交换中心(MSC)，且 MSC 将话音路径接入服务基站时，独立专用控制信道检查用户的合法性及有效性，随后在移动台和基站之间发送信息。几秒钟后，基站经由独立专用控制信道告知移动台重新转向一个为业务信道(TCH)安排的绝对无线频率信道和 TS。一旦再次接到业务信道，语音信号就在前向和反向链路上传送，呼叫建立成功，独立专用控制信道被清空。当从 PSTN 发出呼叫时，其过程与上述过程类似。

13.1.5　GSM 系统研究新进展

GSM 系统采用小区制，小区覆盖半径大多为 1～25 km，每个小区设有一个(或多个)基站，用以负责本小区移动通信的联络和控制等功能。若干个小区组成一个区群(蜂窝)，区群内各个小区的基站可通过电缆、光缆或微波链路与移动交换中心(MSC)相连。移动交换中心通过 PCM 电路与市话交换局相连接。由于覆盖半径较大，所以基站的发射功率较强，一般在 10 W 以上，天线也做得较高。

由于网络漏覆盖或电波在传播过程中遇到障碍物而造成阴影区域等原因，使得该区域的信号强度极弱，通信质量严重低劣形成小区内的“盲点”。在商业中心或交通要道等业务繁忙区域，使得该区域空间业务负荷超重形成小区内的“热点”。针对以上两“点”问题，便产生了微蜂窝小区技术。

微蜂窝小区是在宏蜂窝小区的基础上发展起来的一门技术。它的覆盖半径大约为 30～300 m；发射功率较小，一般在 1 W 以下；基站天线比宏蜂窝小区天线低很多，一般高于地面 5～10 m 即可。无线电波传播主要是沿着街道等的视线传播。微蜂窝最初被用来增大无线电覆盖区域，消除宏蜂窝中的“盲点”。同时由于低发射功率的微蜂窝基站允许较小的频率复用距离，每个单元区域的信道数量较多，因此业务密度得到了巨大的增长，且射频干扰很小。在宏蜂窝的“热点”上设置微蜂窝小区，可满足该微小区域内通信质量与容量两方面的要求。

微蜂窝小区作为宏蜂窝小区的补充，一般用于宏蜂窝覆盖不到的“盲点”区域，如地下会议室、娱乐室、地铁、隧道等和话务量比较集中的“热点”区域，如购物中心、娱乐中心、商务中心、会议中心、停车场等地。而在话务量很高的商业街道等区域可采用多层网形式进行连续覆盖，即分级蜂窝结构，使得整个通信网络呈现出多层次的结构。相邻微蜂窝的切换不回到所在的宏蜂窝上，宏蜂窝的广域大功率覆盖可看成是宏蜂窝上层网络，并作为移动用户在两个微蜂窝区间移动时的“安全网”，而大量的微蜂窝则构成微蜂窝下层网络。

随着容量需求的进一步增长，可按同一规则设置第 3 或第 4 层网络，即微微蜂窝小区。微微蜂窝实质上是微蜂窝的一种，只是它的覆盖半径更小，一般只有 10～30 m；基站发射功率也更小，大约为几十毫瓦；其天线一般装于建筑物内业务集中地点。微微蜂窝也是作为网络覆盖的一种补充形式而存在的，它主要用来解决商业中心、会议中心等室内“热点”的通信问题。

随着移动通信的不断发展，近年来又出现了一种新型的蜂窝形式——智能蜂窝。所谓智能蜂窝，是指基站采用具有高分辨阵列信号处理能力的自适应天线系统，智能地监测移动台所处的位置，并以一定的方式将监测到的信号功率传递给移动台的蜂窝小区。智能天线利用数字信号处理技术，产生空间定向波束，使天线主波束对准移动用户信号到达方向，旁瓣或零点对准干扰信号到达方向，达到充分高效利用移动用户信号并消除或抑制干扰信号的目的。因此，智能蜂窝小区的应用，必将极大地改善系统性能。智能蜂窝将在以下几方面提高未来移动通信的系统性能：① 扩大系统覆盖区域；② 提高频谱利用率，增大系统容量；③ 降低基站发射功率，减少信号间干扰；④ 减少电磁环境污染；⑤ 节省系统成本等。

13.2 码分多址(CDMA)蜂窝移动通信系统

CDMA 是一种以扩频技术为基础的调制和多址接入技术，因其保密性能好，抗干扰能力强而广泛应用于军事通讯领域，并且早在 19 世纪 40 年代就有过商用的尝试，经过了 40 多年的努力，克服了一个又一个的关键技术问题，直到 1993 年 7 月由美国 Qualcomm 公司开发的 CDMA 蜂窝体制被采纳为北美数字蜂窝标准，定名为 IS - 95，CDMA 蜂窝移动通信系统才正式走上商业通信市场。1995 年中国香港建立了世界上第一个 CDMA 移动通信系统，而后很多国家及地区先后建立了 CDMA 移动通信系统。

CDMA 蜂窝移动通信系统与 FDMA 模拟蜂窝移动通信系统或 TDMA 数字蜂窝移动通信系统相比有更大的系统容量、更高的话音质量以及抗干扰能力强、保密性能好等诸多优点，因而 CDMA 已成为第三代蜂窝移动通信系统的方式。本书以 IS - 95 标准为例，对 CDMA 系统作简要介绍。

13.2.1 CDMA 系统原理及特点

CDMA 系统是以扩频调制技术和码分多址接入技术为基础的数字蜂窝移动通信系统。

在 CDMA 系统中，不同用户传输的信息是靠各自不同的编码序列来区分的。CDMA 的示意图如图 13－10 所示，可以看出信号在时间域和频率域是重叠的，靠各自不同的编码序列 c_i 来区分。

IS－95 标准的全称是“双模宽带扩谱蜂窝系统的移动台－基站兼容标准”，这说明IS－95 标准是一个公共空中接口(CAI)，它没有完全规定一个系统如何实现，而只是提出了信令协议和数据结构的特点和限制，使不同的制造商采用不同的技术和工艺制造出符合 IS－95 标准规定的系统和设备。

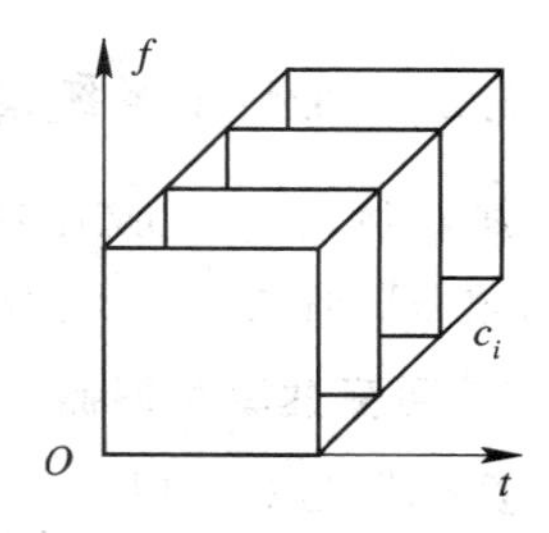

图 13－10　CDMA 的示意图

CDMA 系统网络结构与一般数字蜂窝移动通信系统的网络结构相同，其结构可参见图 13－2，包括基站子系统、移动台子系统、网络子系统和操作支持子系统。CDMA 系统与 TDMA 系统的主要差别在于无线信道的构成、相关的无线接口和无线设备、特殊的控制功能等。

IS－95 系统的主要性能指标如下：

(1) 工作频率：IS－95 下行链路的频率为 824～849 MHz，上行链路的频率为 869～894 MHz，一对下行链路频率和上行链路频率的频率间隔为 45 MHz，带宽为 1.25 MHz；

(2) 码片速率：1.2288 Mc/s；

(3) 比特率：速率集 1 为 9.6 kb/s，速率集 2 为 14.4 kb/s，IS－95B 为 115.2 kb/s；

(4) 帧长度：20 ms；

(5) 语音编码器：QCELP 8 kb/s，EVRC 8 kb/s，ACELP 13 kb/s；

(6) 功率控制：上行链路采用开环＋快速闭环，下行链路采用慢速闭环；

(7) 扩展码：Walsh＋长 M 序列。

CDMA 系统具有以下主要特点：

(1) 系统容量大，根据理论计算和实际测试表明，CDMA 系统容量是模拟系统的 10～20 倍，是 TDMA 系统的 4 倍。

(2) CDMA 系统具有软容量特性。在 FDMA 和 TDMA 系统中，当所有频道或时隙被占满以后，再无法增加一个用户。此时若有新的用户呼叫，只能遇忙等待，产生阻塞现象。而 CDMA 系统的全部用户共享一个无线信道，用户信号是靠编码序列区分，当系统负荷满载时，再增加少量用户只会引起话音质量的轻微下降，而不会产生阻塞现象。CDMA 系统的这一特性，使系统容量和用户数之间存在一种“软”关系。在业务高峰期间，可以通过稍微降低系统的误码性能，增多系统用户数目。系统软容量的另一种形式是小区呼吸功能。所谓小区呼吸功能，是指各个小区的覆盖区域大小是动态的。当相邻的两个小区负荷一轻一重时，负荷重的小区通过减小导频发射功率，使本小区边缘的用户由于导频功率强度不够而切换到相邻小区，使重负荷小区的负荷得到分担，从而增加了系统的容量。

(3) CDMA 系统具有软切换功能。所谓软切换，是指当移动台需要切换时，先与新小区的基站连通再与原来小区的基站切断联系。在切换过程中，原小区的基站和新小区的基站同时为过区的移动台服务。软切换功能可以使过区切换的可靠性提高。

(4) CDMA 系统具有话音激活功能。由于人类通话过程中话音是不连续的，占空比小于 35%。CDMA 系统采用可变速率声码器，在不讲话时传输速率降低，减小对小区其他用户的影响，从而增加系统的容量。

(5) CDMA 系统是以扩频技术为基础，因此具有抗干扰、抗多径衰落、保密性强等优点。

13.2.2　CDMA 系统的关键技术

扩频技术是 CDMA 系统的基础，要真正成为一种商业应用的通信系统，还有很多技术问题需要解决。下面就对 CDMA 系统所包含的主要技术进行讨论。

1. 可变速率声码器

声码器是对模拟语音信号进行数字化编译码的部件，其目的是在保证语音传输质量的同时数据传输速率尽可能低。在移动通信中，一般采用线性预测编码(LPC)方式，其组成原理如图 13－11 所示。

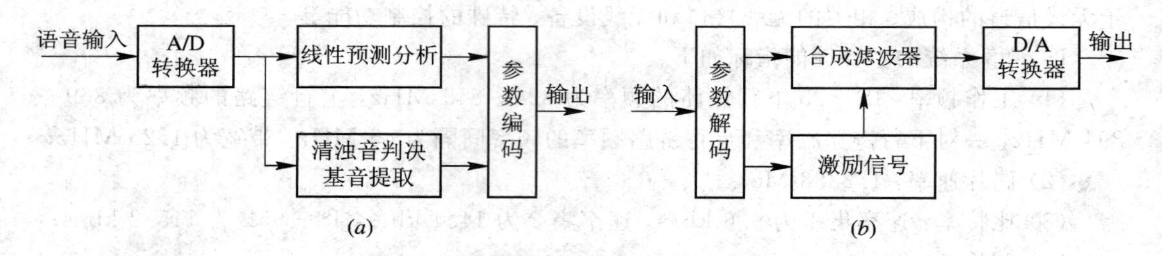

图 13－11　线性预测编译码原理图
(*a*) 编码原理；(*b*) 译码原理

线性预测编码原理是，首先通过 A/D 转换器将模拟语音信号变成数字语音信号，经过线性预测分析从语音信号中求出一组预测器系数，一般为 12 组预测滤波器系数，使得一帧语音波形均方预测误差最小。另外，再经过基音检测、清浊音判决提取语音信号中的基音周期 T_p、清浊音判决信息 U/V 和代表语音强度的增益控制参数 G。连同 12 组预测滤波器系数，共 15 个参数包含了语音信号中的主要信息。通过对每帧语音信号的分析，得到这 15 个参数，经过量化编码后发送出去。在线性预测编码中，线性预测分析是关键。在接收端，通过参数译码得到一帧语音信号的特征参数，包括基音周期 T_p、清浊音判决信息 U/V、增益控制参数 G 和预测滤波器系数。将这一组参数作用于语音合成滤波器，再经过 D/A 转换器就得到合成语音信号。语音合成滤波器通常采用全极点网络或格型网络 IIR 滤波器实现。

在 IS－95 中有三种语音编码方式，它们是：8 kb/s 的 QCELP、8 kb/s 的 EV RC 和 13 kb/s 的 ACELP。QCELP 是码激励线性预测的可变速率混合编码方式，其特点是：

(1) 属于线性预测编码；

(2) 使用码表矢量量化差值信号代替简单线性预测中产生的浊音准周期脉冲的位置和幅度；

(3) 采用话音激活检测(VAD)技术，在话音间隙期，根据不同信噪比情况，分别选择 9.6 kb/s、4.8 kb/s、2.4 kb/s 和 1.2 kb/s 四个档次的传输速率，从而使平均传输速率比最高传输速率下降两倍以上；

(4) 参量编码的主要参量每帧不断更新。

QCELP 的编码原理是，首先对输入的语音信号按 8 kHz 进行抽样，将抽样数据按 20 ms 长度分帧，每帧包含 160 个样点。经过线性预测分析得到 12 个预测滤波器参数 a_1，a_2，…，a_{12}，音调参数 L，b 和码表参数 T，生成三个参数子帧。三种参数不断更新，按一定帧结构发送出去。

QCELP 的语音合成模型如图 13 - 12 所示。首先，根据不同的传输速率选择不同的矢量，若速率是最高速率的 1/8 时，选择一个伪随机矢量；若是其他速率，则通过索引从码表中生成相应的矢量。生成的矢量加上增益后激励音调合成滤波器和线性预测编码滤波器，最后经过自适应滤波和增益控制输出合成语音信号。

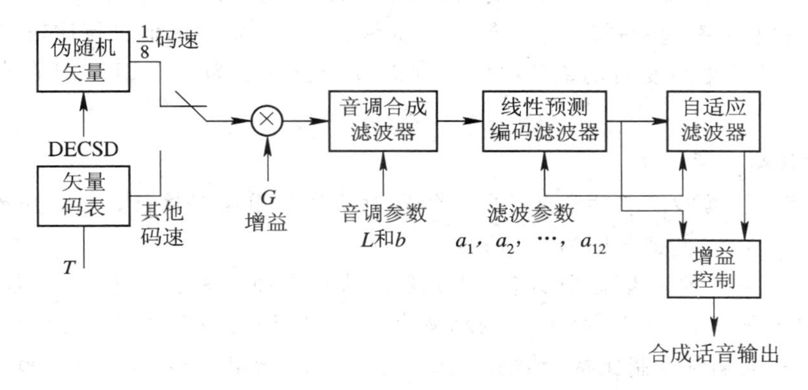

图 13 - 12　QCELP 的语音合成模型

在线性预测编码中，语音编码的速率越高，语音信号的质量就越好，但速率越高 CDMA 系统的容量就越小。为了增加系统容量，语音编码采用的是 4 速率码激励线性预测编码。在数据速率集 1，8 kb/s 编码速率的语音编码器对应的信道速率为 1.2 kb/s、2.4 kb/s、4.8 kb/s 和 9.6 kb/s。在数据速率集 2，13 kb/s 编码速率的语音编码器对应的信道速率为 14.4 kb/s。

2. 功率控制

在移动通信中存在“远近效应”问题。所谓“远近效应”，是指若移动台以相同的功率发射信号，远离基站的移动台信号到达基站时的强度要比离基站近的移动台信号弱很多，从而被强信号所淹没。在下行链路，当移动台处于相邻小区的交界处时，接收到所属基站的有用信号电平很低，同时还会受到相邻小区基站的干扰，产生所谓的“角效应”。另外，由于移动信道的多经衰落，接收机所收到的信号也会产生严重的衰落。为了减小用户间的干扰、提高系统容量，因此在 CDMA 系统中必须采用功率控制技术，及时调整发射功率，维持接收信号电平在所需水平。

功率控制的准则通常有功率平衡准则、信干比平衡准则和混合型准则等。功率平衡是指在接收端收到的有用信号功率相等。对于下行链路，是使各移动台接收到的基站信号功率相等；对于上行链路，是使各移动台发射信号到达基站的信号功率相等。信干比平衡是指接收机收到的信号干扰比相等。对于下行链路，是使各移动台接收到的基站信号干扰比相等；对于上行链路，是使基站接收到的各移动台信号干扰比相等。在 IS - 95 中是采用信干比平衡准则与误帧率平衡准则相结合的混合型准则，即采用信干比平衡准则，目标函数由误帧率决定。

功率控制的方法有开环功率控制和闭环功率控制。在 IS－95 中，下行链路功率控制不是重点，因此采用相对较简单的慢速率闭环功率控制。上行链路是功率控制的重点，因此采用的控制方法较复杂。上行链路功率控制由粗控、精控和外环控制三部分组成。由移动台完成的开环功率控制实现粗控；由移动台和基站共同完成闭环功率控制实现精确控制；采用外环控制确定闭环精确功率控制的实现控制阈值门限。

1）下行链路功率控制

下行链路功率控制采用慢速率闭环功率控制方式，当移动台处于小区边界或阴影区时，下行链路接收条件较差，移动台的误帧率较高。在这种情况下，移动台可以请求基站增大给它的发射功率。基站将各移动台的误帧率与一个给定的阈值进行比较，决定是增加还是减小各下行链路的发射功率。功率控制调节步长一般为 0.5 dB，调节范围为±4～±6 dB。

2）上行链路功率控制

移动台根据其接收的总功率，对自己的发射功率作出粗略估计，完成开环功率控制。调节步长为 0.5 dB，调节范围为±32 dB。

移动台根据前向业务信道中功率控制比特来决定增加或减小发射功率。若控制比特为“0”表示增加功率；若控制比特为“1”表示减小功率。闭环功率控制范围为－24～＋24 dB。图 13－13 是前向功率控制比特传输示意图。图 13－14 给出了 Qualcomm 公司功率控制方案原理图。

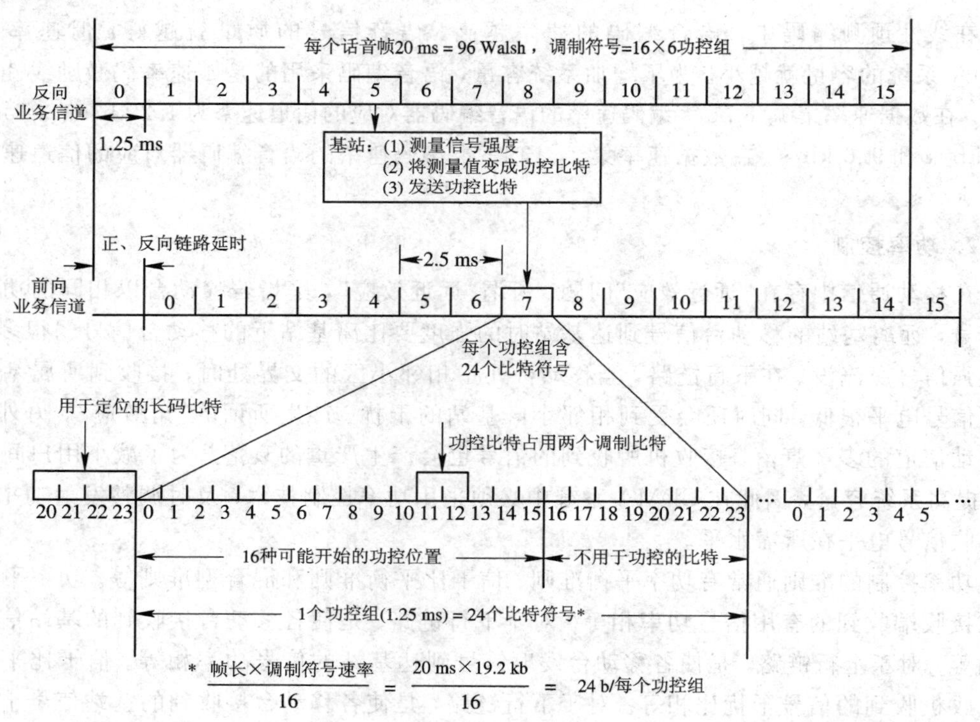

图 13－13　前向功率控制比特传输示意图

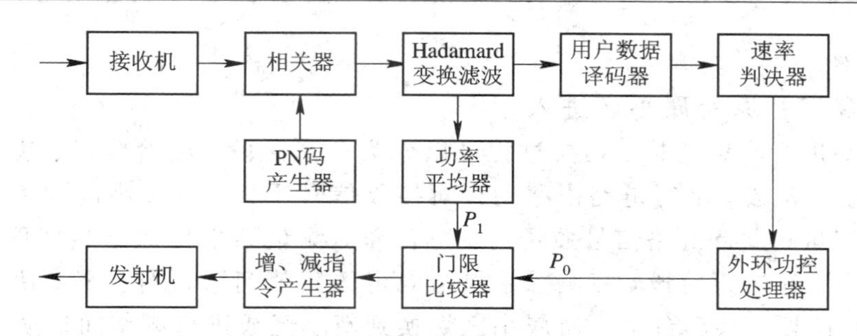

图 13-14 Qualcomm公司功率控制方案原理图

3. Rake接收

在移动通信系统中，存在着严重的多径传播，造成接收信号质量下降，采用分集接收技术可以有效地改善信道传输条件，提高接收信号质量。其中，Rake接收属于一种隐分集接收技术，它能有效利用多径信号能量提高有用信号的质量。

CDMA系统中采用直接序列扩频方式，该信号适合于多径信道传输，当多径时延超过一个码片时采用多径分离技术就可以分别对它们进行解调。图13-15是Rake接收机的原理，图中Rake接收机包含多个相关器，每个相关器接收一个多路信号。相关器去扩展后，采用某种准则对多路信号进行合并。因为接收的多路信号是相互独立的，因此进行分集可以提高接收信号质量。

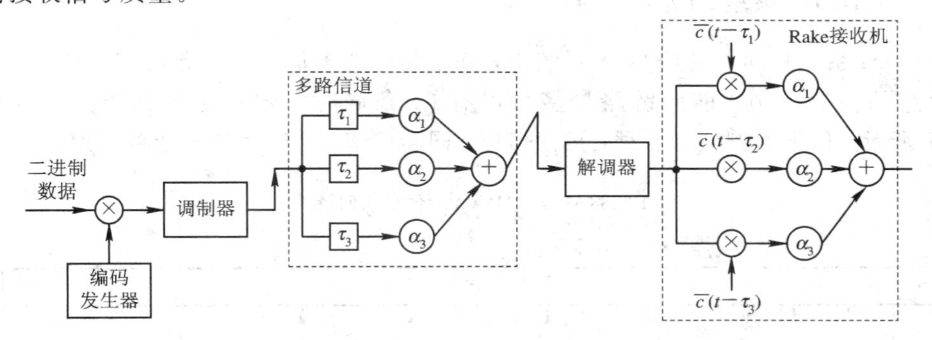

图 13-15 Rake接收机的原理

IS-95中基站Rake接收结构如图13-16所示。CDMA系统中每个蜂窝小区分为三个扇区，每个扇区有一个发射天线和两个接收天线，所以每个小区有6个接收天线，定义为α_1，α_2，β_1，β_2，γ_1，γ_2。图13-16中搜索器用来在6个接收信号中搜索出其中4个较强的信号进行解调。IS-95基站共有4个数据解调器，分别对搜索出的4个较强信号进行解调，并将解调结果输出到路径合并器进行合并，从而实现分集接收。

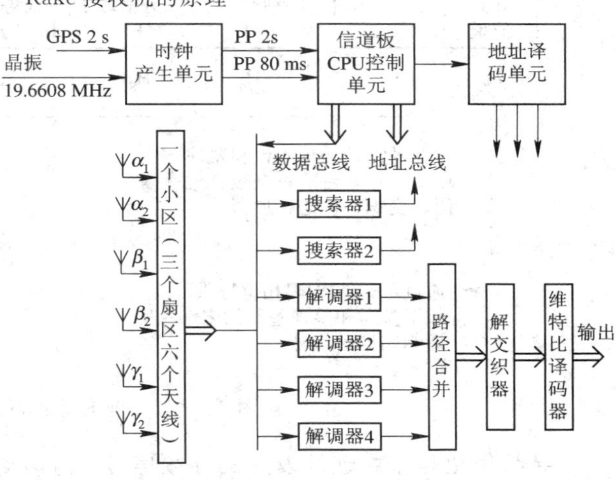

图 13-16 IS-95中基站Rake接收结构

4. 软切换

当移动台离开原所属小区进入新小区时就要进行小区切换。切换过程可以分为三个阶段：测量阶段、决策阶段和执行阶段。在测量阶段，下行链路由移动台对接收信号质量、所属小区和相邻小区信号强度等进行测量；上行链路信号质量由基站测量，测量结果传送给相邻网络、基站控制器和移动台。在决策阶段，将测量结果与规定的阈值门限进行比较，决定是否进行切换。在执行阶段，移动台由原所属小区切换到新小区或进行频率间切换。

CDMA 系统中切换有三种类型：硬切换、软切换和更软切换。硬切换是移动台穿越不同工作频率的小区时进行硬切换，移动台先要切断与原所属小区基站的联系，然后再与新小区基站建立联系。软切换是移动台穿越相同工作频率的小区时进行软切换，移动台先与新小区基站建立联系然后再切断与原所属小区基站的联系。更软切换是移动台在同一小区内穿越相同工作频率的扇区时进行更软切换，由于更软切换不需要固定网络的信令，因此其切换过程比软切换建立的更快。

软切换是 CDMA 系统独有的切换功能，可有效地提高切换的可靠性，而且当移动台处于小区的边缘时，软切换能提供前向业务信道和反向业务信道的分集，从而保证通信的质量。

13.2.3 CDMA 系统的无线链路

与 GSM 系统相同，在 CDMA 系统中，除了传输业务信息的业务信道之外，还有传输控制信息的控制信道。前向链路最多可以有 64 条同时传输的逻辑信道，其结构如图 13－17 所示。信道类型共有 4 种：导频信道、同步信道、寻呼信道和业务信道。

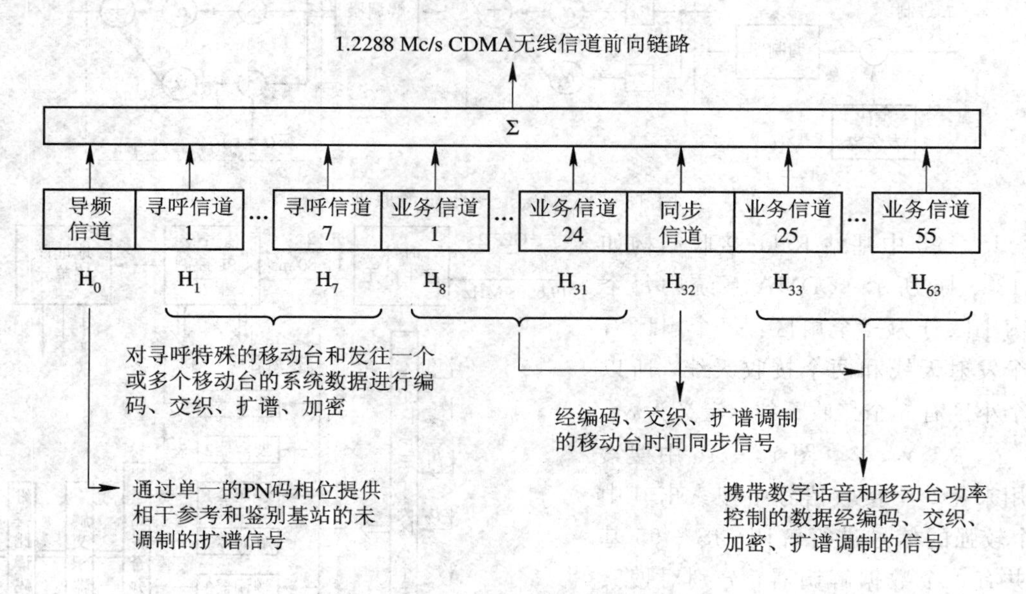

图 13－17 前向链路逻辑信道结构图

导频信道是基站连续发送的导频信号，为移动台提供解调用的相干载波，并作为移动台过境切换的测量信号。同步信道是基站连续发送的同步信号，为移动台提供同步信息。

寻呼信道最多可以有 7 个，其功能是向小区内的移动台发送呼入信号、信道分配和其他信令，在需要时寻呼信道也可以用做业务信道。业务信道有 55 个，其功能主要是传送业务信息。共有 4 种传输速率：9.6 kb/s、4.8 kb/s、2.4 kb/s 和 1.2 kb/s。

反向链路信道有两种：接入信道和业务信道，其结构如图 13 - 18 所示。业务信道与前向链路业务信道相同。接入信道与前向链路的寻呼信道相对应，传输指令、应答和其他有关信息，被移动台用来初始化呼叫、响应基站的寻呼或信息要求。

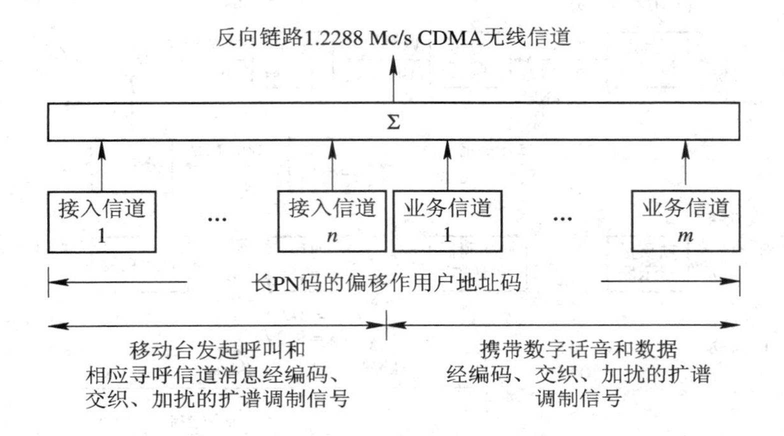

图 13 - 18　反向链路逻辑信道结构图

1. 前向链路信道

CDMA 系统前向链路信道原理如图 13 - 19 所示，由导频信道、同步信道、寻呼信道和业务信道组成。

1）传输速率

4 种信道经沃尔什函数正交扩展后的速率统一为 1.2288 Mc/s。其中导频信道全 0 码直接进行沃尔什函数正交扩展。同步信道 1.2 kb/s 信息经卷积码编码、码元重复、分组交织变为 4.8 kb/s 调制码元进行沃尔什函数正交扩展。寻呼信道和业务信道信息分别经卷积码编码、码元重复、分组交织变为 19.2 kb/s 调制码元进行沃尔什函数正交扩展。卷积码的码率为 1/2，约束长度为 9。码元重复次数与码元重复器输入速率有关，如输入速率为 9.6 kb/s 时重复次数为 1，如输入速率为 1.2 kb/s 时重复次数为 7，保持码元重复器输出速率为 19.2 kb/s。

2）正交扩展

为了保证各个信道之间相互正交，各信道信号都要用码片速率为 1.2288 Mc/s 的沃尔什函数正交扩展。IS - 95 中采用 64 进制的沃尔什函数，其产生原理如下：

$$H_0 = 0,\quad H_2 = \begin{vmatrix} H_0 & H_0 \\ H_0 & \overline{H}_0 \end{vmatrix} = \begin{vmatrix} 0 & 0 \\ 0 & 1 \end{vmatrix}$$

$$H_4 = \begin{vmatrix} H_2 & H_2 \\ H_2 & \overline{H}_2 \end{vmatrix} = \begin{vmatrix} 0 & 0 & 0 & 0 \\ 0 & 1 & 0 & 1 \\ 0 & 0 & 1 & 1 \\ 0 & 1 & 1 & 0 \end{vmatrix}$$

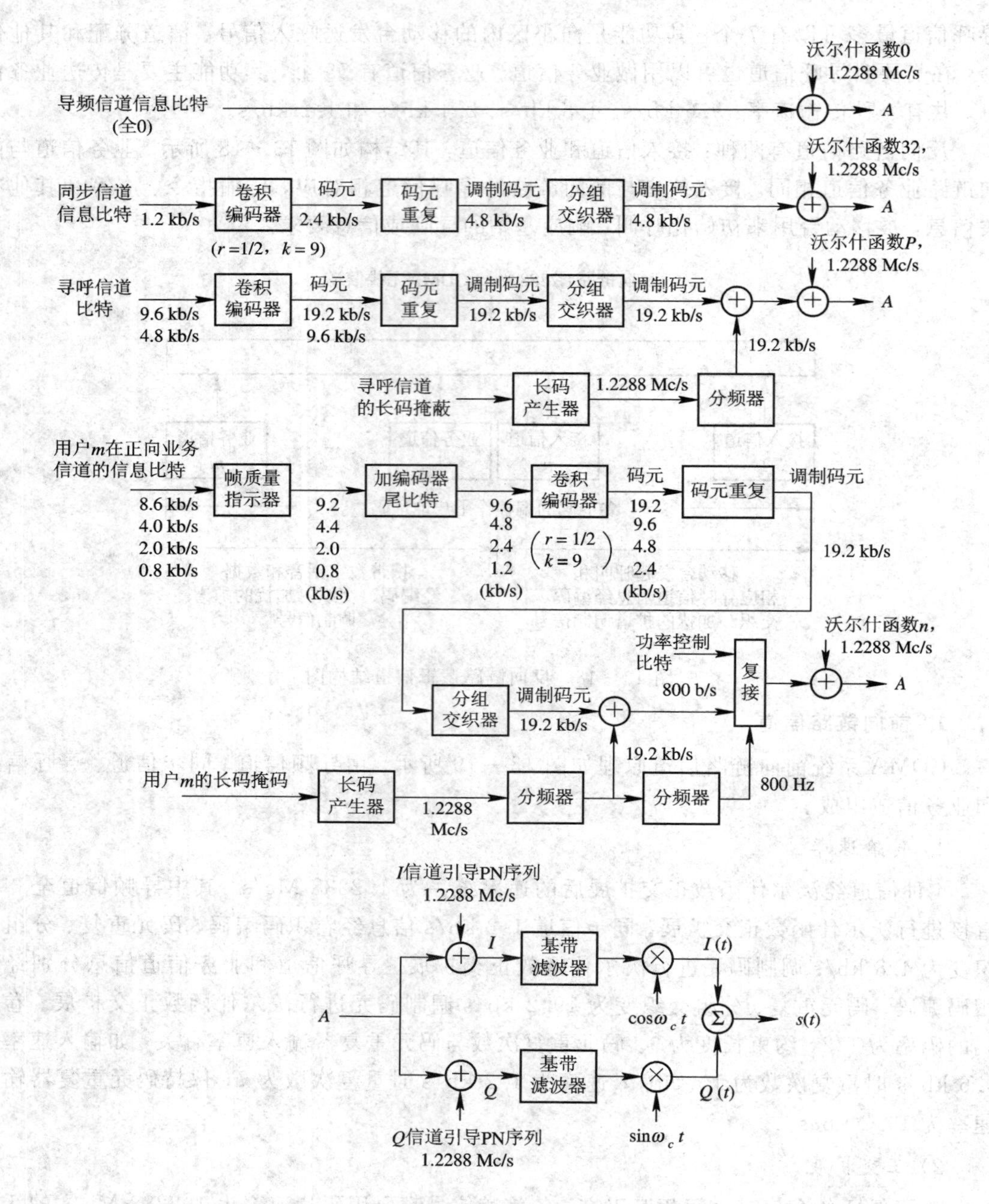

图 13－19 CDMA 系统前向链路信道原理

$$H_{2N}=\begin{vmatrix} H_N & H_N \\ H_N & \overline{H}_N \end{vmatrix} \tag{13.2-1}$$

各逻辑信道沃尔什函数的分配参见图 13－17。

3）四相扩展

在正交扩展之后，各种信号都要进行四相扩展。四相扩展实质上是四相扩频调制，I 支路和 Q 支路所用的伪随机序列长度都是 2^{15}，其产生原理是，由生成多项式分别为

$$g_I(t) = x^{15} + x^{13} + x^9 + x^8 + x^7 + x^5 + 1 \tag{13.2-2}$$

$$g_Q(t) = x^{15} + x^{12} + x^{11} + x^{10} + x^6 + x^5 + x^4 + x^3 + 1 \tag{13.2-3}$$

产生长度为 $2^{15}-1$ 的 m 序列，当 m 序列中出现 14 个连 0 时再插入一个 0，使伪随机序列的长度增加到 2^{15}。

2. 反向链路信道

反向链路信道由接入信道和反向业务信道所组成，其原理如图 13－20 所示。反向链路信道与前向链路信道相似，只是具体参数有所不同。

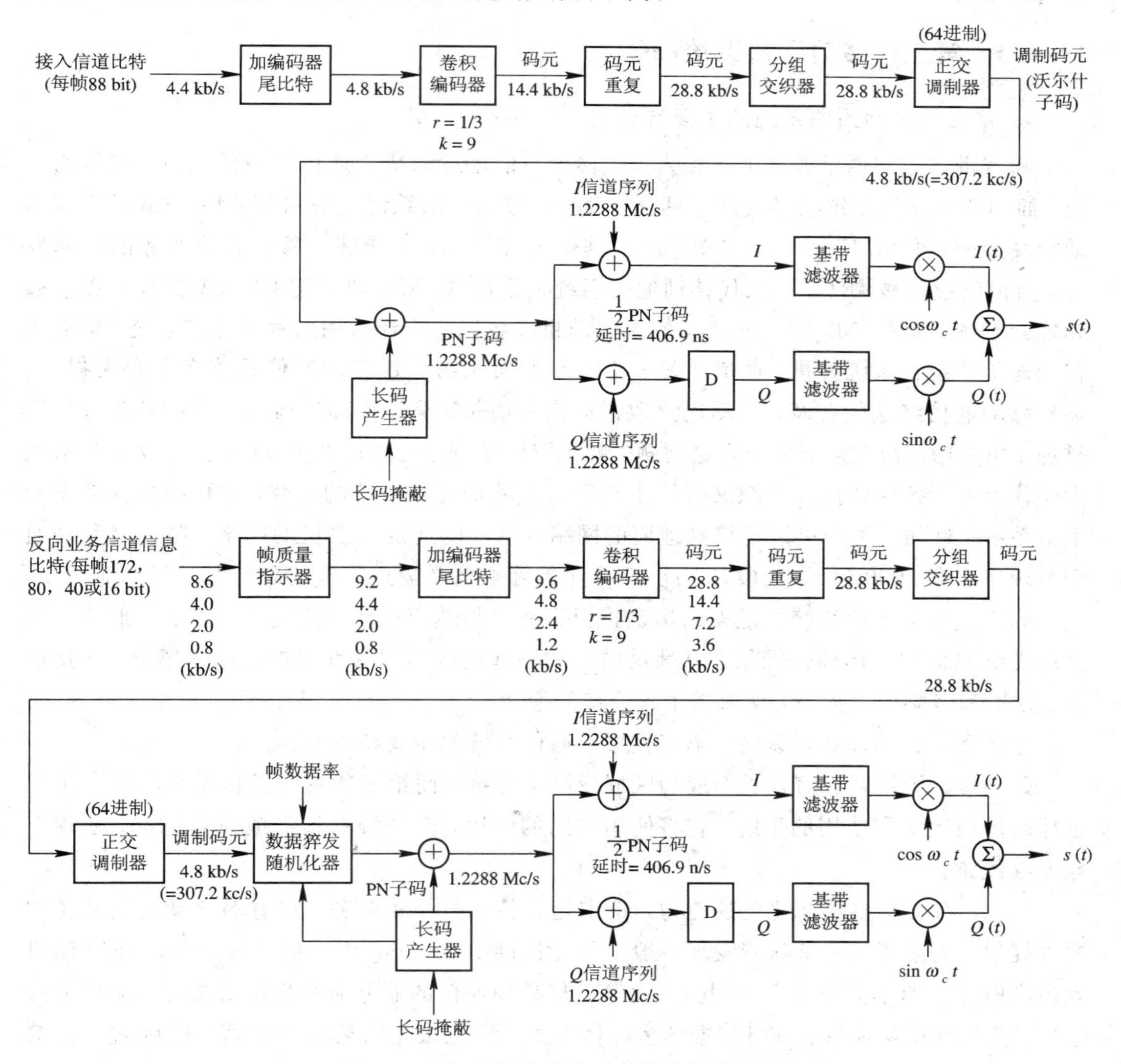

图 13－20　CDMA 系统反向链路信道原理

1）传输速率

接入信道和业务信道信息经卷积码编码、码元重复、分组交织变为 28.8 kb/s 调制码元进行 64 进制沃尔什函数正交扩展。卷积码的码率为 1/3，约束长度为 9。

2）四相扩展

四相扩展所采用的伪随机序列与前向链路信道四相扩展的伪随机序列相同。四相扩展调制与前向链路信道不同。前向链路中是采用 QPSK 调制，而反向链路信道采用 OQPSK 调制。

3）可变数据速率传输

在反向链路信道还采用可变数据速率传输技术，从而减小移动台的功耗和对 CDMA 信道的影响。

13.2.4 第三代移动通信系统(3G)

1. 第三代移动通信系统的主要特点

随着世界范围通信领域的迅猛发展，移动通信已逐渐成为通信领域的主流。到目前为止，商用移动通信系统已经发展了两代。第一代移动通信系统是采用 FDMA 方式的模拟移动蜂窝系统，如 AMPS、TACS 等。由于其系统容量小，不能满足移动通信业务的迅速发展，目前已逐步被淘汰。第二代移动通信系统是采用 TDMA 或窄带 CDMA 方式的数字移动蜂窝系统，如 GSM、IS－95 等，它是目前世界各国所广泛采用的移动通信系统。第二代移动通信系统在系统容量、通信质量、功能等方面比第一代移动通信系统有了很大提高。随着移动通信终端的普及，移动用户数量成倍地增长，第二代移动通信系统的缺陷也逐渐显现，如全球漫游问题、系统容量问题、频谱资源问题、支持宽带业务问题等。为此，从九十年代开始，各国和世界组织又开展了对第三代移动通信系统的研究，它包括地面系统和卫星系统，移动终端既可以连接到地面的网络，也可以连接到卫星的网络。第三代移动通信系统工作在 2000 MHz 频段，为此 1996 年国际电信联盟正式将其命名为 IMT－2000。

第三代移动通信系统的框架结构是将卫星网络与地面移动通信网络相结合，形成一个全球无缝覆盖的立体通信网络，以满足城市和偏远地区不同密度用户的通信要求，支持话音、数据和多媒体业务，实现人类个人通信的愿望。

作为下一代移动通信系统，第三代移动通信系统的主要特点有：

(1) 第二代移动通信系统一般为区域或国家标准，而第三代移动通信系统将是一个在全球范围内覆盖和使用的系统。它将使用共同的频段，全球统一标准或兼容标准，实现全球无缝漫游。

(2) 具有支持多媒体业务的能力，特别是支持 Internet 业务。现有的移动通信系统主要以提供话音业务为主，随着发展一般也仅能提供 100～200 kb/s 的数据业务，GSM 演进到最高阶段的速率能力为 384 kb/s。而第三代移动通信的业务能力将比第二代有明显的改进。它应能支持从话音、分组数据到多媒体业务；应能根据需要提供带宽。ITU 规定的第三代移动通信无线传输技术的最低要求中，必须满足在以下三个环境的三种要求。即：

- 快速移动环境，最高速率达 144 kb/s；
- 室外到室内或步行环境，最高速率达 384 kb/s；
- 室内环境，最高速率达 2 Mb/s。

(3) 便于过渡、演进。由于第三代移动通信引入时，第二代网络已具有相当规模，所以第三代的网络一定要能在第二代网络的基础上逐渐灵活演进而成，并应与固定网兼容。

(4) 支持非对称传输模式。由于新的数据业务，比如WWW浏览等具有非对称特性，上行传输速率往往只需要几千比特每秒，而下行传输速率可能需要几百千比特每秒，甚至上兆比特每秒才能满足需要。

(5) 更高的频谱效率。通过相干检测、Rake接收、软切换、智能天线、快速精确的功率控制等新技术的应用，有效地提高系统的频谱效率和服务质量。

2. 第三代移动通信系统的研究进展

无线传输技术(RTT)是第三代移动通信系统的重要组成部分，其主要包括调制解调技术、信道编解码技术、复用技术、多址技术、信道结构、帧结构、RF信道参数等。无线传输技术的标准化工作主要由ITU－R完成，网络部分由ITU－T负责。ITU还专门成立了一个中间协调组(ICG)，使ITU－R和ITU－T之间定期进行交流，并协调在制定IMT－2000技术标准中出现的各种问题。根据国际电联对第三代移动通信系统的要求，各大电信公司联盟均已提出了自己的无线传输技术提案。至1998年9月，包括移动卫星业务在内的RTT提案多达16个，它们基本来自IMT－2000的16个RTT评估组成员。其中有10个是IMT－2000地面系统提案(如表13－1所示)，6个是卫星系统提案。到2000年初已完成IMT－2000的无线技术详细规范。

表13－1　正式向ITU提交的候选RTT方案

序号	提交者	候选RTT方案
1	日本ARIB	W－CDMA
2	欧洲ESA	SW－CDMA&SW－CTDMA
3	ICO	ICO RTT
4	中国CATT	TD－SCDMA
5	韩国TTA	Global CDMA Ⅰ&Ⅱ, Satellite RTT
6	欧洲ETSI_DECT	EP－DECT
7	欧洲ETSI_UTRA	UTRA
8	美国TLA	UWC－136, cdma2000, WIMSW－CDMA
9	美国TIP1－ATIS	WCDMA/NA
10	INMARSAT	Horizons

从市场基础、后向兼容及总体特征看，这10个候选方案中欧洲ETSI的UTRA和美国的cdma2000最具竞争力，它们都是采用宽带CDMA技术。cdma2000主要由IS－95和IS－41标准发展而来，与AMPS、DAMPS、IS－95都有较好的兼容性，同时又采用了一些新技术，以满足IMT－2000的要求。在欧洲ETSI的UTRA提案中，对称频段采用W－CDMA技术，主要用于广域范围内的移动通信；非对称频段采用TD－CDMA技术主

要用于低移动性室内通信。我国原邮电部电信科学技术院(CATT)也向ITU提交了具有我国自主知识产权的候选RTT方案：TD－SCDMA。TD－SCDMA具有较高的频谱利用率、较低的成本和较大的灵活性，很具竞争性。这充分体现了我国在移动通信领域的研究已达到国际领先水平。表13－2对以上三种技术进行了比较。

表13－2　W－CDMA、cdma2000和TD－SCDMA技术比较

	W－CDMA	cdma2000	TD－SCDMA
信道带宽	5/10/20 MHz	1.25/5/10/15/20 MHz	1.2 MHz
Chip速率	N×3.84 Mc/s	N×1.2288	1.28 Mc/s
帧长	10 ms	20 ms	10 ms
FEC编码	卷积码 (r=1/2，1/3，k=9) RS码(数据)	卷积码 (r=1/2，1/3，3/4，k=9) Turbo码(数据)	卷积码 (r=1/4～1，k=9) RS码(数据)
交织	卷积码：帧内交织 RS码：帧间交织	块交织	卷积码：帧内交织 RS码：帧间交织
扩频	Walsh＋Gold序列	Walsh＋M序列	Walsh＋PN序列
调制	数据调制：QPSK/BPSK 扩频调制：QPSK	数据调制：QPSK/BPSK 扩频调制：QPSK/OQPSK	DQPSK/16QAM
相干解调	专用导频信道	前向：公共导频信道 反向：专用导频信道	专用导频信道
双工方式	FDD－TDD	FDD	TDD
多址方式	DS－CDMA	DS－CDMA，MC－CDMA	TD－SCDMA
功率控制	FDD：开环＋快速闭环 TDD：开环＋慢速闭环	开环＋快速闭环	开环＋快速闭环
基站间同步	异步，同步(可选)	同步(GPS)	同步(GPS或其他)

第三代移动通信系统的引入将经历一个渐进的过程，并将充分考虑向后兼容的原则。第三代系统与第二代系统将在较长时间内处于共存状态。

13.3　卫星通信系统

卫星通信系统是将通信卫星作为空中中继站，它能够将地球上某一地面站发射来的无线电信号转发到另一个地面站，从而实现两个或多个地域之间的通信。卫星通信系统原理如图13－21所示。根据通信卫星与地面之间的位置关系，可以分为静止通信卫星(或同步通信卫星)和移动通信卫星。卫星通信系统由通信卫星、地球站、上行线路及下行线路组成。上行线路和下行线路是地球站至通信卫星及通信卫星至地球站的无线电传播路径，通信设备集中于地球站和通信卫星中。

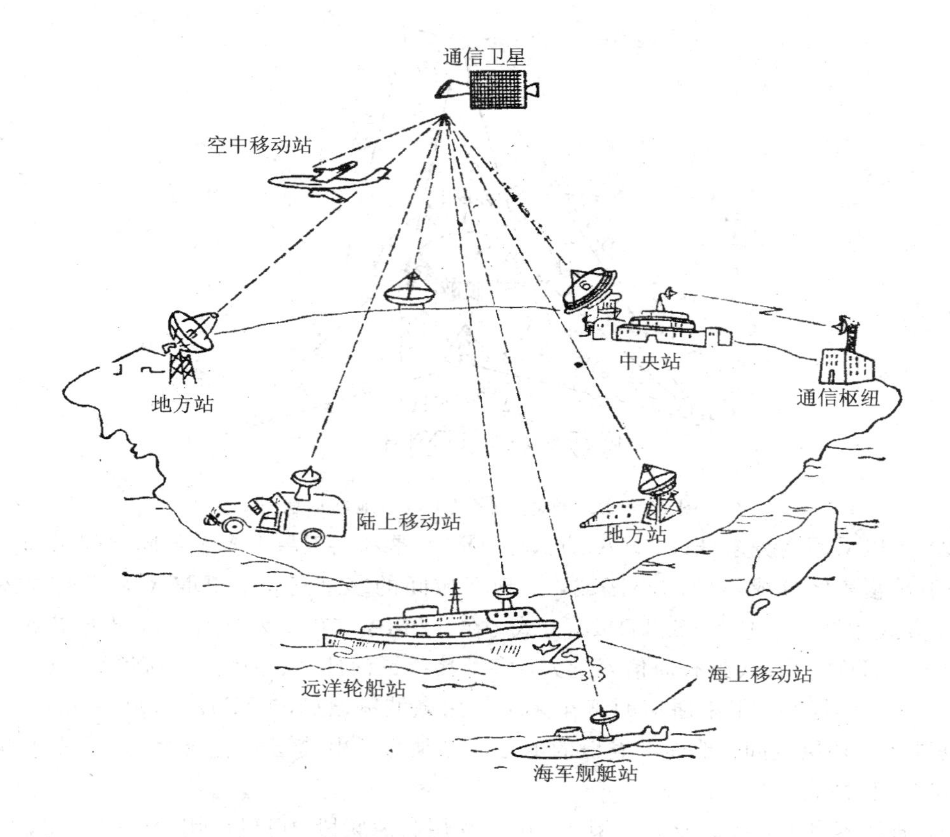

图 13-21　卫星通信系统组成原理

1. 卫星通信系统的分类

卫星通信系统的分类方法很多，按距离地面的高度可分为静止轨道卫星、中地球轨道卫星和低地球轨道卫星。

静止轨道 GEO(Geostationary Earth Orbit)卫星，距地面 35 780 km，卫星运行周期 24 h，相对于地面位置是静止的。

中地球轨道 MEO(Moderate altitude Earth Orbit)卫星，距地面 500～20 000 km，卫星运行周期 4～12 h，相对于地面位置是移动的。

低地球轨道 LEO(Low Earth Orbit)卫星，距地面 500～5000 km，卫星运行周期 2～4 h，相对于地面位置是移动的。

2. 卫星通信的主要特点

卫星通信作为现代通信的重要手段之一，与其他通信方式相比，其独到的特点。

(1) 通信距离远、覆盖地域广、不受地理条件限制。对于静止通信卫星，其轨道在赤道平面上，它离地面高度为 35 780 km 左右，采用三个相差 120°的静止通信卫星就可以覆盖地球的绝大部分地域(两极盲区除外)，如图13-22 所示。若采用中、低轨道移动卫星，则需要多颗卫星覆盖地球。所需卫星的个数与卫星轨道高度有关，轨道越低所需卫星数越多。

(2) 以广播方式工作，只要在卫星天线波束的覆盖区域内，都可以接收卫星信号或向卫星发送信号。

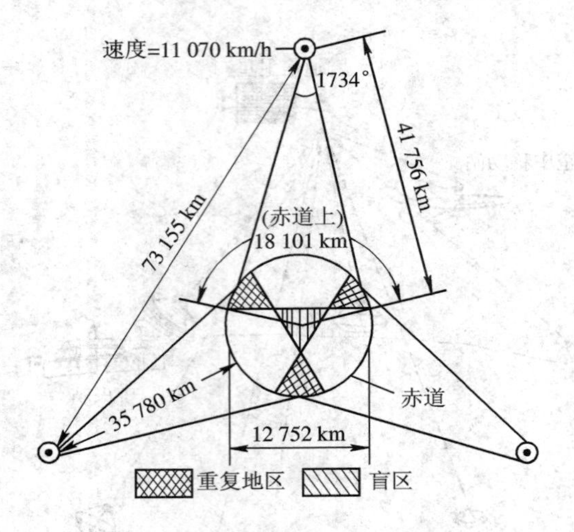

图 13－22　静止通信卫星覆盖地球示意图

(3) 可以采用空分多址(SDMA)方式。SDMA 是利用卫星上多个不同空间指向天线波束，把卫星覆盖区分成不同的小区域，实现区域间的多址通信。SDMA 方式通常需要与 TDMA 方式相结合，称为 SS/TDMA 方式。在 TDMA 基础上发展起来的星上切换－时分多址(SS－TDMA)方式具有通信容量大、多址接续灵活性好、网络效率高等优点。

(4) 工作频段高，卫星通信的工作频率使用微波频段(300 MHz～300 GHz)。主要原因是卫星处于外层空间，地面上发射的电磁波必须穿透电离层才能到达卫星，微波频段正好具有这一特性。

(5) 通信容量大，传输业务类型多。由于采用微波频段，可供使用的频带很宽，因此能够提供大容量的通信。如 INTELSAT 第八代卫星和更新一代卫星系统中引入宽带 ISDN 同步传输所需的编码调制新技术，可支持在一个 72 MHz 标准卫星转发器中传输 B－ISDN/SDH STM－1 的 155 Mb/s 的高速率综合业务，一个单一 INTELSAT 转发器可传输 10 路数字高清晰度电视节目或 50 路常规广播质量的数字电视业务。

13.3.1　INTELSAT 卫星通信系统

国际通信卫星组织 INTELSAT(International Telecommunications Satellite Organization)是世界上最大的商业卫星组织，目前有 141 个成员国，拥有 25 颗世界上最先进的连接全球进行商业运作的 GEO 卫星通信系统，可为约 200 个国家和地区提供相应国际/区域/国内卫星通信综合业务，具有参与全球竞争的丰富运营经验与财力。该组织积极引入各类卫星通信新业务、新技术，有效地利用卫星轨道、频谱及空间段，以其最佳服务和可靠性誉满全球。INTELSAT 卫星通信系统提供的业务种类有：

(1) 电话业务。电话是卫星通信系统最早提供的业务，容量增长很快。1965 年第一颗晨鸟(Early Bird)卫星仅能提供 240 条电话通道，INTELSAT 第八代卫星和更新一代卫星能提供几十万条电话通道。

(2) 视频广播业务。几乎所有的国际电视节目的传输都是由 INTELSAT 所承担的。在全球视频广播业务方面，INTELSAT 拥有世界上最强的实力。亚特兰大奥运会期间，INTELSAT 投入了 13 颗卫星全力以赴进行 360°连接全球节目快速实时广播，使全球 35

亿电视观众大饱眼福，INTELSAT卫星系统的优良传输性能对此作出了卓越的贡献。1993年，INTELSAT首先在丹麦格陵兰地区大面积成功地使用了传输带宽仅为5 MHz的数字压缩电视广播系统。INTELSAT的数字电视业务带宽需求范围可以从100 kHz扩展至72 MHz，从静止图像、会议电视、卫星新闻采集(SNG)，直至HDTV。

(3) 商业业务。IBS(INTELSAT Business Service)是为满足商业通信的特殊需要而设计的，它是一个数字业务系统。该系统业务包括可视会议电话，高速、低速传真，高速、低速数据，分组交换，电子邮件、电子商务等。很多应用要求高质量的图像和视频。

(4) 多媒体业务。话音、数字形式的视频、音频、数据、文本或图像等各种形式的信息的组合，通常称作多媒体，通过卫星能够以效益高而成本低的方式传送。多媒体非常有益于学校、医院、政府、公司、贸易、工业和乡村社区。如远程教育、远程医疗、电子商务等。亚太地区卫星通信委员会在1999年5月就多媒体应用办了一次强化培训班。此后，于1999年10月召开了“通过卫星提供多媒体应用业务的Internet协议”区域专家会议，并在2000年3月提出了“通过卫星的多媒体应用”研究课题。

INTELSAT新一代卫星系统中引入了宽带ISDN同步传输所需的编码调制新技术，以便使卫星电路能支持全球信息高速公路(亦称共为国际信息基础设施)的运行。这一编码调制新技术突破了原有四状态传输的QPSK调制模式，上升为8 PSK调制，并利用多维(6维)网格编码调制与RS(里德－索洛蒙)外码技术级联，构成功率、频谱利用非常紧凑的有效传输手段，可支持在一个72 MHz标准卫星转发器中传输B－ISDN/SDH STM－1的155 Mb/s的高速率综合业务，并且运行误码率可低达10^{-10}，即可与光纤传输质量相比拟；亦可利用ATM传输以满足未来高速多媒体数据业务的需求。借助这一传输技术，一个单一INTELSAT转发器可传输10路数字高清晰度电视节目或50路常规广播质量的数字电视业务。

这类编码调制技术手段将在INTELSAT未来HDR(高速率数字载波)、IDR(中速率数字载波)、SIBS(超级INTELSAT商用专线业务)、SDH/ATM等高质量新业务传输中全面推广应用。而且，在INTELSAT的积极倡导与推进下，ITU－T/R已建立形成了卫星SDH的一整套同步数字传输系列，如表13－3所示。

表13－3　卫星SDH传输系统

组成名称	净负荷比特速率/(kb/s)	等效净容量/(Mb/s)	卫星段开销/(kb/s)	段比特速率/(kb/s)	同步组件名称
1×TU－12	2304	1×2	128	2432	SSTM－11
2×TU－12	4608	2×2	128	4736	SSTM－12
1×TUG－2	6912	3×2	128	7040	SSTM－21
2×TUG－2	13 824	6×2	128	13 952	SSTM－22
3×TUG－2	20 736	9×2	128	20 864	SSTM－23
4×TUG－2	27 684	12×2	128	27 812	SSTM－24
5×TUG－2	34 560	15×2	128	34 688	SSTM－25
6×TUG－2	41 472	18×2	128	41 600	SSTM－26
VC－3	50 112	21×2	1728	51 840	SSTM－0
STM－1	150 336	63×2	5184	155 520	STM－1
STM－4	601 344	252×2	20 736	622 080	STM－4

为适应未来竞争的需要，INTELSAT 根据其实际市场需求，将在 21 世纪初发射 FOS－Ⅱ 这一世界上最大的GEO 卫星。它具有 92 个 36 MHz 转发器单元(C 频段 74 个、Ku 频段 18 个)，可提供各类 SDH/ATM 综合业务，以逐步替代进入倾轨状态的第 6 代卫星系列。从频段扩展方面来看，INTELSAT 拟采取逐步演进方式，即自然地根据市场需求由C/Ku、Ku/Ka 向纯 Ka 频段方向迈进。此外，面对复杂的全球电信竞争环境，INTELSAT 一方面进行其自身改革，加强其快速市场响应能力，建立区域支持中心。另一方面拟对视频业务等接近用户的新业务，建立其新的子公司进行运营，加强其竞争灵活性，以期巩固其在卫星通信领域中的主导地位。

13.3.2 INMARSAT 卫星通信网

国际移动卫星组织 INMARSAT(International Mobile Satellite Organization)，前身是国际海事卫星组织 INMARSAT(International Maritime Satellite Organization)，成立于 1979 年 7 月，总部设在英国伦敦，中国是创始成员国之一。我们知道，航海通信具有流动性大、范围广的特点。在卫星通信出现以前只能依靠中、短波作为主要通信手段。自 60 年代中期卫星通信正式使用之后，使航海通信的问题得到根本解决。早在 60 年代末，美国的一些公司就曾先后利用 ATS－1、ATS－3 卫星对飞机和商船进行了试验，并取得成功。1971 年，国际电信联盟决定将 L 波段中的 1535～1542.5 MHz 和 1636.3～1644 MHz 共 16 MHz 分配给航海卫星通信业务。1976 年，美国通信卫星公司(COMSAT) 建立了第一个海事卫星通信网——MARISAT，并为海洋船只提供实时和准实时高质量通信业务。在同一时期，国际航海协商组织(IMCO)也着手筹建国际海事卫星通信网的工作，到 1979 年 7 月，正式成立了国际海事卫星组织，并建立了相应的国际海事卫星通信网。1994 年 12 月改名为国际移动卫星组织，英文缩写不变。

INMARSAT 系统主要由空间段、网络控制中心、网络协调站、陆地地球站和移动地球站组成。其中空间段由位于赤道上空 35 780 km 静止轨道的 4 颗工作卫星和一些备用卫星组成，工作卫星覆盖的特定区域为：大西洋东区(AOR－E)、大西洋西区(AOR－W)、太平洋区(POR)和印度洋区(IOR)。国际海事卫星已经发展了三代，目前服务的卫星属于第三代 INMARSAT－3。网络控制中心位于英国伦敦 INMARSAT 总部的大楼内，它的任务是监视、协调和控制 INMARSAT 网络中所有卫星的工作运行情况。每个洋区分别有一个岸站兼作网络协调站(NCS)，该站作为接线员对本洋区的移动地球站(MES)与陆地地球站(LES)之间的电话和电传信道进行分配、控制和监视。陆地地球站简称地面站，其基本作用是经由卫星与船站进行通信，并为船站提供国内或国际网络的接口。INMARSAT 系统的每个地面站都有一个唯一的与之关联的识别码。移动地球站是指 INMARSAT 系统中所有的终端系统，用户可通过所选的卫星和地面站与对方进行双向通信。

1. INMARSAT 海事卫星通信系统

INMARSAT 海事卫星通信系统是利用 INMARSAT 卫星向海上船只提供通信服务的系统。由 INMARSAT 卫星、岸站、船站、网络协调站和网络控制中心组成，系统组成如图 13－23 所示。卫星与船站之间采用 L 频段，卫星与岸站之间采用双重频段(C 和 L 频段)，数字信道采用 L 频段，调频信道采用 C 频段。系统内信道的分配和连接均受岸站和网络协调站的控制。

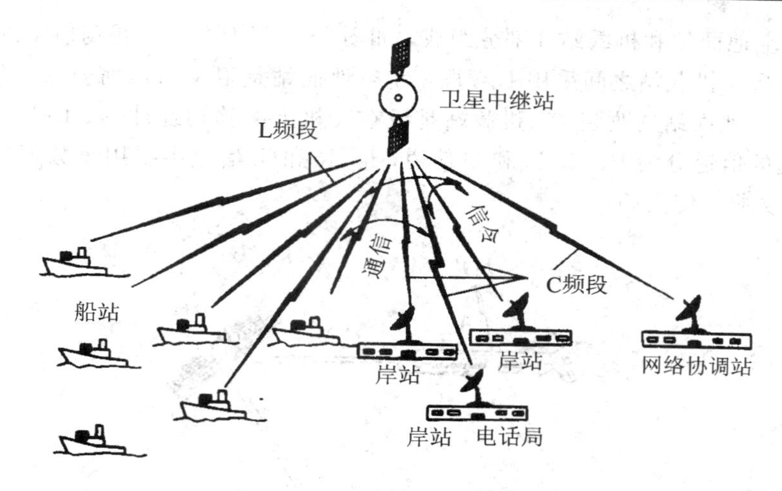

图 13－23　INMARSAT 系统组成

1）卫星

INMARSAT 采用四颗同步轨道卫星重叠覆盖的方法覆盖地球。四个卫星覆盖区分别是大西洋东区、大西洋西区、太平洋区和印度洋区。目前使用的是INMARSAT 第三代卫星，拥有 48 dBW 的全向辐射功率，比第二代卫星高出 8 倍。每一颗第三代卫星有一个全球波束转发器和五个点波束转发器。由于点波束和双极化技术的引入，使得在第三代卫星上可以动态地进行功率和频带分配，从而让频率的重复利用成为可能，大大提高了宝贵的卫星信道资源的利用率。为了保证移动卫星终端可以得到更高的卫星 EIRP，相应降低了终端尺寸及发射电平，INMARSATM4 系统通过卫星的点波束系统进行通信，几乎可以覆盖全球所有的陆地区域(除南北纬 75 度以上的极区)。

2）网络控制中心

网络控制中心(NOC)设在伦敦国际移动卫星组织总部，负责监测、协调和控制网络内所有卫星的操作运行。依靠计算机检查卫星工作是否正常，包括卫星相对于地球和太阳的方向性，控制卫星姿态和燃料的消耗情况，各种表面和设备的温度，卫星内哪些设备在工作以及哪些设备处于备用状态等。同时网络控制中心对各地面站的运行情况进行监督，协助网络协调站对系统有关的运行事务进行协调。

3）网络协调站

网络协调站(NCS)是整个系统的一个重要组成部分。在每个洋区至少有一个地面站兼作网络协调站，并由它来完成该洋区内卫星通信网络必要的信道控制和分配工作。大西洋区的 NCS 设在美国的 Southbury，太平洋区的 NCS 设在日本的 Ibaraki，印度洋区的 NCS 设在日本的 Namaguchi。

4）M4 地面站

M4 地面站(LES，Land Earth Station)由各国 INMARSAT 签字建设，并由它们经营。它既是卫星系统与地面陆地电信网络的接口，又是一个控制和接入中心。截止到 1999 年底，世界上已有一个地面站宣布提供 M4 商业服务，同时有 7、8 个地面站正在建设或调试中。

2. INMARSAT 航空卫星通信系统

INMARSAT 航空卫星通信系统主要提供飞机与地面站之间的地对空通信业务。该系统由卫星、航空地面站和机载站3部分组成，如图13－24所示。卫星与航空地面站之间采用C频段，卫星与机载站之间采用L频段。航空地面站是卫星与地面公众通信网的接口，是INMARSAT地面站的改装型；机载站是设在飞机上的移动地球站。INMARSAT航空卫星通信系统的信道分为P、R、T和C信道，P、R和T信道主要用于数据传输，C信道可传输话音、数据、传真等。

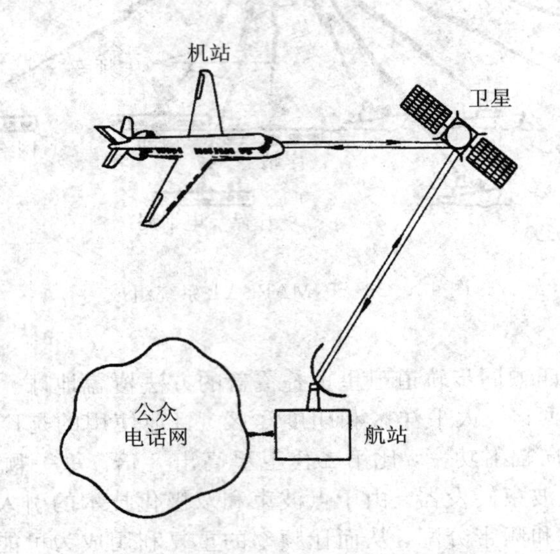

图13－24　INMARSAT航空卫星通信系统组成

航空卫星通信系统与海上或地面移动卫星通信系统有明显差异，例如飞机高速运动引起的多普勒效应比较严重、机载站高功率放大器的输出功率和天线的增益受限，以及多径衰落严重等。因此，在航空卫星通信系统设计中，采取了许多技术措施，如采用C类放大器提高全向有效辐射功率(EIRP)；采用相控阵天线，使天线自动指向卫星；采用前向纠错编码、比特交织、频率校正和增大天线仰角，以改善多普勒频移和多径衰落的影响。

目前，支持INMARSAT航空业务的系统主要有以下5个：

(1) Aero－L系统：低速(600 b/s)的实时数据通信，主要用于航空控制、飞机操纵和管理。

(2) Aero－I系统：利用第三代INMARSAT卫星的强大功能，并使用中继器，在点波束覆盖的范围内，飞行中的航空器可通过更小型、更价廉的终端获得多信道话音、传真和电路交换数据业务，并在全球覆盖波束范围内获得分组交换的数据业务。

(3) Aero－H系统：支持多信道话音、传真和数据的高速(10.5 kb/s)通信系统，在全球覆盖波束范围内，用于旅客、飞机操纵、管理和安全业务。

(4) Aero－H＋系统：是H系统的改进型，在点波束范围利用第三代卫星的强大容量。提供的业务与H系统基本一致。

(5) Aero－C系统：它是INMARSAT－C航空版本，是一种低速数据系统，可为在世界各地飞行的飞机提供存储转发电文或数据报业务，但不包括航行安全通信。

目前，INMARSAT的航空卫星通信系统已能为旅客、飞机操纵、管理和空中交通控制提供电话、传真和数据业务。从飞机上发出的呼叫，通过INMARSAT卫星送入航空地面站，然后通过该地面站转发给世界上任何地方的国际通信网络。

13.3.3 VSAT卫星通信网

VSAT(Very Small Aperture Terminals)卫星通信网是一种新型的电信网络，在卫星通信领域占有重要地位。VSAT系统起始于20世纪80年代初，经过30多年的发展，技术已经成熟。由于VSAT卫星通信具有传输距离远、不受地理条件限制、通信质量好、机动灵活、投资小、建设周期短等诸多特点，成为极具发展潜力的通信方式之一。

VSAT系统可工作于C频段或Ku频段，终端天线口径小于2.5 m，由主站对网络进行监测和控制。VSAT网络组网灵活、独立性强，网络结构、网络管理、技术性能、设备特性等可以根据用户要求进行设计和调整。VSAT终端具有天线小、成本低、安装方便等特点，因此对银行、海关、交通等许多专业用户特别有吸引力。1980年以来，VSAT系统被广泛应用，已经遍布全世界。

1. VSAT网络的主要特点

(1) VSAT系统是以传输低速率的数据而发展起来的，目前已能够承担高速数据业务。其出站链路速率可达8448 kb/s，入站链路速率可达1544 kb/s。在VSAT系统中，出站链路的数据流可以是连续的，而入站链路的信息必须是突发性的，业务占空比小。所以出站链路与入站链路的业务量是不对称的，称作业务不平衡网络，这是VSAT与一般卫星通信系统的主要区别。

(2) VSAT系统主要供专业用户传输数据业务或计算机联网。一些容量较大的VSAT系统也具有传输话音业务的能力，但通话必须是偶尔短暂的。我国大多数用户都要求以话音为主，且占用信道时间较长，这样将降低VSAT网络的效率。

(3) VSAT网络以传输数据业务为主，特别是对实时业务传输，信道的响应时间对信号质量和网络利用率影响很大。通常较大的业务量和较快的响应时间必然占用较多的网络资源。所以信道响应时间也是VSAT网络资源。

(4) VSAT系统拥有的远端小站数目越多，网络的利用率就越高。这样每个小站承担的费用也就越小。一般小站数至少应大于300个，最多可达到6000个。

(5) 在VSAT系统中，全网的投资主要由每个小站的成本所决定，所以在系统网络设计时，应使中枢站具有尽可能完善的技术功能，并设置网络管理中心，执行全网的信道分配、业务量统计、对小站作状态监测和控制、告警指示、自动计费等，以中枢站的复杂技术来换取VSAT小站的设备简单、体积小、价格便宜、便于安装和使用等，提高网络的性能价格比。

(6) 中枢站到小站的出站链路采用广播式的点到多点传输，大都采用TDM方式向全网发布信息。各小站按照一定的协议选取本站所接受的信息。为了提高全向有效辐射功率，中枢站天线口径选择得较大。小站到中枢站的入站链路的业务量小，且都是突发性的。因此多址接续规程大多采用SSMA或TDMA方式，尽可能地减小天线口径，降低高功率放大器的输出功率。

2. VSAT网络的构成

VSAT网络主要由通信卫星、网络控制中心、主站和分布在各地的用户VSAT小站组成，其结构如图 13 - 25 所示。

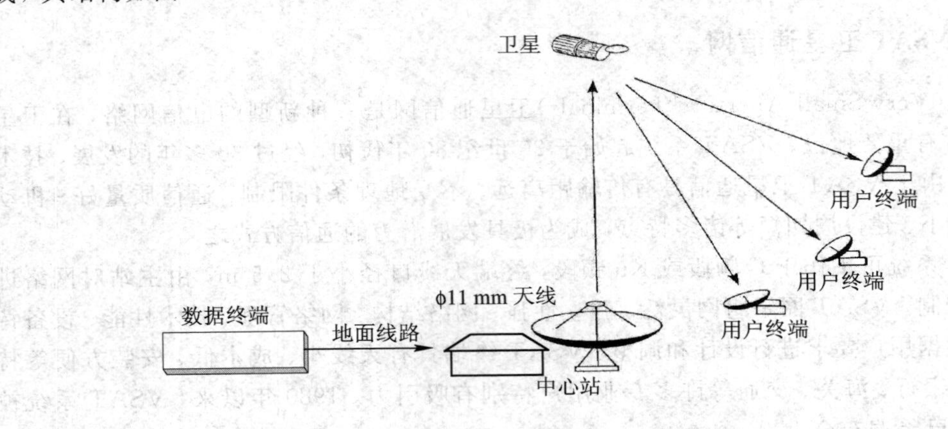

图 13 - 25　VSAT 网络结构

1）通信卫星

通信卫星可以是专用卫星，但绝大多数都是租用 INTELSAT 卫星或卫星转发器。我国 VSAT 交通卫星通信网采用的是亚太一号卫星，上行链路频率从 6145 ～6163 MHz 共 18 MHz 的带宽。为了适应交通 VSAT 卫星通信网的时分多址(TDMA)及其跳频技术，将 18 MHz 的转发器带宽平均分配给四个载波(CXR0、CXR1、CXR2、CXR3)使用，每个载波的带宽为 4.5 MHz。

2）网络控制中心

网络控制中心是主站用来管理、监控 VSAT 专用长途卫星通信网的重要设备，主要由工作站、外置硬盘、磁带机等设备构成。网络控制中心的主要功能是：管理、监视控制、配置、维护整个 VSAT 专网系统；显示监控整个系统的状态及报警情况；根据需要制作网络图并下载给 VSAT 网内所有的端站；为全网各端站下载所需的软件及其升级软件；设置全网各端站的区号；统计全网及各端站的业务量。

3）主站

VSAT 卫星通信网的主站主要由本地操作控制台(LOC)、TDMA 终端、接口单元、电话会议终端、电视会议终端、数据通信设备、射频设备、馈源及天线等构成。为了保证系统可靠工作，通常 TDMA 终端、室内单元(IDU)、室外单元(ODU)、低噪声放大器(LNA)等都需要冗余设计。主站的主要任务是：对 VSAT 卫星通信网全网各 VSAT 小站设备的运行状况进行实时监控；对全网各 VSAT 小站的软件进行升级；对全网的各种业务电路进行分配与管理；监视控制电话会议、电视会议的召开与运行；完成各 VSAT 小站与局域网之间的数据传输与交换。

4）VSAT 小站

VSAT 小站是用户终端设备，有固定式和便携式，其原理图如图 13 - 26 所示，主要由天线、射频单元、调制解调器、基带处理单元、网络控制单元、接口单元等组成。可直接与电话机、交换机、计算机等各种用户终端连接。表 13 - 4 给出了典型 Ku 频段 VSAT 小站的主要技术性能。

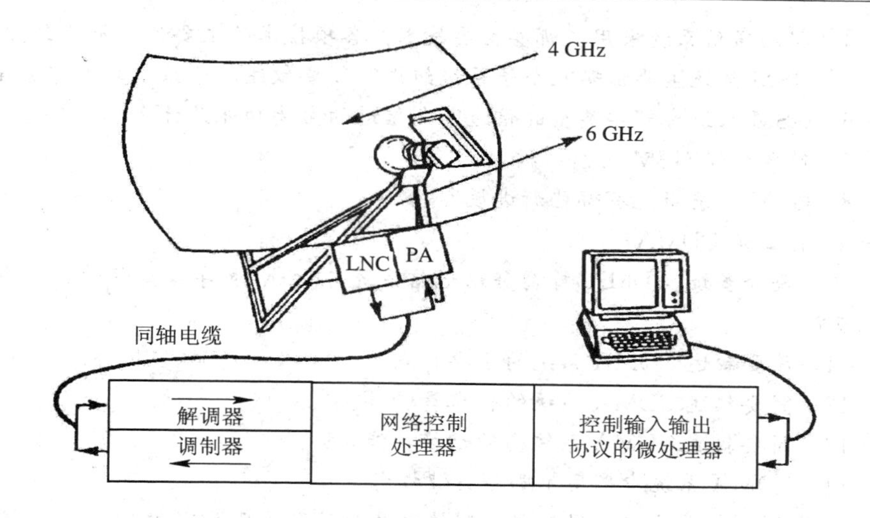

图 13-26 VSAT小站组成原理图

表 13-4 典型 Ku 频段 VSAT 小站的主要技术性能

通信体制	CCNM/SCPC/DAMA/ADPCM(ACELP)
射频工作段	Ku 波段 上行 14/14.5 GHz 下行 12.25/12.75 GHz
回音抵消	符合 CCITT G.165S 标准
前向纠错	1/2 率卷积编码、软判决维特比译码
中频发送功率控制范围	15 dB，1 dB 步进，程控
调制解调方式	QPSK，多种速率
中频频率	70 MHz±18 MHz
功放功率	1 W
微波频率合成器频进量	125 kHz
公用控制信道	OCC－TDM 广播信道；ICC－ALOHA 争用信道
电话接口	二线直流环路，二线用户线，E&M 线，中国 1 号信令
数据接口	异步、同步、多种规约，数据速率为 0.3～32 kb/s

VSAT 网络的出现使卫星通信向智能化、小型化、面对用户及个人通信发展迈出了可喜的一步。经过 30 多年的发展，用户已经遍布世界各地，在 21 世纪 VSAT 网络还将得到更快发展。

思 考 题

13-1 什么是移动通信？移动通信有哪些特点？

13-2 常用移动通信系统有哪几种类型？

13-3 数字移动通信系统有哪些优点？

13-4　移动通信系统采用了哪些主要技术？各项技术的主要作用是什么？

13-5　GSM系统主要由哪几个子系统组成？简要叙述各子系统的工作原理。

13-6　GSM系统有哪些类型的信道？各信道的主要功能是什么？

13-7　简要叙述GSM的帧结构。

13-8　GSM系统研究有哪些新进展？

13-9　什么是CDMA？

13-10　码分多址(CDMA)蜂窝移动通信系统与GSM数字蜂窝移动通信系统相比较有哪些优点？

13-11　简要叙述CDMA系统的主要特点。

13-12　简要叙述CDMA系统的软容量特性。

13-13　简要叙述CDMA系统的软切换功能。

13-14　CDMA系统中采用了哪些关键技术？

13-15　CDMA系统中采用功率控制技术是为了解决哪些问题？

13-16　CDMA系统中采用Rake接收技术是为了解决哪些问题？

13-17　简要叙述前向链路信道。

13-18　简要叙述反向链路信道。

13-19　简要叙述第三代移动通信系统的主要特点。

13-20　简要叙述第三代移动通信系统的研究进展。

13-21　按卫星距离地面的高度分类，卫星通信系统可以分为哪几类？

13-22　简要叙述卫星通信的主要特点。

13-23　移动卫星通信系统的典型系统有哪些？它与地面蜂窝移动通信系统的主要相同和不同之处有哪些？

13-24　简要叙述INTELSAT卫星通信系统主要特点。

13-25　INTELSAT卫星通信系统提供的主要业务种类有哪些？

13-26　简要叙述INMARSAT卫星通信网的主要特点。

13-27　简要叙述INMARSAT海事卫星通信系统。

13-28　简要叙述INMARSAT航空卫星通信系统。

13-29　什么是VSAT卫星通信网？简要叙述VSAT网络的主要特点。

13-30　VSAT网络由哪几部分构成？简要叙述各部分原理。

参 考 文 献

[1] John G Proakis. Digital Communications . Third Edition. 1995.
[2] Leon W Couch Ⅱ. Digital and Analog Communication Systems. Fifth Edition. Prentice Hall, Inc. , a Simon & Schuster Company. 1998.
[3] B P Lathi. Modern Digital and Analog Communication Systems. CBS College. 1983.
[4] 樊昌信，詹道庸，徐炳祥，等. 通信原理. 4 版. 北京：国防工业出版社，1995.
[5] 周炯槃. 信息理论基础. 北京：人民邮电出版社，1983.
[6] 曹志刚，钱亚生. 现代通信原理. 北京：清华大学出版社，1992.
[7] 张辉，曹丽娜. 通信原理学习辅导. 西安：西安电子科技大学出版社，2003.
[8] 宋祖顺，等. 现代通信原理. 北京：电子工业出版社，2001.
[9] 南利平. 通信原理简明教程. 北京：清华大学出版社，2000.
[10] 沈振元，等. 通信系统原理. 西安：西安电子科技大学出版社，1993.
[11] 张辉，曹丽娜，王勇超. 通信原理辅导. 西安：西安电子科技大学出版社，2000.
[12] 郭梯云，刘增基，王新梅. 数据传输. 北京：人民邮电出版社，1986.
[13] 易波. 现代通信导论. 长沙：国防科技大学出版社，1998.
[14] Peebles P Z. Communication System Principles. Addison-Wesley Publishing Company. 1976.
[15] 冯丙昌，等. 脉码调制通信. 北京：人民邮电出版社，1982.
[16] 倪维桢. 数据通信原理. 北京：中国人民大学出版社，1999.
[17] 王秉钧，等. 现代通信系统原理. 天津：天津大学出版社，1991.
[18] 欧阳长月. 数字通信. 北京：北京航空航天大学出版社，1988.
[19] A. D. 惠伦. 噪声中信号的检测. 刘其培，等，译. 北京：科学出版社，1977.
[20] John G Proakis. 数字通信. 3 版. 张力军，等，译. 北京：电子工业出版社，2001.
[21] Simon Haykin. Adaptive Filter Theory. Third Edition. Prentice Hall, Inc. 1996.
[22] John G Proakis. Digital Communications. McGraw-Hill. Inc. 1983.
[23] Theodore S Rappaport. 无线通信原理与应用. 蔡涛，等，译. 北京：电子工业出版社，1999.
[24] 杨小牛，楼才义，徐建良. 软件无线电原理与应用. 北京：电子工业出版社，2001.
[25] Tero Ojanpera. Ramjee Prasad. 宽带 CDMA：第三代移动通信技术. 朱旭红，等，译. 北京：人民邮电出版社，2000.
[26] Vijay K Garg. 第三代移动通信系统原理与工程设计 IS - 95 CDMA 和 cdma2000. 于鹏，等，译. 北京：电子工业出版社，2001.
[27] Uyless Black. 现代通信最新技术. 贺苏宁，译. 北京：清华大学出版社，2000.
[28] 孙立新，尤肖虎，张萍，等. 第三代移动通信技术. 北京：人民邮电出版社，2000.

[29] 笠南直，肖辉，刘景波. 码分多址(CDMA)移动通信系统. 北京：电子工业出版社，1999.

[30] Albert Azzam. Niel Ransom. 宽带接入技术. 文爱军，等，译. 北京：电子工业出版社，2001.

[31] 杨运年. VSAT卫星通信网. 北京：人民邮电出版社，1997.

[32] 郭梯云，杨家伟，李建东. 数字移动通信. 北京：人民邮电出版社，1995.

[33] 杨留清，张闽申，徐菊英. 数字移动通信系统. 北京：人民邮电出版社，1995.

[34] 吴伟陵. 移动通信中的关键技术. 北京：北京邮电大学出版社，2000.

[35] 郭梯云，邬国杨，李建东. 移动通信. 西安：西安电子科技大学出版社，2000.

[36] 王士林，陆存乐，龚初光. 现代数字调制技术. 北京：人民邮电出版社，1987.

[37] 吕海寰，蔡剑铭，等. 卫星通信系统. 北京：人民邮电出版社，1993.

[38] 汪润生，周师熊，等. 数据通信工程. 北京：人民邮电出版社，1990.

[39] 傅海阳. SDH数字微波传输系统. 北京：人民邮电出版社，1998.

[40] 储钟圻. 现代通信新技术. 北京：机械工业出版社，1997.

[41] 万心平，等. 通信工程中的锁相环路. 西安：西北电讯工程学院出版社，1980.

[42] 张厥盛，等. 锁相技术. 西安：西安电子科技大学出版社，1991.

[43] 何平，徐炳祥，张辉. 时变衰落信道下的自适应均衡技术. 电子学报，Vol. 21，No. 4，Apr. 1993.

[44] 张辉，赵绍颖，李越红. HF信道准最大似然序列检测技术的研究. 电子学报，Vol. 23，No. 9，Sep. 1995.

[45] Zhang Hui，Ju Dehang. Block Data Detection Technique for the Serial HF Modem. Journal of Xidian University，Vol. 24，Sup.，Dec. 1997.

[46] 买春法. 基于COFDM的DTV地面传输系统的设计与实现. 西安：西安电子科技大学硕士研究生学位论文，1999.

[47] 谢云鹏. SDH系统中交叉连接模块的设计与实现. 西安：西安电子科技大学硕士研究生学位论文，2001.